세상이 변해도
배움의 즐거움은
변함없도록

시대는 빠르게 변해도
배움의 즐거움은
변함없어야 하기에

어제의 비상은
남다른 교재부터
결이 다른 콘텐츠
전에 없던 교육 플랫폼까지

변함없는 혁신으로
교육 문화 환경의 새로운 전형을
실현해왔습니다.

비상은 오늘, 다시 한번
새로운 교육 문화 환경을 실현하기 위한
또 하나의 혁신을 시작합니다.

오늘의 내가 어제의 나를 초월하고
오늘의 교육이 어제의 교육을 초월하여
배움의 즐거움을 지속하는 혁신,

바로, 메타인지 기반 완전 학습을.

상상을 실현하는 교육 문화 기업 비상

메타인지 기반 완전 학습
초월을 뜻하는 meta와 생각을 뜻하는 인지가 결합한 메타인지는
자신이 알고 모르는 것을 스스로 구분하고 학습계획을 세우도록 하는
궁극의 학습 능력입니다. 비상의 메타인지 기반 완전 학습 시스템은
잠들어 있는 메타인지를 깨워 공부를 100% 내 것으로 만들도록 합니다.

오투

화학 I

STRUCTURE ... 구성과 특징

❶ 핵심 개념만 쏙쏙 뽑은 내용 정리

내신 및 수능 대비에 핵심이 되는 내용을 개념과 도표를 이용하여 한눈에 들어오도록 쉽고 간결하게 정리하였습니다.

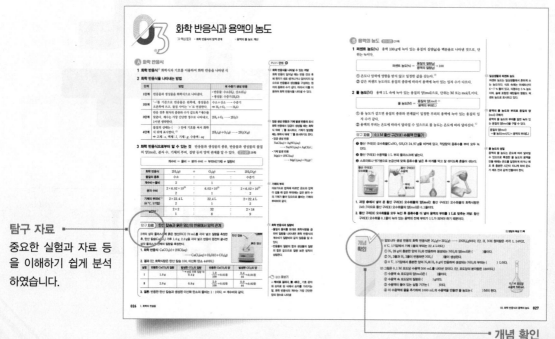

탐구 자료
중요한 실험과 자료 등을 이해하기 쉽게 분석하였습니다.

개념 확인
핵심 개념을 이해했는지 바로바로 확인할 수 있습니다.

❷ 기출 자료를 통한 **수능 자료**

개념은 알지만 문제가 풀리지 않았던 것은 개념이 문제에 어떻게 적용되었는지 몰랐기 때문입니다. 수능 및 평가원 기출 자료 분석을 ○, × 문제로 구성하여 한눈에 파악하고 집중 훈련이 가능하도록 하였습니다.

❸ 수능 **1점**, 수능 **2점**, 수능 **3점** 문제까지!

기본 개념을 확인하는 수능 1점 문제와 수능에 출제되었던 2점·3점 기출 문제 및 이와 유사한 난이도의 예상 문제로 구성하였습니다.

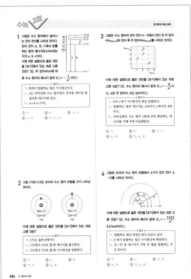
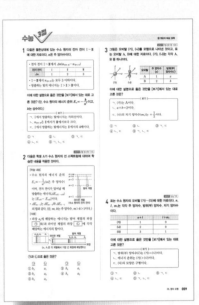

❹ 정확하고 확실한 **해설**

각 보기에 대한 자세한 해설을 모두 제시하였습니다.
특히, [자료 분석]과 [선택지 분석]을 통해 해설만으로는 이해하기 어려
웠던 부분을 완벽하게 이해할 수 있도록 하였습니다.

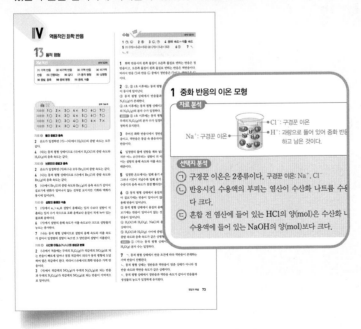

**대수능 대비
특별자료**

○ **최근 4개년 수능 출제 경향**

○ **대학수학능력시험 완벽 분석**

○ **실전 기출 모의고사 2회**
실전을 위해 최근 3개년 수능, 평가원 기
출 문제로 모의고사를 구성하였습니다.

○ **실전 예상 모의고사 3회**
완벽한 마무리를 위해 실제 수능과 유사
한 형태의 예상 문제로 구성하였습니다.

CONTENTS ... 차례

화학의 첫걸음

원자의 세계

III 화학 결합과 분자의 세계

IV 역동적인 화학 반응

화학의 첫걸음

학습
계획표

화학과 우리 생활

» **핵심 짚기** › 화학이 식량, 의류, 주거 문제 해결에 기여한 사례   › 탄소 화합물의 종류
› 탄소 화합물의 이용 예

Ⓐ 화학의 유용성

1 식량 문제의 해결 인구 증가로 인한 식량 부족 문제의 해결에 화학이 기여하였다.

① 식량 문제: 산업 혁명 이후 인구의 급격한 증가로 인해 천연 *비료(식물로부터 만든 퇴비, 동물의 분뇨)에 의존하던 농업이 한계에 이르러 식량 부족 문제가 발생하였다.

② 식량 부족 문제의 해결

• 화학 비료의 개발

화학 비료의 필요성❶	농업 생산량을 늘리기 위해 질소를 포함한 화학 비료를 개발하기 위해 노력하였다.
암모니아 합성	1906년 하버는 공기 중의 질소를 수소와 반응시켜 암모니아를 대량으로 합성하는 제조 공정을 개발하였다.—● 하버와 보슈가 함께 개발하여 하버–보슈법이라고 한다. $$N_2(g) + 3H_2(g) \xrightarrow[\text{고온, 고압}]{\text{철 촉매}} 2NH_3(g)$$
화학 비료의 대량 생산	대량 합성이 가능해진 암모니아를 원료로 하여 만든 화학 비료는 식량 문제 해결에 크게 기여하였다.

• 살충제, 제초제의 사용: 잡초나 해충의 피해가 줄어 농산물의 질이 향상되고 농업 생산량이 증대되었다.

• 비닐의 등장: 비닐하우스나 밭을 덮는 비닐의 등장으로 계절에 상관없이 농산물의 생산이 가능하게 되어 농업 생산량이 증대되었다.

2 의류 문제의 해결 대량 생산과 다양한 색의 구현이 어려운 *천연 섬유의 문제 해결에 화학이 기여하였다.

① 의류 문제: 면이나 마, 비단과 같은 천연 섬유는 흡습성과 촉감 등이 좋지만, 대량 생산이 어렵고 색깔이 단조로우며 질기지 않아 쉽게 닳는 단점이 있었다.

② 의류 문제의 해결

• 합성 섬유의 개발: 화석 연료를 원료로 하여 질기고 값이 싸며, 대량 생산이 쉬운 합성 섬유를 개발하였다.❷

합성 섬유의 종류	특징
나일론 (폴리아마이드)	• 1937년 미국의 캐러더스가 개발한 최초의 합성 섬유이다. • 매우 질기고 유연하며 신축성이 좋다. • 이용: 스타킹, 운동복, 밧줄, 그물, 칫솔 등
폴리에스터 (테릴렌)	• 가장 널리 사용되는 합성 섬유이다. • 내구성과 신축성이 좋으며 구김이 잘 생기지 않는다. • 이용: 와이셔츠, 양복 등
폴리아크릴 (폴리아크릴로 나이트릴)	• 모와 유사한 보온성이 있고, 열에 강하다. • 이용: 니트, 양말, 안전복 등

• 합성염료의 개발: 천연염료에 비해 구하기 쉽고 값이 싸며 다양한 색깔을 나타내는 합성염료가 화석 연료를 원료로 하여 개발되면서 원하는 색깔의 섬유와 옷을 만들 수 있게 되었다.

예 모브: 최초의 합성염료로, 영국의 퍼킨이 말라리아 치료제를 연구하던 중 발견하였다.

• 최근에는 기능성 섬유나 첨단 소재의 섬유를 이용한 다양한 기능성 옷이 개발되고 있다.

PLUS 강의 ✚

❶ 화학 비료의 필요성 대두
산업 혁명 이후 인구의 급격한 증가로 농업 생산량은 턱없이 부족하였고, 농업 생산량을 늘리려면 식물 생장에 꼭 필요한 원소인 질소를 공급하는 것이 중요하다는 것이 밝혀졌다. 이에 따라 화학자들은 화학 비료의 원료인 암모니아를 합성하는 방법을 개발하였다.

❷ 화석 연료
화석 연료는 석탄, 석유, 천연가스 등의 연료로, 동물이나 식물의 사체가 땅속에서 오랜 세월에 걸쳐 분해되어 생성된 것이다.

🔍 용어 돋보기

* **비료(肥 살찌다, 料 재료)**_ 식물이 잘 자라나도록 뿌려 주는 영양 물질
* **천연 섬유**_ 식물이나 동물로부터 얻을 수 있는 섬유

3 주거 문제의 해결 인구 증가로 인해 발생한 주거 문제의 해결에 화학이 기여하였다.

① 주거 문제: 산업 혁명 이후 인구의 급격한 증가로 대규모 주거 공간과 안락한 주거 환경이 필요해졌다.

② 주거 문제의 해결

• 건축 재료의 변화: 나무, 흙, 돌과 같은 천연 재료만을 이용한 건축은 시간이 오래 걸리고 대규모 건축이 어려웠지만, 건축 자재의 발달로 대규모 건설이 가능해졌다.

건축 재료 ③	특징
철	• 철의 제련: 산화 철(Ⅲ)(Fe_2O_3)이 주성분인 철광석을 코크스(C)와 함께 용광로에서 높은 온도로 가열하여 순수한 철(Fe)을 얻는다. ④ • 단단하고 내구성이 뛰어나다. • 이용: 건축물의 골조, 배관 등 철로 만든 다리
시멘트	• 석회석($CaCO_3$)을 가열하여 생석회(CaO)로 만든 후 점토를 혼합한 건축 재료이다.
콘크리트	• 시멘트에 모래, 자갈 등을 섞고 물로 반죽하여 만든 건축 재료이다.
철근 콘크리트 ⑤	• 콘크리트 속에 철근을 넣어 콘크리트의 강도를 높인 건축 재료이다. • 철근 콘크리트가 개발되면서 대규모 건축물을 지을 수 있게 되었다. 철근 콘크리트로 만든 도로
알루미늄	• 알루미늄의 제련: 산화 알루미늄(Al_2O_3) 광석인 보크사이트를 녹여 액체 상태로 만든 후 *전기 분해하여 얻는다. • 가볍고 단단하다. • 이용: 창틀, 건물 외벽 등

• 화석 연료의 이용: 화석 연료를 가정에서 난방과 취사에 이용하면서 편안한 주거 환경이 만들어지게 되었고, 화석 연료를 화학 반응시켜 생성한 플라스틱 소재를 사용하면서 삶의 질이 높아졌다.

• 최근에는 건축 재료의 성능이 점차 개량되고, 단열재, 바닥재, 창틀, 외장재 등도 새로운 소재로 변화되고 있다.

4 건강 문제의 해결 화학의 발전으로 합성 의약품이 개발되어 인간의 수명이 과거보다 늘어나고 질병의 예방과 치료가 쉬워졌다. 예 아스피린, 페니실린, 타미플루 등

③ **그 밖의 건축 재료**
• 유리: 모래에 포함된 이산화 규소(SiO_2)를 원료로 하여 만들고, 건물의 외벽, 창 등에 이용된다.
• 스타이로폼: 건물 내부의 열이 밖으로 빠져 나가는 것을 막는 단열재로 이용된다.
• 페인트: 건물 벽이 손상되지 않도록 보호하고, 건물을 아름답게 꾸민다.

④ **철의 제련 과정**
• 1단계: 코크스(C)가 불완전 연소하여 일산화 탄소(CO)가 생성된다.
$$2C+O_2 \longrightarrow 2CO$$
• 2단계: 일산화 탄소(CO)가 산화 철(Ⅲ)(Fe_2O_3)을 환원시켜 철(Fe)이 생성된다.
$$Fe_2O_3+3CO \longrightarrow 2Fe+3CO_2$$

⑤ **철근 콘크리트**
콘크리트는 높은 압축 강도를 가진 반면 잡아당기는 힘(인장력)이 작아 쉽게 균열을 일으키므로 잡아당기는 힘이 큰 철근을 넣어 콘크리트의 강도를 높인 건축 재료이다.

용어 돋보기

* **전기 분해**(電 전기, 氣 기운, 分 나누다, 解 풀다)_ 물질에 전류를 흘려 주어 전자의 이동이 일어나게 하여 물질을 분해하는 방법

📖 정답과 해설 1쪽

개념 확인

(1) (　　　)와 수소를 반응시켜 얻은 (　　　)는 화학 비료의 원료로 사용되어 식량 부족 문제를 해결하였다.

(2) 암모니아 생성의 화학 반응식은 $N_2+($　　$)H_2 \longrightarrow ($　　$)NH_3$이다.

(3) 화석 연료를 원료로 하여 질기고 값이 싸며, 대량 생산이 쉬운 (　　　)가 개발되면서 의류 문제 해결에 기여하였다.

(4) 최초의 합성 섬유는 캐러더스가 개발한 (　　　)이다.

(5) (　　　)의 개발로 천연염료에 비해 구하기 쉽고 값이 싸며 다양한 색깔의 섬유와 옷을 만들 수 있게 되었다.

(6) 인류의 주거 문제 해결에 화학이 기여한 것 중 건축 재료와 관련된 것은 (철, 시멘트, 나일론, 화학 비료, 철근 콘크리트, 합성염료)이다.

(7) 철의 제련 과정을 화학 반응식으로 나타내면 $Fe_2O_3+($　　$)CO \longrightarrow ($　　$)Fe+($　　$)CO_2$이다.

(8) 철의 제련 과정으로 얻어진 철과 콘크리트를 함께 사용한 건축 재료인 (　　　)를 이용하여 대규모 건축물을 지을 수 있게 되었다.

화학과 우리 생활

B 탄소 화합물의 유용성

1 탄소 화합물 탄소(C) 원자가 수소(H), 산소(O), 질소(N), 황(S), 할로젠(F, Cl, Br, I) 등의 원자와 결합하여 만들어진 화합물

① 탄소 화합물의 다양성
- 우리 주위의 많은 물질들은 탄소 화합물로 이루어져 있다.
  - 예 우리 몸(탄수화물, 단백질, 지방 등), 음식, 의류, 플라스틱, 의약품 등❶❷
- 현재까지 알려진 탄소 화합물은 수천만 가지에 이르며, 지금도 발견되거나 합성된다.

> **[원유의 분리]**
> - 원유는 여러 가지 탄소 화합물이 섞여 있는 혼합물이며, 원유를 끓는점 차를 이용하여 분별 증류하면 석유 가스, 휘발유, 등유, 경유, 중유, 아스팔트 등을 얻을 수 있다.
> - 원유의 분별 증류로 얻은 물질들은 다양한 석유 화학 제품의 원료로 사용된다.

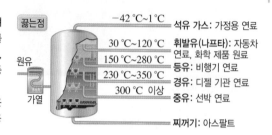

끓는점
-42 ℃~1 ℃ **석유 가스**: 가정용 연료
30 ℃~120 ℃ **휘발유(나프타)**: 자동차 연료, 화학 제품 원료
150 ℃~280 ℃ **등유**: 비행기 연료
230 ℃~350 ℃ **경유**: 디젤 기관 연료
300 ℃ 이상 **중유**: 선박 연료
찌꺼기: 아스팔트

② 탄소 화합물이 다양한 까닭: 탄소 원자는 원자가 전자 수가 4로, 다른 원자들과 최대 4개의 결합을 형성하면서 다양한 구조를 만들 수 있기 때문이다.

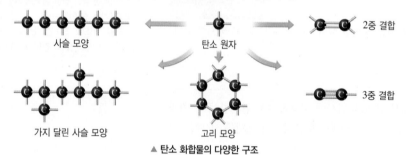

사슬 모양   탄소 원자   2중 결합

가지 달린 사슬 모양   고리 모양   3중 결합

▲ 탄소 화합물의 다양한 구조

2 탄화수소 탄소(C) 원자와 수소(H) 원자로만 이루어진 탄소 화합물
예 메테인(CH_4), 에테인(C_2H_6), 프로페인(C_3H_8), 뷰테인(C_4H_{10}) 등❸
① 원유의 주성분으로, 완전 연소하면 이산화 탄소(CO_2)와 물(H_2O)을 생성한다.
② 연소할 때 많은 에너지가 방출되므로 주로 연료로 사용된다. ┌액화 석유 가스(LPG)의 주성분

탄화수소	메테인(CH_4)	에테인(C_2H_6)	프로페인(C_3H_8)	뷰테인(C_4H_{10})
분자 모형				
끓는점(℃)	-162	-89	-42	-0.5

➡ 탄화수소는 일반적으로 탄소 수가 많을수록 분자 사이의 인력이 커서 끓는점이 높다.

3 탄소 화합물의 종류
① 메테인(CH_4)

분자 모형	구조식❹	특징
	H | H − C − H | H	• 천연가스에서 주로 얻으며, 온실 기체 중 하나이다. • 냄새와 색깔이 없고, 물에 거의 녹지 않는다. • 완전 연소하면 이산화 탄소(CO_2)와 물(H_2O)을 생성하며 많은 에너지를 방출한다. → $CH_4 + 2O_2 \longrightarrow CO_2 + 2H_2O$ • 이용: 가정용 연료인 액화 천연가스(LNG) 등

---

❶ **고분자 화합물**
분자량이 10,000 이상인 화합물을 고분자 화합물이라고 부른다. 탄수화물, 단백질, 지방, 플라스틱과 같은 고분자 화합물은 탄소 화합물이다.

❷ **플라스틱**
주로 원유에서 분리되는 나프타를 원료로 하여 합성하는 탄소 화합물로, 가볍고 외부의 힘과 충격에 강하며, 녹이 슬지 않고 대량 생산이 가능하여 값이 싸다.

❸ **탄소 수의 명칭**

탄소 수	이름	
1	metha	메타
2	etha	에타
3	propa	프로파
4	buta	뷰타
5	penta	펜타
6	hexa	헥사
7	hepta	헵타
8	octa	옥타
9	nona	노나
10	deca	데카

❹ **화학식의 종류**
- 화학식: 원소 기호와 숫자를 사용하여 물질을 구성하는 원자의 종류와 수를 나타낸 것
- 분자식: 화학식 중에서 분자를 이루는 원자의 종류와 수를 나타낸 것
- 구조식: 공유 결합 물질에서 각 원자 사이의 결합을 선으로 나타낸 화학식
- 시성식: 화합물의 화학적 성질을 알 수 있도록 작용기를 따로 나타낸 화학식, 알코올의 하이드록시기(−OH)나 카복실산의 카복실기(−COOH)처럼 분자의 특성을 나타내는 부분을 작용기라고 한다.
  - 예 에탄올 ┌ 분자식: C_2H_6O
         └ 시성식: C_2H_5OH

② 에탄올(C_2H_5OH): 에테인(C_2H_6)에서 수소(H) 원자 1개 대신 하이드록시기(−OH)가 탄소 원자에 결합한 탄소 화합물❺❻
➡ 가연성 물질로, 완전 연소하면 이산화 탄소(CO_2)와 물(H_2O)을 생성한다.

분자 모형	특징
물에 잘 녹는 부분 ● 물에 잘 녹지 않는 부분	• 곡물이나 과일을 발효시켜 얻는다. • 특유의 냄새가 나고, 색깔이 없다. • 물과 기름에 모두 잘 녹는다. ➡ 물에 잘 녹는 부분과 잘 녹지 않는 부분이 함께 존재하기 때문이다. • 살균, 소독 작용을 한다. • 휘발성이 강하고, 불에 잘 탄다. • 이용: 술의 성분, 소독용 의약품, 용매, 연료 등

③ 아세트산(CH_3COOH): 메테인(CH_4)에서 수소(H) 원자 1개 대신 카복실기(−COOH)가 탄소 원자에 결합한 탄소 화합물
➡ 물에 녹으면 수소 이온(H^+)을 내놓으므로 산성을 띤다.

분자 모형	특징
물에 녹아 H^+을 내놓는다.	• 일반적으로 에탄올을 발효시켜 얻는다. • 물에 녹아 산성을 나타내므로 신맛이 난다. • 녹는점이 17 ℃이므로 이보다 낮은 온도에서는 고체 상태로 존재하여 *빙초산이라고도 한다. • 이용: 식초의 성분❼, 의약품, 합성수지의 원료 등

④ 그 밖의 탄소 화합물

탄소 화합물	분자 모형	특징
폼알데하이드 (HCHO)		• 자극적인 냄새가 나고 무색이며, 물에 잘 녹는다. • 이용: 플라스틱이나 가구용 접착제의 원료 등
아세톤 (CH_3COCH_3)		• 특유의 냄새가 나고 무색이며, 물에 잘 녹을 뿐만 아니라 여러 탄소 화합물을 잘 녹인다. • 이용: 용매, 매니큐어 제거제 등

❺ 알코올
탄화수소의 탄소(C) 원자에 1개 이상의 하이드록시기(−OH)가 결합되어 있는 탄소 화합물 예 메탄올(CH_3OH), 에탄올(C_2H_5OH) 등

❻ 메탄올
메탄올은 특유의 냄새가 있는 무색의 휘발성 액체로 독성이 있다.
• 메탄올의 구조

• 이용: 연료 전지, 플라스틱 합성 원료 등

❼ 식초 속 아세트산의 함량
식초에는 아세트산이 약 2∼5 % 정도 들어 있다.

◯ 용어 돋보기
* 빙초산(氷 얼다, 醋 식초, 酸 산) _ 언 식초라는 뜻으로, 피부에 닿으면 화상을 입을 수 있음

目 정답과 해설 1쪽

개념
확인

(9) 탄소(C) 원자는 원자가 전자 수가 (　　　)로, 최대 (　　　)개의 다른 원자와 결합할 수 있다.

(10) 탄소(C) 원자가 수소(H), 산소(O), 질소(N), 황(S) 등의 다양한 원자와 결합하여 만들어진 화합물을 (　　　)이라고 한다.

(11) 탄소(C) 원자와 수소(H) 원자로만 이루어진 탄소 화합물을 (　　　)라고 한다.

(12) 메테인, 에탄올이 모두 완전 연소하면 (　　　), (　　　)을 생성한다.

(13) $\dfrac{\text{H 원자 수}}{\text{C 원자 수}}$는 메테인 (　　　), 에탄올 (　　　), 아세트산 (　　　)이다.

(14) 각 탄소 화합물과 이용되는 예를 옳게 연결하시오.

① 메테인　　　•　　　　•㉠ 술의 성분, 소독용 의약품
② 에탄올　　　•　　　　•㉡ 가정용 연료인 액화 천연가스의 주성분
③ 아세트산　•　　　　•㉢ 플라스틱이나 가구용 접착제의 원료
④ 폼알데하이드　•　　•㉣ 식초의 성분, 의약품, 합성수지의 원료

2017 ● 수능 2번

자료 ❶ 암모니아의 합성

그림은 암모니아(NH_3)의 합성 과정을 모식적으로 나타낸 것이다.

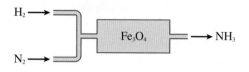

$H_2 \rightarrow$ / $N_2 \rightarrow$ [Fe_3O_4] $\rightarrow NH_3$

1. 암모니아의 합성은 인류의 식량 문제 해결에 기여하였다. (○, ×)
2. Fe_3O_4은 암모니아 합성 반응의 반응물이다. (○, ×)
3. 암모니아의 구성 원소는 2가지이다. (○, ×)
4. 암모니아 수용액은 염기성이다. (○, ×)
5. 암모니아는 사원자 분자이다. (○, ×)
6. 암모니아는 화합물이다. (○, ×)

Ⓐ 화학의 유용성

1 다음 (　) 안에 알맞은 말을 쓰시오.

> (가) 하버는 공기 중의 질소와 수소를 반응시켜 화학 비료의 원료인 (　　)를 합성하여 인류의 식량 문제 해결에 기여하였다.
>
> (나) 캐러더스는 화석 연료를 원료로 하여 최초의 합성 섬유인 (　　)을 개발하여 인류의 의류 문제 해결에 기여하였다.

2 인류의 문제 해결에 기여한 화학에 대한 설명으로 옳지 않은 것은?

① 암모니아 합성 과정이 개발되어 화학 비료의 대량 생산이 가능해졌다.
② 합성 섬유는 천연 섬유보다 질기고, 대량 생산이 가능하다.
③ 건축 자재의 발달로 대규모 건축물의 건설이 가능해졌다.
④ 화학의 발전으로 합성 의약품이 개발되어 수명 연장에 기여하였다.
⑤ 화석 연료를 원료로 한 암모니아의 합성은 인류의 식량 문제 해결에 기여하였다.

2021 ● 6월 평가원 2번

자료 ❷ 탄소 화합물의 종류와 특성

그림은 탄소 화합물 (가)~(다)의 구조식을 나타낸 것이다. (가)~(다)는 각각 메테인, 에탄올, 아세트산 중 하나이다.

```
    H              H  O              H  H
    |              |  ‖              |  |
H - C - H      H - C - C - O - H  H - C - C - O - H
    |              |                 |  |
    H              H                 H  H
   (가)            (나)               (다)
```

1. (가)는 메테인이다. (○, ×)
2. (나)는 에탄올이다. (○, ×)
3. (다)는 아세트산이다. (○, ×)
4. (나)를 물에 녹이면 산성 수용액이 된다. (○, ×)
5. (다)는 살균 효과가 있어 손 소독제의 원료로 이용할 수 있다. (○, ×)
6. (가)~(다) 중 $\frac{H \text{ 원자 수}}{C \text{ 원자 수}}$ 는 (가)가 가장 크다. (○, ×)

Ⓑ 탄소 화합물의 유용성

3 탄소 화합물에 대한 설명으로 옳은 것은?

① 에탄올은 탄화수소이다.
② 메테인은 식초의 성분이다.
③ 아세트산은 물에 녹아 H^+을 내놓는다.
④ 폼알데하이드의 분자식은 CH_3COCH_3이다.
⑤ 탄화수소는 탄소 수가 많을수록 끓는점이 낮다.

4 그림은 3가지 탄소 화합물의 분자 모형을 나타낸 것이다.

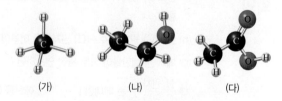

(가) / (나) / (다)

다음 설명에 해당하는 물질의 기호를 있는 대로 쓰시오.

(1) 술의 성분이고, 소독용 알코올로 이용된다.
(2) 천연가스에서 주로 얻으며 무색, 무취이다.
(3) 신맛이 나며, 물에 녹으면 산성을 나타낸다.
(4) 완전 연소하면 이산화 탄소와 물이 생성된다.

🔲 정답과 해설 1쪽

1 다음은 화학이 인류의 식량 문제 해결에 기여한 사례이다.

> 20세기 초 하버는 공기 중의 질소를 수소와 반응시켜 (가)를 대량으로 합성하는 방법을 개발하였다. (가)를 원료로 만든 화학 비료는 농산물의 생산량을 늘려 식량 증대에 크게 기여하였다.

(가)에 대한 설명으로 옳은 것만을 [보기]에서 있는 대로 고른 것은?

> ├ 보기 ├
> ㄱ. (가)는 NH_3이다.
> ㄴ. (가)의 수용액은 염기성이다.
> ㄷ. (가)의 합성 과정은 공기 중에서 쉽게 일어난다.

① ㄱ   ② ㄷ   ③ ㄱ, ㄴ
④ ㄴ, ㄷ   ⑤ ㄱ, ㄴ, ㄷ

자료❶

3 그림은 암모니아(NH_3)의 합성 과정을 모식적으로 나타낸 것이다.

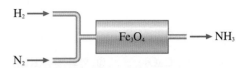

이에 대한 설명으로 옳은 것만을 [보기]에서 있는 대로 고른 것은?

> ├ 보기 ├
> ㄱ. Fe_3O_4은 촉매로 사용된다.
> ㄴ. 암모니아의 구성 원소는 질소와 수소이다.
> ㄷ. 이 반응으로부터 비료의 대량 생산이 가능해졌다.

① ㄱ   ② ㄷ   ③ ㄱ, ㄴ
④ ㄴ, ㄷ   ⑤ ㄱ, ㄴ, ㄷ

2021 9월 평가원 1번

2 다음은 화학의 유용성과 관련된 자료이다.

> • 과학자들은 석유를 원료로 하여 ㉠ 나일론을 개발하였다.
> • 하버와 보슈는 질소 기체를 [㉡]와/과 반응시켜 ㉢ 암모니아를 대량으로 합성하는 제조 공정을 개발하였다.

이에 대한 설명으로 옳은 것만을 [보기]에서 있는 대로 고른 것은?

> ├ 보기 ├
> ㄱ. ㉠은 합성 섬유이다.
> ㄴ. ㉡은 산소 기체이다.
> ㄷ. ㉢은 인류의 식량 부족 문제를 개선하는 데 기여하였다.

① ㄱ   ② ㄴ   ③ ㄱ, ㄷ
④ ㄴ, ㄷ   ⑤ ㄱ, ㄴ, ㄷ

4 다음은 인류의 문제 해결에 기여한 3가지 물질에 대한 설명이다.

> (가) 공기 중의 질소와 수소를 반응시켜 얻는 물질로, 비료의 원료이다.
> (나) 모래와 자갈에 시멘트를 섞고 물로 반죽하여 사용하는 물질이다.
> (다) 인류가 최초로 합성한 섬유로, 질기고 값이 싸며 대량 생산이 쉬워 널리 쓰인다.

이에 대한 설명으로 옳은 것만을 [보기]에서 있는 대로 고른 것은?

> ├ 보기 ├
> ㄱ. (가)는 인류의 식량 문제 해결에 기여하였다.
> ㄴ. (나)는 철근 콘크리트이다.
> ㄷ. (다)는 신축성이 좋다.

① ㄱ   ② ㄴ   ③ ㄱ, ㄷ
④ ㄴ, ㄷ   ⑤ ㄱ, ㄴ, ㄷ

5 다음은 탄소 화합물에 대한 설명이다.

2021 수능 1번

> 탄소 화합물이란 탄소(C)를 기본으로 수소(H), 산소
> (O), 질소(N) 등이 결합하여 만들어진 화합물이다.

다음 중 탄소 화합물은?

① 산화 칼슘(CaO)   ② 염화 칼륨(KCl)
③ 암모니아(NH_3)   ④ 에탄올(C_2H_5OH)
⑤ 물(H_2O)

7 다음은 어떤 탄소 화합물 X에 대한 설명이다.

> • 에테인(C_2H_6)의 탄소(C) 원자에 수소(H) 대신 하
> 이드록시기(−OH)가 결합되어 있는 구조이다.
> • 곡물이나 과일을 발효시켜 얻을 수 있다.
> • 특유의 냄새가 나고 살균·소독 작용을 한다.

X의 분자 모형으로 옳은 것은?

①   ②

③    ④

⑤

6 그림은 탄소 화합물 (가)~(다)의 구조식을 나타낸 것이다. (가)~(다)는 각각 메테인, 에탄올, 아세트산 중 하나이다.

자료❷

2021 6월 평가원 2번

```
      H              H O              H  H
      |              | ||             |  |
  H - C - H      H - C - C - O - H   H- C- C- O- H
      |              |                |  |
      H              H                H  H
     (가)           (나)              (다)
```

이에 대한 설명으로 옳은 것만을 [보기]에서 있는 대로 고른 것은?

> ┤ 보기 ├
> ㄱ. (가)는 천연가스의 주성분이다.
> ㄴ. (나)를 물에 녹이면 염기성 수용액이 된다.
> ㄷ. (다)는 손 소독제를 만드는 데 사용된다.

① ㄱ   ② ㄷ   ③ ㄱ, ㄴ
④ ㄱ, ㄷ   ⑤ ㄴ, ㄷ

8 그림은 2가지 탄소 화합물의 분자 모형을 나타낸 것이다.

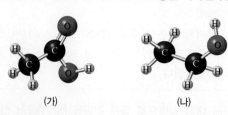

(가)   (나)

(가)와 (나)의 공통점으로 옳은 것만을 [보기]에서 있는 대로 고른 것은?

> ┤ 보기 ├
> ㄱ. 주로 연료로 사용된다.
> ㄴ. 탄소 원자가 2개이다.
> ㄷ. 물에 녹아 H^+을 내놓는다.

① ㄱ   ② ㄴ   ③ ㄷ
④ ㄱ, ㄴ   ⑤ ㄱ, ㄴ, ㄷ

1 다음은 화학이 실생활 문제 해결에 기여한 사례 중 ⊙에 대한 설명이다.

> 하버는 질소 기체와 수소 기체로부터 ⊙ 을/를 합성하여 화학 비료의 대량 생산에 공헌하였고, ⊙ 은/는 식량 부족 문제 해결에 크게 기여하였다.

⊙에 대한 설명으로 옳은 것만을 [보기]에서 있는 대로 고른 것은?

> ┤ 보기 ├
> ㄱ. 화학 비료의 원료이다.
> ㄴ. ⊙의 수용액에는 OH^-이 존재한다.
> ㄷ. ⊙과 메테인은 분자당 수소 원자 수가 같다.

① ㄱ   ② ㄷ   ③ ㄱ, ㄴ
④ ㄴ, ㄷ   ⑤ ㄱ, ㄴ, ㄷ

2 다음은 인류의 문제 해결에 기여한 2가지 물질에 대한 설명이다.

> (가) 화석 연료를 원료로 하여 최초로 합성한 섬유로, 질기고 값이 싸다.
> (나) 영국의 퍼킨이 말라리아 치료제를 연구하던 중 발견한 것으로, 최초의 합성염료이다.

(가)와 (나)의 공통점으로 옳은 것만을 [보기]에서 있는 대로 고른 것은?

> ┤ 보기 ├
> ㄱ. 인류의 식량 문제 해결에 기여하였다.
> ㄴ. 대량 생산이 가능하다.
> ㄷ. 공기의 성분 기체를 원료로 하여 만들 수 있다.

① ㄴ   ② ㄷ   ③ ㄱ, ㄴ
④ ㄱ, ㄷ   ⑤ ㄱ, ㄴ, ㄷ

3 그림은 용광로에서 일어나는 과정을 나타낸 것이다.

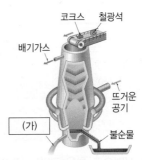

이에 대한 설명으로 옳은 것만을 [보기]에서 있는 대로 고른 것은?

> ┤ 보기 ├
> ㄱ. 배기가스에는 CO_2가 포함되어 있다.
> ㄴ. (가)는 건축물의 골조나 배관에 사용된다.
> ㄷ. (가)와 시멘트를 혼합한 것은 콘크리트이다.

① ㄴ   ② ㄷ   ③ ㄱ, ㄴ
④ ㄱ, ㄷ   ⑤ ㄱ, ㄴ, ㄷ

4 다음은 화합물 X에 대한 설명이다.

> • 구성 원소는 탄소와 수소이다.
> • 액화 천연가스(LNG)의 주성분이다.

X에 대한 설명으로 옳은 것만을 [보기]에서 있는 대로 고른 것은?

> ┤ 보기 ├
> ㄱ. 구성 원자 수는 5이다.
> ㄴ. 완전 연소시키면 CO_2와 H_2O이 생성된다.
> ㄷ. 인류의 주거 문제 해결에 기여하였다.

① ㄱ   ② ㄷ   ③ ㄱ, ㄴ
④ ㄴ, ㄷ   ⑤ ㄱ, ㄴ, ㄷ

5 그림은 원유로부터 몇 가지 화합물을 얻는 과정을 나타 낸 것이다.

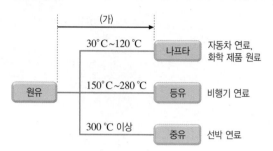

이에 대한 설명으로 옳은 것만을 [보기]에서 있는 대로 고른 것은?

───────── 보기 ─────────
ㄱ. (가)의 과정은 끓는점 차를 이용한 것이다.
ㄴ. 원유의 분별 증류로 얻는 물질들은 탄소 화합물 이다.
ㄷ. 우리 주변의 많은 물질이 원유로부터 얻어진다.
──────────────────────

① ㄱ　　　　　② ㄷ　　　　　③ ㄱ, ㄴ
④ ㄴ, ㄷ　　　　⑤ ㄱ, ㄴ, ㄷ

6 그림은 분자 (가)~(다)의 구조를 모형으로 나타낸 것이다.

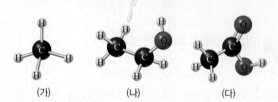

(가)~(다)에 대한 설명으로 옳은 것만을 [보기]에서 있는 대로 고른 것은?

───────── 보기 ─────────
ㄱ. (나)는 소독용 의약품의 원료로 사용된다.
ㄴ. 물에 대한 용해도는 (가)>(나)이다.
ㄷ. $\dfrac{\text{H 원자 수}}{\text{C 원자 수}}$ 는 (다)가 (가)의 2배이다.
──────────────────────

① ㄱ　　　　　② ㄴ　　　　　③ ㄱ, ㄷ
④ ㄴ, ㄷ　　　　⑤ ㄱ, ㄴ, ㄷ

7 표는 연료로 사용되는 LNG(액화 천연가스), LPG(액화 석유 가스)에 대한 자료이다.

연료	LNG	LPG	
주성분	(가)	C_3H_8	C_4H_{10}
끓는점(°C)	a	-42	-0.5

이에 대한 설명으로 옳은 것만을 [보기]에서 있는 대로 고른 것은?

───────── 보기 ─────────
ㄱ. (가)의 분자당 H 원자 수는 2이다.
ㄴ. $a < -42$이다.
ㄷ. 겨울철에는 LPG 속 C_3H_8의 비율을 C_4H_{10}보다 높여 주어야 한다.
──────────────────────

① ㄱ　　　　　② ㄴ　　　　　③ ㄷ
④ ㄱ, ㄷ　　　　⑤ ㄴ, ㄷ

8 그림은 탄화수소 (가)~(다)의 분자 모형을 나타낸 것이다.

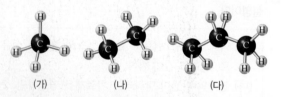

이에 대한 설명으로 옳은 것만을 [보기]에서 있는 대로 고른 것은?

───────── 보기 ─────────
ㄱ. (가)는 LNG의 주성분이다.
ㄴ. (가)~(다) 중 액체로 만들기 가장 어려운 것은 (다)이다.
ㄷ. $\dfrac{\text{H 원자 수}}{\text{C 원자 수}}$ 는 (가)>(나)>(다)이다.
──────────────────────

① ㄴ　　　　　② ㄷ　　　　　③ ㄱ, ㄷ
④ ㄴ, ㄷ　　　　⑤ ㄱ, ㄴ, ㄷ

9 표는 서로 다른 탄화수소 (가)~(다)에 대한 자료이다.

탄화수소	(가)	(나)	(다)
분자식	C_3H_8	C_4H_{10}	C_4H_{10}
H 원자 3개와 결합한 C 원자 수	a	b	3

이에 대한 설명으로 옳은 것만을 [보기]에서 있는 대로 고른 것은?

| 보기 |
ㄱ. $a=b$이다.
ㄴ. H 원자 2개와 결합한 C 원자 수는 (나)가 (가) 보다 많다.
ㄷ. (다)에는 C 원자 3개와 결합한 C 원자가 있다.

① ㄱ   ② ㄴ   ③ ㄱ, ㄷ
④ ㄴ, ㄷ   ⑤ ㄱ, ㄴ, ㄷ

10 그림은 에탄올과 아세트산의 구조식을 나타낸 것이다.

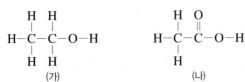

(가)와 (나)의 공통점으로 옳은 것만을 [보기]에서 있는 대로 고른 것은?

| 보기 |
ㄱ. 물에 잘 녹는다.
ㄴ. 완전 연소하면 CO_2와 H_2O이 생성된다.
ㄷ. 2중 결합이 포함되어 있다.

① ㄱ   ② ㄷ   ③ ㄱ, ㄴ
④ ㄴ, ㄷ   ⑤ ㄱ, ㄴ, ㄷ

11 그림은 메테인(CH_4), 아세트산(CH_3COOH), 에탄올 (C_2H_5OH)을 분류 기준에 따라 분류한 결과이다.

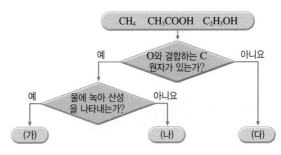

이에 대한 설명으로 옳은 것만을 [보기]에서 있는 대로 고른 것은?

| 보기 |
ㄱ. (가)는 식초의 성분이다.
ㄴ. (가)와 (나)는 분자당 원자 수가 같다.
ㄷ. (나)와 (다)는 연료로 이용된다.

① ㄱ   ② ㄴ   ③ ㄱ, ㄷ
④ ㄴ, ㄷ   ⑤ ㄱ, ㄴ, ㄷ

12 다음은 탄소 화합물 (가)~(다)에 대한 자료이다. (가)~ (다)는 각각 메테인(CH_4), 에탄올(C_2H_5OH), 아세트산 (CH_3COOH) 중 하나이다.

- 한 분자당 $\dfrac{\text{H 원자 수}}{\text{C 원자 수}}$ 는 (가) > (나)이다.
- 한 분자를 구성하는 원자 수는 (나) : (다) = 9 : 8 이다.

이에 대한 설명으로 옳은 것만을 [보기]에서 있는 대로 고른 것은?

| 보기 |
ㄱ. (가)는 액화 천연가스의 주성분이다.
ㄴ. (나)는 온실 기체 중 하나이다.
ㄷ. (다)는 의약품의 원료로 이용된다.

① ㄱ   ② ㄴ   ③ ㄱ, ㄷ
④ ㄴ, ㄷ   ⑤ ㄱ, ㄴ, ㄷ

화학식량과 몰

02.

≫ **핵심 짚기** ▸ 원자량, 분자량, 화학식량 ▸ 몰과 아보가드로수
 ▸ 몰과 입자 수, 질량, 기체의 부피 사이의 관계

Ⓐ 화학식량

1 원자량   질량수가 12인 탄소(^{12}C) 원자의 질량을 12로 정하고 이를 기준으로 하여 나타 낸 상대적인 질량이다. ➡ g, kg과 같은 단위를 붙이지 않는다. ❶
　① 원자량을 사용하는 까닭: 원자는 질량이 매우 작아서 실제의 값을 그대로 사용하는 것 이 불편하므로 탄소(^{12}C) 원자와 비교한 상대적인 질량을 원자량으로 사용한다. ❷
　② 여러 가지 원소의 원자량

원소	원자량	원소	원자량	원소	원자량
수소(H)	1	산소(O)	16	염소(Cl)	35.5
탄소(C)	12	나트륨(Na)	23	칼륨(K)	39
질소(N)	14	황(S)	32	칼슘(Ca)	40

2 분자량   분자의 상대적인 질량으로, 분자를 이루는 모든 원자들의 원자량을 합한 값이다.
　예 물(H_2O)의 분자량＝(H의 원자량×2)＋O의 원자량＝(1×2)＋16＝18

분자	분자량	분자	분자량
수소(H_2)	2	물(H_2O)	18
암모니아(NH_3)	17	메테인(CH_4)	16
산소(O_2)	32	이산화 탄소(CO_2)	44

3 화학식량   물질의 화학식을 이루는 각 원자들의 원자량을 합한 값이다. ❸❹
　예 염화 나트륨(NaCl)의 화학식량＝Na의 원자량＋Cl의 원자량＝23＋35.5＝58.5

화합물	화학식량	화합물	화학식량
염화 나트륨(NaCl)	58.5	탄산 칼슘($CaCO_3$)	100

Ⓑ 몰

1 *몰   원자, 분자, 이온 등과 같이 매우 작은 입자의 양을 나타내는 묶음 단위
　① 몰을 사용하는 까닭: 원자와 분자는 매우 작고 가벼워서 물질의 양이 적어도 그 속에는 많은 수의 입자가 포함되어 있으므로 묶음 단위를 사용하면 편리하다.
　② 아보가드로수(N_A): 탄소(^{12}C) 원자 12 g에 들어 있는 입자 수로, $6.02×10^{23}$이다.
　③ 몰과 아보가드로수의 관계: 물질의 종류에 관계없이 물질 1몰에는 $6.02×10^{23}$개의 입 자가 들어 있다.

$$1몰(mol)＝입자 6.02×10^{23}개$$

2 몰과 질량
　① 1몰의 질량: 화학식량 뒤에 g을 붙인 값과 같다.

구분	1몰의 질량	예
원자	원자량 g	탄소(C) 1몰의 질량 12 g
분자	분자량 g	물(H_2O) 1몰의 질량 18 g
이온 결합 물질	화학식량 g	염화 나트륨(NaCl) 1몰의 질량 58.5 g

　② 몰 질량: 물질 1몰의 질량으로, 단위는 g/mol이다. ─● 물질을 구성하는 입자의 종류와 수에 따라 몰 질량은 달라진다.

PLUS 강의 ➕

❶ **질량수**
원자핵을 구성하는 양성자수와 중성자 수의 합을 질량수라고 한다.

　　질량수＝양성자수＋중성자수

❷ **원자 1개의 실제 질량**

H 원자	$1.67×10^{-24}$ g
C 원자	$1.99×10^{-23}$ g
O 원자	$2.67×10^{-23}$ g

❸ **화학식과 실험식**
・화학식: 원소 기호와 숫자를 사용하여 물질을 구성하는 원자의 종류와 수를 나타낸 것으로 분자식을 포함하는 개 념이다.
・실험식: 각 성분 원소의 원자 수의 비 율을 가장 간단한 정수비로 하여 각 원소 기호 뒤에 붙인 식이다.
　예 벤젠의 분자식은 C_6H_6, 아세틸렌의 분자식은 C_2H_2이지만, 실험식은 모두 CH이다.

❹ **화학식량**
・이온 결합 물질, 금속 등은 분자가 아 니므로 화학식으로 나타내어 화학식량 을 구한다.
・화학식량은 분자량, 원자량 등의 개념 을 포함하는 가장 큰 개념이다.

🔍 **용어 돋보기**

＊**몰(mole)**＿'큰 덩어리'를 뜻하는 라 틴어 mole에서 유래된 용어로 물질을 구성하는 입자의 묶음 단위임

③ 물질의 양(mol): 물질의 질량을 몰 질량으로 나누어 구한다.

$$물질의 양(mol) = \frac{물질의 질량(g)}{물질의 몰 질량(g/mol)}$$

3 몰과 기체의 부피

① 아보가드로 법칙: 온도와 압력이 같을 때 모든 기체는 같은 부피 속에 같은 수의 분자가 들어 있다. [5] → 기체의 종류와는 무관하게 모든 기체에 성립한다.

② 기체 1몰의 부피: 0 °C, 1기압에서 모든 기체의 부피는 22.4 L이다. [6]

$$기체 1몰의 부피 = 22.4 \text{ L } (0\ °C,\ 1기압)$$

③ 기체 물질의 양(mol): 0 °C, 1기압에서 기체의 부피를 기체 1몰의 부피(22.4 L)로 나누어 구한다.

$$기체 물질의 양(mol) = \frac{기체의 부피(L)}{기체 1몰의 부피(L/mol)}$$

4 몰과 입자 수, 질량, 기체의 부피 사이의 관계

① 기체 1몰의 양(0 °C, 1기압)

구분	수소(H_2) 1몰	산소(O_2) 1몰	암모니아(NH_3) 1몰	이산화 탄소(CO_2) 1몰
분자 모형	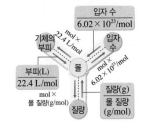			
질량(g)	2	32	17	44
분자 수(개)	6.02×10^{23}	6.02×10^{23}	6.02×10^{23}	6.02×10^{23}
부피(L)	22.4	22.4	22.4	22.4

② 몰과 입자 수, 질량, 기체의 부피 사이의 관계 [7]

$$물질의 양(mol) = \frac{입자 수(개)}{6.02 \times 10^{23}(개/mol)} = \frac{질량(g)}{몰 질량(g/mol)} = \frac{기체의 부피(L)}{22.4 \text{ L/mol}} \quad (0\ °C,\ 1기압)$$

⑤ 아보가드로 법칙
기체의 종류에 관계없이 온도와 압력이 같을 때 같은 양의 기체가 같은 부피를 나타내는 것은 기체 분자 자체의 부피가 무시할 수 있을 정도로 작기 때문이다.

⑥ 기체 1몰의 부피
기체는 온도와 압력에 따라 부피가 달라진다. 따라서 0 °C, 1기압에서 기체 1몰의 부피는 22.4 L이고, 온도가 이보다 높아지면 1몰 기체의 부피는 증가하고, 압력이 이보다 증가하면 1몰 기체의 부피는 감소한다.
예 20 °C, 1기압에서 기체 1몰의 부피는 24 L이다.

⑦ 1몰의 양
물질 1몰의 양은 질량, 입자 수, 기체인 경우 부피가 서로 관련되어 있다.

📑 정답과 해설 5쪽

개념 확인

(1) 질량수 12인 탄소(^{12}C) 원자의 질량을 12로 정하고 이를 기준으로 하여 나타낸 원자들의 상대적인 질량을 (   )이라고 한다.

(2) 분자를 이루는 모든 원자들의 원자량을 합한 값을 (   )이라 하고, 화학식을 이루는 각 원자들의 원자량을 합한 값을 (   )이라고 한다.

(3) 1몰의 입자 수는 (   )개이고, 1몰의 질량은 (   )에 g을 붙인 값과 같다.

(4) 0 °C, 1기압에서 기체 1몰의 부피는 기체의 종류에 관계없이 (   ) L이다.

(5) 표는 0 °C, 1기압에서 몇 가지 기체의 양을 나타낸 것이다. ㉠~㉕에 알맞은 값을 쓰시오.

기체	분자량	양(mol)	질량(g)	부피(L)
수소(H_2)	2	㉠( )	4	㉡( )
암모니아(NH_3)	17	㉢( )	㉣( )	44.8
이산화 탄소(CO_2)	㉤( )	0.5	22	㉕( )

2021 ● 6월 평가원 18번

자료❶ 기체의 질량, 분자량, 부피, 입자 수

표는 t °C, 1기압에서 기체 (가)~(다)에 대한 자료이다. t °C, 1기압에서 기체 1몰의 부피는 24 L이다.

기체	분자식	질량(g)	분자량	부피(L)	전체 원자 수 (상댓값)
(가)	XY_2	18		8	1
(나)	ZX_2	23		a	1.5
(다)	Z_2Y_4	26	104		b

1. (가)의 양(mol)은 $\frac{1}{3}$몰이다. (○, ×)

2. (가)의 분자량은 54이다. (○, ×)

3. (나)의 분자량은 46이다. (○, ×)

4. $a \times b = 18$이다. (○, ×)

5. 1 g에 들어 있는 전체 원자 수는 (다)>(나)이다. (○, ×)

2018 ● 9월 평가원 8번

자료❷ 기체의 질량, 입자 수, 부피

표는 일정한 온도와 압력에서 기체 (가)~(다)에 대한 자료이다. 기체 (가)~(다)에 각각 포함된 수소 원자의 전체 질량은 같다. (단, H의 원자량은 1이며, N_A는 아보가드로 수이다.)

기체	(가)	(나)	(다)
분자식	H_2	CH_4	NH_3
기체의 양	x g	$\frac{1}{2}N_A$	V L

1. (나)에서 H 원자는 2몰이다. (○, ×)

2. (가)에서 $x = 4$이다. (○, ×)

3. (다)에서 NH_3는 $\frac{2}{3}$몰이다. (○, ×)

4. (가)에서 H_2의 부피는 $\frac{2V}{3}$ L이다. (○, ×)

5. (나)에서 CH_4의 부피는 $\frac{3V}{4}$ L이다. (○, ×)

6. 총 원자 수비는 (가) : (나) : (다)=2 : 5 : 8이다. (○, ×)

A 화학식량 **B** 몰

1 원자량, 분자량, 화학식량에 대한 설명으로 옳지 <u>않은</u> 것은?

① 원자량은 g, kg 등의 단위를 사용한다.

② 원자량은 질량수가 12인 ^{12}C 원자의 질량을 기준으로 한다.

③ 분자량은 분자를 구성하는 원자들의 원자량을 합한 값이다.

④ 염화 나트륨의 화학식량은 나트륨과 염소의 원자량을 합한 값이다.

⑤ 원자량을 사용하는 까닭은 원자의 질량이 매우 작기 때문이다.

2 몰과 입자 수, 질량에 대한 설명으로 옳지 <u>않은</u> 것은?

① 1몰의 입자 수는 6.02×10^{23}개이다.

② 물질의 종류에 관계없이 물질 1몰에는 같은 수의 입자가 들어 있다.

③ ^{12}C 원자 1몰의 질량은 12 g이다.

④ ^{12}C 원자 1개의 질량은 $\frac{1}{6.02 \times 10^{23}}$ g이다.

⑤ 분자 1몰의 질량은 분자량 뒤에 g을 붙인 값과 같다.

3 다음은 수소 기체(H_2) 1 g에 들어 있는 수소 원자(H) 수를 구하는 과정이다. ( ) 안에 알맞은 말을 쓰시오.

> H_2 1 g을 ㉠( )으로 나누어 양(mol)을 구한다. ➡ H_2 1 g의 양(mol)에 ㉡( )를 곱하여 입자 수를 구한다. ➡ 분자당 원자 수인 ㉢( )를 곱하여 H 원자 수를 구한다.

4 0 °C, 1기압에서 메테인(CH_4) 기체 11.2 L가 있다. 이 CH_4 분자의 양(mol)과 분자 수를 구하시오. (단, 0 °C, 1기압에서 기체 1몰의 부피는 22.4 L이다.)

5 그림은 (가)와 (나)의 1 g당 분자 수를 나타낸 것이다. (가)와 (나)는 AB_2, AB_3 중 하나이다.

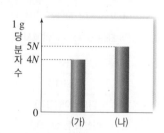

A : B의 원자량비를 구하시오.

1 표는 W~Z 원자 1개의 질량을 나타낸 것이다.

원자	W	X	Y	Z
1개의 질량(g)	$\frac{1}{6} \times 10^{-23}$	2×10^{-23}	$\frac{7}{3} \times 10^{-23}$	$\frac{8}{3} \times 10^{-23}$

이에 대한 설명으로 옳은 것만을 [보기]에서 있는 대로 고른 것은? (단, W~Z는 임의의 원소 기호이고, 아보가드로수는 6×10^{23}이다.)

┤ 보기 ├
ㄱ. W 1 g에 포함된 원자는 1몰이다.
ㄴ. XZ_2와 Y_2Z의 분자량은 같다.
ㄷ. YW_3 34 g에 포함된 원자 수는 $2 \times 6 \times 10^{23}$이다.

① ㄴ   ② ㄷ   ③ ㄱ, ㄴ
④ ㄱ, ㄷ   ⑤ ㄱ, ㄴ, ㄷ

[2019 수능 9번]

2 표는 같은 온도와 압력에서 질량이 같은 기체 (가)~(다)에 대한 자료이다.

기체	분자식	부피(L)
(가)	XY_4	22
(나)	Z_2	11
(다)	XZ_2	8

이에 대한 설명으로 옳은 것만을 [보기]에서 있는 대로 고른 것은? (단, X~Z는 임의의 원소 기호이다.)

┤ 보기 ├
ㄱ. 분자량은 $XZ_2 > XY_4$이다.
ㄴ. 1 g에 들어 있는 원자 수는 (가)가 (나)의 2.5배이다.
ㄷ. 원자량은 X > Z이다.

① ㄱ   ② ㄴ   ③ ㄱ, ㄷ
④ ㄴ, ㄷ   ⑤ ㄱ, ㄴ, ㄷ

3 표는 같은 온도와 압력에서 기체 (가)~(다)에 대한 자료이다. B의 원자량은 1이다.

기체	(가)	(나)	(다)
분자식	B_2	A_2B_2	A_4B_8
기체의 양	x g	V L	$2N_A$개
전체 원자 수(mol)	a	a	$3a$

(가)~(다)에 대한 설명으로 옳은 것만을 [보기]에서 있는 대로 고른 것은? (단, A, B는 임의의 원소 기호이고, N_A는 아보가드로수이다.)

┤ 보기 ├
ㄱ. $a = 8$이다.
ㄴ. $x = 4$이다.
ㄷ. (다)의 부피는 V L이다.

① ㄱ   ② ㄴ   ③ ㄱ, ㄷ
④ ㄴ, ㄷ   ⑤ ㄱ, ㄴ, ㄷ

4 다음은 t °C, 1기압에서 3가지 물질에 대한 자료이다. t °C, 1기압에서 기체 1몰의 부피는 25 L이다.

- Cu의 원자량: 64
- H_2O의 분자량: 18, H_2O의 밀도: 1 g/mL

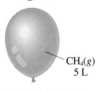
Cu(s) 9.6 g
$H_2O(l)$ 0.09 L
$CH_4(g)$ 5 L

이에 대한 설명으로 옳은 것만을 [보기]에서 있는 대로 고른 것은? (단, 풍선 내부의 압력은 1기압이다.)

┤ 보기 ├
ㄱ. Cu의 양(mol)은 0.15몰이다.
ㄴ. 물질의 양(mol)은 H_2O이 CH_4의 5배이다.
ㄷ. 전체 원자 수는 H_2O이 CH_4의 15배이다.

① ㄱ   ② ㄴ   ③ ㄱ, ㄷ
④ ㄴ, ㄷ   ⑤ ㄱ, ㄴ, ㄷ

5 표는 30 °C, 1기압 상태에 있는 기체 A와 액체 B, 메탄올(CH_3OH)의 성질과 양에 대한 자료의 일부이다.

구분	분자량	밀도	질량	부피
기체 A		1.28 g/L		12.5 L
액체 B	18	1.0 g/mL		9.0 mL
메탄올	32		16 g	

이에 대한 설명으로 옳은 것만을 [보기]에서 있는 대로 고른 것은? (단, 30 °C, 1기압에서 기체 1몰의 부피는 25 L이며, H의 원자량은 1이다.)

┤ 보기 ├
ㄱ. A의 분자량은 32이다.
ㄴ. B 9.0 mL와 메탄올 16 g의 양(mol)은 같다.
ㄷ. 메탄올 16 g에 포함된 수소 원자의 양(mol)은 2몰이다.

① ㄱ ② ㄴ ③ ㄱ, ㄷ
④ ㄴ, ㄷ ⑤ ㄱ, ㄴ, ㄷ

[2018 6월 평가원 5번]

6 표는 25 °C, 1기압에서 2가지 기체에 대한 자료이다.

분자식	A_2B_4	A_4B_8
부피(L)	3	2
총 원자 수(상댓값)	3	x
단위 부피당 질량 (상댓값)	y	2

$x+y$는? (단, A, B는 임의의 원소 기호이다.)

① 2 ② 3 ③ 4
④ 5 ⑤ 6

7 표는 0 °C, 1기압에서 같은 부피의 기체 (가)~(다)에 대한 자료이다. (가)~(다)의 분자식은 각각 A_2, BA_2, BA_3 중 하나이며, 원자량은 B>A이다.

기체	질량(g)	밀도(상댓값)
(가)	a	1
(나)	b	2
(다)	10	c

$a+b+c$는? (단, A, B는 임의의 원소 기호이다.)

① 10 ② 14 ③ 14.5
④ 15.5 ⑤ 18

8 그림은 같은 질량의 기체 A와 B가 실린더에 각각 들어 있는 것을 나타낸 것이다. A와 B는 각각 X_2와 X_3 중 하나이다.

이에 대한 설명으로 옳은 것만을 [보기]에서 있는 대로 고른 것은? (단, X는 임의의 원소 기호이다.)

┤ 보기 ├
ㄱ. A는 X_2이다.
ㄴ. $x:y=3:2$이다.
ㄷ. 실린더 내부 기체의 밀도비는 A와 B가 같다.

① ㄱ ② ㄷ ③ ㄱ, ㄴ
④ ㄴ, ㄷ ⑤ ㄱ, ㄴ, ㄷ

1 2021 수능 17번

그림 (가)는 강철 용기에 메테인($CH_4(g)$) 14.4 g과 에탄올($C_2H_5OH(g)$) 23 g이 들어 있는 것을, (나)는 (가)의 용기에 메탄올($CH_3OH(g)$) x g이 첨가된 것을 나타낸 것이다. 용기 속 기체의 $\dfrac{\text{산소(O) 원자 수}}{\text{전체 원자 수}}$ 는 (나)가 (가)의 2배이다.

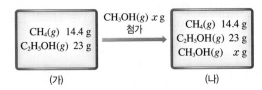

(가)   (나)

x는? (단, H, C, O의 원자량은 각각 1, 12, 16이다.)

① 16   ② 24   ③ 32
④ 48   ⑤ 64

2 2020 6월 평가원 13번

표는 $AB_2(g)$에 대한 자료이다. AB_2의 분자량은 M이다.

질량	부피	1 g에 들어 있는 전체 원자 수
1 g	2 L	N

$AB_2(g)$에 대한 설명으로 옳은 것만을 [보기]에서 있는 대로 고른 것은? (단, A, B는 임의의 원소 기호이며, 온도와 압력은 일정하다.)

┤ 보기 ├

ㄱ. 1 g에 들어 있는 B 원자 수는 $\dfrac{2N}{3}$이다.

ㄴ. 1몰의 부피는 $2M$ L이다.

ㄷ. 1몰에 해당하는 분자 수는 $\dfrac{MN}{3}$이다.

① ㄱ   ② ㄷ   ③ ㄱ, ㄴ
④ ㄴ, ㄷ   ⑤ ㄱ, ㄴ, ㄷ

3 2020 9월 평가원 16번

표는 t ℃, 1기압에서 기체 (가)~(다)에 대한 자료이다.

기체	분자식	질량(g)	부피(L)	전체 원자 수(상댓값)
(가)	AB_2	16	6	1
(나)	AB_3	30	x	2
(다)	CB_2	23	12	y

이에 대한 설명으로 옳은 것만을 [보기]에서 있는 대로 고른 것은? (단, A~C는 임의의 원소 기호이다.)

┤ 보기 ├

ㄱ. $x+y=10$이다.

ㄴ. 원자량은 B>C이다.

ㄷ. 1 g에 들어 있는 B 원자 수는 (나)>(다)이다.

① ㄱ   ② ㄴ   ③ ㄷ
④ ㄱ, ㄴ   ⑤ ㄴ, ㄷ

4 그림 (가)와 (나)는 90 ℃, 1기압에서 기체 상태의 탄화수소 A와 B를 각각 13 g씩 실린더에 넣은 것을 나타낸 것이다. A와 B의 분자식은 각각 C_mH_m, C_nH_n이다.

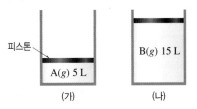

(가)   (나)

이에 대한 설명으로 옳은 것만을 [보기]에서 있는 대로 고른 것은? (단, C, H의 원자량은 각각 12, 1이며, 90 ℃, 1기압에서 기체 1몰의 부피는 30 L이다. 피스톤의 질량과 마찰은 무시한다.)

┤ 보기 ├

ㄱ. (가)에서 A는 $\dfrac{1}{6}$몰이다.

ㄴ. 분자량은 A가 B의 3배이다.

ㄷ. $m+n=8$이다.

① ㄴ   ② ㄷ   ③ ㄱ, ㄴ
④ ㄱ, ㄷ   ⑤ ㄱ, ㄴ, ㄷ

2017 수능 13번

5 그림은 기체 (가)와 (나)의 **1 g당 분자 수**를 나타낸 것이다. (가)와 (나)는 각각 AB_2, AB_3 중 하나이다.

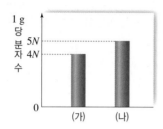

이에 대한 설명으로 옳은 것만을 [보기]에서 있는 대로 고른 것은? (단, A, B는 임의의 원소 기호이다.)

┌──────── 보기 ────────┐
ㄱ. 원자량은 A>B이다.
ㄴ. 1 g당 원자 수는 (나)>(가)이다.
ㄷ. 같은 온도와 압력에서 기체의 밀도는 (나)>(가)이다.
└────────────────────┘

① ㄱ   ② ㄴ   ③ ㄱ, ㄷ
④ ㄴ, ㄷ   ⑤ ㄱ, ㄴ, ㄷ

2018 수능 15번

7 표는 용기 (가)와 (나)에 들어 있는 화합물 X_2Y와 X_2Y_2에 대한 자료이다.

용기	화합물의 질량(g)		용기 내 전체 원자 수
	X_2Y	X_2Y_2	
(가)	a	$2b$	$19N$
(나)	$2a$	b	$14N$

$\dfrac{(가)에서\ Y\ 원자\ 수}{(나)에서\ Y\ 원자\ 수}$ 는? (단, X, Y는 임의의 원소 기호이다.)

① 1   ② $\dfrac{5}{4}$ ③ $\dfrac{3}{2}$

④ $\dfrac{5}{3}$ ⑤ 2

2021 9월 평가원 17번

8 그림 (가)는 실린더에 $A_2B_4(g)$ 23 g이 들어 있는 것을, (나)는 (가)의 실린더에 $AB(g)$ 10 g이 첨가된 것을, (다)는 (나)의 실린더에 $A_2B(g)$ w g이 첨가된 것을 나타낸 것이다. (가)~(다)에서 실린더 속 기체의 부피는 V L, $\dfrac{7}{3}V$ L, $\dfrac{13}{3}V$ L이고, 모든 기체들은 반응하지 않는다.

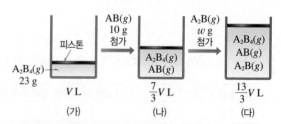

이에 대한 설명으로 옳은 것만을 [보기]에서 있는 대로 고른 것은? (단, A, B는 임의의 원소 기호이며, 온도와 압력은 일정하다.)

┌──────── 보기 ────────┐
ㄱ. 원자량은 A>B이다.
ㄴ. w=22이다.
ㄷ. (다)에서 실린더 속 기체의 $\dfrac{A\ 원자\ 수}{전체\ 원자\ 수}=\dfrac{1}{2}$ 이다.
└────────────────────┘

① ㄱ   ② ㄴ   ③ ㄱ, ㄷ
④ ㄴ, ㄷ   ⑤ ㄱ, ㄴ, ㄷ

자료❶

2021 6월 평가원 18번

6 표는 t °C, 1기압에서 기체 (가)~(다)에 대한 자료이다.

기체	분자식	질량(g)	분자량	부피(L)	전체 원자 수 (상댓값)
(가)	XY_2	18		8	1
(나)	ZX_2	23		a	1.5
(다)	Z_2Y_4	26	104		b

이에 대한 설명으로 옳은 것만을 [보기]에서 있는 대로 고른 것은? (단, X~Z는 임의의 원소 기호이며, t °C, 1기압에서 기체 1몰의 부피는 24 L이다.)

┌──────── 보기 ────────┐
ㄱ. $a \times b$=18이다.
ㄴ. 1 g에 들어 있는 전체 원자 수는 (나)>(다)이다.
ㄷ. t °C, 1기압에서 $X_2(g)$ 6 L의 질량은 8 g이다.
└────────────────────┘

① ㄱ   ② ㄷ   ③ ㄱ, ㄴ
④ ㄴ, ㄷ   ⑤ ㄱ, ㄴ, ㄷ

자료❷

2018 9월 평가원 8번

9 표는 일정한 온도와 압력에서 기체 (가)~(다)에 대한 자료이다. (가)~(다)에 각각 포함된 수소 원자의 전체 질량은 같다.

기체	(가)	(나)	(다)
분자식	H_2	CH_4	NH_3
기체의 양	x g	$\frac{1}{2}N_A$	V L

(가)~(다)에 대한 설명으로 옳은 것만을 [보기]에서 있는 대로 고른 것은? (단, H의 원자량은 1이며, N_A는 아보가드로수이다.)

┌─── 보기 ───┐
ㄱ. $x=4$이다.

ㄴ. (나)의 부피는 $\frac{3V}{4}$ L이다.

ㄷ. (다)에 있는 총 원자 수는 $\frac{4}{3}N_A$이다.
└──────────┘

① ㄱ   ② ㄴ   ③ ㄷ
④ ㄱ, ㄴ   ⑤ ㄴ, ㄷ

---

10 그림은 t °C, 1기압에서 실린더에 들어 있는 3가지 기체의 부피와 질량을 나타낸 것이다. Y의 원자량은 1이다.

XY_4 3 L, 2 g Y_2Z 4 L, 3 g XZ_2 12 L, 22 g

이에 대한 설명으로 옳은 것만을 [보기]에서 있는 대로 고른 것은? (단, X~Z는 임의의 원소 기호이고, 기체의 온도와 압력은 같다.)

┌─── 보기 ───┐
ㄱ. X의 원자량은 12이다.

ㄴ. 분자량비는 $XY_4 : Y_2Z = 8 : 9$이다.

ㄷ. t °C, 1기압에서 기체 1몰의 부피는 24 L이다.
└──────────┘

① ㄱ   ② ㄴ   ③ ㄱ, ㄷ
④ ㄴ, ㄷ   ⑤ ㄱ, ㄴ, ㄷ

2019 9월 평가원 10번

11 표는 t °C, 1기압에서 기체 (가)~(다)에 대한 자료이다.

기체	분자식	질량(g)	부피(L)	분자 수	전체 원자 수 (상댓값)
(가)	AB	y		$1.5N_A$	4
(나)	A_2B	11	7		z
(다)	AB_x	23		$0.5N_A$	2

$\frac{y}{x+z}$는? (단, t °C, 1기압에서 기체 1몰의 부피는 28 L이고, A, B는 임의의 원소 기호이며, N_A는 아보가드로수이다.)

① 9   ② 11   ③ 12
④ 15   ⑤ 18

2020 수능 14번

12 그림 (가)는 실린더에 $A_4B_8(g)$이 들어 있는 것을, (나)는 (가)의 실린더에 $A_nB_{2n}(g)$이 첨가된 것을 나타낸 것이다. (가)와 (나)에서 실린더 속 기체의 단위 부피당 전체 원자 수는 각각 x와 y이다. 두 기체는 반응하지 않는다.

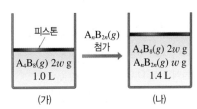

피스톤

$A_4B_8(g)$ $2w$ g
1.0 L

$A_nB_{2n}(g)$ 첨가 →

$A_4B_8(g)$ $2w$ g
$A_nB_{2n}(g)$ w g
1.4 L

(가)   (나)

$n \times \frac{x}{y}$는? (단, A, B는 임의의 원소 기호이며, 기체의 온도와 압력은 일정하다.)

① $\frac{7}{3}$ ② $\frac{10}{3}$ ③ $\frac{21}{5}$
④ $\frac{14}{3}$ ⑤ $\frac{24}{5}$

03 화학 반응식과 용액의 농도

>> 핵심 짚기 ▸ 화학 반응식의 양적 관계 ▸ 용액의 몰 농도 계산

Ⓐ 화학 반응식

1 화학 반응식① 화학식과 기호를 이용하여 화학 반응을 나타낸 식

2 화학 반응식을 나타내는 방법

단계	방법	예 수증기 생성 반응
1단계	반응물과 생성물을 화학식으로 나타낸다.	• 반응물: 수소(H_2), 산소(O_2) • 생성물: 수증기(H_2O)
2단계	'→'를 기준으로 반응물은 왼쪽에, 생성물은 오른쪽에 쓰고, 물질 사이는 '+'로 연결한다.	수소+산소 ⟶ 수증기 ➡ $H_2 + O_2 \longrightarrow H_2O$
3단계	반응 전후 원자의 종류와 수가 같도록 *계수를 맞춘다. 계수는 가장 간단한 정수로 나타내고, 1이면 생략한다.	$2H_2 + O_2 \longrightarrow 2H_2O$
4단계	물질의 상태는 ( ) 안에 기호를 써서 화학식 뒤에 표시한다. ② ➡ 고체: s, 액체: l, 기체: g, 수용액: aq	$2H_2(g) + O_2(g) \longrightarrow 2H_2O(g)$

3 화학 반응식으로부터 알 수 있는 것 반응물과 생성물의 종류, 반응물과 생성물의 물질의 양(mol), 분자 수, 기체의 부피, 질량 등의 양적 관계를 알 수 있다. 여기서 잠깐! 28쪽

> 계수비 = 몰비 = 분자 수비 = 부피비(기체) ≠ 질량비

화학 반응식	$2H_2(g)$	+	$O_2(g)$	⟶	$2H_2O(g)$
물질의 종류	수소	:	산소	:	수증기
계수비＝몰비	2	:	1	:	2
분자 수비	$2 \times 6.02 \times 10^{23}$ 2	: :	6.02×10^{23} 1	: :	$2 \times 6.02 \times 10^{23}$ 2
기체의 부피비③ (0 °C, 1기압)	2×22.4 L 2	: :	22.4 L 1	: :	2×22.4 L 2
질량비④	2×2 1	: :	32 8	: :	2×18 9

탐구 자료) 탄산 칼슘과 묽은 염산의 반응에서 양적 관계

2개의 삼각 플라스크에 묽은 염산(HCl) 70 mL를 각각 넣고 질량을 측정한 후, 탄산 칼슘($CaCO_3$) 가루 1.0 g, 2.0 g을 각각 넣고 반응이 완전히 끝나면 삼각 플라스크 전체의 질량을 측정한다.

탄산 칼슘
묽은 염산

1. 화학 반응식: $CaCO_3(s) + 2HCl(aq)$
$\qquad \longrightarrow CaCl_2(aq) + H_2O(l) + CO_2(g)$

2. 결과 (단, 화학식량은 탄산 칼슘 100, 이산화 탄소 44이다.)

실험	반응한 $CaCO_3$의 질량	발생한 CO_2의 질량	반응한 $CaCO_3$의 양	발생한 CO_2의 양
Ⅰ	1.0 g	┌반응 전후 질량 차 0.4 g	$\frac{1.0}{100} = 0.01$몰	$\frac{0.4}{44} ≒ 0.01$몰
Ⅱ	2.0 g	0.9 g	$\frac{2.0}{100} = 0.02$몰	$\frac{0.9}{44} ≒ 0.02$몰

3. 결론: 반응한 탄산 칼슘과 생성된 이산화 탄소의 몰비는 1 : 1이다. ➡ 계수비와 같다.

---PLUS 강의 sidebar---

PLUS 강의 ➕

① 화학 반응식을 나타낼 수 있는 까닭
화학 반응이 일어날 때는 반응 전과 후에 원자가 새로 생겨나거나 없어지지 않으므로 반응물과 생성물을 구성하는 원자의 종류와 수가 같다. 따라서 이를 이용하여 화학 반응식을 나타낼 수 있다.

② 앙금 생성 반응과 기체 발생 반응의 표시
화학 반응에서 앙금이 생성될 때는 화학식 뒤에 '↓'를 표시하고, 기체가 발생할 때는 화학식 뒤에 '↑'를 표시하기도 한다.
• 앙금 생성 반응
$NaCl(aq) + AgNO_3(aq)$
$\qquad \longrightarrow NaNO_3(aq) + AgCl(s) \downarrow$
• 기체 발생 반응
$Mg(s) + 2HCl(aq)$
$\qquad \longrightarrow MgCl_2(aq) + H_2(g) \uparrow$

③ 기체의 부피
아보가드로 법칙에 따르면 온도와 압력이 같을 때 같은 부피에는 같은 분자 수의 기체가 들어 있으므로 몰비는 기체의 부피비와 같다.

④ 화학 반응식과 질량비
• 물질의 몰비를 토대로 화학식량을 곱하여 질량을 나타내면 화학 반응식의 계수비가 질량비와 같지 않음을 알 수 있다.
• 반응물의 질량의 합과 생성물의 질량의 합은 같으므로 질량 보존 법칙이 성립한다.

---용어 돋보기---

* 계수(係 걸리다, 數 세다)_ 기호 문자와 숫자로 된 식에서 숫자를 가리키는 말. 화학 반응식의 계수는 가장 간단한 양의 정수로 나타냄

B 용액의 농도 여기서 잠깐 29쪽

1 퍼센트 농도(%) 용액 100 g에 녹아 있는 용질의 질량(g)을 백분율로 나타낸 것으로, 단위는 %이다.

$$퍼센트\ 농도(\%) = \frac{용질의\ 질량(g)}{용액의\ 질량(g)} \times 100$$

① 온도나 압력에 영향을 받지 않고 일정한 값을 갖는다. [5]
② 같은 퍼센트 농도라도 용질의 종류에 따라서 용액에 녹아 있는 입자 수가 다르다.

2 몰 농도(M) 용액 1 L 속에 녹아 있는 용질의 양(mol)으로, 단위는 M 또는 mol/L이다.

$$몰\ 농도(M) = \frac{용질의\ 양(mol)}{용액의\ 부피(L)}\ {}^{[6]}$$

① 몰 농도가 같으면 용질의 종류와 관계없이 일정한 부피의 용액에 녹아 있는 용질의 입자 수가 같다.
② 용액의 부피는 온도에 따라서 달라질 수 있으므로 몰 농도는 온도에 따라 달라진다. [7]

탐구 자료 0.1 M 황산 구리(II) 수용액 만들기

❶ 황산 구리(II) 오수화물($CuSO_4 \cdot 5H_2O$) 24.97 g을 비커에 담고, 적당량의 증류수를 부어 모두 녹인다.
❷ 황산 구리(II) 수용액을 1 L 부피 플라스크에 넣는다.
❸ 스포이트나 씻기병으로 눈금선에 맞춰 증류수를 넣은 후 마개를 막고 잘 섞이도록 흔들어 섞는다.

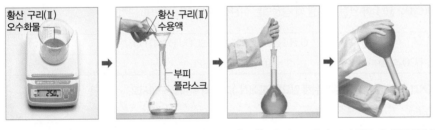

황산 구리(II) 오수화물 → 황산 구리(II) 수용액 / 부피 플라스크

1. 과정 ❶에서 넣어 준 황산 구리(II) 오수화물의 양(mol): 황산 구리(II) 오수화물의 화학식량은 249.7이므로 황산 구리(II) 오수화물의 양(mol)은 0.1몰이다.
2. 황산 구리(II) 오수화물을 모두 녹인 후 증류수를 더 넣어 용액의 부피를 1 L로 맞추는 까닭: 황산 구리(II) 오수화물 0.1몰이 녹아 있는 용액의 전체 부피가 1 L가 되어야 하기 때문이다.

☰ 정답과 해설 11쪽

개념 확인

(1) 암모니아 생성 반응의 화학 반응식은 $N_2(g) + 3H_2(g) \longrightarrow 2NH_3(g)$이다. (단, H, N의 원자량은 각각 1, 14이고, 0 ℃, 1기압에서 기체 1몰의 부피는 22.4 L이다.)
  ① N_2 28 g이 충분한 양의 H_2와 반응하여 생성되는 NH_3의 양(mol)은 (   )몰이다.
  ② N_2 3몰과 H_2 3몰이 반응하면 NH_3 (   )몰이 생성된다.
  ③ 0 ℃, 1기압에서 충분한 양의 N_2와 H_2 6 g이 반응하여 생성되는 NH_3의 부피는 (   ) L이다.
(2) 그림은 0.1 M 포도당 수용액 500 mL를 나타낸 것이다. (단, 포도당의 분자량은 180이다.)
  ① 수용액 속 포도당의 양(mol)은 (   )몰이다.
  ② 수용액 속 포도당의 질량은 (   ) g이다.
  ③ 수용액이 들어 있는 실험 기구는 (   )이다.
  ④ 이 수용액에 물을 추가하여 1000 mL의 수용액을 만들면 몰 농도는 (   ) M이 된다.

0.1 M 포도당 수용액 500 mL

화학 반응에서의 양적 관계

화학 반응식에서 각 물질의 계수비는 몰비와 같다는 것을 이용하여 반응물과 생성물의 질량과 부피를 구할 수 있어요. 지금부터 화학 반응식을 이용하여 반응물과 생성물의 양적 관계를 계산하는 방법에 대해 알아봅시다.

정답과 해설 11쪽

1 > 화학 반응에서의 질량 관계

계수비가 몰비와 같으므로 반응물과 생성물 중 어느 한쪽의 질량만 알아도 다른 한쪽의 질량을 알 수 있다.

예 14 g의 질소(N_2)가 충분한 양의 수소(H_2)와 모두 반응할 때 생성되는 암모니아(NH_3)의 질량 구하기 (단, H, N의 원자량은 각각 1, 14이다.)

1단계	화학 반응식 나타내기	$N_2(g)+3H_2(g) \longrightarrow 2NH_3(g)$
2단계	N_2 14 g의 양(mol) 계산하기	물질의 양(mol)$=\dfrac{질량(g)}{몰\ 질량(g/mol)}=\dfrac{14\ g}{28\ g/mol}=0.5몰$
3단계	계수비=몰비를 이용하여 NH_3의 양(mol) 계산하기	$1:2=0.5몰:x,\ x=1몰$
4단계	NH_3의 질량 구하기	질량(g)=물질의 양(mol)×몰 질량(g/mol)$=1\ mol×17\ g/mol=17\ g$

Q1 프로페인(C_3H_8) 22 g을 완전 연소시킬 때 생성되는 이산화 탄소(CO_2)의 질량을 구하시오. (단, C_3H_8과 CO_2의 분자량은 각각 44이다.)

2 > 화학 반응에서의 부피 관계

계수비가 기체의 부피비와 같으므로 반응물과 생성물 중 어느 한쪽의 부피만 알아도 다른 한쪽의 부피를 알 수 있다.

예 일정한 온도와 압력에서 프로페인(C_3H_8) 10 L가 완전 연소될 때 생성되는 이산화 탄소(CO_2)의 부피 구하기

1단계	화학 반응식 나타내기	$C_3H_8(g)+5O_2(g) \longrightarrow 3CO_2(g)+4H_2O(l)$
2단계	계수비=부피비를 이용하여 CO_2의 부피 계산하기	$1:3=10\ L:x,\ x=30\ L$

Q2 25 °C, 1기압에서 암모니아(NH_3) 기체 10 L를 얻기 위해 필요한 질소(N_2) 기체의 부피를 구하시오.

3 > 화학 반응에서의 질량과 부피 관계

화학 반응식에서 계수비는 몰비와 같으며 0 °C, 1기압에서 기체 1몰의 부피가 22.4 L인 것을 이용하여 반응물과 생성물 중 어느 한쪽의 질량이나 부피를 구할 수 있다.

예 0 °C, 1기압에서 탄산 칼슘($CaCO_3$) 1 g이 충분한 양의 염산(HCl)과 반응할 때 발생하는 이산화 탄소(CO_2)의 부피 구하기 (단, $CaCO_3$의 화학식량은 100이다.)

1단계	화학 반응식 나타내기	$CaCO_3(s)+2HCl(aq) \longrightarrow CaCl_2(aq)+CO_2(g)+H_2O(l)$
2단계	$CaCO_3$ 1 g의 양(mol) 계산하기	물질의 양(mol)$=\dfrac{질량(g)}{몰\ 질량(g/mol)}=\dfrac{1\ g}{100\ g/mol}=0.01몰$
3단계	계수비=몰비를 이용하여 CO_2의 양(mol) 계산하기	$1:1=0.01몰:x,\ x=0.01몰$
4단계	CO_2의 양(mol)을 부피로 나타내기	$0.01\ mol×22.4\ L/mol=0.224\ L$

Q3 0 °C, 1기압에서 마그네슘(Mg) 12.15 g이 묽은 염산(HCl)과 완전히 반응할 때 생성되는 수소(H_2) 기체의 부피를 구하시오. (단, 마그네슘의 원자량은 24.3이다.)

농도의 변환, 용액의 희석과 혼합

지금부터 용액의 농도를 다른 단위의 농도로 환산하는 방법, 용액을 희석하여 만든 용액의 몰 농도를 구하는 방법 및 서로 다른 몰 농도의 용액을 혼합하여 만든 용액의 몰 농도를 구하는 방법에 대해 알아봅시다.

☰ 정답과 해설 11쪽

농도의 변환

1 > 퍼센트 농도(%)를 몰 농도(M)로 변환하기

예 화학식량이 x인 용질이 녹아 있는 a % 수용액의 밀도가 d g/mL일 때 수용액의 몰 농도(M) 구하기

1단계	용액 1 L의 질량(g) 구하기 $1000 \text{ mL} \times d \text{ g/mL} = 1000d \text{ g}$
2단계	용액 1 L 속에 들어 있는 용질의 질량(g) 구하기 $1000d \times \dfrac{a}{100} = 10ad \text{ g}$
3단계	용액 1 L 속에 들어 있는 용질의 양(mol) 구하기 $\dfrac{10ad}{x}$ 몰
4단계	몰 농도(M) 구하기 a % 수용액의 몰 농도 $= \dfrac{10ad}{x}$ M

Q1 98 % 황산(H_2SO_4)의 몰 농도(M)를 구하시오. (단, 98 % 황산의 밀도는 1.84 g/mL이고, 황산의 분자량은 98이다.)

2 > 몰 농도(M)를 퍼센트 농도(%)로 변환하기

예 화학식량이 x인 용질이 녹아 있는 a M 수용액의 밀도가 d g/mL일 때 수용액의 퍼센트 농도(%) 구하기

1단계	용액 1 L의 질량(g) 구하기 $1000 \text{ mL} \times d \text{ g/mL} = 1000d \text{ g}$
2단계	용액 1 L 속에 a몰의 용질이 들어 있으므로 용질의 질량(g) 구하기 $a \text{ mol} \times x \text{ g/mol} = ax \text{ g}$
3단계	퍼센트(%) 농도 구하기 a M 수용액의 퍼센트 농도 $= \dfrac{ax}{1000d} \times 100$ $= \dfrac{ax}{10d}$ %

Q2 0.5 M A 수용액의 퍼센트 농도(%)를 구하시오. (단, A의 화학식량은 100이고, 수용액의 밀도는 1.02 g/mL이다.)

용액의 희석과 혼합

3 > 희석한 용액의 몰 농도(M) 구하기

예 a M 수용액에서 V mL를 취한 뒤 희석하여 500 mL 수용액을 만들었을 때 수용액의 몰 농도(M) 구하기

1단계	a M 수용액 V mL에 들어 있는 용질의 양(mol) 구하기 $a \text{ M} \times \dfrac{V \text{ mL}}{1000 \text{ mL}} = \dfrac{aV}{1000}$ 몰
2단계	V mL의 용액을 희석하여 만든 수용액 500 mL의 몰 농도(M) 구하기 $\dfrac{aV}{1000} \text{ mol} \times \dfrac{1}{0.5} \text{ L} = \dfrac{aV}{500}$ M

Q3 0.1 M 250 mL 포도당 수용액에서 50 mL를 취하여 500 mL 수용액을 만들었을 때 용액의 몰 농도(M)를 구하시오.

4 > 혼합 용액의 몰 농도(M) 구하기

예 a % A 수용액 w g과 b M A 수용액 V mL를 혼합한 후 1 L의 수용액으로 만들었을 때 혼합 용액의 몰 농도(M) 구하기 (단, A의 화학식량은 100이다.)

1단계	a % A 수용액 w g 속 A의 양(mol) 구하기 $\left(w \times \dfrac{a}{100} \right) \text{g} \times \dfrac{1}{100 \text{ g/mol}} = \dfrac{wa}{10000}$ 몰
2단계	b M A 수용액 V mL 속 A의 양(mol) 구하기 $b \text{ M} \times \dfrac{V \text{ mL}}{1000 \text{ mL}} = \dfrac{bV}{1000}$ 몰
3단계	혼합 용액 1 L의 몰 농도(M) 구하기 $\dfrac{\dfrac{wa}{10000} \text{ mol} + \dfrac{bV}{1000} \text{ mol}}{1 \text{ L}} = \dfrac{wa+10bV}{10000}$ M

Q4 40 % A 수용액 100 g과 0.2 M A 수용액 500 mL를 혼합한 후 1 L 수용액으로 만들었을 때 용액의 몰 농도(M)를 구하시오. (단, A의 화학식량은 100이다.)

자료❶ 화학 반응식의 양적 관계(질량과 몰)

다음은 어떤 반응의 화학 반응식이다.

$$aNH_3(g) + bO_2(g) \longrightarrow cNO(g) + dH_2O(g)$$

$$(a \sim d는 반응 계수)$$

표는 반응물의 양을 달리하여 수행한 실험 I과 II에 대한 자료이다.

실험	반응물의 양		생성물의 양	
	$NH_3(g)$	$O_2(g)$	$NO(g)$	$H_2O(g)$
I	34 g	100 g	㉠몰	㉡ g
II	4몰	2.5몰	㉢ L	

(단, 반응은 완결되었고, H, N, O의 원자량은 각각 1, 14, 16이며, 기체 1몰의 부피는 t ℃, 1기압에서 24 L이다.)

1. $a+b+c+d=19$이다. (○, ×)
2. ㉠은 2이다. (○, ×)
3. ㉡은 108이다. (○, ×)
4. 실험 I에서 남은 반응물은 O_2 20 g이다. (○, ×)
5. t ℃, 1기압에서 ㉢은 96이다. (○, ×)
6. 실험 II에서 남은 반응물은 NH_3 2몰이다. (○, ×)

자료❷ 화학 반응식의 양적 관계(부피와 몰)

다음은 A와 B가 반응하여 C와 D를 생성하는 화학 반응식이다.

$$2A(g) + bB(g) \longrightarrow C(g) + 2D(g) \quad (b는 반응 계수)$$

표는 실린더에 A(g)를 x L 넣고 B(g)의 부피를 달리하여 반응을 완결시켰을 때, 반응 전과 후에 대한 자료이다. (단, 온도와 압력은 일정하다.)

실험	반응 전		반응 후
	A의 부피(L)	B의 부피(L)	전체 기체의 양(mol) / C의 양(mol)
I	x	4	4
II	x	9	4

1. 실험 I에서 모두 반응하는 것은 B이다. (○, ×)
2. 실험 II에서 모두 반응하는 것은 A이다. (○, ×)
3. 실험 I에서 $b = \dfrac{12}{x}$이다. (○, ×)
4. 실험 II에서 $x=6$이다. (○, ×)
5. 실험 II에서 $b=3$이다. (○, ×)

자료❸ 화학 반응의 양적 관계(기체의 밀도)

다음은 A(s)와 B(g)가 반응하여 C(g)를 생성하는 반응의 화학 반응식이다.

$$A(s) + bB(g) \longrightarrow C(g) \quad (b는 반응 계수)$$

표는 실린더에 A(s)와 B(g)의 몰수를 달리하여 넣고 반응을 완결시킨 실험 I, II에 대한 자료이다. $\dfrac{B의 \ 분자량}{C의 \ 분자량} = \dfrac{1}{16}$ 이다. (단, 온도와 압력은 일정하다.)

실험	넣어 준 물질의 몰수(몰)		실린더 속 기체의 밀도 (상댓값)	
	A(s)	B(g)	반응 전	반응 후
I	2	7	1	7
II	3	8	1	x

1. A의 분자량+(b×B의 분자량)=C의 분자량이다. (○, ×)
2. $b=1$이다. (○, ×)
3. 실험 I에서 반응 후 B, C는 각각 3몰, 2몰이 있다. (○, ×)
4. 실험 II에서 반응 후 B, C는 각각 3몰, 2몰이 있다. (○, ×)
5. $x=10$이다. (○, ×)
6. 반응 전 기체의 밀도에 영향을 주는 것은 B뿐이다. (○, ×)

7~9. 위 내용을 정리하면 다음 표와 같다.

실험	넣어 준 물질의 몰수(몰)		실린더 속 기체의 종류와 양	
	A(s)	B(g)	반응 전	반응 후
I	2	7	㉠	㉡
II	3	8	㉢	㉣

7. ㉠은 B(g) 7몰, ㉢은 B(g) 8몰이다. (○, ×)
8. ㉡과 ㉣은 기체의 종류와 양(mol)이 같다. (○, ×)
9. ㉣은 B(g) 2몰, C(g) 3몰이다. (○, ×)

2021 • 6월 평가원 19번

자료 ④ 화학 반응의 양적 관계 (기체의 밀도)

다음은 $A(g)$와 $B(g)$가 반응하여 $C(g)$를 생성하는 화학 반응식이다. 분자량은 A가 B의 2배이다.

$$aA(g)+B(g) \longrightarrow aC(g) \ (a는 \ 반응 \ 계수)$$

그림은 $A(g)$ V L가 들어 있는 실린더에 $B(g)$를 넣어 반응을 완결시켰을 때, 넣어 준 $B(g)$의 질량에 따른 반응 후 전체 기체의 밀도를 나타낸 것이다. P에서 실린더의 부피는 $2.5V$ L이다. (단, 기체의 온도와 압력은 일정하다.)

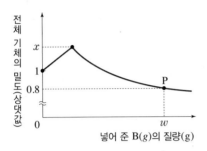

1. 반응이 완결될 때까지 기체의 부피는 V L로 유지된다. (◯ , ×)
2. 전체 기체의 밀도가 x일 때 A는 모두 반응한다. (◯ , ×)
3. 반응 전 A의 질량은 $2w$ g이다. (◯ , ×)
4. $\dfrac{P점에서 \ 전체 \ 기체의 \ 양(mol)}{반응 \ 전 \ 기체의 \ 양(mol)} = \dfrac{5}{2}$이다. (◯ , ×)
5. P점에서 반응 전 기체의 양(mol)은 A : B=1 : 2이다. (◯ , ×)
6. $a=2$이다. (◯ , ×)
7. 전체 기체의 밀도가 x일 때 반응한 B의 질량은 $\dfrac{w}{2}$ g이다. (◯ , ×)
8. $x=\dfrac{5}{2}$이다. (◯ , ×)
9. 반응 후 전체 기체의 밀도(상댓값)가 1일 때 넣어 준 B의 질량은 $\dfrac{w}{2}$ g 이다. (◯ , ×)
10. P점에서 반응 후 기체의 질량비는 B : C=3 : 5이다. (◯ , ×)
11. P점에서 반응 후 기체의 몰비는 B : C=3 : 1이다. (◯ , ×)

수능 ✓ 1점

Ⓐ 화학 반응식

1 다음은 NH_3와 O_2의 반응에 대한 화학 반응식이다.

$$4NH_3(g)+aO_2(g) \longrightarrow bNO(g)+cH_2O(g)$$
$$(a \sim c는 \ 반응 \ 계수)$$

( ) 안에 알맞은 말을 쓰시오.

(1) $a+b+c=($)이다.

(2) NH_3 4몰이 모두 반응할 때 생성되는 NO의 양(mol) 은 ( )몰이다.

(3) 10몰의 O_2가 모두 반응하는 데 필요한 NH_3의 양(mol) 은 ( )몰이다.

2 그림은 강철 용기에서 $A_2(g)$와 $B_2(g)$의 반응 모형이다. 반응 후에는 생성물만 모형으로 나타내었다.

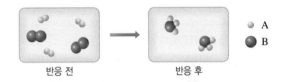

이에 대한 설명으로 옳은 것은?

① 생성물은 AB_3이다.
② 반응 몰비는 $A_2 : B_2 = 3 : 2$이다.
③ 반응 전후 기체의 전체 양(mol)은 서로 같다.
④ 반응 후 B_2가 존재한다.
⑤ 반응 후 가장 많이 존재하는 기체는 A_2이다.

Ⓑ 용액의 농도

3 다음은 0.1 M $NaOH(aq)$을 만드는 과정이다. NaOH 의 화학식량은 40이다.

> $NaOH$ x g을 증류수가 들어 있는 비커에 넣어 완전히 녹인 후 250 mL ( )에 넣고 증류수를 눈금선까지 가하여 0.1 M $NaOH(aq)$을 만든다.

(1) ( ) 안에 알맞은 실험 기구를 쓰시오.

(2) x를 구하시오.

4 그림은 2가지 수용액 (가), (나)를 나타낸 것이다. NaOH 의 화학식량은 40이다.

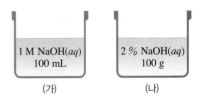

(가)와 (나)에서 NaOH의 양(mol)을 각각 구하시오.

📋 정답과 해설 14쪽

1 다음은 암모니아의 생성 반응을 화학 반응식으로 나타내는 과정이다.

2020 6월 평가원 2번

> • 반응: 수소와 질소가 반응하여 암모니아가 생성된다.
> [과정]
> (가) 반응물과 생성물을 화학식으로 나타내고, 화살표를 기준으로 반응물을 왼쪽에, 생성물을 오른쪽에 쓴다.
> $$N_2 + H_2 \longrightarrow \boxed{\bigcirc}$$
> (나) 화살표 양쪽의 원자의 종류와 수가 같아지도록 계수를 맞춰 화학 반응식을 완성한다.
> $$N_2 + aH_2 \longrightarrow b\boxed{\bigcirc}$$

이에 대한 설명으로 옳은 것만을 [보기]에서 있는 대로 고른 것은?

> ┤ 보기 ├
> ㄱ. $\bigcirc$은 NH_3이다.
> ㄴ. $a = 2$이다.
> ㄷ. 반응한 분자 수는 생성된 분자 수보다 작다.

① ㄱ   ② ㄴ   ③ ㄱ, ㄷ
④ ㄴ, ㄷ   ⑤ ㄱ, ㄴ, ㄷ

2 다음은 2가지 반응의 화학 반응식이다.

2021 수능 5번

> • $Zn(s) + 2HCl(aq) \longrightarrow \boxed{\bigcirc}(aq) + H_2(g)$
> • $2Al(s) + aHCl(aq) \longrightarrow 2AlCl_3(aq) + bH_2(g)$
> (a, b는 반응 계수)

이에 대한 설명으로 옳은 것만을 [보기]에서 있는 대로 고른 것은?

> ┤ 보기 ├
> ㄱ. $\bigcirc$은 $ZnCl_2$이다.
> ㄴ. $a + b = 9$이다.
> ㄷ. 같은 양(mol)의 $Zn(s)$과 $Al(s)$을 각각 충분한 양의 $HCl(aq)$에 넣어 반응을 완결시켰을 때 생성되는 H_2의 몰비는 1 : 2이다.

① ㄱ   ② ㄷ   ③ ㄱ, ㄴ
④ ㄴ, ㄷ   ⑤ ㄱ, ㄴ, ㄷ

3 다음은 2가지 화학 반응식이다.

> (가) $aNO_2(g) + bH_2O(g)$
> $$\longrightarrow cHNO_3(g) + NO(g)$$
> (나) $Fe_2O_3(s) + dCO(g) \longrightarrow eFe(s) + fCO_2(g)$
> ($a \sim f$는 반응 계수)

$a + b + c + d + e + f$는?

① 13   ② 14   ③ 15
④ 16   ⑤ 17

4 그림은 강철 용기에 들어 있는 $CH_4(g)$을 완전 연소시키기 전과 후를 나타낸 것이다.

반응 후 용기에 들어 있는 물질에 대한 설명으로 옳은 것만을 [보기]에서 있는 대로 고른 것은? (단, H, C, O의 원자량은 각각 1, 12, 16이다.)

> ┤ 보기 ├
> ㄱ. 물질의 종류는 3가지이다.
> ㄴ. 반응 전보다 물질의 양(mol)이 증가한다.
> ㄷ. $\dfrac{H_2O의\ 양(mol)}{남은\ 반응물의\ 양(mol)} = 1$이다.

① ㄱ   ② ㄴ   ③ ㄷ
④ ㄱ, ㄴ   ⑤ ㄱ, ㄴ, ㄷ

5 다음은 $M_2CO_3(s)$과 $HCl(aq)$이 반응하는 화학 반응식과 금속 M의 원자량을 구하는 실험 과정이다.

> • 화학 반응식:
> $$M_2CO_3(s)+2HCl(aq)$$
> $$\longrightarrow 2MCl(aq)+H_2O(l)+CO_2(g)$$
>
> [과정]
> (가) 25 °C, 1기압에서 Y자관 한쪽에는 $M_2CO_3(s)$ 1 g을, 다른 한쪽에는 충분한 양의 $HCl(aq)$을 넣는다.
>
>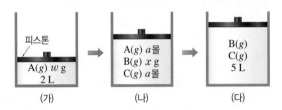
>
> (나) Y자관을 기울여 $M_2CO_3(s)$과 $HCl(aq)$을 반응시킨다.
> (다) $M_2CO_3(s)$이 모두 반응한 후, 주사기의 눈금 변화를 측정한다.

이 실험으로부터 금속 M의 원자량을 구하기 위해 반드시 이용해야 할 자료만을 [보기]에서 있는 대로 고른 것은? (단, M은 임의의 원소 기호이고, 온도와 압력은 일정하며, 피스톤의 마찰은 무시한다.)

> ┤ 보기 ├
> ㄱ. HCl 1몰의 질량
> ㄴ. C와 O의 원자량
> ㄷ. 25 °C, 1기압에서 기체 1몰의 부피

① ㄱ   ② ㄴ   ③ ㄱ, ㄷ
④ ㄴ, ㄷ   ⑤ ㄱ, ㄴ, ㄷ

6 다음은 아세트알데하이드(C_2H_4O) 연소 반응의 화학 반응식이다.

$$2C_2H_4O+xO_2 \longrightarrow 4CO_2+4H_2O \ (x는 반응 계수)$$

이 반응에서 1몰의 CO_2가 생성되었을 때 반응한 O_2의 양(mol)은?

① $\dfrac{5}{4}$ ② 1   ③ $\dfrac{4}{5}$

④ $\dfrac{3}{4}$ ⑤ $\dfrac{3}{5}$

7 다음은 A(g)가 분해되어 B(g)와 C(g)를 생성하는 반응의 화학 반응식이고, $\dfrac{C의 분자량}{A의 분자량} = \dfrac{8}{27}$이다.

$$2A(g) \longrightarrow bB(g)+C(g) \ (b는 반응 계수)$$

그림 (가)는 실린더에 A(g) w g을 넣었을 때를, (나)는 반응이 진행되어 A와 C의 양(mol)이 같아졌을 때를, (다)는 반응이 완결되었을 때를 나타낸 것이다. (가)와 (다)에서 실린더 속 기체의 부피는 각각 2 L, 5 L이다.

(나)에서 x는? (단, 기체의 온도와 압력은 일정하다.)

① $\dfrac{46}{81}w$ ② $\dfrac{16}{27}w$ ③ $\dfrac{2}{3}w$

④ $\dfrac{23}{27}w$ ⑤ $\dfrac{73}{81}w$

8 그림은 서로 다른 농도의 포도당 수용액 (가)와 (나)를 나타낸 것이다.

(가) 18 % 포도당 수용액 1 L 밀도 = 1.0 g/mL
(나) 0.1 M 포도당 수용액 500 mL

이에 대한 설명으로 옳은 것만을 [보기]에서 있는 대로 고른 것은? (단, 포도당의 분자량은 180이고, 혼합 용액의 부피는 혼합 전 각 수용액의 부피 합과 같다.)

> ┤ 보기 ├
> ㄱ. (가)의 몰 농도는 1 M이다.
> ㄴ. (나)에서 포도당의 질량은 9 g이다.
> ㄷ. (가)와 (나)를 혼합한 수용액의 몰 농도는 0.7 M이다.

① ㄱ   ② ㄴ   ③ ㄱ, ㄷ
④ ㄴ, ㄷ   ⑤ ㄱ, ㄴ, ㄷ

9 표는 같은 질량의 용질 X와 Y가 각각 녹아 있는 수용액 (가)와 (나)에 대한 자료이다.

2018 9월 평가원 화학Ⅱ 5번

수용액	용질	수용액의 양	퍼센트 농도(%)	몰 농도 (M)	용질의 분자량
(가)	X	100 g	10		
(나)	Y	1 L	㉠	0.2	㉡

㉠과 ㉡은? (단, 온도는 일정하고, (나)의 밀도는 **1.0 g/mL**이다.)

	㉠	㉡		㉠	㉡
①	1	50	②	1	100
③	2	50	④	2	100
⑤	3	50			

10 다음은 **0.1 M 묽은 염산(HCl(aq))**을 이용한 2가지 반응이다.

> (가) 마그네슘(Mg) 12 g을 0.1 M HCl(aq)에 넣어 모두 반응시킨다.
> (나) 탄산 칼슘(CaCO$_3$) 10 g을 0.1 M HCl(aq)에 넣어 모두 반응시킨다.

이에 대한 설명으로 옳은 것만을 [보기]에서 있는 대로 고른 것은? (단, Mg과 CaCO$_3$의 화학식량은 각각 24, 100이다.)

| 보기 |
> ㄱ. (가)에서 필요한 0.1 M HCl(aq)의 부피는 10 L 이다.
> ㄴ. (나)에서 필요한 0.1 M HCl(aq)의 부피는 1 L 이다.
> ㄷ. 발생한 기체의 양(mol)은 (가)가 (나)의 2.5배 이다.

① ㄱ   ② ㄴ   ③ ㄷ
④ ㄱ, ㄴ   ⑤ ㄱ, ㄴ, ㄷ

11 그림은 요소 수용액 (가)~(다)를 나타낸 것이다.

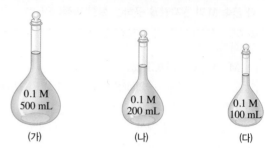

0.1 M 500 mL	0.1 M 200 mL	0.1 M 100 mL
(가)	(나)	(다)

(가)~(다)를 모두 혼합한 수용액에 대한 설명으로 옳은 것만을 [보기]에서 있는 대로 고른 것은? (단, 요소의 분자량은 **60**이고, 수용액의 온도는 일정하며, 혼합 용액의 부피는 혼합 전 용액의 부피 합과 같다.)

| 보기 |
> ㄱ. 혼합 용액 속 요소의 질량은 4.8 g이다.
> ㄴ. 혼합 용액의 몰 농도는 0.1 M이다.
> ㄷ. 혼합 용액 20 mL를 취한 뒤 물을 첨가해 수용액 200 mL를 만들었을 때 몰 농도는 0.001 M이다.

① ㄱ   ② ㄷ   ③ ㄱ, ㄴ
④ ㄴ, ㄷ   ⑤ ㄱ, ㄴ, ㄷ

2018 6월 평가원 화학Ⅱ 7번

12 다음은 탄산수소 칼륨(KHCO$_3$) 수용액을 제조하여 밀도를 측정하는 실험이다.

> [실험 과정]
> (가) KHCO$_3$ 1 g을 100 mL 부피 플라스크에 넣고 물에 녹인 후 눈금선까지 물을 채운다.
> (나) 피펫을 이용하여 (가)의 수용액 x mL를 500 mL 부피 플라스크에 넣고 눈금선까지 물을 채워 1×10^{-3} M 수용액을 만든다.
> (다) (나)에서 만든 수용액의 밀도를 측정한다.
>
> [실험 결과]
> • (다)에서 측정한 수용액의 밀도: d g/mL

이에 대한 설명으로 옳은 것만을 [보기]에서 있는 대로 고른 것은? (단, KHCO$_3$의 화학식량은 **100**이고, 온도는 일정하다.)

| 보기 |
> ㄱ. (가)의 수용액의 몰 농도는 0.1 M이다.
> ㄴ. $x=10$이다.
> ㄷ. (나)에서 만든 수용액의 퍼센트 농도는 $\dfrac{1}{100d}$ % 이다.

① ㄱ   ② ㄴ   ③ ㄷ
④ ㄱ, ㄴ   ⑤ ㄱ, ㄷ

[1~2] 다음은 탄산 칼슘($CaCO_3$)과 묽은 염산($HCl(aq)$)의 반응을 이용하여 생성되는 이산화 탄소(CO_2)의 분자량을 구하는 실험이다.

(가) $CaCO_3$의 질량을 측정하였더니 w_1 g이었다.

(나) 충분한 양의 $HCl(aq)$이 들어 있는 삼각 플라스크의 질량을 측정하였더니 w_2 g이었다.

(다) $HCl(aq)$에 $CaCO_3$을 넣었더니 CO_2가 발생하였다.

(라) 반응이 완전히 끝난 후 삼각 플라스크의 질량을 측정하였더니 w_3 g이었다.

탄산 칼슘 / 묽은 염산

(가)　(나)　(다)　(라)

---

1 이에 대한 설명으로 옳은 것만을 [보기]에서 있는 대로 고른 것은? (단, $CaCO_3$의 화학식량은 100이다.)

┤ 보기 ├

ㄱ. (가)에서 $CaCO_3$의 양(mol)은 $\dfrac{w_1}{100}$ 몰이다.

ㄴ. 반응한 $CaCO_3$과 생성된 CO_2의 몰비는 같다.

ㄷ. $w_3 > w_1 + w_2$이다.

① ㄱ　　　② ㄷ　　　③ ㄱ, ㄴ

④ ㄴ, ㄷ　　　⑤ ㄱ, ㄴ, ㄷ

2 위 실험 결과로부터 구한 이산화 탄소(CO_2)의 분자량으로 옳은 것은? (단, 물의 증발과 물에 용해되는 CO_2의 양은 무시한다.)

① $\dfrac{w_1}{100(w_3-w_2)}$　　② $\dfrac{w_1}{100(w_2-w_3)}$

③ $\dfrac{100(w_3-w_2)}{w_1}$　　④ $\dfrac{100(w_2-w_3)}{w_1}$

⑤ $\dfrac{100(w_1+w_2-w_3)}{w_1}$

---

3 그림은 반응 전 실린더 속에 들어 있는 기체 XY와 Y_2를 모형으로 나타낸 것이고, 표는 반응 전과 후의 실린더 속 기체에 대한 자료이다. ㉠은 반응하고 남은 XY와 Y_2 중 하나이고, ㉡은 X를 포함하는 3원자 분자이며 기체이다.

피스톤

○ X
● Y

반응 전

구분	반응 전	반응 후
기체의 종류	XY, Y_2	㉠, ㉡
전체 기체의 부피(L)	$4V$	$3V$

㉠과 ㉡으로 옳은 것은? (단, X와 Y는 임의의 원소 기호이며, 반응 전과 후 기체의 온도와 압력은 일정하다.)

	㉠	㉡		㉠	㉡
①	XY	XY_2	②	XY	X_2Y
③	Y_2	XY_2	④	Y_2	X_2Y
⑤	Y_2	X_3			

---

4 다음은 $A(g)$와 $B(g)$가 반응하여 $C(g)$와 $D(g)$를 생성하는 반응의 화학 반응식이다.

$$A(g) + xB(g) \longrightarrow C(g) + yD(g) \quad (x, y\text{는 반응 계수})$$

그림 (가)는 실린더에 $A(g)$와 $B(g)$가 각각 $9w$ g, w g이 들어 있는 것을, (나)는 (가)의 실린더에서 반응을 완결시킨 것을, (다)는 (나)의 실린더에 $B(g)$ $2w$ g을 추가하여 반응을 완결시킨 것을 나타낸 것이다. (가), (나), (다) 실린더 속 기체의 밀도가 각각 d_1, d_2, d_3일 때, $\dfrac{d_2}{d_1} = \dfrac{5}{7}$, $\dfrac{d_3}{d_2} = \dfrac{14}{25}$이다. (다)의 실린더 속 $C(g)$와 $D(g)$의 질량비는 4 : 5이다.

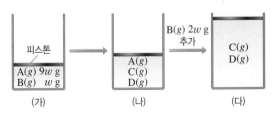

피스톤

$A(g)$ $9w$ g
$B(g)$ w g
(가)

$A(g)$
$C(g)$
$D(g)$
(나)

$B(g)$ $2w$ g 추가

$C(g)$
$D(g)$
(다)

$\dfrac{D\text{의 분자량}}{A\text{의 분자량}} \times \dfrac{x}{y}$는? (단, 실린더 속 기체의 온도와 압력은 일정하다.)

① $\dfrac{5}{54}$　② $\dfrac{4}{27}$　③ $\dfrac{7}{27}$　④ $\dfrac{10}{27}$　⑤ $\dfrac{25}{54}$

5 다음은 과산화 수소(H_2O_2) 분해 반응의 화학 반응식이다.

$$2H_2O_2 \longrightarrow 2H_2O + \boxed{\ \ ㉠\ \ }$$

이에 대한 설명으로 옳은 것만을 [보기]에서 있는 대로 고른 것은? (단, H, O의 원자량은 각각 1, 16이다.)

┌──────── 보기 ────────┐

ㄱ. ㉠은 H_2이다.

ㄴ. 1몰의 H_2O_2가 분해되면 1몰의 H_2O이 생성 된다.

ㄷ. 0.5몰의 H_2O_2가 분해되면 전체 생성물의 질량 은 34 g이다.

└────────────────────┘

① ㄱ   ② ㄴ   ③ ㄷ

④ ㄱ, ㄴ   ⑤ ㄴ, ㄷ

---

6 다음은 A(g)와 B(g)가 반응하여 C(g)를 생성하는 반응 의 화학 반응식이다.

$$2A(g) + B(g) \longrightarrow cC(g) \ (c\text{는 반응 계수})$$

표는 실린더에 A(g)와 B(g)의 질량을 달리하여 넣고 반응 을 완결시킨 실험 Ⅰ, Ⅱ에 대한 자료이다. $\dfrac{\text{A의 분자량}}{\text{C의 분자량}}$ $= \dfrac{4}{5}$이고, 실험 Ⅱ에서 B는 모두 반응하였다.

실험	반응 전		반응 후	
	A의 질량(g)	B의 질량(g)	$\dfrac{\text{C의 양(mol)}}{\text{전체 기체의 양(mol)}}$	전체 기체의 부피(L)
Ⅰ	$4w$	$6w$		V_1
Ⅱ	$9w$	$2w$	$\dfrac{8}{9}$	V_2

$c \times \dfrac{V_2}{V_1}$는? (단, 온도와 압력은 일정하다.)

① $\dfrac{8}{5}$ ② $\dfrac{9}{7}$ ③ $\dfrac{8}{9}$

④ $\dfrac{5}{9}$ ⑤ $\dfrac{3}{8}$

자료❸

7 다음은 A(s)와 B(g)가 반응하여 C(g)를 생성하는 반응 의 화학 반응식이다.

$$A(s) + bB(g) \longrightarrow C(g) \ (b\text{는 반응 계수})$$

표는 실린더에 A(s)와 B(g)의 몰수를 달리하여 넣고 반 응을 완결시킨 실험 Ⅰ, Ⅱ에 대한 자료이다. $\dfrac{\text{B의 분자량}}{\text{C의 분자량}}$ $= \dfrac{1}{16}$이다.

실험	넣어 준 물질의 몰수(몰)		실린더 속 기체의 밀도 (상댓값)	
	A(s)	B(g)	반응 전	반응 후
Ⅰ	2	7	1	7
Ⅱ	3	8	1	x

$b \times x$는? (단, 기체의 온도와 압력은 일정하다.)

① 15   ② 20   ③ 21   ④ 24   ⑤ 32

자료❹

8 다음은 A(g)와 B(g)가 반응하여 C(g)를 생성하는 화학 반응식이다. 분자량은 A가 B의 2배이다.

$$aA(g) + B(g) \longrightarrow aC(g) \ (a\text{는 반응 계수})$$

그림은 A(g) V L가 들어 있는 실린더에 B(g)를 넣어 반응을 완결시켰을 때 넣어 준 B(g)의 질량에 따른 반응 후 전체 기체의 밀도를 나타낸 것이다. P에서 실린더의 부피는 $2.5V$ L이다.

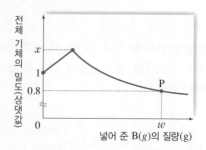

$a \times x$는? (단, 기체의 온도와 압력은 일정하다.)

① $\dfrac{3}{2}$ ② $\dfrac{5}{2}$ ③ $\dfrac{7}{2}$ ④ $\dfrac{15}{4}$ ⑤ $\dfrac{25}{4}$

9 다음은 기체 A와 B의 반응에 대한 자료와 실험이다.

[자료]
· 화학 반응식: $aA(g)+B(g) \longrightarrow 2C(g)$
  (a는 반응 계수)
· t °C, 1기압에서 기체 1몰의 부피: 40 L
· B의 분자량: x

[실험 과정 및 결과]
· A(g) y L가 들어 있는 실린더에 B(g)의 질량을 달리하여 넣고 반응을 완결시켰을 때, 넣어 준 B의 질량에 따른 전체 기체의 부피는 그림과 같았다.

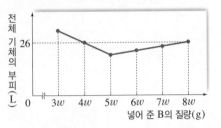

$\dfrac{y}{x}$는? (단, 온도와 실린더 속 전체 기체 압력은 t °C, 1기압으로 일정하다.)

① $\dfrac{3}{w}$ ② $\dfrac{5}{2w}$ ③ $\dfrac{2}{w}$

④ $\dfrac{3}{2w}$ ⑤ $\dfrac{1}{w}$

10 그림은 황산(H_2SO_4)이 들어 있는 시약병을 나타낸 것이다.

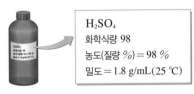

H_2SO_4
화학식량 98
농도(질량 %) = 98 %
밀도 = 1.8 g/mL (25 °C)

시약병에서 98 % H_2SO_4 5 mL를 취한 후 증류수로 희석하여 x M $H_2SO_4(aq)$ 1 L를 만들었다. x는? (단, 온도는 25 °C로 일정하다.)

① 0.18   ② 0.15   ③ 0.10

④ 0.09   ⑤ 0.05

11 다음은 0.1 M 포도당($C_6H_{12}O_6$) 수용액을 만드는 실험 과정이다.

[실험 과정]
(가) 전자 저울을 이용하여 $C_6H_{12}O_6$ x g을 준비한다.
(나) 준비한 $C_6H_{12}O_6$ x g을 비커에 넣고 소량의 물을 부어 모두 녹인다.
(다) 250 mL ⓐ 에 (나)의 용액을 모두 넣는다.
(라) 물로 (나)의 비커에 묻어 있는 용액을 몇 번 씻어 (다)의 ⓐ 에 모두 넣고 섞는다.
(마) (라)의 ⓐ 에 표시된 눈금선까지 물을 넣고 섞는다.

이에 대한 설명으로 옳은 것만을 [보기]에서 있는 대로 고른 것은? (단, $C_6H_{12}O_6$의 분자량은 180이다.)

―― 보기 ――
ㄱ. '부피 플라스크'는 ⓐ으로 적절하다.
ㄴ. $x=9$이다.
ㄷ. (마) 과정 후의 수용액 100 mL에 들어 있는 $C_6H_{12}O_6$의 양(mol)은 0.02몰이다.

① ㄱ   ② ㄴ   ③ ㄷ
④ ㄱ, ㄴ   ⑤ ㄴ, ㄷ

12 다음은 수산화 나트륨 수용액($NaOH(aq)$)에 관한 실험이다.

(가) 2 M $NaOH(aq)$ 300 mL에 물을 넣어 1.5 M $NaOH(aq)$ x mL를 만든다.
(나) 2 M $NaOH(aq)$ 200 mL에 $NaOH(s)$ y g과 물을 넣어 2.5 M $NaOH(aq)$ 400 mL를 만든다.
(다) (가)에서 만든 수용액과 (나)에서 만든 수용액을 모두 혼합하여 z M $NaOH(aq)$을 만든다.

$\dfrac{y \times z}{x}$는? (단, NaOH의 화학식량은 40이고, 온도는 일정하며, 혼합 용액의 부피는 혼합 전 각 용액의 부피의 합과 같다.)

① $\dfrac{12}{25}$ ② $\dfrac{9}{25}$ ③ $\dfrac{6}{25}$

④ $\dfrac{3}{25}$ ⑤ $\dfrac{1}{25}$

원자의 세계

**학습
계획표**

04 원자 구조

>> 핵심 짚기
- 음극선의 성질과 톰슨의 원자 모형
- 원자의 구성 입자의 성질
- 알파(α) 입자 산란 실험과 러더퍼드의 원자 모형
- 동위 원소의 특징

A 원자를 구성하는 입자의 발견

1 전자의 발견

① 음극선: *진공 방전관에 높은 전압을 걸어 줄 때 (−)극에서 (+)극 쪽으로 흐르며 빛을 내는 선[1]

② 톰슨의 음극선 실험: 톰슨은 음극선 실험을 통해 음극선은 (−)전하를 띠고 질량을 가진 입자의 흐름임을 밝혀냈고, 이후 과학자들은 이 입자를 전자라고 하였다.

탐구 자료) 음극선의 성질

진공관 실험 장치에 전원을 연결하고 다음 실험을 통해 음극선의 성질을 알아본다.

실험 과정 및 결과		음극선의 성질
물체 그림자 고전압 (−) (+)	음극선이 지나가는 길에 물체를 놓아두면 그림자가 생긴다.	음극선은 직진한다.
(−) 고전압 (+) 바람개비	음극선이 지나가는 길에 바람개비를 놓아두면 바람개비가 회전한다.	음극선은 질량을 가진 입자이다.
(−) 고전압 (+) 자석	음극선이 지나가는 길에 자석을 가져가면 음극선이 휜다.	음극선은 전하를 띤다.
(−)극 (−) 고전압 (+)극	음극선이 지나가는 길에 전기장을 걸어 주면 음극선이 (+)극 쪽으로 휜다.	음극선은 (−)전하를 띤다.
	전극으로 사용한 금속과 방전관에 들어 있는 기체의 종류를 달리해도 같은 결과를 얻는다.	음극선을 이루는 입자는 모든 원자에 들어 있다.

③ 톰슨의 원자 모형: (+)전하를 띠는 공 모양의 물질 속에 (−)전하를 띠는 전자가 박혀 있는 원자 모형을 제안하였다.
  └ 원자는 전기적으로 중성이므로 (+)전하를 포함해야 한다. ●

톰슨의 원자 모형 ▶

2 원자핵의 발견

① 러더퍼드의 알파(α) 입자 *산란 실험: 러더퍼드는 알파(α) 입자 산란 실험을 통해 원자의 대부분은 빈 공간이며, 원자의 중심에 부피가 작고 질량이 매우 크며 (+)전하를 띠는 입자가 존재한다는 것을 밝혀냈고, 이를 원자핵이라고 하였다.[2]

탐구 자료) 알파(α) 입자 산란 실험

얇은 금박 주위에 형광 스크린을 설치하고, 알파(α) 입자 발생 장치로부터 나오는 알파(α) 입자를 금박에 쏘여 알파(α) 입자의 경로를 알아본다. → 알파(α) 입자가 형광 스크린에 부딪히면 빛을 내기 때문에 알파(α) 입자의 경로를 확인할 수 있다.

[예상 결과] ●

대부분의 알파(α) 입자는 금박을 통과하고, 일부만 (−)전하의 영향을 받아 경로가 약간 휘어진다.

산란된 알파(α) 입자
금박
알파(α) 입자
형광 스크린
방사성 물질

PLUS 강의 ⊕

① 음극선
진공 방전관 안에 매우 적은 양의 기체를 넣고 전압을 걸어 주면 (−)극에서 (+)극으로 음극선이 방출된다.

(−)극 (+)극   형광 스크린
고전압

② 알파(α) 입자
헬륨 원자가 전자 2개를 잃은 헬륨 원자핵(He^{2+})으로, 방사성 물질에서 방출된다.

③ 톰슨의 원자 모형에 근거한 알파(α) 입자 산란 실험의 예상 결과 모형

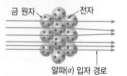

금 원자   전자

알파(α) 입자 경로

🔍 용어 돋보기

* 진공 방전관(眞 본질, 空 비다, 放 내놓다, 電 전기, 管 관)_ 진공에서 강한 전압을 걸어 주어 전류가 흐를 수 있도록 만든 관

* 산란(散 흩어지다, 亂 어지럽다)_ 여러 방향으로 진로가 흩어지는 현상

[실제 결과]

1. 대부분의 알파(α) 입자들은 금박을 통과하여 직진한다. ➡ 원자의 대부분은 빈 공간이다.

2. 일부 알파(α) 입자들은 금박을 통과하면서 휘어진다. ➡ 원자의 중심에는 (+)전하를 띤 입자가 존재한다.

3. 극소수의 알파(α) 입자들은 금박으로부터 튕겨 나온다. ➡ 원자의 중심에는 부피가 작고 질량이 매우 큰 입자가 존재한다.

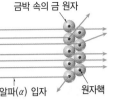

금박 속의 금 원자

알파(α) 입자   원자핵

② 러더퍼드의 원자 모형: 원자의 중심에 (+)전하를 띠는 원자핵이 위치하고, (−)전하를 띠는 전자가 원자핵 주위를 움직이고 있는 원자 모형을 제안하였다.

러더퍼드의 원자 모형 ▶

3 양성자와 중성자의 발견

① 양성자의 발견

• 양극선 실험: 골트슈타인은 진공 방전관에 소량의 수소 기체를 넣고 방전시킬 때 (+)극에서 (−)극 쪽으로 이동하는 입자의 흐름을 발견하고, 이를 양극선이라고 하였다.[4]

탐구 자료   양극선 실험 장치

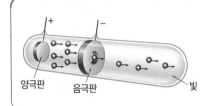

양극판   음극판   빛

1. 소량의 수소 기체를 진공 방전관에 넣고 높은 전압을 걸어 주면 수소 원자에서 전자가 떨어져 나와 수소 원자핵(H^+)이 생성된다.

2. 수소 원자핵(H^+)은 (+)극에서 (−)극 쪽으로 이동한다. ➡ 양극선은 H^+의 흐름이다.

• 양성자의 발견: 양극선은 (+)전하를 띤 입자인 수소 원자핵(H^+)의 흐름이라는 것을 알게 되었고, 이 입자를 양성자라고 하였다.[5]

② 중성자의 발견[6]

• 러더퍼드는 헬륨 원자핵의 전하량은 양성자의 2배이지만 질량은 양성자의 약 4배라는 것으로부터 원자핵 속에는 질량이 크고 전기적으로 중성인 입자가 존재함을 예측하였다.

• 채드윅은 베릴륨 원자핵에 알파 입자를 충돌시켜 전하를 띠지 않는 중성자를 발견하였다.

④ 양극선
양극선은 음극선과는 달리 진공 방전관에 넣어 주는 기체의 종류에 따라 다르다. 예를 들면 진공 방전관에 헬륨을 넣어 주면 전자와 헬륨 원자핵이 생성되고, (+)전하를 띠는 헬륨 원자핵이 (+)극에서 (−)극 쪽으로 이동하여 양극선을 이룬다.

⑤ 양성자
수소 원자(^1_1H)는 양성자 1개와 전자 1개로 이루어진 원자이므로 전자 1개를 잃어 양이온(H^+)이 되면 양성자만 남는데, 이 양이온(H^+)이 양성자이다.

⑥ 중성자의 발견
중성자는 전자나 양성자에 비해 늦게 발견되었는데, 이는 중성자가 전하를 띠지 않아 전기장이나 자기장에서 휘어지지 않으므로 존재를 알아내기 어려웠기 때문이다.

📄 정답과 해설 20쪽

개념 확인

(1) 다음은 음극선 실험에 대한 설명이다. (　　) 안에 알맞은 말을 쓰시오.
① 음극선이 지나가는 길에 물체를 놓았을 때 그림자가 생기는 것은 음극선이 (　　)하기 때문이다.
② 음극선이 지나가는 길에 전기장을 걸어 주었을 때 음극선이 (+)극 쪽으로 휘어지는 것은 음극선이 (　　)전하를 띠기 때문이다.
③ 톰슨은 (　　) 실험 결과를 설명하기 위해 (+)전하를 띠는 공 모양의 물질 속에 (−)전하를 띠는 전자가 박혀 있는 원자 모형을 제안하였다.

(2) 다음 설명에 해당하는 원자의 구성 입자를 옳게 연결하시오.
① 음극선을 이루며, (−)전하를 띤다.   •   • ㉠ 양성자
② 원자핵을 구성하는 입자이며, 전하를 띠지 않는다. •   • ㉡ 전자
③ 양극선을 이루며, (+)전하를 띤다.   •   • ㉢ 중성자

B 원자 구조

1 원자의 구조와 크기

① 원자의 구조

- 원자는 (+)전하를 띠는 원자핵이 중심에 있고, 그 주위에 (−)전하를 띠는 전자가 운동하고 있다.
- 원자핵은 (+)전하를 띠는 양성자와 전하를 띠지 않는 중성자로 이루어져 있다.

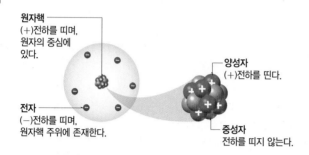

[원자의 구조]

원자핵 ── (+)전하를 띠며, 원자의 중심에 있다.

양성자 ── (+)전하를 띤다.

전자 ── (−)전하를 띠며, 원자핵 주위에 존재한다.

중성자 ── 전하를 띠지 않는다.

② 원자의 크기: 원자의 지름은 10^{-10} m 정도이고, 원자핵의 지름은 $10^{-15} \sim 10^{-14}$ m 정도이다. ➡ 원자핵은 원자의 크기에 비해 매우 작다.

2 원자를 구성하는 입자의 성질

① 양성자와 중성자의 질량은 비슷하고, 전자의 질량은 이들에 비해 무시할 수 있을 정도로 매우 작다. ➡ 원자 질량의 대부분은 원자핵이 차지한다.

② 양성자와 전자의 전하량의 크기는 같고 부호는 반대이다. ➡ 원자는 양성자수와 전자수가 같으므로 전기적으로 중성이다.

구성 입자		질량(g)	상대적인 질량	전하량(C)❶	상대적인 전하
원자핵	양성자	1.673×10^{-24}	1	$+1.602 \times 10^{-19}$	$+1$
	중성자	1.675×10^{-24}	1	0	0
전자		9.109×10^{-28}	$\dfrac{1}{1837}$	-1.602×10^{-19}	-1

❶ 쿨롱(C)

전하량의 단위로, 1 C은 1암페어(A)의 전류가 흐르는 도선의 한 단면을 1초 동안 지나는 전하량이다.

$$1\,C = 1\,A \cdot 초$$

3 원자의 표시

① 원자 번호: 원자핵 속에 들어 있는 양성자수에 따라 원소의 성질이 달라지므로 양성자수로 원자 번호를 정한다. 원자는 양성자수와 전자 수가 같으므로 원자의 전자 수는 원자 번호와 같다.

$$원자 번호 = 양성자수 = 원자의 전자 수$$

② 질량수: 원자핵을 구성하는 양성자와 중성자에 비해 전자의 질량은 무시할 수 있을 정도로 작으므로 양성자수와 중성자수를 합한 값으로 원자의 상대적인 질량을 나타낸다.❷

$$질량수 = 양성자수 + 중성자수$$

③ 원자의 표시: 원자 번호는 원소 기호의 왼쪽 아래에 쓰고, 질량수는 왼쪽 위에 쓴다.❸

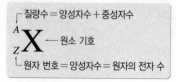

질량수 = 양성자수 + 중성자수

$^A_Z X$ ── 원소 기호

원자 번호 = 양성자수 = 원자의 전자 수

예 $^{27}_{13}Al$

- 원자 번호: 13 ➡ Al 원자를 구성하는 양성자수와 전자 수는 각각 130이다.
- 질량수: 27 ➡ Al 원자를 구성하는 중성자수는 27−13=14이다.

❷ 원자량과 질량수

원자량은 질량수가 12인 탄소 원자의 질량을 12로 정한 원자의 상대적인 질량이고, 질량수는 양성자수와 중성자수의 합이다. 양성자와 중성자가 결합할 때 에너지를 방출하면서 질량이 감소하는데, 그 값이 매우 작으므로 원자량과 질량수는 거의 같은 값이다.

❸ 원자의 표시와 구성 입자

원자	^7_3Li	$^{12}_6C$	$^{23}_{11}Na$
원자 번호	3	6	11
질량수	7	12	23
양성자수	3	6	11
중성자수	4	6	12
전자 수	3	6	11

4 동위 원소와 평균 원자량

① *동위 원소: 양성자수는 같지만 중성자수가 달라 질량수가 다른 원소

예 수소의 동위 원소

동위 원소	수소(^1_1H)	중수소(^2_1H)	3중 수소(^3_1H)
양성자수	1	1	1
중성자수	0	1	2
전자 수	1	1	1
질량수	1	2	3
모형			

- 대부분의 원소들은 자연계에 동위 원소가 일정한 비율로 존재한다.
- 동위 원소는 화학적 성질은 같지만, 질량이 다르므로 물리적 성질이 다르다.❹❺

② 평균 원자량: 각 동위 원소의 원자량과 존재 비율을 고려하여 구한 원자량❻

예 자연계에는 ^{35}Cl(원자량 35.0)가 75.76 %, ^{37}Cl(원자량 37.0)가 24.24 % 존재한다.

$$Cl의 \, 평균 \, 원자량 = \left[\binom{^{35}Cl의}{원자량} \times \binom{^{35}Cl의}{존재 \, 비율}\right] + \left[\binom{^{37}Cl의}{원자량} \times \binom{^{37}Cl의}{존재 \, 비율}\right]$$

$$= \left(35.0 \times \frac{75.76}{100}\right) + \left(37.0 \times \frac{24.24}{100}\right) ≒ 35.5$$

탐구 자료) 구성 입자 수에 따른 원자와 이온의 구분

표는 몇 가지 원자 또는 이온을 구성하는 입자에 대한 자료이다.

원자 또는 이온	A	B	C	D
양성자수	1	1	3	9
중성자수	1	2	4	10
전자 수	1	1	2	10

1. A와 B는 각각 양성자수와 전자 수가 같다. ➡ A와 B는 전기적으로 중성인 원자이다.

2. A와 B는 서로 양성자수가 같고 중성자수가 다르다. ➡ A와 B는 동위 원소 관계이다.

3. C는 전자 수가 양성자수보다 1만큼 작으므로 (+)전하를 띤다. ➡ C는 +1의 양이온이다.

4. D는 전자 수가 양성자수보다 1만큼 크므로 (−)전하를 띤다. ➡ D는 −1의 음이온이다.

---

❹ 동위 원소와 화합물의 화학적 성질
동위 원소는 화학적 성질이 같기 때문에 동위 원소가 결합하여 형성된 화합물의 화학적 성질도 같다. 다만 화합물의 화학식량이 다르므로 물리적 성질만 약간 차이가 있다.

❺ 동위 원소의 같은 점과 다른 점

같은 점	다른 점
양성자수	중성자수
원자 번호	질량수
화학적 성질	물리적 성질

❻ 평균 원자량
자연계에 존재하는 동위 원소의 존재 비율을 고려하여 구한 값으로, 주기율표에 나타낸 원자량은 평균 원자량이다.

용어 돋보기

* 동위(同 같다, 位 자리) 원소_주기율표에서 같은 자리를 차지하는 원소

📘 정답과 해설 20쪽

개념 확인

(3) 원자핵은 (+)전하를 띠는 (　　　)와 전하를 띠지 않는 (　　　)로 이루어져 있다.

(4) 원자 질량의 대부분을 차지하는 것은 (　　　)이다.

(5) 그림은 원자 X의 구성 입자를 모형으로 나타낸 것이다. (　　　) 안에 알맞은 말을 고르시오.
  ① ●은 (양성자, 중성자)이다.
  ② 원자 X의 원자 번호는 (1, 2, 3)이고, 질량수는 (1, 2, 3)이다.

(6) ^1_1H와 ^2_1H는 (　　　)수가 같으므로 (　　　) 원소 관계이다.

(7) 다음은 마그네슘 이온의 원자 번호와 질량수를 표시한 것이다. 구성 입자를 옳게 연결하시오.

$$^{25}_{12}Mg^{2+}$$

① 양성자수 ·　　　· ㉠ 13
② 중성자수 ·　　　· ㉡ 12
③ 전자 수 ·　　　· ㉢ 10

📄 정답과 해설 20쪽

2018 ● 6월 평가원 12번

자료 ❶   원자의 구성 입자

표는 원자 X~Z에 대한 자료이다. (단, X~Z는 임의의 원소 기호이다.)

원자	X	Y	Z
중성자수	6	7	8
$\dfrac{\text{질량수}}{\text{전자 수}}$	2	2	$\dfrac{7}{3}$

1. X는 원자 번호가 6이다.   (○, ×)
2. Y의 전자 수는 6이다.   (○, ×)
3. Z는 $^{14}_{7}\text{N}$이다.   (○, ×)
4. X와 Z는 화학적 성질이 같다.   (○, ×)
5. 질량수는 Z>Y이다.   (○, ×)

2020 ● 6월 평가원 7번

자료 ❷   동위 원소

다음은 원자량에 대한 학생과 선생님의 대화이다. (단, C의 동위 원소는 ^{12}C와 ^{13}C만 존재한다고 가정한다.)

- 학생: ^{12}C의 원자량은 12.00인데 주기율표에는 왜 C의 원자량이 12.01인가요?

6 ⋯⋯⋯ 원자 번호
C ⋯⋯⋯ 원소 기호
탄소 ⋯⋯⋯ 원소 이름
12.01 ⋯⋯⋯ 원자량

- 선생님: 아래 표의 ^{13}C와 같이, ^{12}C와 원자 번호는 같지만 질량수가 다른 동위 원소가 존재합니다. 따라서 주기율표에 제시된 원자량은 동위 원소가 자연계에 존재하는 비율을 고려하여 평균값으로 나타낸 것입니다.

동위 원소	^{12}C	^{13}C
양성자수	a	b
중성자수	c	d

1. $b>a$이다.   (○, ×)
2. $d>c$이다.   (○, ×)
3. $a+b+c+d=25$이다.   (○, ×)
4. 전자 수는 $^{13}\text{C}>{}^{12}\text{C}$이다.   (○, ×)
5. 자연계의 존재 비율은 $^{12}\text{C}>{}^{13}\text{C}$이다.   (○, ×)

Ⓐ   원자를 구성하는 입자의 발견

1 그림은 톰슨의 음극선 실험에서 음극선이 지나가는 길에 전기장을 걸어 주었을 때의 결과를 나타낸 것이다.

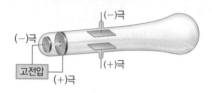

이 실험 결과로 알 수 있는 음극선의 성질로 옳은 것은?

① (−)전하를 띤다.
② 질량을 가진 입자이다.
③ 직진하는 성질이 있다.
④ 원자 부피의 대부분을 차지한다.
⑤ 원자핵 주위에서 원운동을 한다.

[2~3] 그림은 알파(α) 입자 산란 실험을 나타낸 것이다.

2 이 실험 결과로부터 알 수 있는 사실을 쓰시오.

(1) 대부분의 알파(α) 입자들은 금박을 통과한다.
➡ 원자의 대부분은 (   )이다.

(2) 일부 알파(α) 입자들은 금박을 통과하면서 휘어지거나 튕겨 나온다.
➡ 원자의 중심에는 (   )전하를 띠며 부피가 작고 질량이 큰 입자가 존재한다.

3 이 실험 결과를 통해 발견한 입자는 무엇인지 쓰시오.

Ⓑ   원자 구조

4 원자 구조에 대한 설명으로 옳지 <u>않은</u> 것은?

① 원자핵은 양성자와 중성자로 구성된다.
② 양성자와 전자는 전하의 크기가 같고, 부호는 서로 반대이다.
③ 원자에서 양성자수와 전자 수는 같다.
④ 전자의 질량은 원자 질량의 대부분을 차지한다.
⑤ 원자에서 양성자수와 중성자수의 합이 질량수이다.

[1~2] 그림은 러더퍼드의 알파(α) 입자 산란 실험을 나타낸 것이다.

1 이 실험으로 발견한 입자에 대한 설명으로 옳은 것만을 [보기]에서 있는 대로 고른 것은?

| 보기 |
ㄱ. (+)전하를 띤다.
ㄴ. 원자 부피의 대부분을 차지한다.
ㄷ. 원자 질량의 대부분을 차지한다.

① ㄱ   ② ㄴ   ③ ㄱ, ㄷ
④ ㄴ, ㄷ   ⑤ ㄱ, ㄴ, ㄷ

2 그림은 알파(α) 입자 산란 실험의 결과를 나타낸 것이다.

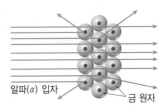

이 실험에서 금($_{79}$Au)박 대신 알루미늄($_{13}$Al)박으로 실험하였을 때에 대한 설명으로 옳은 것만을 [보기]에서 있는 대로 고른 것은?

| 보기 |
ㄱ. 알파(α) 입자가 산란되지 않는다.
ㄴ. 직진하는 알파(α) 입자의 수가 증가한다.
ㄷ. 경로가 휘거나 튕겨 나온 알파(α) 입자의 수가 증가한다.

① ㄱ   ② ㄴ   ③ ㄱ, ㄷ
④ ㄴ, ㄷ   ⑤ ㄱ, ㄴ, ㄷ

3 그림 (가)는 알파(α) 입자 산란 실험을, (나)는 어떤 원자 모형을 나타낸 것이다.

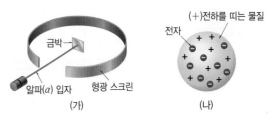

이에 대한 설명으로 옳은 것만을 [보기]에서 있는 대로 고른 것은?

| 보기 |
ㄱ. (가)에서 대부분의 알파(α) 입자는 금박을 통과한다.
ㄴ. (가)의 결과로 원자의 중심에는 부피가 작고 질량이 매우 큰 입자가 존재한다는 것이 제안되었다.
ㄷ. (나)는 (가)의 결과를 설명하기 위해 제안된 모형이다.

① ㄱ   ② ㄴ   ③ ㄷ
④ ㄱ, ㄴ   ⑤ ㄴ, ㄷ

4 그림은 골트슈타인의 양극선 실험을 나타낸 것이다.

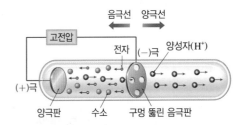

이에 대한 설명으로 옳은 것만을 [보기]에서 있는 대로 고른 것은?

| 보기 |
ㄱ. 수소 기체와 전자가 충돌하여 H^+이 생성된다.
ㄴ. H^+의 흐름이 양극선이다.
ㄷ. 이 실험으로 중성자를 발견하였다.

① ㄱ   ② ㄷ   ③ ㄱ, ㄴ
④ ㄴ, ㄷ   ⑤ ㄱ, ㄴ, ㄷ

5 표는 원자를 구성하는 입자 A~C에 대한 자료이다. A~C는 각각 양성자, 중성자, 전자 중 하나이다.

구분	A	B	C
전하량(상댓값)	x	0	-1
질량(상댓값)	1	1	y

이에 대한 설명으로 옳은 것만을 [보기]에서 있는 대로 고른 것은?

┤ 보기 ├
ㄱ. $\dfrac{x}{y}>1$이다.
ㄴ. 원자에서 A와 C의 수는 같다.
ㄷ. $_{3}^{7}\text{Li}$에서 B의 수는 C의 수보다 1만큼 크다.

① ㄱ ② ㄷ ③ ㄱ, ㄴ
④ ㄴ, ㄷ ⑤ ㄱ, ㄴ, ㄷ

6 표는 원자 X~Z에 대한 자료이다. ㉠은 양성자수와 중성자수 중 하나이며, X와 Y 중 X만 Z의 동위 원소이다.

원자	㉠	질량수
X	5	10
Y	5	9
Z	a	11

이에 대한 설명으로 옳은 것만을 [보기]에서 있는 대로 고른 것은? (단, X~Z는 임의의 원소 기호이고, 각 원자의 원자량은 질량수와 같다.)

┤ 보기 ├
ㄱ. ㉠은 중성자수이다.
ㄴ. Y에 원자 번호와 질량수를 나타내면 $_{4}^{9}\text{Y}$이다.
ㄷ. 1 g에 들어 있는 전자 수는 X>Z이다.

① ㄱ ② ㄷ ③ ㄱ, ㄴ
④ ㄴ, ㄷ ⑤ ㄱ, ㄴ, ㄷ

2019 수능 14번

7 그림은 부피가 동일한 용기 (가)와 (나)에 기체가 각각 들어 있는 것을 나타낸 것이다. 두 용기 속 기체의 온도와 압력은 같고, 두 용기 속 기체의 질량비는 (가) : (나)= 45 : 46이다.

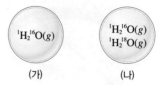

(가)   (나)

(나)에 들어 있는 기체의 $\dfrac{\text{전체 중성자수}}{\text{전체 양성자수}}$는? (단, H, O의 원자 번호는 각각 1, 8이고, ^{1}H, ^{16}O, ^{18}O의 원자량은 각각 1, 16, 18이다.)

① $\dfrac{8}{15}$ ② $\dfrac{17}{29}$ ③ $\dfrac{19}{27}$
④ $\dfrac{21}{25}$ ⑤ $\dfrac{8}{9}$

2020 9월 평가원 4번

8 표는 원자 X~Z에 대한 자료이다.

원자	중성자수	질량수	전자 수
X	6	㉠	6
Y	7	13	
Z	9	17	

이에 대한 설명으로 옳은 것만을 [보기]에서 있는 대로 고른 것은? (단, X~Z는 임의의 원소 기호이다.)

┤ 보기 ├
ㄱ. ㉠은 12이다.
ㄴ. Y는 X의 동위 원소이다.
ㄷ. Z^{2-}의 전자 수는 10이다.

① ㄱ ② ㄷ ③ ㄱ, ㄴ
④ ㄴ, ㄷ ⑤ ㄱ, ㄴ, ㄷ

1 다음은 원자의 구성 입자를 발견한 실험의 결과와 원자 모형 (가)~(다)를 나타낸 것이다.

> [실험 Ⅰ]
> 소량의 수소 기체를 진공 방전관에 넣고 높은 전압을 걸어 주면 (+)극에서 (−)극 쪽으로 빛이 흐른다.
>
> [실험 Ⅱ]
> 알파(α) 입자를 얇은 금박에 충돌시키면 대부분의 알파(α) 입자는 금박을 통과하지만, 일부의 알파(α) 입자는 옆으로 휘고 극소수의 알파(α) 입자는 정반대편으로 튕겨 나온다.
>
> [원자 모형]
>
>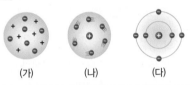
>
> (가)   (나)   (다)

이에 대한 설명으로 옳은 것만을 [보기]에서 있는 대로 고른 것은?

> ┤ 보기 ├
> ㄱ. 실험 Ⅰ에서 빛을 이루는 입자는 실험 Ⅱ에서 발견한 입자를 구성한다.
> ㄴ. 실험 Ⅰ의 결과로 제안된 모형은 (가)이다.
> ㄷ. 실험 Ⅱ의 결과로 제안된 모형은 (나)이다.

① ㄱ   ② ㄴ   ③ ㄱ, ㄷ
④ ㄴ, ㄷ   ⑤ ㄱ, ㄴ, ㄷ

---

2 그림은 용기 속에 ^4He과 ^1H, ^{12}C, ^{13}C 만으로 이루어진 CH_4이 들어 있는 것을 나타낸 것이다.
용기 속에 들어 있는 ^{12}C와 ^{13}C의 원자 수비가 $1:1$일 때 용기 속 $\dfrac{\text{전체 중성자수}}{\text{전체 양성자수}}$ 는?

> He 0.1몰
> CH_4 0.4몰

① $\dfrac{5}{6}$ ② $\dfrac{4}{5}$ ③ $\dfrac{3}{4}$

④ $\dfrac{2}{3}$ ⑤ $\dfrac{2}{5}$

---

3 다음은 원자 X의 평균 원자량을 구하기 위해 수행한 탐구 활동이다.

> [탐구 과정]
> (가) 자연계에 존재하는 X의 동위 원소와 각각의 원자량을 조사한다.
> (나) 원자량에 따른 X의 동위 원소 존재 비율을 조사한다.
> (다) X의 평균 원자량을 구한다.
>
> [탐구 결과 및 자료]
> • X의 동위 원소

동위 원소	원자량	존재 비율(%)
^aX	A	19.9
^bX	B	80.1

> • $b>a$이다.
> • 평균 원자량은 w이다.

이에 대한 설명으로 옳은 것만을 [보기]에서 있는 대로 고른 것은? (단, X는 임의의 원소 기호이다.)

> ┤ 보기 ├
> ㄱ. $w=(0.199\times A)+(0.801\times B)$이다.
> ㄴ. 중성자수는 $^aX>^bX$이다.
> ㄷ. $\dfrac{1\,g의\ ^aX에\ 들어\ 있는\ 전체\ 양성자수}{1\,g의\ ^bX에\ 들어\ 있는\ 전체\ 양성자수}>1$이다.

① ㄱ   ② ㄴ   ③ ㄷ
④ ㄱ, ㄴ   ⑤ ㄱ, ㄷ

---

4 표는 원자 X~Z에 대한 자료이다.

원자	X	Y	Z
중성자수	6	7	8
$\dfrac{\text{질량수}}{\text{전자 수}}$	2	2	$\dfrac{7}{3}$

이에 대한 설명으로 옳은 것만을 [보기]에서 있는 대로 고른 것은? (단, X~Z는 임의의 원소 기호이다.)

> ┤ 보기 ├
> ㄱ. Y는 $^{13}_{6}C$이다.
> ㄴ. X와 Z는 동위 원소이다.
> ㄷ. 질량수는 Z>Y이다.

① ㄱ   ② ㄴ   ③ ㄷ
④ ㄱ, ㄴ   ⑤ ㄴ, ㄷ

5 다음은 자연계에 존재하는 모든 X_2에 대한 자료이다.

2021 9월 평가원 16번

- X_2는 분자량이 서로 다른 (가), (나), (다)로 존재한다.
- X_2의 분자량: (가)>(나)>(다)
- 자연계에서 $\dfrac{\text{(다)의 존재 비율(\%)}}{\text{(나)의 존재 비율(\%)}}=1.5$이다.

이에 대한 설명으로 옳은 것만을 [보기]에서 있는 대로 고른 것은? (단, X는 임의의 원소 기호이다.)

| 보기 |

ㄱ. X의 동위 원소는 3가지이다.
ㄴ. X의 평균 원자량은 $\dfrac{\text{(나)의 분자량}}{2}$보다 작다.
ㄷ. 자연계에서 $\dfrac{\text{(나)의 존재 비율(\%)}}{\text{(가)의 존재 비율(\%)}}=2$이다.

① ㄱ ② ㄴ ③ ㄷ
④ ㄱ, ㄴ ⑤ ㄴ, ㄷ

7 그림은 분자량에 따른 X_2의 분자 수를 상댓값으로 나타낸 것이다. 자연계에 존재하는 X_2의 분자량은 모두 3가지이다.

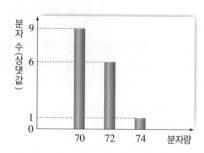

이에 대한 설명으로 옳은 것만을 [보기]에서 있는 대로 고른 것은? (단, X는 임의의 원소 기호이고, 질량수와 원자량은 같다고 가정한다.)

| 보기 |

ㄱ. X의 평균 원자량은 36이다.
ㄴ. X의 동위 원소는 모두 3가지이다.
ㄷ. X의 동위 원소 중 질량수가 가장 큰 원소는 ^{37}X이다.

① ㄱ ② ㄷ ③ ㄱ, ㄴ
④ ㄱ, ㄷ ⑤ ㄴ, ㄷ

6 표는 원자 (가)~(다)에 대한 자료이다. (가)~(다)는 각각 ^mX, ^nX, ^lY 중 하나이다.

원자	(가)	(나)	(다)
질량수	63	64	65
중성자수	a	a	b
존재 비율(%)	70	100	30

이에 대한 설명으로 옳은 것만을 [보기]에서 있는 대로 고른 것은? (단, X, Y는 임의의 원소 기호이고, 원자량은 질량수와 같다.)

| 보기 |

ㄱ. X의 평균 원자량은 63.6이다.
ㄴ. $b>a$이다.
ㄷ. 원자 번호는 (나)>(가)이다.

① ㄱ ② ㄷ ③ ㄱ, ㄴ
④ ㄴ, ㄷ ⑤ ㄱ, ㄴ, ㄷ

8 다음은 질량수가 3 이하인 원자 X~Z에 대한 자료이다.

- X와 Y의 질량수는 같다.
- Y와 Z의 전자 수는 같다.
- X와 Z의 중성자수는 같다.

이에 대한 설명으로 옳은 것만을 [보기]에서 있는 대로 고른 것은? (단, X~Z는 임의의 원소 기호이다.)

| 보기 |

ㄱ. 질량수는 Z가 가장 작다.
ㄴ. X의 양성자수는 2이다.
ㄷ. Y에 원자 번호와 질량수를 표시하면 ^3_1Y이다.

① ㄱ ② ㄴ ③ ㄷ
④ ㄱ, ㄷ ⑤ ㄴ, ㄷ, ㄷ

9 그림은 원자 X, Y와 이온 Z^+를 구성하는 입자 수를 두 종류씩 나타낸 것이다. a~c는 각각 양성자, 중성자, 전자 중 하나이다.

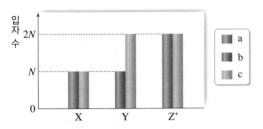

이에 대한 설명으로 옳은 것만을 [보기]에서 있는 대로 고른 것은? (단, X~Z는 임의의 원소 기호이다.)

| 보기 |
ㄱ. c는 중성자이다.
ㄴ. X와 Y는 동위 원소이다.
ㄷ. 질량수는 Z가 Y의 2배이다.

① ㄱ   ② ㄷ   ③ ㄱ, ㄴ
④ ㄴ, ㄷ   ⑤ ㄱ, ㄴ, ㄷ

10 그림은 분자 X_2가 자연계에 존재하는 비율을 나타낸 것이다. ^aX, ^{a+2}X의 원자량은 각각 a, $a+2$이다.

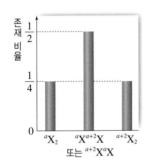

이에 대한 설명으로 옳은 것만을 [보기]에서 있는 대로 고른 것은? (단, X는 임의의 원소 기호이다.)

| 보기 |
ㄱ. $^aX_2$와 $^{a+2}X_2$의 화학 결합의 종류는 같다.
ㄴ. ^aX와 ^{a+2}X의 존재 비율은 같다.
ㄷ. X의 평균 원자량은 $a+1$이다.

① ㄱ   ② ㄷ   ③ ㄱ, ㄴ
④ ㄴ, ㄷ   ⑤ ㄱ, ㄴ, ㄷ

11 표는 전자 수가 x인 3가지 이온에 대한 자료이다.

이온	중성자수	질량수
A^-	10	19
B^{m+}	12	23
C^{n+}	12	24

이에 대한 설명으로 옳은 것만을 [보기]에서 있는 대로 고른 것은? (단, A~C는 임의의 원소 기호이다.)

| 보기 |
ㄱ. x는 10이다.
ㄴ. $\dfrac{m}{n}>1$이다.
ㄷ. $\dfrac{중성자수}{양성자수}$는 C가 B보다 크다.

① ㄱ   ② ㄴ   ③ ㄷ
④ ㄱ, ㄷ   ⑤ ㄴ, ㄷ

2019 6월 평가원 12번

12 다음은 3주기 원자 A~D에 대한 자료이다. (가)와 (나)는 각각 양성자수와 중성자수 중 하나이고, ㉠~㉣은 각각 A~D 중 하나이다.

- A는 B의 동위 원소이다.
- C와 D의 $\dfrac{중성자수}{전자 수}=1$이다.
- 질량수는 B>C>A>D이다.
- A~D의 양성자수와 중성자수

원자	㉠	㉡	㉢	㉣
(가)	18		20	
(나)	17	18		16

이에 대한 설명으로 옳은 것만을 [보기]에서 있는 대로 고른 것은? (단, A~D는 임의의 원소 기호이다.)

⟶ 보기 ⟵
ㄱ. (가)는 중성자수이다.
ㄴ. B의 질량수는 37이다.
ㄷ. D의 원자 번호는 18이다.

① ㄱ   ② ㄷ   ③ ㄱ, ㄴ
④ ㄴ, ㄷ   ⑤ ㄱ, ㄴ, ㄷ

05 원자 모형

>> **핵심 짚기**
> - 수소 원자의 에너지 준위
> - 양자수의 종류와 특성
> - 전자 전이와 에너지 출입
> - 오비탈의 종류와 특성

A 보어 원자 모형

1 수소 원자의 선 스펙트럼 수소 방전관에서 나오는 빛을 *프리즘에 통과시키면 불연속적인 선 스펙트럼이 나타난다. ➡ 수소를 방전시킬 때 방출되는 빛은 특정한 파장의 빛만을 포함하고 있기 때문이다.❶

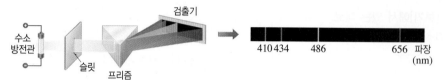

▲ 수소 방전관의 빛을 프리즘에 통과시키는 모습   ▲ 수소 원자의 선 스펙트럼

2 보어 원자 모형 수소 원자의 불연속적인 선 스펙트럼을 설명하기 위해 제안된 모형

① **전자 운동과 전자 껍질:** 원자핵 주위의 전자는 특정한 에너지를 가진 몇 개의 원형 궤도를 따라 원운동을 하는데, 이 궤도를 전자 껍질이라고 한다.
  - 원자핵에서 가까운 전자 껍질부터 K($n=1$), L($n=2$), M($n=3$), N($n=4$), …… 으로 표시하며, n을 주 양자수라고 한다.

② **전자 껍질과 에너지 준위:** 각 전자 껍질의 에너지 준위(E_n)는 주 양자수(n)에 의해 결정된다.❷

$$E_n = -\frac{1312}{n^2}(\text{kJ/mol}) \ (n=1, 2, 3, \cdots\cdots)$$

  - 원자핵에 가까울수록 전자 껍질의 에너지 준위가 낮다. → 원자핵과 전자 사이의 인력이 커져 에너지가 낮아지기 때문이다.
  ➡ 전자 껍질의 에너지 준위 크기: K<L<M<N ……
  - 주 양자수(n)가 커질수록 이웃한 두 전자 껍질 사이의 에너지 차이가 작아진다.

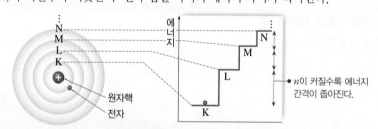

▲ 수소 원자의 전자 껍질과 에너지 준위

③ **전자 *전이와 에너지 출입:** 전자가 에너지 준위가 다른 전자 껍질로 이동(전자 전이)하면 두 전자 껍질의 에너지 차이만큼 에너지를 흡수하거나 방출한다.❸
  - **바닥상태:** 원자가 가장 낮은 에너지를 가지는 안정한 상태
  - **들뜬상태:** 바닥상태보다 더 높은 에너지를 가지는 전자 껍질에 전자가 존재하는 불안정한 상태

더 높은 에너지 준위의 전자 껍질로 이동할 때	더 낮은 에너지 준위의 전자 껍질로 이동할 때
에너지 흡수 들뜬상태 / 바닥상태	들뜬상태 에너지 방출 / 바닥상태
에너지 준위가 낮은 전자 껍질에서 높은 전자 껍질로 전자 전이 ➡ 에너지 흡수	에너지 준위가 높은 전자 껍질에서 낮은 전자 껍질로 전자 전이 ➡ 에너지 방출

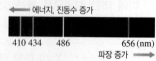

[수소 원자의 선 스펙트럼 계열]

• 수소 원자의 전자가 들뜬상태에서 낮은 에너지 준위의 전자 껍질로 전이할 때 방출하는 빛이 선 스펙트럼으로 나타난다.④

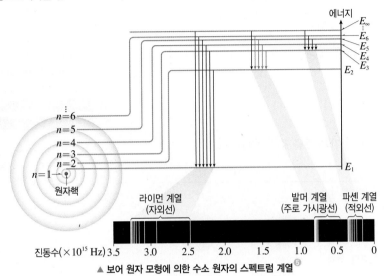

▲ 보어 원자 모형에 의한 수소 원자의 스펙트럼 계열⑤

• 수소 원자의 스펙트럼 계열: 수소 원자의 전자 전이에 따라 스펙트럼 계열이 결정된다.

스펙트럼 계열	스펙트럼 영역	전자 전이
라이먼 계열	자외선 영역	$n \geq 2$인 전자 껍질에서 $n=1$인 K 전자 껍질로 전이할 때
발머 계열	가시광선 영역	$n \geq 3$인 전자 껍질에서 $n=2$인 L 전자 껍질로 전이할 때
파셴 계열	적외선 영역	$n \geq 4$인 전자 껍질에서 $n=3$인 M 전자 껍질로 전이할 때

④ **수소 원자의 전자 전이와 선 스펙트럼**
수소 기체를 방전관에 넣고 높은 전압을 걸어 주면 전자가 에너지를 흡수하여 에너지가 높은 전자 껍질로 전이하였다가 에너지가 낮은 전자 껍질로 전이하면서 두 전자 껍질의 에너지 차이만큼의 에너지를 빛의 형태로 방출한다. 이때 방출되는 빛을 프리즘에 통과시키면 특정한 파장의 빛을 가진 선 스펙트럼을 얻을 수 있다.

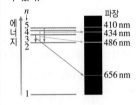

⑤ **수소 원자의 에너지 준위와 스펙트럼 선의 간격**
수소 원자에서 주 양자수(n)가 클수록 에너지 준위(E_n)가 높아지고 이웃한 두 전자 껍질의 에너지 차이가 작아진다. 따라서 수소 원자의 스펙트럼 계열에서도 진동수가 클수록(파장이 짧을수록) 스펙트럼 선의 간격이 좁아진다.

📋 정답과 해설 25쪽

개념 확인

(1) 다음은 보어 원자 모형에 대한 설명이다. (   ) 안에 알맞은 말을 쓰시오.
  ① 원자핵 주위의 전자는 특정한 에너지를 가진 몇 개의 원형 궤도를 따라 원운동을 하는데, 이 궤도를 (   )이라고 한다.
  ② 원자핵에 가까운 전자 껍질일수록 에너지 준위가 (   )다.
  ③ 전자가 다른 전자 껍질로 전이할 때 두 전자 껍질의 (   ) 차이만큼 에너지를 흡수하거나 방출한다.
  ④ 전자의 에너지 준위가 가장 낮은 안정한 상태를 (   )상태라고 한다.
  ⑤ 낮은 에너지 준위의 전자 껍질에서 높은 에너지 준위의 전자 껍질로 전자 전이가 일어날 때 에너지를 (   )한다.

(2) 다음 (   ) 안에 보어 원자 모형에서 전자가 전이할 때 에너지를 흡수하는 경우는 '흡수', 방출하는 경우는 '방출'을 쓰시오.
  ① K 전자 껍질 → L 전자 껍질: 에너지 (   )
  ② N 전자 껍질 → L 전자 껍질: 에너지 (   )
  ③ M 전자 껍질 → N 전자 껍질: 에너지 (   )
  ④ M 전자 껍질 → K 전자 껍질: 에너지 (   )

(3) 그림은 수소 원자의 에너지 준위와 전자 전이 a~e를 나타낸 것이다. (   ) 안에 알맞은 값이나 기호를 쓰시오.
  ① 빛을 흡수하는 전자 전이는 (   )가지이다.
  ② 방출하는 빛의 파장이 가장 짧은 것은 (   )이다.
  ③ 자외선을 방출하는 전자 전이는 (   )이다.
  ④ 가시광선을 방출하는 전자 전이는 (   )이다.

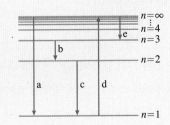

05 원자 모형

Ⓑ 현대의 원자 모형

1 현대의 원자 모형

① 보어 원자 모형의 한계: 전자가 2개 이상인 다전자 원자의 스펙트럼은 여러 개의 선이 중첩되어 나타나는데, 이러한 현상은 보어 모형으로 설명할 수 없다.❶

② 현대의 원자 모형: 전자는 입자의 성질과 파동의 성질을 가지며, 전자의 위치와 운동량을 동시에 정확하게 알 수 없다. ➡ 전자를 원자핵 주위에 존재할 수 있는 확률로만 나타낼 수 있다.

2 현대의 원자 모형과 오비탈

① 오비탈: 원자핵 주위에 전자가 존재할 수 있는 공간을 확률 분포로 나타낸 것

② 오비탈을 나타내는 방법

점밀도 그림	전자가 발견될 확률 분포를 점의 밀도로 나타낸다. ➡ 점밀도가 클수록 전자 발견 확률이 크다. ┗ 전자가 존재할 수 있는 공간의 경계가 뚜렷하지 않다.	
경계면 그림	전자가 발견될 확률이 90 %가 되는 공간의 경계면을 나타낸다. ➡ 경계면 밖에서도 작지만 전자 발견 확률이 있다.	

▲ 점밀도 그림   ▲ 경계면 그림

③ 오비탈의 결정: 현대 원자 모형에서는 원자 내에 있는 전자의 상태를 주 양자수(n), 방위(부) 양자수(l), 자기 양자수(m_l), 스핀 자기 양자수(m_s)의 4가지 양자수로 나타낸다.

3 양자수   오비탈, 즉 전자의 확률 분포를 결정하는 값

① 주 양자수(n): 오비탈의 에너지 준위를 결정하는 양자수
- 주 양자수(n)가 클수록 오비탈의 크기가 크고, 에너지 준위가 높다.
- 자연수($n=1, 2, 3, \cdots$) 값만을 가지며, 보어 원자 모형에서 전자 껍질에 해당한다.

주 양자수(n)	1	2	3	4
전자 껍질	K	L	M	N

② 방위(부) 양자수(l): 오비탈의 모양을 결정하는 양자수
- 주 양자수가 n일 때 방위(부) 양자수는 $0, 1, 2, \cdots (n-1)$까지 n개 존재한다.
- 오비탈의 모양은 s, p, d, $\cdots$ 등의 기호로 나타내는데, $l=0$일 때는 s, $l=1$일 때는 p, $l=2$일 때는 d로 나타낸다.❷

주 양자수(n)	1	2		3		
방위(부) 양자수(l)	0	0	1	0	1	2
오비탈	$1s$	$2s$	$2p$	$3s$	$3p$	$3d$

③ 자기 양자수(m_l): 오비탈의 공간적인 방향을 결정하는 양자수
- 방위(부) 양자수가 l일 때 자기 양자수는 $-l, \cdots -2, -1, 0, +1, +2, \cdots +l$까지 $(2l+1)$개 존재한다.

방위(부) 양자수(l)	0	1	2
자기 양자수(m_l)	0	$-1, 0, +1$	$-2, -1, 0, +1, +2$
오비탈 수	1	3	5

④ 스핀 자기 양자수(m_s): 전자의 운동 방향에 따라 결정되는 양자수
- 전자의 스핀은 2가지 방향이 있으며, 한 방향을 $+\dfrac{1}{2}$, 반대 방향을 $-\dfrac{1}{2}$로 나타낸다.❸
- 1개의 오비탈에는 서로 다른 스핀을 갖는 전자가 최대 2개까지만 들어갈 수 있다.
  ➡ 4가지 양자수가 모두 같은 전자가 존재할 수 없는 까닭이다.

---

❶ 다전자 원자의 선 스펙트럼

네온과 같이 전자가 2개 이상인 다전자 원자의 선 스펙트럼은 수소보다 선의 수가 많고 복잡하다. 따라서 보어 원자 모형으로는 네온의 선 스펙트럼을 설명할 수 없다.

❷ s 오비탈과 p 오비탈의 모양

▲ s 오비탈   ▲ p 오비탈

❸ 전자 스핀

전자는 자전 운동과 유사한 운동을 하는데, 전하를 띤 전자가 일정한 축을 기준으로 스핀 운동을 하면 전자 주변에 자기장이 형성된다. 스핀 방향은 2가지이며, 자기장의 방향은 서로 반대이다.

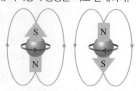

▲ 전자 스핀과 자기장의 방향

4 s 오비탈과 p 오비탈의 특징

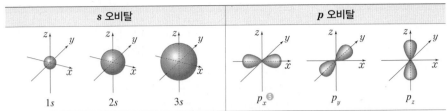

s 오비탈	p 오비탈
 $1s$ $2s$ $3s$	 p_x❺ p_y p_z
• 공 모양(구형)이다. • 원자핵으로부터 거리가 같으면 전자를 발견할 확률이 같다. ➡ 방향성이 없다.❹ • 모든 전자 껍질에 1개씩 존재하며, 주 양자수(n)에 따라 $1s$, $2s$, $3s$, …로 나타낸다. • 주 양자수(n)가 클수록 오비탈의 크기가 커지고, 에너지 준위가 높아진다.	• 아령 모양이며, 방향에 따라 3가지가 존재한다. • 원자핵으로부터 거리가 같더라도 방향에 따라 전자를 발견할 확률이 다르다. ➡ 방향성이 있다.❻ • 주 양자수(n)가 2 이상인 L 전자 껍질부터 존재하며, 주 양자수(n)에 따라 $2p$, $3p$, …로 나타낸다. • 주 양자수(n)가 클수록 오비탈의 크기가 커지고, 에너지 준위가 높아진다. • 주 양자수(n)가 같은 p_x, p_y, p_z 오비탈의 에너지 준위는 같다.

❹ s 오비탈의 방향성
s 오비탈은 방향성을 의미하는 자기 양자수(m_l)의 값이 0으로 1개의 오비탈만 존재한다. s 오비탈은 공 모양이며, 이는 원자핵으로부터 거리가 같으면 전자가 존재할 확률이 같다는 것을 의미한다.

❺ 오비탈의 표시

주 양자수(n):　　　오비탈의 모양
오비탈의
에너지 준위
$$2p_x$$
오비탈의 방향

❻ p 오비탈의 방향성
p_x 오비탈은 x축 방향으로는 전자가 발견될 확률이 크지만, y축, z축 방향과 원자핵에서는 전자가 발견될 확률이 0이다. 마찬가지로 p_y 오비탈은 y축 방향으로는 전자가 발견될 확률이 크지만, x축, z축 방향과 원자핵에서는 전자가 발견될 확률이 0이고, p_z 오비탈은 z축 방향으로는 전자가 발견될 확률이 크지만 x축, y축 방향과 원자핵에서는 전자가 발견될 확률이 0이다.

5 주 양자수(n)에 따른 오비탈 수와 최대 수용 전자 수

주 양자수(n)	1	2		3		
방위(부) 양자수(l)	0	0	1	0	1	2
오비탈	$1s$	$2s$	$2p$	$3s$	$3p$	$3d$
자기 양자수(m_l)	0	0	$-1, 0, +1$	0	$-1, 0, +1$	$-2, -1, 0, +1, +2$
오비탈 수(n^2)	1	1	3	1	3	5
	1	4		9		
최대 수용 전자 수 $(2n^2)$	2	8		18		

각 오비탈에는 스핀 자기 양자수가 다른 전자가 2개까지 채워질 수 있으므로 최대 수용 전자 수는 오비탈 수의 2배가 된다.

📖 정답과 해설 25쪽

(4) 다음은 오비탈에 대한 설명이다. (　　　) 안에 알맞은 말을 쓰시오.
　① 주 양자수(n)가 2인 전자 껍질에는 (　　　), (　　　) 오비탈이 있다.
　② 방위(부) 양자수(l)가 1인 오비탈은 주 양자수(n)가 (　　　)인 L 전자 껍질부터 존재한다.
　③ s 오비탈의 모양은 (　　　)이다.

(5) 그림은 어떤 한 주 양자수(n)의 모든 오비탈을 모형으로 나타낸 것이다. 이 오비탈들의 주 양자수(n)를 쓰시오.

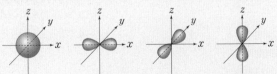

(6) 표는 전자 껍질에 따른 양자수와 오비탈 수에 대한 자료이다. ㉠~㉤에 알맞은 값이나 기호를 쓰시오.

전자 껍질	K	L		M		
주 양자수(n)	1	2		3		
방위(부) 양자수(l)	㉠(　　)	0	㉡(　　)	0	1	㉢(　　)
오비탈	$1s$	$2s$	㉣(　　)	$3s$	$3p$	㉤(　　)

2021 ● 6월 평가원 12번

자료❶ 오비탈의 모양

그림은 수소 원자의 오비탈 (가)~(다)를 모형으로 나타낸 것이다. (가)~(다)는 각각 $1s$, $2s$, $2p_z$ 중 하나이다. 수소 원자의 바닥상태 전자 배치에서 전자는 (다)에 들어 있다.

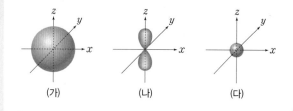

1. s 오비탈은 (   ) 모양이다.
• 방위(부) 양자수(l)는 (가)와 (다)가 0으로 같다.
• (가)와 (다)에서 핵으로부터 거리가 같으면 전자를 발견할 확률이 같다.
2. 수소 원자에서 에너지 준위는 주 양자수(n)에 의해 결정된다.
• 에너지 준위는 (가) (   ) (나)이다.
• 주 양자수(n)는 (나) (   ) (다)이다.

2017 ● 6월 평가원 7번

자료❸ 오비탈의 모양

다음은 바닥상태 질소(N) 원자에서 전자가 들어 있는 오비탈 (가)~(다)에 대한 자료이다. (가)~(다)는 각각 $1s$, $2s$, $2p$ 중 하나이다.

• (가)와 (나)의 모양이 같다.
• (가)와 (다)에는 원자가 전자가 들어 있다.

1. (가)와 (나)는 공 모양이다.   (○, ×)
2. (나)에서 전자가 발견될 확률은 핵으로부터의 거리와 방향에 따라 변한다.   (○, ×)
3. 오비탈의 크기는 (가)>(나)이다.   (○, ×)
4. 에너지 준위는 (다)>(나)이다.   (○, ×)

자료❷ 양자수

그림은 원자 X에서 전자가 들어 있는 오비탈 $1s$, $2s$, $2p_x$를 주어진 기준에 따라 분류한 것이다.

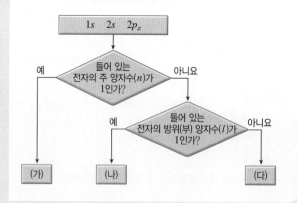

1. 오비탈의 주 양자수(n)가 1인 오비탈 (가): (   )
2. 오비탈의 주 양자수(n)가 2인 오비탈: (,   )
3. 오비탈의 방위(부) 양자수(l)가 0인 오비탈: (,   )
4. 오비탈의 방위(부) 양자수(l)가 1인 오비탈 (나): (   )
5. 오비탈의 주 양자수(n)와 방위(부) 양자수(l)가 모두 1이 아닌 오비탈 (다): (   )
6. 오비탈의 주 양자수(n)와 방위(부) 양자수(l)의 합이 가장 큰 오비탈: (   )

자료❹ 오비탈의 모양과 양자수

그림은 바닥상태 나트륨($_{11}$Na) 원자에서 전자가 들어 있는 오비탈 (가), (나)를 모형으로 나타낸 것이다. 에너지 준위는 (가)가 (나)보다 높다.

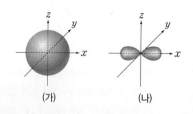

1. (가)는 $2s$ 오비탈이다.   (○, ×)
2. (나)의 주 양자수(n)는 3이다.   (○, ×)
3. 방위(부) 양자수(l)는 (나)가 (가)보다 크다.   (○, ×)
4. (가)에는 원자가 전자가 들어 있다.   (○, ×)

Ⓐ 보어 원자 모형

1 그림은 보어의 수소 원자 모형에서 전자 전이를 나타낸 것이다.

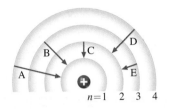

A~E 중 가장 큰 에너지를 방출하는 전자 전이를 쓰시오.

2 그림은 수소의 선 스펙트럼에서 가시광선 영역을 나타낸 것이다.

다음과 관련된 스펙트럼 선을 a~d에서 골라 쓰시오.

(1) 방출하는 빛의 에너지가 가장 작은 선이다.

(2) 가시광선 중 에너지가 가장 큰 선이다.

(3) $n=4$인 전자 껍질에서 $n=2$인 전자 껍질로 전이할 때 방출하는 빛에 의한 선이다.

3 그림은 보어의 수소 원자 모형이다.

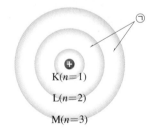

이에 대한 설명으로 옳지 않은 것은?

① $n=1$인 전자 껍질에 있는 전자가 에너지를 흡수하면 ㉠ 영역으로 전자 전이가 일어난다.

② 에너지 준위는 $n=1$인 전자 껍질이 $n=2$인 전자 껍질보다 낮다.

③ $n=2$인 전자 껍질에 있는 전자가 $n=3$인 전자 껍질로 전이할 때 에너지를 흡수한다.

④ $n=1$인 전자 껍질에 전자가 존재하는 수소 원자는 바닥상태이다.

⑤ $n=3$인 전자 껍질에서 $n=2$인 전자 껍질로 전자 전이가 일어날 때 가시광선의 빛을 방출한다.

Ⓑ 현대의 원자 모형

4 오비탈에 대한 설명으로 옳은 것만을 [보기]에서 있는 대로 고르시오.

┤ 보기 ├

ㄱ. 전자가 원운동하고 있는 궤도이다.

ㄴ. K 전자 껍질에는 s 오비탈만 존재한다.

ㄷ. 같은 족 원소는 원자가 전자가 들어 있는 주 양자수(n)가 같다.

5 다음은 오비탈에 대한 설명이다. s 오비탈에 대한 설명은 's', p 오비탈에 대한 설명은 'p'라고 쓰시오.

(1) 방향에 관계없이 핵으로부터 거리가 같으면 전자가 발견될 확률이 같다. ········· (   )

(2) 주 양자수(n)가 2인 전자 껍질부터 존재한다.
   ·········· (   )

(3) 주 양자수(n)와 에너지가 같은 3개의 오비탈이 존재한다. ········· (   )

(4) 최대로 채워질 수 있는 전자 수는 2이다. ··· (   )

6 그림은 지금까지 제안된 원자 모형을 순서 없이 나열한 것이다.

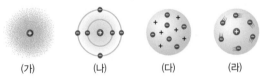

(가)   (나)   (다)   (라)

원자 모형을 제안된 순서대로 나열하시오.

7 그림 (가)와 (나)는 각각 $1s$ 오비탈과 $2s$ 오비탈 중 하나이다.

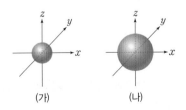

(가)   (나)

이에 대한 설명으로 옳지 않은 것은?

① (가)는 $1s$ 오비탈이다.

② 에너지 준위는 (나)>(가)이다.

③ 채워질 수 있는 최대 전자 수는 (나)>(가)이다.

④ (가)의 방위(부) 양자수(l)는 0이다.

⑤ (나)의 주 양자수(n)는 2이다.

1 그림은 수소 원자에서 일어나는 전자 전이를 나타낸 것이다. 전자 전이 A, B, C에서 방출하는 빛의 에너지(kJ/mol)는 각각 a, b, c이다.

이에 대한 설명으로 옳은 것만을 [보기]에서 있는 대로 고른 것은? (단, 주 양자수(n)에 따른 수소 원자의 에너지 준위 $E_n \propto -\dfrac{1}{n^2}$이다.)

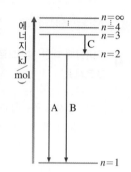

┤ 보기 ├
ㄱ. B에서 방출하는 빛은 가시광선이다.
ㄴ. a는 바닥상태 수소 원자에서 전자를 떼어낼 때 필요한 에너지와 같다.
ㄷ. $a=b+c$이다.

① ㄱ 　　② ㄷ 　　③ ㄱ, ㄴ
④ ㄴ, ㄷ 　　⑤ ㄱ, ㄴ, ㄷ

2 그림 (가)와 (나)는 보어의 수소 원자 모형을 각각 나타낸 것이다.

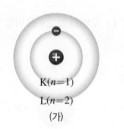 
(가)　　　　　(나)

이에 대한 설명으로 옳은 것만을 [보기]에서 있는 대로 고른 것은?

┤ 보기 ├
ㄱ. (가)는 들뜬상태이다.
ㄴ. (가)에서 (나)로 될 때 에너지를 흡수한다.
ㄷ. (나)에서 (가)로 될 때 가시광선을 방출한다.

① ㄱ 　　② ㄴ 　　③ ㄷ
④ ㄱ, ㄴ 　　⑤ ㄴ, ㄷ

3 그림은 수소 원자의 전자 전이 a~d에서 전이 전 주 양자수($n_{전이 전}$)와 전이 후 주 양자수($n_{전이 후}$)를 나타낸 것이다.

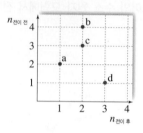

이에 대한 설명으로 옳은 것만을 [보기]에서 있는 대로 고른 것은? (단, 수소 원자의 에너지 준위 $E_n = -\dfrac{k}{n^2}$이고, n은 주 양자수, k는 상수이다.)

┤ 보기 ├
ㄱ. b와 c에서 가시광선의 빛을 방출한다.
ㄴ. 방출하는 빛의 에너지는 a에서가 c에서의 4배이다.
ㄷ. 바닥상태인 수소 원자 1몰에 d에 해당하는 에너지를 가해 주면 이온화된다.

① ㄱ 　　② ㄷ 　　③ ㄱ, ㄴ
④ ㄴ, ㄷ 　　⑤ ㄱ, ㄴ, ㄷ

4 그림은 보어의 수소 원자 모형에서 4가지 전자 전이 A~D를 나타낸 것이다.

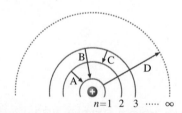

이에 대한 설명으로 옳은 것만을 [보기]에서 있는 대로 고른 것은? (단, 수소 원자의 에너지 준위 $E_n = -\dfrac{1312}{n^2}$ kJ/mol이다.)

┤ 보기 ├
ㄱ. 방출하는 빛의 파장은 B가 A보다 길다.
ㄴ. C에서 방출하는 빛은 가시광선에 해당한다.
ㄷ. A~D 중 에너지가 가장 큰 빛을 방출하는 것은 D이다.

① ㄱ 　　② ㄴ 　　③ ㄱ, ㄷ
④ ㄴ, ㄷ 　　⑤ ㄱ, ㄴ, ㄷ

5 그림은 원자 모형 A~C를 나타낸 것이다. A~C는 각각 톰슨, 보어, 현대의 원자 모형 중 하나이다.

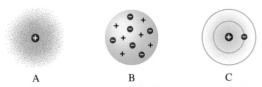

A   B   C

이에 대한 설명으로 옳은 것만을 [보기]에서 있는 대로 고른 것은?

┤ 보기 ├
ㄱ. A에서는 전자의 존재를 확률 분포로 나타낸다.
ㄴ. B에서 전자는 원자핵 주위의 일정한 궤도에서 운동한다.
ㄷ. C는 수소 원자의 선 스펙트럼을 설명할 수 있다.

① ㄱ   ② ㄴ   ③ ㄱ, ㄷ
④ ㄴ, ㄷ ⑤ ㄱ, ㄴ, ㄷ

6 다음은 현대의 원자 모형에 대한 학생들의 대화이다.

원자핵 주위에서 전자들이 운동하는 궤도를 오비탈이라고 해.

오비탈의 양자수에서 주 양자수(n)는 오비탈의 크기와 관련이 있지.

1개의 오비탈에 들어 있는 전자들은 스핀 자기 양자수(m_s)가 같아.

학생 A 학생 B 학생 C

제시한 의견이 옳은 학생만을 있는 대로 고른 것은?

① A   ② B   ③ A, C
④ B, C ⑤ A, B, C

7 그림은 바닥상태 탄소(C) 원자에서 전자가 들어 있는 모든 오비탈을 모형으로 나타낸 것이다. 주 양자수는 (가)가 (다)보다 작다.

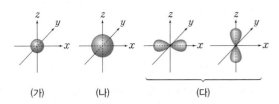

(가) (나)   (다)

이에 대한 설명으로 옳은 것만을 [보기]에서 있는 대로 고른 것은?

┤ 보기 ├
ㄱ. (다)의 주 양자수(n)는 2이다.
ㄴ. (다)는 원자핵으로부터 거리가 같으면 방향에 관계없이 전자가 발견될 확률이 같다.
ㄷ. 방위(부) 양자수(l)는 (나)가 (가)보다 크다.

① ㄱ   ② ㄴ   ③ ㄱ, ㄷ
④ ㄴ, ㄷ ⑤ ㄱ, ㄴ, ㄷ

8 그림은 오비탈 (가)~(다)를 모형으로 나타낸 것이다. (가)~(다)의 주 양자수(n)는 모두 같다.

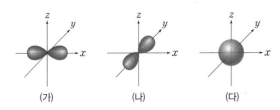

(가) (나) (다)

이에 대한 설명으로 옳은 것만을 [보기]에서 있는 대로 고른 것은?

┤ 보기 ├
ㄱ. (가)의 주 양자수(n)는 1이다.
ㄴ. 에너지 준위는 (나)>(가)이다.
ㄷ. 방위(부) 양자수(l)는 (나)>(다)이다.

① ㄱ   ② ㄷ   ③ ㄱ, ㄴ
④ ㄴ, ㄷ ⑤ ㄱ, ㄴ, ㄷ

9 표는 네온(Ne) 원자의 서로 다른 전자 배치 (가)와 (나)에서 각 전자 껍질에 들어 있는 전자 수를 나타낸 것이다.

전자 배치	전자 껍질		
	K	L	M
(가)	2	8	0
(나)	2	7	1

이에 대한 설명으로 옳은 것만을 [보기]에서 있는 대로 고른 것은?

┤ 보기 ├

ㄱ. (가)에서 L 전자 껍질의 모든 오비탈의 방위(부) 양자수(l)는 같다.
ㄴ. (가)에서 전자들의 스핀 자기 양자수(m_s)의 합은 0이다.
ㄷ. (나)에서 전자가 들어 있는 오비탈의 수는 6이다.

① ㄱ　　　② ㄷ　　　③ ㄱ, ㄴ
④ ㄴ, ㄷ　　　⑤ ㄱ, ㄴ, ㄷ

11 표는 주 양자수(n)에 따른 오비탈의 종류와 수를 나타낸 것이다.

주 양자수(n)	1	2	
오비탈 종류	㉠	㉡	㉢
오비탈 수	x	1	y

이에 대한 설명으로 옳은 것만을 [보기]에서 있는 대로 고른 것은?

┤ 보기 ├

ㄱ. $\dfrac{y}{x}=3$이다.
ㄴ. 최대 수용 전자 수는 ㉡이 ㉠보다 크다.
ㄷ. ㉢은 원자핵으로부터 거리가 같으면 방향에 관계없이 전자의 발견 확률이 같다.

① ㄱ　　　② ㄴ　　　③ ㄱ, ㄷ
④ ㄴ, ㄷ　　　⑤ ㄱ, ㄴ, ㄷ

10 그림은 수소 원자의 오비탈 (가)~(다)를 모형으로 나타낸 것이다. (가)~(다)의 주 양자수(n)는 각각 1 또는 2 중 하나이고, 오비탈의 크기는 (다)>(나)이다.

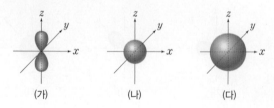

(가)　　　(나)　　　(다)

이에 대한 설명으로 옳은 것만을 [보기]에서 있는 대로 고른 것은?

┤ 보기 ├

ㄱ. 바닥상태에서 전자는 (나)에 들어 있다.
ㄴ. 주 양자수(n)는 (가)와 (다)가 같다.
ㄷ. 방위(부) 양자수(l)는 (나)와 (다)가 같다.

① ㄱ　　　② ㄷ　　　③ ㄱ, ㄴ
④ ㄴ, ㄷ　　　⑤ ㄱ, ㄴ, ㄷ

12 그림은 $3s$와 $2p_z$ 오비탈을 모형으로 나타낸 것이다.

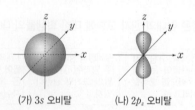

(가) $3s$ 오비탈　　　(나) $2p_z$ 오비탈

(나)가 (가)보다 큰 값을 갖는 물리량으로 옳은 것만을 [보기]에서 있는 대로 고른 것은?

┤ 보기 ├

ㄱ. 주 양자수(n)
ㄴ. 방위(부) 양자수(l)
ㄷ. 수용할 수 있는 최대 전자 수

① ㄱ　　　② ㄴ　　　③ ㄷ
④ ㄱ, ㄴ　　　⑤ ㄴ, ㄷ

▤ 정답과 해설 28쪽

2021 9월 평가원 10번

1 다음은 들뜬상태에 있는 수소 원자의 전자 전이 I ~ III 에 대한 자료이다. n은 주 양자수이다.

- 전자 전이 I ~ III에서 $\Delta n(n_{전이 전} - n_{전이 후})$

전자 전이	I	II	III
Δn	1	2	3

- I ~ III에서 $n_{전이 후}$는 모두 3 이하이다.
- 방출하는 빛의 에너지는 I > II > III이다.

이에 대한 설명으로 옳은 것만을 [보기]에서 있는 대로 고른 것은? (단, 수소 원자의 에너지 준위 $E_n \propto -\dfrac{k}{n^2}$이고, k는 상수이다.)

┤ 보기 ├
ㄱ. I에서 방출하는 빛에너지는 자외선이다.
ㄴ. $n_{전이 전}$은 II에서가 III에서보다 크다.
ㄷ. I에서 방출하는 빛에너지는 II에서의 4배이다.

① ㄱ   ② ㄴ   ③ ㄱ, ㄷ
④ ㄴ, ㄷ   ⑤ ㄱ, ㄴ, ㄷ

2019 6월 평가원 11번

2 다음은 학생 A가 수소 원자의 선 스펙트럼에 대하여 학습한 내용을 적용한 것이다.

[학습 내용]
- 수소 원자의 에너지 준위 $E_n \propto -\dfrac{1}{n^2}$ (n은 주 양자수)이며, 전자 전이가 일어날 때 방출하는 에너지($\Delta E_{n전 \to n후}$)는 $|E_{n후} - E_{n전}|$이다.
- $\Delta E_{m \to 1}$는 $\Delta E_{m \to k}$와 $\Delta E_{k \to 1}$의 합과 같다. (단, m, k는 주 양자수, $m > k > 1$이다.)

[적용]
- 파장 a_4에 해당하는 에너지는 발머 계열의 파장 ⑦ 와/과 라이먼 계열의 파장 ⓒ 에 각각 해당하는 에너지의 합이다.

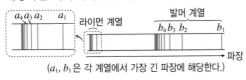
(a_1, b_1은 각 계열에서 가장 긴 파장에 해당한다.)

⑦과 ⓒ으로 옳은 것은?

	⑦	ⓒ		⑦	ⓒ
①	b_3	a_1	②	b_4	a_1
③	b_3	a_2	④	b_4	a_2
⑤	b_3	a_3			

2021 9월 평가원 10번

3 그림은 오비탈 (가), (나)를 모형으로 나타낸 것이고, 표는 오비탈 A, B에 대한 자료이다. (가), (나)는 각각 A, B 중 하나이다.

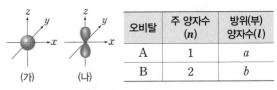

오비탈	주 양자수 (n)	방위(부) 양자수(l)
A	1	a
B	2	b

이에 대한 설명으로 옳은 것만을 [보기]에서 있는 대로 고른 것은?

┤ 보기 ├
ㄱ. (가)는 A이다.
ㄴ. $a+b=2$이다.
ㄷ. (나)의 자기 양자수(m_l)는 $+\dfrac{1}{2}$이다.

① ㄱ   ② ㄴ   ③ ㄱ, ㄷ
④ ㄴ, ㄷ   ⑤ ㄱ, ㄴ, ㄷ

2021 수능 7번

4 표는 수소 원자의 오비탈 (가)~(다)에 대한 자료이다. n, l, m_l는 각각 주 양자수, 방위(부) 양자수, 자기 양자수이다.

	$n+l$	$l+m_l$
(가)	1	0
(나)	2	0
(다)	3	1

이에 대한 설명으로 옳은 것만을 [보기]에서 있는 대로 고른 것은?

┤ 보기 ├
ㄱ. 방위(부) 양자수(l)는 (가)=(나)이다.
ㄴ. 에너지 준위는 (가)>(나)이다.
ㄷ. (다)의 모양은 구형이다.

① ㄱ   ② ㄴ   ③ ㄱ, ㄷ
④ ㄴ, ㄷ   ⑤ ㄱ, ㄴ, ㄷ

5 그림은 $1s$, $2s$, $2p_x$ 오비탈을 주어진 기준에 따라 분류한 것이다.

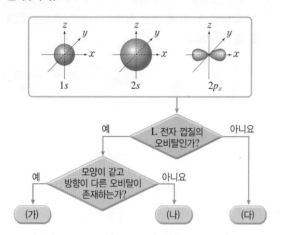

이에 대한 설명으로 옳은 것만을 [보기]에서 있는 대로 고른 것은?

| 보기 |
ㄱ. 오비탈의 크기는 (나)>(다)이다.
ㄴ. (나)와 (다)의 방위(부) 양자수(l)의 합은 (가)의 방위(부) 양자수(l)와 같다.
ㄷ. (가)는 원자핵으로부터 거리가 같으면 방향이 다르더라도 전자가 발견될 확률이 같다.

① ㄱ   ② ㄷ   ③ ㄱ, ㄴ
④ ㄴ, ㄷ   ⑤ ㄱ, ㄴ, ㄷ

6 그림은 주 양자수(n)가 1이나 2인 몇 가지 오비탈을 나타낸 것이다. 오비탈의 크기는 (다)>(가)이다.

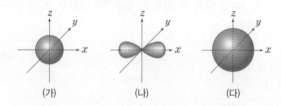

이에 대한 설명으로 옳은 것만을 [보기]에서 있는 대로 고른 것은?

| 보기 |
ㄱ. (다)에 전자가 들어 있는 수소 원자는 들뜬상태이다.
ㄴ. 방위(부) 양자수(l)는 (나)가 (가)보다 크다.
ㄷ. 주 양자수(n)는 (다)가 (나)보다 크다.

① ㄱ   ② ㄷ   ③ ㄱ, ㄴ
④ ㄴ, ㄷ   ⑤ ㄱ, ㄴ, ㄷ

자료❸
7 다음은 바닥상태 질소(N) 원자에서 전자가 들어 있는 오비탈 (가)~(다)에 대한 자료이다. (가)~(다)는 각각 $1s$, $2s$, $2p$ 중 하나이다.

- (가)와 (나)의 모양이 같다.
- (가)와 (다)는 주 양자수(n)가 같다.

이에 대한 설명으로 옳은 것만을 [보기]에서 있는 대로 고른 것은?

| 보기 |
ㄱ. 오비탈의 크기는 (가)>(나)이다.
ㄴ. (다)에서 전자가 발견될 확률은 원자핵으로부터의 거리와 방향에 따라 변한다.
ㄷ. 방위(부) 양자수(l)는 (다)가 (나)보다 크다.

① ㄱ   ② ㄴ   ③ ㄱ, ㄷ
④ ㄴ, ㄷ   ⑤ ㄱ, ㄴ, ㄷ

8 다음은 바닥상태 원자 X에서 전자가 들어 있는 오비탈 (가)~(라)에 대한 자료이다. (나)~(라)의 주 양자수(n)는 모두 a이다.

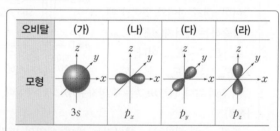

오비탈	(가)	(나)	(다)	(라)
모형	$3s$	p_x	p_y	p_z

- 오비탈의 에너지 준위: (가)>(나)
- 오비탈에 들어 있는 전자 수: (라)>(가)

이에 대한 설명으로 옳은 것만을 [보기]에서 있는 대로 고른 것은? (단, X는 임의의 원소 기호이다.)

| 보기 |
ㄱ. $a=3$이다.
ㄴ. (나)와 (다)에 들어 있는 전자 수는 같다.
ㄷ. (가)에 들어 있는 전자들의 스핀 자기 양자수(m_s)의 합은 0이다.

① ㄱ   ② ㄴ   ③ ㄱ, ㄷ
④ ㄴ, ㄷ   ⑤ ㄱ, ㄴ, ㄷ

9 다음은 3가지 오비탈 (가)~(다)에 대한 자료이다.

- 오비탈의 주 양자수(n)의 총합은 6이다.
- 주 양자수(n)는 (다)가 가장 크다.
- 오비탈의 주 양자수(n)와 방위(부) 양자수(l)의 합 ($n+l$)은 (나)와 (다)가 같다.
- 오비탈의 방위(부) 양자수(l)는 (가)와 (다)가 같다.

이에 대한 설명으로 옳은 것만을 [보기]에서 있는 대로 고른 것은?

┤ 보기 ├
ㄱ. (가)는 $2s$ 오비탈이다.
ㄴ. (나)는 방향에 따라 3가지가 존재한다.
ㄷ. 방위(부) 양자수(l)는 (나)>(다)이다.

① ㄱ   ② ㄷ   ③ ㄱ, ㄴ
④ ㄴ, ㄷ   ⑤ ㄱ, ㄴ, ㄷ

11 표는 오비탈 (가)~(라)에 대한 자료이다. 오비탈의 크기는 (라)>(가)이고, a~c는 3 이하의 서로 다른 정수이다.

오비탈	(가)	(나)	(다)	(라)
모형				
주 양자수 (n)	a	b	b	c

이에 대한 설명으로 옳은 것만을 [보기]에서 있는 대로 고른 것은?

┤ 보기 ├
ㄱ. $b>a$이다.
ㄴ. 에너지 준위는 (다)>(나)이다.
ㄷ. 방위(부) 양자수(l)는 (라)>(가)이다.

① ㄱ   ② ㄴ   ③ ㄱ, ㄷ
④ ㄴ, ㄷ   ⑤ ㄱ, ㄴ, ㄷ

10 그림은 바닥상태 산소(O) 원자에서 전자가 들어 있는 오비탈 중 일부를 모형으로 나타낸 것이다. (가)~(다)에 들어 있는 전자 수는 모두 같고, 오비탈의 크기는 (다)>(나)이다.

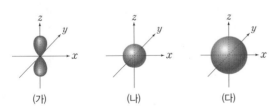

(가)   (나)   (다)

이에 대한 설명으로 옳은 것만을 [보기]에서 있는 대로 고른 것은?

┤ 보기 ├
ㄱ. (가)에 들어 있는 전자들의 스핀 자기 양자수 (m_s)의 합은 0이다.
ㄴ. (나)는 $1s$ 오비탈이다.
ㄷ. (다)에는 원자가 전자가 들어 있다.

① ㄱ   ② ㄴ   ③ ㄱ, ㄷ
④ ㄴ, ㄷ   ⑤ ㄱ, ㄴ, ㄷ

12 표는 바닥상태 네온(Ne) 원자 1개에 들어 있는 서로 다른 전자 (가)~(다)의 양자수(n, l, m_l, m_s)를 나타낸 것이다.

전자	(가)	(나)	(다)
n	2	2	c
l	0	b	0
m_l	a	$+1$	0
m_s	$+\frac{1}{2}$	$-\frac{1}{2}$	$+\frac{1}{2}$

이에 대한 설명으로 옳은 것만을 [보기]에서 있는 대로 고른 것은?

┤ 보기 ├
ㄱ. $a+b+c=3$이다.
ㄴ. 각 전자가 들어 있는 오비탈의 크기는 (가)>(다)이다.
ㄷ. (나) 전자가 들어 있는 오비탈에서 핵으로부터의 거리와 방향에 따라 전자가 발견될 확률이 다르다.

① ㄱ   ② ㄴ   ③ ㄱ, ㄷ
④ ㄴ, ㄷ   ⑤ ㄱ, ㄴ, ㄷ

원자의 전자 배치

핵심 짚기
- 수소 원자와 다전자 원자에서 오비탈의 에너지 준위
- 바닥상태 전자 배치에서 오비탈과 전자 수
- 전자 배치 규칙

A 오비탈의 에너지 준위

수소 원자의 에너지 준위	다전자 원자의 에너지 준위
• 주 양자수가 같으면 오비탈의 모양에 관계없이 에너지 준위는 같다. ➡ 전자가 1개이므로 원자핵과 전자 사이의 인력에만 영향을 받기 때문이다. • 수소 원자의 에너지 준위 $$1s < 2s = 2p < 3s = 3p = 3d \cdots$$	• 주 양자수뿐만 아니라 방위(부) 양자수에 따라서도 오비탈의 에너지 준위가 달라진다. ➡ 원자핵과 전자 사이의 인력, 전자 사이의 반발력에 의해 영향을 받기 때문이다. • 다전자 원자의 에너지 준위[1] $$1s < 2s < 2p < 3s < 3p < 4s < 3d < 4p \cdots$$
• 주 양자수가 클수록 에너지 준위가 높다. • 주 양자수가 같으면 오비탈 모양에 상관없이 에너지 준위가 같다.	• 주 양자수가 같으면 $s \rightarrow p \rightarrow d \rightarrow f$로 갈수록 에너지가 준위가 높다. • 주 양자수가 큰 $4s$ 오비탈이 $3d$ 오비탈보다 에너지가 준위가 낮다.

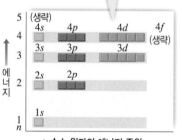

▲ 수소 원자의 에너지 준위

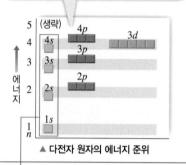

▲ 다전자 원자의 에너지 준위

오비탈의 모양이 같으면 주 양자수가 클수록 에너지 준위가 높다.

B 전자 배치 규칙

1 전자 배치의 표시

오비탈 기호를 이용하는 방법	오비탈을 상자로 표현하는 방법
주 양자수 → ②$p_{(x)}^{①}$ ← 오비탈에 들어 있는 전자 수 오비탈의 모양 → ← 오비탈의 공간 방향	오비탈은 네모 상자로 나타내며, 전자는 화살표로 나타낸다. 예 $1s$ $2s$ $2p$ ↑↓ ↑↓ ↑ ↑ ↑

2 전자 배치 규칙

① **쌓음 원리**: 바닥상태 원자는 에너지 준위가 가장 낮은 오비탈부터 차례대로 전자가 배치된다.[2]

$$1s \rightarrow 2s \rightarrow 2p \rightarrow 3s \rightarrow 3p \rightarrow 4s \rightarrow 3d \rightarrow 4p \cdots$$

② **파울리 배타 원리**: 한 오비탈에 들어갈 수 있는 전자 수는 최대 2이며, 이때 두 전자의 스핀 방향은 서로 반대여야 한다.[3] ─ 네 가지 양자수가 모두 같은 전자는 존재할 수 없다.

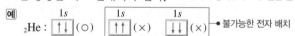

예 $_2$He : $1s$ ↑↓ (○) $1s$ ↑↑ (×) $1s$ ↓↓ (×) ─ 불가능한 전자 배치

PLUS 강의

[1] 양자수와 오비탈의 에너지 준위
다전자 원자에서 오비탈의 에너지 준위는 주 양자수와 방위(부) 양자수의 합인 $(n+l)$의 값이 클수록 높다. $(n+l)$의 값이 같을 때는 주 양자수 n이 큰 오비탈의 에너지 준위가 높다.

[2] 오비탈에 전자가 채워지는 순서

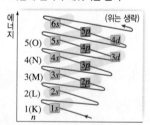

[3] 1개의 오비탈에 들어갈 수 있는 최대 전자 수
같은 오비탈에 들어가는 전자는 3가지 양자수(n, l, m_l)가 같으며, 전자가 가질 수 있는 스핀 자기 양자수(m_s)는 2가지이다. 만약 같은 오비탈에 전자가 3개 이상 배치된다면 네 가지 양자수가 모두 같은 전자가 반드시 존재하게 되는데, 이는 파울리 배타 원리에 위배된다. 따라서 1개의 오비탈에 들어갈 수 있는 전자는 최대 2개이다.

③ 훈트 규칙: 에너지 준위가 같은 오비탈에 전자가 배치될 때 홀전자 수가 최대가 되는 배치를 한다.[4] ➡ 1개의 오비탈에 전자가 쌍을 이루어 배치되면 전자 사이의 반발력 때문에 홀전자 상태로 있을 때보다 불안정하기 때문이다.[5]

3 바닥상태와 들뜬상태에서 원자의 전자 배치

① 바닥상태 전자 배치: 에너지가 가장 낮은 안정한 상태의 전자 배치 (여기서 잠깐) 64쪽
   ➡ 파울리 배타 원리를 따르면서 쌓음 원리와 훈트 규칙을 만족하는 전자 배치
② 들뜬상태 전자 배치: 바닥상태의 원자보다 에너지가 높은 불안정한 상태의 전자 배치
   ➡ 파울리 배타 원리를 따르지만, 쌓음 원리 또는 훈트 규칙에는 어긋나는 전자 배치
   [예] $_6C$의 바닥상태와 들뜬상태의 전자 배치

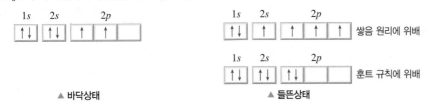

4 이온의 전자 배치
원자가 이온이 될 때 전자를 잃거나 얻어 18족 원소와 같은 전자 배치를 가지려고 한다.

① 양이온의 전자 배치: 가장 바깥 전자 껍질의 전자, 즉 원자가 전자를 잃는다.[6]
② 음이온의 전자 배치: 에너지 준위가 가장 낮은 비어 있는 오비탈에 전자가 채워진다.
   [예] 양이온과 음이온의 전자 배치

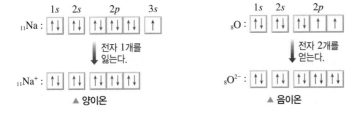

 전자쌍과 홀전자
한 오비탈에 배치된 쌍을 이룬 전자들을 전자쌍이라 하고, 오비탈에서 쌍을 이루지 않은 전자를 홀전자라고 한다.

p 오비탈과 전자 배치
p 오비탈에는 p_x, p_y, p_z의 3종류가 있는데, 이 3개의 오비탈은 에너지 준위가 같기 때문에 어떤 오비탈에 전자가 먼저 배치되어도 에너지는 같다. 예를 들어 $_6C$의 경우 그림 (가)~(다)는 모두 바닥상태 전자 배치이다.

	$1s$	$2s$	$2p$		
(가)	↑↓	↑↓	↑	↑	
(나)	↑↓	↑↓	↑		↑
(다)	↑↓	↑↓		↑	↑

원자가 전자
원자의 바닥상태 전자 배치에서 가장 바깥 전자 껍질에 들어 있는 전자로, 화학 결합에 관여하여 원소의 화학적 성질을 결정한다.

원소	전자 배치	원자가 전자 수
$_3Li$	$1s^2 2s^1$	1
$_8O$	$1s^2 2s^2 2p^4$	6
$_{13}Al$	$1s^2 2s^2 2p^6 3s^2 3p^1$	3

≡ 정답과 해설 31쪽

개념 확인

(1) 다음은 수소 원자의 에너지 준위를 나타낸 것이다. (　　) 안에 알맞은 등호 또는 부등호를 쓰시오.

$1s($　$)2s($　$)2p($　$)3s($　$)3p($　$)3d($　$)4s($　$)4p($　$)4d($　$)4f$ ⋯

(2) 다음은 다전자 원자의 에너지 준위를 나타낸 것이다. (　　) 안에 알맞은 부등호 또는 오비탈을 쓰시오.

$1s($　$)2s($　$)2p($　$)3s($　$)3p($　$)($　$)<($　$)<4p($　$)5s$ ⋯

(3) 전자 배치 규칙에 대한 설명과 원리를 옳게 연결하시오.
   ① 에너지 준위가 낮은 오비탈부터 순서대로 채워진다. •　　• ㉠ 파울리 배타 원리
   ② 1개의 오비탈에는 전자가 최대 2개까지 채워지며, 전자의 스핀 방향은 서로 반대이다. •　　• ㉡ 훈트 규칙
   ③ 에너지 준위가 같은 오비탈에 전자가 배치될 때 홀전자 수가 최대가 되도록 배치된다. •　　• ㉢ 쌓음 원리

원자와 이온의 전자 배치

원자 번호 1~20까지 원자의 바닥상태 전자 배치를 살펴보고, 원자의 전자 배치를 통해 이온의 전자 배치를 유추해 봅시다.

정답과 해설 31쪽

1 ▷ 원자 번호 1~20까지 원자의 바닥상태 전자 배치

상자(□) 1개는 1개의 오비탈을, 화살표(↑) 1개는 전자 1개를 나타내며, 화살표의 방향(↑, ↓)은 스핀 방향을 나타낸다. □는 가장 바깥 전자 껍질을 의미한다.

원자 번호	원소 기호	오비탈 1s	2s	2p	3s	3p	3d	4s	전자 배치
1	H	↑							$1s^1$
2	He	↑↓							$1s^2$
3	Li	↑↓	↑						$1s^2\,2s^1$
4	Be	↑↓	↑↓						$1s^2\,2s^2$
5	B	↑↓	↑↓	↑ □ □					$1s^2\,2s^2\,2p^1$
6	C	↑↓	↑↓	↑ ↑ □					$1s^2\,2s^2\,2p^2$
7	N	↑↓	↑↓	↑ ↑ ↑					$1s^2\,2s^2\,2p^3$
8	O	↑↓	↑↓	↑↓ ↑ ↑					$1s^2\,2s^2\,2p^4$
9	F	↑↓	↑↓	↑↓ ↑↓ ↑					$1s^2\,2s^2\,2p^5$
10	Ne	↑↓	↑↓	↑↓ ↑↓ ↑↓					$1s^2\,2s^2\,2p^6$
11	Na	↑↓	↑↓	↑↓ ↑↓ ↑↓	↑				$1s^2\,2s^2\,2p^6\,3s^1$
12	Mg	↑↓	↑↓	↑↓ ↑↓ ↑↓	↑↓				$1s^2\,2s^2\,2p^6\,3s^2$
13	Al	↑↓	↑↓	↑↓ ↑↓ ↑↓	↑↓	↑ □ □			$1s^2\,2s^2\,2p^6\,3s^2\,3p^1$
14	Si	↑↓	↑↓	↑↓ ↑↓ ↑↓	↑↓	↑ ↑ □			$1s^2\,2s^2\,2p^6\,3s^2\,3p^2$
15	P	↑↓	↑↓	↑↓ ↑↓ ↑↓	↑↓	↑ ↑ ↑			$1s^2\,2s^2\,2p^6\,3s^2\,3p^3$
16	S	↑↓	↑↓	↑↓ ↑↓ ↑↓	↑↓	↑↓ ↑ ↑			$1s^2\,2s^2\,2p^6\,3s^2\,3p^4$
17	Cl	↑↓	↑↓	↑↓ ↑↓ ↑↓	↑↓	↑↓ ↑↓ ↑			$1s^2\,2s^2\,2p^6\,3s^2\,3p^5$
18	Ar	↑↓	↑↓	↑↓ ↑↓ ↑↓	↑↓	↑↓ ↑↓ ↑↓			$1s^2\,2s^2\,2p^6\,3s^2\,3p^6$
19	K	↑↓	↑↓	↑↓ ↑↓ ↑↓	↑↓	↑↓ ↑↓ ↑↓		↑	$1s^2\,2s^2\,2p^6\,3s^2\,3p^6\,4s^1$
20	Ca	↑↓	↑↓	↑↓ ↑↓ ↑↓	↑↓	↑↓ ↑↓ ↑↓		↑↓	$1s^2\,2s^2\,2p^6\,3s^2\,3p^6\,4s^2$

(5행 B 옆) 가장 바깥 전자 껍질에 들어 있는 원자가 전자가 화학적 성질을 결정한다.

(전자 배치 B 옆) 전자 1개가 $2p_x$, $2p_y$, $2p_z$ 중 어느 한 오비탈에 들어 있음을 나타낸다.

(18~20행 옆) $4s$ 오비탈이 $3d$ 오비탈보다 에너지 준위가 낮아 전자가 먼저 채워진다.

Q1 다음 원자들의 바닥상태 전자 배치와 각 원자가 가장 안정한 이온이 되었을 때의 전자 배치를 각각 화살표로 나타내시오.

	1s	2s	2p	3s	3p	4s

(1) ₃Li : □ □ □□□ □ □□□ □ ➡ ₃Li⁺ : □ □ □□□ □ □□□ □

(2) ₈O : □ □ □□□ □ □□□ □ ➡ ₈O²⁻ : □ □ □□□ □ □□□ □

(3) ₁₂Mg : □ □ □□□ □ □□□ □ ➡ ₁₂Mg²⁺ : □ □ □□□ □ □□□ □

(4) ₁₇Cl : □ □ □□□ □ □□□ □ ➡ ₁₇Cl⁻ : □ □ □□□ □ □□□ □

(5) ₁₉K : □ □ □□□ □ □□□ □ ➡ ₁₉K⁺ : □ □ □□□ □ □□□ □

Q2 다음은 몇 가지 원자들의 바닥상태 전자 배치를 나타낸 것이다. 각 원자의 홀전자 수와 원자가 전자 수를 각각 쓰시오.

(1) $1s^2 2s^2$
(2) $1s^2 2s^2 2p^3$
(3) $1s^2 2s^2 2p^5$
(4) $1s^2 2s^2 2p^6 3s^2 3p^2$

수능 자료

📖 정답과 해설 31쪽

2020 ● 6월 평가원 5번

자료① 전자 배치 규칙

그림 (가)~(다)는 3가지 원자의 전자 배치를 나타낸 것이다.

	$1s$	$2s$	$2p$
(가)	↑↓	↑	↑
(나)	↑↓	↑↓	↑ ↑
(다)	↑↓	↑↓	↑↓ ↑

1. (가)는 바닥상태 전자 배치이다. (○ , ×)
2. (나)는 쌓음 원리를 만족한다. (○ , ×)
3. (나)에서 p 오비탈에 있는 두 전자의 에너지는 같다. (○ , ×)
4. (다)는 훈트 규칙을 만족한다. (○ , ×)
5. (나)와 (다)는 들뜬상태 전자 배치이다. (○ , ×)

2018 ● 9월 평가원 9번

자료② 바닥상태 전자 배치

표는 바닥상태의 원자 A~C의 오비탈 (가)~(다)에 들어 있는 전자 수를 나타낸 것이다. (가)~(다)는 각각 $2p$, $3s$, $3p$ 중 하나이다.

원자	(가)	(나)	(다)
A	2	6	5
B	0	3	0
C	2	6	3

1. (다)는 $3p$ 오비탈이다. (○ , ×)
2. B는 3주기 원소이다. (○ , ×)
3. A의 홀전자 수는 1이다. (○ , ×)
4. C의 원자가 전자 수는 3이다. (○ , ×)
5. A와 C는 전자가 들어 있는 오비탈 수가 같다. (○ , ×)

📖 정답과 해설 32쪽

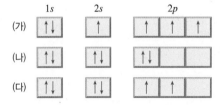

1 오비탈의 에너지 준위와 전자 배치에 대한 설명으로 옳지 <u>않은</u> 것은?

① 수소 원자에서 에너지 준위는 $2s$와 $2p$가 같다.

② 리튬 원자에서 에너지 준위는 $2s$가 $1s$보다 높다.

③ 다전자 원자에서 에너지 준위는 $3d$가 $4s$보다 높다.

④ 1개의 오비탈에는 스핀 방향이 같은 전자가 최대 2개까지 채워질 수 있다.

⑤ 오비탈에서 쌍을 이루지 않은 전자를 홀전자라고 한다.

2 그림은 탄소(C) 원자의 전자 배치를 나타낸 것이다.

	$1s$	$2s$	$2p$
(가)	↑↓	↑	↑ ↑ ↑
(나)	↑↓	↑↓	↑↓
(다)	↑↓	↑↓	↑ ↑

다음은 (가)~(다)의 전자 배치에 대한 설명이다. ( ) 안에 알맞은 말을 쓰시오.

(1) (가)는 ( )에 위배된다.

(2) (나)는 ( )에 위배된다.

(3) (다)는 ( )상태 전자 배치이다.

3 다음은 바닥상태 원자 X의 전자 배치이다. X는 임의의 원소 기호이다.

> X: $1s^2 2s^2 2p^4$

(1) 원자가 전자 수를 쓰시오.

(2) 전자가 들어 있는 s 오비탈 수와 p 오비탈 수를 각각 쓰시오.

(3) 비활성 기체의 전자 배치를 갖는 안정한 이온이 될 때 전자가 들어 있는 p 오비탈 수의 변화 유무를 쓰시오.

(4) s 오비탈의 전자 수와 p 오비탈의 전자 수를 비교하시오.

(5) 홀전자 수를 쓰시오.

정답과 해설 32쪽

1 그림은 학생들이 그린 원자 $_6$C의 전자 배치 (가)~(다)를 나타낸 것이다.

2021 9월 평가원 2번

	$1s$	$2s$	$2p$
(가)	↑↓	↑	↑ ↑ ↑
(나)	↑↓	↑↓	↑↓
(다)	↑↓	↑↓	↑ ↑

이에 대한 설명으로 옳은 것만을 [보기]에서 있는 대로 고른 것은?

┤ 보기 ├
ㄱ. (가)는 쌓음 원리를 만족한다.
ㄴ. (다)는 바닥상태 전자 배치이다.
ㄷ. (가)~(다)는 모두 파울리 배타 원리를 만족한다.

① ㄱ ② ㄴ ③ ㄱ, ㄷ
④ ㄴ, ㄷ ⑤ ㄱ, ㄴ, ㄷ

2 다음은 바닥상태 원자 X~Z와 관련된 자료이다

2018 수능 8번

• 전자가 들어 있는 전자 껍질 수는 X와 Y가 같다.
• p 오비탈에 들어 있는 전자 수는 X가 Y의 5배이다.
• X^-과 Z^+의 전자 수는 같다.

이에 대한 설명으로 옳은 것만을 [보기]에서 있는 대로 고른 것은? (단, X~Z는 임의의 원소 기호이다.)

┤ 보기 ├
ㄱ. Y는 13족 원소이다.
ㄴ. Z에서 전자가 들어 있는 오비탈 수는 4이다.
ㄷ. X~Z에서 홀전자 수는 모두 같다.

① ㄱ ② ㄴ ③ ㄱ, ㄷ
④ ㄴ, ㄷ ⑤ ㄱ, ㄴ, ㄷ

3 다음은 2, 3주기 바닥상태 원자 A~D의 전자 배치에 대한 자료이다.

• 전자가 들어 있는 전자 껍질 수: B>A, D>C
• 전체 s 오비탈의 전자 수에 대한 전체 p 오비탈의 전자 수의 비

원자	A	B	C	D
$\dfrac{\text{전체 } p \text{ 오비탈의 전자 수}}{\text{전체 } s \text{ 오비탈의 전자 수}}$	1	1	1.5	1.5

A~D에 대한 설명으로 옳은 것만을 [보기]에서 있는 대로 고른 것은? (단, A~D는 임의의 원소 기호이다.)

┤ 보기 ├
ㄱ. 홀전자 수는 D가 가장 크다.
ㄴ. B가 안정한 이온이 될 때 전자 수는 C와 같다.
ㄷ. 총 전자 수는 B가 A의 1.5배이다.

① ㄱ ② ㄴ ③ ㄱ, ㄷ
④ ㄴ, ㄷ ⑤ ㄱ, ㄴ, ㄷ

4 표는 바닥상태 2주기 원자 (가)~(다)에 대한 자료이다.

원자	오비탈에 들어 있는 전자 수		홀전자 수
	$2s$	$2p$	
(가)	1	0	1
(나)	2	a	3
(다)	2	4	b

이에 대한 설명으로 옳은 것만을 [보기]에서 있는 대로 고른 것은?

┤ 보기 ├
ㄱ. $\dfrac{a}{b} = \dfrac{3}{2}$이다.
ㄴ. 전자가 들어 있는 오비탈 수는 (다)가 (나)보다 크다.
ㄷ. (나)와 (가)의 원자가 전자 수의 차는 4이다.

① ㄱ ② ㄴ ③ ㄱ, ㄷ
④ ㄴ, ㄷ ⑤ ㄱ, ㄴ, ㄷ

자료②

5 표는 바닥상태의 원자 A~C의 오비탈 (가)~(다)에 들어 있는 전자 수를 나타낸 것이다. (가)~(다)는 각각 $2p$, $3s$, $3p$ 중 하나이다.

원자	(가)	(나)	(다)
A	2	6	5
B	0	3	0
C	2	6	3

A~C에 대한 설명으로 옳은 것만을 [보기]에서 있는 대로 고른 것은? (단, A~C는 임의의 원소 기호이다.)

보기
ㄱ. 홀전자 수는 A가 가장 작다.
ㄴ. C에서 오비탈의 에너지 준위는 (가)가 (다)보다 높다.
ㄷ. 원자가 전자 수는 C가 B보다 크다.

① ㄱ   ② ㄴ   ③ ㄱ, ㄷ
④ ㄴ, ㄷ   ⑤ ㄱ, ㄴ, ㄷ

6 이온 A^+과 B^-은 그림과 같이 동일한 전자 배치를 갖는다.

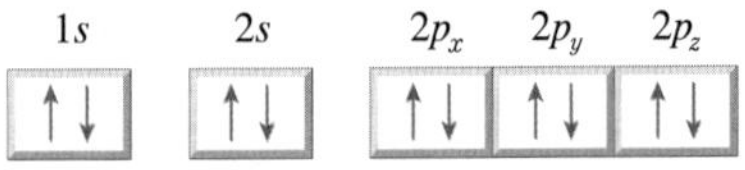

바닥상태의 원자 A와 B에 대한 설명으로 옳은 것만을 [보기]에서 있는 대로 고른 것은? (단, A, B는 임의의 원소 기호이다.)

보기
ㄱ. 홀전자 수는 A와 B가 각각 1이다.
ㄴ. 원자가 전자 수는 B가 A보다 6만큼 크다.
ㄷ. 원자가 전자가 들어 있는 오비탈의 주 양자수는 같다.

① ㄱ   ② ㄴ   ③ ㄷ
④ ㄱ, ㄷ   ⑤ ㄴ, ㄷ

7 그림은 탄소(C) 원자의 2가지 전자 배치를 나타낸 것이다.

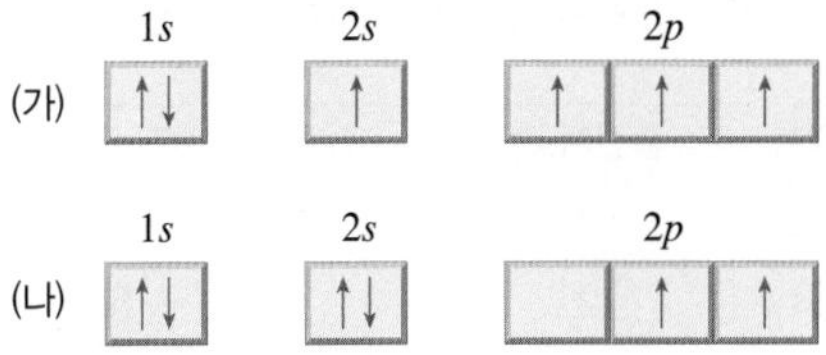

(가)와 (나)에 대한 설명으로 옳은 것만을 [보기]에서 있는 대로 고른 것은?

보기
ㄱ. (가)는 파울리 배타 원리를 만족한다.
ㄴ. (나)에서 (가)로 될 때 에너지를 방출한다.
ㄷ. 전자들의 스핀 자기 양자수(m_s)의 합의 절댓값은 (가)>(나)이다.

① ㄱ   ② ㄷ   ③ ㄱ, ㄷ
④ ㄴ, ㄷ   ⑤ ㄱ, ㄴ, ㄷ

8 표는 2주기 바닥상태 원자 X, Y의 전자 배치에 대한 자료이다.

원자	X	Y
전자가 들어 있는 오비탈 수	a	$a+1$
홀전자 수	2	2

이에 대한 설명으로 옳은 것만을 [보기]에서 있는 대로 고른 것은? (단, X, Y는 임의의 원소 기호이다.)

보기
ㄱ. 전자가 들어 있는 s 오비탈 수는 Y>X이다.
ㄴ. 전자가 들어 있는 p 오비탈 수는 Y>X이다.
ㄷ. 원자가 전자 수는 Y가 X의 1.5배이다.

① ㄱ   ② ㄷ   ③ ㄱ, ㄴ
④ ㄴ, ㄷ   ⑤ ㄱ, ㄴ, ㄷ

1 표는 바닥상태 원자 A~C에 대한 자료이다.

원자	홀전자 수	전자쌍이 들어 있는 오비탈 수
A	2	3
B	2	6
C	1	4

A~C에 대한 설명으로 옳은 것만을 [보기]에서 있는 대로 고른 것은? (단, A~C는 임의의 원소 기호이다.)

┤ 보기 ├
ㄱ. A에서 $\dfrac{p \text{ 오비탈의 전자 수}}{s \text{ 오비탈의 전자 수}} = 1$이다.

ㄴ. p 오비탈의 전자 수는 B가 A의 2배이다.

ㄷ. 원자가 전자 수는 C가 가장 크다.

① ㄱ ② ㄴ ③ ㄱ, ㄷ
④ ㄴ, ㄷ ⑤ ㄱ, ㄴ, ㄷ

2 다음은 2, 3주기 바닥상태 원자 X~Z에 대한 자료이다.

- X~Z의 홀전자 수의 총합은 7이다.
- p 오비탈에 들어 있는 전자 수는 X가 Y의 3배이다.
- Z에서 $\dfrac{\text{전자가 들어 있는 } p \text{ 오비탈 수}}{\text{전자가 들어 있는 } s \text{ 오비탈 수}} = 1$이다.

이에 대한 설명으로 옳은 것만을 [보기]에서 있는 대로 고른 것은? (단, X~Z는 임의의 원소 기호이다.)

┤ 보기 ├
ㄱ. Y는 2주기 원소이다.

ㄴ. 홀전자 수는 Y가 X보다 크다.

ㄷ. 전자가 들어 있는 s 오비탈 수는 X와 Z가 같다.

① ㄱ ② ㄴ ③ ㄱ, ㄷ
④ ㄴ, ㄷ ⑤ ㄱ, ㄴ, ㄷ

2021 수능 3번

3 그림 (가)~(라)는 학생들이 그린 산소(O) 원자의 전자 배치이다.

	1s	2s	2p			3s
(가)	↑↓	↑↓	↑↓	↑	↑	
(나)	↑↓	↑↓	↑	↑	↑↓	
(다)	↑↓	↑↓	↑↑	↑		
(라)	↑↓	↑↓				↑

이에 대한 설명으로 옳은 것만을 [보기]에서 있는 대로 고른 것은?

┤ 보기 ├
ㄱ. (가)와 (나)는 모두 바닥상태의 전자 배치이다.

ㄴ. (다)는 파울리 배타 원리에 어긋난다.

ㄷ. (라)는 들뜬상태의 전자 배치이다.

① ㄱ ② ㄷ ③ ㄱ, ㄴ
④ ㄴ, ㄷ ⑤ ㄱ, ㄴ, ㄷ

2021 6월 평가원 10번

4 다음은 바닥상태 원자 X~Z의 전자 배치이다.

$$X: 1s^2 2s^2 2p^5$$
$$Y: 1s^2 2s^2 2p^6 3s^2$$
$$Z: 1s^2 2s^2 2p^6 3s^2 3p^1$$

바닥상태 원자 X~Z에 대한 설명으로 옳은 것만을 [보기]에서 있는 대로 고른 것은? (단, X~Z는 임의의 원소 기호이다.)

┤ 보기 ├
ㄱ. 전자가 들어 있는 전자 껍질 수는 Y>X이다.

ㄴ. 원자가 전자 수는 Y>Z이다.

ㄷ. 홀전자 수는 X>Z이다.

① ㄱ ② ㄷ ③ ㄱ, ㄴ
④ ㄱ, ㄷ ⑤ ㄴ, ㄷ

5 그림은 원자 번호가 연속인 3주기 바닥상태 원자 $W \sim Z$ 의 원자 번호에 따른 $\dfrac{p \text{ 오비탈의 총 전자 수}}{s \text{ 오비탈의 총 전자 수}}$ 를 나타낸 것이다.

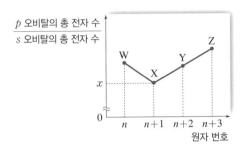

이에 대한 설명으로 옳은 것만을 [보기]에서 있는 대로 고른 것은? (단, $W \sim Z$는 임의의 원소 기호이다.)

| 보기 |
ㄱ. $n+x=12$이다.
ㄴ. Y의 원자가 전자 수는 3이다.
ㄷ. $W \sim Z$ 중 홀전자 수는 Z가 가장 크다.

① ㄱ   ② ㄴ   ③ ㄷ
④ ㄱ, ㄴ   ⑤ ㄱ, ㄴ, ㄷ

6 다음은 바닥상태 1, 2주기 원자를 분류하는 기준과, 기준에 따라 분류한 벤 다이어그램이다.

[기준]
(가) 홀전자가 있는가?
(나) 전자가 들어 있는 p 오비탈이 있는가?

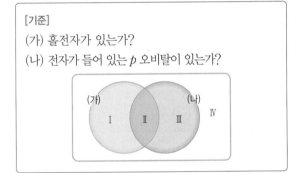

I ~ IV 영역에 속하는 원자들에 대한 설명으로 옳은 것만을 [보기]에서 있는 대로 고른 것은?

| 보기 |
ㄱ. I 영역에 속하는 원자들은 같은 족 원소이다.
ㄴ. II 영역에 속하는 원자들의 홀전자 수의 합은 7이다.
ㄷ. III 영역과 IV 영역에 속하는 모든 원자들은 스핀 자기 양자수(m_s)의 합이 0이다.

① ㄱ   ② ㄴ   ③ ㄱ, ㄷ
④ ㄴ, ㄷ   ⑤ ㄱ, ㄴ, ㄷ

7 표는 2, 3주기 바닥상태 원자 $X \sim Z$에 대한 자료이다.

원자	X	Y	Z
$\dfrac{s \text{ 오비탈의 전자 수}}{\text{전체 전자 수}}$ (상댓값)	2	4	5
홀전자 수	3	a	a

이에 대한 설명으로 옳은 것만을 [보기]에서 있는 대로 고른 것은? (단, $X \sim Z$는 임의의 원소 기호이다.)

| 보기 |
ㄱ. $a=1$이다.
ㄴ. X와 Y는 같은 주기 원소이다.
ㄷ. 전자가 들어 있는 오비탈 수는 Z>Y이다.

① ㄱ   ② ㄴ   ③ ㄱ, ㄷ
④ ㄴ, ㄷ   ⑤ ㄱ, ㄴ, ㄷ

8 표는 2주기 바닥상태 원자 X와 Y에 대한 자료이다.

- X와 Y의 홀전자 수의 합은 5이다.
- 전자가 들어 있는 p 오비탈 수는 Y>X이다.

바닥상태 원자 X의 전자 배치로 적절한 것은? (단, X, Y는 임의의 원소 기호이다.)

	1s	2s	2p
①	↑↓	↑	↑
②	↑↓	↑↓	↑ ↑
③	↑↓	↑↓	↑↓ ↑
④	↑↓	↑↓	↑↓ ↑↓
⑤	↑↓	↑↓	↑ ↑ ↑↓

07 주기율표

≫ **핵심 짚기** ▸ 주기율의 발견 과정 ▸ 원소의 분류
▸ 원소의 전자 배치와 주기율

Ⓐ 주기율표가 만들어지기까지의 과정 [1]

과학자와 이론	내용
되베라이너의 세 쌍 원소설 (1817년)	화학적 성질이 비슷한 세 쌍 원소를 원자량 순으로 배열했을 때 중간 원소의 원자량은 나머지 두 원소의 원자량의 평균값과 비슷하다. [2] → 세 쌍 원소는 현대 주기율표에서 같은 족에 해당한다.
뉴랜즈의 옥타브설 (1865년)	원소들을 원자량 순으로 배열했을 때 8번째마다 화학적 성질이 비슷한 원소가 나타난다. → 현대 주기율표에서 주기 개념의 시초가 되었다.
멘델레예프의 주기율표 (1869년)	• 당시까지 발견된 63종의 원소들을 원자량 순으로 배열하여 성질이 비슷한 원소들이 주기적으로 나타나도록 만든 최초의 주기율표이다. • 당시 발견되지 않은 원소는 자리를 비워두고, 그 성질을 예측하였다. [3] • 원소들을 원자량 순으로 배열했을 때 몇몇 원소들이 주기성에서 벗어난다.
모즐리의 주기율표 (1913년)	• 원소의 주기적 성질이 양성자수(=원자 번호)와 관련 있음을 알아내어 원소들을 원자 번호 순으로 배열하여 만든 주기율표이다. → 멘델레예프 주기율표의 문제점을 해결하였다. • 현대 주기율표의 틀을 완성하였다.

Ⓑ 현대의 주기율표

1 주기율표

① **주기율**: 원소들을 원자 번호 순으로 배열할 때 화학적 성질이 비슷한 원소가 일정한 간격을 두고 주기적으로 나타나는 성질

② **주기율표**: 주기율을 바탕으로 하여 원소들을 원자 번호 순으로 배열하되 비슷한 화학적 성질을 갖는 원소가 같은 세로줄에 오도록 배열한 표
- 족: 주기율표의 세로줄로, 1~18족으로 구성된다.
- 주기: 주기율표의 가로줄로, 1~7주기로 구성된다.

PLUS 강의 ➕

[1] 라부아지에(1789년)
당시에 더 이상 분해할 수 없는 33종의 물질을 네 그룹으로 분류하였다.

[2] 세 쌍 원소의 원자량
세 쌍 원소인 Li, Na, K에서 Li과 K의 원자량은 각각 7, 39이며, Na의 원자량은 $\dfrac{7+39}{2}=23$이다.

[3] 멘델레예프의 주기율표
멘델레예프는 당시까지 알려진 원소들을 원자량 순으로 배열하다가 원소들의 성질이 주기율에 맞지 않으면 빈자리로 두고, 그 원소의 성질을 예측하였다. 멘델레예프가 예측한 원소의 성질은 이후에 실제 발견된 원소의 성질과 매우 비슷하다.

[4] 금속·비금속 분류의 제외 원소
원자 번호 113, 115, 117, 118인 원소는 아직 원소의 성질이 밝혀지지 않아 금속과 비금속의 분류에서는 제외한다.

▲ 현대의 주기율표 [4]

2 원소의 분류⑤

구분	주기율표에서의 위치	특성
금속	왼쪽과 가운데	• 전자를 잃고 양이온이 되기 쉽다. • 실온에서 고체 상태이다. (단, 수은은 액체) • 열과 전기를 잘 통한다.
비금속	오른쪽 (단, 수소는 왼쪽)	• 전자를 얻어 음이온이 되기 쉽다. (단,18족 예외) • 실온에서 기체나 고체 상태이다. (단, 브로민은 액체) • 열과 전기를 잘 통하지 않는다. (단, 흑연은 예외)
준금속	금속과 비금속의 경계	• 금속과 비금속의 중간 성질을 갖거나 금속과 비금속의 성질을 모두 갖는다. 예 붕소(B), 규소(Si), 저마늄(Ge), 비소(As) 등

3 전자 배치와 주기율

① 같은 족 원소(동족 원소): 원자가 전자 수가 같아 화학적 성질이 비슷하다.⑥ ➡ 원자가 전자 수는 족 번호의 끝자리 수와 같다. (단, 18족 원소의 원자가 전자 수는 0)

② 같은 주기 원소: 전자가 들어 있는 전자 껍질 수가 같다. ➡ 전자가 들어 있는 전자 껍질 수는 주기 번호와 같다.

족 주기	1	2	13	14	15	16	17	18	전자가 들어 있는 전자 껍질 수
1	₁H							₂He	1
2	₃Li	₄Be	₅B	₆C	₇N	₈O	₉F	₁₀Ne	2
3	₁₁Na	₁₂Mg	₁₃Al	₁₄Si	₁₅P	₁₆S	₁₇Cl	₁₈Ar	3
원자가 전자 수	1	2	3	4	5	6	7	0	

③ 주기율이 나타나는 까닭: 원자 번호의 증가에 따라 원소의 화학적 성질을 결정하는 원자가 전자 수가 주기적으로 변하기 때문이다.⑦

---

⑤ 금속성과 비금속성
주기율표에서 왼쪽 아래로 갈수록 금속성이 증가하고, 오른쪽 위로 갈수록 비금속성이 증가한다. 18족 비활성 기체는 화학 결합을 거의 하지 않으므로 비금속성이 크지 않다.

⑥ 동족 원소의 성질
• 알칼리 금속: 수소를 제외한 1족 원소로, 반응성이 매우 커서 산소나 물과 반응하기 쉬우며, 비금속과 반응하여 +1의 양이온이 되기 쉽다.
• 알칼리 토금속: 2족 원소로, +2의 양이온이 되기 쉽다.
• 할로젠: 17족 원소로, 반응성이 매우 크고 금속과 반응하여 -1의 음이온이 되기 쉽다.
• 비활성 기체: 18족 원소로, 반응성이 거의 없고 실온에서 기체 상태로 존재한다.

⑦ 원자가 전자 수와 주기성
같은 주기에서 원자가 전자 수는 원자 번호가 증가함에 따라 점차 커지다가 18족 원소에서 0이 된다. 이러한 경향은 주기가 달라져도 나타나므로 원자가 전자 수는 주기성을 보인다.

🔖 정답과 해설 36쪽

개념 확인

(1) 다음은 주기율표가 만들어지기까지의 과정을 나타낸 것이다. ( ) 안에 이와 관련된 과학자의 이름을 쓰시오.
  ① 원소들을 원자량 순으로 배열하여 성질이 비슷한 원소들이 주기적으로 나타나도록 주기율표를 최초로 만들었다.
  ( )
  ② 원소의 주기적 성질이 양성자수와 관련 있음을 알아내어 원소들을 원자 번호 순으로 배열하여 주기율표를 만들었다.
  ( )

(2) 다음은 현대의 주기율표에 대한 설명이다. ( ) 안에 알맞은 말을 고르시오.
  ① 원소들을 (원자량, 원자 번호) 순으로 배열한다.
  ② 같은 (주기, 족) 원소들은 전자가 들어 있는 전자 껍질 수가 같고, 같은 (주기, 족) 원소들은 원자가 전자 수가 같다.

(3) 그림은 주기율표에서 원소들을 분류한 것이다. ( ) 안에 알맞은 말을 쓰시오.
  ① (나), (다)는 ( ) 원소이다.
  ② (가), (마)는 ( ) 원소이다.
  ③ ( )는 금속과 비금속의 성질을 모두 갖는다.
  ④ 화학적으로 안정한 비활성 기체는 ( )이다.

주기\족	1	2	3~12	13	14	15	16	17	18
1	(가)								
2									
3								(마)	(바)
4		(나)				(라)			
5			(다)						
6									
7									

07. 주기율표 **071**

자료 ① 원자의 전자 배치와 주기율

표는 원자 A~C에 대한 자료이다.

원자	A	B	C
전자가 들어 있는 전자 껍질 수	1	2	2
원자가 전자 수	1	1	6

1. A는 금속 원소이다. (○, ×)
2. 원자 번호는 C>B이다. (○, ×)
3. 바닥상태에서 전자가 들어 있는 전자 껍질 수는 C>B이다. (○, ×)
4. C는 비금속 원소이다. (○, ×)
5. A와 B는 같은 족 원소이다. (○, ×)

자료 ② 바닥상태 원자의 전자 배치와 주기율

그림은 바닥상태 원자 A~C의 전자 배치를 모형으로 나타낸 것이다.

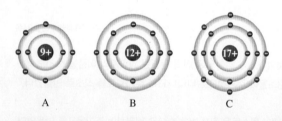

A   B   C

1. A는 2주기 원소이다. (○, ×)
2. B는 금속 원소이다. (○, ×)
3. C는 17족 원소이다. (○, ×)
4. A와 B는 화학적 성질이 비슷하다. (○, ×)
5. B와 C는 같은 주기 원소이다. (○, ×)

Ⓐ 주기율표가 만들어지기까지의 과정

1 멘델레예프의 주기율표에 대한 설명으로 옳은 것은?

① 당시에 더 이상 분해할 수 없는 33종의 물질을 네 그룹으로 분류하였다.
② 화학적 성질이 비슷하고 원자량이 규칙적으로 변하는 세 원소를 발견하였다.
③ 원소를 원자량 순으로 나열하여 8번째마다 화학적 성질이 비슷한 원소가 나타나는 규칙성을 발견하였다.
④ 당시까지 발견된 63종의 원소를 원자 번호 순으로 나열하여 비슷한 성질을 가진 원소들이 규칙적으로 나타나는 것을 발견하였다.
⑤ 당시까지 발견되지 않은 원소의 자리는 빈칸으로 두었다.

Ⓑ 현대의 주기율표

2 현대의 주기율표에 대한 설명으로 옳지 않은 것은?

① 원소들을 원자 번호 순으로 배열하였다.
② 가로줄을 주기라고 한다.
③ 세로줄을 족이라고 한다.
④ 화학적 성질이 비슷한 원소가 같은 세로줄에 위치한다.
⑤ 같은 가로줄에 속하는 원소들은 가장 바깥 전자 껍질에 들어 있는 전자 수가 같다.

3 그림은 주기율표의 일부를 나타낸 것이다.

주기 \ 족	1	2	13	14	15	16	17	18
1								
2	(가)						(나)	(다)
3								
4								

(가)~(다) 영역에 속한 원소들에 대한 설명으로 옳은 것은?

① (가)는 금속 원소이다.
② (가)의 원소들은 원자 번호가 증가할수록 원자가 전자 수가 증가한다.
③ (나)는 비금속 원소이다.
④ 비금속성은 (다)의 원소가 (나)의 원소보다 크다.
⑤ (다)의 원자가 전자 수는 8이다.

📑 정답과 해설 37쪽

수능 2점

2021 6월 평가원 1번

1 다음은 주기율표에 대한 세 학생의 대화이다.

> 멘델레예프는 원소를 원자량 순서대로 배열해서 주기율표를 만들었어.
>
> 현대 주기율표는 원소를 원자 번호 순서대로 배열하고 있어.
>
> 현대 주기율표에서는 세로줄을 족, 가로줄을 주기라고 해.

학생 A 학생 B 학생 C

제시한 내용이 옳은 학생만을 있는 대로 고른 것은?

① A   ② C   ③ A, B
④ B, C   ⑤ A, B, C

2 다음은 주기율표의 a족에 속하는 3가지 원소이다.

Li   Na   K

이 원소들의 공통점으로 옳은 것만을 [보기]에서 있는 대로 고른 것은?

┤ 보기 ├
ㄱ. 원자가 전자 수는 1이다.
ㄴ. 바닥상태 전자 배치에서 홀전자 수는 1이다.
ㄷ. 물과 반응하여 수소 기체를 발생시킨다.

① ㄱ   ② ㄴ   ③ ㄱ, ㄷ
④ ㄴ, ㄷ   ⑤ ㄱ, ㄴ, ㄷ

자료 ❶

3 표는 바닥상태 원자 A~C에 대한 자료이다.

원자	A	B	C
전자가 들어 있는 전자 껍질 수	1	2	2
원자가 전자 수	1	1	6

A~C에 대한 설명으로 옳은 것만을 [보기]에서 있는 대로 고른 것은? (단, A~C는 임의의 원소 기호이다.)

┤ 보기 ├
ㄱ. A와 B는 화학적 성질이 비슷하다.
ㄴ. 전자가 들어 있는 s 오비탈 수는 C가 B의 2배이다.
ㄷ. 전기 전도도는 B가 C보다 크다.

① ㄱ   ② ㄴ   ③ ㄷ
④ ㄱ, ㄴ   ⑤ ㄴ, ㄷ

4 그림은 주기율표의 일부를 나타낸 것이다.

주기 \ 족	1	2	13	14	15	16	17	18
1	A							
2				B		C	D	
3		E						

이에 대한 설명으로 옳은 것만을 [보기]에서 있는 대로 고른 것은?

┤ 보기 ├
ㄱ. A는 금속 원소이다.
ㄴ. 전자가 들어 있는 전자 껍질 수는 D가 C보다 크다.
ㄷ. 원자가 전자 수는 B가 E의 2배이다.

① ㄱ   ② ㄴ   ③ ㄷ
④ ㄱ, ㄴ   ⑤ ㄴ, ㄷ

1 다음은 원소 A~D에 대한 자료이다.

> • A~D는 주기율표의 (가)~(라) 중 각각 하나에 위치한다.
>
> | 주기＼족 | 1 | 2 | 13 | 14 | 15 | 16 | 17 | 18 |
> |---|---|---|---|---|---|---|---|---|
> | 2 | | | | | (가) | | (나) | |
> | 3 | (다) | | | | | | | |
> | 4 | (라) | | | | | | | |
>
> • 바닥상태에서 전자가 들어 있는 전자 껍질 수는 A>D이다.
> • B와 A의 원자가 전자 수의 차는 4이다.
> • A와 C는 금속이고, 금속성은 A가 C보다 크다.

이에 대한 설명으로 옳은 것만을 [보기]에서 있는 대로 고른 것은? (단, A~D는 임의의 원소 기호이다.)

> ┤ 보기 ├
> ㄱ. A와 B로 이루어진 화합물에서 A는 +1의 양이온이다.
> ㄴ. B와 C에서 전자가 들어 있는 전자 껍질 수의 차는 2이다.
> ㄷ. C와 D의 원자가 전자 수의 차는 6이다.

① ㄱ   ② ㄴ   ③ ㄱ, ㄷ
④ ㄴ, ㄷ   ⑤ ㄱ, ㄴ, ㄷ

2 표는 2, 3주기 바닥상태 원자 A~D의 전자 배치에 대한 자료이다.

원자	A	B	C	D
$\dfrac{p\ \text{오비탈의 전자 수}}{s\ \text{오비탈의 전자 수}}$	1	1	1.5	1.5
홀전자 수	0	2	3	0

A~D에 대한 설명으로 옳은 것만을 [보기]에서 있는 대로 고른 것은? (단, A~D는 임의의 원소 기호이다.)

> ┤ 보기 ├
> ㄱ. A와 D는 같은 주기 원소이다.
> ㄴ. 원자가 전자 수가 가장 큰 원소는 B이다.
> ㄷ. 음이온이 되기 쉬운 원소는 B와 C이다.

① ㄱ   ② ㄴ   ③ ㄱ, ㄷ
④ ㄴ, ㄷ   ⑤ ㄱ, ㄴ, ㄷ

3 다음은 몇 가지 이온의 전자 배치를 나타낸 것이다.

> • A^{2+}, B^-: $1s^2 2s^2 2p^6$
> • C^+, D^{2-}: $1s^2 2s^2 2p^6 3s^2 3p^6$

원자 A~D에 대한 설명으로 옳은 것만을 [보기]에서 있는 대로 고른 것은? (단, A~D는 임의의 원소 기호이다.)

> ┤ 보기 ├
> ㄱ. A와 C는 화학적 성질이 비슷하다.
> ㄴ. B와 C의 원자가 전자 수의 차는 6이다.
> ㄷ. 비금속성이 가장 큰 원소는 D이다.

① ㄱ   ② ㄴ   ③ ㄱ, ㄷ
④ ㄴ, ㄷ   ⑤ ㄱ, ㄴ, ㄷ

4 다음은 주기율표의 일부와 바닥상태 원자 X~Z의 전자 배치에 대한 자료이다. X~Z는 순서대로 주기율표의 I, II, III 영역에 속한다.

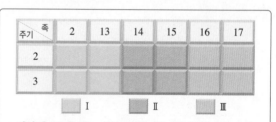

> • 전자가 들어 있는 전자 껍질 수는 X가 Y보다 크다.
> • 2, 3주기 원소 중 금속성은 X가 가장 크고, 비금속성은 Z가 가장 크다.
> • 같은 주기 원소 중 홀전자 수는 Y가 가장 크다.

이에 대한 설명으로 옳은 것만을 [보기]에서 있는 대로 고른 것은? (단, X~Z는 임의의 원소 기호이다.)

> ┤ 보기 ├
> ㄱ. 원자 번호는 X가 Z보다 크다.
> ㄴ. 전자가 들어 있는 전자 껍질 수는 Z가 Y보다 크다.
> ㄷ. X와 Y의 원자가 전자 수의 차는 2이다.

① ㄱ   ② ㄴ   ③ ㄱ, ㄷ
④ ㄴ, ㄷ   ⑤ ㄱ, ㄴ, ㄷ

5 그림은 원자 A~C의 전자 배치를 모형으로 각각 나타낸 것이다.

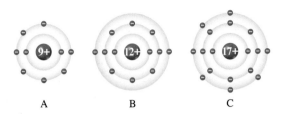

A   B   C

이에 대한 설명으로 옳은 것만을 [보기]에서 있는 대로 고른 것은? (단, A~C는 임의의 원소 기호이다.)

| 보기 |

ㄱ. A는 금속 원소이다.
ㄴ. 원자가 전자의 주 양자수(n)는 C가 B보다 크다.
ㄷ. 원자가 전자들의 스핀 자기 양자수(m_s)의 절댓값의 합은 A와 C가 같다.

① ㄱ   ② ㄷ   ③ ㄱ, ㄴ
④ ㄴ, ㄷ   ⑤ ㄱ, ㄴ, ㄷ

6 다음은 원자 W~Z에 대한 자료이다.

- W~Z가 위치한 주기율표의 일부

주기 \ 족	n	$n+1$
m	W	X
$m+1$	Y	Z

- 바닥상태 X 원자에서 s 오비탈 전자 수와 p 오비탈 전자 수가 같다.
- 바닥상태 Y 원자에서 전자가 들어 있는 오비탈 수는 9이다.

이에 대한 설명으로 옳은 것만을 [보기]에서 있는 대로 고른 것은? (단, W~Z는 임의의 원소 기호이다.)

| 보기 |

ㄱ. $m+n=7$이다.
ㄴ. 홀전자 수는 Y>X이다.
ㄷ. 바닥상태에서 전자가 들어 있는 p 오비탈 수는 Z>Y이다.

① ㄱ   ② ㄴ   ③ ㄱ, ㄷ
④ ㄴ, ㄷ   ⑤ ㄱ, ㄴ, ㄷ

7 그림은 원자 X~Z의 전자 배치를 나타낸 것이다.

	1s	2s	2p	
X	↑↓	↑↓	↑	↑

	1s	2s	2p	
Y	↑↓	↑↓	↑↓ ↑↓	

	1s	2s	2p	3s
Z	↑↓	↑↓	↑↓ ↑	↑

이에 대한 설명으로 옳은 것만을 [보기]에서 있는 대로 고른 것은? (단, X~Z는 임의의 원소 기호이다.)

| 보기 |

ㄱ. X와 Y는 같은 주기 원소이다.
ㄴ. 바닥상태에서 홀전자 수는 Z가 Y보다 크다.
ㄷ. 원자가 전자 수는 Y가 Z보다 크다.

① ㄱ   ② ㄴ   ③ ㄷ
④ ㄱ, ㄴ   ⑤ ㄴ, ㄷ

8 다음은 원자 X~Z의 전자 배치를 나타내기 위해 필요한 전자 카드에 대한 자료이다.

- 전자 카드의 종류

s 오비탈 카드			p 오비탈 카드	
	s ↑	s ↑↓	p ↑	p ↑↓

- X~Z의 바닥상태 전자 배치에 필요한 카드의 종류와 수

원자	전자 배치에 필요한 카드의 종류와 수			
X	s ↑↓ 2개	p ↑ 1개	p ↑↓ 2개	
Y	s ↑ 1개	s ↑↓ 2개	p ↑↓ a개	
Z	s ↑↓ b개	p ↑ 2개	p ↑↓ 4개	

이에 대한 설명으로 옳은 것만을 [보기]에서 있는 대로 고른 것은? (단, X~Z는 임의의 원소 기호이다.)

| 보기 |

ㄱ. $a+b=6$이다.
ㄴ. 원자가 전자 수는 Y>X이다.
ㄷ. Y와 Z는 같은 주기 원소이다.

① ㄱ   ② ㄴ   ③ ㄱ, ㄷ
④ ㄴ, ㄷ   ⑤ ㄱ, ㄴ, ㄷ

08 원소의 주기적 성질

▶ 가려막기 효과와 유효 핵전하   ▶ 유효 핵전하의 주기성   ▶ 원자 반지름과 이온 반지름의 주기성
▶ 등전자 이온의 반지름 비교   ▶ 이온화 에너지의 주기성   ▶ 순차 이온화 에너지와 원자가 전자 수 관계

Ⓐ 유효 핵전하

1 가려막기 효과 다전자 원자에서 전자 사이의 반발력이 작용하여 전자와 원자핵 사이의 인력을 약하게 만드는 현상

> 같은 전자 껍질에 있는 전자에 의한 가려막기 효과는 안쪽 전자 껍질에 있는 전자에 의한 가려막기 효과보다 작다.

▶ 가려막기 효과

2 유효 핵전하 다전자 원자에서 전자는 가려막기 효과 때문에 양성자수에 따른 핵전하보다 작은 핵전하를 느끼게 되는데, 이때 전자가 실제로 느끼는 핵전하[1]

구분	같은 주기	같은 족
주기성	원자 번호가 커질수록 원자가 전자가 느끼는 유효 핵전하는 커진다. ➡ 핵전하의 증가가 가려막기 효과의 증가보다 크기 때문이다.	원자 번호가 커질수록 원자가 전자가 느끼는 유효 핵전하는 커진다.

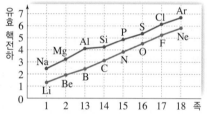

> Ne → Na으로 주기가 바뀔 때 원자가 전자가 느끼는 유효 핵전하는 크게 감소한다. ➡ 전자가 들어 있는 전자 껍질 수가 증가하면서 안쪽 전자 껍질에 있는 전자들의 가려막기 효과가 증가하기 때문이다.

▲ 2, 3주기 원소의 원자가 전자가 느끼는 유효 핵전하 ─● 유효 핵전하가 클수록 원자핵과 전자 사이의 인력이 크다.

Ⓑ 원자 반지름과 이온 반지름

1 원자 반지름 같은 종류의 두 원자가 결합하고 있을 때 두 원자핵간 거리의 $\frac{1}{2}$ [2][3]

구분	같은 주기[4]	같은 족
주기성	원자 번호가 커질수록 원자 반지름이 작아진다. ➡ 전자가 들어 있는 전자 껍질 수는 같지만 원자가 전자가 느끼는 유효 핵전하가 증가하여 원자핵과 전자 사이의 인력이 증가하기 때문이다.	원자 번호가 커질수록 원자 반지름이 커진다. ➡ 전자가 들어 있는 전자 껍질 수가 커지는 효과가 원자가 전자가 느끼는 유효 핵전하의 증가보다 크기 때문이다.
모형	원자 반지름 감소 ▶ Li Be B C	원자 반지름 증가 ▶ H Li Na K

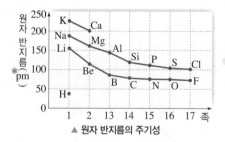

> • 같은 주기에서 원자 번호가 커질수록 원자 반지름이 작아진다.
> • 같은 족에서 원자 번호가 커질수록 원자 반지름이 커진다.

▲ 원자 반지름의 주기성

PLUS 강의 ➕

❶ 가려막기 효과와 유효 핵전하
수소의 전자는 핵전하를 가리는 다른 전자가 없으므로 전자가 느끼는 유효 핵전하는 핵전하인 +1이다. 반면 탄소의 원자가 전자는 안쪽 전자 껍질의 전자 2개와 같은 전자 껍질의 전자 3개가 핵전하를 가리므로 원자가 전자가 느끼는 유효 핵전하는 핵전하인 +6보다 작다.

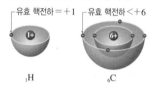

┌ 유효 핵전하=+1 ┌ 유효 핵전하<+6

₁H   ₆C

❷ 원자 반지름
수소 원자의 반지름은 수소 분자를 이루는 두 수소 원자핵간 거리의 $\frac{1}{2}$로 나타내고, 나트륨의 반지름은 결정에서 인접한 두 원자핵간 거리의 $\frac{1}{2}$로 나타낸다.

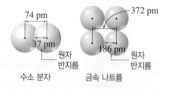

수소 분자   금속 나트륨

❸ 비활성 기체의 원자 반지름
비활성 기체는 결합을 형성하지 않으므로 원자 반지름을 다른 원소들과 같은 방법으로 측정할 수 없다. 따라서 원자 반지름의 주기성은 비활성 기체를 제외하고 비교한다.

❹ 유효 핵전하와 원자 반지름
같은 주기에서는 전자 껍질 수가 같지만, 원자 번호가 클수록 원자가 전자가 느끼는 유효 핵전하가 증가하므로 원자 반지름이 작아진다.

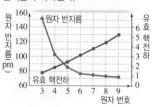

용어 돋보기

* **pm(피코미터)** _ 거리 단위로 1 pm는 10^{-12} m임

076 Ⅱ. 원자의 세계

2 이온 반지름[5]

① 양이온 반지름과 음이온 반지름

구분	양이온	음이온
원자와 이온의 반지름 비교	금속 원자가 원자가 전자를 모두 잃고 양이온이 되면 전자가 들어 있는 전자 껍질 수가 감소하므로 이온 반지름이 원자 반지름보다 작아진다. ➡ 원자 반지름＞양이온 반지름	비금속 원자가 가장 바깥 전자 껍질에 전자를 얻어 음이온이 되면 전자 수가 증가하여 반발력이 증가하므로 이온 반지름이 원자 반지름보다 커진다. ➡ 원자 반지름＜음이온 반지름
모형	11+ ➡ 11+ Na Na$^+$	9+ ➡ 9+ F F$^-$

② 이온 반지름의 주기성[6][7]

구분	같은 주기	같은 족
주기성	원자 번호가 커질수록 양이온의 반지름과 음이온의 반지름이 작아진다. ➡ 원자가 전자의 유효 핵전하가 증가하기 때문이다.	원자 번호가 커질수록 양이온의 반지름과 음이온의 반지름이 커진다. ➡ 전자가 들어 있는 전자 껍질 수가 증가하기 때문이다.
예	• 양이온: $_{11}Na^+＞_{12}Mg^{2+}＞_{13}Al^{3+}$ • 음이온: $_8O^{2-}＞_9F^-$	• 양이온: $_3Li^+＜_{11}Na^+＜_{19}K^+$ • 음이온: $_9F^-＜_{17}Cl^-＜_{35}Br^-$

1족		2족		13족		16족		17족	
Li 152	Li$^+$ 60	Be 112	Be^{2+} 31	B 87	B^{3+} 20	O 73	O^{2-} 140	F 71	F$^-$ 136
Na 186	Na$^+$ 95	Mg 160	Mg^{2+} 65	Al 143	Al^{3+} 50	S 103	S^{2-} 184	Cl 99	Cl$^-$ 181

▲ 원자 반지름과 이온 반지름 비교   (단위: pm)

---

[5] **같은 주기 원소의 양이온과 음이온의 반지름 크기**
같은 주기 원소의 양이온의 반지름은 음이온의 반지름보다 작다. 이는 같은 주기에서 양이온은 음이온보다 전자 껍질이 1개 더 적기 때문이다.

[6] **원자 반지름과 이온 반지름에 영향을 주는 요인**
• 전자 껍질 수가 클수록 반지름이 크다.
예 $_{11}Na＞_{11}Na^+$
• 유효 핵전하가 클수록 반지름이 작다.
예 $_9F^-＞_{11}Na^+$
• 전자 수가 클수록 반지름이 크다.
예 $_9F^-＞_9F$

[7] **등전자 이온**
• 등전자 이온은 전자 수가 같은 이온으로, 18족 원소의 전자 배치를 갖는다. 즉, 한 주기의 음이온과 그 다음 주기의 양이온은 등전자 이온 관계이다.
• 등전자 이온의 반지름: 원자 번호가 클수록 핵전하가 크므로 이온 반지름이 작다.
예 $O^{2-}＞F^-＞Na^+＞Mg^{2+}$ ➡ 전자 배치는 $1s^2 2s^2 2p^6$으로 Ne과 같다.

📖 정답과 해설 **39**쪽

개념 확인

(1) 같은 주기에서 원자가 전자가 느끼는 유효 핵전하는 원자 번호가 커질수록 (증가, 감소)하고, 같은 족에서 원자가 전자가 느끼는 유효 핵전하는 원자 번호가 커질수록 (증가, 감소)한다.

(2) 다음은 원자 반지름과 이온 반지름에 대한 설명이다. ( ) 안에 알맞은 말을 쓰시오.
  ① 같은 주기에서 원자 번호가 커질수록 원자 반지름은 (   )진다.
  ② 같은 족에서 원자 번호가 커질수록 원자 반지름은 (   )진다.
  ③ 금속 원자가 원자가 전자를 모두 잃고 (   )이온이 될 때 반지름은 (   )진다.
  ④ 비금속 원자가 가장 바깥 전자 껍질에 전자를 얻어 (   )이온이 될 때 반지름은 (   )진다.

(3) 다음 원자와 이온의 반지름을 비교하여 ( ) 안에 알맞은 부등호를 쓰시오.
  ① Li (   ) F   ② Li (   ) Na   ③ Na (   ) Na$^+$ ④ F (   ) F$^-$

(4) 표는 2주기 원소 A~D의 원자 반지름과 안정한 전자 배치를 갖는 이온의 이온 반지름에 대한 자료이다. ( ) 안에 알맞은 말을 고르시오.

원소	A	B	C	D
원자 반지름(pm)	152	112	73	71
이온 반지름(pm)	60	31	140	136

  ① A의 안정한 전자 배치를 갖는 이온은 (양, 음)이온이다.
  ② A는 B보다 원자 번호가 (크, 작)다.
  ③ C의 안정한 전자 배치를 갖는 이온은 (양, 음)이온이다.
  ④ D 이온의 전자 배치는 (He, Ne)과 같다.

ⓒ 이온화 에너지

1 ***이온화 에너지*** 기체 상태의 원자 1몰에서 전자 1몰을 떼어낼 때 필요한 에너지❶

$$M(g) + E \longrightarrow M^+(g) + e^- \, (E: \text{이온화 에너지})$$

① 이온화 에너지의 특징
- 원자핵과 전자 사이의 인력이 클수록 이온화 에너지가 크다.
- 이온화 에너지가 작을수록 전자를 잃고 양이온이 되기 쉽다.
  └ 같은 주기에서 금속 원소는 비금속 원소보다 이온화 에너지가 작아 전자를 잃고 양이온이 되기 쉽다.

[나트륨의 이온화 에너지]

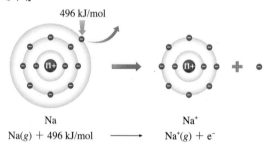

$$Na(g) + 496 \, kJ/mol \longrightarrow Na^+(g) + e^-$$

Na(g) 1몰에서 전자 1몰을 떼어낼 때 496 kJ의 에너지가 필요하다.
➡ 나트륨의 이온화 에너지는 496 kJ/mol이다.

② 이온화 에너지의 주기성

구분	같은 주기	같은 족
주기성	원자 번호가 커질수록 이온화 에너지는 대체로 커진다. ➡ 원자가 전자가 느끼는 유효 핵전하가 증가하여 원자핵과 전자 사이의 인력이 증가하기 때문이다.	원자 번호가 커질수록 이온화 에너지는 작아진다. ➡ 전자 껍질 수가 증가하여 원자핵과 전자 사이의 인력이 감소하기 때문이다.

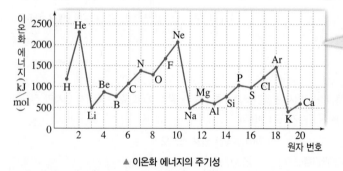

▲ 이온화 에너지의 주기성

- 같은 주기에서 1족 원소의 이온화 에너지가 가장 작고, 18족 원소의 이온화 에너지가 가장 크다.
- 같은 족에서 원자 번호가 커질수록 이온화 에너지는 작아진다.

③ 이온화 에너지 주기성의 예외: 같은 주기에서는 원자 번호가 커질수록 이온화 에너지가 대체로 커진다. 그러나 전자 배치의 특성 때문에 2족 원소보다 13족 원소가, 15족 원소보다 16족 원소가 이온화 에너지가 작다.

2족 > 13족			15족 > 16족		
1s	*2s*	*2p*	*1s*	*2s*	*2p*
Be(2족): ↑↓	↑↓	☐ ☐ ☐	N(15족): ↑↓	↑↓	↑ ↑ ↑
B(13족): ↑↓	↑↓	↑ ☐ ☐	O(16족): ↑↓	↑↓	↑↓ ↑ ↑

에너지가 낮은 2*s* 오비탈에 있는 전자보다 에너지가 높은 2*p* 오비탈에 있는 전자를 떼어내기가 더 쉽다. 따라서 2족 원소(Be)보다 13족 원소(B)의 이온화 에너지가 더 작다.	2*p* 오비탈에 홀전자만 있는 경우보다 전자가 쌍을 이루고 있을 때가 전자 사이의 반발력 때문에 전자를 떼어내기가 더 쉽다. 따라서 15족 원소(N)보다 16족 원소(O)의 이온화 에너지가 더 작다.

❶ 이온화 에너지
이온화 에너지는 바닥상태의 원자가 전자를 $n = \infty$로 전이시키는 데 필요한 에너지와 같다.

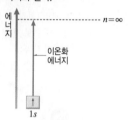

▲ 수소(H)의 이온화 에너지

🔍 용어 돋보기
* **이온화(ionization)**_중성의 분자나 원자가 전자를 잃거나 얻어 전하를 띠는 입자를 생성하는 반응

2 순차 이온화 에너지 전자가 2개 이상인 다전자 원자에서 전자를 2개 이상 차례로 떼어낼 때 각 단계마다 필요한 에너지

$$M(g) + E_1 \longrightarrow M^+(g) + e^- \ (E_1 : 제1 이온화 에너지)$$
└● 첫 번째 전자를 떼어낼 때 필요한 에너지

$$M^+(g) + E_2 \longrightarrow M^{2+}(g) + e^- \ (E_2 : 제2 이온화 에너지)$$
└● 두 번째 전자를 떼어낼 때 필요한 에너지

$$M^{2+}(g) + E_3 \longrightarrow M^{3+}(g) + e^- \ (E_3 : 제3 이온화 에너지)$$
└● 세 번째 전자를 떼어낼 때 필요한 에너지

① 순차 이온화 에너지의 크기: 이온화 차수가 커질수록 이온화 에너지가 커진다. ➡ 전자 수가 작아질수록 전자 사이의 반발력이 작아져 유효 핵전하가 증가하기 때문이다.

② 순차 이온화 에너지와 원자가 전자 수: 순차 이온화 에너지가 급격하게 증가하기 전까지의 전자 수가 원자가 전자 수이다. ➡ 원자가 전자를 모두 떼어내고 안쪽 전자 껍질에 있는 전자를 떼어낼 때 이온화 에너지가 급격히 증가하기 때문이다.❷

> 마그네슘의 순차 이온화 에너지: $E_1 < E_2 \ll E_3$
> ➡ Mg의 원자가 전자 수는 2이다.

$$Mg(g) \xrightarrow[E_1(738\,\text{kJ/mol})]{} Mg^+(g) \xrightarrow[E_2(1451\,\text{kJ/mol})]{} Mg^{2+}(g) \xrightarrow[E_3(7733\,\text{kJ/mol})]{} Mg^{3+}(g)$$

▲ 마그네슘의 순차 이온화 에너지

❷ 순차 이온화 에너지를 이용하여 원자가 전자 수 구하기

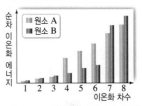

• A는 제4 이온화 에너지가 급격하게 증가하므로 원자가 전자 수는 3이다.
• B는 제7 이온화 에너지가 급격하게 증가하므로 원자가 전자 수는 6이다.

개념 확인

(5) 다음은 이온화 에너지에 대한 설명이다. (   ) 안에 알맞은 말을 고르시오.
① 같은 주기에서 원자 번호가 커질수록 이온화 에너지가 대체로 (커, 작아)진다.
② 같은 족에서 원자 번호가 커질수록 이온화 에너지가 (커, 작아)진다.
③ 이온화 에너지가 작을수록 양이온이 되기 (쉽, 어렵)다.
④ 이온화 차수가 증가할수록 순차 이온화 에너지는 (커, 작아)진다.

(6) 그림은 2주기 임의의 원소 A와 B의 전자 배치를 나타낸 것이다. (   ) 안에 알맞은 말을 고르시오.

	$1s$	$2s$	$2p$		
A	↑↓	↑↓			
B	↑↓	↑↓	↑		

① 다전자 원자에서 오비탈의 에너지 준위는 $2p$가 $2s$보다 (높으, 낮으)므로 전자 1개를 떼어내는 데 필요한 에너지는 A가 B보다 (크, 작)다.
② 이온화 에너지의 크기는 A (>, =, <) B이다.

(7) 표는 2주기 원소 X의 순차 이온화 에너지에 대한 자료이다. (   ) 안에 알맞은 말을 쓰시오.

순차 이온화 에너지 (kJ/mol)	E_1	E_2	E_3	E_4
	800	2430	3660	25000

① X의 원자가 전자 수는 (   )이다.
② 2주기 원소 중 X보다 이온화 에너지가 작은 원소는 (   )가지이다.
③ X가 18족 원소의 전자 배치를 갖는 안정한 이온이 될 때 필요한 에너지는 (   )이다.

08. 원소의 주기적 성질 **079**

2019 ● 수능 13번

자료❶ 원자 반지름과 이온 반지름

그림은 원자 A~E의 원자 반지름과 이온 반지름을 나타낸 것이다. (가)와 (나)는 각각 원자 반지름과 이온 반지름 중 하나이다. A~E의 원자 번호는 각각 15, 16, 17, 19, 20 중 하나이고, A~E의 이온은 모두 Ar의 전자 배치를 가진다.

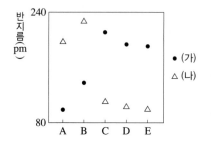

1. (가)는 이온 반지름이다. (○, ×)
2. A는 4주기 2족 원소이다. (○, ×)
3. B의 이온은 B^-이다. (○, ×)
4. C, D, E는 전자를 얻어 음이온이 되기 쉽다. (○, ×)

2020 ● 9월 평가원 14번

자료❸ 이온화 에너지와 주기율

그림 (가)는 원자 A~D의 제1 이온화 에너지를, (나)는 주기율표에 원소 ㉠~㉣을 나타낸 것이다. A~D는 각각 ㉠~㉣ 중 하나이다.

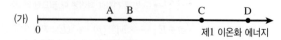

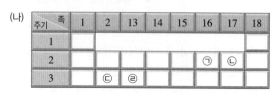

주기 \ 족	1	2	13	14	15	16	17	18
1								
2						㉠	㉡	
3			㉢	㉣				

1. 제1 이온화 에너지는 ㉡>㉠이다. (○, ×)
2. 제1 이온화 에너지는 ㉣>㉢이다. (○, ×)
3. 제2 이온화 에너지는 ㉡>㉠이다. (○, ×)
4. 제2 이온화 에너지는 ㉣>㉢이다. (○, ×)
5. A는 ㉠이다. (○, ×)

2019 ● 6월 평가원 13번

자료❷ 등전자 이온의 반지름

다음은 바닥상태 원자 A~D에 대한 자료이다. A~D는 임의의 원소 기호이다.

- 원자 번호는 각각 8, 9, 11, 12 중 하나이다.
- 전기 음성도는 B>C이다.
- 각 원자의 이온은 모두 Ne의 전자 배치를 갖는다.
- A~D의 $\dfrac{\text{이온 반지름}}{|q|}$ (q는 이온의 전하)

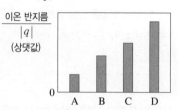

1. 원자 번호가 8, 9, 11, 12인 원자의 안정한 이온의 이온 반지름은 8>9>11>12 순이다. (○, ×)
2. 원자 번호가 8, 12인 원자의 안정한 이온의 전하는 각각 +2, −2이다. (○, ×)
3. 원자 번호가 9, 11인 원자의 안정한 이온의 전하는 각각 +1, −1이다. (○, ×)
4. A의 원자 번호는 12이다. (○, ×)

2021 ● 6월 평가원 17번

자료❹ 순차 이온화 에너지

다음은 원자 번호가 연속인 2주기 원자 W~Z의 이온화 에너지에 대한 자료이다. 원자 번호는 W<X<Y<Z이다.

- 제n 이온화 에너지(E_n)
  제1 이온화 에너지(E_1): $M(g) + E_1 \longrightarrow M^+(g) + e^-$
  제2 이온화 에너지(E_2): $M^+(g) + E_2 \longrightarrow M^{2+}(g) + e^-$
  제3 이온화 에너지(E_3): $M^{2+}(g) + E_3 \longrightarrow M^{3+}(g) + e^-$
- W~Z의 $\dfrac{E_3}{E_2}$

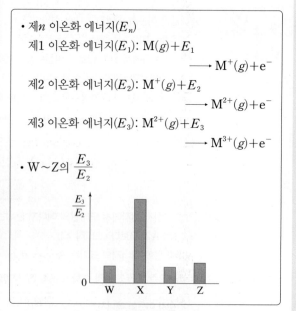

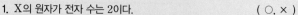

1. X의 원자가 전자 수는 2이다. (○, ×)
2. E_1은 Y>X이다. (○, ×)
3. E_2는 Y>Z이다. (○, ×)
4. W~Z 중 $\dfrac{E_2}{E_1}$는 W가 가장 크다. (○, ×)

Ⓐ 유효 핵전하 Ⓑ 원자 반지름과 이온 반지름

1 그림은 X 이온의 전자 배치를 모형으로 나타낸 것이다.
이에 대한 설명으로 옳은 것은? (단, X는 임의의 원소 기호이다.)

① X 이온은 음이온이다.
② X는 원자 반지름이 이온 반지름보다 크다.
③ 전자 a가 느끼는 유효 핵전하는 +11이다.
④ 전자 b는 원자 X의 원자가 전자이다.
⑤ 전자가 느끼는 유효 핵전하는 b가 a보다 크다.

2 그림은 주기율표의 일부를 나타낸 것이다.

족\주기	1	2	13	14	15	16	17	18
1								A
2	B						C	
3		D						

A~D 중 다음 설명에 해당하는 원소의 기호를 쓰시오.

(1) 안정한 이온이 될 때 A의 전자 배치를 갖는다.
(2) 비활성 기체의 전자 배치를 갖는 안정한 이온이 될 때 반지름이 원자 반지름보다 증가한다.
(3) 안정한 이온의 전자 배치가 Ne과 같다.

3 그림은 원소 A~C의 원자 반지름과 이온 반지름을 나타낸 것이다. A~C는 각각 O, F, Na 중 하나이고, (가)와 (나)는 각각 원자 반지름 또는 이온 반지름 중 하나이다.

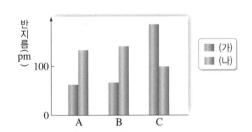

이에 대한 설명으로 옳지 않은 것은? (단, A~C의 안정한 이온은 모두 18족 원소의 전자 배치와 같다.)

① A 이온과 B 이온의 전자 배치는 같다.
② (가)는 원자 반지름이다.
③ A는 F이다.
④ C의 안정한 이온은 양이온이다.
⑤ 원자 번호는 B>C이다.

Ⓒ 이온화 에너지

4 이온화 에너지에 대한 설명으로 옳은 것은?

① 같은 주기에서 금속 원소는 비금속 원소보다 이온화 에너지가 크다.
② 2주기 15족 원소는 2주기 16족 원소보다 이온화 에너지가 작다.
③ 2주기 17족 원소는 3주기 17족 원소보다 이온화 에너지가 작다.
④ 같은 주기에서 $\frac{E_2}{E_1}$는 18족 원소가 가장 크다.
⑤ 2족 원소의 순차 이온화 에너지 크기는 $E_1 < E_2 \ll E_3$이다.

5 그림은 2주기 원소 $a \sim h$의 제1 이온화 에너지를 나타낸 것이다.

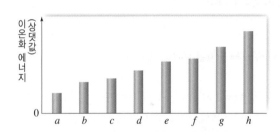

$a \sim h$ 중 다음 설명에 해당하는 원소의 기호를 쓰시오.

(1) 비활성 기체이다.
(2) 순차 이온화 에너지 크기가 $E_1 < E_2 < E_3 \ll E_4$이다.
(3) 바닥상태에서 홀전자 수가 3이다.
(4) Ne의 전자 배치를 갖는 이온이 될 때 −1의 음이온이 된다.

6 다음은 원소 A~C의 제1 이온화 에너지와 전자 배치에 대한 자료이다. (가)~(다)는 각각 A~C 중 하나이다.

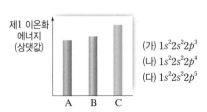

(가) $1s^2 2s^2 2p^3$
(나) $1s^2 2s^2 2p^4$
(다) $1s^2 2s^2 2p^5$

(가)~(다)에 해당하는 원소를 A~C에서 각각 고르시오.

1 그림은 나트륨의 보어 원자 모형에서 전자 a~d를 나타낸 것이다.

이에 대한 설명으로 옳은 것만을 [보기]에서 있는 대로 고른 것은?

┌─────────── 보기 ───────────┐
ㄱ. 전자 d가 느끼는 유효 핵전하는 +11이다.
ㄴ. 전자 c가 느끼는 핵전하에 대한 가려막기 효과는 d가 b보다 크다.
ㄷ. 전자가 느끼는 유효 핵전하는 a가 b보다 작다.
└──────────────────────────┘

① ㄱ   ② ㄷ   ③ ㄱ, ㄴ
④ ㄴ, ㄷ   ⑤ ㄱ, ㄴ, ㄷ

2 다음은 주기율표의 (가)~(라)에 위치하는 원소 A~D의 원자 반지름과 이온 반지름에 대한 자료이다.

주기＼족	1	2	13	14	15	16	17	18
1								
2	(가)	(나)					(다)	
3							(라)	

원소	A	B	C	D
원자 반지름(pm)	99	152	71	112
이온 반지름(pm)	181	60	136	31

주기율표의 (가)~(라)에 해당하는 원소로 옳은 것은?

	(가)	(나)	(다)	(라)
①	A	B	C	D
②	A	D	C	B
③	B	A	D	C
④	B	D	C	A
⑤	C	B	D	A

3 그림은 원자 A~D에 대한 자료이다. A~D는 각각 원자 번호가 15, 16, 19, 20 중 하나이고, A~D 이온의 전자 배치는 모두 Ar과 같다.

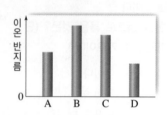

이에 대한 설명으로 옳은 것만을 [보기]에서 있는 대로 고른 것은? (단, A~D는 임의의 원소 기호이다.)

┌─────────── 보기 ───────────┐
ㄱ. 바닥상태에서 홀전자 수는 B>A이다.
ㄴ. B와 C는 같은 주기 원소이다.
ㄷ. 원자 반지름은 D>C이다.
└──────────────────────────┘

① ㄱ   ② ㄷ   ③ ㄱ, ㄴ
④ ㄴ, ㄷ   ⑤ ㄱ, ㄴ, ㄷ

4 표는 2, 3주기 원소 A~C에 대한 자료이고, 그림은 2, 3주기 원소의 원자가 전자가 느끼는 유효 핵전하(Z^*)를 족에 따라 나타낸 것이다.

원소	A	B	C
원자가 전자 수	5	6	7
원자 반지름 (pm)	71	64	100

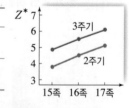

A~C에 대한 설명으로 옳은 것만을 [보기]에서 있는 대로 고른 것은? (단, A~C는 임의의 원소 기호이다.)

┌─────────── 보기 ───────────┐
ㄱ. C는 2주기 원소이다.
ㄴ. 원자가 전자가 느끼는 유효 핵전하는 B>A이다.
ㄷ. 18족 원소의 전자 배치를 갖는 이온의 반지름은 C>B이다.
└──────────────────────────┘

① ㄱ   ② ㄷ   ③ ㄱ, ㄴ
④ ㄴ, ㄷ   ⑤ ㄱ, ㄴ, ㄷ

5 표는 바닥상태 원자 (가)~(라)에 대한 자료이다. (가)~(라)는 각각 O, F, Mg, Al 중 하나이다.

원자	(가)	(나)	(다)	(라)
홀전자 수	1	2		x
원자가 전자가 느끼는 유효 핵전하	y	4.45	5.10	3.31

이에 대한 설명으로 옳은 것만을 [보기]에서 있는 대로 고른 것은?

┤ 보기 ├
ㄱ. $x=0$이다.
ㄴ. $y<3.31$이다.
ㄷ. 원자 반지름은 (나)>(다)이다.

① ㄱ   ② ㄴ   ③ ㄱ, ㄷ
④ ㄴ, ㄷ   ⑤ ㄱ, ㄴ, ㄷ

자료❶

6 그림은 원자 A~E의 원자 반지름과 이온 반지름을 나타낸 것이고, (가)와 (나)는 각각 원자 반지름과 이온 반지름 중 하나이다. A~E의 원자 번호는 각각 15, 16, 17, 19, 20 중 하나이고, A~E의 이온은 모두 Ar의 전자 배치를 가진다.

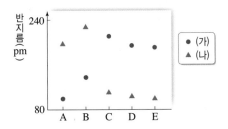

이에 대한 설명으로 옳은 것만을 [보기]에서 있는 대로 고른 것은? (단, A~E는 임의의 원소 기호이다.)

┤ 보기 ├
ㄱ. (가)는 이온 반지름이다.
ㄴ. A의 이온은 A^{2+}이다.
ㄷ. 가장 바깥 전자 껍질의 전자가 느끼는 유효 핵전하는 C>D이다.

① ㄱ   ② ㄷ   ③ ㄱ, ㄴ
④ ㄴ, ㄷ   ⑤ ㄱ, ㄴ, ㄷ

---

7 다음은 원자 A~D에 대한 자료이다. A~D의 원자 번호는 각각 7, 8, 12, 13 중 하나이고, A~D의 이온은 모두 Ne의 전자 배치를 갖는다.

- 원자 반지름은 A가 가장 크다.
- 이온 반지름은 B가 가장 작다.
- 제2 이온화 에너지는 D가 가장 크다.

A~D에 대한 설명으로 옳은 것만을 [보기]에서 있는 대로 고른 것은? (단, A~D는 임의의 원소 기호이다.)

┤ 보기 ├
ㄱ. 이온 반지름은 C가 가장 크다.
ㄴ. 제2 이온화 에너지는 A>B이다.
ㄷ. 원자가 전자가 느끼는 유효 핵전하는 D>C이다.

① ㄱ   ② ㄴ   ③ ㄱ, ㄷ
④ ㄴ, ㄷ   ⑤ ㄱ, ㄴ, ㄷ

---

8 그림은 2, 3주기에서 몇 가지 원소의 이온화 에너지를 족에 따라 나타낸 것이다. 같은 점선으로 연결한 원소는 같은 주기에 속한다.

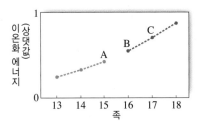

이에 대한 설명으로 옳은 것만을 [보기]에서 있는 대로 고른 것은? (단, A~C는 임의의 원소 기호이다.)

┤ 보기 ├
ㄱ. A는 2주기 원소이다.
ㄴ. B의 이온화 에너지는 같은 주기의 15족 원소보다 크다.
ㄷ. 원자 반지름은 B>C이다.

① ㄱ   ② ㄴ   ③ ㄷ
④ ㄱ, ㄴ   ⑤ ㄴ, ㄷ

9 그림은 원자 $a\sim g$의 제2 이온화 에너지를 나타낸 것이다. $a\sim g$의 원자 번호는 각각 8~14 중 하나이다.

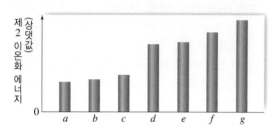

이에 대한 설명으로 옳은 것만을 [보기]에서 있는 대로 고른 것은?

┤ 보기 ├
ㄱ. c는 Al이다.
ㄴ. 제1 이온화 에너지가 가장 큰 것은 f이다.
ㄷ. c와 d의 원자 반지름 차이는 b와 e의 원자 반지름 차이보다 크다.

① ㄱ   ② ㄷ   ③ ㄱ, ㄴ
④ ㄴ, ㄷ   ⑤ ㄱ, ㄴ, ㄷ

10 다음은 이온화 에너지와 관련된 학생 A가 세운 가설과 이를 검증하기 위해 수행한 탐구 활동이다.

[가설] 15~17족에 속한 원자들은   ⊙
[탐구 과정]
(가) 15~17족에 속한 각 원자의 제1 이온화 에너지(E_1)를 조사한다.
(나) 조사한 각 원자의 E_1를 족에 따라 구분하여 점으로 표시한 후, 표시한 점을 각 주기별로 연결한다.
[탐구 결과]

E_1 (kJ/mol)

(그래프: 15족, 16족, 17족에 대한 2주기, 3주기, 4주기, 5주기, 6주기별 곡선)

[결론] 가설은 옳다.

학생 A의 결론이 타당할 때, ⊙으로 가장 적절한 것은?

① 원자량이 커질수록 제1 이온화 에너지가 커진다.
② 원자 번호가 커질수록 제1 이온화 에너지가 커진다.
③ 같은 족에서 원자 번호가 커질수록 제1 이온화 에너지가 작아진다.
④ 같은 주기에서 유효 핵전하가 커질수록 제1 이온화 에너지가 커진다.
⑤ 같은 주기에서 원자가 전자 수가 커질수록 제1 이온화 에너지가 작아진다.

11 그림은 원자 A~D의 제1 이온화 에너지(E_1)와 제2 이온화 에너지(E_2)를 상댓값으로 나타낸 것이다. A~D는 각각 F, Ne, Na, Mg 중 하나이다.

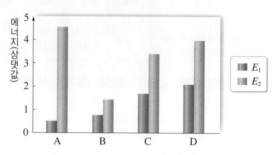

A~D에 대한 설명으로 옳은 것만을 보기에서 있는 대로 고른 것은?

┤ 보기 ├
ㄱ. $\dfrac{E_3}{E_2}$가 가장 큰 것은 B이다.
ㄴ. 원자가 전자가 느끼는 유효 핵전하는 B가 A보다 크다.
ㄷ. D의 전자 배치를 갖는 이온의 반지름은 C가 B보다 크다.

① ㄱ   ② ㄴ   ③ ㄱ, ㄷ
④ ㄴ, ㄷ   ⑤ ㄱ, ㄴ, ㄷ

12 그림은 원자 번호가 연속인 2주기 원자 X~Z의 제1 이온화 에너지와 제2 이온화 에너지를 나타낸 것이다. 원자 번호는 X<Y<Z이다.

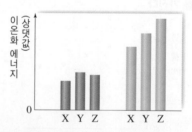

이에 대한 설명으로 옳은 것만을 [보기]에서 있는 대로 고른 것은? (단, X~Z는 임의의 원소 기호이다.)

┤ 보기 ├
ㄱ. 18족 원소의 전자 배치를 갖는 이온 반지름은 Z>Y이다.
ㄴ. 바닥상태에서 전자가 들어 있는 오비탈 수는 Y>X이다.
ㄷ. 바닥상태 전자 배치에서 홀전자 수는 Z>X이다.

① ㄱ   ② ㄴ   ③ ㄱ, ㄷ
④ ㄴ, ㄷ   ⑤ ㄱ, ㄴ, ㄷ

🖹 정답과 해설 43쪽

2018 9월 평가원 15번

1 그림은 원자 A~C에 대한 자료이고, Z^*는 원자가 전자가 느끼는 유효 핵전하이다. A~C의 이온은 모두 Ar의 전자 배치를 가지며, 원자 번호는 각각 17, 19, 20 중 하나이다.

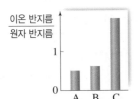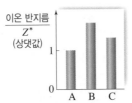

A~C에 대한 설명으로 옳은 것만을 [보기]에서 있는 대로 고른 것은? (단, A~C는 임의의 원소 기호이다.)

┤ 보기 ├
ㄱ. 원자 반지름은 A가 가장 크다.
ㄴ. 원자가 전자가 느끼는 유효 핵전하는 A가 B보다 크다.
ㄷ. B와 C는 1 : 2로 결합하여 안정한 화합물을 형성한다.

① ㄱ   ② ㄴ   ③ ㄷ
④ ㄱ, ㄴ   ⑤ ㄴ, ㄷ

2 다음은 원자 번호가 연속인 2주기 원자 A~D에 대한 자료이다.

• A~D는 원자 번호 순서가 아니며, 18족 원소가 아니다.
• 제1 이온화 에너지가 가장 큰 원소는 B이고, 가장 작은 원소는 A이다.
• 원자 반지름이 가장 큰 원소는 A이고, 가장 작은 원소는 D이다.

A~D에 대한 설명으로 옳은 것만을 [보기]에서 있는 대로 고른 것은?

┤ 보기 ├
ㄱ. 원자가 전자가 느끼는 유효 핵전하는 D가 B보다 크다.
ㄴ. 홀전자 수는 C가 D보다 크다.
ㄷ. 제2 이온화 에너지는 D가 가장 크다.

① ㄱ   ② ㄴ   ③ ㄱ, ㄷ
④ ㄴ, ㄷ   ⑤ ㄱ, ㄴ, ㄷ

2018 9월 평가원 13번

3 표는 원자 번호가 연속인 2주기 원자 W~Z의 홀전자 수와 제1 이온화 에너지를 나타낸 것이다. W~Z는 임의의 원소 기호이며, 원자 번호 순서가 아니다.

원자	W	X	Y	Z
바닥상태 원자의 홀전자 수	0	1	2	a
제1 이온화 에너지 (상댓값)	b	1	2.1	1.5

W~Z에 대한 설명으로 옳은 것만을 [보기]에서 있는 대로 고른 것은?

┤ 보기 ├
ㄱ. $a=1$이다.
ㄴ. $b<1.5$이다.
ㄷ. 제2 이온화 에너지는 Y가 W보다 크다.

① ㄱ   ② ㄴ   ③ ㄱ, ㄷ
④ ㄴ, ㄷ   ⑤ ㄱ, ㄴ, ㄷ

4 다음은 바닥상태 원자 W~Z에 대한 자료이다.

• W~Z의 원자 번호는 각각 8~13 중 하나이다.
• W, X, Y의 홀전자 수는 모두 같다.
• 각 원자의 이온은 모두 Ne의 전자 배치를 갖는다.
• W~Z의 이온 반지름

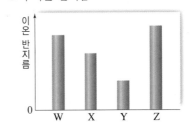

이에 대한 설명으로 옳은 것만을 [보기]에서 있는 대로 고른 것은? (단, W~Z는 임의의 원소 기호이다.)

┤ 보기 ├
ㄱ. 제2 이온화 에너지는 Z>W이다.
ㄴ. 3주기 원소는 3가지이다.
ㄷ. 바닥상태 전자 배치에서 홀전자 수는 Z>X이다.

① ㄱ   ② ㄴ   ③ ㄱ, ㄷ
④ ㄴ, ㄷ   ⑤ ㄱ, ㄴ, ㄷ

5 그림 (가)는 원자 A~D의 제1 이온화 에너지를, (나)는 주기율표에 원소 ㉠~㉣을 나타낸 것이다. A~D는 각각 ㉠~㉣ 중 하나이다.

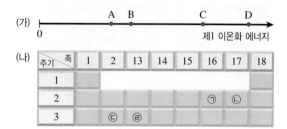

이에 대한 설명으로 옳은 것만을 [보기]에서 있는 대로 고른 것은? (단, A~D는 임의의 원소 기호이다.)

┤ 보기 ├
ㄱ. D는 ㉡이다.
ㄴ. C와 D는 같은 주기 원소이다.
ㄷ. $\dfrac{\text{제3 이온화 에너지}}{\text{제2 이온화 에너지}}$ 는 B>A이다.

① ㄱ 　　② ㄷ 　　③ ㄱ, ㄴ
④ ㄴ, ㄷ 　　⑤ ㄱ, ㄴ, ㄷ

6 다음은 탄소(C)와 2, 3주기 원자 V~Z에 대한 자료이다.

- 모든 원자는 바닥상태이다.
- 전자가 들어 있는 p 오비탈 수는 3 이하이다.
- 홀전자 수와 제1 이온화 에너지

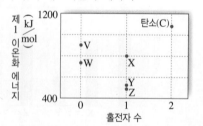

이에 대한 설명으로 옳은 것만을 [보기]에서 있는 대로 고른 것은? (단, V~Z는 임의의 원소 기호이다.)

┤ 보기 ├
ㄱ. X는 13족 원소이다.
ㄴ. 원자 반지름은 W>X>V이다.
ㄷ. 제2 이온화 에너지는 Y>Z>X이다.

① ㄱ 　　② ㄴ 　　③ ㄱ, ㄷ
④ ㄴ, ㄷ 　　⑤ ㄱ, ㄴ, ㄷ

7 다음은 원자 번호가 연속인 2주기 원자 W~Z의 이온화 에너지 자료이다. 원자 번호는 W<X<Y<Z이다.

- 제n 이온화 에너지(E_n)
- 제1 이온화 에너지(E_1): $M(g) + E_1 \longrightarrow M^+(g) + e^-$
- 제2 이온화 에너지(E_2): $M^+(g) + E_2 \longrightarrow M^{2+}(g) + e^-$
- 제3 이온화 에너지(E_3): $M^{2+}(g) + E_3 \longrightarrow M^{3+}(g) + e^-$
- W~Z의 $\dfrac{E_3}{E_2}$

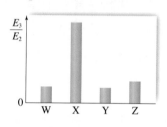

이에 대한 설명으로 옳은 것만을 [보기]에서 있는 대로 고른 것은? (단, W~Z는 임의의 원소 기호이다.)

┤ 보기 ├
ㄱ. 원자 반지름은 W>X이다.
ㄴ. E_2는 Y>Z이다.
ㄷ. $\dfrac{E_2}{E_1}$ 는 Z>W이다.

① ㄱ ② ㄷ ③ ㄱ, ㄴ ④ ㄴ, ㄷ ⑤ ㄱ, ㄴ, ㄷ

8 다음은 원자 W~Z에 대한 자료이다.

- W~Z는 각각 N, O, Na, Mg 중 하나이다.
- 각 원자의 이온은 모두 Ne의 전자 배치를 갖는다.
- ㉠, ㉡은 각각 이온 반지름, 제1 이온화 에너지 중 하나이다.

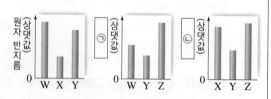

이에 대한 설명으로 옳은 것만을 [보기]에서 있는 대로 고른 것은?

┤ 보기 ├
ㄱ. ㉠은 이온 반지름이다.
ㄴ. 제2 이온화 에너지는 Y>W이다.
ㄷ. 원자가 전자가 느끼는 유효 핵전하는 Z>X이다.

① ㄱ ② ㄴ ③ ㄱ, ㄷ ④ ㄴ, ㄷ ⑤ ㄱ, ㄴ, ㄷ

9 다음은 학생 A가 원소의 주기적 성질을 학습한 후, 이를 토대로 수행한 탐구 활동이다.

[가설] 바닥상태의 2주기 원자에서 가장 바깥 전자 껍질에 있는 전자 수가 x일 때 제 ⑦ 이온화 에너지는 급격히 증가한다.

[탐구 활동]

(가) 2주기 원자의 순차 이온화 에너지를 모두 찾는다.

(나) Li의 순차 이온화 에너지로 $\dfrac{E_{n+1}}{E_n}$를 구하여 그 중 최댓값을 갖는 n을 찾는다. (E_n은 제n 이온화 에너지이다.)

(다) 나머지 원자에 대해 (나)를 반복한다.

[탐구 결과]

원자	Li	Be	B	C	N	O	F	Ne
$\dfrac{E_{n+1}}{E_n}$가 최대인 n	1	2	3	4	5	6	7	8

A의 가설이 옳다는 결론을 얻었을 때, 이에 대한 설명으로 옳은 것만을 [보기]에서 있는 대로 고른 것은?

┤ 보기 ├
ㄱ. ⑦은 $x+1$이다.
ㄴ. Be은 $E_3 > E_2$이다.
ㄷ. $\dfrac{E_{n+1}}{E_n}$가 최대인 n이 6인 원자의 원자가 전자 수는 7이다.

① ㄱ   ② ㄷ   ③ ㄱ, ㄴ
④ ㄴ, ㄷ   ⑤ ㄱ, ㄴ, ㄷ

10 그림은 원자 번호가 7~14인 8가지 원소의 제1 이온화 에너지를 나타낸 것이다. E_n은 제n 이온화 에너지이다.

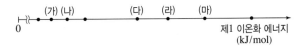

(가)~(마)에 대한 설명으로 옳은 것만을 [보기]에서 있는 대로 고른 것은?

┤ 보기 ├
ㄱ. 원자 반지름은 (가) > (나)이다.
ㄴ. E_2는 (라) > (다)이다.
ㄷ. Ne의 전자 배치를 갖는 이온의 반지름은 (다) > (마)이다.

① ㄱ   ② ㄷ   ③ ㄱ, ㄴ
④ ㄴ, ㄷ   ⑤ ㄱ, ㄴ, ㄷ

11 그림은 원자 V~Z의 제2 이온화 에너지를 나타낸 것이다. V~Z는 각각 원자 번호 9~13의 원소 중 하나이다.

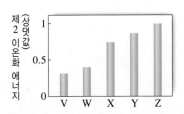

이에 대한 설명으로 옳은 것만을 [보기]에서 있는 대로 고른 것은? (단, V~Z는 임의의 원소 기호이다.)

┤ 보기 ├
ㄱ. Z는 1족 원소이다.
ㄴ. X와 Y는 같은 주기 원소이다.
ㄷ. 원자가 전자가 느끼는 유효 핵전하는 W > V이다.

① ㄱ   ② ㄷ   ③ ㄱ, ㄴ
④ ㄴ, ㄷ   ⑤ ㄱ, ㄴ, ㄷ

12 그림은 원자 A~E의 제1 이온화 에너지와 제2 이온화 에너지를 나타낸 것이다. A~E의 원자 번호는 각각 3, 4, 11, 12, 13 중 하나이다.

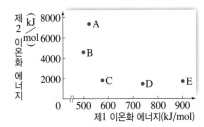

이에 대한 설명으로 옳은 것만을 [보기]에서 있는 대로 고른 것은? (단, A~E는 임의의 원소 기호이다.)

┤ 보기 ├
ㄱ. 원자 번호는 B > A이다.
ㄴ. D와 E는 같은 주기 원소이다.
ㄷ. $\dfrac{\text{제3 이온화 에너지}}{\text{제2 이온화 에너지}}$는 C > D이다.

① ㄱ   ② ㄴ   ③ ㄱ, ㄷ
④ ㄴ, ㄷ   ⑤ ㄱ, ㄴ, ㄷ

화학 결합과 분자의 세계

09 이온 결합

≫ 핵심 짚기   ▸ 물의 전기 분해   ▸ 염화 나트륨 용융액의 전기 분해   ▸ 옥텟 규칙
              ▸ 이온 결합의 형성   ▸ 이온 결합 물질의 성질

Ⓐ 화학 결합의 전기적 성질

1 물의 전기 분해[1] 물에 전기 에너지를 가해 주면 전자를 잃거나 얻는 반응이 일어나 물이 성분 물질로 분해된다.[2] ➡ 수소와 산소가 화학 결합을 형성할 때 전자가 관여함을 알 수 있다.

[물의 전기 분해]
황산 나트륨을 녹인 증류수를 전기 분해 장치에 채운 후 전류를 흘려 주면 (−)극에서는 수소(H_2) 기체가, (+)극에서는 산소(O_2) 기체가 2 : 1의 부피비로 발생한다.
• 증류수에 황산 나트륨을 녹인 까닭: 순수한 물은 전기가 통하지 않으므로 황산 나트륨과 같은 *전해질을 녹여 전류가 흐르도록 하기 위해서이다.
• 각 전극에서의 반응

(−)극: $4H_2O+4e^- \longrightarrow 2H_2+4OH^-$	➡ 물(H_2O)이 전자를 얻어 수소(H_2) 기체 발생
(+)극: $2H_2O \longrightarrow O_2+4H^++4e^-$	➡ 물(H_2O)이 전자를 잃어 산소(O_2) 기체 발생
전체 반응: $2H_2O \longrightarrow 2H_2+O_2$	

2 염화 나트륨 *용융액의 전기 분해

① 염화 나트륨($NaCl$)의 전기 전도성

고체 상태	액체 상태
양이온(Na^+)과 음이온(Cl^-)이 서로 단단하게 결합하고 있어 자유롭게 움직일 수 없다. ➡ 전기 전도성이 없다.	양이온(Na^+)과 음이온(Cl^-) 사이의 결합이 약해져 이온들이 자유롭게 움직일 수 있다. ➡ 전기 전도성이 있다.
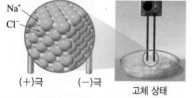	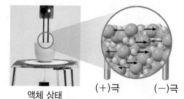

② 염화 나트륨 용융액의 전기 분해: 액체 상태의 염화 나트륨에 전기 에너지를 가해 주면 전자를 잃거나 얻는 반응이 일어나 염화 나트륨이 성분 물질로 분해된다.
➡ 나트륨과 염소가 화학 결합을 형성할 때 전자가 관여함을 알 수 있다.

[염화 나트륨 용융액의 전기 분해]
액체 상태의 염화 나트륨에 전류를 흘려 주면 (−)극에서는 금속 나트륨(Na)이 생성되고, (+)극에서는 염소(Cl_2) 기체가 발생한다.

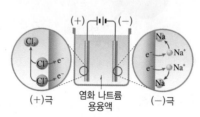

• 각 전극에서의 반응

(−)극: $2Na^++2e^- \longrightarrow 2Na$	➡ 나트륨 이온(Na^+)이 전자를 얻어 나트륨(Na) 생성
(+)극: $2Cl^- \longrightarrow Cl_2+2e^-$	➡ 염화 이온(Cl^-)이 전자를 잃어 염소(Cl_2) 기체 발생
전체 반응: $2NaCl \longrightarrow 2Na+Cl_2$	

PLUS 강의 ➕

❶ 라부아지에의 물 분해 실험

가열한 주철관에 물을 흘려 주면 물이 수소와 산소로 분해된다. 물이 분해되어 생성된 산소는 철과 반응하여 산화 철이 되므로 주철관의 질량은 증가하고, 기체 상태의 수소가 냉각수를 통과하여 모인다. ➡ 물은 원소가 아니라 수소와 산소로 이루어진 화합물이다.

❷ 공유 결합 물질
물(H_2O), 이산화 탄소(CO_2), 포도당($C_6H_{12}O_6$)과 같이 비금속 원소의 원자로 구성된 화합물이나 흑연(C), 다이아몬드(C)와 같은 물질은 원자 사이에 전자쌍을 공유하는 공유 결합으로 형성된 물질이다.

⌐◯ 용어 돋보기

* 전해질(電 전기, 解 풀다, 質 바탕)_ 물에 녹아 전류를 흐르게 하는 물질
* 용융액(溶 흐르다, 融 녹다, 液 유동체)_ 가열하여 녹인 액체 상태의 물질

1 비활성 기체의 전자 배치

① 비활성 기체: 주기율표의 18족에 속하는 헬륨(He), 네온(Ne), 아르곤(Ar) 등
② 전자 배치: 가장 바깥 전자 껍질에 전자가 모두 채워져 안정한 전자 배치를 이룬다.[3]
　➡ 다른 원자와 결합하여 전자를 잃거나 얻으려 하지 않아 화학적으로 안정하다.

[비활성 기체의 전자 배치]

• 헬륨(He): 가장 바깥 전자 껍질에 전자 2개가 채워진다.
• 네온(Ne), 아르곤(Ar): 가장 바깥 전자 껍질에 전자 8개가 채워진다.

헬륨(He) $1s^2$　네온(Ne) $1s^2 2s^2 2p^6$　아르곤(Ar) $1s^2 2s^2 2p^6 3s^2 3p^6$

2 *옥텟 규칙　원자들이 전자를 잃거나 얻어서 비활성 기체와 같이 가장 바깥 전자 껍질에 전자 8개를 채워 안정해지려는 경향

① 화학 결합과 옥텟 규칙: 원자들은 화학 결합을 통해 전자를 주고받거나 공유하여 옥텟 규칙을 만족하는 안정한 전자 배치를 이룬다.
② 이온의 형성과 옥텟 규칙[4]

구분	양이온	음이온
형성	금속 원소의 원자는 원자가 전자를 잃어 양이온을 형성하여 비활성 기체와 같은 전자 배치를 이룬다.	비금속 원소의 원자는 전자를 얻어 음이온을 형성하여 비활성 기체와 같은 전자 배치를 이룬다.
모형	전자 2개를 잃는다. 마그네슘 원자 → 마그네슘 이온	전자 2개를 얻는다. 산소 원자 → 산화 이온

[3] 비활성 기체의 전자 배치
비활성 기체는 가장 바깥 전자 껍질에 8개의 전자가 채워진 안정한 전자 배치를 이루지만, 예외로 1주기 원소인 헬륨(He)은 첫 번째 전자 껍질에 전자 2개가 채워진 상태로 안정한 전자 배치를 이룬다.

[4] 이온의 형성과 옥텟 규칙
• 금속 원소는 18족 원소의 전자 배치를 갖는 안정한 이온이 될 때 원자가 전자를 잃고 양이온이 된다.
• 비금속 원소는 18족 원소의 전자 배치를 갖는 안정한 이온이 될 때 전자를 얻어 음이온이 된다.

🔎 용어 돋보기
＊옥텟(Octet) _ 그리스어인 옥타(Octa)에서 유래한 말로, 숫자 '8'을 의미함

📋 정답과 해설 47쪽

개념
확인

(1) 다음은 물과 염화 나트륨 용융액의 전기 분해 실험에 대한 설명이다. ( ) 안에 알맞은 말을 고르시오.
　① 물을 전기 분해하면 (−)극에서는 (수소, 산소) 기체가, (+)극에서는 (수소, 산소) 기체가 (1 : 2, 2 : 1)의 부피 비로 발생한다.
　② 염화 나트륨 용융액에 전류를 흘려 주면 (Na⁺, Cl⁻)은 (−)극 쪽으로 이동하고, (Na⁺, Cl⁻)은 (+)극 쪽으로 이동한다.
　③ 염화 나트륨 용융액의 전기 분해를 통해 이온 결합이 형성될 때 (전자, 양성자)가 관여함을 알 수 있다.

(2) 다음은 비활성 기체의 전자 배치와 옥텟 규칙에 대한 설명이다. ( ) 안에 알맞은 말을 쓰시오.
　① 원자들이 18족 비활성 기체와 같이 가장 바깥 전자 껍질에 ( )개의 전자를 채워 안정한 전자 배치를 가지려는 경향을 ( ) 규칙이라고 한다.
　② 금속 원소의 원자는 전자를 ( )어 ( )이온이 되면서 비활성 기체와 같은 전자 배치를 이룬다.
　③ 비금속 원소의 원자는 전자를 ( )어 ( )이온이 되면서 비활성 기체와 같은 전자 배치를 이룬다.

(3) 나트륨(Na)은 $1s^2 2s^2 2p^6 3s^1$의 전자 배치를 가지므로 이온을 형성할 때 전자 ( )개를 잃고 안정한 양이온이 된다.

(4) 염소(Cl)는 $1s^2 2s^2 2p^6 3s^2 3p^5$의 전자 배치를 가지므로 이온을 형성할 때 전자 ( )개를 얻어 안정한 음이온이 된다.

09 이온 결합

C 이온 결합

1 이온 결합 양이온과 음이온 사이의 정전기적 인력에 의한 결합

① **이온 결합의 형성**: 금속 원소의 원자에서 비금속 원소의 원자로 전자가 이동하여 양이온과 음이온이 형성된 후, 이들 이온 사이의 정전기적 인력에 의해 결합을 형성한다.

예 염화 나트륨의 이온 결합

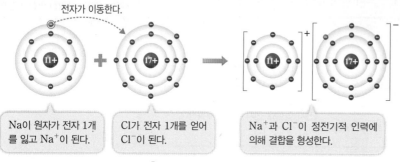

Na이 원자가 전자 1개를 잃고 Na^+이 된다.	Cl가 전자 1개를 얻어 Cl^-이 된다.	Na^+과 Cl^-이 정전기적 인력에 의해 결합을 형성한다.

② **이온 결합의 형성과 에너지 변화**[1]
- 양이온과 음이온 사이의 거리가 가까울수록 정전기적 인력이 커져 에너지가 낮아진다.
- 두 이온 사이의 거리가 너무 가까워지면 반발력이 커져 에너지가 급격하게 높아진다.
- 인력과 반발력이 균형을 이루어 에너지가 가장 낮은 거리(r_0)에서 이온 결합을 형성한다.

[이온 사이의 거리와 에너지 변화]

(a) 두 이온이 접근할수록 인력이 작용하여 안정해진다.

(b) 에너지가 가장 낮은 지점에서 이온 결합을 형성한다.

(c) 너무 가까워지면 반발력이 작용하여 불안정해진다.

2 이온 결합 물질 이온 결합으로 형성된 물질

① **구조**: 고체 상태의 이온 결합 물질은 수많은 양이온과 음이온이 3차원적으로 서로를 둘러싸며 *결정을 이룬다.

② **화학식**
- 양이온과 음이온의 개수비를 가장 간단한 정수비로 나타낸다.[2]
- 이온 결합 물질은 전기적으로 중성이므로 양이온의 총 전하량과 음이온의 총 전하량이 같다.

▲ 염화 나트륨 결정의 구조

나트륨 이온(Na^+)
염화 이온(Cl^-)

$$(양이온의 전하 \times 양이온의 수) + (음이온의 전하 \times 음이온의 수) = 0$$

③ **화학식과 이름**

양이온	음이온	이온의 개수비 (양이온 : 음이온)	화학식	이름[3]
Na^+	Cl^-	1 : 1	$NaCl$	염화 나트륨
	CO_3^{2-}	2 : 1	Na_2CO_3	탄산 나트륨
Mg^{2+}	OH^-	1 : 2	$Mg(OH)_2$	수산화 마그네슘
	SO_4^{2-}	1 : 1	$MgSO_4$	황산 마그네슘
Ca^{2+}	O^{2-}	1 : 1	CaO	산화 칼슘
Cu^{2+}	SO_4^{2-}	1 : 1	$CuSO_4$	황산 구리(Ⅱ)

---

① 양이온과 음이온 사이에 작용하는 힘

원자핵
전자
양이온
음이온
→ 인력 ···→ 반발력

양이온과 음이온은 모두 원자핵과 전자로 이루어져 있기 때문에 한 이온의 원자핵과 다른 이온의 전자 사이에는 인력이 작용하고, 원자핵과 원자핵, 전자와 전자 사이에는 반발력이 작용한다.

② 이온 결합 물질의 화학식
이온 결합 물질은 전기적으로 중성이어야 한다. 따라서 양이온의 전하값을 음이온의 수로, 음이온의 전하값을 양이온의 수로 둔다.

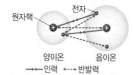

$$Ca^{2+} \diagdown Cl^- \longrightarrow CaCl_2$$
$$Al^{3+} \diagdown O^{2-} \longrightarrow Al_2O_3$$

③ 이온 결합 물질의 이름
이온 결합 물질의 이름을 읽을 때는 음이온을 먼저 읽고, 양이온을 나중에 읽는다.

용어 돋보기
＊ **결정(結 뭉치다, 晶 빛나다)** _ 물질을 이루는 입자들이 규칙적으로 배열하여 형성된 고체 상태의 물질

3 이온 결합 물질의 성질

결정의 쪼개짐과 부스러짐	이온 결정은 단단하지만 외부에서 힘을 가하면 쉽게 쪼개지거나 부스러진다. ➡ 까닭: 힘을 받은 이온 층이 밀리면서 두 층의 경계면에서 같은 전하를 띤 이온들이 만나게 되어 반발력이 작용하기 때문이다. 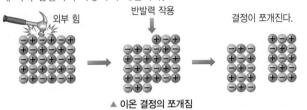 ▲ 이온 결정의 쪼개짐
전기 전도성	• 고체 상태: 전기 전도성이 없다. ➡ 이온들이 강하게 결합하고 있어 이동할 수 없기 때문이다. • 액체 상태와 수용액 상태: 전기 전도성이 있다.⑤ ➡ 양이온과 음이온이 자유롭게 이동할 수 있기 때문이다. (+)극　　(−)극　　　　(+)극　　(−)극　　　　(+)극　　(−)극 고체 상태　　　　　　　　액체 상태　　　　　　　　수용액 상태

녹는점과 끓는점
• 이온 결합 물질은 녹는점이 높아 실온에서 대부분 고체 상태로 존재한다.
• 정전기적 인력이 클수록 이온 결합력이 커서 녹는점이 높다.
➡ 이온의 전하량이 같은 경우 이온 사이의 거리가 짧을수록 녹는점이 높다.
➡ 이온 사이의 거리가 비슷한 경우 이온의 전하량이 클수록 녹는점이 높다.⑥

이온의 전하량이 같은 경우			이온 사이의 거리가 비슷한 경우		
화학식	이온 사이의 거리(pm)	녹는점(°C)	화학식	이온 사이의 거리(pm)	녹는점(°C)
NaF	235	996	NaF	235	996
NaCl	283	802	CaO	240	2613
녹는점: NaF>NaCl ➡ 이온 사이의 거리가 짧을수록 녹는점이 높다.			녹는점: CaO>NaF ➡ 이온의 전하량이 클수록 녹는점이 높다.		

④ 이온 결합 물질의 이용
• 염화 나트륨: 소금
• 염화 칼슘: 제설제, 습기 제거제
• 염화 마그네슘: 간수(두부를 만들 때 사용하는 응고제)
• 탄산수소 나트륨: 베이킹파우더

⑤ 이온 결합 물질의 용해
이온 결합 물질은 대체로 물에 잘 녹으며, 수용액에서 양이온과 음이온이 물 분자에 둘러싸여 있어 전류를 흘려 주면 이동할 수 있다.

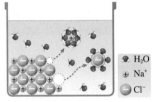

▲ 염화 나트륨의 용해

⑥ 정전기적 인력(쿨롱 힘)
전하를 띠는 입자 사이에 작용하는 인력의 크기(F)이다.

$$F = k \frac{q_1 q_2}{r^2}$$

(q_1, q_2: 두 입자의 전하량,
　r: 두 입자 사이의 거리)

📖 정답과 해설 47쪽

개념 확인

(5) 다음은 이온 결합에 대한 설명이다. (　　　) 안에 알맞은 말을 쓰시오.
① (　　　) 결합은 양이온과 음이온 사이의 정전기적 인력에 의해 형성되는 결합이다.
② 이온 결합은 주로 양이온이 되기 쉬운 (　　　) 원소의 원자와 음이온이 되기 쉬운 (　　　) 원소의 원자 사이에 형성된다.
③ 나트륨(Na) 원자와 염소(Cl) 원자가 화학 결합을 형성할 때 Na 원자는 전자 (　　)개를 잃고 (　　)이 되고, Cl 원자는 전자 (　　)개를 얻어 (　　)이 되어 각 이온이 (　　)의 개수비로 결합한다.

(6) 그림은 이온 결합이 형성될 때 이온 사이의 거리에 따른 에너지 변화를 나타낸 것이다. (　　) 안에 알맞은 말을 쓰시오.
① ㉠은 두 이온 사이의 (　　　)에 의한 에너지 변화이다.
② ㉡은 두 이온 사이의 (　　　)에 의한 에너지 변화이다.
③ 이온 결합은 양이온과 음이온 사이의 (　　)과 (　　)이 균형을 이루어 에너지가 가장 (　　) 거리에서 형성된다.
④ a~c 중 이온 결합이 형성되는 지점은 (　　)이다.

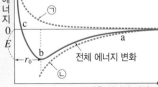

(7) 이온 결합 물질은 고체 상태에서 전기 전도성이 (　　　)고, 액체나 수용액 상태에서 전기 전도성이 (　　　)다.

09. 이온 결합　**093**

2021 ● 6월 평가원 4번

자료❶ 화학 결합의 전기적 성질

[실험 과정]

(가) 비커에 순수한 물을 넣고, 황산 나트륨을 소량 녹인다.

(나) (가)의 수용액으로 가득 채운 시험관 A와 B에 전극을 설치하고 전류를 흘려 주어 생성되는 기체를 그림과 같이 시험관에 각각 모은다.

(다) (나)의 각 시험관에 모은 기체의 종류를 확인하고 부피를 측정한다.

물+황산 나트륨

[실험 결과]

• 각 시험관에 모은 기체는 각각 수소(H_2)와 산소(O_2)였다.

• 시험관에 각각 모은 기체의 부피(V)비는 $V_A : V_B = 1 : 2$였다.

1. A에서 모은 기체는 수소(H_2)이다. (○, ×)

2. 황산 나트륨을 넣어 주는 까닭은 전류를 흐르게 하기 위해서이다. (○, ×)

3. 이 실험으로 물이 원소가 아니라는 것을 알 수 있다. (○, ×)

4. 이 실험으로 물을 이루고 있는 수소(H) 원자와 산소(O) 원자 사이의 화학 결합에는 전자가 관여함을 알 수 있다. (○, ×)

2019 ● 9월 평가원 8번

자료❷ 옥텟 규칙과 이온 결합

그림은 화합물 XY와 Z_2Y_2를 화학 결합 모형으로 나타낸 것이다.

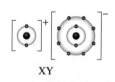 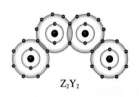

XY Z_2Y_2

1. XY에서 Y^-은 옥텟 규칙을 만족한다. (○, ×)

2. XY는 이온 결합 물질이다. (○, ×)

3. Z_2Y_2에서 Z 원자는 옥텟 규칙을 만족한다. (○, ×)

4. Z_2Y_2는 양이온과 음이온 사이의 정전기적 인력으로 결합한 물질이다. (○, ×)

5. X_2Z는 이온 결합 물질이다. (○, ×)

자료❸ 이온 결합의 형성과 에너지 변화

그림은 $Na^+(g)$과 $X^-(g)$ 사이의 거리에 따른 에너지 변화를, 표는 $NaX(g)$와 $NaY(g)$가 가장 안정한 상태일 때 각 물질에서 양이온과 음이온 사이의 거리를 나타낸 것이다. X와 Y는 임의의 원소 기호이다.

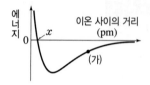

물질	이온 사이의 거리(pm)
$NaX(g)$	236
$NaY(g)$	250

1. (가)에서 Na^+과 X^- 사이에는 반발력이 인력보다 우세하게 작용한다. (○, ×)

2. $x = 236$이다. (○, ×)

3. 녹는점은 NaX > NaY이다. (○, ×)

4. 이온 반지름은 $Y^- > X^-$이다. (○, ×)

2021 ● 9월 평가원 6번

자료❹ 이온 결합 물질의 녹는점

다음은 이온 결합 물질과 관련하여 학생 A가 세운 가설과 이를 검증하기 위해 수행한 탐구 활동이다.

[가설] Na과 할로젠 원소(X)로 구성된 이온 결합 물질(NaX)은 　⑦　

[탐구 과정]

4가지 고체 NaF, NaCl, NaBr, NaI의 이온 사이의 거리와 1기압에서의 녹는점을 조사하고 비교한다.

[탐구 결과]

이온 결합 물질	NaF	NaCl	NaBr	NaI
이온 사이의 거리(pm)	235	283	298	322
녹는점(℃)	996	802	747	661

[결론] 가설은 옳다.

1. NaF을 구성하는 양이온 수와 음이온 수는 같다. (○, ×)

2. 이온 사이의 정전기적 인력은 NaCl이 NaBr보다 크다. (○, ×)

3. '이온의 전하량이 클수록 녹는점이 높다.'는 ⑦으로 적절하다. (○, ×)

4. KF의 녹는점은 NaF의 녹는점보다 높다. (○, ×)

A 화학 결합의 전기적 성질

1 그림은 물의 전기 분해 실험 장치를 나타낸 것이다.

꼭지
증류수+A
유리관
전원 장치

이에 대한 설명으로 옳지 <u>않은</u> 것은?

① A로 황산 나트륨(Na_2SO_4)이 적절하다.
② 전원 장치의 (−)극에서는 수소(H_2) 기체가 발생한다.
③ 전원 장치의 (+)극에서는 산소(O_2) 기체가 발생한다.
④ 발생하는 수소 기체와 산소 기체의 부피비는 1 : 2이다.
⑤ 물 분자가 성분 물질로 분해될 때 전자가 관여함을 확인할 수 있는 실험이다.

B 옥텟 규칙 C 이온 결합

2 그림 (가)와 (나)는 원자 A~C가 결합하여 물질 X와 Y를 각각 형성하는 과정을 화학 결합 모형으로 나타낸 것이다.

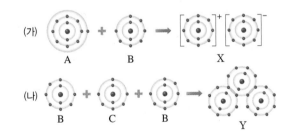

(가)
A   B   X

(나)
B   C   B   Y

( ) 안에 알맞은 말을 쓰시오. (단, A~C는 임의의 원소 기호이다.)

(1) (가)에서 A는 ( ) 원소이고, B는 ( ) 원소이다.
(2) (가)에서 X는 ( ) 결합 물질이다.
(3) (나)에서 C는 ( ) 원소이다.
(4) (나)에서 Y는 ( ) 결합 물질이다.
(5) (가)와 (나)에서 X와 Y를 구성하는 이온 또는 원자는 모두 ( ) 규칙을 만족한다.
(6) X의 화학식은 ( )이다.
(7) Y의 화학식은 ( )이다.

3 그림은 양이온과 음이온 사이의 거리에 따른 에너지 변화를 나타낸 것이다.

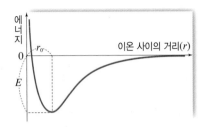

에너지
0
r_0
이온 사이의 거리(r)
E

이에 대한 설명으로 옳은 것만을 [보기]에서 있는 대로 고르시오.

┤ 보기 ├
ㄱ. r_0에서 이온 결합이 형성된다.
ㄴ. 이온 반지름이 클수록 r_0가 작아진다.
ㄷ. r_0는 NaF이 NaCl보다 크다.

4 그림은 원자 A와 B가 결합하여 화합물 (가)를 형성하는 과정을 모형으로 나타낸 것이다.

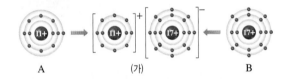

A   (가)   B

이에 대한 설명으로 옳은 것만을 [보기]에서 있는 대로 고르시오. (단, A, B는 임의의 원소 기호이다.)

┤ 보기 ├
ㄱ. (가)에서 A와 B는 옥텟 규칙을 만족한다.
ㄴ. (가)가 형성될 때 전자는 A에서 B로 이동한다.
ㄷ. (가)는 고체 상태에서 전기 전도성이 있다.

5 표는 몇 가지 이온 결합 물질에 대한 자료이다.

물질	이온 사이의 거리(pm)	녹는점 (°C)	물질	이온 사이의 거리(pm)	녹는점 (°C)
NaF	235	996	MgO	z	2825
NaCl	283	y	CaO	240	2613
NaBr	x	747	SrO	258	2531

이에 대한 설명으로 옳지 <u>않은</u> 것은?

① $x > 283$이다.
② $y > 996$이다.
③ $z < 240$이다.
④ CaO이 SrO보다 녹는점이 높은 까닭은 이온 사이의 거리가 짧기 때문이다.
⑤ CaO이 NaF보다 녹는점이 높은 까닭은 이온의 전하량이 크기 때문이다.

1 그림은 학생 A가 공유 결합 물질이 구성 원소로 나누어질 때 전자가 관여하는 것을 확인하기 위해 수행하는 실험 장치를 나타낸 것이다.

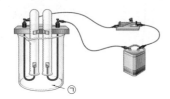

실험 장치에서 ㉠에 넣을 물질로 가장 적절한 것은?

① 흑연(C)
② 포도당($C_6H_{12}O_6$) 가루
③ 염화 구리(Ⅱ)($CuCl_2$) 용융액
④ 염화 나트륨($NaCl$) 용융액
⑤ 황산 나트륨(Na_2SO_4)을 소량 넣은 증류수

자료❶　　　　　　　　　　　2021 6월 평가원 4번

2 다음은 물(H_2O)의 전기 분해 실험이다.

[실험 과정]
(가) 비커에 순수한 물을 넣고, 황산 나트륨을 소량 녹인다.
(나) (가)의 수용액으로 가득 채운 시험관 A와 B에 전극을 설치하고 전류를 흘려 주어 생성되는 기체를 그림과 같이 시험관에 각각 모은다.

(다) (나)의 각 시험관에 모은 기체의 종류를 확인하고 부피를 측정한다.

[실험 결과]
• 각 시험관에 모은 기체는 각각 수소(H_2)와 산소(O_2)였다.
• 시험관에 각각 모은 기체의 부피(V)비는 $V_A : V_B = 1 : 2$였다.

이에 대한 설명으로 옳은 것만을 [보기]에서 있는 대로 고른 것은?

┤ 보기 ├
ㄱ. A에서 모은 기체는 산소(O_2)이다.
ㄴ. 이 실험으로 물이 화합물이라는 것을 알 수 있다.
ㄷ. 물을 이루는 수소(H) 원자와 산소(O) 원자 사이의 화학 결합에는 전자가 관여한다.

① ㄱ　　　　② ㄷ　　　　③ ㄱ, ㄴ
④ ㄴ, ㄷ　　　⑤ ㄱ, ㄴ, ㄷ

3 그림은 염화 나트륨 용융액과 물의 전기 분해 장치를 각각 나타낸 것이다.

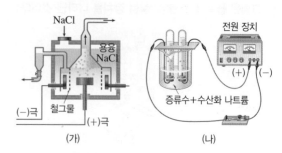

(가)와 (나)의 공통점으로 옳은 것만을 [보기]에서 있는 대로 고른 것은?

┤ 보기 ├
ㄱ. 전해질을 넣어야 한다.
ㄴ. (−)극에서 기체가 발생한다.
ㄷ. 성분 원소로 분해될 때 전자가 관여한다.

① ㄱ　　　　② ㄴ　　　　③ ㄷ
④ ㄱ, ㄴ　　　⑤ ㄴ, ㄷ

4 그림 (가)와 (나)는 원자 A~C가 화합물을 형성하는 과정을 모형으로 나타낸 것이다.

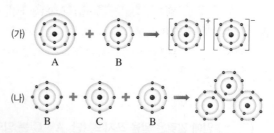

이에 대한 설명으로 옳은 것만을 [보기]에서 있는 대로 고른 것은? (단, A~C는 임의의 원소 기호이다.)

┤ 보기 ├
ㄱ. (가)의 생성물을 구성하는 이온은 옥텟 규칙을 만족한다.
ㄴ. (나)의 생성물에서 B는 옥텟 규칙을 만족한다.
ㄷ. (가)와 (나)의 생성물은 모두 이온 결합 화합물이다.

① ㄱ　　　　② ㄴ　　　　③ ㄱ, ㄴ
④ ㄴ, ㄷ　　　⑤ ㄱ, ㄴ, ㄷ

5 다음은 원자 W ~ Z에 대한 자료이다.

- W ~ Z는 각각 O, F, Na, Mg 중 하나이다.
- 각 원자의 이온은 모두 Ne의 전자 배치를 갖는다.
- Y와 Z는 2주기 원소이다.
- X와 Z는 2 : 1로 결합하여 안정한 화합물을 형성한다.

이에 대한 설명으로 옳은 것만을 [보기]에서 있는 대로 고른 것은? (단, W ~ Z는 임의의 원소 기호이다.)

| 보기 |
ㄱ. W는 Na이다.
ㄴ. 녹는점은 WZ가 CaO보다 높다.
ㄷ. X와 Y의 안정한 화합물은 XY₂이다.

① ㄱ ② ㄴ ③ ㄷ
④ ㄱ, ㄴ ⑤ ㄴ, ㄷ

6 다음은 바닥상태 원자 A와 B의 전자 배치를 나타낸 것이다.

- A: $1s^2 2s^2 2p^6 3s^1$
- B: $1s^2 2s^2 2p^4$

A와 B로 이루어진 화합물 A_xB에 대한 설명으로 옳은 것만을 [보기]에서 있는 대로 고른 것은? (단, A, B는 임의의 원소 기호이고, 화합물에서 A와 B는 모두 옥텟 규칙을 만족한다.)

| 보기 |
ㄱ. 이온 결합 물질이다.
ㄴ. 화학식을 구성하는 원자 수는 2이다.
ㄷ. 화합물을 형성할 때 전자는 A에서 B로 이동한다.

① ㄱ ② ㄴ ③ ㄱ, ㄷ
④ ㄴ, ㄷ ⑤ ㄱ, ㄴ, ㄷ

7 그림은 원자 A ~ C의 전자 배치를 모형으로 나타낸 것이다.

A   B   C

이에 대한 설명으로 옳은 것만을 [보기]에서 있는 대로 고른 것은? (단, A ~ C는 임의의 원소 기호이다.)

| 보기 |
ㄱ. 화합물 AC는 이온 결합 물질이다.
ㄴ. 화합물 BC는 액체 상태에서 전기 전도성이 있다.
ㄷ. 화합물 BC에서 양이온과 음이온은 모두 옥텟 규칙을 만족한다.

① ㄱ ② ㄷ ③ ㄱ, ㄴ
④ ㄴ, ㄷ ⑤ ㄱ, ㄴ, ㄷ

8 그림은 화합물 ABC의 결합을 모형으로 나타낸 것이다.

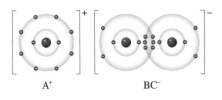

A⁺   BC⁻

이에 대한 설명으로 옳은 것만을 [보기]에서 있는 대로 고른 것은? (단, A ~ C는 임의의 원소 기호이고, 원자 번호는 B < C이다.)

| 보기 |
ㄱ. A와 B는 같은 주기 원소이다.
ㄴ. ABC(l)는 전기 전도성이 있다.
ㄷ. ABC에서 모든 구성 원소는 옥텟 규칙을 만족한다.

① ㄱ ② ㄴ ③ ㄷ
④ ㄱ, ㄴ ⑤ ㄴ, ㄷ

9 그림은 이온 결합이 형성될 때 이온 사이의 거리에 따른 에너지 변화를 나타낸 것이다.

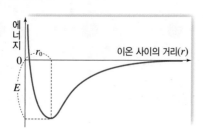

이에 대한 설명으로 옳은 것만을 [보기]에서 있는 대로 고른 것은?

┤ 보기 ├
ㄱ. 양이온의 반지름은 $\frac{r_0}{2}$이다.
ㄴ. r_0는 NaBr이 NaCl보다 크다.
ㄷ. r_0에서 양이온과 음이온 사이에는 반발력이 작용한다.

① ㄱ   ② ㄷ   ③ ㄱ, ㄴ
④ ㄴ, ㄷ   ⑤ ㄱ, ㄴ, ㄷ

10 그림은 이온 결합이 형성될 때 이온 사이의 거리에 따른 에너지를 나타낸 것이다.

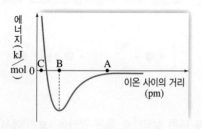

이에 대한 설명으로 옳은 것만을 [보기]에서 있는 대로 고른 것은?

┤ 보기 ├
ㄱ. 이온 사이의 인력은 A에서가 B에서보다 크다.
ㄴ. 이온 사이의 거리가 B인 지점에서 이온 결합이 형성된다.
ㄷ. 이온 사이의 반발력은 C에서가 B에서보다 크다.

① ㄱ   ② ㄷ   ③ ㄱ, ㄴ
④ ㄴ, ㄷ   ⑤ ㄱ, ㄴ, ㄷ

자료❸

11 그림은 $Na^+(g)$과 $X^-(g)$ 사이의 거리에 따른 에너지 변화를, 표는 $NaX(g)$와 $NaY(g)$가 가장 안정한 상태일 때 각 물질에서 양이온과 음이온 사이의 거리를 나타낸 것이다.

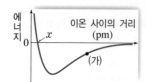

물질	이온 사이의 거리(pm)
NaX(g)	236
NaY(g)	250

이에 대한 설명으로 옳은 것만을 [보기]에서 있는 대로 고른 것은? (단, X, Y는 임의의 원소 기호이다.)

┤ 보기 ├
ㄱ. (가)에서 Na^+과 X^- 사이에 작용하는 힘은 반발력이 인력보다 우세하다.
ㄴ. 이온 사이의 거리가 x일 때 NaX가 형성된다.
ㄷ. 녹는점은 NaX가 NaY보다 높다.

① ㄱ   ② ㄷ   ③ ㄱ, ㄴ
④ ㄴ, ㄷ   ⑤ ㄱ, ㄴ, ㄷ

12 다음은 물질 X의 성질을 알아보기 위한 실험이다.

(가) 고체 상태의 X에 힘을 가했더니 부스러졌다.
(나) 액체 상태의 X에 전류를 흘려 주었더니 전기가 통하였다.

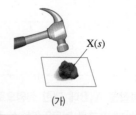
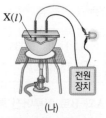

X에 대한 설명으로 옳은 것만을 [보기]에서 있는 대로 고른 것은?

┤ 보기 ├
ㄱ. 성분 원소로 금속 원소를 포함한다.
ㄴ. 고체 상태에서 전기 전도성이 있다.
ㄷ. NH_3와 화학 결합의 종류가 같다.

① ㄱ   ② ㄷ   ③ ㄱ, ㄴ
④ ㄴ, ㄷ   ⑤ ㄱ, ㄴ, ㄷ

1 다음은 물의 구성 원소의 비를 알아보기 위한 실험 과정이다.

2017 6월 평가원 4번

> (가) 증류수에 Na_2SO_4을 조금 넣은 수용액 A와 그림과 같은 실험 장치를 준비한다.
> (나) [   ]
> (다) [   ]
> (라) [   ]
> (마) 각 유리관에 모인 기체의 종류를 확인한다.

그림 라벨: 꼭지, 수용액 A를 넣는 곳, 유리관, 전원 장치

과정 (나)~(라)에 들어갈 내용으로 가장 적절한 것을 [보기]에서 고른 것은?

> ┤ 보기 ├
> ㄱ. 전원 장치를 사용하여 전류를 흘려 준다.
> ㄴ. A를 유리관 양쪽에 가득 채운 후 꼭지를 닫는다.
> ㄷ. 유리관 내 수면의 높이 변화를 측정한다.

	(나)	(다)	(라)		(나)	(다)	(라)
①	ㄱ	ㄷ	ㄴ	②	ㄴ	ㄱ	ㄷ
③	ㄴ	ㄷ	ㄱ	④	ㄷ	ㄱ	ㄴ
⑤	ㄷ	ㄴ	ㄱ				

2 표는 X 용융액, 소량의 X를 첨가한 증류수를 각각 전기 분해할 때 두 전극에서 생성되는 물질을 나타낸 것이다.

물질 \ 전극	(−)극	(+)극
X 용융액	고체 A	기체 B_2
소량의 X를 첨가한 증류수	기체 C_2	기체 D_2

이에 대한 설명으로 옳은 것만을 [보기]에서 있는 대로 고른 것은? (단, A~D는 임의의 원소 기호이다.)

> ┤ 보기 ├
> ㄱ. X는 고체 상태에서 전기 전도성이 있다.
> ㄴ. 생성되는 C_2와 D_2의 몰비는 2 : 1이다.
> ㄷ. A와 D로 이루어진 물질은 이온 결합 물질이다.

① ㄱ   ② ㄷ   ③ ㄱ, ㄴ
④ ㄴ, ㄷ   ⑤ ㄱ, ㄴ, ㄷ

3 다음은 학생 A가 작성한 보고서의 일부이다.

> [실험 과정]
> 비커에 순수한 물을 넣고, 소량의 ㉠을 녹인 다음 전류를 흘려 준다.
>
>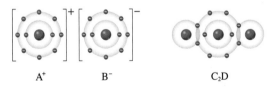
> 그림 라벨: 전원 장치, 물+㉠
>
> [실험 결과 및 해석]
> • 각 전극에서 생성된 물질과 부피비
>
> | 생성된 물질 | | 부피비 |
> |---|---|---|
> | (+)극 | (−)극 | $X(g) : Y(g)$ |
> | X | Y | $a : b$ |
>
> • 물의 전기 분해 실험으로 물 분자를 이루는 수소와 산소 사이의 화학 결합에는 ㉡ 이/가 관여함을 알 수 있다.

이에 대한 설명으로 옳은 것만을 [보기]에서 있는 대로 고른 것은?

> ┤ 보기 ├
> ㄱ. '포도당'은 ㉠으로 적절하다.
> ㄴ. $\dfrac{b}{a}=2$이다.
> ㄷ. '전자'는 ㉡으로 적절하다.

① ㄱ   ② ㄷ   ③ ㄱ, ㄴ
④ ㄴ, ㄷ   ⑤ ㄱ, ㄴ, ㄷ

4 그림은 화합물 AB, C_2D를 화학 결합 모형으로 나타낸 것이다.

그림 라벨: A^+, B^-, C_2D

이에 대한 설명으로 옳은 것만을 [보기]에서 있는 대로 고른 것은? (단, A~D는 임의의 원소 기호이다.)

> ┤ 보기 ├
> ㄱ. A_2D는 이온 결합 화합물이다.
> ㄴ. B_2에는 2중 결합이 있다.
> ㄷ. C_2D는 이온 사이의 정전기적 인력으로 결합한 화합물이다.

① ㄱ   ② ㄷ   ③ ㄱ, ㄴ
④ ㄴ, ㄷ   ⑤ ㄱ, ㄴ, ㄷ

5 그림은 화합물 AB_2와 CA를 화학 결합 모형으로 나타낸 것이다.

2019 수능 11번

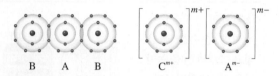

이에 대한 설명으로 옳은 것만을 [보기]에서 있는 대로 고른 것은? (단, A∼C는 임의의 원소 기호이다.)

┌─────── 보기 ───────┐
ㄱ. m은 1이다.
ㄴ. CB_2는 이온 결합 화합물이다.
ㄷ. 공유 전자쌍 수는 A_2가 B_2의 2배이다.
└───────────────────┘

① ㄱ   ② ㄴ   ③ ㄱ, ㄷ
④ ㄴ, ㄷ   ⑤ ㄱ, ㄴ, ㄷ

6 다음은 물질 A_2B와 C_2B가 반응하여 ABC를 생성하는 반응의 화학 반응식과 A_2B와 C_2B의 화학 결합 모형이다.

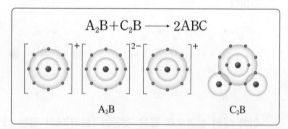

이에 대한 설명으로 옳은 것만을 [보기]에서 있는 대로 고른 것은? (단, A∼C는 임의의 원소 기호이다.)

┌─────── 보기 ───────┐
ㄱ. A_2B는 이온 결합 물질이다.
ㄴ. C_2B에서 B는 옥텟 규칙을 만족한다.
ㄷ. ABC는 액체 상태에서 전기 전도성이 있다.
└───────────────────┘

① ㄴ   ② ㄷ   ③ ㄱ, ㄴ
④ ㄱ, ㄷ   ⑤ ㄱ, ㄴ, ㄷ

7 그림은 화합물 A_2B의 화학 결합 모형을 나타낸 것이다.

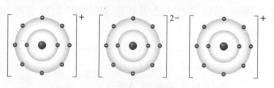

이에 대한 설명으로 옳은 것만을 [보기]에서 있는 대로 고른 것은? (단, A, B는 임의의 원소 기호이다.)

┌─────── 보기 ───────┐
ㄱ. A_2B는 액체 상태에서 전기 전도성이 있다.
ㄴ. A와 B는 같은 주기 원소이다.
ㄷ. A_2B에서 A와 B는 옥텟 규칙을 만족한다.
└───────────────────┘

① ㄱ   ② ㄴ   ③ ㄱ, ㄷ
④ ㄴ, ㄷ   ⑤ ㄱ, ㄴ, ㄷ

8 그림은 어떤 반응의 화학 반응식을 화학 결합 모형으로 나타낸 것이다.

2019 6월 평가원 8번

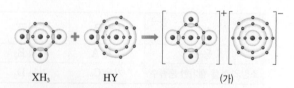

이에 대한 설명으로 옳은 것만을 [보기]에서 있는 대로 고른 것은? (단, X, Y는 임의의 원소 기호이다.)

┌─────── 보기 ───────┐
ㄱ. HY는 이온 결합 화합물이다.
ㄴ. (가)에서 X는 옥텟 규칙을 만족한다.
ㄷ. X_2에는 3중 결합이 있다.
└───────────────────┘

① ㄱ   ② ㄴ   ③ ㄱ, ㄷ
④ ㄴ, ㄷ   ⑤ ㄱ, ㄴ, ㄷ

9 그림은 3가지 화합물 KCl, KBr, KX에서 이온 사이의 거리에 따른 에너지를 나타낸 것이다.

에너지

0 ─────── 이온 사이의 거리

㉠

KCl

㉡

이에 대한 설명으로 옳은 것만을 [보기]에서 있는 대로 고른 것은? (단, X는 임의의 할로젠의 원소 기호이다.)

┤ 보기 ├
ㄱ. ㉠은 KBr이다.
ㄴ. 원자 반지름은 X가 Cl보다 크다.
ㄷ. 녹는점은 KX가 KCl보다 높다.

① ㄱ 　　② ㄴ 　　③ ㄱ, ㄷ
④ ㄴ, ㄷ 　　⑤ ㄱ, ㄴ, ㄷ

10 그림은 주기율표의 일부를 나타낸 것이다.

주기＼족	1	2	13	14	15	16	17	18
2						A	B	
3	C	D						E

A～E로 이루어진 물질에 대한 설명으로 옳은 것만을 [보기]에서 있는 대로 고른 것은? (단, A～E는 임의의 원소 기호이다.)

┤ 보기 ├
ㄱ. $\dfrac{|\text{음이온의 전하}|}{|\text{양이온의 전하}|}$ 는 DA가 CB보다 크다.
ㄴ. 양이온의 반지름은 CE가 DA보다 크다.
ㄷ. 녹는점은 CB가 CE보다 높다.

① ㄱ 　　② ㄴ 　　③ ㄱ, ㄷ
④ ㄴ, ㄷ 　　⑤ ㄱ, ㄴ, ㄷ

11 다음은 이온 결합 물질과 관련하여 학생 A가 세운 가설과 이를 검증하기 위해 수행한 탐구 활동이다.

[가설] Na과 할로젠 원소(X)로 구성된 이온 결합 물질(NaX)은 [　㉠　]
[탐구 과정] 4가지 고체 NaF, NaCl, NaBr, NaI의 이온 사이의 거리와 1기압에서의 녹는점을 조사하고 비교한다.
[탐구 결과]

이온 결합 물질	NaF	NaCl	NaBr	NaI
이온 사이의 거리(pm)	235	283	298	322
녹는점(℃)	996	802	747	661

[결론] 가설은 옳다.

학생 A의 결론이 타당할 때, 이에 대한 설명으로 옳은 것만을 [보기]에서 있는 대로 고른 것은?

┤ 보기 ├
ㄱ. NaCl을 구성하는 양이온 수와 음이온 수는 같다.
ㄴ. '이온 사이의 거리가 가까울수록 녹는점이 높다.'는 ㉠으로 적절하다.
ㄷ. NaF, NaCl, NaBr, NaI 중 이온 사이의 정전기적 인력이 가장 큰 물질은 NaF이다.

① ㄱ 　　② ㄷ 　　③ ㄱ, ㄴ
④ ㄴ, ㄷ 　　⑤ ㄱ, ㄴ, ㄷ

12 표는 3가지 화합물에 대한 자료이고, 그림은 NaF이 형성될 때 이온 사이의 거리에 따른 에너지를 나타낸 것이다. (가)는 에너지가 가장 낮은 지점이다.

물질	이온 사이의 거리(pm)	녹는점(℃)
NaF	235	996
NaBr	298	747
MgX	212	x

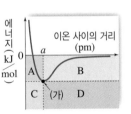

이에 대한 설명으로 옳은 것만을 [보기]에서 있는 대로 고른 것은? (단, X는 임의의 원소 기호이다.)

┤ 보기 ├
ㄱ. a는 235이다.
ㄴ. NaBr이 형성될 때 에너지가 가장 낮은 지점은 D 영역에 속한다.
ㄷ. $x > 996$이다.

① ㄱ 　　② ㄴ 　　③ ㄱ, ㄷ
④ ㄴ, ㄷ 　　⑤ ㄱ, ㄴ, ㄷ

10 공유 결합과 금속 결합

≫ **핵심 짚기** ▸ 공유 결합의 형성 ▸ 공유 결합 물질의 성질 ▸ 금속 결합의 형성
　　　　　　 ▸ 금속 결합 물질의 성질 ▸ 화학 결합에 따른 물질의 성질

Ⓐ 공유 결합

1 공유 결합 비금속 원소의 원자들이 전자쌍을 공유하여 형성되는 화학 결합❶

① **공유 결합의 형성**: 비금속 원소의 원자들이 각각 전자를 내놓아 전자쌍을 만들고, 이 전자쌍을 공유하여 결합이 형성된다.──● 각 원자는 비활성 기체와 같은 전자 배치를 하여 옥텟 규칙을 만족한다.

> **[수소(H_2)의 공유 결합]**
> 수소(H) 원자 2개가 각각 전자 1개씩을 내놓아 전자쌍 1개를 만들고, 이 전자쌍을 공유하여 결합한다.
>
> 공유 전자쌍
>
> 수소 원자 ＋ 수소 원자 → 수소 분자
>
> 각 H 원자는 He과 같은 전자 배치를 이룬다.

② **단일 결합과 다중 결합**❷

단일 결합	두 원자 사이에 전자쌍 1개를 공유하여 형성되는 결합 예 HF, NH_3, CH_4 등	단일 결합 H ＋ F → HF
2중 결합	두 원자 사이에 전자쌍 2개를 공유하여 형성되는 결합 예 O_2, CO_2 등	2중 결합 O ＋ C ＋ O → CO_2
3중 결합	두 원자 사이에 전자쌍 3개를 공유하여 형성되는 결합 예 N_2, HCN 등	단일 결합 3중 결합 H ＋ C ＋ N → HCN

③ **공유 결합의 형성과 에너지 변화**❸

- 두 원자 사이의 거리가 가까워질수록 인력이 작용하여 에너지가 낮아진다.
- 두 원자 사이의 거리가 너무 가까워지면 반발력이 커져 에너지가 급격하게 높아진다.
- 인력과 반발력이 균형을 이루어 에너지가 가장 낮은 지점에서 공유 결합이 형성된다.

> **[공유 결합의 형성과 에너지 변화]**❹
>
>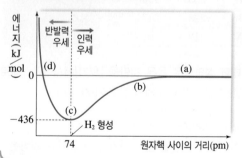
>
> (a) H　　H 멀리 떨어져 있어 서로 영향을 미치지 않는다.
>
> (b) H　H 두 원자가 접근할수록 인력이 작용하여 안정해진다.
>
> (c) HH 에너지가 가장 낮은 지점에서 공유 결합이 형성된다. └74 pm
>
> (d) HH 너무 가까워지면 반발력이 작용하여 불안정해진다.

- **결합 길이**: 두 원자가 공유 결합을 이룰 때 두 원자핵 사이의 거리 ┌─● 결합이 강할수록 결합 에너지가 크다.
- **결합 에너지**: 기체 상태의 분자 1몰에서 원자 사이의 공유 결합을 끊어 기체 상태의 원자로 만드는 데 필요한 에너지

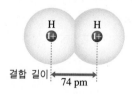

결합 길이 ←→ 74 pm

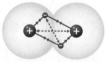

PLUS 강의 ➕

❶ **비금속 원소**
주기율표에서 주로 오른쪽에 위치하는 원소로, 이온화 에너지가 커서 전자를 잃기 어렵다. 따라서 비금속 원소의 원자들 사이에는 전자의 이동이 없이 전자쌍을 공유하면서 결합한다.

❷ **다중 결합**
다중 결합은 두 원자 사이에 전자쌍을 2개 이상 공유하는 결합으로, 2중 결합과 3중 결합이 있다.

❸ **수소 분자 내에서 작용하는 힘**

→── 인력　←┄┄ 반발력

두 원자의 원자핵과 공유된 전자 사이에는 인력이 작용하고, 원자핵과 원자핵, 전자와 전자 사이에는 반발력이 작용한다.

❹ **수소 분자의 결합 에너지**
수소 분자가 형성되는 지점의 에너지는 −436 kJ이다. 이는 2몰의 수소 원자가 공유 결합하여 수소 분자 1몰을 형성할 때 436 kJ의 에너지를 방출함을 의미한다. 반대로 1몰의 수소 분자에서 수소 원자 사이의 공유 결합을 끊으려면 436 kJ의 에너지가 필요하다.

$$H_2(g) + 436 \text{ kJ} \longrightarrow H(g) + H(g)$$

따라서 수소 분자의 결합 에너지는 436 kJ/mol이다.

2 공유 결합 물질

공유 결합으로 형성된 물질로, 고체 상태의 공유 결합 물질은 분자 결정이나 공유 결정(원자 결정)을 이룬다.

분자 결정	분자들이 분자 사이에 작용하는 힘에 의해 규칙적으로 배열하여 결정을 이룬 것 예 얼음(H_2O), 드라이아이스(CO_2), 아이오딘(I_2), 나프탈렌($C_{10}H_8$) 등 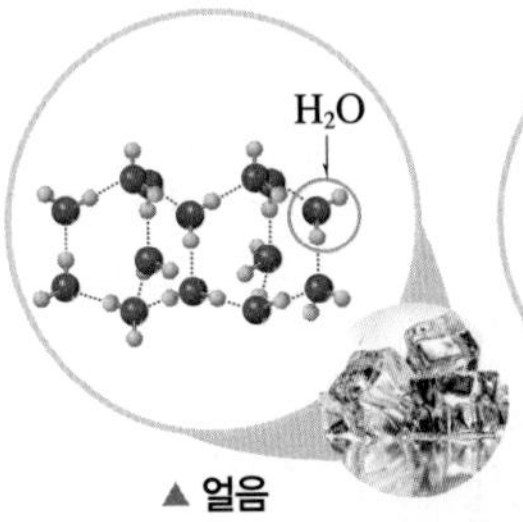 ▲ 얼음 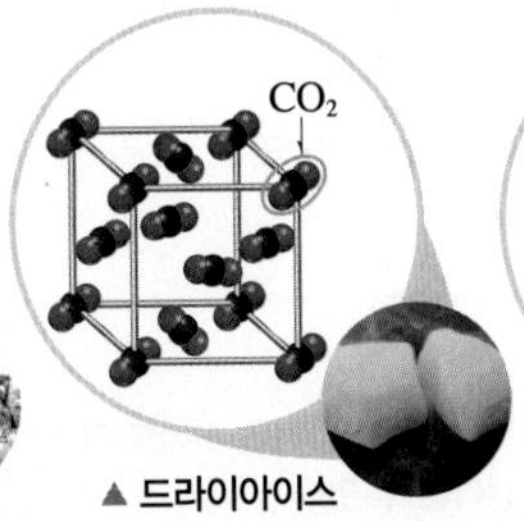 ▲ 드라이아이스 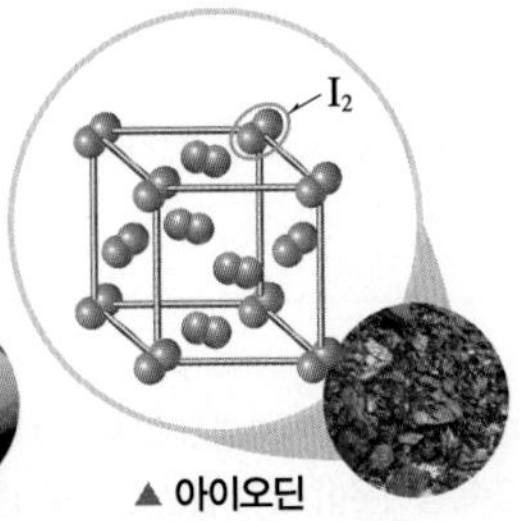 ▲ 아이오딘
공유 결정 (원자 결정)	원자들이 연속적으로 공유 결합을 형성하여 그물처럼 연결된 결정을 이룬 것 예 다이아몬드(C), 흑연(C), 석영(SiO_2) 등 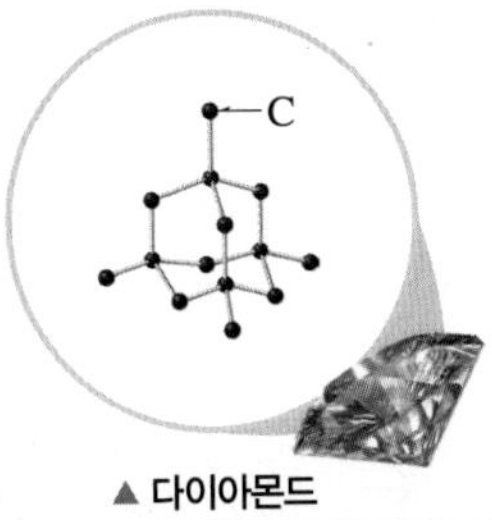 ▲ 다이아몬드 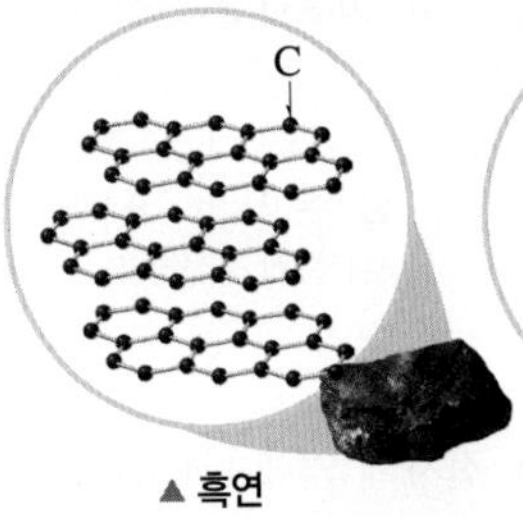 ▲ 흑연 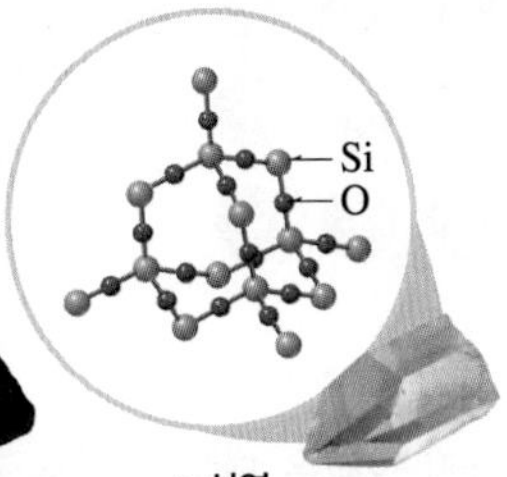 ▲ 석영

3 공유 결합 물질의 성질

① **결정의 부스러짐**: 분자 결정은 분자 사이의 인력이 약해 쉽게 부스러지지만, 공유 결정은 원자들이 강하게 결합되어 있어 단단하다.

② **전기 전도성**: 고체 상태와 액체 상태에서 전기 전도성이 없다. (단, 흑연은 예외)⑤

③ **물에 대한 용해성**: 대부분 물에 잘 녹지 않는다.

④ **녹는점과 끓는점**: 분자 결정은 분자 사이의 인력이 약해 녹는점과 끓는점이 낮지만, 공유 결정은 원자들이 강하게 결합되어 있어 녹는점이 매우 높다.

⑤ **흑연의 전기 전도성**
흑연은 공유 결합 물질이지만 예외로 고체 상태에서 전기 전도성이 있다. 이는 흑연에서 탄소 원자의 원자가 전자 4개 중 3개는 다른 탄소 원자와의 공유 결합에 참여하고, 나머지 전자 1개가 자유롭게 이동하기 때문이다.

정답과 해설 53쪽

개념 확인

(1) 다음은 공유 결합에 대한 설명이다. (　) 안에 알맞은 말을 쓰시오.

① (　　　) 원소의 원자들이 (　　　)을 공유하여 형성된다.

② 수소 원자 2개가 각각 전자를 1개씩 공유할 때 각각의 수소 원자는 (　　　)과 같은 전자 배치를 가진다.

③ 물 분자에서 산소 원자는 (　　　)과 같은 전자 배치를 가진다.

④ 플루오린 분자(F_2)에는 (　　　) 결합이 있다.

⑤ 산소 분자(O_2)에는 (　　　) 결합이 있다.

⑥ 질소 분자(N_2)에는 (　　　) 결합이 있다.

(2) 그림은 수소 분자(H_2)가 형성될 때 원자핵 사이의 거리에 따른 에너지를 나타낸 것이다. (　) 안에 알맞은 말을 쓰시오.

① 공유 결합은 (　　　) 지점에서 형성된다.

② 수소 분자의 결합 길이는 (　　　) pm이다.

③ 수소 분자의 결합 에너지는 (　　　) kJ/mol이다.

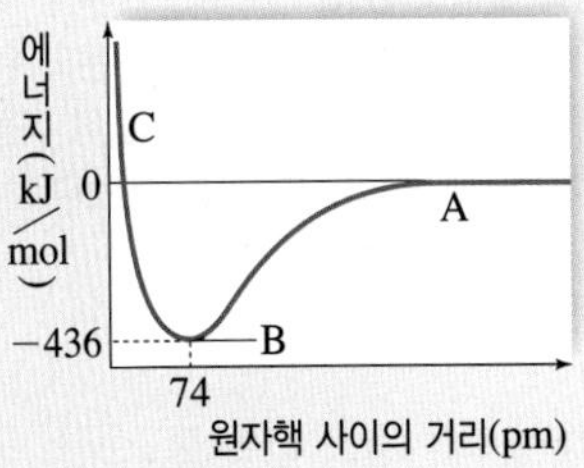

(3) 다음은 공유 결합 물질에 대한 설명이다. (　) 안에 알맞은 말을 고르시오.

① 대부분 고체 상태와 액체 상태에서 전기 전도성이 (있다, 없다).

② 나프탈렌과 같은 분자 결정의 녹는점은 이온 결정의 녹는점보다 (높다, 낮다).

③ 대체로 물에 잘 (녹는다, 녹지 않는다).

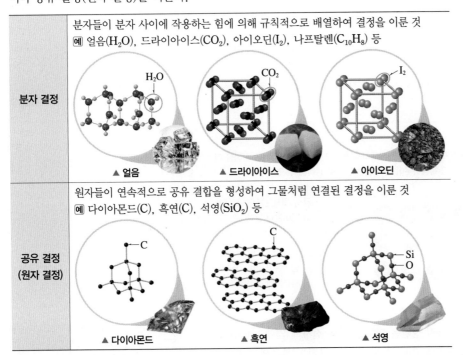

10 공유 결합과 금속 결합

B 금속 결합

1 금속 결합
① 금속 결합: 금속 원소의 양이온과 자유 전자 사이의 정전기적 인력에 의한 결합
② 자유 전자: 금속 원자가 양이온이 되면서 내놓은 원자가 전자로, 한 원자에 속해 있지 않고 수많은 금속 양이온 사이를 자유롭게 이동하면서 금속 양이온들이 서로 결합할 수 있게 한다.

2 금속 결합 물질
금속 결합으로 형성된 물질로, 고체 상태의 금속 결합 물질을 금속 결정이라고 한다.

[금속 결정의 전자 바다 모형]
전자 바다 모형은 금속 결합을 설명하는 모형으로, 각 금속 원자에서 나온 전자들이 금속 양이온 사이를 자유롭게 움직인다고 가정한다. 즉, 전자의 바다에 금속 양이온이 잠겨 있는 것으로 생각할 수 있다.

금속 양이온 — 금속 원자는 전자를 내놓아 양이온이 된다.

자유 전자 — 금속 원자가 내놓은 전자는 양이온 사이의 공간에서 자유롭게 움직인다.

3 금속 결합 물질의 성질
금속의 여러 가지 성질은 대부분 자유 전자에 의해 나타난다.
① 광택: 대부분 은백색의 광택을 나타낸다. (단, 금은 노란색, 구리는 붉은색을 띤다.)
➡ 금속 표면의 자유 전자가 빛을 흡수하였다가 다시 방출하기 때문이다.
② 전기 전도성: 고체 상태와 액체 상태에서 전기 전도성이 있다. ➡ 자유 전자가 비교적 자유롭게 이동할 수 있기 때문이다.❶

[금속의 전기 전도성]
• 전압을 걸어 주지 않았을 때: 자유 전자들이 자유롭게 이동한다.
• 금속 양 끝에 전압을 걸어 주었을 때: 자유 전자들이 (+)극 쪽으로 이동하므로 전류가 흐른다.

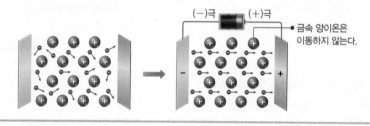

(−)극 (+)극

금속 양이온은 이동하지 않는다.

③ 열전도성: 금속을 가열하면 자유 전자들이 열에너지를 빠르게 전달하므로 열전도성이 크다.
④ 연성과 전성: 금속은 가늘게 뽑을 수 있는 연성과 넓게 펼 수 있는 전성이 크다.❷

[금속 결정의 변형]
금속에 힘을 가하면 금속 양이온의 위치가 변하여 결정이 변형되지만 자유 전자들이 이동하여 결합을 유지하므로 결정이 부서지지 않는다.

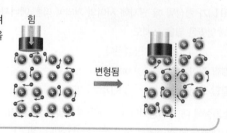

힘

변형됨

⑤ 녹는점과 끓는점: 금속 양이온과 자유 전자가 정전기적 인력에 의해 강하게 결합하고 있으므로 녹는점과 끓는점이 높아 실온에서 대부분 고체 상태로 존재한다.❸ (단, 수은은 액체이다.)

---

❶ 전기 전도성
금속 결정에 전압을 걸어 주면 자유 전자가 정전기적 인력에 의해 (+)극 쪽으로 이동하면서 전류가 흐른다. 이때 금속 양이온은 (−)극으로 이동하지 않고, 거의 제자리에서 진동 운동만 한다.

❷ 연성과 전성
• 연성: 금속을 가느다란 실처럼 길게 늘일 수 있는 성질로, 뽑힘성이라고도 한다. 철사, 구리 전선 등은 금속의 연성을 이용한 예이다.
• 전성: 금속을 얇은 판처럼 넓게 펼 수 있는 성질로, 펴짐성이라고도 한다. 금박, 알루미늄 포일 등은 금속의 전성을 이용한 예이다.

❸ 금속의 녹는점
금속 결합은 금속 양이온과 자유 전자 사이의 정전기적 인력에 의해 결합한 것이다. 따라서 금속 결합의 세기는 금속 양이온의 전하가 클수록, 금속 양이온의 반지름이 작을수록 강하다. 예를 들면 나트륨은 금속 양이온이 +1의 전하이고, 마그네슘은 금속 양이온이 +2의 전하이므로 녹는점은 마그네슘이 나트륨보다 높다.

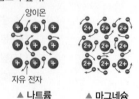

양이온

자유 전자

▲ 나트륨   ▲ 마그네슘

C 화학 결합과 물질의 성질

1 화학 결합의 세기

① 물질의 녹는점: 일반적으로 공유 결정>이온 결정>금속 결정 순이다.

② 화학 결합의 세기와 녹는점: 일반적으로 화학 결합의 세기가 셀수록 물질의 녹는점이 높다.

[화학 결합의 종류에 따른 물질의 녹는점]❹

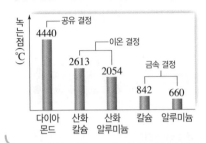

- 실온에서 고체 상태인 물질의 녹는점은 일반적으로 공유 결정(원자 결정)이 가장 높고, 금속 결정이 가장 낮다. ➡ 녹는점: 공유 결정>이온 결정>금속 결정
- 화학 결합의 세기가 강할수록 물질의 녹는점이 높으므로 제시된 결정에서 화학 결합의 세기는 공유 결합이 가장 강하고, 금속 결합이 가장 약하다.

❹ 화학 결합의 종류와 녹는점
모든 공유 결정의 녹는점이 가장 높고, 금속 결정의 녹는점이 가장 낮은 것은 아니다. 예를 들면 금속 결정인 텅스텐의 녹는점은 3000 ℃가 넘어서 공유 결정인 규소나 이온 결정인 염화 나트륨보다 높다.

2 화학 결합의 종류에 따른 물질의 성질
화학 결합의 종류에 따라 물질의 전기 전도성, 녹는점 등이 다르다.❺

❺ 물질의 성질에 따른 결정의 분류

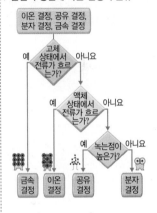

탐구 자료 화학 결합의 종류에 따른 물질의 성질

구분		공유 결합		이온 결합	금속 결합
		분자 결정	공유 결정	이온 결정	금속 결정
구성 입자		분자	원자	양이온, 음이온	금속 양이온, 자유 전자
전기 전도성	고체	없음	없음	없음	있음
	액체	없음	없음	있음	있음
녹는점		낮음	매우 높음	높음	높음
예		드라이아이스, 아이오딘 등	다이아몬드, 석영 등	염화 나트륨, 탄산 칼슘 등	철, 구리 등

1. **전기 전도성에 따른 물질의 분류**: 고체 상태와 액체 상태에서 모두 전기 전도성이 있는 것은 금속 결합 물질이고, 액체 상태에서 전기 전도성이 있는 것은 이온 결합 물질이다. 고체 상태와 액체 상태에서 모두 전기 전도성이 없는 것은 공유 결합 물질이다.

2. **녹는점에 따른 물질의 분류**: 공유 결합 물질 중 공유 결정은 녹는점이 매우 높고, 분자 결정은 녹는점이 낮다. 또, 이온 결정은 대체로 금속 결정보다 녹는점이 높다.

▤ 정답과 해설 53쪽

(4) 그림은 고체 상태의 물질 X의 화학 결합 모형이다. ( ) 안에 알맞은 말이나 기호를 쓰시오.
  ① ㉠은 ( ), ㉡은 ( )이다.
  ② 금속에 전압을 걸어 주면 ( )이 (+)극 쪽으로 이동하면서 전류가 흐른다.
  ③ 금속에 힘을 가하면 ( )의 위치가 변하여 변형되지만 ( )이 이동하여 결합을 유지하므로 결정이 부서지지 않고 변형된다.

(5) 다음은 화학 결합의 종류에 따른 결합의 세기와 녹는점에 대한 설명이다. ( ) 안에 알맞은 말을 쓰시오.
  ① 화학 결합의 세기는 일반적으로 공유 결합>( )>금속 결합 순이다.
  ② 일반적으로 화학 결합의 세기가 강할수록 물질의 녹는점이 ( )다.

(6) 표는 4가지 물질의 상태에 따른 전기 전도성을 조사하여 나타낸 것이다. ㉠~㉣에 알맞은 말을 쓰시오.

물질	염화 나트륨	포도당	구리	다이아몬드
고체	없음	㉡( )	㉢( )	없음
액체	㉠( )	없음	있음	㉣( )

📖 정답과 해설 53쪽

2020 ● 수능 2번

자료❶ 공유 결합 모형과 옥텟 규칙

다음은 물 분자의 화학 결합 모형이다.

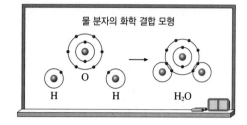

1. 물 분자 1개는 수소 원자 2개와 산소 원자 1개로 이루어져 있다.
(○, ×)

2. 물 분자 내에서 수소 원자와 산소 원자 사이의 결합은 이온 결합이다.
(○, ×)

3. 물 분자에서 산소는 옥텟 규칙을 만족한다. (○, ×)

4. 물 분자에서 공유 전자쌍 수는 2이다. (○, ×)

5. 물 분자에는 다중 결합이 있다. (○, ×)

자료❸ 금속 결합 모형과 금속의 성질

그림 (가)는 $X(s)$에 전압을 걸어 줄 때의 변화를, (나)는 힘을 가할 때의 변화를 모형으로 나타낸 것이다. X는 임의의 원소 기호이다.

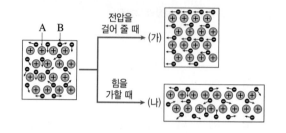

1. A는 금속 양이온이고, B는 음이온이다. (○, ×)

2. $X(s)$는 외부에서 힘을 가하면 넓게 펴지는 성질이 있다. (○, ×)

3. $X(s)$의 전기 전도성은 (가)로 설명할 수 있다. (○, ×)

4. (가)에서 A는 (−)극 쪽으로 이동한다. (○, ×)

5. (가)에서 B는 (+)극 쪽으로 이동한다. (○, ×)

2018 ● 9월 평가원 10번

자료❷ 공유 결합 모형과 결합의 종류

그림은 분자 (가)와 (나)를 화학 결합 모형으로 나타낸 것이다. (가)와 (나)의 분자식은 XY_2와 ZX_2이다.

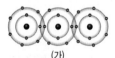 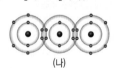

(가)　　　　　(나)

1. (가)에는 단일 결합만 있다. (○, ×)

2. (나)에는 2중 결합이 있다. (○, ×)

3. 공유 전자쌍 수는 (나)가 (가)의 2배이다. (○, ×)

4. ZXY_2에는 3중 결합이 있다. (○, ×)

5. 공유 전자쌍 수는 Y_2가 X_2보다 크다. (○, ×)

2021 ● 6월 평가원 9번

자료❹ 화학 결합의 종류에 따른 물질의 성질

그림은 화합물 ABC와 H_2B를 화학 결합 모형으로 나타낸 것이다. A~C는 임의의 원소 기호이다.

A^+　　　　BC^-　　　　　H_2B

1. $A(s)$는 연성과 전성이 있다. (○, ×)

2. $A(s)$에는 자유 전자가 있다. (○, ×)

3. $AC(l)$는 전기 전도성이 있다. (○, ×)

4. 녹는점은 ABC가 H_2B보다 높다. (○, ×)

5. B_2는 분자로 존재한다. (○, ×)

6. 공유 전자쌍 수는 $C_2 > B_2$이다. (○, ×)

A 공유 결합

1 그림은 물(H_2O) 분자의 모형을 나타낸 것이다.

이에 대한 설명으로 옳지 <u>않은</u> 것은?

① 수소(H) 원자의 전자 배치는 헬륨(He)과 같다.
② 산소(O) 원자는 옥텟 규칙을 만족한다.
③ 분자에는 단일 결합이 있다.
④ 산소(O) 원자의 원자가 전자는 모두 결합에 참여한다.
⑤ H_2O에서 $\dfrac{\text{비공유 전자쌍 수}}{\text{공유 전자쌍 수}}=1$이다.

2 그림은 분자 (가)와 (나)를 화학 결합 모형으로 나타낸 것이다. (가)와 (나)의 분자식은 각각 AB_2, CAD이다.

(가)와 (나)에 대한 설명이다. (   ) 안에 알맞은 말이나 기호를 쓰시오.

(1) (가)에는 (   ) 결합이 있다.
(2) (나)에서 공유 전자쌍 수는 (   )이다.
(3) 공유 전자쌍 수는 B_2(   )D_2이다.
(4) 비공유 전자쌍 수는 (가)에서가 (나)에서의 (   ) 배이다.

3 공유 결합 물질에 대한 설명으로 옳은 것은?

① 원자들이 전자쌍을 공유하여 모두 3차원 입체 구조를 가진다.
② 공유 결정을 이룬 물질들의 녹는점은 금속 결정의 녹는점보다 낮다.
③ 대체로 독립적인 분자로 존재한다.
④ 액체 상태에서 전기 전도성이 있다.
⑤ 대부분 수용액 상태에서 전기 전도성이 있다.

B 금속 결합   C 화학 결합과 물질의 성질

4 그림은 3주기 원소 A를 화학 결합 모형으로 나타낸 것이다.

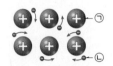

이에 대한 설명으로 옳은 것은? (단, A는 임의의 원소 기호이다.)

① ㉡은 음이온이다.
② A에 전압을 걸어 주면 ㉠은 (−)극 쪽으로 이동하면서 전류가 흐른다.
③ A의 원자가 전자 수는 2이다.
④ A(s)는 열전도성이 크다.
⑤ 염소(Cl_2)와 반응할 때 환원된다.

5 그림은 고체 (가)∼(다)의 결합 모형을 나타낸 것이다.

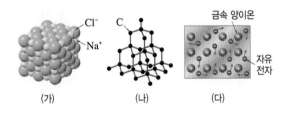

(1) (가)∼(다)의 화학 결합의 종류를 각각 쓰시오.
(2) 힘을 가할 때 넓게 펴지는 성질이 있는 물질을 모두 고르시오.
(3) 액체 상태에서 전기 전도성이 있는 물질을 모두 고르시오.

6 표는 결합의 종류에 따른 몇 가지 물질에 대한 자료이다.

성질 \ 물질	이온 결합 물질		공유 결합 물질		금속 결합 물질	
	NaCl	KF	H_2	H_2O	Na	Fe
녹는점(℃)	801	858	−259	0	98	1538
끓는점(℃)	1465	1502	−253	100	889	2570
전기 전도성 고체	없음	없음	없음	없음	있음	있음
전기 전도성 액체	있음	있음	없음	없음	있음	있음

이에 대한 설명으로 옳지 <u>않은</u> 것은?

① NaCl은 실온에서 고체 상태이다.
② 화학 결합의 세기는 Na이 Fe보다 크다.
③ H_2O은 실온에서 분자로 존재한다.
④ KF은 액체 상태에서 전기 전도성이 있다.
⑤ Fe(s)에는 자유 전자가 있다.

자료❶

1 다음은 물 분자의 화학 결합 모형과 이에 대한 세 학생의 대화이다.

2020 수능 2번

물 분자 1개는 수소 원자 2개와 산소 원자 1개로 이루어져 있어.

물 분자 내에서 수소와 산소의 결합은 공유 결합이야.

물 분자 내에서 산소는 옥텟 규칙을 만족해.

제시한 내용이 옳은 학생만을 있는 대로 고른 것은?

① A   ② C   ③ A, B
④ B, C   ⑤ A, B, C

3 그림은 화합물 AC와 BC를 화학 결합 모형으로 나타낸 것이다.

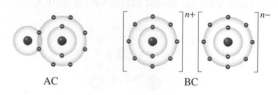

이에 대한 설명으로 옳은 것만을 [보기]에서 있는 대로 고른 것은? (단, A~C는 임의의 원소 기호이다.)

┌─── 보기 ───
ㄱ. A와 B는 같은 족 원소이다.
ㄴ. AC에서 C는 옥텟 규칙을 만족한다.
ㄷ. 공유 전자쌍 수는 C_2가 A_2보다 크다.
└─────────

① ㄱ   ② ㄴ   ③ ㄷ
④ ㄱ, ㄴ   ⑤ ㄴ, ㄷ

2 그림은 2가지 화합물 (가)와 (나)의 화학 결합 모형을 나타낸 것이다.

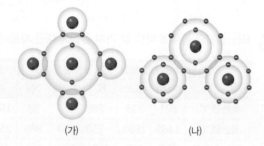

(가)   (나)

(가)와 (나)의 공통점으로 옳은 것만을 [보기]에서 있는 대로 고른 것은?

┌─── 보기 ───
ㄱ. 공유 결합 물질이다.
ㄴ. 공유 전자쌍 수가 4이다.
ㄷ. 중심 원자가 옥텟 규칙을 만족한다.
└─────────

① ㄱ   ② ㄴ   ③ ㄱ, ㄷ
④ ㄴ, ㄷ   ⑤ ㄱ, ㄴ, ㄷ

4 그림은 분자 X_2Y_2와 Z_2Y_2를 화학 결합 모형으로 나타낸 것이다.

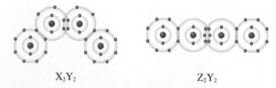

X_2Y_2 Z_2Y_2

이에 대한 설명으로 옳은 것만을 [보기]에서 있는 대로 고른 것은? (단, X~Z는 임의의 원소 기호이다.)

┌─── 보기 ───
ㄱ. X_2Y_2에서 X와 Y는 모두 옥텟 규칙을 만족한다.
ㄴ. X_2에는 2중 결합이 있다.
ㄷ. $Z_2Y_2(l)$는 전기 전도성이 있다.
└─────────

① ㄱ   ② ㄴ   ③ ㄷ
④ ㄱ, ㄴ   ⑤ ㄴ, ㄷ

5 표는 2주기 원소 A, B, C와 2원자 분자 A_2, B_2, C_2에 대한 자료이다.

원소	원자 반지름(pm)	분자	
		결합 길이 (pm)	결합 에너지 (kJ/mol)
A	71	142	159
B	73	121	498
C	75	110	945

이에 대한 설명으로 옳은 것만을 [보기]에서 있는 대로 고른 것은? (단, A~C는 임의의 원소 기호이다.)

┤ 보기 ├
ㄱ. 원자가 전자 수는 C가 가장 크다.
ㄴ. A_2에서 A의 전자 배치는 네온과 같다.
ㄷ. B_2와 C_2에는 다중 결합이 있다.

① ㄱ　　　　② ㄷ　　　　③ ㄱ, ㄴ
④ ㄴ, ㄷ　　　⑤ ㄱ, ㄴ, ㄷ

2021 수능 4번

6 다음은 3가지 물질이다.

구리(Cu)　　염화 나트륨(NaCl)　　다이아몬드(C)

이에 대한 설명으로 옳은 것만을 [보기]에서 있는 대로 고른 것은?

┤ 보기 ├
ㄱ. Cu(s)는 연성(뽑힘성)이 있다.
ㄴ. NaCl(l)은 전기 전도성이 있다.
ㄷ. C(s, 다이아몬드)를 구성하는 원자는 공유 결합을 하고 있다.

① ㄱ　　　　② ㄷ　　　　③ ㄱ, ㄴ
④ ㄴ, ㄷ　　　⑤ ㄱ, ㄴ, ㄷ

자료❸

7 그림 (가)는 X(s)에 전압을 걸어 줄 때의 변화를, (나)는 힘을 가할 때의 변화를 모형으로 나타낸 것이다.

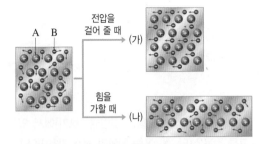

이에 대한 설명으로 옳은 것만을 [보기]에서 있는 대로 고른 것은? (단, X는 임의의 원소 기호이다.)

┤ 보기 ├
ㄱ. B는 자유 전자이다.
ㄴ. X(s)의 전기 전도성은 (가)로 설명할 수 있다.
ㄷ. X(s)에 외부에서 힘을 가할 때 넓게 펴지는 성질은 (나)로 설명할 수 있다.

① ㄱ　　　　② ㄷ　　　　③ ㄱ, ㄴ
④ ㄴ, ㄷ　　　⑤ ㄱ, ㄴ, ㄷ

2021 9월 평가원 8번

8 그림은 화합물 AB와 CD_3를 화학 결합 모형으로 나타낸 것이다.

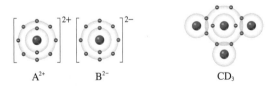

이에 대한 설명으로 옳은 것만을 [보기]에서 있는 대로 고른 것은? (단, A~D는 임의의 원소 기호이다.)

┤ 보기 ├
ㄱ. AB는 이온 결합 물질이다.
ㄴ. C_2에는 2중 결합이 있다.
ㄷ. A(s)는 전기 전도성이 있다.

① ㄱ　　　　② ㄴ　　　　③ ㄱ, ㄷ
④ ㄴ, ㄷ　　　⑤ ㄱ, ㄴ, ㄷ

9 그림은 X(s)의 결합 모형과 Y(s)의 구조 모형을 나타낸 것이다.

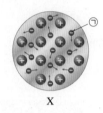 

X   Y

이에 대한 설명으로 옳은 것만을 [보기]에서 있는 대로 고른 것은? (단, X, Y는 임의의 원소 기호이다.)

┤ 보기 ├
ㄱ. X(s)에 전압을 걸어 주면 ㉠은 (+)극 쪽으로 이동한다.
ㄴ. Y(s)는 공유 결합 물질이다.
ㄷ. X(s)와 Y(s)에 각각 외부에서 힘을 가하면 모두 넓게 펴진다.

① ㄱ   ② ㄷ   ③ ㄱ, ㄴ
④ ㄴ, ㄷ   ⑤ ㄱ, ㄴ, ㄷ

10 다음은 철의 제련과 관련된 화학 반응식이다.

$$Fe_2O_3(s) + aCO(g) \longrightarrow bFe(s) + cCO_2(g)$$
$(a \sim c$는 반응 계수)

이에 대한 설명으로 옳은 것만을 [보기]에서 있는 대로 고른 것은?

┤ 보기 ├
ㄱ. $a+b+c=7$이다.
ㄴ. 반응물 중 CO는 공유 결합 물질이다.
ㄷ. 2가지 생성물 모두 고체 상태에서 전기 전도성이 있다.

① ㄱ   ② ㄴ   ③ ㄱ, ㄷ
④ ㄴ, ㄷ   ⑤ ㄱ, ㄴ, ㄷ

자료❹   2021 6월 평가원 9번

11 그림은 화합물 ABC와 H₂B를 화학 결합 모형으로 나타낸 것이다.

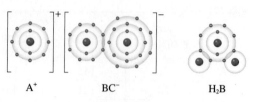

A⁺   BC⁻   H₂B

이에 대한 설명으로 옳은 것만을 [보기]에서 있는 대로 고른 것은? (단, A~C는 임의의 원소 기호이다.)

┤ 보기 ├
ㄱ. A(s)에 외부에서 힘을 가하면 넓게 펴지는 성질이 있다.
ㄴ. B₂와 C₂에는 모두 2중 결합이 있다.
ㄷ. AC(l)는 전기 전도성이 있다.

① ㄱ   ② ㄴ   ③ ㄱ, ㄷ
④ ㄴ, ㄷ   ⑤ ㄱ, ㄴ, ㄷ

2018 6월 평가원 4번

12 표는 3가지 실험에 대한 자료이다.

실험	(가)	(나)	(다)
실험 장치	전원장치	전원장치	
실험 목적	고체의 전기 전도성 확인	수용액의 전기 전도성 확인	불꽃 반응의 불꽃색 확인

소금(NaCl)과 설탕($C_{12}H_{22}O_{11}$)을 구별할 수 있는 실험만을 있는 대로 고른 것은?

① (가)   ② (나)   ③ (다)
④ (가), (나)   ⑤ (나), (다)

1 그림은 원자 A~D의 전자 배치 모형을, 표는 안정한 화합물 (가)~(라)의 구성 원소를 나타낸 것이다.

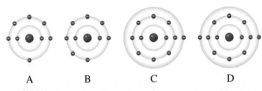

화합물	(가)	(나)	(다)	(라)
구성 원소	A, B	A, D	B, C	B, D

(가)~(라)에 대한 설명으로 옳은 것만을 [보기]에서 있는 대로 고른 것은? (단, A~D는 임의의 원소 기호이다.)

┤ 보기 ├
ㄱ. 공유 결합 물질은 2가지이다.
ㄴ. 액체 상태에서 전기 전도성이 있는 물질은 2가지이다.
ㄷ. (가)와 (라)에서 각 원자나 이온은 모두 옥텟 규칙을 만족한다.

① ㄱ　　　　② ㄷ　　　　③ ㄱ, ㄴ
④ ㄴ, ㄷ　　　⑤ ㄱ, ㄴ, ㄷ

2020 6월 평가원 9번

2 그림은 화합물 AB와 CDB를 화학 결합 모형으로 나타낸 것이다.

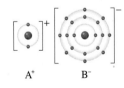

이에 대한 설명으로 옳은 것만을 [보기]에서 있는 대로 고른 것은? (단, A~D는 임의의 원소 기호이다.)

┤ 보기 ├
ㄱ. A와 C는 1주기 원소이다.
ㄴ. AB는 액체 상태에서 전기 전도성이 있다.
ㄷ. 비공유 전자쌍 수는 $CB > D_2$이다.

① ㄱ　　　　② ㄴ　　　　③ ㄱ, ㄷ
④ ㄴ, ㄷ　　　⑤ ㄱ, ㄴ, ㄷ

3 그림은 2주기 원소 X~Z로 이루어진 2가지 물질을 화학 결합 모형으로 나타낸 것이다.

　　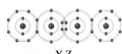

X_2Z_2　　　　　　　Y_2Z_2

이에 대한 설명으로 옳은 것만을 [보기]에서 있는 대로 고른 것은? (단, X~Z는 임의의 원소 기호이다.)

┤ 보기 ├
ㄱ. X_2Z_2에서 구성 원자는 모두 옥텟 규칙을 만족한다.
ㄴ. XYZ에는 3중 결합이 있다.
ㄷ. $\dfrac{\text{비공유 전자쌍 수}}{\text{공유 전자쌍 수}}$ 는 Y_2가 Z_2보다 크다.

① ㄱ　　　　② ㄷ　　　　③ ㄱ, ㄴ
④ ㄴ, ㄷ　　　⑤ ㄱ, ㄴ, ㄷ

4 다음은 원소 A~E로 이루어진 물질에 대한 자료이다. A~E의 원자 번호는 각각 6, 8, 9, 11, 12 중 하나이다.

물질	AD_2, DE_2	BD, CE
화합 결합의 종류	공유 결합	이온 결합

이에 대한 설명으로 옳은 것만을 [보기]에서 있는 대로 고른 것은? (단, A~E는 임의의 원소 기호이다.)

┤ 보기 ├
ㄱ. B(s)는 전기 전도성이 있다.
ㄴ. 녹는점은 BD > CE이다.
ㄷ. CE(s)에 외부에서 힘을 가하면 넓게 펴지는 성질이 있다.

① ㄱ　　　　② ㄷ　　　　③ ㄱ, ㄴ
④ ㄴ, ㄷ　　　⑤ ㄱ, ㄴ, ㄷ

5 그림은 금속 M과 M의 염화물(MCl)을 화학 결합 모형으로 나타낸 것이다.

(가) M

(나) MCl

(가)와 (나)의 공통점으로 옳은 것만을 [보기]에서 있는 대로 고른 것은? (단, M은 임의의 원소 기호이다.)

> ┤ 보기 ├
> ㄱ. 액체 상태에서 전기 전도성이 있다.
> ㄴ. 외부에서 힘을 가하면 부서진다.
> ㄷ. 음이온이 있다.

① ㄱ   ② ㄷ   ③ ㄱ, ㄴ
④ ㄴ, ㄷ   ⑤ ㄱ, ㄴ, ㄷ

6 그림은 주기율표의 일부를 나타낸 것이다.

주기＼족	1	2	13	14	15	16	17	18
2	A			B		C		
3							D	

A~D로 이루어진 물질에 대한 설명으로 옳은 것만을 [보기]에서 있는 대로 고른 것은? (단, A~D는 임의의 원소 기호이다.)

> ┤ 보기 ├
> ㄱ. $A(s)$는 외부에서 힘을 가하면 넓게 펴지는 성질이 있다.
> ㄴ. 전기 전도도는 $AD(l)$가 $CD_2(l)$보다 크다.
> ㄷ. 녹는점은 A_2C가 BC_2보다 높다.

① ㄱ   ② ㄷ   ③ ㄱ, ㄴ
④ ㄴ, ㄷ   ⑤ ㄱ, ㄴ, ㄷ

7 표는 원소 A~E가 이온이 되었을 때의 전자 배치를 나타낸 것이다.

이온	전자 배치
A^-, B^{2-}, C^{2+}	$1s^2 2s^2 2p^6$
D^-, E^+	$1s^2 2s^2 2p^6 3s^2 3p^6$

이에 대한 설명으로 옳은 것만을 [보기]에서 있는 대로 고른 것은? (단, A~E는 임의의 원소 기호이다.)

> ┤ 보기 ├
> ㄱ. 공유 전자쌍 수는 A_2가 B_2보다 크다.
> ㄴ. 녹는점은 CB가 ED보다 높다.
> ㄷ. E는 고체와 액체 상태에서 모두 전기 전도성이 있다.

① ㄱ   ② ㄴ   ③ ㄱ, ㄷ
④ ㄴ, ㄷ   ⑤ ㄱ, ㄴ, ㄷ

8 표는 물질 (가)~(다)에 대한 자료이다. (가)~(다)는 각각 철(Fe), 포도당($C_6H_{12}O_6$), 염화 칼슘($CaCl_2$) 중 하나이다.

물질	전기 전도성	
	고체 상태	액체 상태
(가)	없음	없음
(나)	없음	있음
(다)	있음	있음

이에 대한 설명으로 옳은 것만을 [보기]에서 있는 대로 고른 것은?

> ┤ 보기 ├
> ㄱ. (가)는 수용액 상태에서 전기 전도성이 있다.
> ㄴ. (나)는 양이온과 음이온이 정전기적 인력으로 결합한 물질이다.
> ㄷ. (다)에 외부에서 힘을 가하면 쉽게 부서진다.

① ㄱ   ② ㄴ   ③ ㄱ, ㄷ
④ ㄴ, ㄷ   ⑤ ㄱ, ㄴ, ㄷ

9 다음은 4가지 고체 물질 (가)~(라)에 대한 자료이다. (가)~(라)는 각각 C(다이아몬드), I_2, KCl, Mg 중 하나이다.

- 고체 상태에서 전기 전도성이 있는 것은 (가)이다.
- 화합물은 (다) 1가지이다.
- 녹는점은 (나)가 (라)보다 높다.

(가)~(라)에 대한 설명으로 옳은 것만을 [보기]에서 있는 대로 고른 것은?

─┤ 보기 ├─
ㄱ. (가)에는 자유 전자가 있다.
ㄴ. (나)는 그물 구조를 이룬다.
ㄷ. 액체 상태에서 전기 전도도는 (다)가 (라)보다 크다.

① ㄱ   ② ㄴ   ③ ㄱ, ㄷ
④ ㄴ, ㄷ   ⑤ ㄱ, ㄴ, ㄷ

10 그림은 3가지 고체를 분류하는 과정을 나타낸 것이다.

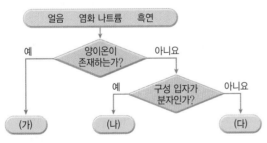

(가)~(다)에 대한 설명으로 옳은 것만을 [보기]에서 있는 대로 고른 것은?

─┤ 보기 ├─
ㄱ. (가)는 이온 결합 물질이다.
ㄴ. (다)의 구성 입자는 원자이다.
ㄷ. 녹는점은 (나)가 (다)보다 높다.

① ㄱ   ② ㄷ   ③ ㄱ, ㄴ
④ ㄴ, ㄷ   ⑤ ㄱ, ㄴ, ㄷ

11 그림은 실온에서 고체 상태로 존재하는 4가지 물질을 기준에 따라 분류하는 과정을 나타낸 것이다.

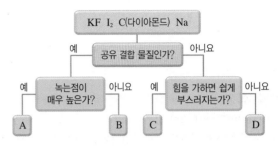

A~D에 대한 설명으로 옳은 것만을 [보기]에서 있는 대로 고른 것은?

─┤ 보기 ├─
ㄱ. A의 구성 입자는 분자이다.
ㄴ. C와 D에는 금속 양이온이 있다.
ㄷ. 전기 전도도는 D가 B보다 크다.

① ㄱ   ② ㄴ   ③ ㄱ, ㄷ
④ ㄴ, ㄷ   ⑤ ㄱ, ㄴ, ㄷ

12 다음은 어떤 반응의 화학 반응식이다. X, Y는 3주기에 속하는 임의의 원소 기호이다.

$$2X(s) + Y_2(g) \longrightarrow 2XY(s)$$

이 반응과 관련된 물질에 대한 설명으로 옳은 것만을 [보기]에서 있는 대로 고른 것은?

─┤ 보기 ├─
ㄱ. 전기 전도도는 $X(s)$가 $XY(s)$보다 크다.
ㄴ. $XY(s)$는 외부에서 힘을 가할 때 쉽게 부서진다.
ㄷ. 액체 상태에서 전기 전도도는 Y_2가 XY보다 크다.

① ㄱ   ② ㄷ   ③ ㄱ, ㄴ
④ ㄴ, ㄷ   ⑤ ㄱ, ㄴ, ㄷ

11. 결합의 극성

> **핵심 짚기**
> - 전기 음성도
> - 쌍극자 모멘트
> - 전기 음성도의 주기성
> - 루이스 전자점식
> - 결합의 극성
> - 루이스 구조

A 전기 음성도

1 전기 음성도 공유 결합을 형성한 두 원자가 공유 전자쌍을 끌어당기는 힘의 크기를 상대적으로 비교하여 정한 값

① 전기 음성도의 기준: 공유 전자쌍을 끌어당기는 힘이 가장 큰 원소인 플루오린(F)의 전기 음성도를 4.0으로 정하고, 이 값을 기준으로 다른 원소들의 전기 음성도를 상대적으로 나타내었다.

② 18족 원소는 매우 안정하기 때문에 다른 원자들과 결합하지 않으므로 전기 음성도는 18족 원소를 제외하고 다룬다.

2 전기 음성도의 주기성❶

① 같은 주기: 원자 번호가 커질수록 전기 음성도가 대체로 커진다. ➡ 원자 반지름이 작아지고, 원자가 전자가 느끼는 유효 핵전하가 증가하여 원자핵과 공유 전자쌍 사이의 인력이 증가하기 때문이다.

② 같은 족: 원자 번호가 커질수록 전기 음성도가 대체로 작아진다. ➡ 원자 반지름이 커져 원자핵과 공유 전자쌍 사이의 인력이 감소하기 때문이다.

> **[전기 음성도의 주기성]**
> 전자를 잃기 쉬운 금속 원소의 전기 음성도는 대부분 2.0보다 작고, 전자를 얻기 쉬운 비금속 원소의 전기 음성도는 대부분 2.0보다 크다. 전기 음성도는 주기율표의 오른쪽 위로 갈수록 커지고, 왼쪽 아래로 갈수록 작아지는 경향이 있다.
>
>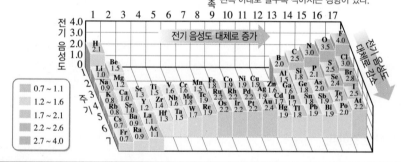

> **PLUS 강의 ➕**
>
> ❶ **전기 음성도의 주기성**
> 전기 음성도는 같은 주기에서는 원자 번호가 커질수록 대체로 커지고, 같은 족에서는 원자 번호가 커질수록 작아진다.
>
>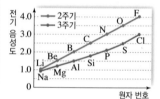
> ▲ 2, 3주기 원소의 전기 음성도
>
>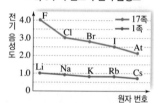
> ▲ 1, 17족 원소의 전기 음성도

B 결합의 극성과 쌍극자 모멘트

1 결합의 극성❷

구분	무극성 공유 결합	극성 공유 결합
정의	같은 종류의 원자가 공유 결합을 할 때 공유 전자쌍이 어느 한 원자 쪽으로 치우치지 않아 전하가 균일하게 분포하는 결합	다른 종류의 원자가 공유 결합을 할 때 공유 전자쌍이 전기 음성도가 큰 원자 쪽으로 치우쳐 부분적인 전하가 생기는 결합❸
모형	H + H ➡ H H 수소 원자 수소 원자 수소 분자 공유 전자쌍이 두 원자 사이에 균일하게 분포하므로 H 원자는 부분적인 전하를 띠지 않는다.	H + Cl ➡ $\overset{\delta^+}{H}\ \overset{\delta^-}{Cl}$ 수소 원자 염소 원자 염화 수소 분자 전기 음성도가 큰 Cl 원자는 부분적인 음전하(δ^-)를, 전기 음성도가 작은 H 원자는 부분적인 양전하(δ^+)를 띤다.
예	H_2, N_2, O_2, Cl_2 등	HCl, H_2O, CH_4, CO_2, NH_3 등

> ❷ **극성**
> 자석에 N극과 S극이 있듯이 양전하를 띠는 극과 음전하를 띠는 극이 나뉘어서 나타나는 성질을 극성이라고 한다.
>
> ❸ **부분적인 전하**
> 원자 사이에 전자가 이동하면 전자를 잃은 입자는 양전하를 띠고, 전자를 얻은 입자는 음전하를 띤다. 극성 공유 결합에서는 전자가 이동하지는 않고 전자쌍이 한쪽으로 치우치므로 부분적인 전하라고 하며, 그리스어의 δ(델타)로 표시한다. 이때 δ는 0보다 크고, 1보다 작다.

2 전기 음성도와 결합의 극성

① 결합한 두 원자 사이의 전기 음성도 차가 클수록 공유 결합의 극성이 커진다.

② 결합한 원자 사이의 전기 음성도 차가 매우 크면 전기 음성도가 작은 원자에서 전기 음성도가 큰 원자로 전자가 이동하여 이온 결합을 형성한다.

③ 전기 음성도 차에 따른 화학 결합의 구분❹

전기 음성도 차	없다	작다	크다
결합의 종류	무극성 공유 결합	극성 공유 결합	이온 결합
전자의 치우침	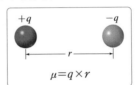 X : X	δ^+ X : Y δ^-	M^+ Y^-

공유 결합성이 커진다. ←————————————→ 이온 결합성이 커진다.

❹ **결합의 이온성과 공유성**
모든 결합은 이온성과 공유성을 갖는데, 두 원자의 전기 음성도 차가 클수록 결합의 이온성이 커진다. 일반적으로 결합의 이온성이 50 % 이상이면 이온 결합이다.

3 쌍극자와 쌍극자 모멘트

① **쌍극자**: 두 원자가 극성 공유 결합을 할 때 크기가 같고 부호가 반대인 두 부분 전하$(+q, -q)$가 일정한 거리(r)만큼 떨어져 부분적인 전하를 나타내는 것

② **쌍극자 모멘트(μ)**: 결합의 극성 정도를 나타내는 물리량으로, 결합하는 두 원자의 전하량(q)과 두 전하 사이의 거리(r)를 곱한 값으로 나타낸다. ➡ 쌍극자 모멘트의 값이 클수록 대체로 결합의 극성이 크다.

$$\mu = q \times r$$

③ **분자에서 쌍극자 모멘트의 표시**: 전기 음성도가 작아 부분적인 양전하(δ^+)를 띠는 원자에서 전기 음성도가 커 부분적인 음전하(δ^-)를 띠는 원자 쪽으로 화살표가 향하도록 나타낸다.❺

구분	물(H_2O)	이산화 탄소(CO_2)	암모니아(NH_3)
전기 음성도	H<O	C<O	H<N
쌍극자 모멘트의 표시	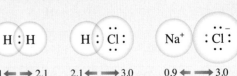 H_2O	CO_2	NH_3

❺ **쌍극자 모멘트의 표시**

$$\overset{\delta^+}{H} - \overset{\delta^-}{Cl}$$

쌍극자 모멘트에서 화살표는 공유 전자쌍이 치우친 방향을 나타낸다.

📋 정답과 해설 59쪽

개념 확인

(1) 다음은 전기 음성도에 대한 설명이다. ( ) 안에 알맞은 말을 고르시오.
① 전기 음성도는 공유 결합을 형성한 두 원자가 공유 전자쌍을 끌어당기는 힘의 크기를 (상댓값, 절댓값)으로 나타낸 것이다.
② 전기 음성도는 같은 주기에서 원자 번호가 커질수록 대체로 (커, 작아)진다.
③ 전기 음성도는 같은 족에서 원자 번호가 커질수록 대체로 (커, 작아)진다.
④ 전기 음성도가 다른 두 원자 사이의 공유 결합은 (극성, 무극성) 공유 결합이다.
⑤ 공유 결합을 하는 두 원자에서 전기 음성도가 큰 원자는 부분적인 (양, 음) 전하를 띤다.

(2) 그림은 3가지 결합 모형과 각 원자의 전기 음성도를 나타낸 것이다. ( ) 안에 알맞은 말을 쓰시오.
① (가)에서 수소 원자 사이의 결합은 ( ) 공유 결합이다.
② (나)에서 수소 원자와 염소 원자 사이의 결합은 ( ) 공유 결합이다.
③ 결합의 이온성은 (다)가 (나)보다 ( )다.

H : H
2.1 ← → 2.1
(가)

H : Cl
2.1 ← → 3.0
(나)

Na⁺ : Cl
0.9 ← → 3.0
(다)

C 루이스 전자점식

1 루이스 전자점식[1]

① 루이스 전자점식: 원소 기호 주위에 원자가 전자를 점으로 표시하여 나타낸 식

② 홀전자: 원자가 전자 중 쌍을 이루지 않은 전자로, 원자가 화학 결합을 할 때 쌍을 이룬다.

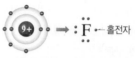

▲ 플루오린(F)의 루이스 전자점식

[1주기~3주기 원소의 루이스 전자점식]
원소 기호 좌우상하에 전자를 1개씩 점으로 그린 다음, 다섯 번째 전자부터 쌍을 이루도록 그린다.

	1족	2족	13족	14족	15족	16족	17족
1주기	H·						
2주기	Li·	·Be·	·B·	·C·	·N·	:O·	:F·
3주기	Na·	·Mg·	·Al·	·Si·	·P·	:S·	:Cl·

> **❶ 루이스 전자점식**
> 루이스 전자점식은 미국의 화학자 루이스가 화학 결합을 나타내기 위해 고안한 식이다. 루이스 전자점식을 이용하면 화학 결합에서 옥텟 규칙을 만족하기 위해 필요한 전자 수를 쉽게 파악할 수 있다.

2 분자의 루이스 전자점식[2]
공유 전자쌍은 두 원자의 원소 기호 사이에 표시하고, 비공유 전자쌍은 각 원소 기호 주변에 표시한다.

① 공유 전자쌍: 두 원자 사이에 공유되어 공유 결합을 형성하는 전자쌍

② 비공유 전자쌍: 결합에 참여하지 않고 한 원자에만 속해 있는 전자쌍

플루오린 분자(F_2)	물 분자(H_2O)
홀전자 ─ 공유 전자쌍 ─ 비공유 전자쌍 :F: + :F: → F F 플루오린 원자 플루오린 원자 플루오린 분자	공유 전자쌍 ─ 비공유 전자쌍 H· + ·O: + H· → H O H 수소 원자 산소 원자 수소 원자 물 분자

> **❷ 분자에서 루이스 전자점식 그리기**
> ❶ 분자를 구성하는 모든 원자의 원자가 전자 수를 구한다.
> ❷ 중심 원자를 정하고 중심 원자와 주변 원자 사이에 공유 전자쌍 1개를 그린다. 이때 중심 원자는 공유 결합을 가장 많이 할 수 있는 원자로 정한다.
> ❸ 옥텟 규칙에 따라 주변 원자부터 전자를 배치한다.
> ❹ 중심 원자가 옥텟 규칙을 만족하도록 남은 전자를 배치한다.
> ❺ 중심 원자의 전자 수가 8 미만이면 주변 원자의 비공유 전자쌍을 공유 전자쌍으로 바꾸어 옥텟 규칙을 만족하도록 한다.

3 루이스 구조
공유 결합을 간단하게 나타내기 위해 공유 전자쌍은 결합선(─)으로 나타내고, 비공유 전자쌍은 그대로 나타내거나 생략한 식 여기서 잠깐 118쪽
└ '루이스 구조식' 또는 '구조식'이라고도 한다.

① 단일 결합: 결합선 1개로 나타낸다.

구분	플루오린화 수소(HF)	물(H_2O)	암모니아(NH_3)	메테인(CH_4)
루이스 전자점식	H:F:	H:O: H	H:N:H H	H:C:H H
루이스 구조	H─F	H─O H	H─N─H H	H─C─H H

② 다중 결합: 2중 결합은 결합선 2개, 3중 결합은 결합선 3개로 나타낸다.

구분	산소(O_2)	질소(N_2)	이산화 탄소(CO_2)	에타인(C_2H_2)
루이스 전자점식	:O::O:	:N⋮⋮N:	O::C::O	H:C⋮⋮C:H
루이스 구조	O=O	N≡N	O=C=O	H─C≡C─H

4 이온과 이온 결합 물질의 루이스 전자점식

① **이온의 루이스 전자점식**: 원자의 루이스 전자점식에서 이동한 전자 수만큼 빼거나 더하여 표시한다. [3]

양이온	음이온
잃은 전자 수만큼 원자의 루이스 전자점식에서 빼서 표시한다.	얻은 전자 수만큼 원자의 루이스 전자점식에 더해서 표시한다.
Li· (리튬 원자, $1s^2 2s^1$) → 전자 1개를 잃는다. → Li$^+$ (리튬 이온, $1s^2$)	:F̈· (플루오린 원자, $1s^2 2s^2 2p^5$) → 전자 1개를 얻는다. → :F̈:$^-$ (플루오린화 이온, $1s^2 2s^2 2p^6$)
➡ 리튬 이온은 리튬 원자가 전자 1개를 잃고 생성되므로 리튬 원자의 루이스 전자점식에서 전자 1개를 빼서 나타낸다.	➡ 플루오린화 이온은 플루오린 원자가 전자 1개를 얻어 생성되므로 플루오린의 루이스 전자점식에 전자 1개를 더해서 나타낸다.

② **이온 결합 물질의 루이스 전자점식**: 양이온과 음이온을 구분하기 위해 대괄호([ ])를 사용하고, 대괄호의 오른쪽 위에 각 이온의 전하를 표시한다.

> **[염화 나트륨의 루이스 전자점식]**
> 이온 결합을 형성할 때 나트륨 원자에서 염소 원자로 전자가 이동하므로 나트륨 원자에서 전자 1개를 빼고, 염소 원자에 전자 1개를 더한 후 대괄호를 사용하여 각 이온의 전하를 나타낸다.
>
> Na· + :C̈l· ⟶ [Na]$^+$[:C̈l:]$^-$
> 나트륨 원자   염소 원자   염화 나트륨

③ 이온의 루이스 전자점식
일원자 이온인 경우 대괄호를 생략하여 나타낼 수 있지만, 수산화 이온이나 암모늄 이온과 같은 다원자 이온인 경우에는 대괄호를 사용하여 나타낸다.

[:Ö:H]$^-$ [H:N̈:H (with H above and H below)]$^+$

▲ 수산화 이온   ▲ 암모늄 이온

🔲 정답과 해설 59쪽

개념 확인

(3) 다음은 루이스 전자점식에 대한 설명이다. ( ) 안에 알맞은 말을 고르시오.
　① 원소 기호 주위에 (전체 전자, 원자가 전자)를 점으로 표시하여 나타낸다.
　② 각 원자에 표시된 전자 중 쌍을 이루지 않은 전자를 (홀전자, 전자쌍)(이)라고 한다.

(4) 다음은 루이스 구조에 대한 설명이다. ( ) 안에 알맞은 말을 쓰시오.
　① 루이스 구조는 ( )을 결합선으로 나타낸다.
　② 루이스 구조에서 ( )은 결합선 2개로 나타낸다.

(5) 그림은 2가지 분자의 루이스 전자점식이다. ( ) 안에 알맞은 숫자를 쓰시오.

Ö::C::Ö　　　　　H:C̈:H (with H above and H below)
(가)　　　　　　　(나)

　① (가)에서 비공유 전자쌍 수는 ( )이다.
　② (가)에서 C의 원자가 전자 수는 ㉠( )이고, O의 원자가 전자 수는 ㉡( )이다.
　③ (나)에서 공유 전자쌍 수는 ( )이다.

(6) 그림은 산화 마그네슘의 루이스 전자점식이다. ( ) 안에 알맞은 말을 쓰시오.

[Mg]$^{2+}$[:Ö:]$^{2-}$

　① 마그네슘 원자의 루이스 전자점식은 마그네슘 이온의 루이스 전자점식보다 전자가 ( )개 더 많다.
　② 산소 원자의 원자가 전자 수는 ( )이다.
　③ 산화 마그네슘에서 마그네슘 이온과 산화 이온은 모두 ( ) 규칙을 만족한다.

루이스 구조식 그리기

분자를 구성하는 원자가 원자가 전자를 공유하여 옥텟 규칙을 만족한다는 원리를 이용하여 루이스 구조식을 그리는 방법을 알아봅시다.

1 〉 **분자나 이온을 구성하는 모든 원자의 원자가 전자 수의 합을 구한다.**

분자는 각 원자의 원자가 전자 수를 모두 합하여 구한다. 양이온은 각 원자의 원자가 전자 수의 합에 양이온의 전하만큼 빼서 구하고, 음이온은 각 원자의 원자가 전자 수의 합에 음이온의 전하만큼 더해서 구한다.

분자 또는 이온	CO_2	NH_4^+	OH^-
원자의 원자가 전자 수	C: 4, O: 6	N: 5, H: 1	O: 6, H: 1
원자가 전자 수의 합	$4+6\times2=16$	$5+(1\times4)-1=8$	$6+(1\times1)+1=8$

양이온의 전하만큼 빼 준다.　　　음이온의 전하만큼 더해 준다.

2 〉 **중심 원자를 정하고 중심 원자와 주변 원자 사이에 공유 전자쌍을 1개씩 그린다.**

결합선이 많거나 전기 음성도가 작은 원자를 중심 원자로 배치한다. 단, 수소는 결합선이 1개이므로 전기 음성도가 작아도 중심 원자가 될 수 없다.

CO_2	NH_4^+	OH^-
O − C − O	H − N − H (위, 아래 H)	O − H
결합에 사용하지 않은 전자 수: 12	결합에 사용하지 않은 전자 수: 0	결합에 사용하지 않은 전자 수: 6

3 〉 **옥텟 규칙을 만족하도록 결합에 사용하지 않은 전자를 주변 원자부터 배치하고 중심 원자가 옥텟 규칙을 만족하도록 남은 전자를 배치한다.**

결합에 사용한 전자 수와 원자에 배치한 전자 수를 합한 값은 처음 각 원자의 원자가 전자 수의 합과 같아야 한다.

CO_2	NH_4^+	OH^-
:Ö − C − Ö:	H − N − H (위, 아래 H)	:Ö − H
결합에 사용하지 않은 전자 수: 0 중심 원자가 옥텟 규칙을 만족하지 않음	결합에 사용하지 않은 전자 수: 0	결합에 사용하지 않은 전자 수: 0

4 〉 **중심 원자가 옥텟 규칙을 만족하지 않으면 주변 원자의 비공유 전자쌍을 공유 전자쌍으로 바꾸어 다중 결합으로 나타낸다. 또 이온의 경우 [ ] 안에 이온의 루이스 구조식을 쓰고, 이온의 전하를 표시한다.**

CO_2	NH_4^+	OH^-
:Ö = C = Ö:	$\left[\text{H − N − H (위, 아래 H)}\right]^+$	$\left[:Ö − H\right]^-$
중심 원자와 주변 원자가 모두 옥텟 규칙을 만족	이온의 전하 표시	이온의 전하 표시

수능 자료

2021 ● 6월 평가원 13번

자료 ❶ 전기 음성도의 주기성

그림은 2, 3주기 원자 W~Z의 전기 음성도를 나타낸 것이다. W와 X는 14족, Y와 Z는 17족 원소이다.

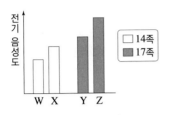

1. 원자 번호는 W<X이다. (○, ×)
2. 원자 번호는 X<Z이다. (○, ×)
3. W와 Y는 2주기 원소이다. (○, ×)
4. XY_4에는 극성 공유 결합이 있다. (○, ×)
5. YZ에서 Z는 부분적인 음전하(δ^-)를 띤다. (○, ×)

2020 ● 수능 4번

자료 ❸ 분자의 루이스 전자점식과 루이스 구조

그림은 2주기 원소 X~Z로 이루어진 분자 (가)와 (나)를 루이스 전자점식으로 나타낸 것이다.

$$:X::X:$$ $$:\overset{..}{Z}:\overset{..}{Y}:\overset{..}{Z}:$$
(가)   (나)

1. 공유 전자쌍 수는 (가)>(나)이다. (○, ×)
2. 비공유 전자쌍 수는 (가)<(나)이다. (○, ×)
3. (가)에는 무극성 공유 결합이 있다. (○, ×)
4. (나)에는 극성 공유 결합이 있다. (○, ×)
5. XZ_3에서 X는 부분적인 음전하(δ^-)를 띤다. (○, ×)

2018 ● 6월 평가원 13번

자료 ❷ 원자의 루이스 전자점식

그림은 2주기 원자 X~Z의 루이스 전자점식을 나타낸 것이다.

$$\cdot\overset{..}{\underset{.}{X}}\cdot \qquad \cdot\overset{..}{\underset{..}{Y}}\cdot \qquad :\overset{..}{\underset{..}{Z}}\cdot$$

1. 전기 음성도는 X>Y이다. (○, ×)
2. XZ_3는 극성 공유 결합이 있다. (○, ×)
3. YZ_2에서 Z는 부분적인 양전하(δ^+)를 띤다. (○, ×)
4. 공유 전자쌍 수는 X_2가 Y_2보다 크다. (○, ×)
5. Z_2에는 무극성 공유 결합이 있다. (○, ×)

2018 ● 9월 평가원 5번

자료 ❹ 결합의 극성

그림은 3가지 분자에서 각 구성 원자에 부분적인 전하를 표시한 것을 나타낸 것이다.

1. 전기 음성도 크기는 F>Cl>H이다. (○, ×)
2. HF에는 무극성 공유 결합이 있다. (○, ×)
3. 두 원자에서 전기 음성도가 큰 원자는 부분적인 음전하(δ^-)를 띤다.
(○, ×)
4. 결합의 이온성은 ClF가 HF보다 크다. (○, ×)

정답과 해설 **60**쪽

A 전기 음성도

1 그림은 원소 A∼D의 전기 음성도를 상댓값으로 나타낸
것이다. A∼D는 각각 O, F, Na, Mg 중 하나이다.

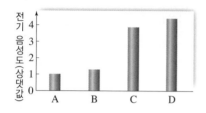

이에 대한 설명으로 옳은 것은?

① B와 C는 같은 주기 원소이다.
② 원자 반지름은 A<B이다.
③ A와 C가 결합한 화합물은 공유 결합 물질이다.
④ A와 D가 결합한 화합물의 화학식은 AD이다.
⑤ D_2 분자에는 2중 결합이 있다.

2 그림은 몇 가지 원소의 전기 음성도를 주기에 따라 나타
낸 것이다. 같은 점선으로 연결한 원소는 같은 족에 속한
다. A∼D는 임의의 원소 기호이다.

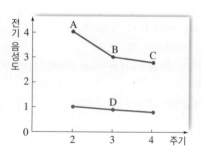

(   ) 안에 알맞은 말을 쓰시오.

(1) 같은 족에서 원소의 원자 번호가 커질수록 전기 음성
도는 (   )한다.
(2) 원자가 전자 수는 B가 D보다 (   )다.
(3) BC에서 B는 부분적인 (   )전하를 띤다.
(4) A_2에는 (   ) 공유 결합이 있다.

B 결합의 극성과 쌍극자 모멘트

3 그림은 3가지 물질에서 전하의 분포를 모형으로 나타낸
것이다.

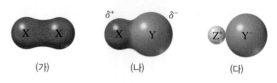

이에 대한 설명으로 옳지 **않은** 것은?

① (가)에서 두 원자 사이의 결합은 무극성 공유 결합이다.
② (나)에서 두 원자 사이의 결합은 극성 공유 결합이다.
③ (다)에서 전자는 Z에서 Y로 이동한다.
④ 전기 음성도는 Y>Z>X이다.
⑤ 결합의 이온성은 (다)가 (나)보다 크다.

4 그림은 분자 (가)와 (나)
를 루이스 전자점식으로
나타낸 것이다. (가)와
(나)에 대한 설명으로 옳
지 **않은** 부분을 골라 옳게 고치시오.

$$:\overset{..}{O}::C::\overset{..}{O}: \quad :\overset{..}{F}:\overset{..}{B}:\overset{..}{F}:$$
(가)   (나)

(1) (가)에서 C 원자와 O 원자 사이의 결합은 무극성 공유
결합이다.
(2) (나)에서 중심 원자는 옥텟 규칙을 만족한다.
(3) (가)에서 O 원자는 부분적인 양전하를 띤다.

C 루이스 전자점식

5 그림은 2주기 원자 X∼Z의 루이스 전자점식이다.

$$\cdot\overset{..}{X}\cdot \quad \cdot\overset{..}{Y}: \quad :\overset{..}{Z}\cdot$$

(   ) 안에 알맞은 말을 쓰시오. (단, X∼Z는 임의의
원소 기호이다.)

(1) X_2에는 (   ) 공유 결합이 있다.
(2) 공유 전자쌍 수는 Y_2가 Z_2보다 (   )다.
(3) YZ_2에서 Y는 부분적인 (   )전하를 띤다.
(4) XZ_3에서 X 원자와 Z 원자 사이의 결합은 (   )
공유 결합이다.

6 그림은 2주기 원자 A∼C로 이루어진 분자 (가)와 (나)를
루이스 전자점식으로 나타낸 것이다.

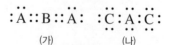

A∼C의 전기 음성도의 크기를 부등호로 나타내시오.
(단, A∼C는 임의의 원소 기호이다.)

1 그림은 몇 가지 원소의 전기 음성도를 주기에 따라 나타낸 것이다. 같은 선으로 연결한 원소는 같은 족에 속한다.

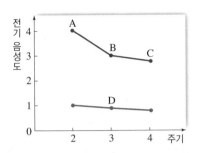

이에 대한 설명으로 옳은 것만을 [보기]에서 있는 대로 고른 것은? (단, A~D는 임의의 원소 기호이다.)

┤ 보기 ├
ㄱ. 같은 족 원소에서 원자 번호가 커질수록 전기 음성도가 작아진다.
ㄴ. 원자가 전자 수는 B가 D보다 크다.
ㄷ. 쌍극자 모멘트는 A_2가 BC보다 크다.

① ㄱ ② ㄷ ③ ㄱ, ㄴ
④ ㄴ, ㄷ ⑤ ㄱ, ㄴ, ㄷ

2 그림은 2주기 원소 A~E의 전기 음성도와 바닥상태 원자의 홀전자 수를 나타낸 것이다.

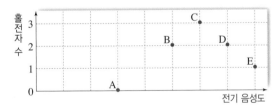

이에 대한 설명으로 옳은 것만을 [보기]에서 있는 대로 고른 것은? (단, A~E는 임의의 원소 기호이다.)

┤ 보기 ├
ㄱ. 공유 전자쌍 수는 C_2가 D_2보다 크다.
ㄴ. 결합의 이온성은 AD가 BD_2보다 크다.
ㄷ. DE_2에서 D는 부분적인 양전하(δ^+)를 띤다.

① ㄱ ② ㄷ ③ ㄱ, ㄴ
④ ㄴ, ㄷ ⑤ ㄱ, ㄴ, ㄷ

2021 수능 10번

3 다음은 루이스 전자점식과 관련하여 학생 A가 세운 가설과 이를 검증하기 위해 수행한 탐구 활동이다.

[가설]
• O_2, F_2, OF_2의 루이스 전자점식에서 각 분자의 구성 원자 수(a), 분자를 구성하는 원자들의 원자가 전자 수 합(b), 공유 전자쌍 수(c) 사이에는 관계식 (가) 가 성립한다.

[탐구 과정]
• O_2, F_2, OF_2의 a, b, c를 각각 조사한다.
• 각 분자의 a, b, c 사이에 관계식 (가) 가 성립하는지 확인한다.

[탐구 결과]

분자	구성 원자 수(a)	원자가 전자 수 합(b)	공유 전자쌍 수(c)
O_2			2
F_2		14	
OF_2	3		

[결론]
• 가설은 옳다.

학생 A의 결론이 타당할 때, 다음 중 (가)로 가장 적절한 것은?

① $8a=b-c$ ② $8a=b-2c$
③ $8a=2b-c$ ④ $8a=b+2c$
⑤ $8a=2b+c$

4 그림 (가)는 2주기 원자 A~D의 원자 반지름을, (나)는 전기 음성도를 나타낸 것이다. B는 금속 원소이다.

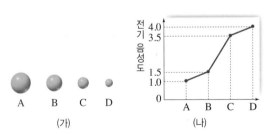

이에 대한 설명으로 옳은 것만을 [보기]에서 있는 대로 고른 것은? (단, A~D는 임의의 원소 기호이다.)

┤ 보기 ├
ㄱ. CD_2에는 극성 공유 결합이 있다.
ㄴ. 결합의 이온성은 AD가 BC보다 크다.
ㄷ. AD에서 D는 부분적인 음전하(δ^-)를 띤다.

① ㄱ ② ㄷ ③ ㄱ, ㄴ
④ ㄴ, ㄷ ⑤ ㄱ, ㄴ, ㄷ

5 표는 바닥상태인 원자 A~D의 원자가 전자 수(a)와 홀 전자 수(b)의 차($a-b$)를 나타낸 것이다. A~D는 각각 O, F, Na, Mg 중 하나이다.

원자	A	B	C	D
$a-b$	0	2	4	6

이에 대한 설명으로 옳은 것만을 [보기]에서 있는 대로 고른 것은?

┤ 보기 ├
ㄱ. 전기 음성도가 가장 큰 원소는 D이다.
ㄴ. AD에는 극성 공유 결합이 있다.
ㄷ. BC는 공유 결합 물질이다.

① ㄱ ② ㄷ ③ ㄱ, ㄴ
④ ㄴ, ㄷ ⑤ ㄱ, ㄴ, ㄷ

2021 9월 평가원 13번

6 다음은 원자 W~Z와 수소(H)로 이루어진 분자 H_aW, H_bX, H_cY, H_dZ에 대한 자료이다. W~Z는 각각 O, F, S, Cl 중 하나이고, 분자 내에서 옥텟 규칙을 만족한다. W, Y는 같은 주기 원소이다.

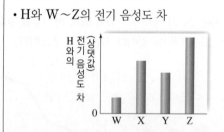

• H와 W~Z의 전기 음성도 차

• H_aW, H_bX, H_cY, H_dZ에서 H는 부분적인 양전하(δ^+)를 띤다.

이에 대한 설명으로 옳은 것만을 [보기]에서 있는 대로 고른 것은?

┤ 보기 ├
ㄱ. 전기 음성도는 X>W이다.
ㄴ. $c>a$이다.
ㄷ. YZ에서 Y는 부분적인 음전하(δ^-)를 띤다.

① ㄱ ② ㄴ ③ ㄱ, ㄷ
④ ㄴ, ㄷ ⑤ ㄱ, ㄴ, ㄷ

---

7 그림은 3가지 결합 유형을 전하 분포로 나타낸 것이고, 표는 원자 A~C의 전자 배치를 나타낸 것이다.

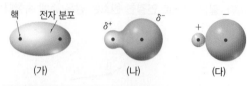

(가) (나) (다)

원자	A	B	C
전자 배치	$1s^1$	$1s^2 2s^2 2p^6 3s^1$	$1s^2 2s^2 2p^6 3s^2 3p^5$

이에 대한 설명으로 옳은 것만을 [보기]에서 있는 대로 고른 것은? (단, A~C는 임의의 원소 기호이고, (가)~(다)에서 원자의 크기는 고려하지 않았다.)

┤ 보기 ├
ㄱ. C_2는 (가)와 같은 결합을 한다.
ㄴ. AC는 (다)와 같은 결합을 한다.
ㄷ. BC에서 B는 부분적인 음전하(δ^-)를 띤다.

① ㄱ ② ㄴ ③ ㄱ, ㄷ
④ ㄴ, ㄷ ⑤ ㄱ, ㄴ, ㄷ

---

8 그림은 분자 AB, BC에서 각 원자에 부분적인 양전하(δ^+)와 부분적인 음전하(δ^-)를 표시한 모습을 나타낸 것이다.

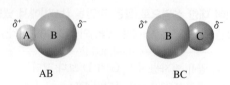

AB BC

A~C의 전기 음성도를 옳게 비교한 것은? (단, A~C는 임의의 원소 기호이다.)

① A<B<C ② A<C<B ③ B<A<C
④ B<C<A ⑤ C<A<B

9 그림은 원소 A~C의 전기 음성도를 상댓값으로 나타낸 것이다. A~C는 각각 O, F, Na 중 하나이다.

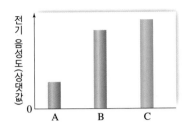

이에 대한 설명으로 옳은 것만을 [보기]에서 있는 대로 고른 것은?

─┤ 보기 ├─
ㄱ. BC_2에서 B와 C는 Ne과 같은 전자 배치를 갖는다.
ㄴ. AC에서 A는 부분적인 양전하(δ^+)를 띤다.
ㄷ. 공유 전자쌍 수는 B_2가 C_2보다 크다.

① ㄱ　　　　② ㄴ　　　　③ ㄱ, ㄷ
④ ㄴ, ㄷ　　　⑤ ㄱ, ㄴ, ㄷ

10 그림은 2주기 원자 X와 Y로 이루어진 분자 XY_3에서 각 원자에 부분적인 전하를 표시한 것이다. XY_3에서 X와 Y는 모두 옥텟 규칙을 만족한다.

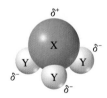

이에 대한 설명으로 옳은 것만을 [보기]에서 있는 대로 고른 것은? (단, X, Y는 임의의 원소 기호이다.)

─┤ 보기 ├─
ㄱ. 원자 번호는 X < Y이다.
ㄴ. 공유 전자쌍 수는 X_2가 Y_2의 3배이다.
ㄷ. XY_3에는 극성 공유 결합이 있다.

① ㄱ　　　　② ㄷ　　　　③ ㄱ, ㄴ
④ ㄴ, ㄷ　　　⑤ ㄱ, ㄴ, ㄷ

11 다음은 원소 X~Z에 대한 자료이다. X~Z는 각각 S, Cl, K 중 하나이다.

• 원자 반지름: X > Y
• 전기 음성도: Z > Y

이에 대한 설명으로 옳은 것만을 [보기]에서 있는 대로 고른 것은?

─┤ 보기 ├─
ㄱ. Z와 X의 원자가 전자 수의 차는 6이다.
ㄴ. YZ_2에는 극성 공유 결합이 있다.
ㄷ. 화합물 XZ에서 결합의 이온성은 0이다.

① ㄱ　　　　② ㄷ　　　　③ ㄱ, ㄴ
④ ㄴ, ㄷ　　　⑤ ㄱ, ㄴ, ㄷ

2021 9월 평가원 7번

12 그림은 1, 2주기 원소 A~C로 이루어진 이온 (가)와 분자 (나)의 루이스 전자점식을 나타낸 것이다.

$$\left[:\overset{\cdot\cdot}{A}:B\right]^{-} \quad B:\overset{\cdot\cdot}{\underset{\cdot\cdot}{C}}:$$
(가)　　　(나)

이에 대한 설명으로 옳은 것만을 [보기]에서 있는 대로 고른 것은? (단, A~C는 임의의 원소 기호이다.)

─┤ 보기 ├─
ㄱ. 1몰에 들어 있는 전자 수는 (가)와 (나)가 같다.
ㄴ. A와 C는 같은 족 원소이다.
ㄷ. AC_2의 $\dfrac{\text{비공유 전자쌍 수}}{\text{공유 전자쌍 수}} = 4$이다.

① ㄱ　　　　② ㄴ　　　　③ ㄷ
④ ㄱ, ㄴ　　　⑤ ㄱ, ㄷ

13 그림은 2주기 원자 X~Z의 루이스 전자점식이다.

$$\cdot \ddot{X} \cdot \qquad \cdot \ddot{Y} \cdot \qquad :\ddot{Z}\cdot$$

이에 대한 설명으로 옳은 것만을 [보기]에서 있는 대로 고른 것은? (단, X~Z는 임의의 원소 기호이다.)

┤ 보기 ├
ㄱ. 공유 전자쌍 수는 X_2가 Y_2보다 크다.
ㄴ. YZ_2에서 Y와 Z는 무극성 공유 결합을 한다.
ㄷ. 결합의 극성은 X−Z가 Y−Z보다 크다.

① ㄱ   ② ㄴ   ③ ㄱ, ㄷ
④ ㄴ, ㄷ   ⑤ ㄱ, ㄴ, ㄷ

2021 6월 평가원 3번

14 그림은 폼산(HCOOH)의 구조식을 나타낸 것이다.

$$\begin{matrix} & & O & & \\ & & \| & & \\ H & - & C & - O - H \end{matrix}$$

HCOOH에서 비공유 전자쌍 수는?

① 1   ② 2   ③ 3
④ 4   ⑤ 5

---

15 그림은 1, 2주기 원소 X~Z로 이루어진 분자 XY_4와 이온 $ZY_4{}^+$을 루이스 전자점식으로 나타낸 것이다.

$$\begin{matrix} & Y & \\ & \vdots & \\ Y & :X: & Y \\ & Y & \end{matrix} \qquad \left[\begin{matrix} & Y & \\ & \vdots & \\ Y & :Z: & Y \\ & Y & \end{matrix}\right]^+$$

이에 대한 설명으로 옳은 것만을 [보기]에서 있는 대로 고른 것은? (단, X~Z는 임의의 원소 기호이다.)

┤ 보기 ├
ㄱ. X와 Y는 2주기 원소이다.
ㄴ. $ZY_4{}^+$에서 Z는 옥텟 규칙을 만족한다.
ㄷ. 공유 전자쌍 수는 Z_2가 Y_2의 3배이다.

① ㄱ   ② ㄷ   ③ ㄱ, ㄴ
④ ㄴ, ㄷ   ⑤ ㄱ, ㄴ, ㄷ

---

16 그림은 2, 3주기 원소 X~Z로 이루어진 3가지 물질을 루이스 전자점식으로 나타낸 것이다. 원자 번호는 X>Z>Y이다.

$$X^{a+}\left[:\ddot{Z}:\right]^{a-} \qquad :\ddot{Y}::\ddot{Y}: \qquad :\ddot{Z}:\ddot{Y}:\ddot{Z}:$$

이에 대한 설명으로 옳은 것만을 [보기]에서 있는 대로 고른 것은? (단, X~Z는 임의의 원소 기호이다.)

┤ 보기 ├
ㄱ. $a=2$이다.
ㄴ. 전기 음성도는 X < Y이다.
ㄷ. YZ_2에서 Y는 부분적인 음전하(δ^-)를 띤다.

① ㄱ   ② ㄴ   ③ ㄱ, ㄷ
④ ㄴ, ㄷ   ⑤ ㄱ, ㄴ, ㄷ

---

17 그림은 1, 2주기 원소 W~Z로 이루어진 분자 (가)와 (나)를 루이스 전자점식으로 나타낸 것이다.

$$W:X::\ddot{Y}: \qquad W:\ddot{Z}:W$$
       (가)   (나)

이에 대한 설명으로 옳은 것만을 [보기]에서 있는 대로 고른 것은? (단, W~Z는 임의의 원소 기호이다.)

┤ 보기 ├
ㄱ. W는 1주기 원소이다.
ㄴ. 공유 전자쌍 수는 Y_2가 W_2의 2배이다.
ㄷ. XZ_2에는 무극성 공유 결합이 있다.

① ㄱ   ② ㄷ   ③ ㄱ, ㄴ
④ ㄴ, ㄷ   ⑤ ㄱ, ㄴ, ㄷ

자료❶

1 그림은 2, 3주기 원자 W~Z의 전기 음성도를 나타낸 것이다. W와 X는 14족, Y와 Z는 17족 원소이다.

2020 6월 평가원 13번

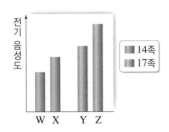

이에 대한 설명으로 옳은 것만을 [보기]에서 있는 대로 고른 것은? (단, W~Z는 임의의 원소 기호이다.)

┤ 보기 ├
ㄱ. W는 3주기 원소이다.
ㄴ. XY_4에는 극성 공유 결합이 있다.
ㄷ. YZ에서 Z는 부분적인 양전하(δ^+)를 띤다.

① ㄱ   ② ㄷ   ③ ㄱ, ㄴ
④ ㄴ, ㄷ   ⑤ ㄱ, ㄴ, ㄷ

2 그림은 할로젠 X~Z의 수소 화합물 HX~HZ에서 X~Z의 원자 번호와 수소 화합물을 이루는 두 원자의 전기 음성도 차를 나타낸 것이다.

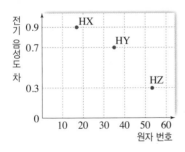

이에 대한 설명으로 옳은 것만을 [보기]에서 있는 대로 고른 것은? (단, X~Z는 임의의 원소 기호이다.)

┤ 보기 ├
ㄱ. X~Z 중 원자 반지름은 X가 가장 크다.
ㄴ. 분자의 쌍극자 모멘트는 HZ가 Z_2보다 크다.
ㄷ. HZ에서 Z는 부분적인 음전하(δ^-)를 띤다.

① ㄱ   ② ㄷ   ③ ㄱ, ㄴ
④ ㄴ, ㄷ   ⑤ ㄱ, ㄴ, ㄷ

3 그림은 리튬(Li), 탄소(C)와 2, 3주기 원자 W~Z의 전기 음성도를, 표는 바닥상태에서 W~Z의 홀전자 수를 나타낸 것이다.

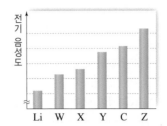

원자	홀전자 수
W	1
X	1
Y	3
Z	2

이에 대한 설명으로 옳은 것만을 [보기]에서 있는 대로 고른 것은? (단, W~Z는 임의의 원소 기호이고, m은 자연수이다.)

┤ 보기 ├
ㄱ. W~Z 중 3주기 원소는 2가지이다.
ㄴ. 옥텟 규칙을 만족하는 CZ_m에는 다중 결합이 있다.
ㄷ. W와 Z로 이루어진 물질은 이온 결합 물질이다.

① ㄱ   ② ㄷ   ③ ㄱ, ㄴ
④ ㄴ, ㄷ   ⑤ ㄱ, ㄴ, ㄷ

4 그림은 단일 결합으로 이루어진 분자 (가)와 (나)의 전하 분포를 모형으로 나타낸 것이다.

이에 대한 설명으로 옳은 것만을 [보기]에서 있는 대로 고른 것은? (단, A, B는 임의의 원소 기호이다.)

┤ 보기 ├
ㄱ. (가)에는 무극성 공유 결합이 있다.
ㄴ. 전기 음성도는 A>B이다.
ㄷ. F_2은 (나)와 같은 결합을 한다.

① ㄱ   ② ㄷ   ③ ㄱ, ㄴ
④ ㄴ, ㄷ   ⑤ ㄱ, ㄴ, ㄷ

5 그림은 2주기 원자 A, B와 3주기 원자 C의 루이스 전자점식을 나타낸 것이다.

$$A\cdot \qquad :\overset{..}{\underset{..}{B}}\cdot \qquad :\overset{..}{\underset{..}{C}}\cdot$$

이에 대한 설명으로 옳은 것만을 [보기]에서 있는 대로 고른 것은? (단, A~C는 임의의 원소 기호이다.)

> ── 보기 ──
> ㄱ. B_2에는 무극성 공유 결합이 있다.
> ㄴ. BC에서 C는 부분적인 양전하(δ^+)를 띤다.
> ㄷ. 결합의 이온성은 AC가 BC보다 크다.

① ㄱ ② ㄴ ③ ㄱ, ㄷ
④ ㄴ, ㄷ ⑤ ㄱ, ㄴ, ㄷ

자료④ **2018 9월 평가원 5번**

6 다음은 단일 결합으로 구성된 분자에서 극성 공유 결합의 특성에 대해 학생 A가 가설을 세우고 수행한 활동이다.

> [가설]
> • 극성 공유 결합에서 〔 ㉠ 〕
>
> [활동]
> • H, F, Cl의 전기 음성도를 찾아 크기를 비교한다.
> • HF, HCl, ClF의 부분적인 양전하(δ^+)와 부분적인 음전하(δ^-)가 표시된 그림을 찾는다.
>
> [결과]
> • 전기 음성도의 크기: F>Cl>H
> • HF, HCl, ClF에서 δ^+와 δ^-가 표시된 그림
>
>

학생 A의 가설이 옳다는 결론을 얻었을 때, ㉠으로 가장 적절한 것은?

① 크기가 더 작은 원자가 부분적인 양전하(δ^+)를 띤다.
② 전기 음성도가 더 큰 원자가 부분적인 음전하(δ^-)를 띤다.
③ Cl는 어떤 원자와 결합하여도 부분적인 음전하(δ^-)를 띤다.
④ 원자 간 원자량 차가 커지면 전기 음성도 차는 커진다.
⑤ 전기 음성도의 차가 커지면 부분적인 전하의 크기는 작아진다.

---

7 다음은 2, 3주기 원자 X~Z의 루이스 전자점식과 분자 (가)~(다)에 대한 자료이다. (가)~(다)를 구성하는 모든 원자는 옥텟 규칙을 만족하며, (나)의 분자당 구성 원자 수는 3 이하이다.

> • X~Z의 루이스 전자점식
>
> $$:\overset{..}{\underset{..}{X}}\cdot \qquad \cdot\overset{..}{Y}\cdot \qquad :\overset{..}{\underset{..}{Z}}\cdot$$
>
> • (가)~(다)에 대한 자료
>
> | 분자 | (가) | (나) | (다) |
> |---|---|---|---|
> | 원소의 종류 | X | X, Y | Y, Z |
> | 분자 1몰에 들어 있는 전자의 양(mol) | 18 | 34 | 50 |

이에 대한 설명으로 옳은 것만을 [보기]에서 있는 대로 고른 것은? (단, X~Z는 임의의 원소 기호이다.)

> ── 보기 ──
> ㄱ. 분자식을 구성하는 원자 수는 (나)<(다)이다.
> ㄴ. (나)에는 무극성 공유 결합이 있다.
> ㄷ. (다)에서 Y는 부분적인 양전하(δ^+)를 띤다.

① ㄱ ② ㄷ ③ ㄱ, ㄴ
④ ㄴ, ㄷ ⑤ ㄱ, ㄴ, ㄷ

---

8 그림은 원자 A~C의 전자 배치와 A와 C가 각각 B와 결합하여 형성되는 화합물을 나타낸 것이다.

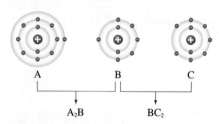

이에 대한 설명으로 옳은 것만을 [보기]에서 있는 대로 고른 것은? (단, A~C는 임의의 원소 기호이다.)

> ── 보기 ──
> ㄱ. A_2B와 BC_2에서 모든 원자는 옥텟 규칙을 만족한다.
> ㄴ. BC_2에는 극성 공유 결합이 있다.
> ㄷ. 결합의 이온성은 BC_2가 A_2B보다 크다.

① ㄱ ② ㄷ ③ ㄱ, ㄴ
④ ㄴ, ㄷ ⑤ ㄱ, ㄴ, ㄷ

9 그림은 수소(H)와 2주기 원자 X~Z로 이루어진 분자 (가)와 (나)의 루이스 구조이다. (가)와 (나)에서 X~Z는 모두 옥텟 규칙을 만족한다.

$$H-X\equiv Y \qquad H-\underset{\overset{\|}{X}}{Z}-H$$

(가)   (나)

이에 대한 설명으로 옳은 것만을 [보기]에서 있는 대로 고른 것은? (단, X~Z는 임의의 원소 기호이다.)

――― 보기 ―――
ㄱ. 공유 전자쌍 수는 (가)가 (나)보다 크다.
ㄴ. 비공유 전자쌍 수는 (나)가 (가)보다 크다.
ㄷ. (가)와 (나)에는 모두 극성 공유 결합이 있다.

① ㄱ   ② ㄴ   ③ ㄱ, ㄷ
④ ㄴ, ㄷ   ⑤ ㄱ, ㄴ, ㄷ

2021 수능 9번

10 그림은 화합물 WX와 WYZ를 화학 결합 모형으로 나타낸 것이다.

W   X   W   Y   Z

이에 대한 설명으로 옳은 것만을 [보기]에서 있는 대로 고른 것은? (단, W~Z는 임의의 원소 기호이다.)

――― 보기 ―――
ㄱ. WX에서 W는 부분적인 양전하(δ^+)를 띤다.
ㄴ. 전기 음성도는 Z > Y이다.
ㄷ. YW₄에는 극성 공유 결합이 있다.

① ㄱ   ② ㄷ   ③ ㄱ, ㄴ
④ ㄴ, ㄷ   ⑤ ㄱ, ㄴ, ㄷ

---

11 그림은 1, 2주기 원소 A~C로 이루어진 물질의 화학 결합 모형이고, 표는 물질 (가)~(다)를 구성하는 원자 수에 대한 자료이다.

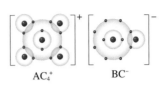

AC₄⁺   BC⁻

물질	구성 원자 수		
	A	B	C
(가)	0	1	2
(나)	1	0	3
(다)	0	2	0

이에 대한 설명으로 옳은 것만을 [보기]에서 있는 대로 고른 것은? (단, A~C는 임의의 원소 기호이다.)

――― 보기 ―――
ㄱ. 전기 음성도는 A가 B보다 크다.
ㄴ. (다)에는 무극성 공유 결합이 있다.
ㄷ. 비공유 전자쌍 수는 (가)가 (나)의 2배이다.

① ㄱ   ② ㄴ   ③ ㄱ, ㄷ
④ ㄴ, ㄷ   ⑤ ㄱ, ㄴ, ㄷ

자료 ❸   2020 수능 4번

12 그림은 2주기 원소 X~Z로 이루어진 분자 (가)와 (나)를 루이스 전자점식으로 나타낸 것이다.

:X⠿X: :Z̈:Ÿ:Z̈:

(가)   (나)

이에 대한 설명으로 옳은 것만을 [보기]에서 있는 대로 고른 것은? (단, X~Z는 임의의 원소 기호이다.)

――― 보기 ―――
ㄱ. (가)의 쌍극자 모멘트는 0이다.
ㄴ. 공유 전자쌍 수는 (나) > (가)이다.
ㄷ. Z₂에는 다중 결합이 있다.

① ㄱ   ② ㄴ   ③ ㄱ, ㄷ
④ ㄴ, ㄷ   ⑤ ㄱ, ㄴ, ㄷ

분자의 구조와 성질

>> 핵심 짚기
- 전자쌍 반발 이론
- 극성 분자와 무극성 분자
- 분자의 구조와 결합각
- 극성 분자와 무극성 분자의 성질

A 분자의 구조

1 전자쌍 반발 이론 분자에서 중심 원자 주위에 있는 전자쌍들은 모두 음전하를 띠고 있으므로 정전기적 반발력이 작용하여 가능하면 서로 멀리 떨어져 있으려고 한다는 이론

① **전자쌍 반발 이론에 따른 전자쌍의 배열**: 중심 원자 주위에 있는 전자쌍의 수에 따라 전자쌍의 배치가 달라지며, 이를 이용하면 분자의 구조를 예측할 수 있다.

전자쌍	2개	3개	4개
풍선 모형	중심 원자 / 전자쌍		
전자쌍의 배치와 결합각❶	180°	120°	109.5°
분자 구조	직선형	평면 삼각형	정사면체

'선형'이라고도 한다.

② **전자쌍 사이의 반발력 크기**: 비공유 전자쌍 사이의 반발력은 공유 전자쌍 사이의 반발력보다 크다. ➡ 비공유 전자쌍은 중심 원자에만 속해 있고, 공유 전자쌍은 2개의 원자가 공유하고 있으므로 중심 원자에서 비공유 전자쌍이 더 큰 공간을 차지하기 때문이다.❷

비공유 전자쌍 사이의 반발력	>	공유 전자쌍 – 비공유 전자쌍 사이의 반발력	>	공유 전자쌍 사이의 반발력

2 분자의 구조

① **2원자 분자의 경우**: 2개의 원자가 결합하고 있으므로 분자의 구조는 항상 직선형이다.
  예 플루오린화 수소(HF), 질소(N_2) 등

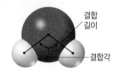

② **중심 원자에 공유 전자쌍만 있는 경우**: 중심 원자 주위의 공유 전자쌍 수에 따라 분자의 구조가 달라진다.

공유 전자쌍	2개	3개	4개
예	플루오린화 베릴륨(BeF_2)	삼염화 붕소(BCl_3)	메테인(CH_4)
루이스 전자점식과 루이스 구조	:F:Be:F: F–Be–F	:Cl: :Cl:B:Cl: Cl / Cl–B–Cl / Cl	H / H:C:H / H H / H–C–H / H
분자 모형과 결합각	180° F–Be–F	Cl / B / Cl Cl 120°	109.5° C (H H H H)
분자 구조	직선형 ——• 평면 구조 •—— 평면 삼각형		정사면체 —• 입체 구조

PLUS 강의 ⊕

❶ 결합각과 결합 길이
분자의 결합각은 전자쌍 반발 이론에 의해 결정되며, 분자 구조를 결정하는 데 중요한 요소이다.

결합 길이 / 결합각

- **결합각**: 분자에서 중심 원자의 원자핵과 중심 원자에 결합한 두 원자의 원자핵을 선으로 연결했을 때 생기는 내각
- **결합 길이**: 결합하고 있는 두 원자의 원자핵 사이의 거리

❷ 전자쌍이 차지하는 공간의 크기

핵 / 공유 전자쌍 / 핵 / 비공유 전자쌍

공유 전자쌍은 두 원자핵이 함께 공유하는 반면, 비공유 전자쌍은 어느 한 원자에만 속해 있으므로 비공유 전자쌍은 공유 전자쌍에 비해 더 넓은 공간을 차지한다.

③ 중심 원자에 비공유 전자쌍이 있는 경우: 중심 원자 주위에 전체 전자쌍을 배치한 후, 비공유 전자쌍을 제외한 공유 전자쌍의 배열로 구조를 결정한다.❸

전자쌍	공유 전자쌍 3개/비공유 전자쌍 1개	공유 전자쌍 2개/비공유 전자쌍 2개
예	암모니아(NH_3)	물(H_2O)
루이스 전자점식과 루이스 구조	H:N̈:H H−N−H 　　　　　　　　　　｜ 　　H　　　　　　　　H	H:Ö: H−O 　　̈　　　　　　｜ 　H　　　　　　H
분자 모형과 결합각	107°	104.5°
분자 구조	삼각뿔형 → 입체 구조	굽은 형 → 평면 구조

❸ 중심 원자가 같은 족 원소인 분자들의 구조와 결합각
중심 원자가 같은 족 원소인 경우 중심 원자 주위에 있는 전자쌍의 종류와 수가 같으므로 분자의 구조는 같다. 그러나 중심 원자의 전기 음성도가 다르므로 결합각은 다르다.
예 NH_3와 PH_3의 분자 구조는 삼각뿔형으로 같지만 결합각은 각각 107°, 93.5°이다.

④ 중심 원자에 다중 결합이 있는 경우: 다중 결합에 포함된 공유 전자쌍은 단일 결합과 같은 1개의 전자쌍으로 취급하여 분자의 구조를 결정한다.

예	이산화 탄소(CO_2)	사이안화 수소(HCN)	폼알데하이드(HCHO)
루이스 전자점식과 루이스 구조	:Ö::C::Ö: O=C=O	H:C⋮⋮N: H−C≡N	:O: :: H:C:H H−C−H (O=)
분자 모형과 결합각	180°	180°	122°, 116°
분자 구조	직선형	직선형	평면 삼각형

📖 정답과 해설 67쪽

개념 확인

(1) 다음은 전자쌍 반발 이론에 대한 설명이다. (　) 안에 알맞은 말을 쓰시오.
　① 중심 원자 주위에 있는 전자쌍들은 서로 (　　　)하여 가능한 (　　　) 떨어져 있으려고 한다.
　② 중심 원자에 전자쌍이 2개 있을 때 중심 원자를 기준으로 (　　　)으로 배열될 때 전자쌍 사이의 반발력이 최소가 된다.
　③ 중심 원자에 전자쌍이 3개 있을 때 중심 원자를 기준으로 (　　　)으로 배열될 때 전자쌍 사이의 반발력이 최소가 된다.
　④ 중심 원자에 전자쌍이 4개 있을 때 중심 원자를 기준으로 (　　　)로 배열될 때 전자쌍 사이의 반발력이 최소가 된다.

(2) 그림은 고무풍선의 매듭을 묶어 고무풍선들이 가장 멀리 떨어지도록 배치한 것이다. (　) 안에 알맞은 말을 쓰시오.
　① 고무풍선은 (　　　)을 비유한 것이다.
　② (가)에서 중심 원자 주위에 있는 전자쌍 수는 (　　　)이다.
　③ (가)~(다) 중 중심 원자에 있는 전자쌍 수는 (　　　)가 가장 크다.

(가) (나) (다)

(3) 다음은 분자 구조에 대한 설명이다. (　) 안에 알맞은 말을 쓰거나 고르시오.
　① 중심 원자의 공유 전자쌍 수가 4, 중심 원자에 결합한 원자 수가 4인 분자의 구조는 (　　　)이다.
　② NF_3의 분자 구조는 (　　　)이다.
　③ 결합각은 NH_3가 H_2O보다 (크다, 작다).

12. 분자의 구조와 성질

B 분자의 극성 ❶

1 무극성 분자 분자 안에 전하가 고르게 분포하여 부분적인 전하를 띠지 않는 분자
   ① 2원자 분자인 경우: 전기 음성도가 같은 두 원자가 결합한 분자 예 H_2, N_2 등
   ② 다원자 분자인 경우: 분자의 구조가 대칭을 이루어 결합의 쌍극자 모멘트 합이 0이 되는 분자

예	플루오린화 베릴륨 (BeF_2)	이산화 탄소 (CO_2)	삼염화 붕소 (BCl_3)	메테인 (CH_4)
분자 모형	F—Be—F	O=C=O	Cl, B, Cl, Cl	H, C, H, H, H
분자 구조	직선형	직선형	평면 삼각형	정사면체
결합의 극성	Be—F ➡ 극성 공유 결합	C=O ➡ 극성 공유 결합	B—Cl ➡ 극성 공유 결합	C—Cl ➡ 극성 공유 결합

2 극성 분자 분자 안에 전하가 고르게 분포하지 않고 한쪽으로 치우쳐서 부분적인 양전하와 음전하를 띠는 분자
   ① 2원자 분자인 경우: 전기 음성도가 다른 두 원자가 결합한 분자 예 HCl, HF 등
   ② 다원자 분자인 경우: 분자의 구조가 비대칭이어서 결합의 쌍극자 모멘트 합이 0이 아닌 분자 ❷

예	물 (H_2O)	사이안화 수소 (HCN)	암모니아 (NH_3)	클로로메테인 (CH_3Cl)
분자 모형	O, H, H	H—C≡N	N, H, H, H	Cl, C, H, H, H
분자 구조	굽은 형	직선형	삼각뿔형	사면체
결합의 극성	O—H ➡ 극성 공유 결합	C—H, C≡N ➡ 극성 공유 결합	N—H ➡ 극성 공유 결합	C—H, C—Cl ➡ 극성 공유 결합

C 분자의 극성에 따른 성질

1 대전체의 영향 액체 상태의 극성 분자는 (+)대전체나 (−)대전체에 끌리지만 액체 상태의 무극성 분자는 대전체에 끌리지 않는다. ❸

2 전기장 속에서의 배열 기체 상태의 극성 분자는 전기장 속에서 일정한 방향으로 배열하지만, 무극성 분자는 무질서하게 배열한다.

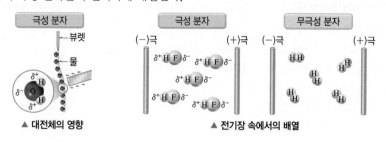

▲ 대전체의 영향   ▲ 전기장 속에서의 배열

---

❶ 분자의 극성 판단하기

루이스 전자점식 또는 루이스 구조 그리기
↓
분자 구조 파악하기
↓
각 결합의 쌍극자 모멘트 표시하기
↓

결합의 쌍극자 모멘트 합 = 0	결합의 쌍극자 모멘트 합 ≒ 0
무극성 분자	극성 분자

❷ 전자쌍 반발로 알아보는 아세트산 분자의 구조와 극성

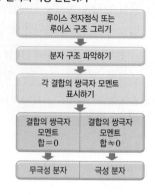

❶번 탄소 원자 주위에는 비공유 전자쌍이 없고 결합한 원자가 4개이므로 ❶번 탄소 원자에 배열한 4개의 원자는 사면체로 배열한다.
❷번 탄소 원자 주위에는 비공유 전자쌍이 없고 결합한 원자가 3개이므로 ❷번 탄소 원자에 배열한 3개의 원자는 평면 삼각형으로 배열한다.
따라서 아세트산 분자에서 구성 원자는 같은 평면에 있지 않으므로 아세트산은 입체 구조이다.

❸ 대전체를 가까이 할 때 물 분자의 배열
물줄기에 (+)전하를 띠는 대전체를 가져가면 부분적인 음전하(δ^-)를 띠는 산소 원자 쪽이 대전체 쪽으로 배열하고, (−)전하를 띠는 대전체를 가져가면 부분적인 양전하(δ^+)를 띠는 수소 원자 쪽이 대전체 쪽으로 배열한다.

3 용해성 극성 물질은 극성 용매에, 무극성 물질은 무극성 용매에 잘 용해된다.

예 • 에탄올, 설탕 등과 같은 극성 물질은 극성 용매인 물에 잘 용해된다.
 • 무극성 물질인 n-헥세인과 벤젠은 서로 잘 섞인다.

탐구 자료 분자의 극성과 용해성

물과 n-헥세인이 층을 이루고 있는 시험관에 염화 구리
(Ⅱ) 이수화물($CuCl_2 \cdot 2H_2O$)을 넣고 섞은 뒤 변화를 관
찰하였더니 물 층만 푸른색으로 변하였다.

1. **물과 n-헥세인이 층을 이루는 까닭**: 극성 물질인 물과 무극성 물질인 n-헥세인이 서로 섞이지 않
기 때문이다. 이때 밀도가 큰 물은 아래층에, 밀도가 작은 n-헥세인은 위층에 놓인다.

2. **물 층은 푸른색을 띠고, n-헥세인 층은 색을 띠지 않는 까닭**: 이온 결합 물질인 염화 구리(Ⅱ) 이수
화물은 극성 용매인 물에는 잘 녹지만, 무극성 용매인 n-헥세인에는 잘 녹지 않기 때문이다.

4 녹는점과 끓는점 분자량이 비슷한 경우 극성 물질의 녹는점과 끓는점은 무극성 물질보
다 높다. ➡ 극성 분자는 부분적인 전하 사이에 정전기적 인력이 작용하므로 무극성 분자
보다 분자 사이에 작용하는 힘이 크기 때문이다.

구분		분자량	녹는점(°C)	끓는점(°C)
무극성 물질	메테인(CH_4)	16	−183	−161
극성 물질	암모니아(NH_3)	17	−78	−33

📖 정답과 해설 67쪽

**개념
확인**

(4) 다음은 분자의 극성에 대한 설명이다. (   ) 안에 알맞은 말을 고르시오.
 ① 무극성 공유 결합이 있는 2원자 분자는 (극성, 무극성) 분자이다.
 ② 극성 공유 결합이 있고, 분자의 쌍극자 모멘트가 0인 분자는 (극성, 무극성) 분자이다.
 ③ 극성 물질은 (물, 벤젠)에 잘 녹는다.
 ④ 염화 수소 기체는 전기장에서 분자들의 배열이 (규칙적, 불규칙적)이다.
 ⑤ 가늘게 흐르는 물줄기에 (+)대전체를 가까이 가져가면 물 분자의 (수소, 산소) 원자 쪽이 (+)대전체 쪽으로 끌린다.

(5) 다음은 몇 가지 물질의 화학식을 나타낸 것이다.

> (가) H_2O (나) CO_2 (다) CH_4 (라) BeF_2 (마) NH_3

 ① 대칭 구조인 분자를 있는 대로 고르시오.
 ② 결합의 쌍극자 모멘트 합이 0이 아닌 분자를 있는 대로 고르시오.
 ③ 기체 상태일 때, 전기장 안에서 일정한 방향으로 배열하는 분자를 있는 대로 고르시오.

(6) 그림은 3가지 분자 (가)~(다)의 구조를 모형으로 나타낸 것이다. (   ) 안에 알맞은 말을 쓰거나 고르시오.

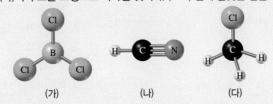

(가)   (나)   (다)

 ① (가)의 분자 구조는 (   )이다.
 ② (나)를 전기장에 넣으면 수소 원자는 ((+), (−))극 쪽을 향하면서 규칙적으로 배열한다.
 ③ (다)는 (극성, 무극성) 분자이다.

2018 ● 수능 6번

자료❶ 전자쌍 반발 이론

[탐구 목적]

풍선으로 만든 전자쌍 모형에서 풍선의 배열 모습을 통해 중심 원자의 전자쌍이 각각 2개인 분자와 3개인 분자의 구조를 예측한다.

[탐구 과정 및 결과]

같은 크기의 풍선 2개와 3개를 각각 매듭끼리 묶었더니 풍선이 각각 직선형과 평면 삼각형 모양으로 배열되었다.

[결론]

• 분자에서 중심 원자의 전자쌍은 풍선의 배열과 마찬가지로 [㉠]

• $BeCl_2$의 분자 구조는 직선형, [㉡]의 분자 구조는 평면 삼각형임을 예측할 수 있다.

1. ㉠은 '가능한 한 멀리 떨어져 있으려 한다.'가 적절하다. (○, ×)
2. ㉡으로 NH_3가 적절하다. (○, ×)
3. CH_4의 분자 구조를 예측하려면 풍선 4개를 묶어야 한다.

(○, ×)

2021 ● 6월 평가원 6번

자료❷ 분자 구조

그림은 분자 (가)~(다)의 구조식을 나타낸 것이다.

$$H-C\equiv N \qquad F-\underset{\underset{F}{|}}{B}-F \qquad F-\underset{\underset{F}{|}}{\overset{\overset{F}{|}}{C}}-F$$

(가) (나) (다)

1. (가)의 분자 구조는 굽은 형이다. (○, ×)
2. (나)의 결합의 쌍극자 모멘트 합은 0이다. (○, ×)
3. (다)의 분자 구조는 정사면체이다. (○, ×)
4. 결합각은 (나)<(다)이다. (○, ×)
5. (나)는 평면 구조이다. (○, ×)
6. (다)의 분자의 쌍극자 모멘트는 0이 아니다. (○, ×)

2020 ● 9월 평가원 9번

자료❸ 분자 구조와 성질에 따른 분류

다음은 3가지 분자 Ⅰ~Ⅲ에 대한 자료이다.

• 분자식

Ⅰ	Ⅱ	Ⅲ
CH_4	NH_3	HCN

• Ⅰ~Ⅲ의 특징을 나타낸 벤 다이어그램

(가): Ⅰ과 Ⅱ만의 공통된 특성
(나): Ⅰ과 Ⅲ만의 공통된 특성
(다): Ⅱ과 Ⅲ만의 공통된 특성

1. '단일 결합만 존재한다.'는 (가)에 속한다. (○, ×)
2. '평면 구조이다.'는 (나)에 속한다. (○, ×)
3. '공유 전자쌍 수가 4이다.'는 (다)에 속한다. (○, ×)
4. '무극성 분자이다.'는 (다)에 속한다. (○, ×)
5. '비공유 전자쌍 수는 1이다.'는 (다)에 속한다. (○, ×)

2020 ● 수능 11번

자료❹ 분자의 구조와 극성에 따른 분류

그림은 4가지 분자를 주어진 기준에 따라 분류한 것이다. ㉠~㉢은 각각 CO_2, FCN, NH_3 중 하나이다.

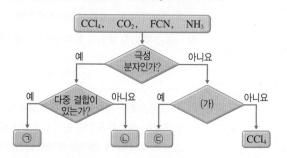

1. '분자 모양이 직선형인가?'는 (가)로 적절하다. (○, ×)
2. ㉠의 분자 구조는 굽은 형이다. (○, ×)
3. ㉡은 평면 구조이다. (○, ×)
4. ㉢에는 2중 결합이 있다. (○, ×)
5. 결합각은 ㉡>㉢이다. (○, ×)

1 그림은 풍선으로 만든 전자쌍 모형에서 풍선의 배열 모습을 나타낸 것이다.

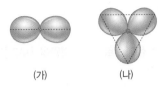

(가)   (나)

(1) 풍선은 무엇을 비유적으로 나타낸 것인지 쓰시오.

(2) (가)에서 풍선이 직선형으로 배열한 까닭을 쓰시오.

(3) BCl_3에서의 전자쌍 배열에 비유할 수 있는 것을 (가)와 (나) 중에서 고르시오.

(4) CH_4의 분자 구조를 예측하기 위해 필요한 풍선의 개수를 쓰시오.

2 그림은 4가지 분자를 루이스 전자점식으로 나타낸 것이다.

:F̈:Be:F̈:   :Ö::C::Ö: H:C⋮⋮N: O 위에 C 아래 H H

(가)   (나)   (다)   (라)

(1) 구성 원자가 직선형으로 배열하는 분자를 모두 고르시오.

(2) 분자 구조가 평면 구조인 것을 모두 고르시오.

(3) 분자의 쌍극자 모멘트가 0인 분자를 모두 고르시오.

3 그림은 2가지 분자의 분자 구조를 모형으로 나타낸 것이다.

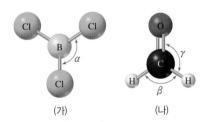

(가)   (나)

( ) 안에 알맞은 말을 쓰시오.

(1) (가)에는 극성 공유 결합이 있지만 분자 구조가 (   )으로 결합의 극성이 상쇄되므로 (   ) 분자이다.

(2) (가)에서 α는 (   )°이다.

(3) (나)에서 (   ) 결합은 (   ) 결합보다 전자 밀도가 크므로 결합각은 (   )가 (   ) 보다 크다.

4 다음은 분자의 극성에 대한 설명이다. ㉠과 ㉡에서 틀린 부분을 고르시오.

무극성 공유 결합만 있는 분자는 모두 ㉠무극성 분자이고, 극성 공유 결합이 있는 분자는 모두 ㉡극성 분자이다.

5 다음은 물질의 용해와 관련된 실험이다.

[실험 과정]

(가) 4개의 시험관 A~D를 준비하여 A와 B에는 물(H_2O) 5 mL씩, C와 D에는 사염화 탄소(CCl_4) 5 mL씩을 넣는다.

(나) A와 C에는 황산 구리(Ⅱ)($CuSO_4$) 1 g씩을, B와 D에는 아이오딘(I_2) 1 g씩을 넣고 잘 흔들어 준다.

[실험 결과]

시험관	A	B	C	D
결과	㉠	㉡	㉢	㉣

㉠~㉣에 '잘 녹음' 또는 '잘 녹지 않음' 중 하나를 골라 쓰시오.

6 표는 몇 가지 분자에 대한 자료이다.

물질	성질	분자량	끓는점(℃)
CH_4	무극성	16	−162
H_2O	극성	18	100
O_2	무극성	32	−183
HCl	극성	36.5	㉠

( ) 안에 알맞은 말을 쓰시오.

(1) 분자량이 비슷한 경우 (   ) 물질은 (   ) 물질보다 분자 사이의 인력이 커서 끓는점이 (   )다.

(2) ㉠은 −183보다 (   )다.

7 그림은 분자 X를 전기장에 넣었을 때 배열 모습을 모형으로 나타낸 것이다. X에 대한 설명으로 옳은 것만을 [보기]에서 있는 대로 고르시오.

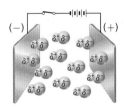

| 보기 |

ㄱ. 대칭적인 분자 구조를 갖는다.

ㄴ. 무극성 공유 결합만 있다.

ㄷ. 벤젠보다 물에 잘 녹는다.

자료❶
2018 수능 6번

1 다음은 풍선으로 만든 전자쌍 모형을 이용하여 분자 구조를 알아보는 탐구 활동이다.

[탐구 목적]
풍선으로 만든 전자쌍 모형에서 풍선의 배열 모습을 통해 중심 원자의 전자쌍이 각각 2개인 분자와 3개인 분자의 구조를 예측한다.

[탐구 과정 및 결과]
같은 크기의 풍선 2개와 3개를 각각 매듭끼리 묶었더니 풍선이 그림과 같이 각각 직선형과 평면 삼각형 모양으로 배열되었다.

[결론]
• 분자에서 중심 원자의 전자쌍은 풍선의 배열과 마찬가지로 ⑤ 이다.
• $BeCl_2$의 분자 구조는 직선형, ⑥ 의 분자 구조는 평면 삼각형임을 예측할 수 있다.

이에 대한 설명으로 옳은 것만을 [보기]에서 있는 대로 고른 것은?

┤ 보기 ├
ㄱ. '가능한 한 서로 멀리 떨어져 있으려 한다.'는 ⑤으로 적절하다.
ㄴ. 'BCl_3'는 ⑥으로 적절하다.
ㄷ. CH_4의 분자 구조를 예측하기 위해 매듭끼리 묶어야 하는 풍선은 5개이다.

① ㄱ   ② ㄷ   ③ ㄱ, ㄴ
④ ㄴ, ㄷ   ⑤ ㄱ, ㄴ, ㄷ

2 다음은 3가지 분자의 분자식이다.

H_2O CH_4 BCl_3

분자의 결합각 크기를 비교한 것으로 옳은 것은?

① $BCl_3 > CH_4 > H_2O$ ② $BCl_3 > H_2O > CH_4$
③ $H_2O > CH_4 > BCl_3$ ④ $H_2O > BCl_3 > CH_4$
⑤ $CH_4 > BCl_3 > H_2O$

자료❷
2021 6월 평가원 6번

3 그림은 분자 (가)~(다)의 구조식을 나타낸 것이다.

$$H-C\equiv N \qquad F-B-F \qquad F-C-F$$

(가)   (나)   (다)

이에 대한 설명으로 옳은 것만을 [보기]에서 있는 대로 고른 것은?

┤ 보기 ├
ㄱ. (가)의 분자 모양은 굽은 형이다.
ㄴ. (나)는 무극성 분자이다.
ㄷ. 결합각은 (나) > (다)이다.

① ㄱ   ② ㄴ   ③ ㄷ
④ ㄱ, ㄴ   ⑤ ㄴ, ㄷ

4 그림은 BCl_3, NH_3의 결합각을 기준으로 분류한 영역 I ~ III을 나타낸 것이다. α, β는 각각 BCl_3, NH_3의 결합각 중 하나이다.

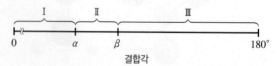

이에 대한 설명으로 옳은 것만을 [보기]에서 있는 대로 고른 것은?

┤ 보기 ├
ㄱ. α는 120°이다.
ㄴ. H_2O의 결합각은 I 영역에 속한다.
ㄷ. CF_4의 결합각은 II 영역에 속한다.

① ㄱ   ② ㄴ   ③ ㄷ
④ ㄱ, ㄴ   ⑤ ㄴ, ㄷ

5 그림은 2주기 원자 X~Z로 이루어진 분자 (가)~(다)를 루이스 전자점식으로 나타낸 것이다.

$$
\begin{array}{ccc}
\ddot{:}\!X\!\ddot{:} & & \\
\ddot{:}\!X\!:\!Y\!:\!X\!\ddot{:} & \ddot{:}\!\ddot{Z}\!::\!Y\!::\!\ddot{Z}\!: & \ddot{:}\!X\!:\!\ddot{Z}\!:\!X\!\ddot{:} \\
\ddot{:}\!X\!\ddot{:} & & \\
\text{(가)} & \text{(나)} & \text{(다)}
\end{array}
$$

이에 대한 설명으로 옳은 것만을 [보기]에서 있는 대로 고른 것은? (단, X~Z는 임의의 원소 기호이다.)

———| 보기 |———
ㄱ. (가)의 분자 구조는 정사면체이다.
ㄴ. 결합각은 (나)>(다)이다.
ㄷ. (다)에서 구성 원자는 모두 같은 평면에 있다.

① ㄱ   ② ㄷ   ③ ㄱ, ㄴ
④ ㄴ, ㄷ   ⑤ ㄱ, ㄴ, ㄷ

2021 수능 6번

6 그림은 분자 (가)~(다)의 구조식을 나타낸 것이다.

$$
\begin{array}{ccc}
& & F \\
& & | \\
O=C=O & F-N-F & F-C-F \\
& | & | \\
& F & F \\
\text{(가)} & \text{(나)} & \text{(다)}
\end{array}
$$

(가)~(다)에 대한 설명으로 옳은 것만을 [보기]에서 있는 대로 고른 것은?

———| 보기 |———
ㄱ. 극성 분자는 2가지이다.
ㄴ. 결합각은 (가)가 가장 크다.
ㄷ. 중심 원자에 비공유 전자쌍이 존재하는 분자는 2가지이다.

① ㄱ   ② ㄴ   ③ ㄷ
④ ㄱ, ㄴ   ⑤ ㄴ, ㄷ

---

7 그림은 4가지 물질을 주어진 기준에 따라 분류한 것이다.

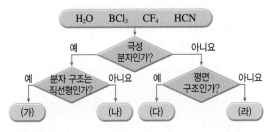

이에 대한 설명으로 옳은 것만을 [보기]에서 있는 대로 고른 것은?

———| 보기 |———
ㄱ. (가)는 HCN이다.
ㄴ. (다)에는 극성 공유 결합이 있다.
ㄷ. 결합각은 (라)>(나)이다.

① ㄱ   ② ㄷ   ③ ㄱ, ㄴ
④ ㄴ, ㄷ   ⑤ ㄱ, ㄴ, ㄷ

2019 9월 평가원 9번

8 그림은 4가지 분자를 3가지 분류 기준 (가)~(다)로 분류한 것이다. ㉠~㉣은 각각 C_2H_2, $COCl_2$, FCN, N_2 중 하나이고, A~C는 각각 (가)~(다) 중 하나이다.

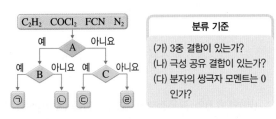

A~C로 옳은 것은?

	A	B	C
①	(가)	(다)	(나)
②	(나)	(가)	(다)
③	(나)	(다)	(가)
④	(다)	(가)	(나)
⑤	(다)	(나)	(가)

9 표는 2주기 원자 X~Z로 이루어진 분자 (가)~(다)를 구성하는 원자의 루이스 전자점식과 분자를 구성하는 원자 수를 나타낸 것이다. (가)~(다)에서 모든 원자는 옥텟 규칙을 만족한다.

분자	구성 원자 수		
	$\cdot \overset{\cdot}{X} \cdot$	$\cdot \overset{\cdot}{\underset{\cdot\cdot}{Y}} \cdot$	$: \overset{\cdot\cdot}{\underset{\cdot\cdot}{Z}} :$
(가)	1	1	2
(나)	1	2	0
(다)	2	0	2

이에 대한 설명으로 옳은 것만을 [보기]에서 있는 대로 고른 것은? (단, X~Z는 임의의 원소 기호이다.)

— 보기 —
ㄱ. (가)에는 다중 결합이 있다.
ㄴ. (다)에는 무극성 공유 결합이 있다.
ㄷ. (가)~(다) 중 극성 분자는 2가지이다.

① ㄱ ② ㄷ ③ ㄱ, ㄴ
④ ㄴ, ㄷ ⑤ ㄱ, ㄴ, ㄷ

10 그림 (가)와 (나)는 CO_2와 BCl_3를 루이스 전자점식으로 나타낸 것이다.

$$: \overset{\cdot\cdot}{O} :: C :: \overset{\cdot\cdot}{O} : \qquad : \overset{\cdot\cdot}{\underset{\cdot\cdot}{Cl}} : B : \overset{\cdot\cdot}{\underset{\cdot\cdot}{Cl}} :$$
(가) (나)

(가)와 (나)의 공통점으로 옳은 것만을 [보기]에서 있는 대로 고른 것은?

— 보기 —
ㄱ. 극성 공유 결합이 있다.
ㄴ. 중심 원자는 옥텟 규칙을 만족한다.
ㄷ. 무극성 분자이다.

① ㄴ ② ㄷ ③ ㄱ, ㄴ
④ ㄱ, ㄷ ⑤ ㄱ, ㄴ, ㄷ

11 다음은 2주기 원소 W~Z로 이루어진 분자 (가)~(다)의 분자식을 나타낸 것이다. 전기 음성도는 $X > Y > W$이고, 분자 내 모든 원자는 옥텟 규칙을 만족한다.

$$WX_2 \qquad YZ_3 \qquad XZ_2$$
(가) (나) (다)

이에 대한 설명으로 옳은 것만을 [보기]에서 있는 대로 고른 것은? (단, W~Z는 임의의 원소 기호이다.)

— 보기 —
ㄱ. (가)에는 공유 전자쌍이 2개 있다.
ㄴ. (가)~(다) 중 극성 분자는 2가지이다.
ㄷ. Y_2에는 다중 결합이 있다.

① ㄱ ② ㄴ ③ ㄷ
④ ㄱ, ㄷ ⑤ ㄴ, ㄷ

12 그림은 2주기 원소 X, Y의 염소 화합물의 루이스 구조이다.

$$: \overset{\cdot\cdot}{Cl} - X - \overset{\cdot\cdot}{Cl} : \qquad : \overset{\cdot\cdot}{Cl} - Y - \overset{\cdot\cdot}{Cl} :$$
$$: \overset{\cdot\cdot}{Cl} : \qquad\qquad : \overset{\cdot\cdot}{Cl} :$$
(가) (나)

이에 대한 설명으로 옳은 것만을 [보기]에서 있는 대로 고른 것은? (단, X, Y는 임의의 원소 기호이다.)

— 보기 —
ㄱ. 기체 상태의 (가)를 전기장에 넣으면 일정한 방향으로 배열한다.
ㄴ. (나)의 분자 구조는 평면 삼각형이다.
ㄷ. (나)는 n-헥세인보다 물에 잘 녹는다.

① ㄱ ② ㄷ ③ ㄱ, ㄴ
④ ㄴ, ㄷ ⑤ ㄱ, ㄴ, ㄷ

2020 6월 평가원 10번

1 그림은 임의의 2주기 원소 X~Z로 구성된 분자 (가), (나)의 루이스 전자점식이다.

$$:\ddot{Y}:X:\ddot{Y}: \qquad\qquad :\ddot{X}::Z::\ddot{X}:$$
$$\text{(가)} \qquad\qquad\qquad \text{(나)}$$

이에 대한 설명으로 옳은 것만을 [보기]에서 있는 대로 고른 것은? (단, X~Z는 임의의 원소 기호이다.)

├ 보기 ├
ㄱ. (나)에 있는 비공유 전자쌍 수는 4이다.
ㄴ. 결합각은 (나)>(가)이다.
ㄷ. ZY_4의 분자 구조는 정사면체이다.

① ㄱ   ② ㄷ   ③ ㄱ, ㄴ
④ ㄴ, ㄷ   ⑤ ㄱ, ㄴ, ㄷ

2020 6월 평가원 6번

2 그림은 분자 (가)와 (나)의 루이스 전자점식을 나타낸 것이다.

$$\begin{array}{c} H \\ H:\overset{..}{C}:H \\ H \end{array} \qquad \begin{array}{c} H\quad H \\ H:\overset{..}{C}::\overset{..}{C}:H \end{array}$$
$$\text{(가)} \qquad\qquad \text{(나)}$$

이에 대한 설명으로 옳은 것만을 [보기]에서 있는 대로 고른 것은?

├ 보기 ├
ㄱ. (가)의 분자 모양은 정사면체이다.
ㄴ. (나)에는 무극성 공유 결합이 있다.
ㄷ. 결합각 ∠HCH는 (나)>(가)이다.

① ㄱ   ② ㄷ   ③ ㄱ, ㄴ
④ ㄴ, ㄷ   ⑤ ㄱ, ㄴ, ㄷ

---

3 표는 플루오린(F)을 포함한 분자 (가), (나)에 대한 자료이다. X, Y는 2주기 원소이고, (가), (나)에서 모든 원자는 옥텟 규칙을 만족한다.

분자	(가)	(나)
분자식	X_2F_2	YF_2
비공유 전자쌍 수	6	8

(가), (나)에 대한 설명으로 옳은 것만을 [보기]에서 있는 대로 고른 것은? (단, X, Y는 임의의 원소 기호이다.)

├ 보기 ├
ㄱ. (가)에는 무극성 공유 결합이 있다.
ㄴ. 공유 전자쌍 수는 (가)가 (나)의 2배이다.
ㄷ. (나)의 쌍극자 모멘트는 0이다.

① ㄱ   ② ㄷ   ③ ㄱ, ㄴ
④ ㄴ, ㄷ   ⑤ ㄱ, ㄴ, ㄷ

자료❸
2020 9월 평가원 9번

4 다음은 3가지 분자 I~Ⅲ에 대한 자료이다.

• 분자식

	I	Ⅱ	Ⅲ
	CH_4	NH_3	HCN

• I~Ⅲ의 특징을 나타낸 벤 다이어그램

(가): I과 Ⅱ만의 공통된 특성
(나): I과 Ⅲ만의 공통된 특성
(다): Ⅱ과 Ⅲ만의 공통된 특성

이에 대한 설명으로 옳지 <u>않은</u> 것은?

① '단일 결합만 존재한다.'는 (가)에 속한다.
② '입체 구조이다.'는 (나)에 속한다.
③ '공유 전자쌍 수는 4이다.'는 (나)에 속한다.
④ '극성 분자이다.'는 (다)에 속한다.
⑤ '비공유 전자쌍 수는 1이다.'는 (다)에 속한다.

2019 수능 6번

5 다음은 탄산수소 나트륨($NaHCO_3$) 분해 반응의 화학 반응식이다.

$$2NaHCO_3 \longrightarrow Na_2CO_3 + H_2O + \boxed{\ ㉠\ }$$

㉠에 대한 설명으로 옳은 것만을 [보기]에서 있는 대로 고른 것은?

├ 보기 ├
ㄱ. 극성 공유 결합이 있다.
ㄴ. 공유 전자쌍 수와 비공유 전자쌍 수는 같다.
ㄷ. 분자의 쌍극자 모멘트는 H_2O보다 작다.

① ㄱ   ② ㄷ   ③ ㄱ, ㄴ
④ ㄴ, ㄷ   ⑤ ㄱ, ㄴ, ㄷ

6 표는 2주기 원자 X~Z로 이루어진 분자에 대한 자료이다. (가)~(다)에서 모든 원자는 옥텟 규칙을 만족한다.

분자	I	II	III
분자식	XY_2	XYZ_2	YZ_2
중심 원자의 비공유 전자쌍 수	0	a	2

이에 대한 설명으로 옳은 것만을 [보기]에서 있는 대로 고른 것은? (단, X~Z는 임의의 원소 기호이다.)

┤ 보기 ├
ㄱ. I에는 다중 결합이 있다.
ㄴ. $a=0$이다.
ㄷ. III에서 분자의 쌍극자 모멘트는 0이다.

① ㄱ   ② ㄷ   ③ ㄱ, ㄴ
④ ㄴ, ㄷ   ⑤ ㄱ, ㄴ, ㄷ

7 그림은 화합물 (가)~(다)를 구성하는 원소의 종류와 개수의 비율을 각각 나타낸 것이다.

(가)   (나)   (다)

이에 대한 설명으로 옳은 것만을 [보기]에서 있는 대로 고른 것은? (단, X~Z는 임의의 2주기 원소 기호이다.)

┤ 보기 ├
ㄱ. (가)에서 X는 옥텟 규칙을 만족한다.
ㄴ. (나)의 분자 구조는 직선형이다.
ㄷ. (다)는 무극성 분자이다.

① ㄱ   ② ㄴ   ③ ㄱ, ㄷ
④ ㄴ, ㄷ   ⑤ ㄱ, ㄴ, ㄷ

8 그림은 분자 (가)~(다)의 구조식을 나타낸 것이다.

H-O-H   O=C=O   H-C≡N
(가)   (나)   (다)

(가)~(다)에 대한 설명으로 옳은 것만을 [보기]에서 있는 대로 고른 것은?

┤ 보기 ├
ㄱ. 중심 원자에 비공유 전자쌍이 존재하는 분자는 2가지이다.
ㄴ. 분자 모양이 직선형인 분자는 2가지이다.
ㄷ. 극성 분자는 1가지이다.

① ㄱ   ② ㄴ   ③ ㄱ, ㄷ
④ ㄴ, ㄷ   ⑤ ㄱ, ㄴ, ㄷ

9 그림은 2주기 원소 A~D의 전자 배치를 모형으로 나타낸 것이고, 표는 A~D로 이루어진 물질의 구성 원자에 대한 자료이다.

A   B   C   D

물질	A	B	C	D
(가)	1	0	0	4
(나)	0	1	0	3
(다)	0	0	2	2

(가)~(다)에 대한 설명으로 옳은 것만을 [보기]에서 있는 대로 고른 것은? (단, A~D는 임의의 원소 기호이다.)

┤ 보기 ├
ㄱ. 기체 상태의 (가)를 전기장에 넣으면 일정한 방향으로 배열한다.
ㄴ. 결합각은 (가)>(나)이다.
ㄷ. (다)의 쌍극자 모멘트는 0이 아니다.

① ㄱ   ② ㄴ   ③ ㄱ, ㄷ
④ ㄴ, ㄷ   ⑤ ㄱ, ㄴ, ㄷ

10 그림은 4가지 분자를 주어진 기준에 따라 분류한 것이다. ㉠~㉢은 각각 CO₂, FCN, NH₃ 중 하나이다.

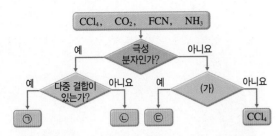

이에 대한 설명으로 옳은 것만을 [보기]에서 있는 대로 고른 것은?

┤ 보기 ├
ㄱ. '분자 모양은 직선형인가?'는 (가)로 적절하다.
ㄴ. ㉠은 FCN이다.
ㄷ. 결합각은 ㉡ > ㉢이다.

① ㄱ   ② ㄷ   ③ ㄱ, ㄴ
④ ㄴ, ㄷ   ⑤ ㄱ, ㄴ, ㄷ

11 다음은 2주기 원소로 이루어진 분자 (가)~(다)에 대한 자료이다.

• 분자의 구성
 − 3개 이상의 원자로 구성된다.
 − 중심 원자가 1개이고 나머지 원자는 모두 중심 원자와 결합한다.
 − 분자 내 모든 원자는 옥텟 규칙을 만족한다.

• 분자의 구성 원소 수와 결합각 및 전자쌍 수비

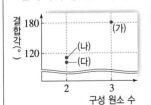

분자	비공유 전자쌍 수 / 공유 전자쌍 수
(가)	1
(나)	3
(다)	4

이에 대한 설명으로 옳은 것만을 [보기]에서 있는 대로 고른 것은?

┤ 보기 ├
ㄱ. (가)의 공유 전자쌍 수는 4이다.
ㄴ. (나)의 쌍극자 모멘트는 0이다.
ㄷ. (다)의 분자 구조는 삼각뿔형이다.

① ㄱ   ② ㄷ   ③ ㄱ, ㄴ
④ ㄴ, ㄷ   ⑤ ㄱ, ㄴ, ㄷ

12 표는 분자 (가)~(다)에 대한 자료이다. X~Z는 2주기 원자이고, 분자에서 옥텟 규칙을 만족한다.

분자	(가)	(나)	(다)
구성 원자	H, X	H, Y	H, Z
구성 원자 수	4	4	3
H 원자 수	2	3	2

이에 대한 설명으로 옳은 것만을 [보기]에서 있는 대로 고른 것은? (단, X~Z는 2주기 임의의 원소 기호이다.)

┤ 보기 ├
ㄱ. (가)는 극성 분자이다.
ㄴ. (나)를 구성하는 모든 원자는 같은 평면에 있다.
ㄷ. 결합각은 (나) > (다)이다.

① ㄱ   ② ㄷ   ③ ㄱ, ㄴ
④ ㄴ, ㄷ   ⑤ ㄱ, ㄴ, ㄷ

13 다음은 물질의 성질을 알아보기 위한 실험이다. A와 B는 각각 염화 구리(Ⅱ)(CuCl₂)와 아이오딘(I₂) 중 하나이다.

[실험 과정]
(가) 시험관 Ⅰ과 Ⅱ에 각각 물 5 mL씩 넣고, 각각 사이클로헥세인과 사염화 탄소를 넣고 잘 흔든 다음 충분한 시간 놓아둔다.
(나) (가)의 시험관 Ⅰ과 Ⅱ에 각각 고체 A와 B를 소량 넣고 잘 흔든 다음 충분한 시간 놓아둔다.

[실험 결과]
• (가) 과정 후 시험관 Ⅰ과 Ⅱ에서 그림과 같이 모두 2개의 층으로 분리되었다.
• 각 과정 후 시험관 속 각 액체의 색깔

과정	시험관 Ⅰ		시험관 Ⅱ	
	물	사이클로헥세인	물	사염화 탄소
(가)	무색	무색	무색	무색
(나)	파란색	무색	무색	㉠

이에 대한 설명으로 옳은 것만을 [보기]에서 있는 대로 고른 것은?

┤ 보기 ├
ㄱ. 밀도는 사염화 탄소 > 사이클로헥세인이다.
ㄴ. '무색'은 ㉠으로 적절하다.
ㄷ. B는 아이오딘(I₂)이다.

① ㄱ   ② ㄴ   ③ ㄱ, ㄷ
④ ㄴ, ㄷ   ⑤ ㄱ, ㄴ, ㄷ

IV

역동적인
화학 반응

학습
계획표

	학습 날짜	다시 확인할 개념 및 문제
13 동적 평형	/	
14 물의 자동 이온화	/	
15 산 염기 중화 반응	/	
16 산화 환원 반응	/	
17 화학 반응에서의 열의 출입	/	

13 동적 평형

≫≫ **핵심 짚기**
- ▶ 가역 반응과 비가역 반응의 구분
- ▶ 가역 반응에서의 여러 가지 동적 평형
- ▶ 동적 평형의 이해

Ⓐ 가역 반응

1 정반응과 역반응
① 정반응: 반응물이 생성물로 되는 반응으로, 화학 반응식에서 오른쪽으로 진행된다.
② 역반응: 생성물이 반응물로 되는 반응으로, 화학 반응식에서 왼쪽으로 진행된다.

2 가역 반응과 비가역 반응
① 가역 반응: 반응 조건에 따라 정반응과 역반응이 모두 일어날 수 있는 반응❶

염화 코발트 육수화물의 생성과 분해	• 정반응: 푸른색의 염화 코발트($CoCl_2$)에 물을 떨어뜨리면 염화 코발트가 물과 결합하여 붉은색의 염화 코발트 육수화물($CoCl_2 \cdot 6H_2O$)이 된다. • 역반응: 붉은색의 염화 코발트 육수화물을 가열하면 염화 코발트 육수화물이 물을 잃고 푸른색의 염화 코발트가 된다. <div align="center">$CoCl_2(s) + 6H_2O(l) \rightleftharpoons CoCl_2 \cdot 6H_2O(s)$</div>
황산 구리(Ⅱ) 오수화물의 분해와 생성	• 정반응: 푸른색의 황산 구리(Ⅱ) 오수화물($CuSO_4 \cdot 5H_2O$)을 가열하면 황산 구리(Ⅱ) 오수화물이 물을 잃고 흰색의 황산 구리(Ⅱ)($CuSO_4$)가 된다. • 역반응: 흰색의 황산 구리(Ⅱ)에 물을 떨어뜨리면 황산 구리(Ⅱ)가 물과 결합하여 푸른색의 황산 구리(Ⅱ) 오수화물이 된다. <div align="center">$CuSO_4 \cdot 5H_2O(s) \rightleftharpoons CuSO_4(s) + 5H_2O(l)$</div>
석회 동굴, 종유석, 석순의 생성	• 정반응: 석회암의 주성분인 탄산 칼슘($CaCO_3$)이 이산화 탄소(CO_2)를 포함한 물과 반응하여 탄산수소 칼슘($Ca(HCO_3)_2$)을 생성하면서 석회 동굴이 만들어진다. • 역반응: 탄산수소 칼슘 수용액에서 물이 증발하고 이산화 탄소가 빠져나가면서 탄산 칼슘이 석출되면 석회 동굴에 종유석과 석순이 만들어진다. <div align="center">$CaCO_3(s) + H_2O(l) + CO_2(g) \rightleftharpoons Ca(HCO_3)_2(aq)$</div>

② 비가역 반응: 정반응만 일어나거나 정반응에 비해 역반응이 거의 일어나지 않는 반응

연소 반응	$CH_4(g) + 2O_2(g) \longrightarrow CO_2(g) + 2H_2O(l)$
중화 반응	$HCl(aq) + NaOH(aq) \longrightarrow H_2O(l) + NaCl(aq)$
기체 발생 반응	$Mg(s) + 2HCl(aq) \longrightarrow MgCl_2(aq) + H_2(g)$
앙금 생성 반응	$NaCl(aq) + AgNO_3(aq) \longrightarrow NaNO_3(aq) + AgCl(s)$

Ⓑ 동적 평형

1 동적 평형
가역 반응에서 정반응 속도와 역반응 속도가 같아 겉보기에는 변화가 일어나지 않는 것처럼 보이는 상태❷
① 상평형: 액체의 증발 속도와 기체의 응축 속도가 같아서 겉보기에는 변화가 일어나지 않는 것처럼 보이지만 액체와 기체가 공존하는 상태를 액체와 기체의 상평형이라고 한다.
└▶ 상평형은 액체와 기체뿐만 아니라 고체와 액체, 고체와 기체 사이에서도 일어난다.

┌─────────────────────────────────────┐
[밀폐 용기에서 물의 증발과 응축]❸❹
일정한 온도에서 밀폐 용기에 물을 담아 놓으면 물의 양이 서서히 줄어들다가 어느 순간 일정해진다.
➡ 물의 증발 속도와 수증기의 응축 속도가 같아져 동적 평형에 도달하였다.

$\underset{\text{물}}{H_2O(l)} \underset{\text{응축}}{\overset{\text{증발}}{\rightleftharpoons}} \underset{\text{수증기}}{H_2O(g)}$

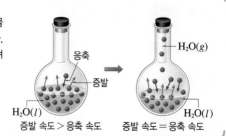

증발 속도 > 응축 속도   증발 속도 = 응축 속도
└─────────────────────────────────────┘

PLUS 강의 ➕

❶ **화학 반응식에서 가역 반응의 표시**
화학 반응식에서 정반응은 '⟶'로 나타내고, 역반응은 '⟵'로 나타낸다. 따라서 정반응과 역반응이 모두 일어나는 가역 반응은 화학 반응식에서 '⇌'로 나타낸다.

❷ **정반응 속도와 역반응 속도**
반응 속도는 반응 시간에 따른 반응물 또는 생성물의 농도 변화를 뜻한다. 즉, 반응 시간에 따른 반응물 또는 생성물의 농도 변화율이 크면 반응 속도가 빠르다고 하고, 농도 변화율이 작으면 반응 속도가 느리다고 한다.

❸ **밀폐 용기에서 물의 증발 속도와 응축 속도**

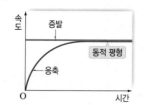

• 일정한 온도에서 물의 증발 속도는 일정하다.
• 시간이 지날수록 용기 속 수증기 분자가 많아지므로 응축 속도가 점점 빨라진다.
• 충분한 시간이 지나면 증발 속도와 응축 속도가 같아진다. ➡ 동적 평형

❹ **열린 용기에서 물의 증발**
열린 용기에서는 물의 증발 속도가 수증기의 응축 속도보다 빠르므로 물이 모두 증발한다. 따라서 동적 평형에 도달하지 않는다.

🔍 **용어 돋보기**
＊ 수화물(水 물, 化 되다, 物 물질)_ 분자 내에 물 분자를 포함하고 있는 물질

② 용해 평형: 용해 반응이 일어날 때 용질의 용해 속도와 석출 속도가 같아서 겉보기에는 변화가 일어나지 않는 것처럼 보이는 상태

⑤ 용액의 종류
•포화 용액: 용매에 용질이 최대한 녹아 더 이상 녹지 않는 상태의 용액으로, 포화 용액은 동적 평형에 도달한 용액이다.
•불포화 용액: 포화 용액보다 용질이 적게 녹아 있는 용액이다.

[설탕의 용해와 석출]
일정한 온도에서 일정량의 물에 설탕을 계속 넣으면 설탕이 녹다가 어느 순간부터는 더 이상 녹지 않고 가라앉는다. ➡ 설탕의 용해 속도와 석출 속도가 같은 동적 평형에 도달하였다.

$$설탕(용질) + 물(용매) \underset{석출}{\overset{용해}{\rightleftharpoons}} 설탕물(용액)$$

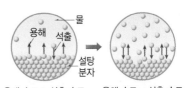

용해 속도 > 석출 속도 **불포화 용액**   용해 속도 = 석출 속도 **포화 용액**

③ 화학 평형: 화학 반응에서 정반응과 역반응이 같은 속도로 일어나서 반응물과 생성물의 농도가 일정하게 유지되는 상태⑥

⑥ 화학 평형의 특징
•가역 반응에서만 성립한다.
•정반응과 역반응이 같은 속도로 일어난다.
•반응물과 생성물이 함께 존재한다.
•반응물과 생성물의 농도가 일정하게 유지된다.

탐구 자료 사산화 이질소(N_2O_4)의 생성과 분해에서 동적 평형⑦

그림과 같이 적갈색을 띠는 이산화 질소(NO_2)를 시험관에 넣은 다음 실온(25 °C)에 두었더니, 적갈색이 점점 옅어지다가 어느 순간부터는 더 이상 적갈색이 옅어지지 않았다.

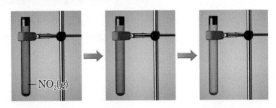

— $NO_2(g)$

1. 시험관 안에서 일어나는 반응: 이산화 질소(NO_2)가 서로 결합하여 사산화 이질소(N_2O_4)를 생성하는 반응과, N_2O_4가 분해되어 NO_2를 생성하는 반응이 가역적으로 일어난다.

$$2NO_2(g) \rightleftharpoons N_2O_4(g)$$
적갈색   무색

2. 시험관 안에서 나타나는 색 변화
• 처음에는 적갈색의 NO_2가 무색의 N_2O_4로 되는 반응이 우세하게 일어나 적갈색이 점점 옅어진다.
• 충분한 시간이 지나면 더 이상 적갈색이 옅어지지 않는다. ➡ 적갈색의 NO_2가 무색의 N_2O_4를 생성하는 정반응과 무색의 N_2O_4가 다시 적갈색의 NO_2로 분해되는 역반응이 같은 속도로 일어나는 동적 평형에 도달하여 NO_2와 N_2O_4의 농도가 일정하게 유지되기 때문이다.

⑦ 반응 시간에 따른 농도 변화
밀폐 용기에 N_2O_4를 넣고 뜨거운 물에 담그면 초기에는 $N_2O_4(g) \longrightarrow 2NO_2(g)$의 반응이 우세하게 일어난다. 충분한 시간이 지나면 정반응과 역반응이 같은 속도로 일어나는 동적 평형에 도달하여 NO_2와 N_2O_4의 농도가 일정하게 유지된다.

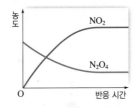

📖 정답과 해설 73쪽

개념 확인

(1) ( )은 정반응과 역반응이 모두 일어날 수 있는 반응이다.

(2) ( )은 정반응만 일어나거나 역반응이 거의 일어나지 않는 반응이다.

(3) 정반응과 역반응이 동시에 일어날 수 있는 반응을 (가역 반응, 비가역 반응)이라고 한다.

(4) (가역 반응, 비가역 반응)의 예로 연소 반응, 산과 염기의 중화 반응, 기체가 발생하는 반응, 앙금이 생성되는 반응 등이 있다.

(5) 화학 평형은 반응이 (진행되는, 진행되지 않고 멈춘) 상태이다.

(6) 화학 평형에서 정반응 속도와 역반응 속도는 (같다, 다르다).

(7) 정반응 속도와 역반응 속도가 같아 겉보기에는 변화가 일어나지 않는 것처럼 보이는 상태를 ( )이라고 한다.

(8) 액체와 기체가 공존할 때 겉보기에 변화가 일어나지 않는 상태를 액체와 기체의 ( )이라고 한다.

(9) 밀폐 용기에 물이 들어 있는 경우 물의 ( ) 속도와 수증기의 ( ) 속도가 같아져 동적 평형에 도달한다.

(10) ( )은 용해 반응이 일어날 때 용해되는 속도와 석출되는 속도가 같아서 겉보기에는 반응이 일어나지 않는 것처럼 보이는 동적 평형 상태를 말한다.

(11) 일정한 온도에서 일정량의 물에 설탕을 계속 넣으면 설탕은 계속 녹다가 어느 순간부터는 더 이상 녹지 않고 가라앉는데, 이는 설탕의 ( ) 속도와 ( ) 속도가 같은 동적 평형 상태에 도달했기 때문이다.

 수능 자료

📋 정답과 해설 73쪽

자료 ❶ 물의 증발과 응축

그림 (가)는 밀폐 용기에 물을 담아 놓은 모습을, (나)는 물의 양이 서서히 줄어드는 모습을, (다)는 충분한 시간이 흐른 후 물의 양이 일정해진 모습을 나타낸 것이다. 단, 온도는 일정하다.

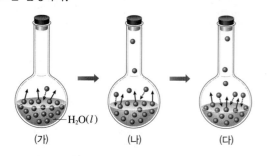

1. 위 반응을 화학 반응식으로 나타내면 $H_2O(l) \rightleftharpoons H_2O(g)$이다.
(◯, ✕)

2. (가)에서 (다)로 진행할수록 $H_2O(l)$의 증발 속도는 감소한다.
(◯, ✕)

3. (가)와 (나)에서 $H_2O(l)$의 증발 속도가 $H_2O(g)$의 응축 속도보다 크다.
(◯, ✕)

4. (다)에서 $H_2O(l)$의 증발 속도가 $H_2O(g)$의 응축 속도보다 작다.
(◯, ✕)

5. (다)는 동적 평형 상태이다.
(◯, ✕)

6. (가)~(다)에서 $H_2O(l)$의 증발 속도는 같다.
(◯, ✕)

7. (가)~(다) 중에서 용기 속 $H_2O(g)$ 분자 수는 (다)가 가장 크다.
(◯, ✕)

자료 ❷ 브로민의 증발과 응축

그림 (가)는 밀폐 용기에 액체 브로민을 넣은 초기 상태이고, (나)는 동적 평형에 도달한 상태이다. 단, 온도는 일정하다.

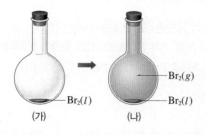

1. 위 반응을 화학 반응식으로 나타내면 $Br_2(l) \rightleftharpoons Br_2(g)$이다.
(◯, ✕)

2. (가)에서 (나)로 진행할수록 $Br_2(l)$의 증발 속도는 증가한다. (◯, ✕)

3. (가)에서 $Br_2(l)$의 증발 속도가 $Br_2(g)$의 응축 속도보다 크다. (◯, ✕)

4. (나)에서 $Br_2(l)$의 증발 속도가 $Br_2(g)$의 응축 속도보다 작다. (◯, ✕)

5. (나)에서 브로민의 기화와 액화가 동시에 일어난다. (◯, ✕)

6. (가)와 (나)에서 $Br_2(l)$의 증발 속도는 같다. (◯, ✕)

7. 용기 속 $Br_2(g)$ 분자 수는 (가)가 (나)보다 작다. (◯, ✕)

자료 ❸ 설탕의 용해와 석출

그림에서 n_1은 설탕이 물에 용해되는 입자 수, n_2는 설탕이 석출되는 입자 수를 나타낸 것이다.

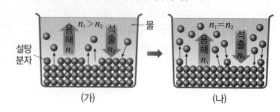

1. (가)는 불포화 용액이다. (◯, ✕)

2. (나)는 포화 용액이다. (◯, ✕)

3. (가)에서 설탕의 용해 속도가 석출 속도보다 크다. (◯, ✕)

4. (나)에서 설탕의 용해 속도와 석출 속도가 같다. (◯, ✕)

5. (나)는 동적 평형 상태이다. (◯, ✕)

6. (가)에서 설탕물의 농도는 일정하게 유지된다. (◯, ✕)

7. (나)에서 더 이상 설탕이 녹지 않는다. (◯, ✕)

자료 ❹ 사산화 이질소(N_2O_4)의 생성과 분해

그림 (가)는 적갈색의 $NO_2(g)$로부터 무색의 $N_2O_4(g)$가 생성되는 반응을, 그림 (나)는 무색의 $N_2O_4(g)$로부터 적갈색의 $NO_2(g)$가 생성되는 반응을 나타낸 것이다. 두 반응 모두 충분한 시간이 흐른 후 옅은 적갈색을 나타냈다.

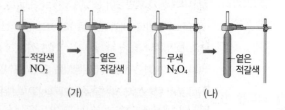

1. (가)에서의 화학 반응은 가역 반응이다. (◯, ✕)

2. (나)에서의 화학 반응은 비가역 반응이다. (◯, ✕)

3. (가)에서 무색의 $N_2O_4(g)$로부터 적갈색의 $NO_2(g)$가 생성되는 반응이 일어난다. (◯, ✕)

4. (나)에서 적갈색의 $NO_2(g)$로부터 무색의 $N_2O_4(g)$가 생성되는 반응이 일어난다. (◯, ✕)

5. (가)와 (나) 모두 동적 평형 상태에 도달하였다. (◯, ✕)

Ⓐ 가역 반응

1 다음은 푸른색의 염화 코발트($CoCl_2$)를 물에 녹여 붉은 색의 염화 코발트 육수화물($CoCl_2 \cdot 6H_2O$)이 만들어지는 반응(㉠)과, 염화 코발트 육수화물을 가열하여 염화 코발트와 물로 분해되는 반응(㉡)의 화학 반응식이다.

$$CoCl_2 + 6H_2O \underset{㉡}{\overset{㉠}{\rightleftharpoons}} CoCl_2 \cdot 6H_2O$$
$$\text{푸른색} \qquad\qquad\qquad \text{붉은색}$$

반응 ㉠과 ㉡ 중 정반응은 (　　　)이고, 역반응은 (　　　)이다.

2 다음은 적갈색의 $NO_2(g)$로부터 무색의 $N_2O_4(g)$가 생성되는 반응의 화학 반응식과 이와 관련된 실험이다.

[화학 반응식]
$$2NO_2(g) \rightleftharpoons N_2O_4(g)$$

[실험]
시험관에 $NO_2(g)$를 넣고 마개로 막아 놓았더니 시간이 지남에 따라 기체의 색이 점점 엷어졌고, t초 이후에는 색이 변하지 않고 일정해졌다. (단, 실험이 진행되는 동안 온도는 일정하다.)

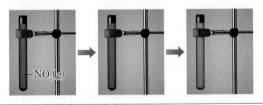

t초 이후에 대한 설명으로 옳지 <u>않은</u> 것은?

① 정반응이 일어난다.
② 역반응이 일어난다.
③ $N_2O_4(g)$가 존재한다.
④ $NO_2(g)$의 분자 수는 일정하다.
⑤ 전체 기체 분자 수가 감소한다.

3 다음은 동굴 속 종유석이나 석순 등의 암석이 형성되는 반응과 석회 동굴이 형성되는 반응의 화학 반응식이다.

$$CaCO_3(s) + H_2O(l) + CO_2(g) \underset{㉡}{\overset{㉠}{\rightleftharpoons}}$$
$$Ca^{2+}(aq) + 2HCO_3^{-}(aq)$$

반응 ㉠과 ㉡ 중 동굴 속 종유석이나 석순 등의 암석이 형성되는 반응은 (　　　)이고, 석회 동굴이 형성되는 반응은 (　　　)이다.

Ⓑ 동적 평형

4 그림과 같이 일정량의 물이 담긴 비커에 설탕을 계속 넣으면 설탕이 녹다가 어느 순간부터는 더 이상 녹지 않고 가라앉는다. 이때 설탕의 용해 속도와 석출 속도를 비교하시오.

5 그림은 일정한 온도에서 밀폐 용기에 일정량의 물을 넣었을 때 일어나는 변화를 모형으로 나타낸 것이다.

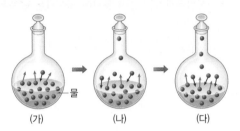

(가)~(다)에서 (1) 물의 증발 속도와 (2) 수증기의 응축 속도를 각각 비교하시오.

6 그림은 $t\,°C$에서 $H_2O(l)$이 들어 있는 밀폐 용기에 $NaCl(s)$을 녹인 후 충분한 시간이 지난 상태 (가)를 나타낸 것이다. (단, 온도는 일정하다.)

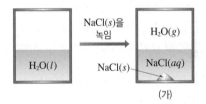

(가) 상태에 대한 설명으로 옳지 <u>않은</u> 것은?

① $H_2O(g)$ 분자 수는 계속 증가한다.
② $NaCl$의 용해 반응이 일어난다.
③ $NaCl$의 석출 반응이 일어난다.
④ 동적 평형 상태이다.
⑤ $H_2O(l)$과 $H_2O(g)$ 사이에 상평형이 일어난다.

7 동적 평형과 관계 있는 것만을 [보기]에서 있는 대로 고르시오.

┤ 보기 ├
ㄱ. 가역 반응이다.
ㄴ. 정반응 속도와 역반응 속도가 같다.
ㄷ. 반응물과 생성물의 농도가 일정하게 유지되는 상태이다.

정답과 해설 **74**쪽

1 다음은 몇 가지 반응의 화학 반응식이다.

> (가) $HCl(aq) + NaOH(aq) \longrightarrow$
> $H_2O(l) + NaCl(aq)$
> (나) $H_2O(l) \Longleftrightarrow H_2O(s)$
> (다) $I_2(s) \Longleftrightarrow I_2(g)$

(가)~(다)에 대한 설명으로 옳은 것만을 [보기]에서 있는 대로 고른 것은?

---| 보기 |---
ㄱ. 가역 반응은 2가지이다.
ㄴ. 정반응과 역반응이 동시에 일어나는 반응은 2가지이다.
ㄷ. 정반응만 일어나는 반응은 (나)이다.
---

① ㄱ   ② ㄷ   ③ ㄱ, ㄴ
④ ㄴ, ㄷ   ⑤ ㄱ, ㄴ, ㄷ

2 가역 반응에 해당하는 것은?

① 묽은 염산에 마그네슘 리본을 넣으면 기포가 발생한다.
② 묽은 황산과 수산화 칼륨 수용액을 섞으면 물이 생성된다.
③ 메테인이 포함된 도시가스를 태우면 물과 이산화 탄소가 발생한다.
④ 석회암 지대에서 석회 동굴과 종유석, 석순이 형성된다.
⑤ 질산 납 수용액과 아이오딘화 칼륨 수용액을 섞으면 노란색 아이오딘화 납 앙금이 생성된다.

3 다음은 무색의 $N_2O_4(g)$로부터 적갈색의 $NO_2(g)$가 생성되는 반응의 화학 반응식과 이와 관련된 실험이다.

> [화학 반응식]
> $$N_2O_4(g) \Longleftrightarrow 2NO_2(g)$$
> [실험]
> 용기에 $N_2O_4(g)$를 넣고 마개로 막아 놓았더니 시간이 지남에 따라 기체의 색이 점점 진해졌고, t초 이후에는 색이 옅은 적갈색을 띠면서 더 이상 변하지 않고 일정해졌다.

이에 대한 설명으로 옳은 것만을 [보기]에서 있는 대로 고른 것은? (단, 실험이 진행되는 동안 용기 속 온도는 일정하다.)

---| 보기 |---
ㄱ. t초 이후에는 반응이 일어나지 않는다.
ㄴ. 반응 시작 후 t초까지는 전체 분자 수가 증가한다.
ㄷ. 이 반응은 비가역 반응이다.
---

① ㄱ   ② ㄴ   ③ ㄷ
④ ㄱ, ㄴ   ⑤ ㄴ, ㄷ

자료❶
4 그림은 용기에 일정량의 물을 넣고 밀폐시켰을 때 용기에서 일어나는 변화를 입자 모형으로 나타낸 것이다.

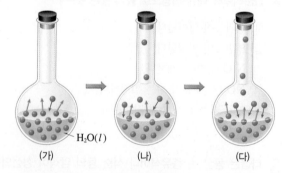

(가)   (나)   (다)

이에 대한 설명으로 옳은 것만을 [보기]에서 있는 대로 고른 것은?

---| 보기 |---
ㄱ. (가)에서는 증발 속도가 응축 속도보다 크다.
ㄴ. (나)에서는 증발과 응축이 함께 일어난다.
ㄷ. (다)에서는 동적 평형에 도달하였다.
---

① ㄱ   ② ㄷ   ③ ㄱ, ㄴ
④ ㄴ, ㄷ   ⑤ ㄱ, ㄴ, ㄷ

5 그림은 포화 용액에서 용해되는 입자와 석출되는 입자를 모형으로 나타낸 것이다.

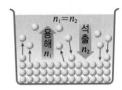

이 상태에 대한 설명으로 옳은 것만을 [보기]에서 있는 대로 고른 것은?

┌─── 보기 ├───
ㄱ. 이 반응은 가역 반응이다.
ㄴ. 동적 평형에 도달하였다.
ㄷ. 용질을 더 넣으면 용질은 더 이상 용해되지 않는다.
└──────────

① ㄱ   ② ㄴ   ③ ㄷ
④ ㄱ, ㄴ   ⑤ ㄱ, ㄷ

[2021 수능 8번]

6 표는 밀폐된 진공 용기 안에 X(l)를 넣은 후 시간에 따른 X의 $\dfrac{\text{응축 속도}}{\text{증발 속도}}$와 $\dfrac{\text{X}(g)\text{의 양(mol)}}{\text{X}(l)\text{의 양(mol)}}$에 대한 자료이다. $0<t_1<t_2<t_3$이고, $c>1$이다.

시간	t_1	t_2	t_3
$\dfrac{\text{응축 속도}}{\text{증발 속도}}$	a	b	1
$\dfrac{\text{X}(g)\text{의 양(mol)}}{\text{X}(l)\text{의 양(mol)}}$		1	c

이에 대한 설명으로 옳은 것만을 [보기]에서 있는 대로 고른 것은? (단, 온도는 일정하다.)

┌─── 보기 ├───
ㄱ. $a<1$이다.
ㄴ. $b=1$이다.
ㄷ. t_2일 때, X(l)와 X(g)는 동적 평형을 이루고 있다.
└──────────

① ㄱ   ② ㄴ   ③ ㄱ, ㄷ
④ ㄴ, ㄷ   ⑤ ㄱ, ㄴ, ㄷ

---

7 다음은 두 가지 반응 (가)와 (나)의 화학 반응식이다.

┌──────────
(가) $CH_4(g)+2O_2(g) \longrightarrow CO_2(g)+2H_2O(l)$
(나) $2NO_2(g) \rightleftharpoons N_2O_4(g)$
└──────────

이에 대한 설명으로 옳은 것만을 [보기]에서 있는 대로 고른 것은?

┌─── 보기 ├───
ㄱ. (가)는 비가역 반응이다.
ㄴ. (나)는 가역 반응이다.
ㄷ. 충분한 시간이 흐르면 (가), (나) 모두 동적 평형에 도달한다.
└──────────

① ㄱ   ② ㄷ   ③ ㄱ, ㄴ
④ ㄴ, ㄷ   ⑤ ㄱ, ㄴ, ㄷ

---

8 그림 (가)와 (나)는 부피가 1 L, 2 L인 밀폐 용기에 같은 양의 물을 넣고 충분한 시간이 흐른 후의 모습을 나타낸 것이다.

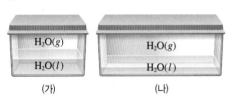

이에 대한 설명으로 옳은 것만을 [보기]에서 있는 대로 고른 것은?

┌─── 보기 ├───
ㄱ. (가)는 동적 평형 상태이다.
ㄴ. (나)에서는 가역 반응이 진행된다.
ㄷ. (가), (나) 모두 물의 양이 변하지 않는다.
└──────────

① ㄱ   ② ㄷ   ③ ㄱ, ㄴ
④ ㄴ, ㄷ   ⑤ ㄱ, ㄴ, ㄷ

2021 6월 평가원 16번

1 표는 밀폐된 용기 안에 $H_2O(l)$을 넣은 후 시간에 따른 H_2O의 증발 속도와 응축 속도에 대한 자료이고, $a>b>0$이다. 그림은 시간이 $2t$일 때 용기 안의 상태를 나타낸 것이다.

시간	t	$2t$	$4t$
증발 속도	a	a	a
응축 속도	b	a	x

$H_2O(g)$

$H_2O(l)$

이에 대한 설명으로 옳은 것만을 [보기]에서 있는 대로 고른 것은? (단, 온도는 일정하다.)

┌─────── 보기 ───────┐
ㄱ. H_2O의 상변화는 가역 반응이다.
ㄴ. 용기 내 $H_2O(l)$의 양(mol)은 t에서와 $2t$에서가 같다.
ㄷ. $x=2a$이다.
└─────────────────┘

① ㄱ   ② ㄴ   ③ ㄷ
④ ㄱ, ㄴ   ⑤ ㄱ, ㄷ

2 그림은 일정한 온도에서 용기에 물을 넣자마자 밀폐시킨 후 시간에 따른 물의 증발 속도와 수증기의 응축 속도를 나타낸 것이다. t초에서 증발 속도와 응축 속도가 같아지기 시작하였다.

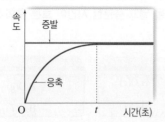

이에 대한 설명으로 옳은 것만을 [보기]에서 있는 대로 고른 것은?

┌─────── 보기 ───────┐
ㄱ. t초부터 동적 평형에 도달한다.
ㄴ. t초 이전에는 비가역 반응이 진행된다.
ㄷ. t초 이후 충분한 시간이 흐르면 응축 속도가 증발 속도보다 빨라진다.
└─────────────────┘

① ㄱ   ② ㄴ   ③ ㄷ
④ ㄱ, ㄴ   ⑤ ㄱ, ㄷ

3 다음은 석회 동굴이 형성되는 반응 (가)와 동굴 속에 종유석과 석순 등의 암석이 형성되는 반응 (나)의 화학 반응식이다.

$$CaCO_3(s)+H_2O(l)+CO_2(g) \underset{(나)}{\overset{(가)}{\rightleftharpoons}} Ca(HCO_3)_2(aq)$$

이에 대한 설명으로 옳은 것만을 [보기]에서 있는 대로 고른 것은?

┌─────── 보기 ───────┐
ㄱ. 반응 (가)에 대하여 반응 (나)는 역반응이다.
ㄴ. 반응 (가)와 (나)는 동적 평형에 도달할 수 있다.
ㄷ. 석회 동굴이 형성되면서 동시에 석회 동굴 속에 종유석과 석순이 형성된다.
└─────────────────┘

① ㄱ   ② ㄷ   ③ ㄱ, ㄴ
④ ㄴ, ㄷ   ⑤ ㄱ, ㄴ, ㄷ

자료❷

4 다음은 액체 브로민($Br_2(l)$)과 기체 브로민($Br_2(g)$)의 상태 변화를 화학 반응식으로 나타낸 것이다.

$$Br_2(l) \rightleftharpoons Br_2(g)$$

그림 (가)는 일정한 온도에서 플라스크에 $Br_2(l)$을 넣고 마개를 닫은 후의 초기 모습을, (나)는 충분한 시간이 흐른 후의 모습을 나타낸 것이다.

이에 대한 설명으로 옳은 것만을 [보기]에서 있는 대로 고른 것은?

┌─────── 보기 ───────┐
ㄱ. (가)에서는 증발 속도가 응축 속도보다 빠르다.
ㄴ. (나)에서는 정반응과 역반응이 같은 속도로 진행되고 있다.
ㄷ. (가)와 (나)는 모두 동적 평형에 도달한 상태이다.
└─────────────────┘

① ㄱ   ② ㄷ   ③ ㄱ, ㄴ
④ ㄴ, ㄷ   ⑤ ㄱ, ㄴ, ㄷ

5 그림은 물이 들어 있는 유리병의 뚜껑을 닫은 직후 (가)와, 충분한 시간이 흐른 후의 (나)를 모형으로 나타낸 것이다. (나)에서는 증발되는 분자와 응축되는 분자를 모형으로 표현하지 않았다.

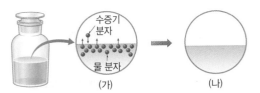

(가)   (나)

이에 대한 설명으로 옳은 것만을 [보기]에서 있는 대로 고른 것은?

┌─────── 보기 ───────┐
ㄱ. (가)에서는 가역 반응이 진행된다.
ㄴ. (나)에서는 동적 평형에 도달한다.
ㄷ. 수증기 분자 수는 (나)가 (가)보다 크다.
└────────────────────┘

① ㄱ   ② ㄷ   ③ ㄱ, ㄴ
④ ㄴ, ㄷ   ⑤ ㄱ, ㄴ, ㄷ

6 다음은 적갈색의 이산화 질소($NO_2(g)$)가 반응하여 무색의 사산화 이질소($N_2O_4(g)$)를 생성하는 반응을 화학 반응식으로 나타낸 것이다.

$$2NO_2(g) \rightleftharpoons N_2O_4(g)$$

그림은 25 °C에서 적갈색의 $NO_2(g)$를 시험관에 넣고 밀폐시킨 초기 상태 (가)와 적갈색이 점점 옅어지다가 충분한 시간이 흐른 후 적갈색이 일정하게 유지되는 상태 (나)를 나타낸 것이다.

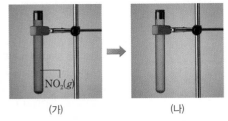

(가)   (나)

이에 대한 설명으로 옳은 것만을 [보기]에서 있는 대로 고른 것은?

┌─────── 보기 ───────┐
ㄱ. (가)에서는 정반응 속도가 역반응 속도보다 크다.
ㄴ. (나)에는 $NO_2(g)$와 $N_2O_4(g)$가 함께 존재한다.
ㄷ. $N_2O_4(g)$의 농도는 (가)에서가 (나)에서보다 크다.
└────────────────────┘

① ㄱ   ② ㄷ   ③ ㄱ, ㄴ
④ ㄴ, ㄷ   ⑤ ㄱ, ㄴ, ㄷ

7 다음은 황산 구리(Ⅱ) 오수화물($CuSO_4 \cdot 5H_2O(s)$)의 분해와 생성 반응을 화학 반응식으로 나타낸 것이다.

┌──┐
│   분해   │
│ $CuSO_4 \cdot 5H_2O(s) \rightleftharpoons CuSO_4(s) + 5H_2O(l)$ │
│   생성   │
│   푸른색   흰색   │
└──┘

이에 대한 설명으로 옳은 것만을 [보기]에서 있는 대로 고른 것은?

┌─────── 보기 ───────┐
ㄱ. 황산 구리(Ⅱ) 오수화물의 분해 반응이 시작되면서 동시에 생성 반응이 진행된다.
ㄴ. 반응이 진행될수록 푸른색은 계속 옅어진다.
ㄷ. 초기에는 황산 구리(Ⅱ) 오수화물의 분해 속도가 생성 속도보다 작다.
└────────────────────┘

① ㄱ   ② ㄴ   ③ ㄷ
④ ㄱ, ㄴ   ⑤ ㄱ, ㄷ

2021 9월 평가원 11번

8 다음은 설탕의 용해에 대한 실험이다.

┌──┐
│ [실험 과정]   │
│ (가) 25 °C의 물이 담긴 비커에 충분한 양의 설탕을   │
│   넣고 유리막대로 저어준다.   │
│ (나) 시간에 따른 비커 속 고체 설탕의 양을 관찰하   │
│   고 설탕 수용액의 몰 농도(M)를 측정한다.   │
│ [실험 결과]   │
└──┘

시간	t	$2t$	$4t$
관찰 결과			
설탕 수용액의 몰 농도(M)	$\frac{2}{3}a$	a	

• $4t$일 때 설탕 수용액은 용해 평형에 도달하였다.

이에 대한 설명으로 옳은 것만을 [보기]에서 있는 대로 고른 것은? (단, 온도는 25 °C로 일정하고, 물의 증발은 무시한다.)

┌─────── 보기 ───────┐
ㄱ. t일 때 설탕의 석출 속도는 0이다.
ㄴ. $4t$일 때 설탕의 용해 속도는 석출 속도보다 크다.
ㄷ. 녹지 않고 남아 있는 설탕의 질량은 $4t$일 때와 $8t$일 때가 같다.
└────────────────────┘

① ㄱ   ② ㄷ   ③ ㄱ, ㄴ
④ ㄱ, ㄷ   ⑤ ㄴ, ㄷ

14. 물의 자동 이온화

≫핵심 짚기 ▸ 아레니우스와 브뢴스테드·로리 산 염기의 정의 ▸ 물의 자동 이온화
　　　　　　　　▸ 물의 이온화 상수 ▸ 수소 이온의 농도와 pH의 관계

Ⓐ 산과 염기

1 아레니우스 산 염기[1][2]

① 아레니우스 산: 물에 녹아 수소 이온(H^+)을 내놓는 물질
② 아레니우스 염기: 물에 녹아 수산화 이온(OH^-)을 내놓는 물질

구분	산	염기
이온화	산(HA) $\longrightarrow$ H^++음이온(A^-)	염기(BOH) $\longrightarrow$ 양이온(B^+)+OH^-
예	$HCl \longrightarrow H^+ + Cl^-$ $H_2SO_4 \longrightarrow 2H^+ + SO_4^{2-}$	$NaOH \longrightarrow Na^+ + OH^-$ $Ca(OH)_2 \longrightarrow Ca^{2+} + 2OH^-$

③ 아레니우스 산 염기 정의의 한계: 수용액 조건에서만 적용할 수 있고, H^+이나 OH^-을 직접 내놓지 않는 물질에는 적용할 수 없다.
　예 암모니아(NH_3)는 OH^-을 가지고 있지 않지만 염기성을 나타낸다.

2 브뢴스테드·로리 산 염기

① 브뢴스테드·로리 산: 다른 물질에게 수소 이온(H^+)(양성자)을 내놓는 물질[3][4]
② 브뢴스테드·로리 염기: 다른 물질로부터 수소 이온(H^+)(양성자)을 받는 물질

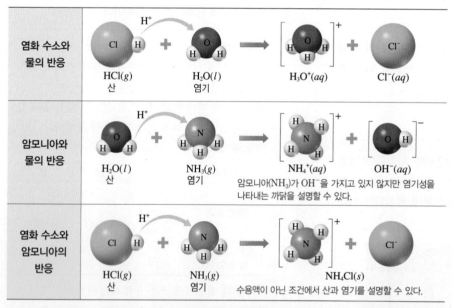

③ 양쪽성 물질: 조건에 따라 수소 이온(H^+)을 주는 산으로 작용할 수도 있고, 수소 이온(H^+)을 받는 염기로 작용할 수도 있는 물질 **예** H_2O, HCO_3^-, $H_2PO_4^-$, HPO_4^{2-} 등[5]
④ 짝산-짝염기: 수소 이온(H^+)의 이동으로 산과 염기가 되는 한 쌍의 산과 염기

[암모니아(NH_3)와 물(H_2O)의 반응]

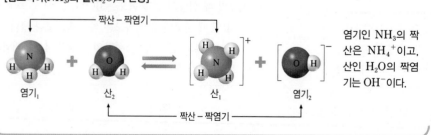

염기인 NH_3의 짝산은 NH_4^+이고, 산인 H_2O의 짝염기는 OH^-이다.

PLUS 강의 ⊕

① 산의 공통적인 성질(산성)
・산이 내놓는 H^+에 의해 나타난다.
・신맛이 난다.
・금속과 반응하여 수소 기체를 발생시킨다.
・탄산 칼슘과 반응하여 이산화 탄소 기체를 발생시킨다.
・푸른색 리트머스 종이를 붉게 변화시킨다.
・수용액에 전류를 흘려 주면 전기가 통한다.

② 염기의 공통적인 성질(염기성)
・염기가 내놓는 OH^-에 의해 나타난다.
・쓴맛이 난다.
・단백질을 녹이는 성질이 있어 만지면 미끌미끌하다.
・붉은색 리트머스 종이를 푸르게 변화시킨다.
・페놀프탈레인 용액을 붉게 변화시킨다.
・수용액에 전류를 흘려 주면 전기가 통한다.

③ 수소 이온과 양성자
수소(H) 원자는 양성자 1개와 전자 1개로 구성되어 있으므로 수소(H) 원자가 전자 1개를 잃고 형성된 수소 이온(H^+)은 양성자와 같다. 따라서 브뢴스테드·로리 산은 양성자를 내놓는 물질로, 브뢴스테드·로리 염기는 양성자를 받는 물질로 정의하기도 한다.

④ 수소 이온과 하이드로늄 이온
수소 이온(H^+)은 물속에서 물 분자와 결합하여 하이드로늄 이온(H_3O^+)으로 존재한다. 즉, 물속에서 H_3O^+은 H^+과 같은 물질이다.

⑤ 양쪽성 물질
H_2O은 반응에 따라 산이나 염기로 모두 작용하므로 양쪽성 물질이다.
・$\underset{\text{염기}}{NH_3(g)} + \underset{\text{산}}{H_2O(l)}$
　$\longrightarrow NH_4^+(aq) + OH^-(aq)$
・$\underset{\text{산}}{HCl(g)} + \underset{\text{염기}}{H_2O(l)}$
　$\longrightarrow H_3O^+(aq) + Cl^-(aq)$

B 물의 자동 이온화와 물의 이온화 상수

1 물의 자동 이온화 순수한 물에서 매우 적은 양의 물 분자끼리 수소 이온(H^+)을 주고받아 하이드로늄 이온(H_3O^+)과 수산화 이온(OH^-)을 만들어 내는 과정

양쪽성 물질인 H_2O은 H^+을 내놓을 수도 있고 받을 수도 있으므로 H^+을 주고받아 이온화한다.

$$H_2O(l) + H_2O(l) \rightleftharpoons H_3O^+(aq) + OH^-(aq)$$

2 물의 이온화 상수(K_w) 일정한 온도에서 물이 자동 이온화하여 동적 평형을 이루었을 때 H_3O^+의 몰 농도($[H_3O^+]$)와 OH^-의 몰 농도($[OH^-]$)를 곱한 값 ❻

$$K_w = [H_3O^+][OH^-] = [H^+][OH^-]$$

① 25 °C에서 물의 $K_w = [H_3O^+][OH^-] = 1.0 \times 10^{-14}$이다. ❼

② 순수한 물의 $[H_3O^+]$와 $[OH^-]$는 항상 같다. ➡ 25 °C에서 순수한 물의 $[H_3O^+] = [OH^-] = 1.0 \times 10^{-7}$ M이고, 이러한 용액을 중성 용액이라고 한다.

③ 수용액의 액성과 $[H_3O^+]$, $[OH^-]$의 관계(25 °C): 물의 K_w는 일정하므로 $[H_3O^+]$가 증가하면 $[OH^-]$가 감소하고, $[OH^-]$가 증가하면 $[H_3O^+]$가 감소한다.

농도(M)	1.0×10^{-14}	1.0×10^{-7}	1.0×10^{0}	
산성 용액		$[H_3O^+]$		$[H_3O^+] > 1.0 \times 10^{-7}$ M $> [OH^-]$
	$[OH^-]$			
중성 용액		$[H_3O^+]$		$[H_3O^+] = 1.0 \times 10^{-7}$ M $= [OH^-]$
		$[OH^-]$		
염기성 용액	$[H_3O^+]$			$[H_3O^+] < 1.0 \times 10^{-7}$ M $< [OH^-]$
			$[OH^-]$	

❻ **물의 자동 이온화에서 동적 평형**
물이 이온화하여 생성된 하이드로늄 이온(H_3O^+)과 수산화 이온(OH^-)은 서로 반응하여 다시 물 분자를 생성할 수 있으므로 물의 자동 이온화는 정반응과 역반응이 동시에 일어나는 가역 반응이다. 따라서 순수한 물에서는 동적 평형을 이루어 H_2O, H_3O^+, OH^-의 농도가 일정하다.

❼ **온도에 따른 물의 이온화 상수(K_w)**

온도(°C)	K_w
0	0.114×10^{-14}
10	0.292×10^{-14}
20	0.681×10^{-14}
25	1.00×10^{-14}
30	1.47×10^{-14}

📖 정답과 해설 77쪽

개념 확인

(1) 다음은 산과 염기의 정의에 대한 설명이다. (   ) 안에 알맞은 말을 쓰거나 고르시오.

　① 물에 녹아 H^+을 내놓는 물질을 아레니우스 (산, 염기)(이)라고 한다.

　② 물에 녹아 OH^-을 내놓는 물질을 아레니우스 (산, 염기)(이)라고 한다.

　③ NH_3는 아레니우스 (염기이다, 염기가 아니다).

　④ 다른 물질에게 H^+(양성자)을 내놓는 물질을 브뢴스테드·로리 (산, 염기)(이)라고 한다

　⑤ 다른 물질로부터 H^+(양성자)을 받는 물질을 브뢴스테드·로리 (산, 염기)(이)라고 한다.

　⑥ 조건에 따라 산 또는 염기로 작용할 수 있는 물질을 (   ) 물질이라고 한다.

(2) 물의 자동 이온화 반응은 (   ) 반응이다.

(3) 다음은 이온화 상수(K_w)에 대한 설명이다. (   ) 안에 알맞은 말을 쓰거나 고르시오.

　① 물의 이온화 상수(K_w)는 수용액 속에 존재하는 H_3O^+과 OH^-의 몰 농도를 (곱, 더)한 값이다.

　② 25 °C에서 물의 이온화 상수(K_w) $= [H_3O^+][OH^-] = $ (   )이다.

　③ 25 °C에서 순수한 물에 존재하는 H_3O^+의 몰 농도는 (   ) M이다.

　④ 25 °C에서 순수한 물에 존재하는 OH^-의 몰 농도는 (   ) M이다.

　⑤ 일정한 온도에서 수용액의 H_3O^+의 몰 농도가 증가할수록 OH^-의 몰 농도는 (감소, 증가)한다.

　⑥ 일정한 온도에서 수용액의 OH^-의 몰 농도가 증가할수록 H_3O^+의 몰 농도는 (감소, 증가)한다.

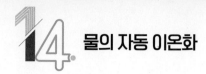

물의 자동 이온화

ⓒ 수소 이온 농도 지수(pH)

1 수소 이온 농도 지수(pH) 수용액 속의 $[H_3O^+]$를 간단히 나타내기 위해 사용하는 값[1]

$$pH = \log \frac{1}{[H_3O^+]} = -\log[H_3O^+]$$

① 수용액의 $[H_3O^+]$가 클수록 pH는 작아진다. ➡ pH가 작을수록 산성이 강하다.
② 수용액의 pH가 1씩 작아질수록 수용액의 $[H_3O^+]$는 10배씩 커진다.[2]
③ 수용액의 $[OH^-]$도 마찬가지 방법으로 $pOH = -\log[OH^-]$로 나타낼 수 있다.
④ pH와 pOH의 관계: 25 °C에서 물의 이온화 상수$(K_w) = [H_3O^+][OH^-] = 1.0 \times 10^{-14}$
이므로 다음의 관계가 성립한다.

$$pH + pOH = 14(25\ °C)$$

2 수용액의 액성과 pH

① 25 °C에서 수용액의 pH는 0~14 사이의 값을 가지며, 산성이 강할수록 0에 가깝고,
중성에서는 7이며, 염기성이 강할수록 14에 가깝다.
② 수용액의 액성과 pH, pOH의 관계(25 °C)

액성	$[H_3O^+]$와 $[OH^-]$	pH	pOH
산성	$[H_3O^+] > 1.0 \times 10^{-7}\ M > [OH^-]$	pH < 7	pOH > 7
중성	$[H_3O^+] = 1.0 \times 10^{-7}\ M = [OH^-]$	pH = 7[3]	pOH = 7
염기성	$[H_3O^+] < 1.0 \times 10^{-7}\ M < [OH^-]$	pH > 7	pOH < 7

$[H_3O^+]$	1	10^{-1}	10^{-2}	10^{-3}	10^{-4}	10^{-5}	10^{-6}	10^{-7}	10^{-8}	10^{-9}	10^{-10}	10^{-11}	10^{-12}	10^{-13}	10^{-14}
pH	0	1	2	3	4	5	6	7	8	9	10	11	12	13	14
액성	산성							중성							염기성
pOH	14	13	12	11	10	9	8	7	6	5	4	3	2	1	0
$[OH^-]$	10^{-14}	10^{-13}	10^{-12}	10^{-11}	10^{-10}	10^{-9}	10^{-8}	10^{-7}	10^{-6}	10^{-5}	10^{-4}	10^{-3}	10^{-2}	10^{-1}	1

▲ 수용액의 액성과 pH, pOH의 관계(25 °C)

탐구 자료 **수용액 속의 $[H_3O^+]$, $[OH^-]$와 pH의 관계(25 °C)**

용액의 농도	0.1 M HCl(aq)	0.001 M HCl(aq)	0.1 M NaOH(aq)
$[H_3O^+]$(M)	1.0×10^{-1}	1.0×10^{-3}	1.0×10^{-13}
$[OH^-]$(M)	1.0×10^{-13}	1.0×10^{-11}	1.0×10^{-1}

1. **0.1 M HCl(aq)의 pH, pOH:** $[H_3O^+] = 1.0 \times 10^{-1}$ M이므로 pH=1이고, $[OH^-] = 1.0 \times 10^{-13}$ M
이므로 pOH=13이다.

2. **0.001 M HCl(aq)의 pH, pOH:** $[H_3O^+] = 1.0 \times 10^{-3}$ M이므로 pH=3이고, $[OH^-] = 1.0 \times 10^{-11}$ M
이므로 pOH=11이다.

3. **0.1 M NaOH(aq)의 pH, pOH:** $[OH^-] = 1.0 \times 10^{-1}$ M이므로 pOH=1이고, $[H_3O^+] = 1.0 \times 10^{-13}$ M
이므로 pH=13이다.

4. **결론**
   • 25 °C에서 물의 이온화 상수$(K_w) = [H_3O^+][OH^-] = 1.0 \times 10^{-14}$로 수용액의 종류에 관계없이 항상 일
   정하다.
   ➡ 25 °C에서는 수용액의 종류에 관계없이 pH+pOH=14로 일정하다.
   • 수용액의 $[H_3O^+]$가 증가할수록 $[OH^-]$는 감소하고, $[H_3O^+]$가 감소할수록 $[OH^-]$는 증가한다.
   ➡ 수용액의 pH가 작아지면 pOH가 커지고, pH가 커지면 pOH가 작아진다.

---

[1] 수소 이온 농도 지수(pH)
순수한 물이나 수용액 속에 존재하는
H_3O^+의 농도, 즉 H^+의 농도는 매우 작
아서 그 값을 사용하기가 불편하다. 따
라서 덴마크의 화학자 쇠렌센은 H_3O^+
의 농도를 간단한 숫자로 나타낸 pH를
제안하였다.

[2] pH와 $[H_3O^+]$의 관계
pH가 2인 수용액은 pH가 3인 수용액
보다 $[H_3O^+]$가 10배 크고, pH가 4인
수용액보다는 $[H_3O^+]$가 100배 크다.

[3] 온도에 따른 중성 용액의 pH

온도(°C)	중성 용액의 pH
0	7.47
10	7.27
20	7.08
25	7.00
30	6.92

3 용액의 pH 확인

① 지시약: pH에 따라 색이 변하는 물질로 용액의 액성을 구별하는 데 쓰인다.

구분	리트머스 종이	페놀프탈레인 용액	메틸 오렌지 용액	BTB 용액
산성	푸른색 → 붉은색	무색	붉은색	노란색
중성	—	무색	노란색	초록색
염기성	붉은색 → 푸른색	붉은색	노란색	파란색

② pH 시험지와 pH 측정기❹

- pH 시험지: 만능 지시약을 종이에 적셔 만든 것으로, 대략적인 pH를 알 수 있다.
- pH 측정기: [H$_3$O$^+$]에 따른 전기 전도도 차이를 이용한 것으로, 정확한 pH를 측정할 수 있다.

❹ pH 시험지와 pH 측정기

4 우리 주변 물질의 pH(25 °C)

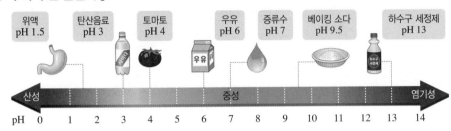

위액 pH 1.5 / 탄산음료 pH 3 / 토마토 pH 4 / 우유 pH 6 / 증류수 pH 7 / 베이킹 소다 pH 9.5 / 하수구 세정제 pH 13

산성 ← 중성 → 염기성
pH 0 1 2 3 4 5 6 7 8 9 10 11 12 13 14

📖 정답과 해설 **77**쪽

개념 확인

(4) 다음은 수소 이온 농도에 대한 설명이다. ( ) 안에 알맞은 말을 쓰거나 고르시오.

① 수소 이온 농도 지수(pH)=(log[H$^+$], −log[H$^+$])이다.

② 25 °C에서 수용액의 pH+pOH=( )이다.

③ 수용액의 [H$_3$O$^+$]가 클수록 pH는 (커, 작아)진다.

④ 수용액의 [OH$^-$]가 클수록 pH는 (커, 작아)진다.

⑤ 25 °C (산성, 중성, 염기성) 용액에서 [H$_3$O$^+$]는 1.0×10^{-7} M이다.

⑥ 25 °C에서 수용액의 액성에 따른 pH는 산성이 강할수록 (0, 14)에 가깝다.

⑦ 25 °C에서 수용액의 액성에 따른 pH는 염기성이 강할수록 (0, 14)에 가깝다.

⑧ 순수한 물에 산을 넣어 녹이면 pH가 (커, 작아)진다.

(5) 그림은 25 °C에서 3가지 수용액에 들어 있는 이온을 모형으로 나타낸 것이다. ( ) 안에 알맞은 등호나 부등호 기호를 쓰시오.

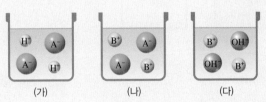

(가)   (나)   (다)

① (가)에서 pH( )7이다.

② (나)에서 pH( )7이다.

③ (다)에서 pH( )7이다.

(6) 순수한 물에 염기를 넣어 녹이면 pH가 (커, 작아)진다.

(7) pH에 따라 색이 변하는 물질로 용액의 액성을 구별하는 데 사용하는 물질을 ( )(이)라고 한다.

(8) pH가 5인 커피의 [H$_3$O$^+$]는 pH가 7인 순수한 물의 [H$_3$O$^+$]의 (100, $\frac{1}{100}$)배이다.

(9) 수용액 속 [H$_3$O$^+$]에 따른 전기 전도도 차를 이용하여 pH를 측정할 수 있는 장치를 ( )라고 한다.

2018 ● 9월 평가원 14번

자료① 산과 염기의 정의

(가)~(다)는 산과 염기 반응의 화학 반응식이다.

> (가) $CH_3COOH(aq) + H_2O(l)$
> $\longrightarrow CH_3COO^-(aq) + H_3O^+(aq)$
> (나) $NH_3(g) + H_2O(l) \longrightarrow NH_4^+(aq) + OH^-(aq)$
> (다) $NH_2CH_2COOH(s) + NaOH(aq)$
> $\longrightarrow NH_2CH_2COO^-(aq) + Na^+(aq) + H_2O(l)$

1. (가)에서 CH_3COOH은 아레니우스 산이다. (○, ×)
2. (가)에서 CH_3COOH은 브뢴스테드·로리 산이다. (○, ×)
3. (나)에서 NH_3는 아레니우스 염기이다. (○, ×)
4. (나)에서 NH_3는 브뢴스테드·로리 염기이다. (○, ×)
5. (가)와 (나)에서 H_2O은 모두 브뢴스테드·로리 염기이다. (○, ×)
6. (다)에서 NH_2CH_2COOH은 아레니우스 산이다. (○, ×)
7. (다)에서 NH_2CH_2COOH은 브뢴스테드·로리 산이다. (○, ×)
8. (다)에서 $NaOH$은 브뢴스테드·로리 염기이다. (○, ×)

2021 ● 6월 평가원 14번

자료② 물의 자동 이온화

그림 (가)~(다)는 물($H_2O(l)$), 수산화 나트륨 수용액($NaOH(aq)$), 염산($HCl(aq)$)을 각각 나타낸 것이다. 단, 혼합 용액의 부피는 혼합 전 물 또는 용액의 부피의 합과 같고, 물과 용액의 온도는 25 ℃로 일정하며, 25 ℃에서 물의 이온화 상수(K_w)는 1.0×10^{-14}이다.

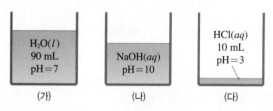

1. (가)에서 $[H_3O^+]$는 1.0×10^{-7} M이다. (○, ×)
2. (가)에서 $[H_3O^+] + [OH^-] = 1.0 \times 10^{-14}$이다. (○, ×)
3. (나)에서 $[OH^-]$는 1.0×10^{-10} M이다. (○, ×)
4. (나)에서 $[H_3O^+][OH^-] = 1.0 \times 10^{-14}$이다. (○, ×)
5. (다)에 BTB 용액을 떨어뜨리면 수용액 색깔이 노랗게 변한다. (○, ×)
6. 물의 이온화 상수(K_w)는 (가)가 (다)보다 크다. (○, ×)
7. (가)와 (다)를 혼합한 수용액의 pH=4이다. (○, ×)

Ⓐ 산과 염기

1 그림은 염화 수소(HCl)와 암모니아(NH_3)의 반응을 모형으로 나타낸 것이다. ㉠과 ㉡을 브뢴스테드·로리 산 또는 염기로 구분하시오.

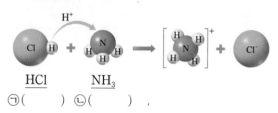

㉠ ( ) ㉡ ( ) ,

2 브뢴스테드·로리 산 염기와 관계 있는 것만을 [보기]에서 있는 대로 고르시오.

> ┤ 보기 ├
> ㄱ. 브뢴스테드·로리 산은 수소 이온(H^+)을 내놓는 물질이다.
> ㄴ. 브뢴스테드·로리 염기는 수소 이온(H^+)을 받는 물질이다.
> ㄷ. 염화 수소(HCl)와 반응하는 암모니아(NH_3)는 브뢴스테드·로리 염기이다.

Ⓑ 물의 자동 이온화와 물의 이온화 상수

3 표는 25 ℃에서 수용액 (가)~(다)의 $[H_3O^+]$를 나타낸 것이다.

수용액	(가)	(나)	(다)
$[H_3O^+]$(M)	1.0×10^{-5}	1.0×10^{-7}	1.0×10^{-9}

25 ℃에서 (가)~(다)에 대한 설명으로 옳은 것은?

① 물의 이온화 상수(K_w)는 (가)가 (나)보다 크다.
② 수소 이온 농도 지수(pH)는 (나)가 (다)보다 크다.
③ $[OH^-]$는 (다)가 (가)보다 크다.
④ 산성 수용액은 2가지이다.
⑤ 염기성 수용액은 2가지이다.

Ⓒ 수소 이온 농도 지수(pH)

4 25 ℃에서 0.01 M $HCl(aq)$과 0.001 M $KOH(aq)$의 $[H_3O^+]$, $[OH^-]$, pH, pOH를 구하시오. (단, 25 ℃에서 물의 이온화 상수(K_w)는 1.0×10^{-14}이다.)

용액	0.01 M $HCl(aq)$	0.001 M $KOH(aq)$
$[H_3O^+]$(M)	㉠	㉢
$[OH^-]$(M)	㉡	㉣
pH	㉢	㉥
pOH	㉣	㉦

1 다음은 산 염기 반응의 화학 반응식이다.

> (가) $H_2CO_3 + H_2O \rightleftharpoons HCO_3^- + H_3O^+$
> (나) $HS^- + H_2O \rightleftharpoons H_2S + OH^-$
> (다) $NH_3 + H_2O \rightleftharpoons NH_4^+ + OH^-$

(가)~(다) 중 H_2O이 브뢴스테드·로리 산으로 작용하는 반응만을 있는 대로 고른 것은?

① (가) ② (나) ③ (다)
④ (가), (나) ⑤ (나), (다)

자료①

2 다음은 산 염기 반응의 화학 반응식이다.

> (가) $CH_3COOH(aq) + H_2O(l)$
> $\longrightarrow CH_3COO^-(aq) + H_3O^+(aq)$
> (나) $NH_3(g) + H_2O(l)$
> $\longrightarrow NH_4^+(aq) + OH^-(aq)$
> (다) $NH_2CH_2COOH(s) + NaOH(aq)$
> $\longrightarrow NH_2CH_2COO^-(aq) + Na^+(aq) + H_2O(l)$

이에 대한 설명으로 옳은 것만을 [보기]에서 있는 대로 고른 것은?

> | 보기 |
> ㄱ. (가)에서 CH_3COOH은 아레니우스 산이다.
> ㄴ. (나)에서 NH_3는 브뢴스테드·로리 염기이다.
> ㄷ. (다)에서 NH_2CH_2COOH은 브뢴스테드·로리 산이다.

① ㄱ ② ㄷ ③ ㄱ, ㄴ
④ ㄴ, ㄷ ⑤ ㄱ, ㄴ, ㄷ

3 다음은 물의 자동 이온화 반응의 모형과 25 °C에서 물의 이온화 상수 K_w를 나타낸 것이다.

> $K_w = [H_3O^+][OH^-] = 1.0 \times 10^{-14}$

이에 대한 설명으로 옳은 것만을 [보기]에서 있는 대로 고른 것은?

> | 보기 |
> ㄱ. 물의 자동 이온화 반응은 가역 반응이다.
> ㄴ. 25 °C의 순수한 물에서 $[H_3O^+]$는 1.0×10^{-7} M 이다.
> ㄷ. 25 °C에서 순수한 물의 pH는 pOH보다 크다.

① ㄱ ② ㄴ ③ ㄷ
④ ㄱ, ㄴ ⑤ ㄱ, ㄷ

4 다음은 25 °C, 0.1 M 염산에서 H_3O^+과 OH^-의 몰 농도를 구하는 과정이다.

> • 1단계: 25 °C에서 물의 이온화 상수(K_w)는 다음과 같다.
> $K_w = [H_3O^+][OH^-] = 1.0 \times 10^{-14}$
> • 2단계: 염산이 모두 이온화한다고 가정하면 $[H_3O^+] = 1.0 \times 10^{-(\text{⊙})}$ M이다.
> • 3단계: 2단계 자료를 1단계의 K_w식에 대입하면 $[OH^-] = 1.0 \times 10^{-(\text{ⓒ})}$ M이다.

이에 대한 설명으로 옳은 것만을 [보기]에서 있는 대로 고른 것은?

> | 보기 |
> ㄱ. ⊙은 1이다.
> ㄴ. ⓒ은 13이다.
> ㄷ. 염산의 농도를 10배 묽히면 ⓒ은 작아진다.

① ㄱ ② ㄷ ③ ㄱ, ㄴ
④ ㄴ, ㄷ ⑤ ㄱ, ㄴ, ㄷ

5 25 °C에서 수산화 나트륨(NaOH) 4 g을 물에 녹여 10 L의 수용액을 만들었을 때, 이 수용액의 pH는? (단, 25 °C에서 물의 이온화 상수(K_w)는 1.0×10^{-14}이고, 수산화 나트륨의 화학식량은 40이며, 수산화 나트륨은 물에 녹아 100 % 이온화한다.)

① 2   ② 4   ③ 6
④ 10   ⑤ 12

6 다음은 25 °C에서 수용액의 pH를 알아보기 위한 실험이다.

[실험 과정]
(가) 25 °C에서 0.1 M 염산과 0.1 M 수산화 나트륨 수용액을 준비한다.
(나) 과정 (가)의 두 수용액을 각각 10배로 묽힌다.
(다) 과정 (가)의 두 수용액을 각각 100배로 묽힌다.
[실험 결과] 각 수용액의 pH는 표와 같다.

과정	염산	수산화 나트륨 수용액
(가)	㉠	㉡
(나)	㉢	
(다)		㉣

이에 대한 설명으로 옳은 것만을 [보기]에서 있는 대로 고른 것은? (단, 25 °C에서 물의 이온화 상수(K_w)는 1.0×10^{-14}이고, 염산과 수산화 나트륨은 물에 녹아 100 % 이온화한다.)

―| 보기 |―
ㄱ. ㉠=㉡이다.
ㄴ. ㉢<㉣이다.
ㄷ. ㉠+㉡=㉢+㉣이다.

① ㄱ   ② ㄴ   ③ ㄷ
④ ㄱ, ㄴ   ⑤ ㄴ, ㄷ

7 그림은 25 °C에서 생활 속 여러 가지 물질의 pH를 나타낸 것이다.

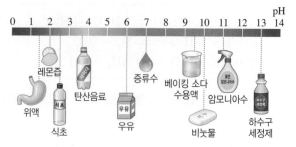

위에서 나열한 물질에 대한 설명으로 옳은 것만을 [보기]에서 있는 대로 고른 것은? (단, 25 °C에서 물의 이온화 상수(K_w)는 1.0×10^{-14}이다.)

―| 보기 |―
ㄱ. [H$_3$O$^+$]는 탄산음료가 레몬즙보다 크다.
ㄴ. 증류수의 pOH는 7이다.
ㄷ. 페놀프탈레인 용액을 1~2방울 떨어뜨릴 때 붉은색을 띠는 것은 5가지이다.

① ㄱ   ② ㄴ   ③ ㄷ
④ ㄱ, ㄴ   ⑤ ㄴ, ㄷ

8 다음은 염화 수소(HCl)와 물의 반응을 나타낸 화학 반응식이다.

$$HCl(g) + H_2O(l) \longrightarrow H_3O^+(aq) + Cl^-(aq)$$

25 °C에서 물에 염화 수소 기체를 녹였을 때 수소 이온 농도가 0.01 M이 되었다.
이 수용액에 대한 설명으로 옳은 것만을 [보기]에서 있는 대로 고른 것은? (단, 25 °C에서 물의 이온화 상수(K_w)는 1.0×10^{-14}이다.)

―| 보기 |―
ㄱ. 수용액의 pH는 2이다.
ㄴ. 수용액의 OH$^-$의 몰 농도는 1.0×10^{-12} M이다.
ㄷ. 수용액에 염화 수소를 더 녹이면 수용액의 pH는 커진다.

① ㄱ   ② ㄷ   ③ ㄱ, ㄴ
④ ㄴ, ㄷ   ⑤ ㄱ, ㄴ, ㄷ

1 표는 25 °C에서 3가지 수용액 (가)~(다)에 대한 자료이다.

2021 9월 평가원 14번

수용액	(가)	(나)	(다)
$[H_3O^+] : [OH^-]$	$1 : 10^2$	$1 : 1$	$10^2 : 1$

이에 대한 설명으로 옳은 것만을 [보기]에서 있는 대로 고른 것은? (단, 온도는 25 °C로 일정하고, 25 °C에서 물의 이온화 상수(K_w)는 1×10^{-14}이다.)

┤ 보기 ├
ㄱ. (나)는 중성이다.
ㄴ. (다)의 pH는 5.0이다.
ㄷ. $[OH^-]$는 (가) : (다)$= 10^4 : 1$이다.

① ㄱ　　　　② ㄴ　　　　③ ㄷ
④ ㄱ, ㄴ　　　⑤ ㄱ, ㄷ

2018 수능 9번

2 그림은 어떤 화학 반응의 반응물을 화학 결합 모형으로 나타낸 화학 반응식이다. HXY에서 중심 원자는 X이다.

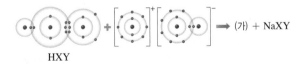

이에 대한 설명으로 옳은 것만을 [보기]에서 있는 대로 고른 것은? (단, X, Y는 임의의 원소 기호이다.)

┤ 보기 ├
ㄱ. HXY는 브뢴스테드·로리 산이다.
ㄴ. (가)의 쌍극자 모멘트는 0이 아니다.
ㄷ. NaXY에서 X와 Y는 모두 옥텟 규칙을 만족한다.

① ㄱ　　　　② ㄷ　　　　③ ㄱ, ㄴ
④ ㄴ, ㄷ　　　⑤ ㄱ, ㄴ, ㄷ

자료 ❷   2021 6월 평가원 14번

3 그림 (가)~(다)는 물($H_2O(l)$), 수산화 나트륨 수용액($NaOH(aq)$), 염산($HCl(aq)$)을 각각 나타낸 것이다.

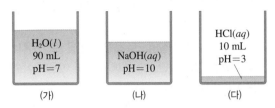

이에 대한 설명으로 옳은 것만을 [보기]에서 있는 대로 고른 것은? (단, 혼합 용액의 부피는 혼합 전 물 또는 용액의 부피의 합과 같고, 물과 용액의 온도는 25 °C로 일정하며, 25 °C에서 물의 이온화 상수(K_w)는 1.0×10^{-14}이다.)

┤ 보기 ├
ㄱ. (가)에서 $[H_3O^+] = [OH^-]$이다.
ㄴ. (나)에서 $[OH^-]$는 1.0×10^{-4} M이다.
ㄷ. (가)와 (다)를 모두 혼합한 수용액의 pH=5이다.

① ㄱ　　　　② ㄷ　　　　③ ㄱ, ㄴ
④ ㄴ, ㄷ　　　⑤ ㄱ, ㄴ, ㄷ

4 다음은 25 °C에서 순수한 물의 자동 이온화 반응의 화학 반응식과 물의 이온화 상수(K_w)를 나타낸 것이다.

$$2H_2O(l) \rightleftharpoons H_3O^+(aq) + OH^-(aq)$$
$$K_w = 1.0 \times 10^{-14}$$

이에 대한 설명으로 옳은 것만을 [보기]에서 있는 대로 고른 것은?

┤ 보기 ├
ㄱ. 물의 자동 이온화 반응은 동적 평형에 도달할 수 있다.
ㄴ. 25 °C에서 순수한 물속의 $[H_3O^+]$는 1.0×10^{-7} M이다.
ㄷ. 25 °C의 순수한 물에서 H_3O^+의 농도는 H_2O의 농도보다 더 크다.

① ㄱ　　　　② ㄷ　　　　③ ㄱ, ㄴ
④ ㄴ, ㄷ　　　⑤ ㄱ, ㄴ, ㄷ

5 표는 25 °C에서 3가지 수용액에 대한 자료이다.

수용액	(가)	(나)	(다)
pH	4	8	10
부피(mL)	200	100	500

(가)~(다)에 대한 설명으로 옳은 것만을 [보기]에서 있는 대로 고른 것은? (단, 25 °C에서 물의 이온화 상수(K_w)는 1.0×10^{-14}이다.)

— 보기 —
ㄱ. 염기성 수용액은 2가지이다.
ㄴ. (나)에서 $\dfrac{[OH^-]}{[H_3O^+]} = 100$이다.
ㄷ. 수용액 속 H_3O^+의 양(mol)은 (가)가 (다)의 10^6배이다.

① ㄱ   ② ㄷ   ③ ㄱ, ㄴ
④ ㄴ, ㄷ   ⑤ ㄱ, ㄴ, ㄷ

6 표는 온도에 따른 순수한 물의 이온화 상수(K_w)를 나타낸 것이다.

온도(°C)	K_w
0	0.11×10^{-14}
20	0.68×10^{-14}
25	1.00×10^{-14}
40	2.92×10^{-14}
60	9.61×10^{-14}

이에 대한 설명으로 옳은 것만을 [보기]에서 있는 대로 고른 것은?

— 보기 —
ㄱ. 순수한 물의 pH는 20 °C에서가 60 °C에서보다 크다.
ㄴ. $[H_3O^+]$는 25 °C에서가 40 °C에서보다 크다.
ㄷ. 70 °C에서 K_w는 9.61×10^{-14}보다 크다.

① ㄱ   ② ㄴ   ③ ㄷ
④ ㄱ, ㄴ   ⑤ ㄱ, ㄷ

7 그림은 25 °C에서 묽은 염산(HCl(aq)) 100 mL를 비커에 담은 모습을 나타낸 것이다.

x M
HCl(aq)
pH=2
100 mL

이에 대한 설명으로 옳은 것만을 [보기]에서 있는 대로 고른 것은? (단, 25 °C에서 물의 이온화 상수(K_w)는 1.0×10^{-14}이고, HCl는 물에 녹아 100 % 이온화한다.)

— 보기 —
ㄱ. $x = 1.0 \times 10^{-2}$이다.
ㄴ. 수용액 속에 존재하는 H_3O^+의 양(mol)은 1.0×10^{-2} mol이다.
ㄷ. 물을 더 넣어 수용액의 부피를 1000 mL로 만들면 수용액의 pH는 3이다.

① ㄱ   ② ㄴ   ③ ㄷ
④ ㄱ, ㄴ   ⑤ ㄱ, ㄷ

8 표는 25 °C에서 수용액 (가)와 (나)에 대한 자료이다.

구분	수용액	부피(L)	pH
(가)	HCl(aq)	0.1	2
(나)	NaOH(aq)	10	13

이에 대한 설명으로 옳은 것만을 [보기]에서 있는 대로 고른 것은? (단, 25 °C에서 물의 이온화 상수(K_w)는 1.0×10^{-14}이고, HCl와 NaOH은 물에 녹아 100 % 이온화한다.)

— 보기 —
ㄱ. (가)에 들어 있는 $[H_3O^+]$는 1.0×10^{-2} M이다.
ㄴ. (나)에 들어 있는 $[OH^-]$는 1.0×10^{-13} M이다.
ㄷ. 수용액에 들어 있는 H_3O^+의 양(mol)은 (가)가 (나)의 10^8배이다.

① ㄱ   ② ㄴ   ③ ㄱ, ㄷ
④ ㄴ, ㄷ   ⑤ ㄱ, ㄴ, ㄷ

9 그림 (가)와 (나)는 수산화 나트륨 수용액(NaOH(aq))과 염산(HCl(aq))을 각각 나타낸 것이다. (가)에서 $\dfrac{[\text{OH}^-]}{[\text{H}_3\text{O}^+]}$ $=1\times10^{12}$이다.

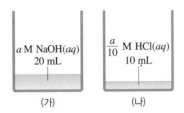

a M NaOH(aq)
20 mL
(가)

$\dfrac{a}{10}$ M HCl(aq)
10 mL
(나)

이에 대한 설명으로 옳은 것만을 [보기]에서 있는 대로 고른 것은? (단, 온도는 25 °C로 일정하며, 25 °C에서 물의 이온화 상수(K_w)는 1×10^{-14}이다.)

┤ 보기 ├
ㄱ. $a=0.2$이다.
ㄴ. $\dfrac{\text{(가)의 pH}}{\text{(나)의 pH}}>6$이다.
ㄷ. (나)에 물을 넣어 100 mL로 만든 HCl(aq)에서 $\dfrac{[\text{Cl}^-]}{[\text{OH}^-]}=1\times10^{10}$이다.

① ㄱ   ② ㄴ   ③ ㄷ
④ ㄱ, ㄴ   ⑤ ㄴ, ㄷ

10 그림은 25 °C에서 전해질 A~C가 각각 녹아 있는 3가지 수용액의 pH를 나타낸 것이다.

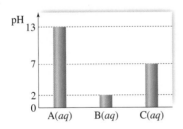

이에 대한 설명으로 옳은 것만을 [보기]에서 있는 대로 고른 것은? (단, 3가지 수용액의 부피는 모두 같고, 25 °C에서 물의 이온화 상수(K_w)는 1.0×10^{-14}이다.)

┤ 보기 ├
ㄱ. A(aq)에 BTB 용액을 1~2방울 떨어뜨리면 파란색으로 변한다.
ㄴ. [OH$^-$]는 B(aq)이 A(aq)의 10^{11}배이다.
ㄷ. 수용액에 존재하는 H$_3$O$^+$의 양(mol)은 B(aq)이 C(aq)의 5배이다.

① ㄱ   ② ㄴ   ③ ㄷ
④ ㄱ, ㄴ   ⑤ ㄱ, ㄷ

11 그림은 25 °C의 3가지 산 수용액을 나타낸 것이다.

0.2 M
HA(aq)
50 mL
(가)

0.2 M
H$_2$B(aq)
150 mL
(나)

0.5 M
HC(aq)
20 mL
(다)

(가)~(다)에 대한 설명으로 옳은 것만을 [보기]에서 있는 대로 고른 것은? (단, 25 °C에서 물의 이온화 상수(K_w)는 1.0×10^{-14}이고, 3가지 산은 모두 물에 녹아 100 % 이온화한다.)

┤ 보기 ├
ㄱ. pH가 가장 큰 것은 (다)이다.
ㄴ. [OH$^-$]는 (가)가 가장 크다.
ㄷ. 수용액에 존재하는 H$_3$O$^+$의 양(mol)은 (가)가 (다)보다 크다.

① ㄱ   ② ㄴ   ③ ㄷ
④ ㄱ, ㄴ   ⑤ ㄱ, ㄷ

12 표는 25 °C의 몇 가지 물질의 pH를 나타낸 것이다.

물질	탄산음료	커피	증류수	제산제	하수구 세정제
pH	3	5	7	10	13

이에 대한 설명으로 옳은 것만을 [보기]에서 있는 대로 고른 것은? (단, 25 °C에서 물의 이온화 상수(K_w)는 1.0×10^{-14}이다.)

┤ 보기 ├
ㄱ. 증류수에 들어 있는 [H$_3$O$^+$]는 1.0×10^{-7} M 이다.
ㄴ. [H$_3$O$^+$]는 몰 농도는 커피가 탄산음료의 2배이다.
ㄷ. [OH$^-$]는 제산제가 하수구 세정제의 1000배이다.

① ㄱ   ② ㄴ   ③ ㄷ
④ ㄱ, ㄴ   ⑤ ㄱ, ㄷ

15 산 염기 중화 반응

>> **핵심 짚기** ▸ 중화 반응에서의 양적 관계 ▸ 중화 적정에서 이온 수 변화

Ⓐ 산 염기 중화 반응

1 중화 반응 산과 염기가 반응하여 물과 염을 생성하는 반응으로, 중화 반응이 일어날 때 H^+과 OH^-은 항상 1 : 1의 몰비로 반응한다.❶

[중화 반응 모형] 📋 예 염산(HCl)과 수산화 나트륨(NaOH) 수용액의 중화 반응

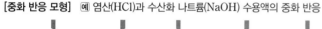

[화학 반응식]

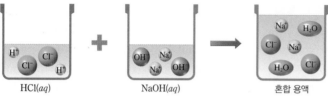

$$HCl(aq) \longrightarrow H^+(aq)❷ + Cl^-(aq)$$
$$NaOH(aq) \longrightarrow Na^+(aq) + OH^-(aq)$$
$$HCl(aq) + NaOH(aq) \longrightarrow H_2O(l) + NaCl(aq)$$
$$\text{산} \qquad \text{염기} \qquad \text{물} \qquad \text{염}$$

① **알짜 이온 반응식**: 실제 반응에 참여한 이온만으로 나타낸 화학 반응식이다. 따라서 중화 반응의 알짜 이온 반응식을 나타내면 다음과 같다.❸ → 반응하는 산과 염기의 종류에 관계없이 중화 반응의 알짜 이온 반응식은 같다.

$$H^+(aq)+OH^-(aq) \longrightarrow H_2O(l)$$

② **염**: 중화 반응에서 산의 음이온과 염기의 양이온이 만나 생성된 물질

📋 예 $HCl(aq) + NaOH(aq) \longrightarrow H_2O(l) + NaCl(aq)$
$HNO_3(aq) + KOH(aq) \longrightarrow H_2O(l) + KNO_3(aq)$ ┐ 산과 염기의 종류에 따라 염의 종류가 달라진다.

2 중화 반응에서의 양적 관계 산과 염기가 완전히 중화되려면 산이 내놓은 H^+의 양(mol)과 염기가 내놓은 OH^-의 양(mol)이 같아야 한다.❹ [여기서 잠깐] 162쪽

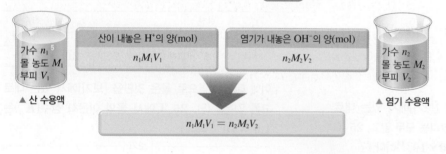

Ⓑ 중화 적정

1 중화 적정 중화 반응을 이용하여 농도를 모르는 산이나 염기의 농도를 알아내는 과정
① **표준 용액**: 농도를 정확히 알고 있는 산 수용액이나 염기 수용액으로, 표준 용액을 이 용하여 중화 적정을 진행한다.
② **중화점**: 아레니우스 정의의 산과 염기에서 산의 H^+의 양(mol)과 염기의 OH^-의 양 (mol)이 같아 산과 염기가 완전히 중화되는 지점

중화 적정으로 식초의 아세트산 함량 구하기

피펫으로 식초 5 mL를 취하여 삼각 플라스크에 넣고, 페놀프탈레인 용액을 1~2방울 떨어뜨린다. 뷰렛 속의 0.1 M 수산화 나트륨(NaOH) 수용액을 삼각 플라스크에 천천히 떨어뜨리면서 용액 전체가 붉은색으로 변하는 순간까지 들어간 NaOH 수용액의 부피를 구한다.

—NaOH(aq)
식초+페놀프탈레인 용액

1. **적정에 사용된 0.1 M NaOH 수용액의 부피**: 40 mL

2. **중화점의 확인**: 중화점을 지나는 순간 삼각 플라스크 속 용액 전체가 붉은색으로 변한다. ⑥

3. **식초 속 아세트산(CH_3COOH)의 몰 농도**: 식초 속 CH_3COOH의 몰 농도를 x라고 하면 양적 관계는 $1 \times x \times 5$ mL$=1 \times 0.1$ M$\times 40$ mL, $x=0.8$ M이다.

4. **식초 속 CH_3COOH의 양(mol)**: 용질의 양(mol)=몰 농도(mol/L)×용액의 부피(L)이므로 0.8 M 식초 5 mL에는 CH_3COOH 0.004몰이 들어 있다.

2 중화 적정에서 이온 수 변화⑦ 예 일정량의 HCl(aq)에 NaOH(aq)을 가할 때

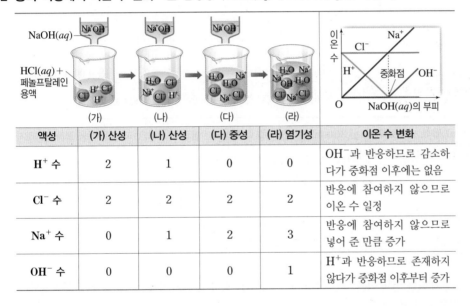

액성	(가) 산성	(나) 산성	(다) 중성	(라) 염기성	이온 수 변화
H^+ 수	2	1	0	0	OH^-과 반응하므로 감소하다가 중화점 이후에는 없음
Cl^- 수	2	2	2	2	반응에 참여하지 않으므로 이온 수 일정
Na^+ 수	0	1	2	3	반응에 참여하지 않으므로 넣어 준 만큼 증가
OH^- 수	0	0	0	1	H^+과 반응하므로 존재하지 않다가 중화점 이후부터 증가

⑥ 중화점의 확인
중화점을 확인하는 대표적인 방법은 지시약의 색 변화를 관찰하는 것이다. 지시약은 종류에 따라 색이 변하는 pH 범위가 다르므로 중화점 부근에서 색이 변하는 지시약을 사용해야 한다.

지시약	변색 범위(pH)
메틸 오렌지	3.1~4.4
BTB	6~7.6
페놀프탈레인	8~10

⑦ 일정량의 HCl(aq)에 NaOH(aq)을 가할 때 전체 이온 수 변화

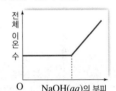

처음에는 소모된 H^+의 수만큼 Na^+의 수가 증가하므로 전체 이온 수가 일정하다가, 완전히 중화된 후부터는 NaOH을 가하는 대로 Na^+과 OH^-의 수가 증가하므로 전체 이온 수가 증가한다.

🔲 정답과 해설 82쪽

개념 확인

(1) 산과 염기가 반응하여 물과 염을 생성하는 반응을 (   ) 반응이라고 한다.

(2) 중화 반응이 일어날 때 H^+과 OH^-은 항상 (1:1, 2:1, 1:2)의 몰비로 반응한다.

(3) 브뢴스테드·로리 산은 중화 반응에 (참여한다, 참여하지 않는다).

(4) 중화 반응에서 알짜 이온은 (   )과 (   )이다.

(5) 중화 반응의 알짜 이온 반응식은 (   )이다.

(6) 산과 염기의 종류에 관계없이 중화 반응에서 공통으로 생성되는 물질은 (   )이다.

(7) 중화 반응을 이용하여 농도를 모르는 산이나 염기의 농도를 알아내는 과정을 (   )(이)라고 한다.

(8) 산과 염기가 완전히 중화되는 지점을 (   )이라고 한다.

(9) 농도를 정확히 알고 있는 용액을 (표준 용액, 기준 용액)이라고 한다.

(10) 중화 반응에 참여하는 H^+이나 OH^-의 양(mol)은 산이나 염기의 가수와 수용액의 몰 농도 및 부피의 (곱, 합)과 같다.

(11) 식초 속에 들어 있는 아세트산의 (   )은(는) $\dfrac{\text{아세트산의 질량(g)}}{\text{사용한 식초의 질량(g)}} \times 100(\%)$으로 구한다.

중화 반응에서의 양적 관계

중화 반응이 일어나면 산과 염기의 종류와 관계없이 산에 들어 있는 H^+과 염기에 들어 있는 OH^-이 $1:1$의 몰비로 반응하여 물과 염이 생성되며, 생성되는 물의 양(mol)은 반응한 H^+이나 OH^-의 양(mol)에 비례해요. 중화 반응 결과 생성되는 물의 양(mol)은 산에 들어 있는 H^+이나 염기에 들어 있는 OH^-의 양(mol) 중에서 이온의 양(mol)이 작은 쪽이 결정함을 알 수 있어요.

정답과 해설 82쪽

1 > 중화 반응 시 생성되는 물의 양(mol)은 산에 들어 있는 H^+과 염기에 들어 있는 OH^-의 양(mol) 중에서 작은 쪽, 즉 한계 반응물이 결정한다. 한계 반응물이란 화학 반응에 참여해 모두 소모된 반응물이다.

0.01 M HCl(aq) 100 mL와 0.005 M NaOH(aq) 20 mL를 반응시킬 때 생성되는 물의 양(mol)과 중화 반응 결과 반응하지 않고 남은 H^+ 또는 OH^-의 양(mol)을 구하시오.

1단계	HCl(aq)에 들어 있는 H^+의 양(mol) 구하기	몰 농도(M)$=\dfrac{용질의 양(mol)}{용액의 부피(L)}$에서 H^+의 양(mol)=HCl(aq)의 몰 농도(M)×HCl(aq)의 부피(L) $=0.01$ M$\times 0.1$ L$=0.001$ mol이다.
2단계	NaOH(aq)에 들어 있는 OH^-의 양(mol) 구하기	OH^-의 양(mol)=NaOH(aq)의 몰 농도(M)×NaOH(aq)의 부피(L)= 0.005 M$\times 0.02$ L$=0.0001$ mol이다.
3단계	산에 들어 있는 H^+이나 염기에 들어 있는 OH^-의 양(mol) 중에서 이온의 양(mol)이 작은 쪽 찾기(한계 반응물 찾기)	H^+의 양(mol)은 0.001 mol, OH^-의 양(mol)은 0.0001 mol이다. 따라서 이온의 양(mol)이 작은 쪽인 OH^-이 한계 반응물이다.
4단계	중화 반응 결과 생성된 물의 양(mol) 구하기	중화 반응의 알짜 이온 반응식은 다음과 같다. $$H^+(aq)+OH^-(aq) \longrightarrow H_2O(l)$$ 중화 반응에서 $H^+:OH^-:H_2O=1:1:1$이므로 한계 반응물인 OH^-의 양(mol)만큼 물이 생성된다. 따라서 생성된 물의 양(mol)은 0.0001 mol이다.
5단계	중화 반응 결과 반응하지 않고 남은 반응물의 양(mol) 구하기	H^+ 0.0001 mol이 중화 반응에 참여하고, 0.0009 mol이 남는다.

Q1 0.05 M HCl(aq) 200 mL와 0.3 M KOH(aq) 300 mL를 반응시킬 때 생성되는 물의 양(mol) ㉠과 중화 반응 결과 반응하지 않고 남은 H^+ 또는 OH^-의 양(mol) ㉡을 구하시오.

2 > 중화 반응 결과 혼합 용액 속에 존재하는 전체 이온 수는 산에 들어 있는 H^+의 수와 염기에 들어 있는 OH^-의 수 중에서 이온 수가 큰 물질의 혼합 전 이온 수가 결정한다.

0.01 M HCl(aq) 100 mL와 0.005 M NaOH(aq) 20 mL를 반응시킬 때 중화 반응 이후 혼합 용액 속에 존재하는 전체 이온 수를 구하시오. (단, 아보가드로수는 6.02×10^{23}이며, 물의 자동 이온화는 무시한다.)

1단계	HCl(aq)에 들어 있는 H^+, Cl^-의 수 구하기	H^+의 양(mol)=HCl(aq)의 몰 농도(M)×HCl(aq)의 부피(L)$=0.01$ M $\times 0.1$ L$=0.001$ mol이므로 H^+의 수$=Cl^-$의 수$=0.001$ mol$\times 6.02\times10^{23}=6.02\times10^{20}$개다. 그러므로 HCl($aq$)에 들어 있는 전체 이온 수는 12.04×10^{20}개이다.
2단계	NaOH(aq)에 들어 있는 Na^+, OH^-의 수 구하기	OH^-의 양(mol)=NaOH(aq)의 몰 농도(M)×NaOH(aq)의 부피(L)=0.005 M$\times 0.02$ L$=0.0001$ mol이므로 Na^+의 수$=OH^-$의 수$=0.0001$ mol$\times 6.02\times10^{23}=6.02\times10^{19}$개이다. 그러므로 NaOH($aq$)에 들어 있는 전체 이온 수는 12.04×10^{19}개이다.
3단계	중화 반응 결과 생성된 물의 양(mol) 구하기	중화 반응에서 $H^+:OH^-:H_2O=1:1:1$이므로 생성된 물의 양(mol)은 0.0001 mol이다.
4단계	중화 반응 이후 혼합 용액 속에 존재하는 전체 이온 수 구하기	중화 반응에 참여하지 않은 Na^+의 수는 6.02×10^{19}개이고, Cl^-의 수는 6.02×10^{20}개다. 중화 반응 이후 남아 있는 H^+의 수는 $9\times6.02\times10^{19}$개이다. 그러므로 혼합 용액 속에 존재하는 전체 이온 수는 12.04×10^{20}개이다.

Q2 0.05 M HCl(aq) 200 mL와 0.3 M KOH(aq) 300 mL를 반응시킬 때 중화 반응 이후 혼합 용액 속에 존재하는 전체 이온 수를 구하시오. (단, 아보가드로수는 6.02×10^{23}이다.)

2018 ● 9월 평가원 16번

자료❶ 중화 반응의 양적 관계

HCl(aq), NaOH(aq)의 부피를 달리하여 혼합한 용액 I ~ Ⅲ에 대한 자료이다.

혼합 용액	혼합 전 용액의 부피(mL)		전체 양이온의 양(mol)	액성
	HCl(aq)	NaOH(aq)		
I	20	30	1.0×10^{-2}	산성
Ⅱ	20	40	1.2×10^{-2}	염기성
Ⅲ	30	40	$x \times 10^{-2}$	산성

1. 혼합 용액 I에 들어 있는 양이온 종류는 2가지이다.　(○, ×)
2. 혼합 용액 I에 들어 있는 양이온 수를 5N이라고 할 때, 혼합 용액 Ⅱ에 들어 있는 Na$^+$ 수는 6N이다.　(○, ×)
3. 혼합 용액 Ⅱ에 들어 있는 Na$^+$ 수를 6N이라고 할 때, 혼합 용액 I에 들어 있는 H$^+$ 수는 4.5N이다.　(○, ×)
4. 혼합 용액 Ⅱ에 들어 있는 Na$^+$ 수를 6N이라고 할 때, 혼합 용액 Ⅲ에 들어 있는 H$^+$ 수는 1.5N이다.　(○, ×)
5. 혼합 용액 Ⅱ에 들어 있는 Na$^+$ 수를 6N이라고 할 때, 혼합 용액 Ⅲ에 들어 있는 전체 양이온 수는 7.5N이다.　(○, ×)
6. 혼합 용액 Ⅲ에서 x는 1.5이다.　(○, ×)

2021 ● 6월 평가원 20번

자료❷ 중화 반응의 양적 관계

0.2 M H$_2$A(aq) x mL와 y M 수산화 나트륨 수용액 (NaOH(aq))의 부피를 달리하여 혼합한 용액 (가)~(다)이다.

용액	(가)	(나)	(다)
H$_2$A(aq)의 부피(mL)	x	x	x
NaOH(aq)의 부피(mL)	20	30	60
pH		1	
용액에 존재하는 모든 이온의 몰 농도(M) 비	(원그래프)		⊙ (원그래프)

1. 용액 (가)는 산성이다.　(○, ×)
2. 용액 (가)에 들어 있는 H$^+$ 양(mol)은 $(0.0004x - 0.02y)$ mol, A^{2-} 양(mol)은 $0.0002x$ mol, Na$^+$ 양(mol)은 $0.02y$ mol이다.　(○, ×)
3. 용액 (가)에서 용액에 존재하는 이온의 몰 농도비를 이용하면 $x = 200y$라는 관계식을 구할 수 있다.　(○, ×)
4. 용액 (가)에서 용액에 존재하는 이온의 몰 농도비는 H$^+$: A^{2-} : Na$^+$ = 1 : 2 : 3이다.　(○, ×)
5. 용액 (나)에서 H$^+$의 몰 농도를 구하면 $\dfrac{0.05y \text{ mol}}{(x+30) \text{ L}}$이다.　(○, ×)
6. $x = 20$, $y = 0.1$이다.　(○, ×)

2020 ● 수능 18번

자료❸ 중화 반응의 양적 관계

- 처음 용액: HCl(aq) 10 mL
- 첨가한 용액: 처음에 NaOH(aq) 5 mL 첨가 추가로 KOH(aq) 10 mL 첨가

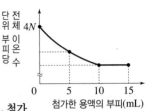

1. 단위 부피가 1 mL일 때 HCl(aq) 10 mL에 들어 있는 H$^+$ 수는 20N이다.　(○, ×)
2. NaOH(aq) 5 mL를 넣었을 때 혼합 용액 속에 들어 있는 전체 이온 수는 20N이다.　(○, ×)
3. KOH(aq) 5 mL를 넣었을 때 이 혼합 용액 속에 들어 있는 전체 이온 수는 40N이다.　(○, ×)
4. NaOH(aq) 5 mL, KOH(aq) 5 mL를 차례대로 첨가한 혼합 용액의 단위 부피당 전체 이온 수는 2N이다.　(○, ×)
5. KOH(aq) 5 mL의 단위 부피당 이온 수는 10N이다.　(○, ×)
6. KOH(aq) 5 mL를 넣었을 때 반응한 이온 수는 5N이다.　(○, ×)

2020 ● 9월 평가원 18번

자료❹ 중화 반응의 양적 관계

- 처음 용액: HCl(aq) V mL
- 첨가한 용액: 처음에 NaOH(aq) 2V mL 첨가
  추가로 KOH(aq) 2V mL 첨가
- 혼합 용액에 존재하는 양이온의 종류: 2가지
- 혼합 용액에 존재하는 양이온 수비

용액	HCl(aq) V mL +NaOH(aq) 2V mL	HCl(aq) V mL +NaOH(aq) 2V mL +KOH(aq) 2V mL
양이온 수비	1 : 1	1 : 2

1. HCl(aq) V mL에 NaOH(aq) 2V mL를 첨가한 혼합 용액에 존재하는 양이온 종류는 2가지이다.　(○, ×)
2. HCl(aq) V mL에 NaOH(aq) 2V mL를 첨가한 혼합 용액에 존재하는 H$^+$ 수와 Na$^+$ 수를 각각 2N이라고 할 때, HCl(aq) V mL에는 H$^+$ 4N, Cl$^-$ 4N이 존재한다.　(○, ×)
3. NaOH(aq) V mL에는 Na$^+$ N, OH$^-$ N이 존재한다.　(○, ×)
4. HCl(aq) V mL에 NaOH(aq) V mL를 첨가한 혼합 용액에서 Na$^+$ 수와 H$^+$ 수의 비는 3 : 1이다.　(○, ×)
5. HCl(aq) V mL에 NaOH(aq) 2V mL를 첨가한 혼합 용액의 전체 이온 수는 HCl(aq) V mL에 존재하는 전체 이온 수와 같다.　(○, ×)
6. 혼합 용액의 단위 부피당 전체 이온 수비는 HCl(aq) V mL에 NaOH(aq) V mL를 첨가한 혼합 용액 : HCl(aq) V mL에 NaOH(aq) 2V mL를 첨가한 혼합 용액=3 : 2이다.　(○, ×)
7. 전체 혼합 용액은 염기성 수용액이다.　(○, ×)

수능 자료

2018 ● 수능 20번

자료 ❺ 중화 반응의 양적 관계 해석

다음은 중화 반응 실험이다.

[실험 과정]

(가) HCl(aq), NaOH(aq), KOH(aq)을 각각 준비한다.

(나) HCl(aq) x mL에 NaOH(aq) 20 mL를 조금씩 첨가한다.

(다) (나)의 최종 혼합 용액에서 15 mL를 취하여 비커에 넣고 KOH(aq) 10 mL를 조금씩 첨가한다.

[실험 결과]

(나)에서 NaOH(aq) 부피에 따른 혼합 용액의 단위 부피당 X 이온 수(n)	(다)에서 KOH(aq) 부피에 따른 혼합 용액의 단위 부피당 X 이온 수(n)
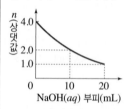	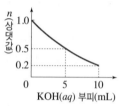

1. 실험 결과 (나)에서 X 이온은 H^+이다. (○, ×)

2. HCl(aq) x mL에 들어 있는 H^+ 수를 $4x$라고 하면, 실험 결과 (나)에서 NaOH(aq) 0, 10, 20 mL일 때 혼합 용액에 존재하는 H^+ 수는 각각 $4x$, $2(x+10)$, $x+20$이다. (○, ×)

3. 실험 결과 (나)에서 NaOH(aq) 10, 20 mL일 때 중화 반응에 참여하는 H^+ 수의 변화량이 같아야 하므로 $x=10$이다. (○, ×)

4. (나)의 최종 혼합 용액의 부피는 40 mL이다. (○, ×)

5. (나)의 최종 혼합 용액 속 H^+ 수를 $40N$이라고 할 때, (다)에서 취한 혼합 용액 15 mL 속에 들어 있는 H^+ 수는 $15N$이다. (○, ×)

6. (다)에서 취한 혼합 용액 15 mL 속에 들어 있는 H^+ 수를 $15N$이라고 할 때, 실험 결과 (다)에서 KOH(aq) 5 mL, 10 mL를 첨가할 때 혼합 용액에 존재하는 H^+ 수는 각각 $10N$, $5N$이다. (○, ×)

7. KOH(aq) 5 mL에 들어 있는 OH^- 수는 $10N$이다. (○, ×)

目 정답과 해설 83쪽

Ⓐ 산 염기 중화 반응

1 그림은 일정량의 수산화 나트륨(NaOH) 수용액에 농도가 같은 염산(HCl)을 가할 때의 입자 모형이다.

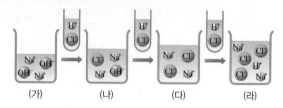

(가)~(라)에서 비커 안 용액의 액성을 각각 쓰시오.

2 다음 중 중화 반응의 알짜 이온 반응식으로 옳은 것은?

① $HCl(aq) + NaOH(aq) \longrightarrow NaCl(aq) + H_2O(l)$
② $2H_2O(l) \longrightarrow H_3O^+(aq) + OH^-(aq)$
③ $HCl(g) + H_2O(l) \longrightarrow Cl^-(aq) + H_3O^+(aq)$
④ $H^+(aq) + OH^-(aq) \longrightarrow H_2O(l)$
⑤ $Na^+(aq) + Cl^-(aq) \longrightarrow NaCl(aq)$

Ⓑ 중화 적정

3 0.1 M 염산(HCl) 100 mL를 완전히 중화하는 데 필요한 0.2 M 수산화 나트륨(NaOH) 수용액의 부피(mL)를 구하시오.

4 H^+ 0.1 mol이 들어 있는 산성 용액에 OH^- 0.05 mol이 들어 있는 염기성 용액을 가하였다. 중화 반응에 대한 설명으로 옳은 것만을 [보기]에서 있는 대로 고르시오.

┤ 보기 ├
ㄱ. 0.05 mol의 물이 생성된다.
ㄴ. 혼합 용액의 액성은 산성이다.
ㄷ. 혼합 용액을 완전히 중화시키기 위해 OH^-을 더 넣어 주어야 한다.

5 다음은 2가지 중화 적정 (가)와 (나)에 대한 자료이다.

(가) 0.01 M 염산 HCl(aq) 100 mL를 완전히 중화시키는 데 필요한 0.02 M 수산화 칼슘(Ca(OH)$_2$) 수용액의 부피는 x mL이다.

(나) 0.3 M 황산(H$_2$SO$_4$) 수용액 200 mL를 완전히 중화시키는 데 필요한 y M 수산화 칼륨(KOH) 수용액의 부피는 300 mL이다.

$x \times y$ 값을 구하시오.

1 그림은 농도가 같은 염산($HCl(aq)$)과 수산화 나트륨 수용액($NaOH(aq)$)을 반응시킨 혼합 용액에 존재하는 이온과 중화 반응으로 생성된 물을 모형으로 나타낸 것이다.

이에 대한 설명으로 옳은 것만을 [보기]에서 있는 대로 고른 것은?

┤ 보기 ├
ㄱ. 구경꾼 이온은 2종류이다.
ㄴ. 반응시킨 수용액의 부피는 염산이 수산화 나트륨 수용액보다 크다.
ㄷ. 혼합 전 염산에 들어 있는 HCl의 양(mol)은 수산화 나트륨 수용액에 들어 있는 $NaOH$의 양(mol)보다 크다.

① ㄱ ② ㄷ ③ ㄱ, ㄴ
④ ㄴ, ㄷ ⑤ ㄱ, ㄴ, ㄷ

2 표는 $HCl(aq)$ 50 mL와 $NaOH(aq)$ x mL를 혼합한 용액 (가)와, (가)에 $NaOH(aq)$ y mL를 혼합한 용액 (나)에 각각 존재하는 이온들의 이온 수 비율을 나타낸 것이다. (가)와 (나)에는 각각 세 종류의 이온이 존재한다.

혼합 용액		(가)	(나)
혼합 전 수용액의 부피(mL)	$HCl(aq)$	50	50
	$NaOH(aq)$	x	$x+y$
이온 수 비율			

이에 대한 설명으로 옳은 것만을 [보기]에서 있는 대로 고른 것은? (단, 물의 자동 이온화로 생성된 이온은 무시한다.)

┤ 보기 ├
ㄱ. (가)는 산성 수용액이다.
ㄴ. (나)에서 ㉠은 양이온이다.
ㄷ. $\dfrac{x}{y}$는 3이다.

① ㄱ ② ㄷ ③ ㄱ, ㄴ
④ ㄴ, ㄷ ⑤ ㄱ, ㄴ, ㄷ

3 표는 몰 농도가 같은 염산($HCl(aq)$)과 수산화 나트륨 수용액($NaOH(aq)$)의 부피를 각각 다르게 하여 혼합한 수용액 (가)~(마)에 대한 자료이다.

혼합 용액	(가)	(나)	(다)	(라)	(마)
$HCl(aq)$(mL)	10	20	30	40	50
$NaOH(aq)$(mL)	50	40	30	20	10

혼합 용액 (가)~(마)에 대한 설명으로 옳은 것만을 [보기]에서 있는 대로 고른 것은?

┤ 보기 ├
ㄱ. 생성된 물 분자 수는 (다)가 가장 크다.
ㄴ. 혼합 용액의 pH는 (라)가 (나)보다 크다.
ㄷ. 알짜 이온 반응식은 (가)~(마)가 모두 같다.

① ㄱ ② ㄴ ③ ㄷ
④ ㄱ, ㄴ ⑤ ㄱ, ㄷ

4 표는 농도와 부피가 다른 산 $HX(aq)$과 염기 $BOH(aq)$의 혼합 용액 (가)~(라)에 대한 자료이고, 그림은 (가)에 존재하는 음이온만을 모형으로 나타낸 것이다.

구분		$HX(aq)$	
		x M 100 mL	$0.1x$ M 200 mL
BOH (aq)	y M 100 mL	(가)	(나)
	$0.1y$ M 200 mL	(다)	(라)

이에 대한 설명으로 옳은 것만을 [보기]에서 있는 대로 고른 것은? (단, HX와 BOH는 물에 녹아 100 % 이온화한다.)

┤ 보기 ├
ㄱ. $x<y$이다.
ㄴ. 혼합 용액의 pH는 (나)<(다)이다.
ㄷ. 혼합 용액 속 양이온의 양(mol)은 (가)<(다)이다.

① ㄱ ② ㄴ ③ ㄷ
④ ㄱ, ㄴ ⑤ ㄱ, ㄷ

5 표는 HCl(aq), NaOH(aq), KOH(aq)의 부피를 달리하여 혼합한 용액 (가)와 (나)에 대한 자료이다.

혼합 용액		(가)	(나)
혼합 전 용액의 부피(mL)	HCl(aq)	10	20
	NaOH(aq)	5	30
	KOH(aq)	20	20
혼합 용액의 양이온 수비			

이에 대한 설명으로 옳은 것만을 [보기]에서 있는 대로 고른 것은?

┤ 보기 ├
ㄱ. Na$^+$은 (가)와 (나)에 공통으로 존재한다.
ㄴ. pH는 (가)가 (나)보다 작다.
ㄷ. $\dfrac{(나)에서\ 생성된\ 물\ 분자\ 수}{(가)에서\ 생성된\ 물\ 분자\ 수}=\dfrac{8}{3}$이다.

① ㄱ   ② ㄷ   ③ ㄱ, ㄴ
④ ㄴ, ㄷ   ⑤ ㄱ, ㄴ, ㄷ

6 표는 HCl(aq)과 NaOH(aq)을 서로 다른 부피로 섞은 혼합 용액 (가)~(라)에 대한 자료이다.

혼합 용액	(가)	(나)	(다)	(라)
HCl(aq)(mL)	5	10	15	20
NaOH(aq)(mL)	25	20	15	10
생성된 물 분자 수	2N	4N	6N	6N

(가)~(라)에 대한 설명으로 옳은 것만을 [보기]에서 있는 대로 고른 것은?

┤ 보기 ├
ㄱ. 몰 농도의 비는 HCl(aq) : NaOH(aq)=3 : 2 이다.
ㄴ. 염기성 수용액은 3가지이다.
ㄷ. 양이온 수는 (다)와 (라)가 같다.

① ㄴ   ② ㄷ   ③ ㄱ, ㄴ
④ ㄱ, ㄷ   ⑤ ㄴ, ㄷ

7 다음은 묽은 염산(HCl(aq))의 농도를 알아내는 실험 과정을 순서 없이 나타낸 것이다.

(가) 농도를 모르는 HCl(aq) 10 mL를 삼각 플라스크에 넣고 BTB 용액을 1~2방울 떨어뜨린다.
(나) 가수(n)와 수용액의 몰 농도(M) 및 부피(V)와 관련된 식 $n_1M_1V_1=n_2M_2V_2$를 이용하여 HCl(aq)의 몰 농도를 구한다.
(다) 삼각 플라스크 속 혼합 용액 전체가 초록색으로 변한 순간 뷰렛의 꼭지를 잠근다.
(라) 뷰렛에 0.1 M NaOH(aq)을 넣고, HCl(aq)이 들어 있는 삼각 플라스크에 조금씩 떨어뜨린다.
(마) 뷰렛의 눈금을 이용하여 넣어 준 NaOH(aq)의 부피를 구한다.

중화 적정 실험 과정의 순서로 가장 적절한 것은?

① (가) → (나) → (다) → (라) → (마)
② (가) → (다) → (나) → (라) → (마)
③ (가) → (라) → (다) → (마) → (나)
④ (가) → (라) → (마) → (다) → (나)
⑤ (가) → (마) → (다) → (라) → (나)

8 다음은 25 °C에서 농도를 모르는 염산(HCl(aq)) 20 mL를 0.1 M 수산화 나트륨 수용액(NaOH(aq))으로 중화 적정할 때의 실험 결과이다.

• 중화 적정 전 NaOH(aq)이 들어 있는 뷰렛의 눈금: 2 mL
• 중화 적정 후 중화점에서 NaOH(aq)이 들어 있는 뷰렛의 눈금: 12 mL

이에 대한 설명으로 옳은 것만을 [보기]에서 있는 대로 고른 것은? (단, 25 °C에서 물의 이온화 상수 $K_w=1.0\times10^{-14}$이다.)

┤ 보기 ├
ㄱ. HCl(aq)의 몰 농도는 0.05 M이다.
ㄴ. 중화점에서 혼합 용액의 pH는 7이다.
ㄷ. 중화점을 알아내기 위해서 BTB 용액을 사용할 수 있다.

① ㄱ   ② ㄷ   ③ ㄱ, ㄴ
④ ㄴ, ㄷ   ⑤ ㄱ, ㄴ, ㄷ

9 다음은 아세트산(CH_3COOH) 수용액의 몰 농도(M)를 알아보기 위한 중화 적정 실험이다.

[실험 과정]
(가) $CH_3COOH(aq)$을 준비한다.
(나) (가)의 수용액 10 mL에 물을 넣어 100 mL 수용액을 만든다.
(다) (나)에서 만든 수용액 ⊙ mL를 삼각 플라스크에 넣고 페놀프탈레인 용액을 몇 방울 떨어뜨린다.
(라) 그림과 같이 ⓛ 에 들어 있는 0.2 M $NaOH(aq)$을 (다)의 삼각 플라스크에 한 방울씩 떨어뜨리면서 삼각 플라스크를 흔들어준다.
(마) (라)의 삼각 플라스크 속 수용액 전체가 붉은색으로 변하는 순간 적정을 멈추고 적정에 사용된 $NaOH(aq)$의 부피(V)를 측정한다.

[실험 결과]
• V: 10 mL
• (가)에서 $CH_3COOH(aq)$의 몰 농도: 1 M

다음 중 ⊙과 ⓛ으로 가장 적절한 것은? (단, 온도는 25 ℃로 일정하다.)

	⊙	ⓛ		⊙	ⓛ
①	2	뷰렛	②	2	피펫
③	20	뷰렛	④	20	피펫
⑤	40	뷰렛			

10 그림은 $HA(aq)$ 20 mL에 $BOH(aq)$을 10 mL씩 차례대로 넣었을 때, 수용액 (가)~(다)에 들어 있는 이온을 모형으로 나타낸 것이다.

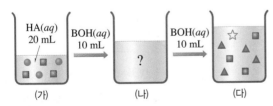

이에 대한 설명으로 옳은 것만을 [보기]에서 있는 대로 고른 것은?

| 보기 |
ㄱ. ☆은 OH^-이다.
ㄴ. 양이온 수는 (나)가 (가)보다 크다.
ㄷ. (나)와 (다)까지 중화 반응으로 생성된 물 분자의 총 수의 비는 (나) : (다)=2 : 3이다.

① ㄱ ② ㄴ ③ ㄱ, ㄷ ④ ㄴ, ㄷ ⑤ ㄱ, ㄴ, ㄷ

11 다음은 식초에 들어 있는 아세트산(CH_3COOH)의 함량을 알아보기 위한 실험이다.

식초 10 mL에 표준 용액인 0.1 M 수산화 나트륨 수용액을 완전히 중화될 때까지 넣었더니, 넣어 준 수산화 나트륨 수용액의 부피가 50 mL였다.

이에 대한 설명으로 옳은 것만을 [보기]에서 있는 대로 고른 것은? (단, 식초의 밀도는 1 g/mL이고, CH_3COOH의 분자량은 60이다.)

| 보기 |
ㄱ. 식초에 들어 있는 CH_3COOH의 몰 농도는 0.5 M이다.
ㄴ. 식초에 들어 있는 CH_3COOH의 함량(%)은 3 %이다.
ㄷ. 0.2 M 수산화 나트륨 수용액으로 실험하면 식초에 들어 있는 CH_3COOH의 함량(%)은 증가한다.

① ㄱ ② ㄷ ③ ㄱ, ㄴ
④ ㄴ, ㄷ ⑤ ㄱ, ㄴ, ㄷ

12 그림 (가)는 0.1 M 수산화 나트륨 수용액($NaOH(aq)$) 50 mL를, (나)~(라)는 (가)에 염산($HCl(aq)$) 5 mL씩을 차례대로 넣어가며 반응시킨 모습을 모형으로 나타낸 것이다.

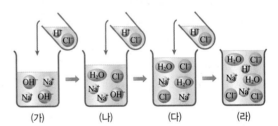

이에 대한 설명으로 옳은 것만을 [보기]에서 있는 대로 고른 것은? (단, 혼합 용액의 부피는 혼합 전 각 용액의 부피의 합과 같다.)

| 보기 |
ㄱ. $HCl(aq)$의 몰 농도는 0.5 M이다.
ㄴ. 구경꾼 이온의 종류는 (나)가 (다)보다 많다.
ㄷ. (라)에 위의 $HCl(aq)$ 5 mL를 더 넣으면 (라)보다 pH가 더 커진다.

① ㄱ ② ㄷ ③ ㄱ, ㄴ
④ ㄴ, ㄷ ⑤ ㄱ, ㄴ, ㄷ

13 다음은 중화 적정에 대한 학생들의 대화 내용이다.

제시한 내용이 옳은 학생만을 있는 대로 고른 것은?

① A ② B ③ C
④ B, C ⑤ A, B, C

14 다음은 식초 속 아세트산(CH_3COOH)의 함량을 구하는 실험이다.

[실험 과정]

(가) 식초 1 mL와 증류수 9 mL를 각각 피펫으로 취하여 삼각 플라스크에 함께 넣은 혼합 용액 10 mL에 페놀프탈레인 용액을 1~2방울 넣는다.

(나) 뷰렛에 0.1 M 수산화 나트륨(NaOH) 수용액을 넣고 처음 부피를 기록한다.

(다) 뷰렛의 꼭지를 열어 NaOH(aq)을 삼각 플라스크에 조금씩 떨어뜨리다가 혼합 용액의 붉은색이 사라지지 않을 때 꼭지를 잠그고 뷰렛의 눈금을 읽어 기록한다.

(라) 식초 속 아세트산의 몰 농도를 구하고, 식초에 포함된 아세트산의 함량을 구한다.

[실험 자료]

· CH_3COOH의 분자량: 60
· 식초 속에 포함된 산은 아세트산 1가지이다.
· 과정 (가)에서 식초와 증류수의 혼합 용액의 밀도는 1 g/mL이다.
· 과정 (다)에서 중화점까지 사용한 NaOH(aq)의 부피는 50 mL이다.

[실험 결과]

과정 (라)에서 구한 식초 속 아세트산의 함량(%)은 x이다.

식초 속 아세트산의 함량(%) x는?

① 3 ② 4 ③ 30
④ 40 ⑤ 50

15 그림은 일정량의 NaOH(aq)에 HCl(aq)을 일정량씩 가할 때, 수용액 A~D 속에 존재하는 이온의 종류와 이온 수의 비율을 원 그래프로 나타낸 것이다.

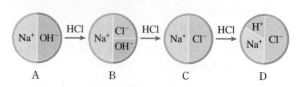

이에 대한 설명으로 옳은 것만을 [보기]에서 있는 대로 고른 것은?

─ 보기 ─
ㄱ. 전체 이온 수는 C가 A보다 크다.
ㄴ. Na^+의 수는 C가 D보다 크다.
ㄷ. 중화 반응으로 생성된 물 분자 수는 C와 D가 같다.

① ㄱ ② ㄷ ③ ㄱ, ㄴ
④ ㄴ, ㄷ ⑤ ㄱ, ㄴ, ㄷ

16 그림은 미지 농도의 수산화 나트륨 수용액(NaOH(aq))을 0.1 M 묽은 염산(HCl(aq))으로 중화 적정하는 과정에서 넣어 준 HCl(aq)의 부피에 따른 혼합 수용액 속 4가지 이온 (가)~(라)의 이온 수를 나타낸 것이다.

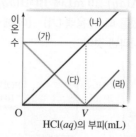

이에 대한 설명으로 옳은 것만을 [보기]에서 있는 대로 고른 것은?

─ 보기 ─
ㄱ. (나)는 구경꾼 이온이다.
ㄴ. (다)와 (라)가 반응하여 물이 생성된다.
ㄷ. 넣어 준 HCl(aq)의 부피가 V mL일 때가 중화점이다.

① ㄱ ② ㄷ ③ ㄱ, ㄴ
④ ㄴ, ㄷ ⑤ ㄱ, ㄴ, ㄷ

자료❷

1 표는 0.2 M $H_2A(aq)$ x mL와 y M 수산화 나트륨 수용액($NaOH(aq)$)의 부피를 달리하여 혼합한 용액 (가)~(다)에 대한 자료이다.

용액	(가)	(나)	(다)
$H_2A(aq)$의 부피(mL)	x	x	x
$NaOH(aq)$의 부피(mL)	20	30	60
pH		1	
용액에 존재하는 모든 이온의 몰 농도(M) 비			

(다)에서 ㉠에 해당하는 이온의 몰 농도(M)는? (단, 혼합 용액의 부피는 혼합 전 각 용액의 부피의 합과 같고, 혼합 전과 후의 온도 변화는 없다. H_2A는 수용액에서 H^+과 A^{2-}으로 모두 이온화되고, 물의 자동 이온화는 무시한다.)

① $\frac{1}{35}$ ② $\frac{1}{30}$ ③ $\frac{1}{25}$ ④ $\frac{1}{20}$ ⑤ $\frac{1}{15}$

자료❸

2 다음은 중화 반응 실험이다.

[실험 과정]
(가) $HCl(aq)$, $NaOH(aq)$, $KOH(aq)$을 준비한다.
(나) $HCl(aq)$ 10 mL를 비커에 넣는다.
(다) (나)의 비커에 $NaOH(aq)$ 5 mL를 조금씩 넣는다.
(라) (다)의 비커에 $KOH(aq)$ 10 mL를 조금씩 넣는다.

[실험 결과]
(다)와 (라) 과정에서 첨가한 용액의 부피에 따른 혼합 용액의 단위 부피당 전체 이온 수

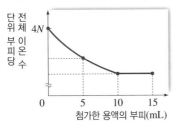

(다) 과정 후 혼합 용액의 단위 부피당 H^+ 수는? (단, 혼합 용액의 부피는 혼합 전 각 용액의 부피의 합과 같다.)

① $\frac{1}{3}N$ ② $\frac{1}{2}N$ ③ $\frac{2}{3}N$ ④ N ⑤ $\frac{4}{3}N$

자료❶

3 표는 $HCl(aq)$과 $NaOH(aq)$의 부피를 달리하여 혼합한 용액 Ⅰ~Ⅲ에 대한 자료이다.

혼합 용액	혼합 전 용액의 부피(mL)		전체 양이온의 양(mol)	액성
	$HCl(aq)$	$NaOH(aq)$		
Ⅰ	20	30	1.0×10^{-2}	산성
Ⅱ	20	40	1.2×10^{-2}	염기성
Ⅲ	30	40	$x \times 10^{-2}$	산성

이에 대한 설명으로 옳은 것만을 [보기]에서 있는 대로 고른 것은? (단, 혼합 용액의 부피는 혼합 전 각 용액의 부피의 합과 같다.)

┤ 보기 ├
ㄱ. $x=1.5$이다.
ㄴ. $\dfrac{\text{Ⅲ에서 단위 부피당 } H^+ \text{ 수}}{\text{Ⅰ에서 단위 부피당 } H^+ \text{ 수}}=3$이다.
ㄷ. Ⅱ 10 mL와 Ⅲ 8 mL를 혼합한 용액의 액성은 산성이다.

① ㄱ ② ㄴ ③ ㄷ ④ ㄱ, ㄴ ⑤ ㄱ, ㄷ

4 다음은 중화 반응 실험이다.

[실험 과정]
(가) $HCl(aq)$, $NaOH(aq)$을 준비한다.
(나) $HCl(aq)$ V mL를 비커에 넣는다.
(다) (나)의 비커에 $NaOH(aq)$ 15 mL를 조금씩 넣는다.

[실험 결과]
• (다) 과정에서 $NaOH(aq)$의 부피에 따른 혼합 용액의 단위 부피당 총 이온 수

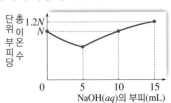

• (다) 과정에서 $NaOH(aq)$의 부피가 각각 a mL, b mL일 때의 결과

$NaOH(aq)$의 부피(mL)	혼합 용액의 단위 부피당 총 이온 수	혼합 용액의 액성
a	$\frac{3}{4}N$	산성
b	$\frac{3}{4}N$	염기성

$a \times b$는? (단, 혼합 용액의 부피는 혼합 전 각 용액의 부피의 합과 같다.)

① 12 ② 15 ③ 18 ④ 20 ⑤ 24

5 다음은 중화 반응에 대한 실험이다.

2021 9월 평가원 20번

[자료]
- ㉠과 ㉡은 각각 $HA(aq)$과 $H_2B(aq)$ 중 하나이다.
- 수용액에서 HA는 H^+과 A^-으로, H_2B는 H^+과 B^{2-}으로 모두 이온화된다.

[실험 과정]
(가) $NaOH(aq)$, $HA(aq)$, $H_2B(aq)$을 각각 준비한다.
(나) $NaOH(aq)$ 10 mL에 x M ㉠을 조금씩 첨가한다.

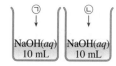

(다) $NaOH(aq)$ 10 mL에 x M ㉡을 조금씩 첨가한다.

[실험 결과] (나)와 (다)에서 첨가한 산 수용액의 부피에 따른 혼합 용액에 대한 자료

첨가한 산 수용액의 부피(mL)		0	V	$2V$	$3V$
혼합 용액에 존재하는 모든 이온의 몰 농도(M)의 합	(나)	1	$\frac{1}{2}$		$\frac{1}{2}$
	(다)	1	$\frac{3}{5}$	a	y

- $a < \frac{3}{5}$이다.

y는? (단, 혼합 용액의 부피는 혼합 전 각 용액의 부피의 합과 같고, 물의 자동 이온화는 무시한다.)

① $\frac{1}{6}$ ② $\frac{1}{5}$ ③ $\frac{1}{4}$ ④ $\frac{1}{3}$ ⑤ $\frac{1}{2}$

6 다음은 아세트산 수용액($CH_3COOH(aq)$)의 중화 적정 실험이다.

2021 수능 11번

[실험 과정]
(가) $CH_3COOH(aq)$을 준비한다.
(나) (가)의 수용액 x mL에 물을 넣어 50 mL 수용액을 만든다.
(다) (나)에서 만든 수용액 30 mL를 삼각 플라스크에 넣고 페놀프탈레인 용액을 2~3방울 떨어뜨린다.
(라) (다)의 삼각 플라스크에 0.1 M $NaOH(aq)$을 한 방울씩 떨어뜨리면서 삼각 플라스크를 흔들어 준다.
(마) (라)의 삼각 플라스크 속 수용액 전체가 붉은색으로 변하는 순간 적정을 멈추고 적정에 사용된 $NaOH(aq)$의 부피(V)를 측정한다.

[실험 결과]
- V : y mL
- (가)에서 $CH_3COOH(aq)$의 몰 농도: a M

a는? (단, 온도는 25 °C로 일정하다.)

① $\frac{y}{8x}$ ② $\frac{y}{6x}$ ③ $\frac{2y}{3x}$ ④ $\frac{y}{x}$ ⑤ $\frac{5y}{3x}$

자료 ⑤

7 다음은 중화 반응 실험이다.

2018 수능 20번

[실험 과정]
(가) $HCl(aq)$, $NaOH(aq)$, $KOH(aq)$을 각각 준비한다.
(나) $HCl(aq)$ x mL에 $NaOH(aq)$ 20 mL를 조금씩 첨가한다.
(다) (나)의 최종 혼합 용액에서 15 mL를 취하여 비커에 넣고 $KOH(aq)$ 10 mL를 조금씩 첨가한다.

[실험 결과]

(나)에서 $NaOH(aq)$ 부피에 따른 혼합 용액의 단위 부피당 X 이온 수(n)

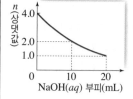

(다)에서 $KOH(aq)$ 부피에 따른 혼합 용액의 단위 부피당 X 이온 수(n)

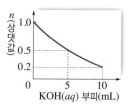

$HCl(aq)$ x mL와 $KOH(aq)$ 30 mL를 혼합한 용액에서 $\dfrac{K^+ \text{수}}{Cl^- \text{수}}$는? (단, 혼합 용액의 부피는 혼합 전 각 용액의 부피의 합과 같다.)

① $\frac{1}{4}$ ② $\frac{3}{8}$ ③ $\frac{1}{2}$ ④ $\frac{2}{3}$ ⑤ $\frac{3}{4}$

8 그림 (가)는 $HCl(aq)$ 50 mL에 $NaOH(aq)$을 가할 때, (나)는 $NaOH(aq)$ 50 mL에 $HCl(aq)$을 가할 때 혼합 용액 속 음이온 수와 양이온 수의 상댓값을 각각 나타낸 것이다.

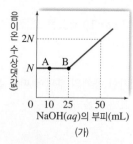

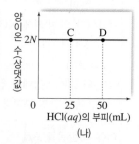

(가)   (나)

이에 대한 설명으로 옳은 것만을 [보기]에서 있는 대로 고른 것은? (단, (가)와 (나)에서 사용한 $HCl(aq)$과 $NaOH(aq)$의 농도는 각각 같다.)

| 보기 |
ㄱ. A에서 혼합 용액은 산성이다.
ㄴ. C에서 Na^+과 Cl^-의 개수비는 2 : 1이다.
ㄷ. B와 D까지 중화 반응으로 생성된 물 분자 수는 같다.

① ㄱ ② ㄴ ③ ㄱ, ㄴ ④ ㄱ, ㄷ ⑤ ㄴ, ㄷ

9 다음은 중화 반응 실험이다.

[실험 과정]
(가) HCl(aq), NaOH(aq), KOH(aq)을 준비한다.
(나) HCl(aq) V mL가 담긴 비커에 NaOH(aq) V mL를 넣는다.
(다) (나)의 비커에 NaOH(aq) V mL를 넣는다.
(라) (다)의 비커에 KOH(aq) $2V$ mL를 넣는다.

[실험 결과]
• (라) 과정 후 혼합 용액에 존재하는 양이온의 종류는 2가지이다.
• (다)와 (라) 과정 후 혼합 용액에 존재하는 양이온 수비

과정	(다)	(라)
양이온 수비	1 : 1	1 : 2

이에 대한 설명으로 옳은 것만을 [보기]에서 있는 대로 고른 것은? (단, 혼합 용액의 부피는 혼합 전 각 용액의 부피의 합과 같다.)

보기
ㄱ. (나) 과정 후 Na$^+$ 수와 H$^+$ 수비는 1 : 3이다.
ㄴ. (라) 과정 후 용액은 중성이다.
ㄷ. 혼합 용액의 단위 부피당 전체 이온 수비는 (나) 과정 후와 (다) 과정 후가 3 : 2이다.

① ㄱ　② ㄴ　③ ㄱ, ㄷ　④ ㄴ, ㄷ　⑤ ㄱ, ㄴ, ㄷ

10 그림은 몰 농도가 같은 H$_2$SO$_4$(aq)이 5 mL씩 들어 있는 2개의 삼각 플라스크에 몰 농도가 서로 다른 NaOH(aq)을 각각 넣을 때 NaOH(aq)의 부피에 따른 혼합 용액의 총 이온 수를 나타낸 것이다.

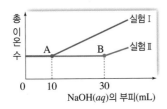

이에 대한 설명으로 옳은 것만을 [보기]에서 있는 대로 고른 것은? (단, 수용액의 온도는 일정하며, 혼합 용액의 부피는 혼합 전 각 용액의 부피의 합과 같다.)

보기
ㄱ. NaOH(aq) 몰 농도는 실험 Ⅰ이 실험 Ⅱ보다 크다.
ㄴ. 단위 부피당 Na$^+$ 수는 실험 Ⅰ의 A가 실험 Ⅱ의 B보다 크다.
ㄷ. 혼합 용액의 pH는 실험 Ⅰ의 A가 실험 Ⅱ의 B보다 크다.

① ㄱ　② ㄷ　③ ㄱ, ㄴ　④ ㄴ, ㄷ　⑤ ㄱ, ㄴ, ㄷ

11 다음은 중화 반응에 대한 실험이다.

[자료]
• 수용액에서 H$_2$A는 H$^+$과 A^{2-}으로, HB는 H$^+$과 B$^-$으로 모두 이온화된다.

[실험 과정]
(가) x M NaOH(aq), y M H$_2$A(aq), y M HB(aq)을 각각 준비한다.
(나) 3개의 비커에 각각 NaOH(aq) 20 mL를 넣는다.
(다) (나)의 3개의 비커에 각각 H$_2$A(aq) V mL, HB(aq) V mL, HB(aq) 30 mL를 첨가하여 혼합 용액 Ⅰ~Ⅲ을 만든다.

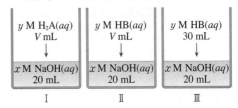

[실험 결과]
• 혼합 용액 Ⅰ~Ⅲ에 존재하는 이온의 종류와 이온의 몰 농도(M)

이온의 종류		W	X	Y	Z
이온의 몰 농도(M)	Ⅰ	2a	0	2a	2a
	Ⅱ	2a	2a	0	0
	Ⅲ	a	b	0	0.2

$\dfrac{b}{a} \times (x+y)$는? (단, 혼합 용액의 부피는 혼합 전 각 용액의 부피의 합과 같고, 물의 자동 이온화는 무시한다.)

① 2　　　　② 3　　　　③ 4
④ 5　　　　⑤ 6

16 산화 환원 반응

>> **핵심 짚기**
> 전자의 이동에 의한 산화 환원의 정의
> 산화 환원 반응식 완성
> 산화수 변화에 의한 산화 환원의 정의
> 산화 환원 반응의 양적 관계

Ⓐ 산화 환원 반응

1 산소의 이동과 산화 환원[1]

① 산소의 이동에 의한 산화 환원 반응의 정의

구분	산화	환원
정의	물질이 산소를 얻는 반응	물질이 산소를 잃는 반응
예	 $2CuO(s) + C(s) \longrightarrow 2Cu(s) + CO_2(g)$	CuO는 산소를 잃고, C는 산소를 얻는다.

> **[철의 제련]**
> 용광로에 산화 철(Ⅲ)(Fe_2O_3)이 주성분인 철광석과 코크스(C)를 함께 넣고
> 가열하면 다음과 같은 반응이 일어나 순수한 철(Fe)을 얻을 수 있다.
>
> 산소를 얻음: 산화
> $2Fe_2O_3(s)+3C(s) \longrightarrow 4Fe(s)+3CO_2(g)$
> 산소를 잃음: 환원
>
>
> 철광석, 코크스
> 배기 가스
> 열풍
> 쇳물
>
> ➡ Fe_2O_3은 산소를 잃고 Fe로 환원되고, C는 산소를 얻어 CO_2로 산화된다.
> 철의 제련 과정에서 일어나는 반응을 단계별로 나타내면 다음과 같다.
>
> 산화
> ① $2C+O_2 \longrightarrow 2CO$
> 환원
> ② $Fe_2O_3+3CO \longrightarrow 2Fe+3CO_2$
> 산화

② **산화 환원 반응의 동시성**: 산화 환원 반응에서 산소를 얻는 물질이 있으면 반드시 산소를 잃는 물질이 있으므로 산화와 환원은 항상 동시에 일어난다.

2 전자의 이동과 산화 환원

① 전자의 이동에 의한 산화 환원 반응의 정의

구분	산화	환원
정의	물질이 전자를 잃는 반응	물질이 전자를 얻는 반응
예	산화 $2Na(s) + Cl_2(g) \longrightarrow 2NaCl(2Na^+ + 2Cl^-)(s)$ 환원	Na은 전자를 잃고, Cl는 전자를 얻는다.

② **산소가 이동하는 산화 환원 반응에서 전자의 이동**: 산소와 결합하여 산화된 원소의 원자는 산소에게 전자를 잃고 산화되었다고 볼 수 있고, 산소는 전자를 얻어 환원되었다고 볼 수 있다. ➡ 산소는 대부분의 원소보다 전기 음성도가 크기 때문이다.[2]

> **[산화 마그네슘(MgO)의 생성 모형]**
>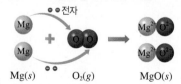
> 전자
> Mg
> Mg
> $Mg(s)$　$O_2(g)$　$MgO(s)$
>
> Mg은 O를 얻어 MgO으로 산화된다. 이는 Mg이 전기 음성도가 큰 O에게 전자를 잃고 Mg^{2+}으로 산화되고, O는 Mg으로부터 전자를 얻어 O^{2-}으로 환원된다고 설명할 수 있다.

③ **산화 환원 반응의 동시성**: 산화 환원 반응에서 전자를 잃는 물질이 있으면 반드시 전자를 얻는 물질이 있으므로 산화와 환원은 항상 동시에 일어난다.

> 산화되는 물질이 잃은 전자 수＝환원되는 물질이 얻은 전자 수[3]

PLUS 강의 ⊕

① **산화 환원 반응의 예**
- 메테인의 연소
  산화
  $CH_4+2O_2 \longrightarrow CO_2+2H_2O$
- 철이 녹스는 반응
  산화
  $4Fe+3O_2 \longrightarrow 2Fe_2O_3$
- 세포 호흡
  산화
  $C_6H_{12}O_6+6O_2 \longrightarrow 6H_2O+6CO_2$
- 광합성
  환원
  $6CO_2+6H_2O \longrightarrow 6O_2+C_6H_{12}O_6$

② **몇 가지 원소의 전기 음성도 비교**
F ＞ O ＞ N ＞ C ＞ H
4.0　3.5　3.0　2.5　2.1

③ **전자의 이동과 산화 환원 반응의 양적 관계**
산화되는 물질이 잃은 전자 수와 환원되는 물질이 얻은 전자 수가 같으므로 전체 반응식에서는 전자가 표현되지 않는다.
예 Zn과 Cu^{2+}의 반응
산화: $Zn \longrightarrow Zn^{2+}+2e^-$
환원: $Cu^{2+}+2e^- \longrightarrow Cu$
───────────
전체: $Zn+Cu^{2+} \longrightarrow Zn^{2+}+Cu$
➡ Zn 1몰이 전자 2몰을 잃고 Zn^{2+}이 되므로 Zn 1몰이 반응할 때 이동하는 전자는 2몰이다.

탐구 자료 금속과 금속염 수용액의 반응[4]

④ **금속염 수용액**
금속 양이온이 녹아 있는 수용액을 뜻한다. 금속염 수용액에 녹아 있는 양이온과 음이온의 총 전하량의 합은 0이다.

[아연과 황산 구리(Ⅱ) 수용액의 반응]

푸른색의 황산 구리(Ⅱ)($CuSO_4$) 수용액에 아연(Zn)판을 넣으면 수용액의 푸른색은 점점 옅어지고, Zn판의 표면에는 금속 구리가 석출된다.

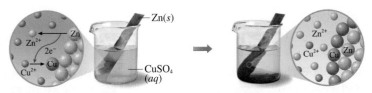

1. Zn의 산화: Zn은 전자를 잃고 Zn^{2+}으로 산화되어 수용액에 녹아 들어간다.

➡ $Zn(s) \longrightarrow Zn^{2+}(aq) + 2e^-$(산화)

2. Cu^{2+}의 환원: 용액에 녹아 있던 Cu^{2+}은 전자를 얻어 Cu로 환원되어 석출된다.

➡ $Cu^{2+}(aq) + 2e^- \longrightarrow Cu(s)$(환원)

3. Zn과 Cu^{2+}의 산화 환원 반응: $Zn(s) + Cu^{2+}(aq) \longrightarrow Zn^{2+}(aq) + Cu(s)$

산화 / 환원

[구리와 질산 은 수용액의 반응]

무색의 질산 은($AgNO_3$) 수용액에 구리(Cu)줄을 넣으면 Cu줄 표면에 은(Ag)이 석출되고, 수용액은 점점 푸른색으로 변한다.

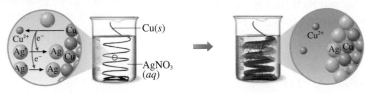

1. Cu의 산화: Cu는 전자를 잃고 Cu^{2+}으로 산화되어 수용액에 녹아 들어간다.

➡ $Cu(s) \longrightarrow Cu^{2+}(aq) + 2e^-$(산화)

2. Ag^+의 환원: 용액에 녹아 있던 Ag^+은 전자를 얻어 Ag으로 환원되어 석출된다.

➡ $Ag^+(aq) + e^- \longrightarrow Ag(s)$(환원)

3. Cu와 Ag^+의 산화 환원 반응: $Cu(s) + 2Ag^+(aq) \longrightarrow Cu^{2+}(aq) + 2Ag(s)$

산화 / 환원

📘 정답과 해설 **92**쪽

개념 확인

(1) 물질이 산소를 얻는 반응은 (산화, 환원) 반응이고, 물질이 산소를 잃는 반응은 (산화, 환원) 반응이다.

(2) 물질이 전자를 잃는 반응은 (산화, 환원) 반응이고, 물질이 전자를 얻는 반응은 (산화, 환원) 반응이다.

(3) 물질이 산화되어 잃은 (   ) 수와 물질이 환원되어 얻은 (   ) 수가 같다.

(4) 산화 환원 반응은 항상 동시에 (일어난다, 일어나지 않는다).

(5) 산소가 관여하는 산화 환원 반응에서 산소는 대부분의 원소보다 (   )(이)가 크므로 산화된 원소의 원자는 산소에 전자를 잃는다.

(6) 산화 구리(CuO)를 활성탄(C)과 함께 가열하는 반응에서 활성탄(C)은 산소를 (얻고, 잃고) 산화된다.

(7) 산화 구리(CuO)를 활성탄(C)과 함께 가열하는 반응에서 산화 구리(CuO)는 산소를 (얻고, 잃고) 환원된다.

(8) 구리(Cu)선과 질산 은($AgNO_3$) 수용액의 반응에서 구리(Cu)는 전자를 (얻고, 잃고) 산화된다.

(9) 구리(Cu)선과 질산 은($AgNO_3$) 수용액의 반응에서 수용액에 녹아 있던 은 이온(Ag^+)은 전자를 (얻고, 잃고) 환원된다.

16 산화 환원 반응

B 산화수 변화와 산화 환원

1 산화수❶ 어떤 물질에서 각 원자가 어느 정도 산화되었는지를 나타내는 가상적인 전하

① **산화수를 사용하는 까닭**: 공유 결합 물질과 같이 전자의 이동이 뚜렷하지 않은 물질을 포함할 때 산화 환원 반응을 설명하기 위해 산화수의 개념이 도입되었다.

② **공유 결합 물질에서 산화수**: 구성 원자 중 전기 음성도가 더 큰 원자가 공유 전자쌍을 모두 차지하는 것으로 가정할 때 각 원자가 갖는 전하이다.

➡ 전자를 잃은 상태는 '+'로, 전자를 얻은 상태는 '−'로 나타낸다.

[물을 구성하는 원자의 산화수]
· 전기 음성도: O>H

H:O: 공유 전자쌍이 모두 O 원자 쪽으로 이동한다고 가정한다.
H
산화수: −2
산화수: +1

[염화 수소를 구성하는 원자의 산화수]
· 전기 음성도: Cl>H

H:Cl: 공유 전자쌍이 모두 Cl 원자 쪽으로 이동한다고 가정한다.
산화수: +1
산화수: −1

③ **이온 결합 물질에서 산화수**: 물질을 구성하고 있는 각 이온의 전하와 같다.

예 $NaCl \longrightarrow Na^+ + Cl^-$ ➡ Na의 산화수: +1, Cl의 산화수: −1

2 산화수를 정하는 규칙❷ 일반적으로 원자나 이온의 산화수는 다음 규칙에 따라 정해진다.

규칙	예
❶ 원소를 구성하는 원자의 산화수는 0이다.	· H_2, O_2, Fe, Hg에서 각 원자의 산화수는 0이다.
❷ 1원자 이온의 산화수는 그 이온의 전하와 같다.	· Na^+에서 Na의 산화수는 +1이다. · Cl^-에서 Cl의 산화수는 −1이다.
❸ 다원자 이온은 각 원자의 산화수의 합이 그 이온의 전하와 같다.	· SO_4^{2-}: $\underset{S}{(+6)} + \underset{O}{(-2)} \times 4 = -2$
❹ 화합물에서 각 원자의 산화수의 합은 0이다.	· H_2O: $\underset{H}{(+1)} \times 2 + \underset{O}{(-2)} = 0$
❺ 화합물에서 1족 금속 원자의 산화수는 +1, 2족 금속 원자의 산화수는 +2이다.	· $\overset{+1-1}{NaCl}$에서 Na의 산화수는 +1이다. · $\overset{+2-2}{MgO}$에서 Mg의 산화수는 +2이다.
❻ 화합물에서 F의 산화수는 −1이다. ➡ 전기 음성도가 가장 크기 때문이다.	· $\overset{+1-1}{LiF}$에서 F의 산화수는 −1이다.
❼ 화합물에서 H의 산화수는 +1이다. (단, 금속 수소 화합물에서는 −1이다.)❸	· $\overset{+1-2}{H_2O}$에서 H의 산화수는 +1이다. · $\overset{+1-1}{LiH}$에서 H의 산화수는 −1이다.
❽ 화합물에서 O의 산화수는 −2이다. (단, *과산화물에서는 −1이고, 플루오린 화합물에서는 +2이다.)	· $\overset{+1-2}{H_2O}$, $\overset{+4-2}{CO_2}$에서 O의 산화수는 −2이다. · $\overset{+1-1}{H_2O_2}$에서 O의 산화수는 −1이다. · $\overset{+2-1}{OF_2}$에서 O의 산화수는 +2이다.

3 산화수 변화와 산화 환원 반응

① **산화수 변화에 의한 산화 환원 반응의 정의**❹❺

구분	산화	환원
정의	산화수가 증가하는 반응	산화수가 감소하는 반응
예	\multicolumn{2}{c}{ ┌──── 산화수 증가: 산화 ────┐ $\overset{-1}{2KI}(aq) + \overset{0}{Cl_2}(g) \longrightarrow \overset{0}{I_2}(s) + \overset{-1}{2KCl}(aq)$ └──── 산화수 감소: 환원 ────┘ }

② **산화 환원 반응의 동시성**: 산화 환원 반응에서 산화수가 증가한 물질이 있으면 반드시 산화수가 감소한 물질이 있으므로 산화와 환원은 항상 동시에 일어난다.

---

❶ **산화수의 주기성**
원자의 산화수는 전자 배치와 관련이 있어 주기성을 나타낸다. 1족과 2족 원자들은 각각 +1과 +2의 산화수를 가지며 15족, 16족, 17족 원자(F 제외)들은 다양한 산화수를 가질 수 있다.

❷ **여러 가지 산화수를 갖는 원자**
같은 원자라도 공유 결합하는 원자의 전기 음성도에 따라 전자를 잃거나 얻을 수 있으므로 여러 가지 산화수를 가질 수 있다.

N	$\overset{-3}{NH_3}$	$\overset{0}{N_2}$	$\overset{+1}{N_2O}$	$\overset{+2}{NO}$
O	$\overset{-2}{H_2O}$	$\overset{-1}{H_2O_2}$	$\overset{0}{O_2}$	$\overset{+2}{OF_2}$

❸ **금속 수소 화합물에서 수소의 산화수**
수소와 결합하는 금속은 수소보다 전기 음성도가 작으므로 수소의 산화수는 −1이다.

❹ **산화 환원 반응의 정의**

산소를 얻음 ─ 산화
전자를 잃음 ─ 산화
산화수 증가 ─ 산화
산소를 잃음 ─ 환원
전자를 얻음 ─ 환원
산화수 감소 ─ 환원

❺ **산화수와 산화 환원 반응**
반응 전후 산화수가 변하지 않는 반응은 산화 환원 반응이 아니다.
예 중화 반응, 앙금 생성 반응 등
· $\overset{-1}{HCl} + \overset{+1}{NaOH} \longrightarrow \overset{+1-1}{NaCl} + H_2O$
· $\overset{+1}{AgNO_3} + \overset{-1}{NaCl} \longrightarrow \overset{+1-1}{AgCl} + NaNO_3$

◯─ **용어 돋보기**

* **과산화물**(過 심하다, 酸 초, 化 되다, 物 물질)_ 산화물에서 O 원자가 더해진 화합물로, O_2^{2-}을 포함하고 있는 물질

4 산화제와 환원제[6]

구분	산화제	환원제
정의	자신은 환원되면서 다른 물질을 산화시키는 물질	자신은 산화되면서 다른 물질을 환원시키는 물질
예	$$\text{Fe}_2\text{O}_3(s) + 3\text{CO}(g) \longrightarrow 2\text{Fe}(s) + 3\text{CO}_2(g)$$ 산화수 증가: 산화 (Fe: +3, C: +2 → Fe: 0, C: +4) 산화제 환원제 / 산화수 감소: 환원	

ⓒ 산화 환원 반응식

산화 환원은 동시에 일어나고 증가한 산화수와 감소한 산화수가 항상 같음을 이용하여 산화 환원 반응식을 완성한다.[7]

1단계	화학 반응식을 쓰고, 각 원자의 산화수를 구한다. $$\overset{+3-2}{\text{C}_2\text{O}_4{}^{2-}}(aq)+\overset{+7-2}{\text{MnO}_4{}^-}(aq)+\overset{+1}{\text{H}^+}(aq) \longrightarrow \overset{+4-2}{\text{CO}_2}(g)+\overset{+2}{\text{Mn}^{2+}}(aq)+\overset{+1-2}{\text{H}_2\text{O}}(l)$$
2단계	반응 전후의 산화수 변화를 확인한다. 1 증가 $$\overset{+3-2}{\text{C}_2\text{O}_4{}^{2-}}(aq)+\overset{+7-2}{\text{MnO}_4{}^-}(aq)+\overset{+1}{\text{H}^+}(aq) \longrightarrow \overset{+4-2}{\text{CO}_2}(g)+\overset{+2}{\text{Mn}^{2+}}(aq)+\overset{+1-2}{\text{H}_2\text{O}}(l)$$ 5 감소
3단계	산화되는 원자 수와 환원되는 원자 수가 다른 경우 산화되는 원자 수와 환원되는 원자 수를 맞추고, 증가한 산화수와 감소한 산화수를 각각 계산한다. 증가한 산화수: $1 \times 2 = 2$ $$\text{C}_2\text{O}_4{}^{2-}(aq)+\text{MnO}_4{}^-(aq)+\text{H}^+(aq) \longrightarrow 2\text{CO}_2(g)+\text{Mn}^{2+}(aq)+\text{H}_2\text{O}(l)$$ 원자 수 변화 없음 ➡ 감소한 산화수: 5
4단계	증가한 산화수와 감소한 산화수가 같도록 계수를 맞춘다. $2 \times 5 = 10$ $$5\text{C}_2\text{O}_4{}^{2-}(aq)+2\text{MnO}_4{}^-(aq)+\text{H}^+(aq) \longrightarrow 10\text{CO}_2(g)+2\text{Mn}^{2+}(aq)+\text{H}_2\text{O}(l)$$ $5 \times 2 = 10$
5단계	산화수 변화가 없는 원자들의 수가 같도록 계수를 맞추어 산화 환원 반응식을 완성하고, 전체 전하가 같은지 확인한다. $$5\text{C}_2\text{O}_4{}^{2-}(aq)+2\text{MnO}_4{}^-(aq)+16\text{H}^+(aq) \longrightarrow 10\text{CO}_2(g)+2\text{Mn}^{2+}(aq)+8\text{H}_2\text{O}(l)$$

[6] 산화제와 환원제의 상대적 세기
산화 환원 반응에서 전자를 잃거나 얻으려는 경향은 서로 상대적이다. 따라서 어떤 반응에서 산화제로 작용하는 물질이라도 산화시키는 능력이 더 큰 다른 물질과 반응할 때에는 환원제로 작용할 수 있다.
예 SO_2은 H_2S와 만나면 산화제로, Cl_2와 만나면 환원제로 작용한다.

산화 $$\overset{+4}{\text{SO}_2}(g)+\overset{-2}{2\text{H}_2\text{S}}(g) \longrightarrow 2\text{H}_2\text{O}(l)+\overset{0}{3\text{S}}(s)$$ 환원 (산화제, 환원제)

환원 $$\overset{+4}{\text{SO}_2}(g)+2\text{H}_2\text{O}(l)+\overset{0}{\text{Cl}_2}(g) \longrightarrow \overset{+6}{\text{H}_2\text{SO}_4}(aq)+\overset{-1}{2\text{HCl}}(aq)$$ 산화 (환원제, 산화제)

[7] 산화 환원 반응의 양적 관계
완성된 산화 환원 반응식으로부터 산화나 환원에 필요한 환원제나 산화제의 양을 알 수 있다.
예 산화제인 Fe_2O_3과 환원제인 CO는 1 : 3의 몰비로 반응한다.
➡ Fe_2O_3 1몰이 환원되려면 CO 3몰이 필요하다.

산화 $$\overset{+3}{\text{Fe}_2\text{O}_3}(s)+\overset{+2}{3\text{CO}}(g) \longrightarrow 2\overset{0}{\text{Fe}}(s)+\overset{+4}{3\text{CO}_2}(g)$$ 산화제 환원제 / 환원

🔸 정답과 해설 92쪽

개념 확인

(10) 산화수가 증가하는 반응은 (산화, 환원) 반응이고, 산화수가 감소하는 반응은 (산화, 환원) 반응이다.

(11) 원소를 구성하는 원자의 산화수는 (+1, 0, -1)이다.

(12) 1원자 이온의 산화수는 그 이온의 (   )와 같다.

(13) 화합물에서 각 원자의 산화수의 합은 (0보다 크다, 0이다, 0보다 작다).

(14) 화합물에서 F(플루오린)의 산화수는 (+1, 0, -1)이다.

(15) 금속 수소 화합물에서 H(수소)의 산화수는 (+1, 0, -1)이다.

(16) 과산화물에서 O(산소)의 산화수는 (+2, -1, -2)이다.

(17) 플루오린 화합물에서 O(산소)의 산화수는 (+2, -1, -2)이다.

(18) 중화 반응과 앙금 생성 반응은 산화 환원 (반응이다, 반응이 아니다).

(19) 자신은 환원되면서 다른 물질을 산화시키는 물질은 (산화제, 환원제)이다.

(20) 자신은 산화되면서 다른 물질을 환원시키는 물질은 (산화제, 환원제)이다.

▤ 정답과 해설 92쪽

2018 ● 수능 4번

자료❶ 산화 환원 반응

다음은 금속과 관련된 2가지 반응의 화학 반응식이다.

> (가) $2Mg+O_2 \longrightarrow 2MgO$
> (나) $Fe_2O_3+3CO \longrightarrow 2Fe+3CO_2$

1. (가)에서 Mg은 산화되고, O_2는 환원된다. (○, ×)
2. (가)에서 Mg의 산화수는 0에서 +2로 증가하고, O의 산화수는 0에서 −2로 감소한다. (○, ×)
3. (가)에서 Mg은 산화제로, O_2는 환원제로 작용한다. (○, ×)
4. (나)에서 CO는 산화되고, Fe_2O_3은 환원된다. (○, ×)
5. (나)에서 C의 산화수는 +2에서 +4로 증가하고, Fe의 산화수는 +2에서 0으로 감소한다. (○, ×)
6. (나)에서 CO는 산화제로, Fe_2O_3은 환원제로 작용한다. (○, ×)
7. (나)에서 O는 산화수의 변화가 없다. (○, ×)

2017 ● 수능 4번

자료❸ 산화수

다음은 어떤 산화 환원 반응의 화학 반응식이다.

$$\underset{\substack{|\\ H}}{\overset{\substack{H\\|}}{H-C-O-H}} + O_2 \longrightarrow \overset{\substack{O\\||}}{H-C-O-H} + H_2O$$

1. CH_3OH에서 C의 산화수는 −2이다. (○, ×)
2. CH_3OH에서 H의 산화수는 −1이다. (○, ×)
3. CH_3OH에서 O의 산화수는 −2이다. (○, ×)
4. HCOOH에서 C의 산화수는 +4이다. (○, ×)
5. HCOOH에서 H의 산화수는 +1이다. (○, ×)
6. HCOOH에서 O의 산화수는 −2이다. (○, ×)
7. O_2에서 O의 산화수는 0이다. (○, ×)

2017 ● 수능 16번

자료❷ 산화 환원 반응의 양적 관계

다음은 금속 A~C의 산화 환원 반응 실험이다.

[실험 과정]
(가) A^{2+}과 B^{3+}이 총 9몰 들어 있는 수용액을 비커에 넣는다.
(나) (가)의 비커에 C를 w g 넣어 반응시킨다.
(다) (나)의 비커에 C를 w g 넣어 반응시킨다.

[실험 결과]
• (나)에서 B^{3+}은 반응하지 않았다.
• (나)와 (다) 각각에서 C는 모두 반응하였다.
• 각 과정 후 수용액에 존재하는 양이온에 대한 자료

과정	양이온 종류	양이온 수비
(가)	A^{2+}, B^{3+}	$A^{2+} : B^{3+} = x : y$
(나)	B^{3+}, C^{n+}	$B^{3+} : C^{n+} = 2 : 1$
(다)	B^{3+}, C^{n+}	$B^{3+} : C^{n+} = 2 : 3$

1. (나)와 (다)에서 각각 생성된 C^{n+}의 양(mol)을 a몰이라고 할 때, (나)에 들어 있는 B^{3+}의 양(mol)은 $2a$몰이다. (○, ×)
2. (다)에서 반응한 B^{3+}의 양(mol)은 $\frac{2}{3}a$몰이다. (○, ×)
3. (가)에서 A^{2+}의 양(mol)은 $(9-2a)$몰이다. (○, ×)
4. C^{n+}의 전하는 +3이다. 따라서 $n=3$이다. (○, ×)
5. $a=3$이다. (○, ×)
6. (다) 과정 이후 B^{3+}의 양(mol)은 2몰이다. (○, ×)
7. $\frac{x}{y}=\frac{1}{2}$이다. (○, ×)

2018 ● 수능 18번

자료❹ 산화 환원 반응의 양적 관계

A^{2+}이 들어 있는 수용액 I에 B를 넣었더니 수용액 II가 되었고, II에 C를 넣었더니 수용액 III이 되었다. 각 수용액에 넣어 준 금속은 모두 반응하였고, b, c는 3 이하의 정수이다. q는 수용액 내 $\dfrac{\text{전체 양이온의 전하량 총합}}{\text{전체 양이온 수}}$의 상댓값이다.

수용액	넣어 준 금속 종류	원자 수	수용액에 존재하는 양이온	q(상댓값)
I	−	−	A^{2+}	1
II	B	$4N$	A^{2+}, B^{b+}	$\dfrac{7}{9}$
III	C	x	B^{b+}, C^{c+}	$\dfrac{7}{8}$

1. 수용액 I에서 A^{2+}의 수를 m이라고 하면 q는 $\dfrac{1}{m}$이다. (○, ×)
2. 수용액 II에서 q가 1보다 작으므로 $b=3$이다. (○, ×)
3. 수용액 I에 금속 B $4N$을 넣어 주면 수용액 II에서 $q=\dfrac{1}{(m+2N)}$이다. (○, ×)
4. 수용액 I과 II의 $m=6N$이고, 수용액 II에 들어 있는 A^{2+}은 $5N$이다. (○, ×)
5. 이온의 전하는 C 이온이 B 이온보다 크므로 c는 2 또는 3이다. (○, ×)
6. c가 2일 경우 수용액 III에서 $x=6N$이다. (○, ×)
7. c가 3일 경우는 성립하지 않는다. (○, ×)

Ⓐ 산화 환원 반응

1 ( ) 안에 산화 또는 환원을 알맞게 쓰시오.

(1) $2Fe_2O_3(s) + 3C(s) \longrightarrow 4Fe(s) + 3CO_2(g)$
ㄱ( )
ㄴ( )

(2) $2CuO(s) + C(s) \longrightarrow 2Cu(s) + CO_2(g)$
ㄱ( )
ㄴ( )

(3) $Zn(s) + CuSO_4(aq) \longrightarrow ZnSO_4(aq) + Cu(s)$
ㄱ( )
ㄴ( )

(4) $Mg(s) + 2HCl(aq) \longrightarrow MgCl_2(aq) + H_2(g)$
ㄱ( )
ㄴ( )

Ⓑ 산화수 변화와 산화 환원

2 다음 중 산화 환원 반응이 <u>아닌</u> 것은?

① $2Al(s) + 3Br_2(l) \longrightarrow 2AlBr_3(s)$
② $C(s) + 2CuO(s) \longrightarrow CO_2(g) + 2Cu(s)$
③ $Zn(s) + H_2SO_4(aq) \longrightarrow ZnSO_4(aq) + H_2(g)$
④ $2Fe_2O_3(s) + 3C(s) \longrightarrow 4Fe(s) + 3CO_2(g)$
⑤ $2KI(aq) + Pb(NO_3)_2(aq)$
$\longrightarrow PbI_2(s) + 2KNO_3(aq)$

3 다음은 구리(Cu)와 관련된 산화 환원 반응 실험이다.

[실험 과정]
(가) Cu를 공기 중에서 가열한다.
(나) 산화 구리(CuO)를 일산화 탄소(CO)와 반응시킨다.

[실험 결과]
• 과정 (가) 이후 CuO가 생성된다.
• 과정 (나) 이후 Cu와 기체 X가 생성된다.

이 실험에 대한 설명으로 옳은 것은?

① X는 O_2이다.
② 과정 (가)에서 Cu는 산화제로 작용한다.
③ 과정 (나)에서 CuO는 환원된다.
④ CO에서 C의 산화수는 $+4$이다.
⑤ CuO에서 Cu의 산화수는 $+1$이다.

4 다음은 아연과 구리 이온의 산화 환원 반응을 나타낸 것이다.

(가)
$Zn(s) + Cu^{2+}(aq) \longrightarrow Zn^{2+}(aq) + Cu(s)$
(나)

(1) (가), (나)에 산화 또는 환원을 쓰시오.
(2) 산화제와 환원제를 각각 쓰시오.

5 각 물질에서 밑줄 친 원자의 산화수를 쓰시오.

(1) $\underline{C}H_4$ (2) $\underline{C}O_2$ (3) $H_2\underline{O}_2$
(4) $Na\underline{H}$ (5) $H_2\underline{S}O_4$ (6) $K\underline{Mn}O_4$

6 다음은 4가지 화합물의 화학식이다.

$H\underline{Cl}O_4$ $Ca\underline{H}_2$ $\underline{O}F_2$ $\underline{S}O_2$

4가지 화합물에서 밑줄 친 모든 원자의 산화수의 총 합을 구하시오.

Ⓒ 산화 환원 반응식

7 다음 산화 환원 반응식을 완결하시오.

$Fe^{2+} + MnO_4^- + 8H^+ \longrightarrow$
$Fe^{3+} + Mn^{2+} + 4H_2O$

8 다음은 산성 수용액에서 일어나는 산화 환원 반응의 화학 반응식을 나타낸 것이다.

$5Sn^{2+} + aMnO_4^- + bH^+$
$\longrightarrow cSn^{4+} + dMn^{2+} + eH_2O$
($a \sim e$는 반응 계수)

위 반응의 반응 계수 $a+b+c+d+e$를 구하시오.

9 다음은 금속 구리(Cu)와 질산 은($AgNO_3$) 수용액의 반응에서 완성되지 않은 산화 환원 반응의 알짜 이온 반응식을 나타낸 것이다.

$Cu(s) + Ag^+(aq) \longrightarrow Cu^{2+}(aq) + Ag(s)$

완성된 산화 환원 반응에서 구리(Cu) 2몰이 산화될 때 석출되는 은(Ag)의 양(mol)을 구하시오.

정답과 해설 94쪽

1 다음은 쇠못(Fe)을 질산 은(AgNO₃) 수용액에 넣었을 때 일어나는 반응의 화학 반응식이다.

$$2AgNO_3(aq) + Fe(s) \longrightarrow$$
$$2Ag(s) + Fe(NO_3)_2(aq)$$

이에 대한 설명으로 옳은 것만을 [보기]에서 있는 대로 고른 것은?

┤ 보기 ├
ㄱ. 전자가 관여하는 화학 반응이다.
ㄴ. Ag^+이 전자를 얻어서 Ag으로 환원된다.
ㄷ. Fe 1몰이 산화되는 데 필요한 전자는 1몰이다.

① ㄱ ② ㄷ ③ ㄱ, ㄴ
④ ㄴ, ㄷ ⑤ ㄱ, ㄴ, ㄷ

2 그림은 황산 구리(Ⅱ)(CuSO₄) 수용액이 들어 있는 시험관에 아연(Zn)줄을 넣었을 때, 푸른색을 띠던 수용액의 색이 옅어지고 아연줄 표면에 구리가 석출된 모습을 나타낸 것이다.

아연줄

황산 구리(Ⅱ)
수용액

이에 대한 설명으로 옳은 것만을 [보기]에서 있는 대로 고른 것은?

┤ 보기 ├
ㄱ. Cu^{2+}은 산화된다.
ㄴ. 전자는 Zn에서 Cu^{2+}으로 이동한다.
ㄷ. Zn이 잃은 전자 수가 Cu^{2+}이 얻은 전자 수보다 크다.

① ㄴ ② ㄷ ③ ㄱ, ㄴ
④ ㄱ, ㄷ ⑤ ㄴ, ㄷ

3 다음은 2가지 반응의 화학 반응식이다.

2020 6월 평가원 1번

- $4Al + 3O_2 \longrightarrow 2Al_2O_3$
- $2Mg + CO_2 \longrightarrow 2MgO + C$

두 반응에서 환원되는 물질만을 있는 대로 고른 것은?

① Al, Mg ② O₂, CO₂ ③ Al, CO₂
④ O₂ ⑤ CO₂

4 다음은 염소(Cl₂) 기체가 물(H₂O)과 반응하여 하이포염소산(HClO)과 염산(HCl)을 생성하는 반응의 화학 반응식이다.

$$Cl_2(g) + H_2O(l) \longrightarrow HClO(aq) + HCl(aq)$$

이에 대한 설명으로 옳은 것만을 [보기]에서 있는 대로 고른 것은?

┤ 보기 ├
ㄱ. Cl₂는 산화되거나 환원되지 않는다.
ㄴ. HClO에서 Cl의 산화수는 +1이다.
ㄷ. H₂O에서 산화수가 변하는 원자는 O이다.

① ㄱ ② ㄴ ③ ㄷ
④ ㄱ, ㄴ ⑤ ㄴ, ㄷ

5 다음은 2가지 산화 환원 반응의 화학 반응식과, 생성물에서 X의 산화수를 나타낸 것이다.

2019 9월 평가원 14번

(가) $X_2 + 2Y_2 \longrightarrow X_2Y_4$
(나) $X_2 + 3Z_2 \longrightarrow 2XZ_3$

생성물	X의 산화수
X_2Y_4	-2
XZ_3	$+3$

이에 대한 설명으로 옳은 것만을 [보기]에서 있는 대로 고른 것은? (단, X~Z는 임의의 1, 2주기 원소 기호이다.)

┤ 보기 ├
ㄱ. X_2Y_4에서 Y의 산화수는 +2이다.
ㄴ. (나)에서 X₂는 산화된다.
ㄷ. YZ에서 Y의 산화수는 0보다 작다.

① ㄱ ② ㄴ ③ ㄱ, ㄷ
④ ㄴ, ㄷ ⑤ ㄱ, ㄴ, ㄷ

6 다음은 에탄올이 발효되어 아세트산이 생성되는 반응의 화학 반응식과 아세트산(CH_3COOH)의 루이스 구조를 나타낸 것이다.

$$C_2H_5OH + O_2 \longrightarrow CH_3COOH + H_2O$$

$$\begin{array}{c} \quad\text{ⓐ}\ H \quad\quad O \\ H-C-C \\ \quad H \quad\quad O-H \\ \quad H \quad\text{ⓑ} \end{array}$$

이에 대한 설명으로 옳은 것만을 [보기]에서 있는 대로 고른 것은? (단, 전기 음성도는 $O > C > H$이다.)

| 보기 |
ㄱ. C_2H_5OH은 환원제이다.
ㄴ. ⓐ과 ⓑ의 산화수는 같다.
ㄷ. C_2H_5OH에서 O의 산화수는 반응 후 증가한다.

① ㄱ   ② ㄴ   ③ ㄷ
④ ㄱ, ㄴ   ⑤ ㄱ, ㄷ

2019 6월 평가원 20번

7 다음은 금속 A~C의 산화 환원 반응 실험이다.

[실험 과정]
(가) A^{a+}과 B^{b+}이 들어 있는 수용액을 준비한다.
(나) (가)의 수용액에 3몰의 C를 넣어 반응시킨다.
(다) (나)의 수용액에서 석출된 금속을 제거하고 3몰의 C를 넣어 반응시킨다.

[실험 결과]
• (나)와 (다) 각각에서 C는 모두 반응하였다.
• (나)에서 A만 석출되었다.
• (다)에서 석출된 A와 B의 몰비는 1:1이다.
• 각 과정 후 수용액에 존재하는 양이온 종류와 수

과정	(가)	(나)	(다)
양이온의 종류	A^{a+} B^{b+}	A^{a+} B^{b+} C^{c+}	B^{b+} C^{c+}
전체 양이온의 양(mol)	13	10	9

(나)에서 반응이 완결된 후, $\dfrac{B^{b+}\text{의 양(mol)}}{A^{a+}\text{의 양(mol)}} \times b$는? (단, 음이온은 반응하지 않으며, $a \sim c$는 3 이하의 정수이다.)

① $\dfrac{15}{2}$ ② 5   ③ 4

④ $\dfrac{8}{3}$ ⑤ $\dfrac{5}{2}$

---

8 다음은 주황색의 다이크로뮴산 칼륨($K_2Cr_2O_7$) 수용액이 물, 황과 반응하여 녹색의 산화 크로뮴(Cr_2O_3)이 생성되는 반응을 나타낸 것이다.

$$2K_2Cr_2O_7(aq) + 2H_2O(l) + xS(s)$$
$$\longrightarrow 4KOH(aq) + 2Cr_2O_3(s) + xSO_2(g)$$
$$(x\text{는 반응 계수})$$

이에 대한 설명으로 옳은 것만을 [보기]에서 있는 대로 고른 것은?

| 보기 |
ㄱ. $x = 1$이다.
ㄴ. Cr의 산화수는 $+6$에서 $+3$으로 감소한다.
ㄷ. S의 산화수는 0에서 $+4$로 증가한다.

① ㄱ   ② ㄴ   ③ ㄷ
④ ㄱ, ㄴ   ⑤ ㄴ, ㄷ

2021 수능 16번

9 다음은 산화 환원 반응 (가)와 (나)의 화학 반응식이다.

(가) $O_2 + 2F_2 \longrightarrow 2OF_2$
(나) $BrO_3^- + aI^- + bH^+ \longrightarrow Br^- + cI_2 + dH_2O$
$(a \sim d$는 반응 계수$)$

이에 대한 설명으로 옳은 것만을 [보기]에서 있는 대로 고른 것은?

| 보기 |
ㄱ. (가)에서 O의 산화수는 증가한다.
ㄴ. (나)에서 I^-은 산화제로 작용한다.
ㄷ. $a + b + c + d = 12$이다.

① ㄱ   ② ㄴ   ③ ㄱ, ㄷ
④ ㄴ, ㄷ   ⑤ ㄱ, ㄴ, ㄷ

10 다음은 3가지 반응의 화학 반응식이다.

> (가) $H_2SO_3 + I_2 + H_2O \longrightarrow H_2SO_4 + 2HI$
> (나) $N_2 + 3H_2 \longrightarrow 2NH_3$
> (다) $SO_2 + 2H_2S \longrightarrow 2H_2O + 3S$

(가)~(다)에 대한 설명으로 옳은 것만을 [보기]에서 있는 대로 고른 것은?

> ─── 보기 ───
> ㄱ. (가)에서 H_2SO_3은 환원제이다.
> ㄴ. (나)에서 N는 산화수가 증가한다.
> ㄷ. (다)에서 SO_2과 H_2S에 포함된 S의 산화수는 같다.

① ㄱ   ② ㄴ   ③ ㄷ
④ ㄱ, ㄴ   ⑤ ㄱ, ㄷ

11 다음 반응 (가)~(다)에서 산화제로 작용한 물질을 옳게 짝 지은 것은?

> (가) $2NO(g) + F_2(g) \longrightarrow 2NOF(g)$
> (나) $2NO(g) + 2H_2(g) \longrightarrow N_2(g) + 2H_2O(l)$
> (다) $C_2H_2(g) + 2H_2(g) \longrightarrow C_2H_6(g)$

	(가)	(나)	(다)		(가)	(나)	(다)
①	NO	NO	C_2H_2	②	NO	H_2	C_2H_2
③	F_2	NO	H_2	④	F_2	H_2	H_2
⑤	F_2	NO	C_2H_2				

2019 6월 평가원 2번

12 그림은 구리(Cu)와 관련된 반응 (가)와 (나)를 모식적으로 나타낸 것이다.

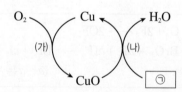

이에 대한 설명으로 옳은 것만을 [보기]에서 있는 대로 고른 것은?

> ─── 보기 ───
> ㄱ. (가)에서 O_2는 환원된다.
> ㄴ. CuO에서 Cu의 산화수는 +2이다.
> ㄷ. (나)에서 ㉠은 환원제로 작용한다.

① ㄱ   ② ㄷ   ③ ㄱ, ㄴ
④ ㄴ, ㄷ   ⑤ ㄱ, ㄴ, ㄷ

13 다음은 철의 제련 과정에서 일어나는 반응을 나타낸 화학 반응식과 용광로 내부를 나타낸 것이다.

> (가) $2C(s) + O_2(g) \longrightarrow 2CO(g)$
> (나) $Fe_2O_3(s) + 3CO(g) \longrightarrow 2Fe(s) + 3CO_2(g)$
> (다) $CaCO_3(s) + SiO_2(s) \longrightarrow CaSiO_3(s) + CO_2(g)$

철광석, 코크스 / 배기 가스 / 열풍 / 쇳물

이에 대한 설명으로 옳은 것만을 [보기]에서 있는 대로 고른 것은?

> ─── 보기 ───
> ㄱ. (가)에서 C는 산화된다.
> ㄴ. (나)에서 CO는 산화제이다.
> ㄷ. (가)~(다)는 모두 산화 환원 반응이다.

① ㄱ   ② ㄷ   ③ ㄱ, ㄴ
④ ㄴ, ㄷ   ⑤ ㄱ, ㄴ, ㄷ

14 다음은 구리(Cu)와 관련된 2가지 반응 (가)와 (나)의 화학 반응식이다.

> (가) $Cu(s) + aAgNO_3(aq) \longrightarrow bCu(NO_3)_2(aq) + cAg(s)$
> (나) $dCu(s) + eHNO_3(aq) \longrightarrow fCu(NO_3)_2(aq) + gNO(g) + hH_2O(l)$
> ($a \sim h$는 반응 계수)

이에 대한 설명으로 옳은 것만을 [보기]에서 있는 대로 고른 것은?

> ─── 보기 ───
> ㄱ. (가)에서 $a + b + c = 5$이다.
> ㄴ. (나)에서 $d + e > f + g + h$이다.
> ㄷ. (나)에서 Cu 1몰이 반응하면 NO 1몰이 생성된다.

① ㄱ   ② ㄷ   ③ ㄱ, ㄴ
④ ㄴ, ㄷ   ⑤ ㄱ, ㄴ, ㄷ

1 다음은 황(S)을 다이크로뮴산 칼륨($K_2Cr_2O_7$) 수용액에 넣었을 때 일어나는 산화 환원 반응의 화학 반응식이다.

$$aK_2Cr_2O_7 + bH_2O + 3S$$
$$\longrightarrow cKOH + dCr_2O_3 + 3SO_2$$
$$(a \sim d \text{는 반응 계수})$$

이에 대한 설명으로 옳은 것만을 [보기]에서 있는 대로 고른 것은?

┤ 보기 ├
ㄱ. Cr의 산화수는 +6에서 +3으로 감소한다.
ㄴ. $a+b+c+d=12$이다.
ㄷ. S은 산화제로 작용한다.

① ㄱ ② ㄷ ③ ㄱ, ㄴ
④ ㄱ, ㄷ ⑤ ㄴ, ㄷ

2 다음은 2가지 산화 환원 반응의 화학 반응식이다.

(가) $2KI(aq) + Cl_2(g) \longrightarrow 2KCl(aq) + I_2(s)$
(나) $2Ag^+(aq) + Fe(s) \longrightarrow 2Ag(s) + Fe^{2+}(aq)$

이에 대한 설명으로 옳은 것만을 [보기]에서 있는 대로 고른 것은?

┤ 보기 ├
ㄱ. (가)에서 Cl_2는 산화된다.
ㄴ. (나)에서 Fe은 Ag^+을 환원시킨다.
ㄷ. (나)에서 Ag 1몰이 생성될 때 이동한 전자의 양 (mol)은 1몰이다.

① ㄴ ② ㄷ ③ ㄱ, ㄴ
④ ㄱ, ㄷ ⑤ ㄴ, ㄷ

3 다음은 산화 환원 반응 (가)~(다)의 화학 반응식이다.

(가) $Fe_2O_3 + 2Al \longrightarrow 2Fe + Al_2O_3$
(나) $Mg + 2HCl \longrightarrow MgCl_2 + H_2$
(다) $Cu + aNO_3^- + bH_3O^+$
$$\longrightarrow Cu^{2+} + cNO_2 + dH_2O$$
$$(a \sim d \text{는 반응 계수})$$

이에 대한 설명으로 옳은 것만을 [보기]에서 있는 대로 고른 것은?

┤ 보기 ├
ㄱ. (가)에서 Al은 산화된다.
ㄴ. (나)에서 Mg은 산화제이다.
ㄷ. (다)에서 $a+b+c+d=7$이다.

① ㄱ ② ㄴ ③ ㄷ
④ ㄱ, ㄴ ⑤ ㄱ, ㄷ

4 다음은 산화 환원 반응의 화학 반응식이다.

$$6Fe^{2+}(aq) + aCr_2O_7^{2-}(aq) + bH^+(aq)$$
$$\longrightarrow 6Fe^{3+}(aq) + cCr^{3+}(aq) + dH_2O(l)$$
$$(a \sim d \text{는 반응 계수})$$

이에 대한 설명으로 옳은 것만을 [보기]에서 있는 대로 고른 것은?

┤ 보기 ├
ㄱ. H의 산화수는 감소한다.
ㄴ. $Cr_2O_7^{2-}$에서 Cr의 산화수는 +6이다.
ㄷ. $a+b+c+d=24$이다.

① ㄱ ② ㄴ ③ ㄷ
④ ㄱ, ㄷ ⑤ ㄴ, ㄷ

2020 9월 평가원 13번

5 다음은 3가지 화학 반응식이다.

> (가) $2Ca(s) + O_2(g) \longrightarrow 2CaO(s)$
> (나) $CaCO_3(s) \longrightarrow CaO(s) + CO_2(g)$
> (다) $Mg(s) + H_2O(l) \longrightarrow MgO(s) + H_2(g)$

(가)~(다)에 대한 설명으로 옳은 것만을 [보기]에서 있는 대로 고른 것은?

──── 보기 ────
ㄱ. (가)에서 Ca은 산화된다.
ㄴ. (나)에서 $CaCO_3$은 산화된다.
ㄷ. (다)에서 H_2O은 환원제이다.

① ㄱ ② ㄴ ③ ㄱ, ㄷ
④ ㄴ, ㄷ ⑤ ㄱ, ㄴ, ㄷ

2021 9월 평가원 15번

6 다음은 산화 환원 반응의 화학 반응식이다.

> $aCuS + bNO_3^- + cH^+$
> $\longrightarrow 3Cu^{2+} + aSO_4^{2-} + bNO + dH_2O$
> (a~d는 반응 계수)

이에 대한 설명으로 옳은 것만을 [보기]에서 있는 대로 고른 것은?

──── 보기 ────
ㄱ. CuS는 환원제이다.
ㄴ. $c + d > a + b$이다.
ㄷ. NO_3^- 2몰이 반응하면 SO_4^{2-} 1몰이 생성된다.

① ㄱ ② ㄷ ③ ㄱ, ㄴ
④ ㄴ, ㄷ ⑤ ㄱ, ㄴ, ㄷ

7 다음은 어떤 산화 환원 반응의 화학 반응식이다.

> $aCl^- + bCr_2O_7^{2-} + cH^+$
> $\longrightarrow dCl_2 + eCr^{3+} + fH_2O$
> (a~f 반응 계수)

이에 대한 설명으로 옳은 것만을 [보기]에서 있는 대로 고른 것은?

──── 보기 ────
ㄱ. $a + b + c + d + e + f = 33$이다.
ㄴ. $Cr_2O_7^{2-}$은 환원제이다.
ㄷ. H_2O 2몰이 생성될 때 이동한 전자의 양(mol)은 $\frac{6}{7}$몰이다.

① ㄱ ② ㄴ ③ ㄷ
④ ㄱ, ㄴ ⑤ ㄱ, ㄷ

8 다음은 금속을 이용한 산화 환원 반응 실험이다.

> [실험 과정 및 결과]
> (가) 염산($HCl(aq)$) 200 mL에 충분한 양의 아연 (Zn)을 반응시켰더니 수소(H_2) 기체가 발생하였다.
> (나) (가)의 수용액에 마그네슘(Mg) 막대를 넣었더니 Mg 막대의 표면에 금속이 석출되었다.

이에 대한 설명으로 옳은 것만을 [보기]에서 있는 대로 고른 것은? (단, 원자량은 $Zn > Mg$이다.)

──── 보기 ────
ㄱ. (가)에서 Zn은 산화제이다.
ㄴ. (나)에서 수용액 속 이온의 총 수는 일정하다.
ㄷ. (나)에서 Mg 막대의 질량은 반응 전후가 같다.

① ㄱ ② ㄴ ③ ㄷ
④ ㄱ, ㄴ ⑤ ㄴ, ㄷ

2019 수능 19번

9 다음은 금속 A~C의 산화 환원 반응 실험이다.

> [실험 과정]
> (가) A^{a+}과 B^{b+}이 함께 들어 있는 수용액을 준비한다.
> (나) (가)의 수용액에 C(s) w g을 넣어 반응을 완결시킨다.
> (다) (나)의 수용액에 C(s) w g을 넣어 반응을 완결시킨다.
>
> [실험 결과]
> • 각 과정 후 수용액에 들어 있는 양이온의 종류와 수

과정	(가)	(나)	(다)
양이온의 종류	A^{a+}, B^{b+}	A^{a+}, B^{b+}, C^{2+}	
전체 양이온의 수	$12N$	$10N$	$9.6N$

> • (가)에서 수용액 속 이온 수는 $A^{a+} > B^{b+}$이다.
> • (나)에서 넣어 준 C(s)는 모두 반응하였고, (다) 과정 후 남아 있는 C(s)의 질량은 x g이다.

$\dfrac{\text{(다) 과정 후 } C^{2+} \text{ 수}}{\text{(나) 과정 후 } A^{a+} \text{ 수}} \times x$는? (단, 음이온은 반응하지 않으며, a, b는 3 이하의 자연수이다.)

① $\dfrac{1}{4}w$ ② $\dfrac{4}{15}w$ ③ $\dfrac{2}{5}w$
④ $\dfrac{9}{4}w$ ⑤ $\dfrac{12}{5}w$

2020 수능 20번

10 다음은 금속 A∼C의 산화 환원 반응 실험이다.

[실험 과정]

(가) $A^{a+}(aq)$과 $B^{b+}(aq)$의 혼합 용액이 들어 있는 비커를 준비한다.

(나) (가)의 비커에 $C(s)$를 조금씩 넣어 반응을 완결시킨다.

[실험 결과 및 자료]

- $a > b$이다.
- A^{a+}과 B^{b+} 중 한 이온이 모두 반응한 후, 다른 이온이 반응하였다.
- 반응한 $C(s)$는 C^{2+}이 되었다.
- 넣어 준 $C(s)$의 총 질량에 따른 고체 금속과 양이온의 총 양(mol)

넣어 준 $C(s)$의 총 질량(g)	0	w	$2w$	$3w$	y
비커 속에 존재하는 고체 금속의 총 양(mol)	0	$4n$	$\dfrac{20}{3}n$	$8n$	$9n$
비커 속에 존재하는 양이온의 총 양(mol)	$9n$		x		

이에 대한 설명으로 옳은 것만을 [보기]에서 있는 대로 고른 것은? (단, 음이온과 석출된 금속 각각은 반응에 참여하지 않고, a와 b는 3 이하의 자연수이다.)

┤ 보기 ├

ㄱ. $b = 2$이다.

ㄴ. $x = \dfrac{19}{3}n$이다.

ㄷ. $y = \dfrac{15}{4}w$이다.

① ㄱ   ② ㄴ   ③ ㄷ

④ ㄱ, ㄴ   ⑤ ㄴ, ㄷ

2019 9월 평가원 20번

11 다음은 금속 A∼C의 산화 환원 반응 실험이다.

[실험 과정]

(가) 비커에 $A^{a+}(aq)$ 100 mL를 넣는다.

(나) (가)의 비커에 금속 $B(s)$ w g을 넣어 반응을 완결시킨다.

(다) (나)에서 반응이 끝난 비커에 $C^{+}(aq)$ 100 mL를 넣어 반응을 완결시킨다.

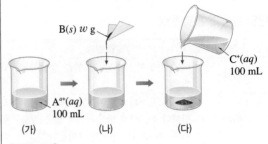

[실험 결과]

각 과정 후 수용액에 들어 있는 양이온의 종류와 수

과정	(가)	(나)	(다)
양이온의 종류	A^{a+}	B^{b+}	A^{a+} B^{b+} C^{+}
양이온의 수	$6N$	$4N$	$15N$

- (다) 과정 후 비커에 들어 있는 금속은 1가지이다.
- $C^{+}(aq)$ 100 mL에 들어 있는 C^{+} 수는 (다) 과정 후 수용액에 들어 있는 C^{+} 수의 4배이다.

$C^{+}(aq)$ **100 mL에 들어 있는 C^{+} 수는?** (단, 음이온은 반응하지 않으며, a, b는 3 이하의 자연수이다.)

① $14N$ ② $15N$ ③ $17N$

④ $18N$ ⑤ $20N$

2020 6월 평가원 11번

12 다음은 2가지 반응의 화학 반응식이다.

(가) $3H_2S + 2HNO_3 \longrightarrow 3S + 2NO + 4H_2O$

(나) $2Li + 2H_2O \longrightarrow 2LiOH + H_2$

이에 대한 설명으로 옳은 것만을 [보기]에서 있는 대로 고른 것은?

┤ 보기 ├

ㄱ. (가)는 산화 환원 반응이다.

ㄴ. (나)에서 Li은 환원제이다.

ㄷ. (나)에서 H의 산화수는 모두 같다.

① ㄱ   ② ㄷ   ③ ㄱ, ㄴ

④ ㄴ, ㄷ   ⑤ ㄱ, ㄴ, ㄷ

17 화학 반응에서의 열의 출입

핵심 짚기
> 발열 반응, 흡열 반응이 일어날 때의 변화
> 발열 반응, 흡열 반응의 예
> 화학 반응에서 열의 출입 측정

Ⓐ 발열 반응과 흡열 반응

1 화학 반응과 열의 출입 화학 반응이 일어날 때 항상 열에너지를 방출하거나 흡수한다.

2 발열 반응과 흡열 반응

구분	발열 반응	흡열 반응
정의	화학 반응이 일어날 때 열을 방출하는 반응	화학 반응이 일어날 때 열을 흡수하는 반응
특징	생성물의 에너지 합이 반응물의 에너지 합보다 작으므로 반응하면서 열을 방출한다. ➡ 주위의 온도가 높아진다.	생성물의 에너지 합이 반응물의 에너지 합보다 크므로 반응하면서 열을 흡수한다. ➡ 주위의 온도가 낮아진다.
에너지 변화	에너지 / 반응물 / 열 방출 / 생성물 / 반응의 진행	에너지 / 생성물 / 열 흡수 / 반응물 / 반응의 진행
예 [1][2]	• 산과 염기의 중화 반응 • 금속과 산의 반응 • 금속의 산화 • 산의 용해 • 물질의 연소	• 탄산수소 나트륨의 열분해 • 수산화 바륨 팔수화물과 질산 암모늄(또는 염화 암모늄)의 반응 [3] • 질산 암모늄(또는 염화 암모늄)의 용해 • 광합성, 물의 전기 분해 등

Ⓑ 화학 반응에서 출입하는 열의 측정

1 비열, 열용량, 열량

비열(c)	어떤 물질 1 g의 온도를 1 °C 높이는 데 필요한 열량으로, 단위는 J/(g·°C)이다.
열용량(C)	어떤 물질의 온도를 1 °C 높이는 데 필요한 열량으로, 단위는 J/°C이다. ➡ 열용량(C)=비열(c)×질량(m)
열량(Q)	어떤 물질이 방출하거나 흡수하는 열량은 그 물질의 비열에 질량과 온도 변화를 곱하여 구한다. ➡ 열량(Q)=비열(c)×질량(m)×온도 변화(Δt)=열용량(C)×온도 변화(Δt)

2 열량계 화학 반응에서 출입하는 열량을 측정하는 장치

간이 열량계	온도계 / 젓개 / 물 / 스타이로폼 컵	• 구조가 간단하여 쉽게 사용할 수 있다. • *단열이 잘되지 않아 열 손실이 있으므로 정밀한 실험에는 사용하지 않는다. • 주로 용해 과정이나 중화 반응에서 출입하는 열량을 측정하는 데 사용한다.
통열량계	점화선 / 젓개 / 온도계 / 단열 용기 / 강철 용기 / 시료 접시 / 물 / 강철통	• 단열이 잘되어 열 손실이 거의 없으므로 화학 반응에서 출입하는 열량을 비교적 정확하게 측정할 수 있다. • 주로 연소 반응에서 출입하는 열량을 측정하는 데 사용한다.

PLUS 강의 ⊕

[1] 발열 반응의 예
• 염산과 수산화 나트륨 수용액의 반응
$HCl(aq)+NaOH(aq)\longrightarrow$
$\qquad H_2O(l)+NaCl(aq)+열$
• 아연과 염산의 반응
$Zn(s)+2HCl(aq)\longrightarrow$
$\qquad ZnCl_2(aq)+H_2(g)+열$
• 철이 녹스는 반응
$4Fe(s)+3O_2(g)$
$\qquad\longrightarrow 2Fe_2O_3(s)+열$
• 메테인의 연소
$CH_4(g)+2O_2(g)\longrightarrow$
$\qquad CO_2(g)+2H_2O(l)+열$

[2] 흡열 반응의 예
• 탄산수소 나트륨의 열분해
$2NaHCO_3(s)+열\longrightarrow$
$\qquad Na_2CO_3(s)+H_2O(l)+CO_2(g)$
• 질산 암모늄의 용해
$NH_4NO_3(s)+열\longrightarrow$
$\qquad NH_4^+(aq)+NO_3^-(aq)$
• 광합성
$6CO_2(g)+6H_2O(g)\xrightarrow{빛에너지}$
$\qquad C_6H_{12}O_6(s)+6O_2(g)$

[3] 수산화 바륨 팔수화물과 질산 암모늄의 반응

$Ba(OH)_2\cdot$
$8H_2O(s)+$
$NH_4NO_3(s)$

얇은 나무판 위에 물을 뿌린 다음 삼각 플라스크를 올려놓고, 삼각 플라스크 안에 수산화 바륨 팔수화물과 질산 암모늄을 넣고 섞어 주면 삼각 플라스크가 차가워져 나무판 위에 뿌린 물이 언다.
$Ba(OH)_2\cdot8H_2O(s)+2NH_4NO_3(s)+열$
$\qquad\longrightarrow Ba(NO_3)_2(aq)+10H_2O(l)$
$\qquad\qquad +2NH_3(g)$

⊙ 용어 돋보기

* **단열**(斷 끊다, 熱 열)_ 물체와 물체 사이에 열이 서로 전달되지 않도록 막는 것

184 IV. 역동적인 화학 반응

3 화학 반응에서 출입하는 열의 측정 열량계 안에서 화학 반응이 일어날 때 출입하는 열이 물이나 용액의 온도를 변화시키므로 이를 이용하여 열량을 구한다.

① 간이 열량계를 이용한 열량의 측정: 화학 반응에서 출입하는 열은 모두 간이 열량계 속 용액의 온도 변화에 이용된다고 가정한다. ❹

> 방출하거나 흡수한 열량(Q)=용액이 얻거나 잃은 열량(Q)=$c \times m \times \Delta t$
> (c: 용액의 비열, m: 용액의 질량, Δt: 용액의 온도 변화)

② 통열량계를 이용한 열량의 측정: 화학 반응에서 출입하는 열은 모두 통열량계 속 물과 통열량계의 온도 변화에 이용된다고 가정한다. ┌•통열량계의 온도 변화와 물의 온도 변화가 같다고 가정한다.

> 방출하거나 흡수한 열량(Q)=물이 얻거나 잃은 열량(Q_1)+통열량계가 얻거나 잃은 열량(Q_2)
> =($c_물 \times m_물 \times \Delta t$)+($C_{통열량계} \times \Delta t$)
> ($c_물$: 물의 비열, $m_물$: 물의 질량, Δt: 물의 온도 변화, $C_{통열량계}$: 통열량계의 열용량)

❹ **간이 열량계를 이용한 열량의 측정**
간이 열량계로 실험하여 구한 열량은 이론값과 차이가 난다. 이는 발생하는 열의 일부가 실험 기구의 온도를 변화시키는 데 쓰이거나, 열량계 밖으로 빠져나가기 때문이다.

탐구 자료) 화학 반응에서 열의 출입 측정

❶ 간이 열량계에 증류수 200 g을 넣고 증류수의 온도(t_1)를 측정한다.

❷ 간이 열량계에 염화 칼슘($CaCl_2$) 10 g을 넣고 젓개로 계속 저어 완전히 녹인 뒤 용액의 최고 온도(t_2)를 측정한다.

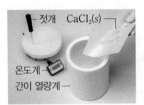

구분	처음 온도(t_1)	최고 온도(t_2)
측정 온도	25 °C	33 °C

1. 용액의 온도 변화(Δt): $t_2 - t_1 = 33\,°C - 25\,°C = 8\,°C$ ➡ 온도가 높아졌으므로 발열 반응이다.

2. $CaCl_2$이 물에 용해될 때 방출한 열량(J) (단, 용액의 비열은 4.2 J/(g·°C)이다.): 방출한 열량(Q)= 용액이 얻은 열량(Q)=$c \times m \times \Delta t$=4.2 J/(g·°C)×210 g×8 °C=7056 J

3. $CaCl_2$ 1 g이 물에 용해될 때 방출하는 열량(J/g)

실험값❺	$\dfrac{7056\,J}{10\,g}$=705.6 J/g	이론값	732.4 J/g

➡ 실험값이 이론값보다 작다.

4. 오차 원인: $CaCl_2$이 물에 용해될 때 방출한 열의 일부가 실험 기구의 온도를 변화시키는 데 쓰이거나, 열량계 밖으로 빠져나가는 등 열 손실이 발생했기 때문이다.

❺ $CaCl_2$ 1몰이 물에 용해될 때 방출하는 열량(J/mol)
$CaCl_2$의 화학식량은 111이므로 $CaCl_2$ 1몰이 물에 용해될 때 방출하는 열량은 다음과 같다.
705.6 J/g×111 g/mol
=78321.6 J/mol

🗐 정답과 해설 100쪽

(1) 발열 반응이란 화학 반응이 일어날 때 열을 (방출, 흡수)하는 반응이다.

(2) 흡열 반응이란 화학 반응이 일어날 때 열을 (방출, 흡수)하는 반응이다.

(3) 발열 반응이 일어날 때 주위의 온도가 (올라, 내려)가고, 흡열 반응이 일어날 때 주위의 온도가 (올라, 내려)간다.

(4) 다음은 여러 가지 화학 반응을 나타낸 것이다. ( ) 안에 알맞은 말을 고르시오.

① 연소 반응은 (발열, 흡열) 반응이다.

② 중화 반응은 (발열, 흡열) 반응이다.

③ 금속과 산의 반응은 (발열, 흡열) 반응이다.

④ 질산 암모늄의 용해 반응은 (발열, 흡열) 반응이다.

⑤ 염화 암모늄의 용해 반응은 (발열, 흡열) 반응이다.

(5) 열량계에서 물이 얻은 열량은 '물의 ( )×물의 질량×물의 온도 변화'이다.

(6) 화학 반응에서 출입하는 ( )을(를) 이용하여 온열 장치나 냉각 장치를 만들 수 있다.

자료❶ 간이 열량계로 화학 반응에서 출입하는 열의 측정

다음은 간이 열량계로 화학 반응에서 출입하는 열을 측정하는 실험이다.

[실험 과정]
(가) 간이 열량계에 증류수 a mL를 넣고 온도를 측정하였더니 t_1 ℃였다.
(나) (가)의 열량계에 NaOH(s) 4 g을 넣어 모두 녹인 다음, NaOH(aq)의 최고 온도를 측정하였더니 t_2 ℃였다.
(다) 참고 자료에서 NaOH(aq)의 비열 b J/(g·℃)를 찾고 NaOH(s) 4 g이 용해될 때 방출한 열량을 이용하여 NaOH(s) 1몰당 열량 Q(J/mol)를 구한다. (단, 물의 밀도는 1 g/mL이고, NaOH의 화학식량은 40이다.)

1. NaOH(s) 4 g이 용해될 때 방출하는 열은 NaOH(aq)이 모두 흡수한다고 가정한다. (○, ×)
2. NaOH(aq)의 질량은 $(a+4)$ g이다. (○, ×)
3. NaOH(aq)의 온도 변화는 (t_2-t_1) ℃이다. (○, ×)
4. NaOH(s) 4 g이 용해될 때 방출하는 열량$(Q)=ba(t_2-t_1)$ J이다. (○, ×)

자료❷ 통열량계로 화학 반응에서 출입하는 열의 측정

표는 통열량계로 화학 반응에서 출입하는 열을 측정한 자료이다.

물질 X의 화학식량	60.0
연소된 물질 X의 질량	6.0 g
처음 물의 온도	12.0 ℃
나중 물의 온도	16.0 ℃
물의 질량	2.0 kg
물의 비열	4.2 (kJ/(kg·℃))
물을 제외한 통열량계의 열용량	11.6 kJ/℃

1. 물질 X가 연소할 때 방출한 열은 통열량계 속 물과 통열량계가 모두 흡수한다고 가정한다. (○, ×)
2. 통열량계 속 물이 얻은 열량$=c_물×m_물×\varDelta t=4.2$ kJ/(kg·℃)×2.0 kg×$(16.0-12.0)$ ℃$=336$ kJ이다. (○, ×)
3. 통열량계가 얻은 열량$=C_{통열량계}×\varDelta t=11.6$ kJ/℃×$(16.0-12.0)$℃$=46.4$ kJ이다. (○, ×)
4. 물질 X가 연소할 때 방출하는 열량(Q)은 물과 통열량계가 얻은 열량과 같으므로 $Q=33.6$ kJ$+46.4$ kJ$=80.0$ kJ이다. (○, ×)
5. X 1 g당 열량(kJ/g)$=\dfrac{\text{X가 연소할 때 방출하는 열량}(Q)}{\text{X 1.0 g}}≒79.8$ kJ/g이다. (○, ×)

🔲 정답과 해설 100쪽

Ⓐ 발열 반응과 흡열 반응

1 발열 반응과 관계 있는 것만을 [보기]에서 있는 대로 고르시오.

┤ 보기 ├
ㄱ. 도시가스 연료로 사용하는 메테인의 연소 반응
ㄴ. 묽은 염산과 수산화 나트륨 수용액의 중화 반응
ㄷ. 냉찜질 의료용 기구로 사용하는 질산 암모늄의 용해 반응

Ⓑ 화학 반응에서 출입하는 열의 측정

2 다음은 고체 A~C를 각각 물에 녹일 때의 온도 변화를 알아보는 실험이다.

[실험 과정]
(가) 간이 열량계에 물 200 g을 넣은 후 물의 처음 온도(t_1)를 측정한다.
(나) (가)의 열량계에 A 5 g을 넣어 완전히 녹인 후 수용액의 최종 온도(t_2)를 측정한다.
(다) A 대신 B, C로 각각 과정 (가)와 (나)를 반복한다.

[실험 결과]

고체	A	B	C
t_1(℃)	20.0	20.0	20.0
t_2(℃)	29.8	18.7	24.5

고체 A~C 중 물에 용해되는 반응이 발열 반응인 것만을 있는 대로 고르시오. (단, 열량계와 주위 사이의 열 출입은 없다.)

3 간이 열량계에 25 ℃의 물 100 g을 넣고 CaCl$_2$ 2 g을 넣은 뒤 완전히 녹였더니 용액의 온도가 28 ℃가 되었다. CaCl$_2$이 물에 녹을 때 방출한 열량(J)을 구하시오. (단, 용액의 비열은 4.2 J/(g·℃)이고, 반응에서 발생한 열은 용액이 모두 흡수한다고 가정한다.)

2021 6월 평가원 1번

1 다음은 반응 ㉠~㉢과 관련된 현상을 나타낸 것이다.

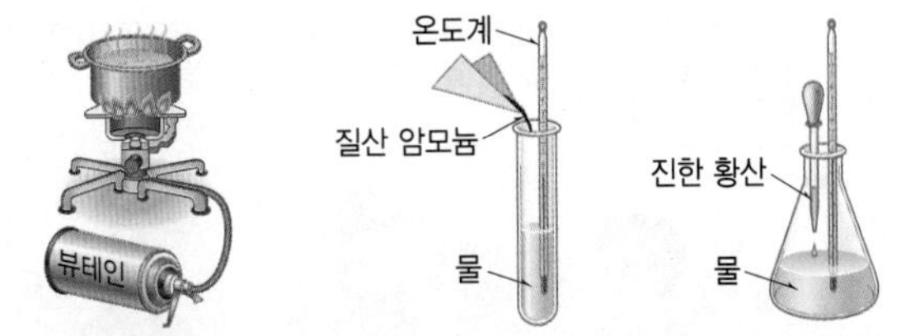

㉠ 뷰테인을 연소시켜 물을 끓였다.
㉡ 질산 암모늄을 물에 용해시켰더니 용액의 온도가 낮아졌다.
㉢ 진한 황산을 물에 용해시켰더니 용액의 온도가 높아졌다.

㉠~㉢ 중 발열 반응만을 있는 대로 고른 것은?

① ㉠ ② ㉡ ③ ㉠, ㉡
④ ㉠, ㉢ ⑤ ㉡, ㉢

2 다음은 학생 A가 열량과 관련된 어떤 가설을 세운 후, 그 가설을 검증하기 위해 수행한 실험이다.

[학습 내용]
물질에 출입하는 열량=물질의 비열×물질의 질량×물질의 온도 변화
[가설]
물질 X가 물에 용해되면서 발생한 열량은 (㉠)
[실험 과정]
열량계에 질량을 알고 있는 물질 X와 물을 넣고, 물질 X를 모두 녹인다. 이때 반응 전후 용액의 온도를 측정한다. (단, 물의 비열은 4.2 J/(g·℃)로 가정한다.)
[실험 결과]
반응 전 온도: 25 ℃, 반응 후 온도: 29 ℃

A의 가설이 옳다는 결론을 얻었을 때, ㉠으로 가장 적절한 것은?

① 열량계 속 물질 X가 줄어든 질량과 같다.
② 열량계 속 물질 X가 늘어난 질량과 같다.
③ 열량계 속 물이 방출한 열량과 같다.
④ 열량계 속 물이 흡수한 열량과 같다.
⑤ 열량계의 재질의 비열과 같다.

2021 9월 평가원 3번

3 다음은 염화 칼슘($CaCl_2$)이 물에 용해되는 반응에 대한 실험과 이에 대한 세 학생의 대화이다.

[실험 과정]
(가) 그림과 같이 25 ℃의 물 100 g이 담긴 열량계를 준비한다.

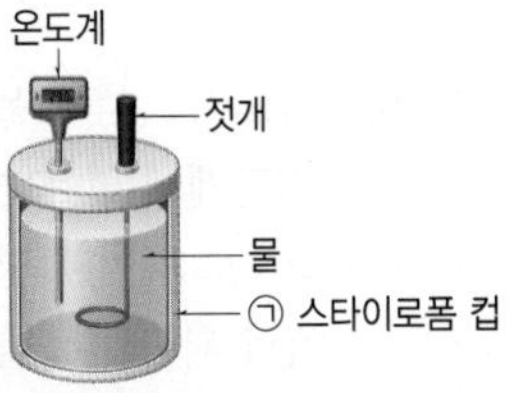

(나) (가)의 열량계에 25 ℃의 $CaCl_2(s)$ w g을 넣어 녹인 후 수용액의 최고 온도를 측정한다.
[실험 결과]
• 수용액의 최고 온도: 30 ℃

• 학생 A: 열량계 내부의 온도 변화로 반응에서의 열의 출입을 알 수 있어.
• 학생 B: $CaCl_2(s)$이 물에 용해되는 반응은 발열 반응이야.
• 학생 C: ㉠은 열량계 내부와 외부 사이의 열 출입을 막기 위해 사용해.

제시한 내용이 옳은 학생만을 있는 대로 고른 것은? (단, 열량계의 외부 온도는 25 ℃로 일정하다.)

① A ② B ③ A, C
④ B, C ⑤ A, B, C

4 표는 간이 열량계에 물 100 g을 넣고 고체 A, B를 각각 녹인 수용액에 대한 자료와 온도 변화를 나타낸 것이다. $t>0$이다.

수용액	용질		온도 변화(℃)
	화학식량	질량(g)	
A(aq)	40	4	$+t$
B(aq)	80	4	$-t$

이에 대한 설명으로 옳지 않은 것은? (단, 용해 반응 이외의 반응은 일어나지 않으며, 간이 열량계의 열손실은 없다.)

① A의 용해 과정은 발열 반응이다.
② B의 용해 과정은 흡열 반응이다.
③ A의 용해 과정에서 주위의 온도가 올라간다.
④ B의 용해 과정에서 주위의 온도가 내려간다.
⑤ 고체 1몰을 각각 녹였을 때 출입하는 열량은 A가 B보다 크다.

5 다음은 수산화 나트륨(NaOH(s))의 용해 과정에서 발생하는 열량을 구하기 위한 실험 과정과 간이 열량계의 구조를 나타낸 것이다.

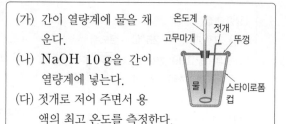

(가) 간이 열량계에 물을 채운다.
(나) NaOH 10 g을 간이 열량계에 넣는다.
(다) 젓개로 저어 주면서 용액의 최고 온도를 측정한다.

NaOH(s)의 용해 과정에서 발생하는 열량을 구하기 위해 위 실험 과정에서 측정한 값 이외에 추가로 측정하거나 조사해야 하는 자료를 [보기]에서 있는 대로 고른 것은? (단, NaOH(s)이 용해될 때 방출한 열은 용액이 모두 흡수한다고 가정한다.)

| 보기 |
ㄱ. 반응 전 물의 온도   ㄴ. 스타이로폼 컵의 부피
ㄷ. 물의 질량   ㄹ. 용액의 비열
ㅁ. 젓개의 질량

① ㄱ, ㄴ, ㄷ   ② ㄱ, ㄴ, ㅁ   ③ ㄱ, ㄷ, ㄹ
④ ㄴ, ㄹ, ㅁ   ⑤ ㄷ, ㄹ, ㅁ

6 그림은 통열량계의 구조를 나타낸 것이다. 이에 대한 설명으로 옳은 것만을 [보기]에서 있는 대로 고른 것은? (단, 열 손실은 없다고 가정한다.)

| 보기 |
ㄱ. 통열량계를 이용하여 연소 반응 시 출입하는 열량을 구할 수 있다.
ㄴ. 시료가 연소하면서 방출하는 열량은 통열량계 속 물이 흡수하는 열량과 같다.
ㄷ. 반응 전 물의 온도와 시료의 양이 같으면 종류에 관계없이 반응 후 최고 온도는 같다.

① ㄱ   ② ㄷ   ③ ㄱ, ㄴ
④ ㄴ, ㄷ   ⑤ ㄱ, ㄴ, ㄷ

2021 수능 2번

7 다음은 화학 반응에서 열의 출입에 대한 학생들의 대화이다.

발열 반응은 화학 반응이 일어날 때 주위로 열을 방출하는 반응이야. 학생 A

화학 반응은 모두 발열 반응이야. 학생 B

메테인(CH₄)의 연소 반응은 발열 반응이야. 학생 C

제시한 내용이 옳은 학생만을 있는 대로 고른 것은?

① A   ② B   ③ A, C   ④ B, C   ⑤ A, B, C

8 다음은 화학 반응에서 출입하는 열을 알아보기 위한 실험이다.

[실험 과정]
(가) 나무판의 중앙에 물을 조금 떨어뜨리고, 수산화 바륨 팔수화물(Ba(OH)₂·8H₂O(s))이 담긴 삼각 플라스크를 올려놓는다.
(나) 과정 (가)의 삼각 플라스크에 염화 암모늄(NH₄Cl(s))을 넣고 유리 막대로 잘 저어 반응시킨 다음, 몇 분 뒤 삼각 플라스크를 들어 올린다.

[실험 결과]
나무판 위의 물이 얼면서 나무판이 삼각 플라스크에 달라붙어 삼각 플라스크를 들어 올리면 나무판이 함께 들어 올려진다.

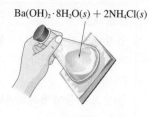

Ba(OH)₂·8H₂O(s) + 2NH₄Cl(s)

이에 대한 설명으로 옳은 것만을 [보기]에서 있는 대로 고른 것은?

| 보기 |
ㄱ. Ba(OH)₂·8H₂O(s)과 NH₄Cl(s)의 반응은 흡열 반응이다.
ㄴ. 반응이 일어나면서 나무판 위의 물로 열이 방출된다.
ㄷ. Ba(OH)₂·8H₂O(s)과 NH₄Cl(s) 대신 염산과 수산화 나트륨 수용액으로 같은 실험 결과를 얻을 수 있다.

① ㄱ   ② ㄴ   ③ ㄷ   ④ ㄱ, ㄴ   ⑤ ㄱ, ㄷ

1 질산 암모늄(NH_4NO_3)과 물이 든 비닐봉지가 함께 들어 있는 냉각 팩에 힘을 가하면 비닐봉지가 터지면서 다음과 같은 반응이 일어나 팩이 차가워진다.

$$NH_4NO_3(s) \longrightarrow NH_4^+(aq) + NO_3^-(aq)$$

이에 대한 설명으로 옳은 것만을 [보기]에서 있는 대로 고른 것은?

─── 보기 ───
ㄱ. NH_4NO_3의 용해 반응은 흡열 반응이다.
ㄴ. NH_4^+에서 N의 산화수는 −3이다.
ㄷ. O의 산화수는 감소한다.

① ㄱ   ② ㄷ   ③ ㄱ, ㄴ
④ ㄴ, ㄷ   ⑤ ㄱ, ㄴ, ㄷ

2 다음은 고체 염화 칼슘($CaCl_2$)이 물에 용해될 때 출입하는 열량을 간이 열량계로 측정하는 실험을 나타낸 것이다.

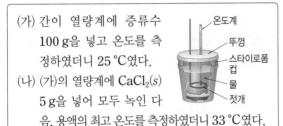

(가) 간이 열량계에 증류수 100 g을 넣고 온도를 측정하였더니 25 ℃였다.
(나) (가)의 열량계에 $CaCl_2(s)$ 5 g을 넣어 모두 녹인 다음, 용액의 최고 온도를 측정하였더니 33 ℃였다.

온도계
뚜껑
스타이로폼 컵
물
젓개

이에 대한 설명으로 옳은 것만을 [보기]에서 있는 대로 고른 것은? (단, 용액의 비열은 4.2 J/(g·℃)이고, $CaCl_2(s)$이 용해될 때 출입한 열은 용액이 모두 흡수하거나 방출한다고 가정한다.)

─── 보기 ───
ㄱ. $CaCl_2$의 용해는 흡열 반응이다.
ㄴ. $CaCl_2$ 1 g당 출입한 열량은 705.6 J/g이다.
ㄷ. (나)에서 추가로 $CaCl_2$ 2 g을 더 넣어 녹이면 용액의 최고 온도는 33 ℃보다 낮아진다.

① ㄱ   ② ㄴ   ③ ㄷ
④ ㄱ, ㄴ   ⑤ ㄴ, ㄷ

3 다음은 중화 반응에서 발생하는 열을 측정하기 위한 실험이다.

[실험 과정]
(가) 중화 반응에 사용할 0.01 M 염산 100 mL의 질량(w_1)과 0.01 M 수산화 나트륨 수용액 100 mL의 질량(w_2)을 각각 측정하여 기록한다.
(나) 과정 (가)의 염산을 열량계에 넣고 처음 온도(t_1)를 측정하여 기록한다.
(다) 과정 (나)의 열량계에 과정 (가)의 수산화 나트륨 수용액을 넣자마자 뚜껑을 덮고 젓개로 저어주면서 1분마다 온도를 측정한 후, 온도 변화가 더 이상 없을 때 최고 온도(t_2)를 측정하여 기록한다.

[측정 기록]

w_1	w_2	t_1	t_2
100 g	100 g	20 ℃	25 ℃

[실험 결과]
(다) 이후 열량계에서 발생한 열량(Q) = x kJ

실험 과정 (다) 이후 열량계에서 발생한 열량 x는? (단, 혼합 용액의 비열은 4.2 J/(g·℃)이고, 열량계에 의한 열 손실은 없다.)

① 2.1   ② 4.2   ③ 21
④ 42   ⑤ 4200

4 그림은 3가지 반응을 2가지 기준에 따라 분류한 것이다.

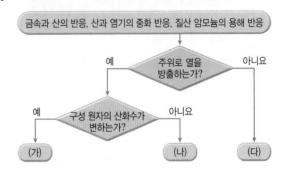

금속과 산의 반응, 산과 염기의 중화 반응, 질산 암모늄의 용해 반응
주위로 열을 방출하는가?
예   아니요
구성 원자의 산화수가 변하는가?
예   아니요
(가)   (나)   (다)

이에 대한 설명으로 옳은 것만을 [보기]에서 있는 대로 고른 것은?

─── 보기 ───
ㄱ. (가)는 '금속과 산의 반응'이다.
ㄴ. (나)의 예로 '염산과 수산화 나트륨 수용액'의 반응이 적절하다.
ㄷ. (다)는 흡열 반응의 예이다.

① ㄱ   ② ㄷ   ③ ㄱ, ㄴ
④ ㄴ, ㄷ   ⑤ ㄱ, ㄴ, ㄷ

5 다음은 고체 수산화 나트륨(NaOH)이 물에 용해될 때 출입하는 열량을 측정하는 실험이다.

> (가) 간이 열량계에 증류수 a mL를 넣고 온도를 측정하였더니 t_1 ℃였다.
> (나) (가)의 열량계에 NaOH(s) 4 g을 넣어 모두 녹인 다음, NaOH(aq)의 최고 온도를 측정하였더니 t_2 ℃였다.
> (다) 참고 자료에서 NaOH(aq)의 비열 b J/(g·℃)를 찾고 NaOH(s) 4 g이 용해될 때 방출한 열량을 이용하여 NaOH(s) 1몰당 열량 Q(J/mol)를 구한다.

(다)에서 Q(J/mol)는? (단, 물의 밀도는 1 g/mL이고, NaOH의 화학식량은 40이며, NaOH(s)이 용해될 때 방출한 열은 용액이 모두 흡수한다고 가정한다.)

① $10ab(t_2-t_1)$ ② $40ab(t_2-t_1)$

③ $10b(a+4)(t_2-t_1)$ ④ $\dfrac{ab(t_2-t_1)}{40}$

⑤ $\dfrac{b(a+4)(t_2-t_1)}{40}$

6 다음은 질산 암모늄(NH$_4$NO$_3$)과 관련된 실험이다.

> [실험 과정]
> (가) 열량계에 20 ℃ 물 100 g을 넣는다.
> (나) (가)의 열량계에 NH$_4$NO$_3$ w g을 넣고 모두 용해시킨다.
> (다) 수용액의 최저 온도를 측정한다.
> (라) 20 ℃ 물 200 g을 이용하여 (가)~(다)를 수행한다.
>
>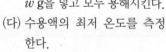
>
> [실험 결과]
> • (다)에서 측정한 수용액의 최저 온도: 18 ℃
> • (라)에서 측정한 수용액의 최저 온도: t ℃

이에 대한 설명으로 옳은 것만을 [보기]에서 있는 대로 고른 것은?

> ──── 보기 ────
> ㄱ. NH$_4$NO$_3$의 용해 반응은 흡열 반응이다.
> ㄴ. $t>18$이다.
> ㄷ. NH$_4$NO$_3$의 용해 반응을 활용하여 냉찜질 팩을 만들 수 있다.

① ㄱ ② ㄷ ③ ㄱ, ㄴ
④ ㄴ, ㄷ ⑤ ㄱ, ㄴ, ㄷ

7 그림 (가)는 간이 열량계에 25 ℃, 0.2 M 염산(HCl(aq)) 100 mL에 고체 수산화 나트륨(NaOH(s)) 4 g을 넣은 모습을, (나)는 25 ℃, 0.1 M 황산(H$_2$SO$_4$(aq)) 100 mL에 NaOH(s) 4 g을 넣은 모습을 나타낸 것이다.

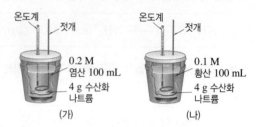

(가), (나)에서 젓개를 동시에 저어서 4 g의 NaOH이 완전히 녹은 후의 혼합 용액에 대한 설명으로 옳은 것만을 [보기]에서 있는 대로 고른 것은? (단, NaOH의 화학식량은 40이고, HCl(aq)과 H$_2$SO$_4$(aq)의 밀도는 같으며, 혼합 용액의 비열은 (가)와 (나)에서 같다. 또, 반응에서 출입한 열은 혼합 용액이 모두 흡수하거나 방출한다고 가정한다.)

> ──── 보기 ────
> ㄱ. 혼합 용액의 최고 온도는 (가)에서가 (나)에서보다 낮다.
> ㄴ. 출입한 열량은 (가)에서와 (나)에서가 같다.
> ㄷ. (가)는 발열 반응, (나)는 흡열 반응이다.

① ㄴ ② ㄷ ③ ㄱ, ㄴ
④ ㄱ, ㄷ ⑤ ㄴ, ㄷ

8 체중 70 kg인 어떤 사람이 운동으로 체내의 포도당(C$_6$H$_{12}$O$_6$) 45 g을 연소하여 소모하였다. 표는 이에 대한 자료이다.

체중 70 kg인 사람의 열용량(kJ/℃)	286
체내에서 C$_6$H$_{12}$O$_6$ 1몰이 연소할 때 발생한 열량 (kJ/mol)	2860
C$_6$H$_{12}$O$_6$의 분자량	180

이에 대한 설명으로 옳은 것만을 [보기]에서 있는 대로 고른 것은? (단, C$_6$H$_{12}$O$_6$의 연소 과정에서 발생한 에너지의 20 %만 체온을 높이는 데 쓰인다고 가정한다.)

> ──── 보기 ────
> ㄱ. 생성된 이산화 탄소(CO$_2$)는 3몰이다.
> ㄴ. C$_6$H$_{12}$O$_6$의 연소로 발생한 열량은 715 kJ이다.
> ㄷ. C$_6$H$_{12}$O$_6$의 연소로 체온은 0.5 ℃ 높아진다.

① ㄱ ② ㄴ ③ ㄷ
④ ㄱ, ㄴ ⑤ ㄴ, ㄷ

9 표는 통열량계를 이용하여 물질 X를 연소시킬 때 발생하는 열량을 측정하는 실험에서 얻은 측정값과 열량 계산에 필요한 자료를 나타낸 것이다.

물질 X의 화학식량	60.0
연소된 물질 X의 질량	6.0 g
처음 물의 온도	12.0 ℃
나중 물의 온도	16.0 ℃
물의 질량	2.0 kg
물의 비열	4.2 kJ/(kg·℃)
물을 제외한 통열량계의 열용량	11.6 kJ/℃

물질 X 1몰을 연소시킬 때 발생하는 열량(kJ/mol)은? (단, 열 손실은 없다고 가정한다.)

① 80   ② 336   ③ 464
④ 800   ⑤ 1600

10 그림 (가)는 수산화 바륨 팔수화물($Ba(OH)_2 \cdot 8H_2O(s)$)과 질산 암모늄($NH_4NO_3(s)$)을 반응시키는 모습을, (나)는 반응 후의 모습을 나타낸 것이다. 반응 후에는 $Ba(NO_3)_2(aq)$, $NH_3(g)$, $H_2O(l)$이 생성된다.

유리 막대 / 수산화 바륨 팔수화물 + 질산 암모늄 / 물 / 나무

(가)   (나)

이에 대한 설명으로 옳은 것만을 [보기]에서 있는 대로 고른 것은?

┤ 보기 ├
ㄱ. $Ba(OH)_2 \cdot 8H_2O$과 NH_4NO_3이 반응하면서 나무판 위에 뿌려진 물로부터 열을 흡수한다.
ㄴ. Ba은 산화수가 증가한다.
ㄷ. $Ba(OH)_2 \cdot 8H_2O$ 1몰이 반응하면 NH_3 2몰이 생성된다.

① ㄱ   ② ㄴ   ③ ㄷ
④ ㄱ, ㄴ   ⑤ ㄱ, ㄷ

11 다음은 간이 열량계로 고체 물질 X~Z가 물에 용해될 때 출입하는 열량을 구하는 실험이다.

[실험 과정]
(가) 간이 열량계에 물 100 g을 넣고 온도(t_1)를 측정한다.
(나) (가)의 열량계에 X 0.01몰을 넣어 물에 완전히 용해시킨 후 온도 변화가 없을 때 용액의 온도(t_2)를 측정한다.
(다) Y, Z 0.01몰에 대해서도 각각 과정 (가)와 (나)를 반복한다.

[실험 결과]

물질	용액의 온도(℃)	
	t_1	t_2
X	23	27
Y	23	21
Z	23	25

• X~Z의 용해 시 출입하는 열량은 모두 같다.

이에 대한 설명으로 옳은 것만을 [보기]에서 있는 대로 고른 것은? (단, X~Z 용액의 비열은 같고, X~Z가 용해될 때 출입한 열은 용액이 모두 흡수하거나 방출한다고 가정한다.)

┤ 보기 ├
ㄱ. 화학식량은 X < Z이다.
ㄴ. Y의 용해 반응은 발열 반응이다.
ㄷ. 물질 1 g이 용해될 때 출입하는 열량은 Y가 Z보다 크다.

① ㄱ   ② ㄴ   ③ ㄷ
④ ㄱ, ㄴ   ⑤ ㄱ, ㄷ

12 다음은 뷰테인(C_4H_{10})이 연소하는 반응의 화학 반응식과 자료이다.

$$aC_4H_{10}(g) + bO_2(g) \longrightarrow cCO_2(g) + dH_2O(l)$$
$$(a \sim d\text{는 반응 계수})$$

• O_2 1몰이 소모될 때 발생한 열량: Q_1
• CO_2 4몰이 생성될 때 발생한 열량: Q_2

발생한 열량비($Q_1 : Q_2$)로 옳은 것은?

① 1:4   ② 2:13   ③ 8:13
④ 13:2   ⑤ 13:8

주기율표

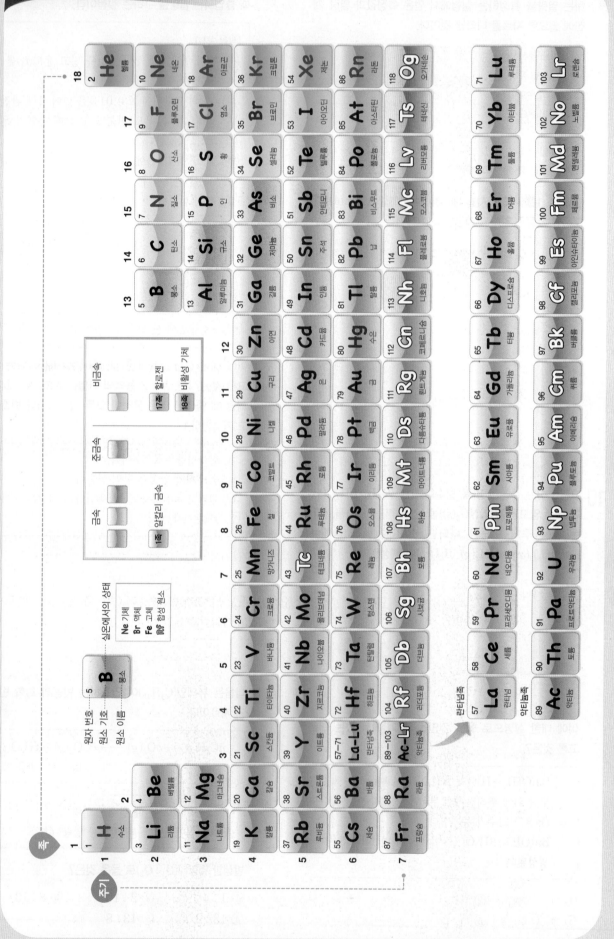

생생한 과학의 즐거움!
과학은 역시!

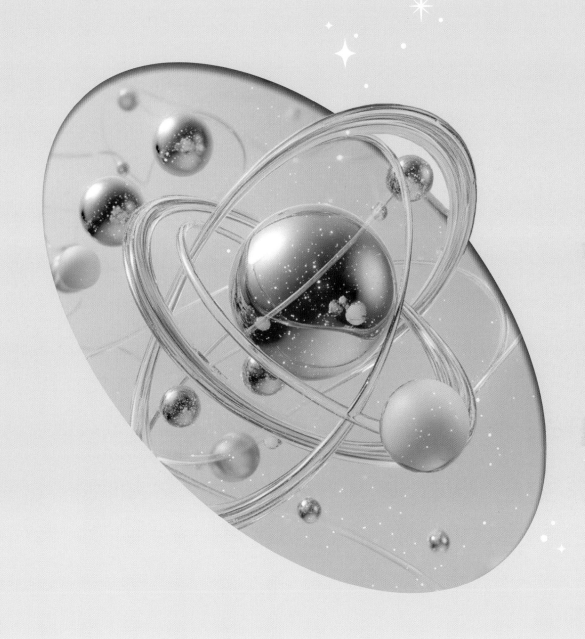

대수능 대비 특별자료
+ 정답과 해설

ABOVE IMAGINATION

우리는 남다른 상상과 혁신으로
교육 문화의 새로운 전형을 만들어
모든 이의 행복한 경험과 성장에 기여한다

오투
과학탐구

화학 I
대수능 대비 특별자료

최근 ❹개년
수능 출제 경향

수능을 효과적으로 대비하는 방법은 과거의 수능 문제를 분석하여 유형에 익숙해지는 것입니다. 오투 과학 탐구에서는 최근 4개년 간 평가원 모의고사와 수능에 출제된 문제들을 정리하여 수능 문제의 유형과 개념에 대한 빈출 정도를 파악할 수 있도록 하였습니다.

화학의 첫걸음

01	화학과 우리 생활	화학의 유용성	22 평가원 | 22 수능 | 23 평가원 | 23 수능 | 24 평가원 | 24 수능 | 25 평가원 | 25 수능
		탄소 화합물의 유용성	
02	화학식량과 몰	화학식량	22 평가원 | 22 수능 | 23 평가원 | 23 수능 | 24 평가원 | 24 수능 | 25 평가원 | 25 수능
		몰	
03	화학 반응식과 용액의 농도	화학 반응식	22 평가원 | 22 수능 | 23 평가원 | 23 수능 | 24 평가원 | 24 수능 | 25 평가원 | 25 수능
		용액의 농도	22 평가원 | 22 수능 | 23 평가원 | 23 수능 | 24 평가원 | 24 수능 | 25 평가원 | 25 수능

화 II 에서 이동

원자의 세계

04	원자 구조	원자를 구성하는 입자의 발견	
		원자 구조	22 평가원 | 22 수능 | 23 평가원 | 23 수능 | 24 평가원 | 24 수능 | 25 평가원 | 25 수능
05	원자 모형	보어 원자 모형	
		현대의 원자 모형	
06	원자의 전자 배치	오비탈의 에너지 준위	22 평가원 | 22 수능 | 23 평가원 | 23 수능 | 24 평가원 | 24 수능 | 25 평가원 | 25 수능
		전자 배치 규칙	
07	주기율표	주기율표가 만들어지기까지의 과정	
		현대의 주기율표	
08	원소의 주기적 성질	유효 핵전하	22 평가원 | 22 수능 | 23 평가원 | 23 수능 | 24 평가원 | 24 수능 | 25 평가원 | 25 수능
		원자 반지름과 이온 반지름	
		이온화 에너지	

화학 결합과 분자의 세계

역동적인 화학 반응

2025 대학수학능력시험 완벽 분석

2025 수능 과학탐구 영역 화학I은 6월, 9월 평가원 모의고사와 비슷한 수준으로 출제되었다. 개념을 탐구 형식으로 확인하거나 자료를 해석하여 계산하는 문항들이 많았다. 이번 수능 문항 중에는 오투에서 중요하게 다루고 있는 개념 및 원리, 그림, 도표 등이 유사한 자료가 다수 포함되어 있었다.

오투 연계 수능 문항 예시

2025 대학수학능력시험 [5번]

5. 그림은 밀폐된 진공 용기에 $H_2O(l)$을 넣은 후 시간이 t일 때 A와 B를 나타낸 것이다. A와 B는 각각 H_2O의 증발 속도와 응축 속도 중 하나이고, $2t$일 때 $H_2O(l)$과 $H_2O(g)$는 동적 평형 상태에 도달하였다.

이에 대한 설명으로 옳은 것만을 <보기>에서 있는 대로 고른 것은? (단, 온도는 25℃로 일정하다.)

<보 기>
ㄱ. A는 H_2O의 응축 속도이다.
ㄴ. t일 때 $H_2O(g)$가 $H_2O(l)$로 되는 반응은 일어나지 않는다.
ㄷ. $\dfrac{B}{A}$은 $2t$일 때가 t일 때보다 크다.

① ㄱ　② ㄴ　③ ㄱ, ㄴ　④ ㄱ, ㄷ　⑤ ㄴ, ㄷ

오투 [148쪽 2번]

2 그림은 일정한 온도에서 용기에 물을 넣자마자 밀폐시킨 후 시간에 따른 물의 증발 속도와 수증기의 응축 속도를 나타낸 것이다. t초에서 증발 속도와 응축 속도가 같아지기 시작하였다.

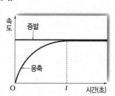

이에 대한 설명으로 옳은 것만을 [보기]에서 있는 대로 고른 것은?

보기
ㄱ. t초부터 동적 평형에 도달한다.
ㄴ. t초 이전에는 비가역 반응이 진행된다.
ㄷ. t초 이후 충분한 시간이 흐르면 응축 속도가 증발 속도보다 빨라진다.

① ㄱ　② ㄴ　③ ㄷ
④ ㄱ, ㄴ　⑤ ㄱ, ㄷ

2025 대학수학능력시험 [6번]

6. 그림은 수소(H)와 원소 X~Z로 구성된 분자 (가)~(다)의 구조식을 단일 결합과 다중 결합의 구분 없이 나타낸 것이다. X~Z는 C, N, O를 순서 없이 나타낸 것이고, (가)~(다)에서 X~Z는 옥텟 규칙을 만족한다.

$$\begin{matrix} & Y & & & \\ & | & & & \\ H-X-H & & H-Y-H & & H-X-Z \\ (가) & & (나) & & (다) \end{matrix}$$

(가)~(다)에 대한 설명으로 옳은 것만을 <보기>에서 있는 대로 고른 것은? [3점]

<보 기>
ㄱ. 극성 분자는 3가지이다.
ㄴ. 공유 전자쌍 수 비는 (가) : (나) = 3 : 2이다.
ㄷ. 결합각은 (다) > (나)이다.

① ㄱ　② ㄴ　③ ㄱ, ㄷ　④ ㄴ, ㄷ　⑤ ㄱ, ㄴ, ㄷ

오투 [127쪽 9번]

9 그림은 수소(H)와 2주기 원자 X~Z로 이루어진 분자 (가)와 (나)의 루이스 구조이다. (가)와 (나)에서 X~Z는 모두 옥텟 규칙을 만족한다.

$$H-X\equiv Y \qquad \begin{matrix} & Z & \\ & \| & \\ H-X-H & \end{matrix}$$
$$(가) \qquad\qquad (나)$$

이에 대한 설명으로 옳은 것만을 [보기]에서 있는 대로 고른 것은? (단, X~Z는 임의의 원소 기호이다.)

보기
ㄱ. 공유 전자쌍 수는 (가)가 (나)보다 크다.
ㄴ. 비공유 전자쌍 수는 (나)가 (가)보다 크다.
ㄷ. (가)와 (나)에는 모두 극성 공유 결합이 있다.

① ㄱ　② ㄴ　③ ㄱ, ㄷ
④ ㄴ, ㄷ　⑤ ㄱ, ㄴ, ㄷ

개념이 유사해요

대수능 5번은 t일 때 증발 속도와 응축 속도를 그래프에 각각 나타내고 이를 찾는 문제이다. 오투에서는 증발 속도와 응축 속도를 제시해 주어 동적 평형 개념을 묻는 형태가 유사하다.

자료가 유사해요

대수능 6번은 분자의 구조식으로 분자를 예측하여 분자의 구조와 특징을 알아보는 문제이다. 오투에서는 분자의 루이스 구조식을 제시하고 있어 자료의 형태가 유사하다.

11. 다음은 원소 X, Y와 관련된 산화 환원 반응 실험이다.

〔자료〕
○ 화학 반응식 :

$$aXO_4^{2-} + bY^- + cH^+ \rightarrow aX^{m+} + dY_2 + eH_2O$$

$$(a \sim e \text{는 반응 계수})$$

○ X의 산화물에서 산소(O)의 산화수는 -2이다.

〔실험 과정 및 결과〕
○ XO_4^{2-} $2N$ mol을 충분한 양의 Y^-과 H^+이 들어 있는 수용액에 넣어 모두 반응시켰더니, Y_2 $3N$ mol이 생성되었다.

$m \times \dfrac{a}{c}$는? (단, X와 Y는 임의의 원소 기호이고, Y_2는 물과 반응하지 않는다.)

① $\dfrac{1}{8}$ ② $\dfrac{1}{4}$ ③ $\dfrac{3}{8}$ ④ $\dfrac{1}{2}$ ⑤ $\dfrac{3}{4}$

7 다음은 어떤 산화 환원 반응의 화학 반응식이다.

$$aCl^- + bCr_2O_7^{2-} + cH^+$$
$$\longrightarrow dCl_2 + eCr^{3+} + fH_2O$$
$$(a \sim f \text{ 반응 계수})$$

이에 대한 설명으로 옳은 것만을 [보기]에서 있는 대로 고른 것은?

── 보기 ──
ㄱ. $a+b+c+d+e+f=33$이다.
ㄴ. $Cr_2O_7^{2-}$은 환원제이다.
ㄷ. H_2O 2몰이 생성될 때 이동한 전자의 양(mol)은 $\dfrac{6}{7}$몰이다.

① ㄱ   ② ㄴ   ③ ㄷ
④ ㄱ, ㄴ   ⑤ ㄱ, ㄷ

자료와 개념이 유사해요

대수능 11번은 화학 반응식을 주고 산화 환원을 이용하여 반응 계수를 찾는 문제이다. 오투에서는 대수능과 같이 화학 반응식의 계수를 찾는 개념과 문제 의도가 유사하다.

18. 표는 $2x$ M $HA(aq)$, x M $H_2B(aq)$, y M $NaOH(aq)$의 부피를 달리하여 혼합한 혼합 수용액 (가)~(다)에 대한 자료이다.

혼합 수용액		(가)	(나)	(다)
혼합 전 수용액의 부피(mL)	$2x$ M $HA(aq)$	a	0	a
	x M $H_2B(aq)$	b	b	c
	y M $NaOH(aq)$	0	c	b
혼합 수용액에 존재하는 모든 이온 수의 비율		$\dfrac{3}{5}$ $\dfrac{1}{5}$ $\dfrac{1}{5}$		$\dfrac{3}{5}$ $\dfrac{1}{5}$ $\dfrac{1}{5}$

$\dfrac{y}{x} \times \dfrac{\text{(나)에 존재하는 Na}^+\text{의 양(mol)}}{\text{(나)에 존재하는 B}^{2-}\text{의 양(mol)}}$ 은? (단, 수용액에서 HA는 H^+과 A^-으로, H_2B는 H^+과 B^{2-}으로 모두 이온화되고, 물의 자동 이온화는 무시한다.) [3점]

① $\dfrac{1}{12}$ ② $\dfrac{1}{9}$ ③ $\dfrac{1}{3}$ ④ 9   ⑤ 12

2 표는 $HCl(aq)$ 50 mL와 $NaOH(aq)$ x mL를 혼합한 용액 (가)와, (가)에 $NaOH(aq)$ y mL를 혼합한 용액 (나)에 각각 존재하는 이온들의 이온 수 비율을 나타낸 것이다. (가)와 (나)에는 각각 세 종류의 이온이 존재한다.

혼합 용액		(가)	(나)
혼합 전 수용액의 부피(mL)	$HCl(aq)$	50	50
	$NaOH(aq)$	x	$x+y$
이온 수 비율			㉠

이에 대한 설명으로 옳은 것만을 [보기]에서 있는 대로 고른 것은? (단, 물의 자동 이온화로 생성된 이온은 무시한다.)

── 보기 ──
ㄱ. (가)는 산성 수용액이다.
ㄴ. (나)에서 ㉠은 양이온이다.
ㄷ. $\dfrac{x}{y}$는 3이다.

① ㄱ   ② ㄷ   ③ ㄱ, ㄴ
④ ㄴ, ㄷ   ⑤ ㄱ, ㄴ, ㄷ

자료와 개념이 유사해요

대수능 18번은 중화 반응에서 혼합 수용액에 존재하는 모든 이온 수의 비율을 이용해 각 혼합 수용액의 양(mol)과 농도를 구하는 문제이다. 오투에서는 유사한 자료를 제시하고 각 혼합 용액에서 변화를 알 수 있는지 묻는다.

2026 수능 대비 전략

개념을 정확하게 이해한다.
과학탐구 영역은 개념을 확실하게 이해하고 있다면 어떤 형태의 문제가 출제되어도 해결할 수 있다.

핵심 자료를 꼼꼼히 분석한다.
자료가 동일하더라도 물어보는 방향과 방식은 다를 수 있으므로 단순히 암기보다는 핵심을 이해하고 이를 문제에 적용하는 방법을 익혀야 한다.

2025 수능 1번

1. 다음은 일상생활에서 사용하는 제품과 이와 관련된 성분 (가)와 (나)에 대한 자료이다.

(가) 아세트산(CH_3COOH)　　(나) 뷰테인(C_4H_{10})

이에 대한 설명으로 옳은 것만을 〈보기〉에서 있는 대로 고른 것은?

〈보기〉
ㄱ. (가)의 수용액과 $KOH(aq)$의 중화 반응은 흡열 반응이다.
ㄴ. (나)의 연소 반응이 일어날 때 주위로 열을 방출한다.
ㄷ. (가)와 (나)는 모두 탄소 화합물이다.

① ㄱ　　　　　② ㄴ　　　　　③ ㄱ, ㄴ
④ ㄱ, ㄷ　　　　⑤ ㄴ, ㄷ

2023 수능 3번

2. 그림은 화합물 A_2B와 CBD를 화학 결합 모형으로 나타낸 것이다.

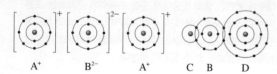

A^+　　B^{2-}　　A^+　　C　B　D

이에 대한 설명으로 옳은 것만을 〈보기〉에서 있는 대로 고른 것은? (단, A~D는 임의의 원소 기호이다.)

〈보기〉
ㄱ. $A(s)$는 전성(퍼짐성)이 있다.
ㄴ. A와 D의 안정한 화합물은 AD이다.
ㄷ. C_2B는 공유 결합 물질이다.

① ㄱ　　　　　② ㄷ　　　　　③ ㄱ, ㄴ
④ ㄴ, ㄷ　　　　⑤ ㄱ, ㄴ, ㄷ

2024.9 평가원 3번

3. 그림은 실린더에 $AB_3(g)$와 $C_2(g)$를 넣고 반응을 완결시켰을 때, 반응 전과 후 실린더에 존재하는 물질을 나타낸 것이다. 반응 전과 후 실린더 속 기체의 부피는 각각 V_1과 V_2이다.

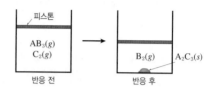

피스톤
$AB_3(g)$
$C_2(g)$　→　$B_2(g)$　$A_2C_3(s)$
반응 전　　　　　반응 후

$\dfrac{V_2}{V_1}$는? (단, A~C는 임의의 원소 기호이고, 실린더 속 기체의 온도와 압력은 일정하다.) [3점]

① $\dfrac{7}{8}$　　　　② $\dfrac{6}{7}$　　　　③ $\dfrac{3}{4}$

④ $\dfrac{5}{7}$　　　　⑤ $\dfrac{4}{7}$

2025.9 평가원 4번

4. 다음은 학생 X가 수행한 탐구 활동이다. A와 B는 각각 염화 칼륨(KCl)과 포도당($C_6H_{12}O_6$) 중 하나이다.

| 가설 |
○ KCl과 $C_6H_{12}O_6$은 [　　　] 상태에서 전기 전도성 유무로 구분할 수 없지만, [　⊙　] 상태에서는 전기 전도성 유무로 구분할 수 있다.

| 탐구 과정 및 결과 |
(가) 그림과 같이 전류가 흐르면 LED 램프가 켜지는 전기 전도성 측정 장치를 준비한다.
(나) $KCl(s)$에 전극을 대어 LED 램프가 켜지는지 확인하고, 결과를 표로 정리한다.
(다) $KCl(s)$ 대신 $KCl(aq)$, $C_6H_{12}O_6(s)$, $C_6H_{12}O_6(aq)$을 이용하여 (나)를 반복한다.

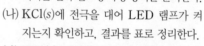

전원 장치
LED 램프
전극

물질	A		B	
	고체 상태	수용액 상태	고체 상태	수용액 상태
LED 램프	×	○	×	×

(○: 켜짐, ×: 켜지지 않음)

| 결론 |
○ 가설은 옳다.

학생 X의 탐구 과정 및 결과와 결론이 타당할 때, 이에 대한 설명으로 옳은 것만을 〈보기〉에서 있는 대로 고른 것은? [3점]

〈보기〉
ㄱ. '수용액'은 ⊙으로 적절하다.
ㄴ. A는 KCl이다.
ㄷ. B는 공유 결합 물질이다.

① ㄱ　　　　　② ㄷ　　　　　③ ㄱ, ㄴ
④ ㄴ, ㄷ　　　　⑤ ㄱ, ㄴ, ㄷ

2024.9 평가원 5번

5. 그림 (가)는 −70 ℃에서 밀폐된 진공 용기에 드라이아이스($CO_2(s)$)를 넣은 후 시간에 따른 용기 속 ㉠의 양(mol)을, (나)는 t_3일 때 용기 속 상태를 나타낸 것이다. ㉠은 $CO_2(s)$와 $CO_2(g)$ 중 하나이고, t_2일 때 $CO_2(s)$와 $CO_2(g)$는 동적 평형 상태에 도달하였다.

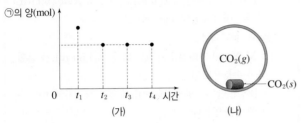

이에 대한 설명으로 옳은 것만을 〈보기〉에서 있는 대로 고른 것은? (단, 온도는 일정하다.)

〈보기〉
ㄱ. ㉠은 $CO_2(s)$이다.
ㄴ. t_1일 때 $\dfrac{CO_2(g)가\ CO_2(s)로\ 승화되는\ 속도}{CO_2(s)가\ CO_2(g)로\ 승화되는\ 속도} > 1$이다.
ㄷ. $CO_2(g)$의 양(mol)은 t_3일 때와 t_4일 때가 같다.

① ㄱ   ② ㄴ   ③ ㄱ, ㄷ
④ ㄴ, ㄷ   ⑤ ㄱ, ㄴ, ㄷ

2025 수능 6번

6. 그림은 수소(H)와 원소 X∼Z로 구성된 분자 (가)∼(다)의 구조식을 단일 결합과 다중 결합의 구분 없이 나타낸 것이다. X∼Z는 C, N, O를 순서 없이 나타낸 것이고, (가)∼(다)에서 X∼Z는 옥텟 규칙을 만족한다.

$$\begin{array}{ccc}
\quad Y & & \\
\quad | & & \\
H-X-H & H-Y-H & H-X-Z \\
\text{(가)} & \text{(나)} & \text{(다)}
\end{array}$$

(가)∼(다)에 대한 설명으로 옳은 것만을 〈보기〉에서 있는 대로 고른 것은? [3점]

〈보기〉
ㄱ. 극성 분자는 3가지이다.
ㄴ. 공유 전자쌍 수 비는 (가) : (나)=3 : 2이다.
ㄷ. 결합각은 (다)>(나)이다.

① ㄱ   ② ㄴ   ③ ㄱ, ㄷ
④ ㄴ, ㄷ   ⑤ ㄱ, ㄴ, ㄷ

2023.6 평가원 14번

7. 다음은 바닥상태 원자 W∼Z에 대한 자료이다. W∼Z의 원자 번호는 각각 7∼13 중 하나이다.

○ W∼Z의 홀전자 수

원자	W	X	Y	Z
홀전자 수	a	a	b	$a+b$

○ W는 홀전자 수와 원자가 전자 수가 같다.
○ 제1 이온화 에너지는 X>Y>W이다.
○ Ne의 전자 배치를 갖는 이온의 반지름은 Y>X이다.

W∼Z에 대한 설명으로 옳은 것만을 〈보기〉에서 있는 대로 고른 것은? (단, W∼Z는 임의의 원소 기호이다.)

〈보기〉
ㄱ. Z는 17족 원소이다.
ㄴ. 제2 이온화 에너지는 W가 가장 크다.
ㄷ. 원자 반지름은 Y>Z이다.

① ㄱ   ② ㄴ   ③ ㄷ
④ ㄱ, ㄴ   ⑤ ㄴ, ㄷ

2025.9 평가원 5번

8. 그림은 4가지 분자를 주어진 기준에 따라 분류한 것이다. 전기 음성도는 N>H이다.

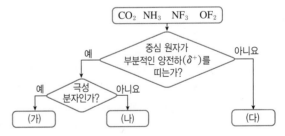

이에 대한 설명으로 옳은 것만을 〈보기〉에서 있는 대로 고른 것은?

〈보기〉
ㄱ. (가)에 해당하는 분자는 2가지이다.
ㄴ. (나)에는 무극성 공유 결합이 있는 분자가 있다.
ㄷ. (다)에는 쌍극자 모멘트가 0인 분자가 있다.

① ㄱ   ② ㄴ   ③ ㄷ
④ ㄱ, ㄴ   ⑤ ㄱ, ㄷ

2025.6 평가원 12번

9. 다음은 금속 A와 B의 산화 환원 반응 실험이다.

| 실험 과정 |
(가) A$^+$이 들어 있는 수용액 V mL를 준비한다.
(나) (가)의 수용액에 B(s) w g을 넣어 반응을 완결시킨다.
(다) (나)의 수용액에 B(s) $\frac{1}{2}w$ g을 넣어 반응을 완결시킨다.

| 실험 결과 및 자료 |
○ (나), (다) 과정에서 A$^+$은 [㉠]로 작용하였다.
○ (나), (다) 과정 후 B는 모두 B^{n+}이 되었다.
○ 각 과정 후 수용액에 존재하는 금속 양이온에 대한 자료

과정	(나)	(다)
금속 양이온 종류	A$^+$, B^{n+}	A$^+$, B^{n+}
금속 양이온 수 비율	$\frac{1}{4}$ / $\frac{3}{4}$	$\frac{1}{2}$ / $\frac{1}{2}$

다음 중 ㉠과 n으로 가장 적절한 것은? (단, A와 B는 임의의 원소 기호이고, 물과 반응하지 않으며, 음이온은 반응에 참여하지 않는다.)

	㉠	n		㉠	n
①	산화제	2	②	산화제	3
③	환원제	1	④	환원제	2
⑤	환원제	3			

2024.6 평가원 15번

10. 다음은 수소 원자의 오비탈 (가)~(라)에 대한 자료이다. n은 주 양자수, l은 방위(부) 양자수, m_l은 자기 양자수이다.

○ $n+l$는 (가)~(라)에서 각각 3 이하이고, (가)>(나)이다.
○ n는 (나)>(다)이고, 에너지 준위는 (나)=(라)이다.
○ m_l는 (라)>(나)이고, (가)~(라)의 m_l 합은 0이다.

이에 대한 설명으로 옳은 것만을 〈보기〉에서 있는 대로 고른 것은?

〈 보기 〉
ㄱ. (다)는 1s이다.
ㄴ. m_l는 (나)>(가)이다.
ㄷ. 에너지 준위는 (가)>(라)이다.

① ㄱ ② ㄷ ③ ㄱ, ㄴ
④ ㄴ, ㄷ ⑤ ㄱ, ㄴ, ㄷ

2025 수능 10번

11. 다음은 용액의 몰 농도에 대한 학생 A와 B의 실험이다.

| 학생 A의 실험 과정 |
(가) a M X(aq) 100 mL에 물을 넣어 200 mL 수용액을 만든다.
(나) (가)에서 만든 수용액 200 mL와 0.2 M X(aq) 50 mL를 혼합하여 수용액 I을 만든다.

| 학생 B의 실험 과정 |
(가) a M X(aq) 200 mL와 0.2 M X(aq) 50 mL를 혼합하여 수용액을 만든다.
(나) (가)에서 만든 수용액 250 mL에 물을 넣어 500 mL 수용액 II를 만든다.

| 실험 결과 |
○ A가 만든 I의 몰 농도(M): 8k
○ B가 만든 II의 몰 농도(M): 7k

$\frac{k}{a}$는? (단, 온도는 일정하고, 혼합 용액의 부피는 혼합 전 각 용액의 부피의 합과 같다.) [3점]

① $\frac{1}{30}$ ② $\frac{1}{15}$ ③ $\frac{1}{10}$
④ $\frac{2}{15}$ ⑤ $\frac{1}{3}$

2023.6 평가원 13번

12. 다음은 금속 M과 관련된 산화 환원 반응의 화학 반응식과 이에 대한 자료이다.

○ 화학 반응식:
$2MO_4^- + aH_2C_2O_4 + bH^+ \longrightarrow 2M^{n+} + cCO_2 + dH_2O$
(a~d는 반응 계수)
○ MO_4^- 1 mol이 반응할 때 생성된 H_2O의 양은 2n mol이다.

$a+b$는? (단, M은 임의의 원소 기호이다.) [3점]

① 11 ② 12 ③ 13
④ 14 ⑤ 15

화학 I

2023.9 평가원 8번

13. 다음은 2주기 원자 W~Z로 이루어진 3가지 분자의 분자식이다. 분자에서 모든 원자는 옥텟 규칙을 만족하고, 전기 음성도는 W > Y이다.

| WX₃ | XYW | YZX₂ |

이에 대한 설명으로 옳은 것만을 〈보기〉에서 있는 대로 고른 것은? (단, W~Z는 임의의 원소 기호이다.) [3점]

〈보기〉
ㄱ. WX₃는 극성 분자이다.
ㄴ. YZX₂에서 X는 부분적인 음전하(δ^-)를 띤다.
ㄷ. 결합각은 WX₃가 XYW보다 크다.

① ㄱ ② ㄴ ③ ㄷ
④ ㄱ, ㄴ ⑤ ㄱ, ㄴ, ㄷ

2025.9 평가원 13번

14. 다음은 중화 적정을 이용하여 식초 A에 들어 있는 아세트산(CH_3COOH)의 질량을 알아보기 위한 실험이다.

| 자료 |
○ CH_3COOH의 분자량은 60이다.
○ 25℃에서 식초 A의 밀도는 d g/mL이다.

| 실험 과정 |
(가) 25℃에서 식초 A 10 mL에 물을 넣어 수용액 100 mL를 만든다.
(나) (가)에서 만든 수용액 20 mL를 삼각 플라스크에 넣고 페놀프탈레인 용액을 2~3방울 떨어뜨린다.
(다) 그림과 같이 0.2 M KOH(aq)을 ㉠ 에 넣고 꼭지를 열어 (나)의 삼각 플라스크에 한 방울씩 떨어뜨리면서 삼각 플라스크를 흔들어 준다.
(라) (다)의 삼각 플라스크 속 수용액 전체가 붉은색으로 변하는 순간까지 넣어 준 KOH(aq)의 부피(V)를 측정한다.

꼭지

| 실험 결과 |
○ V: 10 mL
○ 식초 A 1 g에 들어 있는 CH_3COOH의 질량: w g

이에 대한 설명으로 옳은 것만을 〈보기〉에서 있는 대로 고른 것은? (단, 온도는 25 ℃로 일정하고, 중화 적정 과정에서 식초 A에 포함된 물질 중 CH_3COOH만 KOH과 반응한다.)

〈보기〉
ㄱ. '뷰렛'은 ㉠으로 적절하다.
ㄴ. (나)의 삼각 플라스크에 들어 있는 CH_3COOH의 양은 2×10^{-3} mol이다.
ㄷ. $w = \dfrac{3}{50d}$이다.

① ㄱ ② ㄷ ③ ㄱ, ㄴ
④ ㄴ, ㄷ ⑤ ㄱ, ㄴ, ㄷ

2025 수능 12번

15. 그림은 원자 A~D의 중성자 수(a)와 전자 수(b)의 차($a-b$)와 질량수를 나타낸 것이다. A~D는 원소 X의 동위 원소이고, A~D의 중성자수 합은 96이다.

$\dfrac{1\text{g의 A에 들어 있는 중성자수}}{1\text{g의 D에 들어 있는 중성자수}}$ 는?

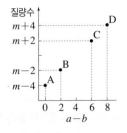

(단, X는 임의의 원소 기호이고, A, B, C, D의 원자량은 각각 $m-4, m-2, m+2, m+4$이다.) [3점]

① $\dfrac{6}{7}$ ② $\dfrac{7}{8}$ ③ $\dfrac{8}{7}$
④ $\dfrac{6}{5}$ ⑤ $\dfrac{4}{3}$

2024 수능 15번

16. 그림 (가)는 원자 A~D의 제2 이온화 에너지(E_2)와 ㉠을, (나)는 원자 C~E의 전기 음성도를 나타낸 것이다. A~E는 O, F, Na, Mg, Al을 순서 없이 나타낸 것이고, A~E의 이온은 모두 Ne의 전자 배치를 갖는다. ㉠은 원자 반지름과 이온 반지름 중 하나이다.

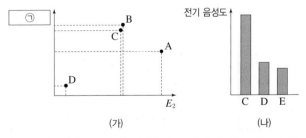
(가)　　(나)

이에 대한 설명으로 옳은 것만을 〈보기〉에서 있는 대로 고른 것은?

〈보기〉
ㄱ. B는 산소(O)이다.
ㄴ. ㉠은 원자 반지름이다.
ㄷ. $\dfrac{\text{제3 이온화 에너지}}{\text{제2 이온화 에너지}}$ 는 E > D이다.

① ㄱ ② ㄷ ③ ㄱ, ㄴ
④ ㄱ, ㄷ ⑤ ㄴ, ㄷ

17.

2024.9 평가원 17번

17. 표는 25 °C에서 수용액 (가)와 (나)에 대한 자료이다.

수용액	$\dfrac{[\mathrm{H_3O^+}]}{[\mathrm{OH^-}]}$	pOH−pH	부피
(가)	$100a$	$2b$	V
(나)	a	b	$10V$

이에 대한 설명으로 옳은 것만을 〈보기〉에서 있는 대로 고른 것은? (단, 25 °C에서 물의 이온화 상수(K_w)는 1×10^{-14}이다.) [3점]

〈 보기 〉

ㄱ. $\dfrac{a}{b}=50$이다.

ㄴ. (가)의 pH$=4$이다.

ㄷ. $\dfrac{\text{(나)에서 } \mathrm{H_3O^+}\text{의 양(mol)}}{\text{(가)에서 } \mathrm{H_3O^+}\text{의 양(mol)}}=1$이다.

① ㄱ   ② ㄷ   ③ ㄱ, ㄴ
④ ㄱ, ㄷ   ⑤ ㄴ, ㄷ

19.

2023 수능 19번

19. 다음은 a M HA(aq), b M $\mathrm{H_2B}$(aq), $\dfrac{5}{2}a$ M NaOH(aq)의 부피를 달리하여 혼합한 수용액 (가)~(다)에 대한 자료이다.

> ○ 수용액에서 HA는 $\mathrm{H^+}$과 $\mathrm{A^-}$으로, $\mathrm{H_2B}$는 $\mathrm{H^+}$과 $\mathrm{B^{2-}}$으로 모두 이온화된다.
>
> | 혼합 수용액 | 혼합 전 수용액의 부피(mL) | | | 모든 양이온의 몰 농도(M) 합 (상댓값) |
> |---|---|---|---|---|
> | | HA(aq) | $\mathrm{H_2B}$(aq) | NaOH(aq) | |
> | (가) | $3V$ | V | $2V$ | 5 |
> | (나) | V | xV | $2xV$ | 9 |
> | (다) | xV | xV | $3V$ | y |
>
> ○ (가)는 중성이다.

$\dfrac{y}{x}$는? (단, 혼합 수용액의 부피는 혼합 전 각 수용액의 부피의 합과 같고, 물의 자동 이온화는 무시한다.)

① 1   ② 2   ③ 3
④ 4   ⑤ 5

18.

2025.6 평가원 18번

18. 그림 (가)는 실린더에 $\mathrm{A_2B_4}$(g) w g이 들어 있는 것을, (나)는 (가)의 실린더에 $\mathrm{A_xB_{2x}}$(g) w g이 첨가된 것을, (다)는 (나)의 실린더에 $\mathrm{A_yB_x}$(g) $2w$ g이 첨가된 것을 나타낸 것이다. 실린더 속 기체 1 g에 들어 있는 A 원자 수 비는 (나) : (다)$=16:15$이다.

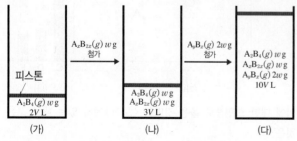

$\dfrac{\text{(다)의 실린더 속 기체의 단위 부피당 A 원자 수}}{\text{(가)의 실린더 속 기체의 단위 부피당 B 원자 수}}$는? (단, A와 B는 임의의 원소 기호이고, 실린더 속 기체의 온도와 압력은 일정하다.) [3점]

① $\dfrac{3}{16}$ ② $\dfrac{1}{4}$ ③ $\dfrac{3}{8}$
④ $\dfrac{5}{3}$ ⑤ $\dfrac{15}{8}$

20.

2025.9 평가원 20번

20. 다음은 A(g)와 B(g)가 반응하여 C(g)를 생성하는 반응의 화학 반응식이다.

$$2\mathrm{A}(g) + \mathrm{B}(g) \longrightarrow 2\mathrm{C}(g)$$

그림 (가)는 t °C, 1기압에서 실린더에 A(g)와 B(g)를 넣은 것을, (나)는 (가)의 실린더에서 반응을 완결시킨 것을, (다)는 (나)의 실린더에 A(g)를 추가하여 반응을 완결시킨 것을 나타낸 것이다. (가)와 (나)에서 실린더 속 전체 기체의 밀도(g/L)는 각각 $\dfrac{3w}{4}$, w이다.

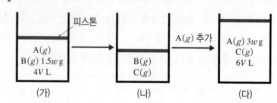

$V \times \dfrac{\text{A의 분자량}}{\text{C의 분자량}}$은? (단, 실린더 속 기체의 온도와 압력은 일정하다.) [3점]

① $\dfrac{6}{5}$ ② $\dfrac{8}{5}$ ③ 2
④ $\dfrac{12}{5}$ ⑤ 4

2025.6 평가원 1번

1. 그림은 학생 A가 작성한 캠핑 준비물 목록의 일부를 나타낸 것이다.

> 캠핑 준비물
> ☑ ㉠ 나일론 소재의 옷
> ☑ ㉡ 설탕($C_{12}H_{22}O_{11}$)과 소금
> ☑ ㉢ 숯과 화로

이에 대한 설명으로 옳은 것만을 〈보기〉에서 있는 대로 고른 것은?

〈보기〉
ㄱ. ㉠은 합성 섬유이다.
ㄴ. ㉡은 탄소 화합물이다.
ㄷ. ㉢의 연소 반응은 발열 반응이다.

① ㄱ   ② ㄷ   ③ ㄱ, ㄴ
④ ㄴ, ㄷ   ⑤ ㄱ, ㄴ, ㄷ

2023.6 평가원 3번

2. 그림은 화합물 A_2B와 CD를 화학 결합 모형으로 나타낸 것이다.

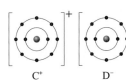

A B A C^+ D^-

이에 대한 설명으로 옳은 것만을 〈보기〉에서 있는 대로 고른 것은? (단, A~D는 임의의 원소 기호이다.)

〈보기〉
ㄱ. A_2B는 공유 결합 물질이다.
ㄴ. $C(s)$는 연성(뽑힘성)이 있다.
ㄷ. $C_2B(l)$는 전기 전도성이 있다.

① ㄱ   ② ㄷ   ③ ㄱ, ㄴ
④ ㄴ, ㄷ   ⑤ ㄱ, ㄴ, ㄷ

2025.9 평가원 3번

3. 그림은 용기에 $SiH_4(g)$와 $HBr(g)$를 넣고 반응을 완결시켰을 때, 반응 전과 후 용기에 존재하는 물질을 나타낸 것이다.

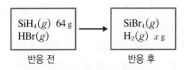

반응 전   반응 후

x는? (단, H, Si의 원자량은 각각 1, 28이다.)

① 12   ② 16   ③ 24
④ 28   ⑤ 32

2024 수능 4번

4. 다음은 학생 A가 수행한 탐구 활동이다.

| 학습 내용 |
○ 이산화 탄소(CO_2)의 상변화에 따른 동적 평형:
　$CO_2(s) \rightleftharpoons CO_2(g)$

| 가설 |
○ 밀폐된 용기에서 드라이아이스($CO_2(s)$)와 $CO_2(g)$가 동적 평형 상태에 도달하면 ▢▢▢㉠▢▢▢

| 탐구 과정 |
○ $-70\ ℃$에서 밀폐된 진공 용기에 $CO_2(s)$를 넣고, 온도를 $-70\ ℃$로 유지하며 시간에 따른 $CO_2(s)$의 질량을 측정한다.

| 탐구 결과 |
○ t_2일 때 동적 평형 상태에 도달하였고, 시간에 따른 $CO_2(s)$의 질량은 그림과 같았다.

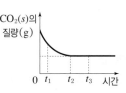

| 결론 |
○ 가설은 옳다.

학생 A의 결론이 타당할 때, 이에 대한 설명으로 옳은 것만을 〈보기〉에서 있는 대로 고른 것은?

〈보기〉
ㄱ. '$CO_2(s)$의 질량이 변하지 않는다.'는 ㉠으로 적절하다.
ㄴ. t_1일 때 $\dfrac{CO_2(g)가\ CO_2(s)로\ 승화되는\ 속도}{CO_2(s)가\ CO_2(g)로\ 승화되는\ 속도} < 1$이다.
ㄷ. t_3일 때 $CO_2(s)$가 $CO_2(g)$로 승화되는 반응은 일어나지 않는다.

① ㄱ   ② ㄴ   ③ ㄷ
④ ㄱ, ㄴ   ⑤ ㄱ, ㄷ

5. 2025 수능 8번 그림은 수소(H)와 원소 X~Z로 구성된 분자 (가)~(라)의 공유 전자쌍 수와 구성 원소의 전기 음성도 차를 나타낸 것이다. (가)~(라)는 각각 H_aX_a, H_bX, HY, HZ 중 하나이고, 분자에서 X~Z는 옥텟 규칙을 만족한다. X~Z는 C, F, Cl를 순서 없이 나타낸 것이고, 전기 음성도는 Y>Z>H이다.

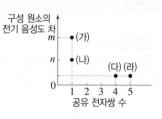

이에 대한 설명으로 옳은 것만을 〈보기〉에서 있는 대로 고른 것은? [3점]

〈보기〉
ㄱ. $a=2$이다.
ㄴ. (라)에는 무극성 공유 결합이 있다.
ㄷ. YZ에서 구성 원소의 전기 음성도 차는 $m-n$이다.

① ㄱ   ② ㄷ   ③ ㄱ, ㄴ
④ ㄴ, ㄷ   ⑤ ㄱ, ㄴ, ㄷ

7. 2025 수능 7번 다음은 학생 A가 수행한 탐구 활동이다.

| 가설 |
○ 분자당 구성 원자 수가 3인 분자의 분자 모양은 모두 ⊙ 이다.

| 탐구 과정 및 결과 |
(가) 분자당 구성 원자 수가 3인 분자를 찾고, 각 분자의 분자 모양을 조사하였다.
(나) (가)에서 조사한 내용을 표로 정리하였다.

가설에 일치하는 분자	가설에 어긋나는 분자
BeF_2, CO_2, …	OF_2, ⓒ, …

| 결론 |
○ 가설에 어긋나는 분자가 있으므로 가설은 옳지 않다.

학생 A의 탐구 과정 및 결과와 결론이 타당할 때, 다음 중 ⊙과 ⓒ으로 가장 적절한 것은?

	⊙	ⓒ		⊙	ⓒ
①	직선형	HNO	②	직선형	CF_4
③	굽은 형	HOF	④	굽은 형	FCN
⑤	평면 삼각형	FCN			

6. 2024.9 평가원 10번 표는 2, 3주기 14~16족 바닥상태 원자 X~Z에 대한 자료이다.

원자	X	Y	Z
$\dfrac{p \text{ 오비탈에 들어 있는 전자 수}}{\text{홀전자 수}}$	2	3	4

X~Z에 대한 설명으로 옳은 것만을 〈보기〉에서 있는 대로 고른 것은? (단, X~Z는 임의의 원소 기호이다.)

〈보기〉
ㄱ. 3주기 원소는 2가지이다.
ㄴ. 홀전자 수는 X>Y이다.
ㄷ. 전자가 들어 있는 오비탈 수는 Z가 X의 2배이다.

① ㄱ   ② ㄴ   ③ ㄱ, ㄷ
④ ㄴ, ㄷ   ⑤ ㄱ, ㄴ, ㄷ

8. 2023 수능 2번 그림은 2주기 원소 X~Z로 구성된 분자 (가)와 (나)의 루이스 전자점식을 나타낸 것이다.

$$:\!\ddot{X}\!::Y\!::\!\ddot{X}\!: \qquad \begin{matrix} :\ddot{X}: \\ :\ddot{Z}:Y:\ddot{Z}: \end{matrix}$$

(가)   (나)

이에 대한 설명으로 옳은 것만을 〈보기〉에서 있는 대로 고른 것은? (단, X~Z는 임의의 원소 기호이다.)

〈보기〉
ㄱ. X는 산소(O)이다.
ㄴ. (나)에서 단일 결합의 수는 3이다.
ㄷ. 비공유 전자쌍 수는 (나)가 (가)의 2배이다.

① ㄱ   ② ㄷ   ③ ㄱ, ㄴ
④ ㄱ, ㄷ   ⑤ ㄴ, ㄷ

2024.9 평가원 9번

9. 다음은 금속 A~C의 산화 환원 반응 실험이다.

| 실험 과정 및 결과 |

(가) A^{a+} $3N$ mol이 들어 있는 수용액 V mL를 비커 Ⅰ, Ⅱ에 각각 넣는다.

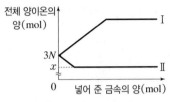

(나) Ⅰ과 Ⅱ에 B(s)와 C(s)를 각각 조금씩 넣어 반응시킨다.

(다) (나) 과정 후 A^{a+}은 모두 A가 되었고, A^{a+}과 반응한 B와 C는 각각 B^{b+}과 C^{c+}이 되었다.

(라) (나)에서 넣어 준 금속의 양(mol)에 따른 수용액 속 전체 양이온의 양(mol)은 그림과 같다.

이에 대한 설명으로 옳은 것만을 〈보기〉에서 있는 대로 고른 것은? (단, A~C는 임의의 원소 기호이고 물과 반응하지 않으며, 음이온은 반응에 참여하지 않는다. a~c는 3 이하의 자연수이다.)

〈보기〉
ㄱ. (나)에서 A^{a+}은 산화제로 작용한다.
ㄴ. $x=2N$이다.
ㄷ. $c>b$이다.

① ㄱ ② ㄷ ③ ㄱ, ㄴ
④ ㄴ, ㄷ ⑤ ㄱ, ㄴ, ㄷ

2023 수능 9번

10. 다음은 A(l)를 이용한 실험이다.

| 실험 과정 |

(가) 25 ℃에서 밀도가 d_1 g/mL인 A(l)를 준비한다.

(나) (가)의 A(l) 10 mL를 취하여 부피 플라스크에 넣고 물과 혼합하여 수용액 Ⅰ 100 mL를 만든다.

(다) (가)의 A(l) 10 mL를 취하여 비커에 넣고 물과 혼합하여 수용액 Ⅱ 100 g을 만든 후 밀도를 측정한다.

| 실험 결과 |

○ Ⅰ의 몰 농도: x M
○ Ⅱ의 밀도 및 몰 농도: d_2 g/mL, y M

$\dfrac{y}{x}$는? (단, A의 분자량은 a이고, 온도는 25 ℃로 일정하다.)

① $\dfrac{d_1}{d_2}$ ② $\dfrac{d_2}{d_1}$ ③ d_2
④ $\dfrac{10}{d_1}$ ⑤ $\dfrac{10}{d_2}$

2025.6 평가원 10번

11. 다음은 원자 X~Z에 대한 자료이다. X~Z는 각각 N, O, F, Na, Mg 중 하나이고, X~Z의 이온은 모두 Ne의 전자 배치를 갖는다.

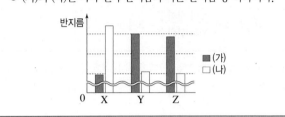

○ 바닥상태 전자 배치에서 X~Z의 홀전자 수 합은 5이다.
○ 제1 이온화 에너지는 X~Z 중 Y가 가장 크다.
○ (가)와 (나)는 각각 원자 반지름과 이온 반지름 중 하나이다.

이에 대한 설명으로 옳은 것만을 〈보기〉에서 있는 대로 고른 것은? [3점]

〈보기〉
ㄱ. (가)는 이온 반지름이다.
ㄴ. X는 Na이다.
ㄷ. 전기 음성도는 Z>Y이다.

① ㄱ ② ㄴ ③ ㄱ, ㄷ
④ ㄴ, ㄷ ⑤ ㄱ, ㄴ, ㄷ

2025 수능 14번

12. 다음은 ㉠과 ㉡에 대한 설명과 2, 3주기 1, 15, 16족 바닥상태 원자 W~Z에 대한 자료이다. n은 주 양자수이고, l은 방위(부) 양자수이다.

○ ㉠: 각 원자의 바닥상태 전자 배치에서 전자가 들어 있는 오비탈의 $n+l$ 중 가장 큰 값
○ ㉡: 원자의 바닥상태 전자 배치에서 $n+l$이 가장 큰 오비탈에 들어 있는 전체 전자 수

원자	W	X	Y	Z
㉠	2	3	3	4
㉡	1	3	7	4

이에 대한 설명으로 옳은 것만을 〈보기〉에서 있는 대로 고른 것은? (단, W~Z는 임의의 원소 기호이다.) [3점]

〈보기〉
ㄱ. W와 Y는 같은 족 원소이다.
ㄴ. 홀전자 수는 X>Z이다.
ㄷ. $\dfrac{p \text{ 오비탈에 들어 있는 전자 수}}{s \text{ 오비탈에 들어 있는 전자 수}}$의 비는 X : Y=5 : 8이다.

① ㄱ ② ㄷ ③ ㄱ, ㄴ
④ ㄴ, ㄷ ⑤ ㄱ, ㄴ, ㄷ

2023 수능 14번

13. 다음은 금속 X, Y와 관련된 산화 환원 반응에 대한 자료이다. X의 산화물에서 산소(O)의 산화수는 -2이다.

> ○ 화학 반응식:
> $$aX_2O_m^{2-} + bY^{(n-1)+} + cH^+ \longrightarrow dX^{n+} + bY^{n+} + eH_2O$$
> $(a \sim e$는 반응 계수)
> ○ $Y^{(n-1)+}$ 3 mol이 반응할 때 생성된 X^{n+}은 1 mol이다.
> ○ 반응물에서 $\dfrac{\text{X의 산화수}}{\text{Y의 산화수}} = 3$이다.

$m+n$은? (단, X와 Y는 임의의 원소 기호이다.) [3점]

① 6   ② 8   ③ 10

④ 12   ⑤ 14

2024.9 평가원 12번

14. 표는 탄소(C), 플루오린(F), X, Y로 구성된 분자 (가)~(다)에 대한 자료이다. X와 Y는 질소(N)와 산소(O) 중 하나이고, 분자에서 모든 원자는 옥텟 규칙을 만족한다.

분자	분자식	모든 결합의 종류	결합의 수
(가)	XF_2	F과 X 사이의 단일 결합	2
(나)	CXF_m	C와 F 사이의 단일 결합	2
		C와 X 사이의 2중 결합	1
(다)	YF_3	F과 Y 사이의 단일 결합	3

이에 대한 설명으로 옳은 것만을 〈보기〉에서 있는 대로 고른 것은? [3점]

> ─────── 〈 보기 〉 ───────
> ㄱ. (가)의 분자 구조는 굽은 형이다.
> ㄴ. $m=3$이다.
> ㄷ. $\dfrac{\text{공유 전자쌍 수}}{\text{비공유 전자쌍 수}}$ 는 (다) > (나)이다.

① ㄱ   ② ㄴ   ③ ㄷ

④ ㄱ, ㄴ   ⑤ ㄱ, ㄷ

2025.9 평가원 14번

15. 다음은 자연계에 존재하는 원소 X와 Y에 대한 자료이다.

> ○ X와 Y의 동위 원소에 대한 자료와 평균 원자량
>
> | 원소 | X | | Y | |
> |---|---|---|---|---|
> | 동위 원소 | ^{8m-n}X | ^{8m+n}X | $^{4m+3n}Y$ | $^{5m-3n}Y$ |
> | 원자량 | $8m-n$ | $8m+n$ | $4m+3n$ | $5m-3n$ |
> | 존재 비율(%) | 70 | 30 | a | b |
> | 평균 원자량 | $8m-\dfrac{2}{5}$ | | $4m+\dfrac{7}{2}$ | |
>
> ○ XY_2의 화학식량은 134.6이고, $a+b=100$이다.

$\dfrac{a}{m+n}$는? (단, X와 Y는 임의의 원소 기호이다.)

① $\dfrac{25}{3}$ ② $\dfrac{15}{2}$ ③ $\dfrac{25}{4}$

④ 5   ⑤ $\dfrac{25}{9}$

2025 수능 17번

16. 다음은 25 °C에서 식초 A, B 각 1 g에 들어 있는 아세트산(CH_3COOH)의 질량을 알아보기 위한 중화 적정 실험이다.

> | 자료 |
> ○ CH_3COOH의 분자량은 60이다.
> ○ 25 °C에서 식초 A, B의 밀도(g/mL)는 각각 d_A, d_B이다.
> | 실험 과정 |
> (가) 식초 A, B를 준비한다.
> (나) A 50 mL에 물을 넣어 수용액 Ⅰ 100 mL를 만든다.
> (다) 10 mL의 Ⅰ에 페놀프탈레인 용액을 2~3방울 넣고 0.2 M NaOH(aq)으로 적정하였을 때, 수용액 전체가 붉게 변하는 순간까지 넣어 준 NaOH(aq)의 부피(V)를 측정한다.
> (라) B 40 mL에 물을 넣어 수용액 Ⅱ 100 g을 만든다.
> (마) 10 mL의 Ⅰ 대신 20 g의 Ⅱ를 이용하여 (다)를 반복한다.
> | 실험 결과 |
> ○ (다)에서 V: 10 mL
> ○ (마)에서 V: 30 mL
> ○ 식초 A, B 각 1 g에 들어 있는 CH_3COOH의 질량
>
> | 식초 | A | B |
> |---|---|---|
> | CH_3COOH의 질량(g) | $8w$ | x |

$x \times \dfrac{d_B}{d_A}$는? (단, 온도는 25 °C로 일정하고, 중화 적정 과정에서 식초 A, B에 포함된 물질 중 CH_3COOH만 NaOH과 반응한다.) [3점]

① $6w$ ② $9w$ ③ $12w$

④ $15w$ ⑤ $18w$

2023 수능 16번

17. 표는 25 °C의 물질 (가)~(다)에 대한 자료이다. (가)~(다)는 HCl(aq), $H_2O(l)$, NaOH(aq)을 순서 없이 나타낸 것이고, H_3O^+의 양(mol)은 (가)가 (나)의 200배이다.

물질	(가)	(나)	(다)
$\dfrac{[H_3O^+]}{[OH^-]}$ (상댓값)	10^8	1	10^{14}
부피(mL)	10	x	

이에 대한 설명으로 옳은 것만을 〈보기〉에서 있는 대로 고른 것은? (단, 25 °C에서 물의 이온화 상수(K_w)는 1×10^{-14}이다.) [3점]

〈 보기 〉
ㄱ. (가)는 HCl(aq)이다.
ㄴ. $x = 500$이다.
ㄷ. $\dfrac{(나)의 \ pOH}{(다)의 \ pH} > 1$이다.

① ㄱ ② ㄴ ③ ㄷ
④ ㄱ, ㄴ ⑤ ㄴ, ㄷ

2025 수능 18번

18. 표는 $2x$ M HA(aq), x M H_2B(aq), y M NaOH(aq)의 부피를 달리하여 혼합한 수용액 (가)~(다)에 대한 자료이다.

혼합 수용액		(가)	(나)	(다)
혼합 전 수용액의 부피 (mL)	$2x$ M HA(aq)	a	0	a
	x M H_2B(aq)	b	b	c
	y M NaOH(aq)	0	c	b
혼합 수용액에 존재하는 모든 이온 수의 비율		⊘ $\frac{3}{5},\frac{1}{5},\frac{1}{5}$		⊘ $\frac{3}{5},\frac{1}{5},\frac{1}{5}$

$\dfrac{y}{x} \times \dfrac{(나)에 \ 존재하는 \ Na^+의 \ 양(mol)}{(나)에 \ 존재하는 \ B^{2-}의 \ 양(mol)}$ 은? (단, 수용액에서 HA는 H^+과 A^-으로, H_2B는 H^+과 B^{2-}으로 모두 이온화되고, 물의 자동 이온화는 무시한다.) [3점]

① $\dfrac{1}{12}$ ② $\dfrac{1}{9}$ ③ $\dfrac{1}{3}$

④ 9 ⑤ 12

2023 수능 18번

19. 다음은 A(g)와 B(g)가 반응하여 C(g)와 D(g)를 생성하는 반응의 화학 반응식이다.

$$A(g) + 4B(g) \longrightarrow 3C(g) + 2D(g)$$

표는 실린더에 A(g)와 B(g)를 넣고 반응을 완결시킨 실험 I~III에 대한 자료이다. I과 II에서 B(g)는 모두 반응하였고, I에서 반응 후 생성물의 전체 질량은 21w g이다.

실험	반응 전		반응 후
	A(g)의 질량(g)	B(g)의 질량(g)	$\dfrac{생성물의 \ 전체 \ 양(mol)}{남아 \ 있는 \ 반응물의 \ 양(mol)}$ (상댓값)
I	15w	16w	3
II	10w	x w	2
III	10w	48w	y

$x + y$는? [3점]

① 11 ② 12 ③ 13
④ 14 ⑤ 15

2025 수능 20번

20. 다음은 t °C, 1기압에서 실린더 (가)~(다)에 들어 있는 기체에 대한 자료이다.

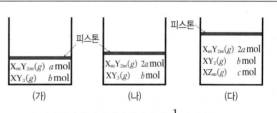

○ X의 질량은 (가)에서가 (다)에서의 $\dfrac{1}{2}$배이다.

○ 실린더 속 기체의 단위 부피당 Y 원자 수는 (나)에서가 (다)에서의 $\dfrac{5}{3}$배이다.

○ 전자 원자 수는 (가)에서가 (다)에서의 $\dfrac{11}{20}$배이다.

$\dfrac{b}{a \times m}$는? (단, X~Z는 임의의 원소 기호이다.) [3점]

① $\dfrac{1}{12}$ ② $\dfrac{1}{8}$ ③ 1

④ $\dfrac{4}{3}$ ⑤ 2

1. 다음은 3가지 반응의 화학 반응식이다.

- $N_2 + 3H_2 \longrightarrow 2\,\boxed{(가)}$
- $Fe_2O_3 + 3CO \longrightarrow 2\,\boxed{(나)} + 3CO_2$
- $\boxed{(다)} + 2O_2 \longrightarrow CO_2 + 2H_2O$

이에 대한 설명으로 옳은 것만을 〈보기〉에서 있는 대로 고른 것은?

〈 보기 〉
ㄱ. (가)는 비료의 원료로 사용할 수 있다.
ㄴ. (나)는 건축 재료로 활용된다.
ㄷ. (다)는 화석 연료 중 하나이다.

① ㄱ   ② ㄷ   ③ ㄱ, ㄴ
④ ㄴ, ㄷ   ⑤ ㄱ, ㄴ, ㄷ

2. 다음은 기체 A와 B의 반응에 대한 자료와 실험이다.

|자료|
• 화학 반응식: $2A(g) + bB(g) \longrightarrow 2C(g)$ (b는 반응 계수)
• A와 일정한 질량의 B를 반응시켰을 때, A의 질량에 따른 C의 질량

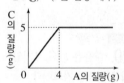

|실험 과정|
(가) 그림과 같이 기체 A와 B를 꼭지로 연결된 용기에 넣는다.

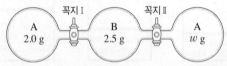

(나) 꼭지 Ⅰ을 열어 반응을 완결한 후 용기 속 기체의 분자 수 비를 구한다.
(다) 꼭지 Ⅱ를 열어 반응을 완결한 후 용기 속 기체의 몰비를 구한다.

|실험 결과|
• (나)에서 B와 C의 분자 수비는 2 : 1이다.
• (다)에서 A와 C의 몰비는 2 : 5이다.

반응 계수(b)와 (가)의 w를 옳게 짝 지은 것은? [3점]

	b	w		b	w
①	1	6	②	1	12
③	2	8	④	2	12
⑤	3	6			

3. 다음은 기체 A, B가 반응하여 기체 C를 생성하는 반응의 화학 반응식이다.

$$A(g) + bB(g) \longrightarrow C(g) \quad (b는 반응 계수)$$

표는 실린더에서 A와 B의 질량을 달리하여 반응을 완결시킨 실험 Ⅰ, Ⅱ에 대한 자료이다.

실험	반응 전			반응 후	
	A(g)의 질량(g)	B(g)의 질량(g)	전체 기체의 부피(L)	C(g)의 질량(g)	전체 기체의 부피(L)
Ⅰ	21	x	$5V$	8	yV
Ⅱ	14	z	$10V$	16	$6V$

$\dfrac{b \times z}{x \times y}$는? (단, 온도와 압력은 일정하다.) [3점]

① $\dfrac{4}{3}$ ② 2   ③ $\dfrac{8}{3}$
④ 3   ⑤ $\dfrac{10}{3}$

4. 그림은 A 수용액 (가)~(다)를 나타낸 것이다. A의 화학식량은 40이다.

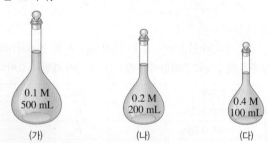

(가)   (나)   (다)

이에 대한 설명으로 옳은 것만을 〈보기〉에서 있는 대로 고른 것은? (단, 수용액의 온도는 일정하고, 모든 수용액의 밀도는 1 g/mL이다.) [3점]

〈 보기 〉
ㄱ. (가)에 녹아 있는 A의 질량은 2 g이다.
ㄴ. 수용액에 녹아 있는 A의 양(mol)은 (나)와 (다)가 같다.
ㄷ. (가)~(다)를 모두 혼합한 후 전체 부피를 1 L로 만든 수용액의 퍼센트 농도(%)는 0.52 %이다.

① ㄱ   ② ㄷ   ③ ㄱ, ㄴ
④ ㄴ, ㄷ   ⑤ ㄱ, ㄴ, ㄷ

5. 그림은 2, 3주기 바닥상태 원자 A~D에서 전자가 모두 채워진 오비탈 수와 $\dfrac{\text{전자가 들어 있는 } p \text{ 오비탈 수}}{\text{전자가 들어 있는 } s \text{ 오비탈 수}}$ 를 나타낸 것이다.

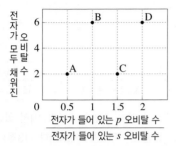

이에 대한 설명으로 옳은 것만을 〈보기〉에서 있는 대로 고른 것은? (단, A~D는 임의의 원소 기호이다.) [3점]

〈보기〉
ㄱ. 2주기 원소는 2가지이다.
ㄴ. 원자가 전자 수는 D가 A보다 크다.
ㄷ. 원자가 전자가 느끼는 유효 핵전하는 B가 D보다 크다.

① ㄱ　　② ㄷ　　③ ㄱ, ㄴ　　④ ㄴ, ㄷ　　⑤ ㄱ, ㄴ, ㄷ

6. 표는 Ne 원자의 서로 다른 전자 배치 (가), (나)에서 각 전자 껍질에 있는 전자 수를 나타낸 것이다.

전자 배치	전자 껍질		
	K	L	M
(가)	2	8	0
(나)	2	7	1

이에 대한 설명으로 옳은 것만을 〈보기〉에서 있는 대로 고른 것은?

〈보기〉
ㄱ. (가)에서 L 껍질의 모든 오비탈은 에너지 준위가 같다.
ㄴ. (나)에서 전자가 들어 있는 오비탈의 수는 5이다.
ㄷ. (나)에서 (가)로 될 때 에너지를 방출한다.

① ㄱ　　② ㄴ　　③ ㄷ　　④ ㄱ, ㄴ　　⑤ ㄴ, ㄷ

7. 다음은 바닥상태 2주기 원자 X와 Y에 대한 자료이다.

・전자 수비는 X : Y = 1 : 2이다.
・전자가 들어 있는 오비탈 수비는 X : Y = 2 : 5이다.

X와 Y에 대한 설명으로 옳은 것만을 〈보기〉에서 있는 대로 고른 것은? (단, X, Y는 임의의 원소 기호이다.) [3점]

〈보기〉
ㄱ. 바닥상태에서 X와 Y의 홀전자 수의 합은 3이다.
ㄴ. Y에서 $\dfrac{p \text{ 오비탈의 전자 수}}{s \text{ 오비탈의 전자 수}} = 1$이다.
ㄷ. Y가 바닥상태 Y^-이 될 때 전자가 들어 있는 p 오비탈 수는 증가한다.

① ㄱ　　② ㄴ　　③ ㄱ, ㄷ　　④ ㄴ, ㄷ　　⑤ ㄱ, ㄴ, ㄷ

8. 그림은 원자 A~D에 대한 자료이다. A~D의 원자 번호는 7, 8, 11, 12 중 하나이고, A~D 이온의 전자 배치는 모두 Ne과 같다.

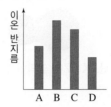 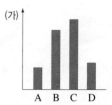

이에 대한 설명으로 옳은 것만을 〈보기〉에서 있는 대로 고른 것은? (단, A~D는 임의의 원소 기호이다.) [3점]

〈보기〉
ㄱ. '전기 음성도'는 (가)로 적절하다.
ㄴ. 원자가 전자가 느끼는 유효 핵전하는 A>D이다.
ㄷ. 원자 반지름은 B>C이다.

① ㄱ　　② ㄴ　　③ ㄷ　　④ ㄱ, ㄷ　　⑤ ㄴ, ㄷ

9. 표는 원자 A~D의 바닥상태 전자 배치를 나타낸 것이다.

원자	전자 배치	원자	전자 배치
A	$1s^2 2s^2 2p^4$	C	$1s^2 2s^2 2p^6 3s^2$
B	$1s^2 2s^2 2p^6 3s^1$	D	$1s^2 2s^2 2p^6 3s^2 3p^5$

이에 대한 설명으로 옳은 것만을 〈보기〉에서 있는 대로 고른 것은? (단, A~D는 임의의 원소 기호이다.) [3점]

〈보기〉
ㄱ. B(s)에는 자유 전자가 있다.
ㄴ. 양이온의 반지름은 BD(s)가 CA(s)보다 크다.
ㄷ. $AD_2(l)$는 전기 전도성이 있다.

① ㄱ　　② ㄷ　　③ ㄱ, ㄴ　　④ ㄴ, ㄷ　　⑤ ㄱ, ㄴ, ㄷ

10. 다음은 3가지 분자 CH_4, NH_3, HCN에 대한 자료이다.

・분자의 특성 (가)~(다)를 나타낸 벤 다이어그램

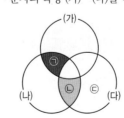

(가) 단일 결합만 존재한다.
(나) 입체 구조이다.
(다) 극성 분자이다.

㉠~㉢에 해당하는 분자 수로 옳은 것은?

	㉠	㉡	㉢
①	0	1	2
②	0	2	1
③	1	1	1
④	1	0	1
⑤	1	0	2

11. 그림은 1, 2주기 원자 X~Z로 이루어진 3가지 분자에서 분자 내에 부분적인 양전하(δ^+)와 부분적인 음전하(δ^-)를 나타낸 것이다. 분자에서 원자 사이의 결합은 모두 단일 결합이다.

X~Z의 전기 음성도로 옳은 것은? (단, X~Z는 임의의 원소 기호이다.)

① X>Y>Z   ② X>Z>Y   ③ Y>X>Z
④ Y>Z>X   ⑤ Z>Y>X

12. 표는 원소 A~D로 구성된 안정한 화합물 (가)~(라)에 대한 자료이다. A~D는 각각 O, F, Na, Mg 중 하나이다.

화합물	(가)	(나)	(다)	(라)
화학식의 구성 원자 수	2	3	3	3
원자 수비	B A	A C	B C	A D

이에 대한 설명으로 옳은 것만을 〈보기〉에서 있는 대로 고른 것은? [3점]

〈 보기 〉
ㄱ. (가)는 액체 상태에서 전기 전도성이 있다.
ㄴ. (나)에서 A는 부분적인 양전하(δ^+)를 띤다.
ㄷ. C와 D로 이루어진 안정한 화합물의 화학식은 DC_2이다.

① ㄱ   ② ㄷ   ③ ㄱ, ㄴ
④ ㄴ, ㄷ   ⑤ ㄱ, ㄴ, ㄷ

13. 그림 (가)와 (나)는 부피가 1 L, 2 L인 밀폐 용기에 같은 양의 물을 넣고 충분한 시간이 흐른 후의 모습을 나타낸 것이다.

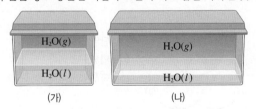

이에 대한 설명으로 옳은 것만을 〈보기〉에서 있는 대로 고른 것은?

〈 보기 〉
ㄱ. (가)는 동적 평형을 이루었다.
ㄴ. (나)에서는 가역 반응이 진행된다.
ㄷ. (가), (나) 모두 물의 양이 변하지 않는다.

① ㄱ   ② ㄷ   ③ ㄱ, ㄴ
④ ㄴ, ㄷ   ⑤ ㄱ, ㄴ, ㄷ

14. 그림은 화합물 AB와 CD를 각각 화학 결합 모형으로 나타낸 것이고, 표는 화합물 (가)와 (나)에 대한 자료이다.

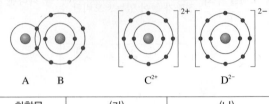

화합물	(가)	(나)
원자 수비	A : D=1 : 1	B : C=2 : 1

이에 대한 설명으로 옳은 것만을 〈보기〉에서 있는 대로 고른 것은? (단, A~D는 임의의 원소 기호이다.) [3점]

〈 보기 〉
ㄱ. (가)는 이온 결합 물질이다.
ㄴ. (나)는 액체 상태에서 전기 전도성이 있다.
ㄷ. (나)에서 B와 C는 Ne의 전자 배치를 갖는다.

① ㄱ   ② ㄴ   ③ ㄱ, ㄷ
④ ㄴ, ㄷ   ⑤ ㄱ, ㄴ, ㄷ

15. 다음은 25 °C에서 HCl(aq)에 NaOH(aq)을 넣어 주면서 pH를 측정한 실험과, 과정 (가)~(다)의 용액 속에 존재하는 이온을 입자 모형으로 나타낸 것이다.

| 실험 |
(가) HCl(aq) 10 mL → pH 측정
(나) 과정 (가) 용액+NaOH(aq) 5 mL → pH 측정
(다) 과정 (나) 용액+NaOH(aq) 5 mL → pH 측정

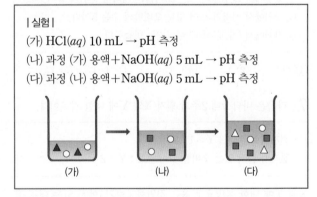

이에 대한 설명으로 옳은 것만을 〈보기〉에서 있는 대로 고른 것은? [3점]

〈 보기 〉
ㄱ. ▲은 구경꾼 이온이다.
ㄴ. pH는 과정 (나) 용액이 과정 (다) 용액보다 작다.
ㄷ. 몰 농도는 HCl(aq)이 NaOH(aq)보다 크다.

① ㄱ   ② ㄴ   ③ ㄷ
④ ㄱ, ㄴ   ⑤ ㄴ, ㄷ

16. 그림은 같은 농도의 산 HA와 HB가 각각 25 °C 물에서 이온화된 상태를 모형으로 나타낸 것이다.

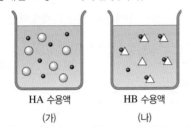

HA 수용액   HB 수용액
(가)   (나)

이에 대한 설명으로 옳은 것만을 〈보기〉에서 있는 대로 고른 것은? (단, 두 수용액의 부피는 같고, 25 °C에서 물의 이온화 상수 $K_w = 1.0 \times 10^{-14}$이다.)

─〈 보기 〉─
ㄱ. ●은 H^+이다.
ㄴ. $[OH^-]$는 (가)가 (나)보다 작다.
ㄷ. 수용액의 pH는 (가)가 (나)보다 크다.

① ㄱ   ② ㄴ   ③ ㄷ
④ ㄱ, ㄴ   ⑤ ㄴ, ㄷ

17. 그림은 산 HA 수용액 20 mL를 0.1 M NaOH 수용액으로 중화시킬 때 넣어 준 NaOH 수용액의 부피에 따른 H^+과 생성되는 H_2O의 양(mol)을 나타낸 것이다.

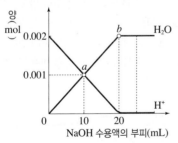

이에 대한 설명으로 옳은 것만을 〈보기〉에서 있는 대로 고른 것은? (단, HA는 수용액에서 완전히 이온화한다.)

─〈 보기 〉─
ㄱ. HA 수용액의 농도는 0.1 M이다.
ㄴ. 혼합 용액의 pH는 a가 b보다 크다.
ㄷ. a의 혼합 용액에 BTB 용액을 넣으면 파란색을 나타낸다.

① ㄱ   ② ㄴ   ③ ㄷ
④ ㄱ, ㄴ   ⑤ ㄱ, ㄷ

18. 다음은 주석(Sn)과 관련된 반응 (가)와 (나)의 화학 반응식이다.

┌─────────────────────────────────────┐
(가) $Sn(OH)_2(s) + 2HCl(aq) \longrightarrow SnCl_2(aq) + 2H_2O(l)$
(나) $SnCl_2(aq) + 2HCl(aq) + 2HNO_2(aq)$
$\longrightarrow SnCl_4(aq) + 2NO(g) + 2H_2O(l)$
└─────────────────────────────────────┘

이에 대한 설명으로 옳은 것만을 〈보기〉에서 있는 대로 고른 것은?

─〈 보기 〉─
ㄱ. (가)는 산화 환원 반응이다.
ㄴ. (나)에서 $SnCl_2$은 환원제이다.
ㄷ. (나)에서 N의 산화수는 +3에서 +2로 감소한다.

① ㄱ   ② ㄴ   ③ ㄷ
④ ㄱ, ㄴ   ⑤ ㄴ, ㄷ

19. 드라이아이스로 만든 통 안에 마그네슘(Mg) 가루를 넣고 불을 붙이면 다음과 같은 반응이 일어난다.

$$a\text{Mg} + b\text{CO}_2 \longrightarrow c\text{MgO} + \text{C} \ (a \sim c\text{는 반응 계수})$$

이에 대한 설명으로 옳은 것만을 〈보기〉에서 있는 대로 고른 것은?

─〈 보기 〉─
ㄱ. $a+b+c=5$이다.
ㄴ. Mg은 산화된다.
ㄷ. CO_2는 환원제로 작용한다.

① ㄱ   ② ㄷ   ③ ㄱ, ㄴ
④ ㄴ, ㄷ   ⑤ ㄱ, ㄴ, ㄷ

20. 그림은 과자가 연소할 때 방출하는 열량을 측정하는 실험 장치를 나타낸 것이다.

과자 1 g이 연소할 때 방출하는 열량을 구하기 위해 필요한 것만을 〈보기〉에서 있는 대로 고른 것은? (단, 과자가 연소할 때 방출하는 열량은 모두 물이 흡수한다고 가정한다.)

─〈 보기 〉─
ㄱ. 물의 비열
ㄴ. 물의 온도 변화
ㄷ. 연소한 과자의 질량

① ㄱ   ② ㄷ   ③ ㄱ, ㄴ
④ ㄴ, ㄷ   ⑤ ㄱ, ㄴ, ㄷ

1. 그림은 3가지 탄소 화합물을 분류한 것이다.

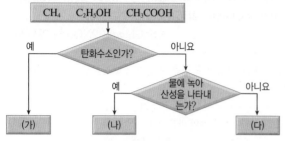

이에 대한 설명으로 옳은 것만을 〈보기〉에서 있는 대로 고른
것은?

〈보기〉
ㄱ. (가)와 (나)는 연료로 사용한다.
ㄴ. (나)를 이루는 모든 탄소 원자는 4개의 원자와 결합한다.
ㄷ. (다)는 살균·소독 작용을 하여 소독용 약품으로 사용한다.

① ㄱ　　　　② ㄷ　　　　③ ㄱ, ㄴ
④ ㄴ, ㄷ　　　⑤ ㄱ, ㄴ, ㄷ

2. 다음은 기체 A와 B가 반응하여 기체 C를 생성하는 반응
의 화학 반응식이다.

$$2A(g) + B(g) \longrightarrow 2C(g)$$

표는 실린더에 A와 B를 넣고 반응을 완결시켰을 때, 반응 전과
후 기체에 대한 자료이다. 분자량비는 A : C = 15 : 23이고,
온도와 압력은 일정하다.

실험	반응 전		반응 후		
	A의 질량(g)	B의 질량(g)	A의 질량(g)	B의 질량(g)	전체 기체의 부피(상댓값)
(가)	6.0	6.4	0	㉠	1
(나)	9.0	3.2	㉡	0	㉢

이에 대한 설명으로 옳은 것만을 〈보기〉에서 있는 대로 고른
것은? [3점]

〈보기〉
ㄱ. 분자량비는 B : C = 16 : 23이다.
ㄴ. (가)에서 반응 후 몰비는 B : C = 1 : 2이다.
ㄷ. ㉠ + ㉡ + ㉢ = 7.2이다.

① ㄱ　　　　② ㄴ　　　　③ ㄱ, ㄷ
④ ㄴ, ㄷ　　　⑤ ㄱ, ㄴ, ㄷ

3. 표는 용기 (가)와 (나)에 들어 있는 기체에 대한 자료이다.

용기	(가)	(나)
분자식	AB_2	AB_3
기체의 질량(g)	2	5
전체 원자 수	$3N$	$8N$

이에 대한 설명으로 옳은 것만을 〈보기〉에서 있는 대로 고른
것은? (단, A, B는 임의의 원소 기호이다.) [3점]

〈보기〉
ㄱ. 원자량비는 A : B = 2 : 1이다.
ㄴ. $AB(g)$ 1.5 g의 전체 원자 수는 $2N$이다.
ㄷ. 전체 원자 수가 같을 때 질량비는 $AB_2 : AB_3 = 16 : 15$
이다.

① ㄱ　　　② ㄷ　　　③ ㄱ, ㄴ　　　④ ㄴ, ㄷ　　　⑤ ㄱ, ㄴ, ㄷ

4. 다음은 x M A(aq)을 만드는 실험이다.

| 실험 과정 |
(가) A(s) 4 g을 소량의 증류수가 들어 있는 비커에 녹인다.
(나) (가)의 수용액을 100 mL 부피 플라스크에 모두 넣은 후
　　눈금선까지 증류수를 가하여 y M A(aq)을 만든다.
(다) (나)의 수용액 10 mL를 취하여 500 mL 부피 플라스크
　　에 넣은 후 눈금선까지 증류수를 가하여 x M A(aq)을
　　만든다.

$x + y$는? (단, A의 화학식량은 40이고, 온도는 일정하다.) [3점]
① 0.52　　② 0.98　　③ 1　　④ 1.02　　⑤ 1.2

5. 다음은 기체 A와 B가 반응하는 화학 반응식이다.
$$aA(g) + bB(g) \longrightarrow cC(g) \ (a \sim c는 반응 계수)$$
그림은 w g의 A(g)가 들어 있는 실린더에 B(g)를 넣으면서 반
응시켰을 때, 넣어 준 B의 질량에 따른 반응 후 전체 기체의 밀
도를 나타낸 것이다.

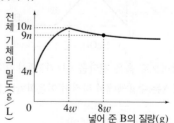

$\dfrac{C의 분자량}{B의 분자량}$은? (단, 온도와 실린더 속 전체 기체의 압력은 일
정하다.) [3점]

① 1　　② $\dfrac{5}{4}$　　③ $\dfrac{3}{2}$　　④ 2　　⑤ $\dfrac{5}{2}$

6. 그림은 학생들이 그린 전자 배치를 나타낸 것이다. (가)~(다)는 O, (라)는 O^+의 전자 배치이다.

	$1s$	$2s$	$2p$
(가)	↑↓	↑↓	↑↓ ↑↓
(나)	↑↓	↑↓	↑↓ ↑↑
(다)	↑↓	↑↓	↑↓ ↑ ↑
(라)	↑↓	↑↓	↑↓ ↑

(가)~(라)에 대한 설명으로 옳은 것만을 〈보기〉에서 있는 대로 고른 것은?

〈 보기 〉
ㄱ. (가)는 바닥상태이다.
ㄴ. (나)는 파울리 배타 원리에 위배된다.
ㄷ. (다)와 (라)의 에너지 차이는 O의 제1 이온화 에너지와 같다.

① ㄱ ② ㄴ ③ ㄷ ④ ㄴ, ㄷ ⑤ ㄱ, ㄴ, ㄷ

7. 표는 서로 다른 원소 A와 B의 바닥상태에 있는 4가지 입자에 대한 자료이다.

입자	A	A^+	B	B^-
$\dfrac{p \text{ 오비탈의 홀전자 수}}{p \text{ 오비탈의 전자 수}}$	1	1	1	$\dfrac{1}{2}$

이에 대한 설명으로 옳은 것만을 〈보기〉에서 있는 대로 고른 것은? (단, A, B는 임의의 원소 기호이다.) [3점]

〈 보기 〉
ㄱ. 원자가 전자가 들어 있는 주 양자수는 B가 A보다 크다.
ㄴ. p 오비탈의 홀전자 수는 A < B이다.
ㄷ. p 오비탈의 전자 수는 A > B이다.

① ㄱ ② ㄴ ③ ㄱ, ㄷ ④ ㄴ, ㄷ ⑤ ㄱ, ㄴ, ㄷ

8. 다음은 바닥상태 원자 X~Z와 관련된 자료이다.

• 전자가 들어 있는 전자 껍질 수는 X와 Y가 같다.
• p 오비탈에 들어 있는 전자 수는 X가 Y의 5배이다.
• X^-과 Z^+의 전자 수는 같다.

이에 대한 설명으로 옳은 것만을 〈보기〉에서 있는 대로 고른 것은? (단, X~Z는 임의의 원소 기호이다.)

〈 보기 〉
ㄱ. Z는 3주기 원소이다.
ㄴ. Y에서 전자가 들어 있는 오비탈 수는 3이다.
ㄷ. X~Z의 홀전자 수의 합은 4이다.

① ㄱ ② ㄴ ③ ㄷ ④ ㄱ, ㄴ ⑤ ㄴ, ㄷ

9. 다음은 원자 X~Z에 대한 자료이다. X~Z는 각각 F, Mg, Al 중 하나이다.

• X~Z의 이온은 모두 Ne의 전자 배치를 갖는다.
• 제1 이온화 에너지는 X > Y이다.
• Z의 $\dfrac{\text{이온 반지름}}{\text{원자 반지름}} > 1$이다.

이에 대한 설명으로 옳은 것만을 〈보기〉에서 있는 대로 고른 것은?

〈 보기 〉
ㄱ. 원자 반지름은 X > Y이다.
ㄴ. 전기 음성도는 Z > Y이다.
ㄷ. 제2 이온화 에너지는 Y > X이다.

① ㄱ ② ㄷ ③ ㄱ, ㄴ ④ ㄴ, ㄷ ⑤ ㄱ, ㄴ, ㄷ

10. 표는 바닥상태 원자 X~Z의 전자 배치에 대한 자료이다. n, l은 각각 주 양자수와 방위(부) 양자수이고, X~Z의 원자 번호는 연속적이며, 원자 번호 순이 아니다.

• X에서 $n + l = 3$인 오비탈에 들어 있는 전자 수는 7이다.
• 원자 반지름은 X > Y이다.
• 바닥상태에서 홀전자 수는 X와 Z가 같다.

이에 대한 설명으로 옳은 것만을 〈보기〉에서 있는 대로 고른 것은? (단, X~Z는 18족을 제외한 임의의 원소 기호이다.) [3점]

〈 보기 〉
ㄱ. 원자가 전자 수는 Z > X이다.
ㄴ. Y의 $\dfrac{\text{이온 반지름}}{\text{원자 반지름}} > 1$이다.
ㄷ. Z는 3주기 원소이다.

① ㄱ ② ㄴ ③ ㄱ, ㄷ ④ ㄴ, ㄷ ⑤ ㄱ, ㄴ, ㄷ

11. 그림은 물질 AB와 C_2의 화학 결합 모형을 나타낸 것이다.

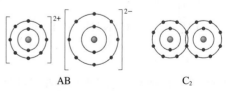

AB   C₂

이에 대한 설명으로 옳은 것만을 〈보기〉에서 있는 대로 고른 것은? (단, A~C는 임의의 원소 기호이다.)

〈 보기 〉
ㄱ. AB(l)는 전기 전도성이 있다.
ㄴ. 공유 전자쌍의 수는 B_2가 C_2의 2배이다.
ㄷ. AC_2의 화학 결합의 종류는 AB와 같다.

① ㄱ ② ㄷ ③ ㄱ, ㄴ ④ ㄴ, ㄷ ⑤ ㄱ, ㄴ, ㄷ

12. 그림은 고체 결정 A~C를 분류하는 과정을 나타낸 것이다.

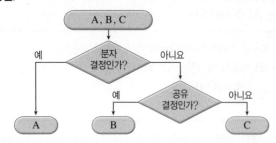

B와 C로 가장 적절한 것은?

	B	C			B	C
①	구리	흑연		②	구리	염화 나트륨
③	얼음	구리		④	다이아몬드	구리
⑤	흑연	얼음				

13. 표는 2주기 원소 A~E의 전기 음성도를 나타낸 것이다.

원소	A	B	C	D	E
전기 음성도	1.0	2.5	3.0	3.5	4.0

이에 대한 설명으로 옳은 것만을 〈보기〉에서 있는 대로 고른 것은? (단, A~E는 임의의 원소 기호이다.) [3점]

〈 보기 〉
ㄱ. A~E 중 원자가 전자 수는 A가 가장 작다.
ㄴ. C_2는 쌍극자 모멘트가 0이다.
ㄷ. DE_2에서 D 원자는 부분적인 양전하(δ^+)를 띤다.

① ㄴ   ② ㄷ   ③ ㄱ, ㄴ
④ ㄱ, ㄷ   ⑤ ㄱ, ㄴ, ㄷ

14. 그림은 분자 (가)~(다)의 루이스 전자점식이다.

```
    H                             ..
H : C : H      H : N : H      H : O :
    H              H              H
   (가)           (나)           (다)
```

(가)~(다)에 대한 설명으로 옳은 것만을 〈보기〉에서 있는 대로 고른 것은? (단, C, N, O의 원자량은 각각 12, 14, 16이다.)

〈 보기 〉
ㄱ. 결합각은 (나)가 (다)보다 크다.
ㄴ. 끓는점은 (나)가 (가)보다 높다.
ㄷ. 액체 (다)에 대한 용해도는 (나)가 (가)보다 크다.

① ㄱ   ② ㄷ   ③ ㄱ, ㄴ
④ ㄴ, ㄷ   ⑤ ㄱ, ㄴ, ㄷ

15. 다음은 물질의 극성과 용해도를 알아보기 위한 실험이다.

| 실험 과정 |
(가) 시험관 I~IV를 준비하여 I과 II에는 물 20 mL씩을, III과 IV에는 물질 X 20 mL씩을 넣는다.
(나) 시험관 I과 III에는 $CuCl_2$ 1 g씩을, II와 IV에는 물질 Y 1 g씩을 넣고 잘 흔든 후, 용해된 정도를 관찰한다.

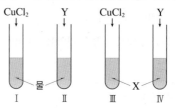

| 실험 결과 |
푸른색은 I에서만, 보라색은 IV에서만 나타났다.

이에 대한 설명으로 옳은 것만을 〈보기〉에서 있는 대로 고른 것은?

〈 보기 〉
ㄱ. X의 예로 'n-헥세인'이 적절하다.
ㄴ. Y의 결합의 쌍극자 모멘트 합은 0이다.
ㄷ. I과 IV를 혼합하면 용액의 보라색은 옅어진다.

① ㄱ   ② ㄷ   ③ ㄱ, ㄴ
④ ㄴ, ㄷ   ⑤ ㄱ, ㄴ, ㄷ

16. 표는 HA, HB, COH 수용액을 서로 다른 부피로 혼합하였을 때 생성된 물 분자 수를 상댓값으로 나타낸 것이다. 실험 II에서 혼합 용액의 액성은 중성이다.

실험	HA(aq) 부피(mL)	HB(aq) 부피(mL)	COH(aq) 부피(mL)	생성된 물 분자 수 (상댓값)
I	30	10	40	$11n$
II	20	30	30	$12n$
III	20	40	20	$8n$

이에 대한 설명으로 옳은 것만을 〈보기〉에서 있는 대로 고른 것은? (단, 혼합 전 각 수용액의 온도는 같다.) [3점]

〈 보기 〉
ㄱ. 혼합 용액의 pH는 실험 I이 실험 II보다 크다.
ㄴ. 혼합 용액의 최고 온도는 실험 I이 실험 III보다 높다.
ㄷ. 실험 III의 혼합 용액은 염기성이다.

① ㄱ   ② ㄷ   ③ ㄱ, ㄴ
④ ㄴ, ㄷ   ⑤ ㄱ, ㄴ, ㄷ

17. 다음은 물에서 황산(H_2SO_4)과 황산수소 이온(HSO_4^-)의 이온화 반응을 각각 나타낸 것이다.

(가) $H_2SO_4(aq) + H_2O(l) \longrightarrow HSO_4^-(aq) + H_3O^+(aq)$
(나) $HSO_4^-(aq) + H_2O(l) \longrightarrow SO_4^{2-}(aq) + H_3O^+(aq)$

이에 대한 설명으로 옳은 것만을 〈보기〉에서 있는 대로 고른 것은?

〈 보기 〉
ㄱ. (가)에서 H_2SO_4은 브뢴스테드·로리 산이다.
ㄴ. (나)에서 S의 산화수는 증가한다.
ㄷ. (가)와 (나)에서 H_2O은 양쪽성 물질이다.

① ㄱ   ② ㄴ   ③ ㄷ
④ ㄱ, ㄴ   ⑤ ㄱ, ㄷ

18. 그림은 25 °C에서 2가지 산 A와 B의 수용액에 녹아 있는 양이온과 음이온을 모형으로 나타낸 것이다. 두 수용액의 부피는 같다.

A(aq)   B(aq)

이에 대한 설명으로 옳은 것만을 〈보기〉에서 있는 대로 고른 것은? (단, 25 °C에서 물의 이온화 상수 $K_w = 1.0 \times 10^{-14}$이다.) [3점]

〈 보기 〉
ㄱ. ○은 H_3O^+이다.
ㄴ. 수용액의 pH는 A(aq) > B(aq)이다.
ㄷ. 수용액의 pH + pOH 값은 A(aq) > B(aq)이다.

① ㄱ   ② ㄷ   ③ ㄱ, ㄴ
④ ㄴ, ㄷ   ⑤ ㄱ, ㄴ, ㄷ

19. 다음은 어떤 물질 X의 연소 반응이 진행될 때 출입하는 열량을 열량계를 이용하여 측정하는 실험에 대한 학생들의 대화 내용이다.

옳게 말한 학생만을 있는 대로 고른 것은?

① A   ② B   ③ A, C
④ B, C   ⑤ A, B, C

20. 다음은 중화 반응의 열량을 측정하는 실험 과정을 나타낸 것이다.

| 실험 과정 |
(가) 간이 열량계를 준비한다.
(나) 0.1 M 염산(HCl(aq))과 온도와 농도가 같은 수산화 나트륨(NaOH) 수용액을 100 mL씩 준비하고 각각의 질량(w_1 g, w_2 g)을 측정한다.
(다) 열량계 속 비커에 HCl(aq) 100 mL를 넣고 처음 온도(t_1 °C)를 측정한다.
(라) 과정 (다)의 비커에 NaOH(aq) 100 mL를 넣자마자 뚜껑을 씌우고 젓개로 저어주면서 온도 변화가 없을 때까지 1분마다 온도를 측정한다.
(마) 최고 온도(t_2 °C)를 기록한다.
(바) 혼합 용액의 비열(c J/(g·°C))과 측정값을 이용하여 이 반응에서 발생한 열량(Q)을 계산한다.

이에 대한 설명으로 옳은 것만을 〈보기〉에서 있는 대로 고른 것은? (단, 반응에서 발생하는 열은 모두 혼합 용액이 흡수한다고 가정한다.) [3점]

〈 보기 〉
ㄱ. $Q = c(w_1 + w_2)(t_2 - t_1)$이다.
ㄴ. NaOH(aq) 200 mL를 넣어 반응시키면 Q는 2배가 된다.
ㄷ. 과정 (바)의 Q는 산과 염기의 종류에 관계없이 몰당 발생하는 열량이 같다.

① ㄱ   ② ㄴ   ③ ㄷ
④ ㄱ, ㄴ   ⑤ ㄱ, ㄷ

1. 다음은 하버 – 보슈법에 의한 암모니아 합성을 화학 반응식으로 나타낸 것이다.

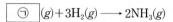

$$\boxed{\ \ ㉠\ \ }(g)+3H_2(g) \longrightarrow 2NH_3(g)$$

이에 대한 설명으로 옳은 것만을 〈보기〉에서 있는 대로 고른 것은?

〈 보기 〉
ㄱ. ㉠은 질소(N_2)이다.
ㄴ. 암모니아는 화합물이다.
ㄷ. 이 반응은 고온, 고압에서 일어난다.

① ㄱ   ② ㄴ   ③ ㄱ, ㄷ
④ ㄴ, ㄷ   ⑤ ㄱ, ㄴ, ㄷ

2. 그림은 비금속 원자 X~Z의 상대적인 질량 관계를 나타낸 것이다.

이에 대한 설명으로 옳은 것만을 〈보기〉에서 있는 대로 고른 것은? (단, X~Z는 임의의 원소 기호이다.)

〈 보기 〉
ㄱ. 원자량비는 X : Y = 1 : 3이다.
ㄴ. 원자 1몰의 질량은 Z가 X의 4배이다.
ㄷ. 1 g에 들어 있는 원자 수는 YZ_2가 Z_2보다 크다.

① ㄱ   ② ㄷ   ③ ㄱ, ㄴ
④ ㄴ, ㄷ   ⑤ ㄱ, ㄴ, ㄷ

3. 다음은 기체 A와 B가 반응하는 화학 반응식이다.

$$A(g)+B(g) \longrightarrow C(g)+xD(g) \ (x는 반응 계수)$$

표는 A(g) w g이 들어 있는 실린더에 B(g)를 넣고 반응시켰을 때, B의 양(mol)에 따른 반응 후 기체의 몰비에 대한 자료이다.

B의 양(mol)	2	8
기체의 몰비		

A(g) w g이 들어 있는 실린더에 B(g) 6몰을 넣어 반응을 완결시켰을 때, $\dfrac{D의 양(mol)}{남은 반응물의 양(mol)}$ 은?

① $\dfrac{1}{2}$ ② 1   ③ 2
④ 4   ⑤ 6

4. 그림은 서로 다른 농도의 포도당 수용액 (가)와 (나)를 나타낸 것이다.

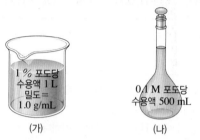

(가)   (나)

$\dfrac{(가)에서\ 포도당의\ 질량(g)}{(나)에서\ 포도당의\ 질량(g)}$ 은? (단, 포도당의 분자량은 180 이다.)

① $\dfrac{1}{2}$ ② $\dfrac{9}{10}$ ③ 1
④ $\dfrac{10}{9}$ ⑤ 2

5. 다음은 바닥상태인 원자 A와 A의 동위 원소에 대한 자료이다.

- $\dfrac{p\ 오비탈의\ 전자\ 수}{s\ 오비탈의\ 전자\ 수}=1$이다.
- 전자가 들어 있는 오비탈 수는 6이다.
- A의 동위 원소 중 자연계에 존재하는 비율은 양성자수와 중성자수가 같은 동위 원소가 가장 크다.
- 동위 원소에 대한 자료

동위 원소	존재 비율(%)	원자량
^xA	80	$a-1$
^yA	10	a
^zA	10	$a+1$

A의 평균 원자량은? (단, A는 임의의 원소 기호이고, 원자의 질량수는 원자량과 같다.) [3점]

① 24.1   ② 24.3   ③ 24.5
④ 25.0   ⑤ 25.4

6. 다음은 질량수가 각각 a, b, c인 원자 ^aX, ^bY, ^cZ에 대한 자료이다.

- ^aX, ^bY, ^cZ 각각에서 $\dfrac{중성자수}{전자\ 수}=1$이다.
- X에서 $2s$ 오비탈과 $2p$ 오비탈의 에너지 준위는 같다.
- X와 Y는 같은 주기이다.
- $a+b=c$이다.

이에 대한 설명으로 옳은 것만을 〈보기〉에서 있는 대로 고른 것은? (단, X~Z는 임의의 원소 기호이다.) [3점]

〈보기〉
ㄱ. Y는 2주기 원소이다.
ㄴ. X와 Z는 같은 족 원소이다.
ㄷ. ^aX와 ^bY의 전자 수의 합은 ^cZ의 중성자수와 같다.

① ㄱ　　　② ㄴ　　　③ ㄱ, ㄷ
④ ㄴ, ㄷ　　　⑤ ㄱ, ㄴ, ㄷ

7. 그림은 바닥상태 원자 (가)~(라)에서 전자가 들어 있는 오비탈 수와 홀전자 수를 나타낸 것이다.

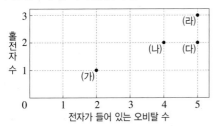

(가)~(라)에 대한 설명으로 옳은 것만을 〈보기〉에서 있는 대로 고른 것은? [3점]

〈보기〉
ㄱ. (가)의 전자 배치는 $1s^2 2s^1$이다.
ㄴ. (다)와 (나)의 원자가 전자 수 차는 1이다.
ㄷ. 원자 번호가 가장 큰 것은 (라)이다.

① ㄱ　　　② ㄷ　　　③ ㄱ, ㄴ
④ ㄴ, ㄷ　　　⑤ ㄱ, ㄴ, ㄷ

8. 그림은 원자 A~D의 전자 배치를 나타낸 것이다.

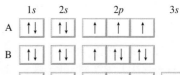

이에 대한 설명으로 옳은 것만을 〈보기〉에서 있는 대로 고른 것은? (단, A~D는 임의의 원소 기호이다.)

〈보기〉
ㄱ. B는 들뜬상태이다.
ㄴ. Ne의 전자 배치를 갖는 이온의 반지름은 B 이온이 C 이온보다 크다.
ㄷ. 화합물 DB_2와 AB_3의 화학 결합의 종류는 같다.

① ㄱ　　② ㄴ　　③ ㄷ　　④ ㄱ, ㄴ　　⑤ ㄴ, ㄷ

9. 표는 원자 번호가 연속인 2주기 원자 A~C에서 바닥상태일 때 원자가 전자 수(a)와 홀전자 수(b)의 차($a-b$)이다.

원자	A	B	C
$a-b$	2	4	6

A~C에 대한 설명으로 옳은 것만을 〈보기〉에서 있는 대로 고른 것은? (단, A~C는 임의의 원소 기호이다.) [3점]

〈보기〉
ㄱ. 홀전자 수는 C가 가장 크다.
ㄴ. 제1 이온화 에너지는 A가 B보다 크다.
ㄷ. 전자쌍이 들어 있는 오비탈 수는 B와 C가 같다.

① ㄱ　　② ㄴ　　③ ㄱ, ㄷ　　④ ㄴ, ㄷ　　⑤ ㄱ, ㄴ, ㄷ

10. 그림은 2주기 원소의 제1 이온화 에너지와 바닥상태 원자에서 전자가 들어 있는 오비탈 수를 나타낸 것이다.

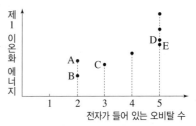

A~E에 대한 설명으로 옳은 것만을 〈보기〉에서 있는 대로 고른 것은? (단, A~E는 임의의 원소 기호이다.) [3점]

〈보기〉
ㄱ. 원자 반지름은 A가 C보다 크다.
ㄴ. 전기 음성도는 D가 E보다 크다.
ㄷ. $\dfrac{제2\ 이온화\ 에너지}{제1\ 이온화\ 에너지}$ 는 B가 가장 크다.

① ㄱ　　② ㄷ　　③ ㄱ, ㄴ　　④ ㄱ, ㄷ　　⑤ ㄴ, ㄷ

11. 그림은 임의의 원소 A, B로 구성된 액체 상태의 화합물 X의 전기 분해 장치를 나타낸 것이다.

(+)극에서 생성된 기체 A_2와 (−)극에서 생성된 기체 B_2의 몰비가 1 : 2일 때, 이에 대한 설명으로 옳은 것만을 〈보기〉에서 있는 대로 고른 것은? (단, A, B는 임의의 원소 기호이다.)

〈보기〉
ㄱ. (+)극에서 환원 반응이 일어난다.
ㄴ. X에서 A와 B 사이의 결합은 공유 결합이다.
ㄷ. X에서 $\dfrac{\text{B 원자 수}}{\text{A 원자 수}}=2$이다.

① ㄱ ② ㄴ ③ ㄷ
④ ㄱ, ㄷ ⑤ ㄴ, ㄷ

12. 그림은 실온에서 고체 상태로 존재하는 X의 화학 결합 모형을 나타낸 것이다.

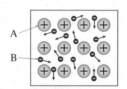

이에 대한 설명으로 옳은 것만을 〈보기〉에서 있는 대로 고른 것은?

〈보기〉
ㄱ. A는 금속 양이온이고, B는 비금속의 음이온이다.
ㄴ. X에 힘을 가하면 쉽게 부스러진다.
ㄷ. 전원 장치에 연결하면 B는 (+)극 쪽으로 이동한다.

① ㄱ ② ㄷ ③ ㄱ, ㄴ
④ ㄴ, ㄷ ⑤ ㄱ, ㄴ, ㄷ

13. 표는 4가지 분자 HCN, CO_2, OF_2, CF_4를 3가지 기준에 따라 각각 분류한 결과를 나타낸 것이다.

분류 기준	예	아니요
(가)	HCN, CO_2	OF_2, CF_4
입체 구조인가?	㉠	㉡
극성 분자인가?	㉢	㉣

이에 대한 설명으로 옳은 것만을 〈보기〉에서 있는 대로 고른 것은? [3점]

〈보기〉
ㄱ. (가)에 '평면 구조인가?'를 적용할 수 있다.
ㄴ. ㉠에 해당하는 분자 수는 ㉡에 해당하는 분자 수와 같다.
ㄷ. ㉠과 ㉣에 공통으로 해당하는 분자의 구조는 정사면체이다.

① ㄱ ② ㄷ ③ ㄱ, ㄴ
④ ㄴ, ㄷ ⑤ ㄱ, ㄴ, ㄷ

14. 표는 1, 2주기 원소 A~C와 Cl로 이루어진 화합물 (가), (나)에 대한 자료이고, 그림은 (가)와 (나)가 반응하여 (다)를 생성하는 반응을 루이스 구조로 나타낸 것이다.

화합물	분자식	분자의 비공유 전자쌍 수
(가)	AB_3	1
(나)	CCl_3	9

$$\begin{array}{ccc} \text{B} & \text{Cl} & \\ | & | & \\ \text{B}-\text{A} \ + \ \text{Cl}-\overset{\alpha}{\text{C}}-\text{Cl} \longrightarrow & \\ | & | & \\ \text{B} & \text{Cl} & \\ \text{(가)} & \text{(나)} & \end{array}$$

이에 대한 설명으로 옳은 것만을 〈보기〉에서 있는 대로 고른 것은? (단, A~C는 임의의 원소 기호이다.) [3점]

〈보기〉
ㄱ. (나)에서 모든 구성 원자는 옥텟 규칙을 만족한다.
ㄴ. 결합각은 $\alpha > \beta$이다.
ㄷ. ACl_3의 분자 구조는 삼각뿔형이다.

① ㄱ ② ㄷ ③ ㄱ, ㄴ ④ ㄴ, ㄷ ⑤ ㄱ, ㄴ, ㄷ

15. 그림은 2주기 원자 X~Z의 루이스 전자점식이다.

$$\cdot \ddot{\text{X}} \cdot \qquad \cdot \dot{\text{Y}} \cdot \qquad :\ddot{\text{Z}}\cdot$$

이에 대한 설명으로 옳은 것만을 〈보기〉에서 있는 대로 고른 것은? (단, X~Z는 임의의 원소 기호이다.) [3점]

〈보기〉
ㄱ. X_2에서 $\dfrac{\text{공유 전자쌍 수}}{\text{비공유 전자쌍 수}}=3$이다.
ㄴ. XZ_3의 분자 구조는 평면 삼각형이다.
ㄷ. YZ_2는 극성 분자이다.

① ㄱ ② ㄷ ③ ㄱ, ㄴ ④ ㄱ, ㄷ ⑤ ㄴ, ㄷ

16. 그림 (가)~(라)는 25 °C 수용액 속에 들어 있는 H_3O^+ 또는 OH^-의 몰 농도를 나타낸 것이다.

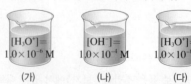

$[H_3O^+]=$ 1.0×10^{-6} M	$[OH^-]=$ 1.0×10^{-4} M	$[H_3O^+]=$ 1.0×10^{-8} M	$[OH^-]=$ 1.0×10^{-10} M
(가)	(나)	(다)	(라)

이에 대한 설명으로 옳은 것만을 〈보기〉에서 있는 대로 고른 것은? (단, 25 °C에서 물의 이온화 상수 $K_w=1.0 \times 10^{-14}$이다.)

〈보기〉
ㄱ. 산성 용액은 2가지이다.
ㄴ. $[H_3O^+]$는 (나)가 (라)보다 크다.
ㄷ. pOH가 가장 큰 것은 (라)이다.

① ㄱ ② ㄴ ③ ㄷ ④ ㄱ, ㄴ ⑤ ㄱ, ㄷ

17. 그림 I은 NaOH x몰이 녹아 있는 수용액에 HCl 1몰을 넣은 혼합 용액 (가)에 존재하는 이온 수의 비율을, 그림 II는 (가)에 HCl 1몰을 더 넣은 혼합 용액 (나)에 존재하는 이온 수의 비율을 나타낸 것이다. A~D는 혼합 용액 속에 존재하는 이온 중 하나이다.

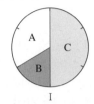 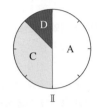

이에 대한 설명으로 옳은 것만을 〈보기〉에서 있는 대로 고른 것은? [3점]

〈 보기 〉
ㄱ. x는 $\frac{3}{2}$이다.
ㄴ. A는 Cl^-이다.
ㄷ. (나)에 NaOH 0.5몰을 더 넣은 혼합 용액의 pH는 (나)의 pH보다 크다.

① ㄱ   ② ㄷ   ③ ㄱ, ㄴ
④ ㄴ, ㄷ   ⑤ ㄱ, ㄴ, ㄷ

18. 다음은 제산제의 성분($NaHCO_3$, $MgCO_3$, $Mg(OH)_2$)과 염산($HCl(aq)$)의 반응 (가)~(다)를 화학 반응식으로 나타낸 것이다.

(가) $NaHCO_3(aq) + HCl(aq)$
$\longrightarrow NaCl(aq) + H_2O(l) + CO_2(g)$
(나) $MgCO_3(s) + 2HCl(aq)$
$\longrightarrow MgCl_2(aq) + H_2O(l) + CO_2(g)$
(다) $Mg(OH)_2(aq) + 2HCl(aq)$
$\longrightarrow MgCl_2(aq) + 2H_2O(l)$

(가)~(다)에 대한 설명으로 옳은 것만을 〈보기〉에서 있는 대로 고른 것은?

〈 보기 〉
ㄱ. 주변으로 열을 방출하는 반응이다.
ㄴ. (가)와 (나)에서 Na과 Mg의 산화수는 서로 같다.
ㄷ. (다)에서 $Mg(OH)_2$은 아레니우스 염기이다.

① ㄱ   ② ㄴ   ③ ㄷ
④ ㄱ, ㄴ   ⑤ ㄱ, ㄷ

19. 다음은 구리(Cu)와 질산(HNO_3)의 산화 환원 반응식을 완성하는 과정을 나타낸 것이다.

(가) 반응물과 생성물을 구성하는 각 원자의 산화수를 구하고, 반응 전후 산화수의 변화를 확인한다.
$$\underset{b}{\overset{a}{Cu + HNO_3 \longrightarrow Cu(NO_3)_2 + NO + H_2O}}$$
(나) 증가한 산화수와 감소한 산화수의 총합이 같도록 계수를 맞춘다.
$$3Cu + 2HNO_3 \longrightarrow 3Cu(NO_3)_2 + 2NO + H_2O$$
(다) 산화수의 변화가 없는 원자들의 수가 같도록 계수를 맞추어 산화 환원 반응식을 완성한다.
$$3Cu + cHNO_3 \longrightarrow 3Cu(NO_3)_2 + 2NO + dH_2O$$

이에 대한 설명으로 옳은 것만을 〈보기〉에서 있는 대로 고른 것은?

〈 보기 〉
ㄱ. a에 '0 → +2로 산화수 증가'가 해당된다.
ㄴ. $c + d = 12$이다.
ㄷ. Cu 3몰이 반응할 때 이동하는 전자는 2몰이다.

① ㄱ   ② ㄷ   ③ ㄱ, ㄴ   ④ ㄴ, ㄷ   ⑤ ㄱ, ㄴ, ㄷ

20. 다음은 염산(HCl)과 수산화 나트륨(NaOH)의 2가지 반응에 대한 실험 (가)와 (나)를 나타낸 것이다.

(가) 스타이로폼 컵에 0.1 M $HCl(aq)$ 100 mL와 0.1 M $NaOH(aq)$ 100 mL를 넣고 반응시킨 후, 최고 온도(t_1)를 측정한다.
(나) 스타이로폼 컵에 0.1 M $HCl(aq)$ 100 mL와 $NaOH(s)$ 0.4 g을 넣고 반응시킨 후, 최고 온도(t_2)를 측정한다.

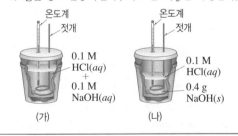

이에 대한 설명으로 옳은 것만을 〈보기〉에서 있는 대로 고른 것은? (단, NaOH의 화학식량은 40이고, 혼합 전 $NaOH(aq)$과 $HCl(aq)$의 온도는 각각 25 °C이다. 또, 반응에서 발생하는 열은 모두 혼합 용액이 흡수한다고 가정한다.) [3점]

〈 보기 〉
ㄱ. t_1과 t_2는 같다.
ㄴ. 생성된 물의 양은 (가)에서와 (나)에서가 같다.
ㄷ. 혼합 용액의 pH는 (가)에서가 (나)에서보다 크다.

① ㄱ   ② ㄴ   ③ ㄷ   ④ ㄱ, ㄴ   ⑤ ㄱ, ㄷ

6쪽~10쪽

1. ⑤	2. ⑤	3. ②	4. ⑤	5. ③
6. ③	7. ②	8. ①	9. ②	10. ③
11. ②	12. ①	13. ④	14. ⑤	15. ①
16. ④	17. ④	18. ③	19. ②	20. ①

1. 탄소 화합물의 이용

ㄴ. 연료와 산소가 반응하는 연소 반응은 열이 발생하므로 발열 반응이다.

ㄷ. (가)와 (나)는 모두 C 원자를 중심으로 H, O 원자가 공유 결합하고 있으므로 탄소 화합물이다.

바로알기 ㄱ. 아세트산의 수용액과 KOH(aq)의 중화 반응은 열이 발생하므로 발열 반응이다.

2. 화학 결합 모형

A는 Na, B는 O, C는 H, D는 Cl이다.

ㄱ. 금속은 외부에서 힘을 가하면 부서지지 않고 넓게 펴지는 전성이 있다. A(Na)는 금속이므로 전성이 있다.

ㄴ. A(Na)와 D(Cl)의 안정한 이온은 각각 Na^+과 Cl^-이므로 A와 D의 안정한 화합물은 AD(NaCl)이다.

ㄷ. $C_2B(H_2O)$를 구성하는 원소는 모두 비금속 원소이므로 C_2B는 공유 결합 물질이다.

3. 화학 반응식과 양적 관계

$AB_3(g)$와 $C_2(g)$가 반응하여 $B_2(g)$와 $A_2C_3(s)$가 생성되는 반응의 화학 반응식은 다음과 같다.

$$4AB_3(g)+3C_2(g) \longrightarrow 6B_2(g)+2A_2C_3(s)$$

실린더에 넣은 $AB_3(g)$와 $C_2(g)$가 모두 반응하여 반응 후에는 $B_2(g)$와 $A_2C_3(s)$가 존재하며, 반응 전 기체 반응물의 전체 부피와 반응 후 기체 생성물의 전체 부피비는 반응 계수비와 같다. 따라서 반응 전과 후 실린더 속 기체의 부피비는 $V_1:V_2=7:6$이므로 $\dfrac{V_2}{V_1}=\dfrac{6}{7}$이다.

4. 화학 결합에 따른 물질의 성질

ㄱ. 학생 X는 KCl에 대해 KCl(s), KCl(aq)으로 전기 전도성 유무를 확인하는 실험을 수행하고, $C_6H_{12}O_6$에 대해 $C_6H_{12}O_6(s)$, $C_6H_{12}O_6(aq)$으로 전기 전도성 유무를 확인하는 실험을 수행하여 얻은 결과로 가설이 옳다는 결론에 도달하였다. 이때 학생 X의 결론이 타당하므로 ㉠은 '수용액'이 적절하다.

ㄴ. A는 고체 상태에서는 전기 전도성이 없지만 수용액 상태에서는 전기 전도성이 있으므로 이온 결합 물질인 KCl이다.

ㄷ. B는 고체 상태와 수용액 상태에서 모두 전기 전도성이 없으므로 공유 결합 물질인 $C_6H_{12}O_6$이다.

5. 상평형

ㄱ. ㉠의 양(mol)은 점차 감소하다가 동적 평형 상태에 도달하는 t_2 이후 일정해지는 것으로 보아 $CO_2(s)$이다.

ㄷ. t_3일 때와 t_4일 때는 모두 동적 평형 상태이므로 용기 속 $CO_2(g)$의 양(mol)은 같다.

바로알기 ㄴ. t_1일 때는 동적 평형에 도달하기 이전 상태이므로 $CO_2(s)$가 $CO_2(g)$로 승화되는 속도가 $CO_2(g)$가 $CO_2(s)$로 승화되는 속도보다 빠르다. 따라서 $\dfrac{CO_2(g)가\ CO_2(s)로\ 승화되는\ 속도}{CO_2(s)가\ CO_2(g)로\ 승화되는\ 속도}<1$이다.

6. 분자의 구조와 극성

(가)~(다)의 분자식은 각각 CH_2O, H_2O, HCN이다.

ㄱ. (가)~(다)는 모두 극성 분자이다.

ㄷ. 분자 모양은 (나)는 H_2O이 굽은 형이고, (다) HCN이 직선형이므로 결합각은 (다)>(나)이다.

바로알기 ㄴ. 공유 전자쌍 수는 (가) CH_2O에서 4, (나) H_2O에서 2이므로 공유 전자쌍 수 비는 (가):(나)=2:1이다.

7. 원소의 전자 배치와 주기성

원자 번호가 7~13인 원소는 N, O, F, Ne, Na, Mg, Al이다. 이 중 홀전자 수와 원자가 전자 수가 같은 원소는 Ne과 Na이다. W가 Ne이면 홀전자 수가 같은 X는 Mg이고, 제1 이온화 에너지는 Ne>Mg이므로 조건에 부합하지 않는다. 따라서 W는 Na이고, $a=1$이다. X는 W(Na)와 홀전자 수가 같으므로 F 또는 Al이다. 원자 번호가 7~13인 원소의 제1 이온화 에너지는 Na<Al<Mg<O<N<F<Ne이므로 X가 Al이면 Y에 해당하는 원소가 없어 모순이다. 따라서 X는 F이다. Y는 X(F)보다 제1 이온화 에너지가 작고, 이온 반지름이 크므로 O와 N 중 하나이다. Z의 홀전자 수는 X와 Y의 홀전자 수의 합으로 $a+b≤3$이다. 따라서 Y는 O이고, $b=2$이며, Z의 홀전자 수는 $a+b=3$이므로 Z는 N이다.

ㄴ. W(Na)는 1족 원소이므로 W~Z 중에서 제2 이온화 에너지가 가장 크다.

바로알기 ㄱ. Z(N)는 15족 원소이다.

ㄷ. 같은 주기에서 원자 번호가 클수록 원자 반지름이 작으므로 원자 반지름은 Y(O)<Z(N)이다.

8. 분자의 구조와 극성에 따른 분류

ㄱ. (가)에 해당하는 분자는 NF_3와 OF_2 2가지이다.

바로알기 ㄴ. (나)에 해당하는 분자는 CO_2이고, CO_2에는 극성 공유 결합만 있다.

ㄷ. (다)에 해당하는 분자는 NH_3이고, NH_3의 분자 구조는 삼각뿔형이므로 결합의 극성이 상쇄되지 않는다. 따라서 분자의 쌍극자 모멘트는 0이 아니다.

9. 산화수 변화와 산화 환원 반응, 산화제와 환원제

(나)와 (다)에서 넣어 준 B는 전자를 잃고 B^{n+}으로 산화되므로 A^+은 A(s)로 환원되면서 B(s)를 산화시키는 산화제이다. (나)와 (다)에는 모두 A^+이 존재하므로 넣어 준 B(s)는 모두 반응하여 B^{n+}으로 된다. 한편 넣어 준 B(s)의 양은 (나)에서가 (다)에서의 2배이므로, 과정 (나) 이후 수용액에 존재하는 B^{n+}의 수를 $2N$이라고 하면 넣어 준 B(s) w g에 들어 있는 B 원자 수가 $2N$이다. 따라서 (다) 과정에서 넣어 준 B(s) $\dfrac{1}{2}w$ g에 들어 있는 B 원자 수는 N이다. 이로부터 (다) 과정 후 수용액에 존재하는 B^{n+}의 수는 $3N$이므로 A^+의 수도 $3N$이다.

(나)에서 (다)로 될 때 B^{n+} 수는 증가하고, A^+ 수는 감소하며, (나) 과정 후 수용액 속 이온 수 비는 $A^+:B^{n+}=3:1$이므로 A^+의 수는 $6N$이다. 이로부터 반응한 A^+의 수가 $3N$일 때 생성된 B^{n+}의 수가 N이고, 반응 전후 전하량의 총합이 같아야 하므로 $n=3$이다.

10. 양자수와 오비탈

ㄱ. 오비탈 (가)~(라)는 $n+l=3$ 이하이므로 각각 순서에 관계없이 $1s$, $2s$, $2p(m_l$가 -1인 $2p$, m_l가 0인 $2p$, m_l가 $+1$인 $2p$), $3s$ 오

비탈 중 하나이다. 에너지 준위가 (나)=(라)이므로 (나)와 (라)는 각각 $2s$와 $2p(m_l$가 -1인 $2p$, m_l가 0인 $2p$, m_l가 $+1$인 $2p$ 중 하나) 오비탈 중 하나이다. 또한 n이 (나)>(다)이므로 (다)는 $1s$ 오비탈이고, $n+l$이 (가)>(나)이므로 (가)는 $2p(m_l$가 -1인 $2p$, m_l가 0인 $2p$, m_l가 $+1$인 $2p$ 중 하나) 오비탈, (나)는 $2s$ 오비탈이다. 이때 (나)는 $2s$ 오비탈이고, (다)는 $1s$ 오비탈이며, (가)~(라)의 m_l 합이 0이므로 (가)와 (라)는 각각 m_l가 -1인 $2p$ 오비탈과 m_l가 $+1$인 $2p$ 오비탈 중 하나이다. 그런데 m_l이 (라)>(나)이므로 (라)는 m_l가 $+1$인 $2p$ 오비탈이고, (가)는 m_l가 -1인 $2p$ 오비탈이다.

ㄴ. (가)와 (나)는 각각 m_l가 -1인 $2p$ 오비탈과 $2s$ 오비탈이므로 m_l는 각각 -1과 0이다. 따라서 m_l는 (나)>(가)이다.

바로알기 ㄷ. (가)와 (라)는 m_l가 다를 뿐 같은 $2p$ 오비탈이므로 에너지 준위는 같다.

11. 몰 농도

학생 A의 실험 과정 (가)에서 a M $X(aq)$ 100 mL에 물을 넣어 부피가 2배로 증가하므로 몰 농도는 $\frac{1}{2}a$ M이다. I의 몰 농도를 x M 이라고 하면 (나)에서 혼합 용액에 들어 있는 용질의 양은 일정하므로 $\frac{1}{2}a$ M$\times$0.2 L+0.2 M$\times$0.05 L=$x\times$(0.2 L+0.05 L)이 성립한다. 따라서 $x=\frac{10a+1}{25}$이므로 I의 몰 농도는 $\frac{10a+1}{25}$ M이다.

학생 B의 실험 과정 (가)에서 혼합 용액의 몰 농도를 y M이라고 하면 a M$\times$0.2 L+0.2 M$\times$0.05 L=y M$\times$(0.2 L+0.05 L), $y=\frac{20a+1}{25}$이다. (나)에서 수용액에 물을 넣어 부피가 2배로 증가하므로 II의 몰 농도는 $\frac{20a+1}{50}$ M이다.

I과 II의 몰 농도는 각각 $8k$ M, $7k$ M이므로 I : II=$\frac{10a+1}{25}$: $\frac{20a+1}{50}$=$8k$: $7k$, $a=\frac{3}{10}$이다. 이때 I에서 $\frac{10a+1}{25}$=$8k$이므로 $k=\frac{1}{50}$이다.

따라서 $\frac{k}{a}=\frac{1}{50}\times\frac{10}{3}=\frac{1}{15}$이다.

12. 산화수 변화와 산화 환원 반응식

$H_2C_2O_4$에서 C의 산화수를 x라고 하면 $2\times(+1)+2x+4\times(-2)=0$이므로 $x=+3$이다. 한편 CO_2에서 C의 산화수는 $+4$이므로 C의 산화수 변화는 1 증가이다. 반응 전후 원자의 종류와 수가 같아야 하고, C 원자 수는 반응물에서 $2a$이고 생성물에서 c이므로 $2a=c$이다. 이로부터 C 원자 수는 c이므로 C의 전체 산화수 변화는 c 증가이다. M의 산화수는 MO_4^-에서 $+7$이고, M^{n+}에서 $+n$이므로 M의 산화수 변화는 $(7-n)$ 감소이고, M 원자 수가 2이므로 M의 전체 산화수 변화는 $2\times(7-n)$ 감소이다. 이때 증가한 산화수와 감소한 산화수가 같아야 하므로 $2\times(7-n)=2a$이고, $a=7-n$이다.

MO_4^- 1 mol이 반응할 때 생성된 H_2O의 양(mol)이 $2n$ mol이므로 반응 몰비는 MO_4^- : H_2O=1 : $2n$이고, $d=4n$이다. 이로부터 화학 반응식은 다음과 같다.

$$2MO_4^- + aH_2C_2O_4 + bH^+ \longrightarrow 2M^{n+} + 2aCO_2 + 4nH_2O$$

산화수 변화가 없는 H와 O의 원자 수는 반응물과 생성물에서 같아야 하므로 다음 관계식이 성립한다.

O 원자 수		H 원자 수	
반응물	생성물	반응물	생성물
$8+4a$	$4a+4n$	$2a+b$	$8n$

이로부터 $8+4a=4a+4n$, $2a+b=8n$이고, $n=2$이다. $a=7-n=7-2=5$, $2a+b=(2\times5)+b=16$이므로 $b=6$이다. 따라서 $a+b=5+6=11$이다.

13. 분자의 구조와 극성

2주기 원자 중 분자에서 옥텟 규칙을 만족하는 원자는 C, N, O, F이다. C, N, O, F 중 2가지 원소로 이루어진 WX_3는 NF_3이고, W와 X는 각각 N, F이다. 또한 Y는 W(N)보다 전기 음성도가 작으므로 C이고, XYW는 FCN이다. YZX_2에서 중심 원자인 Y(C)는 4개의 공유 결합을 한다. 이때 Y는 2개의 X(F)와 공유 결합하므로 Y와 2개의 공유 결합을 해야 하는 Z는 O이고, YZX_2는 COF_2이다.

ㄱ. $WX_3(NF_3)$의 분자 모양은 삼각뿔형이고, 극성 분자이다.

ㄴ. Y(C), Z(O), X(F)의 전기 음성도는 X>Z>Y이므로 전기 음성도가 작은 Y와 공유 결합한 X와 Z는 모두 부분적인 음전하(δ^-)를 띤다.

바로알기 ㄷ. $WX_3(NF_3)$는 삼각뿔형 구조이므로 결합각이 약 107°이고, XYW(FCN)는 직선형 구조이므로 결합각이 180°이다.

14. 중화 적정 실험

ㄱ. 농도를 정확히 알고 있는 표준 용액을 넣어 사용하는 실험 기구는 뷰렛이므로 '뷰렛'은 ㉠으로 적절하다.

ㄴ. 실험 결과 (나)의 삼각 플라스크에 들어 있는 CH_3COOH을 완전 중화시키는 데 사용된 0.2 M $KOH(aq)$의 부피가 10 mL이므로 (나)의 삼각 플라스크에 들어 있는 CH_3COOH의 양은 0.2 mol/L $\times$0.01 L=2×10^{-3} mol이다.

ㄷ. 과정 (나)에서 $CH_3COOH(aq)$의 부피는 20 mL이고, 수용액 속 CH_3COOH의 양이 2×10^{-3} mol이므로 몰 농도는 0.1 M이다. 한편 과정 (나)의 $CH_3COOH(aq)$은 식초 A를 $\frac{1}{10}$로 희석한 용액이므로 식초 A의 $CH_3COOH(aq)$의 몰 농도는 1 M이다. 따라서 식초 A 1 L, 즉 $1000d$ g에 들어 있는 CH_3COOH의 양은 1 mol이고, 질량은 60 g이므로 식초 A 1 g에 들어 있는 CH_3COOH의 질량은 $\frac{60}{1000d}$ g=$\frac{3}{50d}$ g이다.

15. 원자의 구성 입자와 동위 원소

중성자수와 전자 수의 차($a-b$)는 중성자수와 양성자수의 차와 같다. $a-b$와 질량수를 합하면 ($2\times$중성자수)이다. A~D의 자료를 정리하면 다음과 같다.

원자	A	B	C	D
$a-b$	0	2	6	8
질량수	$m-4$	$m-2$	$m+2$	$m+4$
$2\times$(중성자수)	$m-4$	m	$m+8$	$m+12$
중성자수	$\frac{1}{2}m-2$	$\frac{1}{2}m$	$\frac{1}{2}m+4$	$\frac{1}{2}m+6$

A~D의 중성자수의 합은 $\frac{1}{2}m-2+\frac{1}{2}m+\frac{1}{2}m+4+\frac{1}{2}m+6$ =96이므로 $m=44$이다. 따라서 A~D의 중성자수는 각각 20, 22, 26, 28이다.

1 g의 A에 들어 있는 중성자수는 $\dfrac{\text{A의 중성자수}}{\text{A의 원자량}}$ 에 비례하므로

$\dfrac{20}{44-4}=\dfrac{1}{2}$ 에 비례하고, 1 g의 D에 들어 있는 중성자수는

$\dfrac{\text{D의 중성자수}}{\text{D의 원자량}}=\dfrac{28}{44+4}=\dfrac{7}{12}$ 에 비례한다.

$\dfrac{1\,\text{g의 A에 들어 있는 중성자수}}{1\,\text{g의 D에 들어 있는 중성자수}}=\dfrac{1}{2}\times\dfrac{12}{7}=\dfrac{6}{7}$ 이다.

16. 순차 이온화 에너지와 전기 음성도

ㄱ, ㄴ. O, F, Na, Mg, Al의 제2 이온화 에너지는 Na>O>F> Al>Mg이고, 전기 음성도는 F>O>Al>Mg>Na이다. 따라서 A는 Na 또는 O이다. A가 O이면 제2 이온화 에너지의 크기로부터 B는 F이다. 그런데 원자 반지름과 이온 반지름은 O>F이므로 (가) 에서 ㉠의 크기는 A>B여야 하지만, 그렇지 않으므로 모순이다. 따라서 A는 Na이다. 이때 (가)에서 ㉠이 원자 반지름이라면, A(Na) 가 가장 커야 하지만, 그렇지 않으므로 ㉠은 이온 반지름이다. 제2 이온화 에너지는 B>C이고, 이온 반지름도 B>C이므로 B는 O, C 는 F이다. 전기 음성도는 D>E이므로 D는 Al, E는 Mg이다.

ㄷ. 제3 이온화 에너지는 Mg이 가장 크고, 제2 이온화 에너지는 Al>Mg이므로 $\dfrac{\text{제3 이온화 에너지}}{\text{제2 이온화 에너지}}$ 는 E(Mg)>D(Al)이다.

17. 물의 자동 이온화와 pH

(나)의 pH를 x라고 하면 pOH$=14-x$이고, $[\text{H}_3\text{O}^+]=10^{-x}$ M, $[\text{OH}^-]=10^{-(14-x)}$ M이다. 이때 (나)의 pOH$-$pH$=14-x-x=14-2x=b$이고, $\dfrac{[\text{H}_3\text{O}^+]}{[\text{OH}^-]}=\dfrac{10^{-x}}{10^{-(14-x)}}=10^{14-2x}=a$이다. 한편 (가)의 pH를 y라고 하면 pOH$=14-y$이고, $[\text{H}_3\text{O}^+]=10^{-y}$ M, $[\text{OH}^-]=10^{-(14-y)}$ M이다. 이때 (가)의 pOH$-$pH$=14-y-y=14-2y=2b=2\times(14-2x)=28-4x$이므로 $y=2x-7(\cdots$ ①)이고, $\dfrac{[\text{H}_3\text{O}^+]}{[\text{OH}^-]}=\dfrac{10^{-y}}{10^{-(14-y)}}=10^{14-2y}=100a=100\times10^{14-2x}$이 므로 $14-2y=16-2x(\cdots$②)이다. ①, ② 식을 풀면 $x=6, y=5$이다.

ㄱ. $a=10^{14-2x}=100$이고, $2b=14-2y=4$에서 $b=2$이므로 $\dfrac{a}{b}=50$이다.

ㄷ. (가)에서 $[\text{H}_3\text{O}^+]=10^{-5}$ M이고 부피가 V이므로 H_3O^+의 양(mol)은 $10^{-5}V$ mol이고, (나)에서 $[\text{H}_3\text{O}^+]=10^{-6}$ M이고 부피 가 $10V$이므로 H_3O^+의 양(mol)은 $10^{-5}V$ mol이다. 따라서 $\dfrac{\text{(나)에서 H}_3\text{O}^+\text{의 양(mol)}}{\text{(가)에서 H}_3\text{O}^+\text{의 양(mol)}}=1$이다.

바로알기 ㄴ. $y=5$이므로 (가)의 pH는 5이다.

18. 화학식량과 몰

(가)에서 $\text{A}_2\text{B}_4(g)$ w g의 양(mol)을 $2n$ mol이라고 하면 기체 $2n$ mol의 부피는 $2V$ L이다. (나)에서 전체 기체의 부피가 $3V$ L이 므로 전체 기체의 양(mol)은 $3n$ mol이고, $\text{A}_x\text{B}_{2x}(g)$ w g의 양(mol) 은 n mol이다. 분자량$=\dfrac{\text{질량}}{\text{기체의 양(mol)}}$이므로 A_2B_4와 A_xB_{2x}의 분자량비는 $\text{A}_2\text{B}_4:\text{A}_x\text{B}_{2x}=\dfrac{w}{2n}:\dfrac{w}{n}=1:2$이다. 따라서 분자량 은 A_xB_{2x}가 A_2B_4의 2배이므로 A_xB_{2x}는 A_4B_8이고, $x=4$이다. (다) 에서 전체 기체의 부피가 $10V$ L이므로 전체 기체의 양(mol)은 $10n$ mol이고 A_yB_x $2w$ g의 양은 $7n$ mol이다. (나)에 들어 있는 기체는 A_2B_4 $2n$ mol, A_4B_8 n mol이고, (다)에 들어 있는 기체는 A_2B_4 $2n$ mol, A_4B_8 n mol, A_yB_x $7n$ mol이므로 실린더 속 기체

1 g에 들어 있는 A 원자 수 비는 (나):(다)$=\dfrac{2\times2n+4\times n}{w+w}$: $\dfrac{2\times2n+4\times n+y\times7n}{w+w+2w}=16:15$이므로 $y=1$이다. 따라서 (가)의 실린더 속 기체의 단위 부피당 B 원자 수는 $\dfrac{2n\times4}{2V}=\dfrac{4n}{V}$에 비례하 고, (다)의 실린더 속 기체의 단위 부피당 A 원자 수는 $\dfrac{2n\times2+n\times4+7n\times1}{10V}=\dfrac{3n}{2V}$에 비례하므로

$\dfrac{\text{(다)의 실린더 속 기체의 단위 부피당 A 원자 수}}{\text{(가)의 실린더 속 기체의 단위 부피당 B 원자 수}}=\dfrac{3n}{2V}\times\dfrac{V}{4n}=\dfrac{3}{8}$ 이다.

19. 중화 반응에서의 양적 관계

(가)의 액성이 중성이므로 (가)에서 산이 내놓은 H^+의 양(mol)과 염 기가 내놓은 OH^-의 양(mol)이 같다.

a M HA(aq) $3V$ mL가 내놓은 H^+의 양(mol)$\times1000$은 $3aV$이 고, b M $\text{H}_2\text{B}(aq)$ V mL가 내놓은 H^+의 양(mol)$\times1000$은 $2bV$ 이며, $\dfrac{5}{2}a$ M NaOH(aq) $2V$ mL가 내놓은 OH^-의 양(mol)$\times$ 1000은 $5aV$이므로 $3aV+2bV=5aV$이고, $a=b$이다.

$\dfrac{5}{2}a$ M NaOH(aq) $2V$ mL와 $2xV$ mL가 내놓은 Na^+의 양(mol) $\times1000$은 각각 $5aV$, $5axV$이다. (나)의 액성이 중성이나 염기성 일 때 용액 속 양이온은 Na^+뿐이고, (가)와 (나)에서 모든 양이온의 몰 농도(M) 합의 비는 $\dfrac{5aV}{6V}:\dfrac{5axV}{(1+3x)V}=5:9$이고, $x=3$이다.

(나)의 액성이 산성이라고 하면 용액 속 양이온은 H^+과 Na^+이다. a M HA(aq) V mL가 내놓은 H^+의 양(mol)$\times1000$은 aV이고, a M $\text{H}_2\text{B}(aq)$ xV mL가 내놓은 H^+의 양(mol)$\times1000$은 $2axV$ 이며, $\dfrac{5}{2}a$ M NaOH(aq) $2xV$ mL가 내놓은 OH^-과 Na^+의 양 (mol)$\times1000$은 각각 $5axV$이므로 (나)에서 전체 양이온의 양 (mol)$\times1000$은 $(1+2x)aV$이다. (가)와 (나)에서 모든 양이온의 몰 농도(M) 합의 비는 $\dfrac{5aV}{6V}:\dfrac{(1+2x)aV}{(1+3x)V}=5:9$이고, 이 식을 만족 하는 x는 음의 값을 가지므로 타당하지 않다.

(다)에서 a M HA(aq) $3V$ mL가 내놓은 H^+의 양(mol)$\times1000$은 $3aV$이고, a M $\text{H}_2\text{B}(aq)$ $3V$ mL가 내놓은 H^+의 양(mol)$\times1000$ 은 $6aV$이며, $\dfrac{5}{2}a$ M NaOH(aq) $3V$ mL가 내놓은 OH^-과 Na^+ 의 양(mol)$\times1000$은 각각 $\dfrac{15}{2}aV$이다. (다)의 액성은 산성이므로 (다)에서 전체 양이온의 양(mol)$\times1000$은 $9aV$이다. (가)와 (다)에 서 모든 양이온의 몰 농도(M) 합의 비는 $\dfrac{5aV}{6V}:\dfrac{9aV}{9V}=5:y$이므 로 $y=6$이다. 따라서 $\dfrac{y}{x}=\dfrac{6}{3}=2$이다.

20. 기체 반응의 양적 관계

(가) → (나)에서 A(g)가 모두 반응하고, (나) → (다)에서 B(g)가 모 두 반응한다. 질량 보존 법칙에 의해 실린더에 들어 있는 기체의 질량 은 (가)에서와 (나)에서가 같다. 이때 부피$=\dfrac{\text{질량}}{\text{밀도}}$이므로 (가)와 (나) 에서 실린더 속 기체의 부피비는 (가):(나)$=\dfrac{4}{3w}:\dfrac{1}{w}=4:3$이다. 따라서 (나)에서 실린더 속 기체의 부피는 $3V$ L이다. (가)에서 A(g)

와 B(g)의 양(mol)을 각각 $2a$ mol, b mol이라고 하면 (가) → (나)에서 화학 반응의 양적 관계를 구하면 다음과 같다.

반응식	$2A(g)$	$+ B(g)$	$\longrightarrow 2C(g)$
반응 전(mol)	$2a$	b	
반응(mol)	$-2a$	$-a$	$+2a$
반응 후(mol)	0	$b-a$	$2a$

(가)와 (나)에서 실린더 속 기체의 부피비는 (가) : (나)=$(2a+b)$: $(b+a)$=$4V$: $3V$=4 : 3에서 $2a=b$이다. (나)에서 실린더에 B(g) a mol, C(g) $2a$ mol이 있고, (나)에서 실린더 속 기체의 부피가 $3V$ L이므로 기체 a mol의 부피는 V L이다. (나) → (다)에서 추가한 A(g)의 양을 x mol이라고 하면 (나) → (다)에서 화학 반응의 양적 관계를 구하면 다음과 같다.

반응식	$2A(g)$	$+ B(g)$	$\longrightarrow 2C(g)$
반응 전(mol)	x	a	$2a$
반응(mol)	$-2a$	$-a$	$+2a$
반응 후(mol)	$x-2a$	0	$4a$

(다)에서 실린더 속 기체의 부피는 $6V$ L이므로 실린더 속 기체의 양은 $6a$ mol이다. 따라서 $x-2a+4a=6a$, $x=4a$이므로 (다)에서 A(g) $2a$ mol의 질량은 $3w$ g이다. (가)에서 실린더에 A(g) $2a$ mol이 있으므로 실린더 속 기체의 질량은 $3w$ g+$1.5w$ g=$4.5w$ g이다. 따라서 (가)에서 실린더 속 전체 기체의 밀도는 $\dfrac{\text{질량}}{\text{부피}}=\dfrac{4.5w}{4V}=\dfrac{3w}{4}$, $V=\dfrac{3}{2}$이다. (가) → (나)에서 A(g) $3w$ g과 B(g) $\dfrac{3w}{4}$ g$\left(=\dfrac{1.5w}{2}\text{ g}\right)$ 이 반응하여 C(g) $\dfrac{15}{4}w$ g$\left(=3w\text{ g}+\dfrac{1.5w}{2}\text{ g}\right)$이 생성된다. 화학 반응식에서 A$(g)$~C$(g)$의 반응 계수비가 2 : 1 : 2이므로 A~C의 분자량비는 A : B : C=$\dfrac{3w}{2}$: $\dfrac{3w}{4}$: $\dfrac{15w}{8}$=4 : 2 : 5이다. 따라서 $V\times\dfrac{\text{A의 분자량}}{\text{C의 분자량}}=\dfrac{3}{2}\times\dfrac{4}{5}=\dfrac{6}{5}$이다.

실전 기출 모의고사 **2**회
11쪽~15쪽

1. ⑤	2. ⑤	3. ②	4. ④	5. ⑤
6. ①	7. ①	8. ④	9. ⑤	10. ③
11. ③	12. ⑤	13. ③	14. ①	15. ①
16. ④	17. ②	18. ④	19. ①	20. ⑤

1. 탄소 화합물의 이용

ㄱ. 나일론은 기존의 천연 섬유를 보완하여 만들어진 최초의 합성 섬유로, 질기고 강하여 인류의 의류 문제 해결에 기여하였다.

ㄴ. 설탕($C_{12}H_{22}O_{11}$)은 C를 중심으로 H와 O가 공유 결합한 화합물이므로 ㉡은 탄소 화합물이다.

ㄷ. 숯을 연소시키면 열이 발생하므로 ㉢의 연소 반응은 발열 반응이다.

2. 화학 결합 모형

A_2B에서 B 원자는 2개의 A 원자와 각각 1개의 전자쌍을 공유하여 결합하므로 A와 B는 각각 H, O이다. CD는 C가 전자 1개를 잃어

생성된 C^+과 D가 전자를 1개 얻어 생성된 D^-의 결합으로 형성되며, 이때 두 이온의 전자 배치는 Ne과 같으므로 C와 D는 각각 Na, F이다.

ㄱ. A(H)와 B(O)는 비금속 원소이므로 $A_2B(H_2O)$는 공유 결합 물질이다.

ㄴ. C(Na)는 금속 원소이므로 C(s)에 힘을 가하면 자유 전자가 이동하여 금속 결합을 유지시킨다. 따라서 C(s)는 연성(뽑힘성)과 전성(펴짐성)이 있다.

ㄷ. $C_2B(Na_2O)$는 금속 원소와 비금속 원소로 이루어진 이온 결합 물질이다. 이온 결합 물질은 액체 상태에서 전기 전도성이 있으므로 $C_2B(l)$는 전기 전도성이 있다.

3. 화학 반응식과 양적 관계

$$a\text{SiH}_4 + b\text{HBr} \longrightarrow c\text{SiBr}_4 + d\text{H}_2$$

반응 전과 후 원자의 종류와 수가 같으므로 Si에서 $a=c$, H에서 $4a+b=2d$, Br에서 $b=4c$이다.

$a=1$이라고 하면 $b=4$, $c=1$, $d=4$이므로 화학 반응식은 다음과 같다.

$$\text{SiH}_4 + 4\text{HBr} \longrightarrow \text{SiBr}_4 + 4\text{H}_2$$

SiH_4의 분자량은 32이므로 SiH_4 64 g은 2 mol이다. 화학 반응식에서 SiH_4와 H_2의 반응 계수비가 1 : 4이므로 SiH_4 2 mol이 반응하면 생성되는 H_2의 양(mol)은 8 mol이다. H_2의 양(mol)=$\dfrac{\text{H}_2\text{의 질량(g)}}{\text{H}_2\text{의 분자량}}$이고, H_2의 분자량은 2이므로 H_2의 질량은 8 mol×2 g/mol=16 g이다. 따라서 $x=16$이다.

4. 상평형

ㄱ. 일정 온도에서 $CO_2(s)$가 $CO_2(g)$로 승화되는 속도는 일정하고, $CO_2(g)$가 $CO_2(s)$로 승화되는 속도는 용기 속 $CO_2(g)$의 양(mol)에 비례한다. 따라서 동적 평형 상태에 도달할 때까지 용기 속 $CO_2(s)$의 질량은 감소하다가 일정해지므로 '$CO_2(s)$의 질량이 변하지 않는다.'는 ㉠으로 적절하다.

ㄴ. t_1일 때는 동적 평형에 도달하기 이전 상태이므로 $CO_2(s)$가 $CO_2(g)$로 승화되는 속도가 $CO_2(g)$가 $CO_2(s)$로 승화되는 속도보다 크다. 따라서 $\dfrac{CO_2(g)\text{가 }CO_2(s)\text{로 승화되는 속도}}{CO_2(s)\text{가 }CO_2(g)\text{로 승화되는 속도}} < 1$이다.

바로알기 ㄷ. t_3일 때는 동적 평형 상태이므로 $CO_2(s)$가 $CO_2(g)$로 승화되는 반응과 $CO_2(g)$가 $CO_2(s)$로 승화되는 반응이 같은 속도로 일어난다.

5. 전기 음성도와 결합의 극성

ㄱ. 수소 원자와 할로젠에 있는 공유 전자쌍 수는 모두 1이므로 (가)와 (나)는 각각 HY, HZ 중 하나이고, Y와 Z는 할로젠인 F, Cl 중 하나이다. 이때 전기 음성도는 Y>Z이고, 구성 원소의 전기 음성도 차는 (가)>(나)이므로 (가)는 HY(HF)이고, (나)는 HZ(HCl)이다. 이때 X~Z는 C, F, Cl 중 하나이므로 X는 C이다. H_bX는 X(C) 원자 1개와 수소 원자 b개가 결합한 옥텟 규칙을 만족하는 분자인데, 공유 전자쌍 수는 4 또는 5가 되어야 하므로 (다)는 $H_bX(CH_4)$이다. 따라서 (라)는 H_aX_a이다. H_aX_a는 공유 전자쌍 수가 5이면서 구성 원자 수는 H와 C가 같으므로 가능한 분자는 C_2H_2(H−C≡C−H)이다. 이로부터 $a=2$이다.

ㄴ. (라) C_2H_2에는 C 원자 사이의 결합인 무극성 공유 결합이 있다.

ㄷ. H, Y, Z의 전기 음성도를 각각 h, y, z라고 하면 구성 원소의 전기 음성도 차는 (가)에서 $y-h$이고, (나)에서 $z-h$이다. 이로부터

$m=y-h$이고, $n=z-h$이므로 $m-n=(y-h)-(z-h)=y-z$이고, 이는 YZ에서 구성 원소의 전기 음성도 차와 같다.

6. 전자 배치와 홀전자 수

2, 3주기 14~16족 바닥상태 원자의 p 오비탈에 들어 있는 전자 수(㉠)와 홀전자 수(㉡)는 C (㉠ 2, ㉡ 2), N (㉠ 3, ㉡ 3), O (㉠ 4, ㉡ 2), Si (㉠ 8, ㉡ 2), P (㉠ 9, ㉡ 3), S (㉠ 10, ㉡ 2)이다. 따라서 $\dfrac{p \text{ 오비탈에 들어 있는 전자 수}}{\text{홀전자 수}}$ 가 각각 2, 3, 4인 X~Z는 각각 O, P, Si이다.

ㄱ. X~Z는 각각 O, P, Si로 3주기 원소는 Y(P), Z(Si) 2가지이다.

바로알기 ㄴ. X와 Y는 각각 O와 P이므로 홀전자 수는 Y(3)>X(2)이다.

ㄷ. X와 Z는 각각 O, Si로 바닥상태 전자 배치는 각각 $1s^2 2s^2 2p^4$와 $1s^2 2s^2 2p^6 3s^2 3p^2$이다. 따라서 전자가 들어 있는 오비탈 수는 각각 5와 8이므로 Z가 X의 2배보다 작다.

7. 분자의 모양

학생 A가 설정한 가설에 일치하는 3원자 분자인 BeF_2, CO_2는 모두 중심 원자에 비공유 전자쌍이 없고, 중심 원자에 결합한 원자 수가 2이며, 분자 모양이 직선형이다. 따라서 학생 A가 설정한 가설에서 ㉠은 직선형이 적절하다. 이로부터 가설에 어긋나는 분자는 3원자 분자이면서 분자 모양이 직선형이 아닌 것이고, 3원자 분자에서 중심 원자에 비공유 전자쌍이 있는 분자의 모양은 직선형이 아니다.

8. 분자의 루이스 전자점식

(가)는 CO_2이고, (나)는 COF_2이므로 X~Z는 각각 O, C, F이다.

ㄱ. X는 원자가 전자 수가 6인 O이다.

ㄷ. (가)(CO_2)에서 공유 전자쌍 수는 4이고 비공유 전자쌍 수는 4이다. (나)(COF_2)에서 공유 전자쌍 수는 4이고, 비공유 전자쌍 수는 8이다. 따라서 비공유 전자쌍 수는 (나)가 (가)의 2배이다.

바로알기 ㄴ. (나)(COF_2)에서 X(O)와 Y(C) 사이에 2중 결합이 1개 있고, Y(C)와 Z(F) 사이에 단일 결합이 2개 있다. 따라서 (나)에서 단일 결합의 수는 2이다.

9. 산화수 변화와 산화 환원 반응, 산화제와 환원제

A^{a+} $3N$ mol이 들어 있는 비커 Ⅰ에 B(s)를 넣었을 때 전체 양이온의 양(mol)이 증가하므로 B^{b+}의 산화수는 A^{a+}보다 작다. 또한 A^{a+} $3N$ mol이 들어 있는 비커 Ⅱ에 C(s)를 넣었을 때 전체 양이온의 양(mol)이 감소하므로 C^{c+}의 산화수는 A^{a+}보다 크다. 따라서 $c>a>b$이고, a~c는 3 이하의 자연수이므로 a~c는 각각 2, 1, 3이다.

ㄱ. (나)에서 A^{a+}은 자신은 환원되면서 B와 C를 각각 B^{b+}, C^{c+}으로 산화시키므로 A^{a+}은 산화제로 작용한다.

ㄴ. a~c는 각각 2, 1, 3이므로 비커 Ⅱ에서 $A^{a+}(A^{2+})$과 $C^{c+}(C^{3+})$의 반응 몰비는 3 : 2이다. 따라서 $A^{a+}(A^{2+})$ $3N$ mol이 모두 반응하여 생성된 $C^{c+}(C^{3+})$의 양(mol)은 $2N$ mol이므로 $x=2N$이다.

ㄷ. $c>a>b$이므로 $c>b$이다.

10. 용액의 희석과 몰 농도

(나)에서 만든 수용액 Ⅰ의 몰 농도(M)는 x M이고, 부피가 100 mL이므로 이 수용액에 들어 있는 A의 양(mol)은 $0.1x$ mol이다.

(나)와 (다)에서 만든 수용액 Ⅰ과 Ⅱ에 용해시킨 A(l)의 양(mol)이 같으므로 수용액 Ⅰ과 Ⅱ에 들어 있는 A의 양(mol)도 $0.1x$ mol로 같다.

(다)에서 만든 수용액 Ⅱ의 밀도가 d_2 g/mL이고, 질량이 100 g이므로

수용액 Ⅱ의 부피는 $\dfrac{100}{d_2}$ mL이고, 몰 농도가 y M이다. 수용액 Ⅰ과 Ⅱ에 들어 있는 A의 양(mol)이 같으므로 $0.1x=y \times \dfrac{100}{d_2} \times \dfrac{1}{1000}$

$=\dfrac{0.1y}{d_2}$이다. 따라서 $\dfrac{y}{x}=d_2$이다.

11. 원자의 전자 배치와 주기성

X~Z의 홀전자 수의 합이 5이므로 X~Z는 각각 N, O, Mg 중 하나이거나 N, F, Na 중 하나이다.

ㄱ. 금속 원소는 원자 반지름>이온 반지름이고, 비금속 원소는 이온 반지름>원자 반지름이다. X~Z에는 비금속 원소가 2가지이므로 이온 반지름이 원자 반지름보다 큰 원소가 2가지이다. 따라서 (가)는 이온 반지름이고, (나)는 원자 반지름이다.

ㄷ. 전기 음성도는 주기율표에서 오른쪽으로 갈수록, 위쪽으로 갈수록 커지므로 Z(O)>Y(N)>X(Mg)이다.

바로알기 ㄴ. 이온 반지름은 Y>Z이므로 원자 번호는 Z>Y이다. X~Z가 N, F, Na 중 하나이면 Y와 Z는 각각 N, F이고, 제1 이온화 에너지는 Z가 가장 크므로 모순이다. 따라서 X~Z는 각각 N, O, Mg 중 하나인데, 원자 반지름은 Mg>N>O이므로 X~Z는 각각 Mg, N, O이다.

12. 전자 배치와 원자의 규칙성

2, 3주기 1, 15, 16족 바닥상태 원자는 Li, N, O, Na, P, S이다. 이 원자들의 ㉠과 ㉡은 다음과 같다.

원자	Li	N	O	Na	P	S
㉠	2	3	3	3	4	4
㉡	1	3	4	7	3	4

따라서 W~Z는 각각 Li, N, Na, S이다.

ㄴ. X(N)의 홀전자 수는 3이고, Z(S)의 홀전자 수는 2이다. 따라서 홀전자 수는 X>Z이다.

ㄷ. X(N)는 s 오비탈에 들어 있는 전자 수가 4이고, p 오비탈에 들어 있는 전자 수가 3이다. Y(Na)는 s 오비탈에 들어 있는 전자 수가 5이고, p 오비탈에 들어 있는 전자 수가 6이다.

따라서 $\dfrac{p \text{ 오비탈에 들어 있는 전자 수}}{s \text{ 오비탈에 들어 있는 전자 수}}$의 비는 X : Y $=\dfrac{3}{4} : \dfrac{6}{5}=$ 5 : 8이다.

13. 산화수 변화와 산화 환원 반응식

X의 산화물에서 O의 산화수가 -2이므로 X의 산화수를 x라고 하면 $2x+(-2)\times m=-2$이고, $x=m-1$이다.

반응물에서 X 원자 수는 $2a$이고 반응 전후 원자의 종류와 수가 같으므로 $2a=d$이다. 또 반응 몰비가 $Y^{(n-1)+} : X^{n+}=3 : 1$이므로 $b : 2a=3 : 1$이고 $b=6a$이며, 화학 반응식은 다음과 같다.

$$aX_2O_m^{2-} + 6aY^{(n-1)+} + cH^+ \longrightarrow 2aX^{n+} + 6aY^{n+} + eH_2O$$

반응물에서 Y의 산화수는 $(n-1)$이므로 $\dfrac{\text{X의 산화수}}{\text{Y의 산화수}}=\dfrac{x}{n-1}=3$

이고, $x=3(n-1)$이다.

$x=m-1$, $x=3(n-1)$에서 $m=3n-2$이다. …①

반응에 참여하지 않는 H, O 원자 수가 반응 전후 같으므로 O 원자 수는 $am=e$, H 원자 수는 $c=2e$이고 화학 반응식은 다음과 같다.

$$aX_2O_m^{2-} + 6aY^{(n-1)+} + 2amH^+$$

$$\longrightarrow 2aX^{n+} + 6aY^{n+} + amH_2O$$

➡ $X_2O_m^{2-} + 6Y^{(n-1)+} + 2mH^+ \longrightarrow 2X^{n+} + 6Y^{n+} + mH_2O$

반응 전후 전하량의 총합이 같으므로 $-2+6(n-1)+2m=2n+6n$이다. ⋯②

①, ②를 풀면 $m=7$, $n=3$이므로 $m+n=10$이다.

14. 분자의 구조

(가)~(다)는 각각 OF_2, COF_2, NF_3이다.

ㄱ. (가)(OF_2)의 중심 원자인 O에는 비공유 전자쌍이 있으므로 (가)는 굽은 형이다.

바로알기 ㄴ. (나)의 분자식은 COF_2이므로 $m=2$이다.

ㄷ. (나)(COF_2)는 공유 전자쌍 수와 비공유 전자쌍 수가 각각 4, 8이므로 $\dfrac{\text{공유 전자쌍 수}}{\text{비공유 전자쌍 수}}$가 $\dfrac{1}{2}$이다. (다)(NF_3)는 공유 전자쌍 수와 비공유 전자쌍 수가 각각 3, 10이므로 $\dfrac{\text{공유 전자쌍 수}}{\text{비공유 전자쌍 수}}$가 $\dfrac{3}{10}$이다.

따라서 $\dfrac{\text{공유 전자쌍 수}}{\text{비공유 전자쌍 수}}$는 (나)>(다)이다.

15. 동위 원소와 평균 원자량

X의 평균 원자량은 $\dfrac{70\times(8m-n)+30\times(8m+n)}{100}=8m-\dfrac{2}{5}$에서 $n=1$이다. 또 XY_2의 화학식량은 X의 평균 원자량 $+2\times$(Y의 평균 원자량)이므로 $8m-\dfrac{2}{5}+2\times\left(4m+\dfrac{7}{2}\right)=134.6$에서 $m=8$이다. Y의 동위 원소는 ^{35}Y, ^{37}Y이므로 평균 원자량은 $\dfrac{a\times35+b\times37}{100}=35.5$이고, $a+b=100$이다. 이 식을 풀면 $a=75$, $b=25$이다. 따라서 $\dfrac{a}{m+n}=\dfrac{75}{8+1}=\dfrac{25}{3}$이다.

16. 중화 적정 실험

(나)에서 만든 수용액 I의 몰 농도를 a M이라고 하면 수용액 I 10 mL를 완전 중화시키는 데 사용된 0.2 M $NaOH(aq)$의 부피가 10 mL이므로 $1\times a\times10=1\times0.2\times10$, $a=0.2$이다. 이때 수용액 I은 식초 A를 $\dfrac{1}{2}$로 희석한 용액이므로 식초 A의 몰 농도는 0.4 M이다. 즉, 식초 A 1 L(=1000 mL)에 들어 있는 CH_3COOH의 양(mol)은 0.4 mol이므로 식초 $1000d_A$ g에 들어 있는 CH_3COOH의 질량은 0.4 mol × 60 g/mol=24 g이고, 식초 A 1 g에 들어 있는 CH_3COOH의 질량은 다음 관계식을 만족한다.

$1000d_A : 24 = 1 : 8w$, $d_A=\dfrac{3}{1000w}$

수용액 II 20 g을 완전 중화시키는 데 사용된 0.2 M $NaOH(aq)$의 부피가 30 mL이므로 수용액 II 20 g에 들어 있는 CH_3COOH의 양(mol)은 $0.2\times30\times10^{-3}$ mol=6×10^{-3} mol이고, 질량은 6×10^{-3} mol × 60 g/mol=0.36 g이다. 이때 (라)에서 만든 수용액 II 100 g 중 20 g만 중화 적정에 사용하였으므로 식초 B 40 mL에 들어 있는 CH_3COOH의 질량은 0.36 g × 5=1.8 g이다. 또 식초 B의 밀도가 d_B이므로 40 mL의 질량은 $40d_B$ g이고, 식초 B 1 g에 들어 있는 CH_3COOH의 질량 x는 $\dfrac{1.8}{40d_B}=\dfrac{9}{200d_B}$이다.

따라서 $x\times\dfrac{d_A}{d_B}=\dfrac{9}{200d_B}\times\dfrac{d_B}{\dfrac{3}{1000w}}=15w$이다.

17. 물의 자동 이온화와 pH

ㄴ. $H_2O(l)$에서 $\dfrac{[H_3O^+]}{[OH^-]}=1$인데 (가)에서 $\dfrac{[H_3O^+]}{[OH^-]}$의 상댓값이 10^8이므로 (나)의 $\dfrac{[H_3O^+]}{[OH^-]}=10^{-8}$이다. (나)에서 $[OH^-]$를 y M이라고

하면 $[H_3O^+]=\dfrac{10^{-14}}{y}$이고, $\dfrac{[H_3O^+]}{[OH^-]}=\dfrac{10^{-14}}{y^2}=10^{-8}$이므로 $y=10^{-3}$이다. 따라서 (나)에서 $[H_3O^+]=10^{-11}$ M이고 H_3O^+의 양(mol)은 $10^{-11}\times x\times10^{-3}$ mol이다. 한편 (가)에서 $[H_3O^+]=10^{-7}$ M이고 부피가 10 mL이므로 H_3O^+의 양(mol)은 10^{-9} mol이다. H_3O^+의 양(mol)은 (가)가 (나)의 200배이므로 $10^{-9}=200\times10^{-14}\times x$이고, $x=500$이다.

바로알기 ㄱ. $\dfrac{[H_3O^+]}{[OH^-]}$는 $HCl(aq)$ > $H_2O(l)$ > $NaOH(aq)$이다. 따라서 (나)는 $NaOH(aq)$이고, (다)는 $HCl(aq)$이며, (가)는 $H_2O(l)$이다.

ㄷ. (나)의 $[OH^-]=10^{-3}$ M이므로 pOH=3이다.

(다)의 $\dfrac{[H_3O^+]}{[OH^-]}=10^6$이다. (다)에서 $[H_3O^+]=z$ M이라고 하면 $[OH^-]=\dfrac{10^{-14}}{z}$이고 $\dfrac{[H_3O^+]}{[OH^-]}=\dfrac{z^2}{10^{-14}}=10^6$이므로 $z=10^{-4}$이다. 이로부터 $[H_3O^+]=10^{-4}$ M이므로 pH=4이다.

따라서 $\dfrac{\text{(나)의 pOH}}{\text{(다)의 pH}}=\dfrac{3}{4}<1$이다.

18. 중화 반응에서의 양적 관계

(가)~(다)에서 혼합 전 각 수용액에 들어 있는 이온의 종류와 양(mol)×1000은 다음과 같다.

혼합 수용액	HA(aq)		H_2B(aq)		NaOH(aq)	
	H^+	A^-	H^+	B^{2-}	Na^+	OH^-
(가)	$2ax$	$2ax$	$2bx$	bx	0	0
(나)	0	0	$2bx$	bx	cy	cy
(다)	$2ax$	$2ax$	$2cx$	cx	by	by

(가)의 액성은 산성이므로 가장 많은 수로 존재하는 이온은 H^+이고, (가)에 들어 있는 모든 이온 수의 비가 1 : 1 : 3이므로 A^- 수와 B^{2-} 수는 같다. 이로부터 $2ax=bx$이고, $b=2a$이다. 따라서 (가)~(다)에서 혼합 전 각 수용액에 들어 있는 이온의 종류와 양(mol)×1000은 다음과 같이 나타낼 수 있다.

혼합 수용액	HA(aq)		H_2B(aq)		NaOH(aq)	
	H^+	A^-	H^+	B^{2-}	Na^+	OH^-
(가)	$2ax$	$2ax$	$4ax$	$2ax$	0	0
(나)	0	0	$4ax$	$2ax$	cy	cy
(다)	$2ax$	$2ax$	$2cx$	cx	$2ay$	$2ay$

(다)에서 모든 이온 수의 비가 1 : 1 : 3으로 존재하므로 이온의 종류가 3가지이다. 따라서 (다)의 액성은 중성이다. 이로부터 혼합 전 용액의 H^+의 양(mol)과 OH^-의 양(mol)이 같으므로 $2(a+c)x=2ay$에서 $ay=(a+c)x$이고, (다)에 존재하는 A^-, B^{2-}, Na^+의 양(mol)×1000은 다음과 같다.

A^-	B^{2-}	Na^+
$2ax$	cx	$2(a+c)x$

Na^+ 수 > A^- 수이므로 이온 수비는 $Na^+ : A^- : B^{2-}=3 : 1 : 1$이고, $2(a+c)x=3cx$에서 $c=2a$이다. 따라서 $ay=(a+c)x$에서 $y=3x$이고, (나)에서 혼합 전 각 이온의 양(mol)×1000은 다음과 같다.

H^+	B^{2-}	Na^+	OH^-
$4ax$	$2ax$	$cy=6ax$	$cy=6ax$

따라서 $\dfrac{y}{x}\times\dfrac{\text{(나)에 존재하는 } Na^+\text{의 양(mol)}}{\text{(나)에 존재하는 } B^{2-}\text{의 양(mol)}}=\dfrac{3x}{x}\times\dfrac{6ax}{2ax}=9$이다.

19. 화학 반응의 양적 관계

Ⅰ에서 B가 모두 반응하였고, 반응 후 생성물의 전체 질량이 $21w$ g 이므로 반응한 A와 B의 질량의 합도 $21w$ g이다. 따라서 Ⅰ에서 반응한 A와 B의 질량은 각각 $5w$ g, $16w$ g이고, 반응 후 남은 A의 질량은 $10w$ g이다. 이때 A와 B의 반응 계수비가 A : B$=1:4$이므로 분자량 비는 A : B$=5:4$이다.

반응 몰비는 A : B : (C+D)$=1:4:5$이므로 A $5w$ g과 B $4w$ g의 양(mol)을 각각 a mol이라 하면 Ⅰ에서 반응 후 A $2a$ mol이 남고, 생성물의 전체 양(mol)은 $5a$ mol이므로

$$\frac{\text{생성물의 전체 양(mol)}}{\text{남아 있는 반응물의 양(mol)}}=\frac{5}{2}$$ 이다. 이때 Ⅰ과 Ⅱ에서 이 값의 상

댓값이 각각 3, 2이므로 Ⅱ에서 이 값의 실젯값은 $\frac{5}{3}$이다. 또한 Ⅱ에

서 B xw g의 양(mol)은 $\frac{x}{4}a$ mol이고, B가 모두 반응하였으므로

반응 후 남아 있는 A의 양(mol)은 $\left(2a-\frac{x}{16}a\right)$ mol이며, 반응 후

생성물의 전체 양(mol)은 $\frac{5x}{16}a$ mol이다. 따라서 $\dfrac{\frac{5x}{16}a}{2a-\frac{x}{16}a}=\dfrac{5}{3}$

이고, $x=8$이다. Ⅲ에서 반응 전 A $10w$ g과 B $48w$ g의 양(mol)은 각각 $2a$ mol, $12a$ mol이며, 반응 후 B $4a$ mol이 남고, 생성물의 전체 양(mol)은 $10a$ mol이므로 $\dfrac{\text{생성물의 전체 양(mol)}}{\text{남아 있는 반응물의 양(mol)}}$

$=\dfrac{5}{2}$로 Ⅰ과 같다. 따라서 $y=3$이고, $x+y=8+3=11$이다.

20. 몰과 질량, 원자 수

X의 질량은 X의 양(mol)에 비례하므로 (가)와 (다)에서 X의 몰비는 (가) : (다)$=(am+b):(2am+b+c)=\frac{1}{2}:1$, $b=c$이다.

(나)에서 실린더 속 기체의 양(mol)은 $(2a+b)$ mol이고, (다)에서 실린더 속 기체의 양(mol)은 $(2a+2b)$ mol이다. (나)와 (다)에서 단위 부피당 Y 원자 수비는 (나) : (다)$=\frac{4am+3b}{2a+b}:\frac{4am+3b}{2a+2b}=\frac{5}{3}:1$, $4a=b$이다. (가)에서 전체 원자의 양(mol)은 $(3am+4b)$ mol $=(3am+16a)$ mol이고, (다)에서 전체 원자의 양(mol)은 $(6am+4b+c\times(m+1))$ mol$=(10am+20a)$ mol이다. (가)와 (다)에서 전체 원자 수비는 (가) : (다)$=(3am+16a):(10am+20a)=\frac{11}{20}:1$, $m=2$이다. 따라서 $\dfrac{b}{a\times m}=\dfrac{4a}{a\times2}=2$이다.

실전 예상 모의고사 1회   16쪽~19쪽

1. ⑤	2. ②	3. ③	4. ⑤	5. ③
6. ③	7. ②	8. ④	9. ③	10. ④
11. ④	12. ③	13. ⑤	14. ④	15. ②
16. ④	17. ①	18. ⑤	19. ③	20. ⑤

1. 화학 반응식과 화학의 유용성

ㄱ. (가)는 NH_3이므로 비료의 원료로 사용할 수 있다.

ㄴ. (나)는 Fe이므로 철근 콘크리트 등의 건축 재료로 활용된다.

ㄷ. (다)는 CH_4으로 탄화수소이다. CH_4은 천연가스의 주성분으로 화석 연료이다.

2. 화학 반응에서의 양적 관계

그래프에서 A 4 g과 일정량의 B가 반응하여 생성된 C의 질량이 5 g 이므로 반응한 B의 질량은 1 g이다. 이로부터 반응하는 질량비는 A : B : C$=4:1:5$이다. 질량비가 A : B$=4:1$이므로 (나)에서 A 2.0 g과 B 2.5 g을 반응시킬 때 질량 관계는 다음과 같다.

$$2A(g)+bB(g)\longrightarrow 2C(g)$$

반응 전(g)	2.0	2.5	
반응(g)	-2.0	-0.5	$+2.5$
반응 후(g)	0	2.0	2.5

실험 결과에서 B와 C의 분자 수비가 2 : 1로 제시되었으므로 분자량의 비는 B : C$=\dfrac{2.0}{2}:\dfrac{2.5}{1}=2:5$이다. 또한, 화학 반응식의 계수비로 보아 반응한 A와 생성된 C의 분자 수가 같고 이때 질량이 각각 2.0 g, 2.5 g이므로 A와 C의 분자량의 비는 A : C$=2:2.5=4:5$이다. 이로부터 분자량의 비는 $M_A:M_B:M_C=4:2:5$이다.

화학 반응식의 계수비는 몰비와 같으므로 A : B$=2:b=\dfrac{2.0}{4}:\dfrac{0.5}{2}$ 이다. 따라서 B의 반응 계수 b는 1이다.

(다)에서 꼭지를 열어 반응시킬 때 질량 관계는 다음과 같다.

$$2A(g)+B(g)\longrightarrow 2C(g)$$

반응 전(g)	w	2.0	2.5
반응(g)	-8.0	-2.0	$+10.0$
반응 후(g)	$w-8.0$	0	12.5

실험 결과에서 A와 C의 몰비가 2 : 5로 제시되었으므로 다음 관계가 성립한다.

$$\frac{w-8}{4}:\frac{12.5}{5}=2:5 \quad \therefore w=12.0$$

3. 화학 반응에서의 양적 관계

반응 후 C의 질량은 실험 Ⅱ에서가 실험 Ⅰ에서보다 2배 많으므로 반응한 A, B의 질량은 실험 Ⅱ에서가 실험 Ⅰ에서의 2배이다. 실험 Ⅰ에서 A가 모두 반응하였다면, 반응 후 C의 질량은 8 g보다 커야 하므로 실험 Ⅰ에서는 B가 모두 반응한 것이다. 실험 Ⅱ에서 B가 모두 반응하였다면, 실험 Ⅱ에서가 실험 Ⅰ에서보다 반응 전 질량이 A는 $\dfrac{2}{3}$배, B는 2배이므로 전체 기체의 부피는 2배가 아니다. 따라서 실험 Ⅱ에서는 A가 모두 반응하였다. 실험 Ⅱ에서 반응한 A의 질량은 14 g이고, 생성된 C의 질량은 16 g이므로 반응 질량비는 A : B : C$=14:2:16=7:1:8$이다. 반응 몰비는 A : C$=1:1$이므로 분자량비는 A : C$=7:8$이다.

A 7 g을 1몰, C 8 g을 1몰이라고 가정하면 실험 Ⅰ에서 $x=1$이므로 B의 양(mol)은 2몰이다. 실험 Ⅱ에서 Z는 8몰이어야 하므로 $z=4$이다. 실험 Ⅰ, Ⅱ에서 양적 관계는 다음과 같다.

[실험 Ⅰ] $A(g)+bB(g)\longrightarrow C(g)$

반응 전(mol)	3	2	0	$(5V)$
반응(mol)	-1	-2	$+1$	
반응 후(mol)	2	0	1	$(3V)$

[실험 Ⅱ] $A(g)+bB(g)\longrightarrow C(g)$

반응 전(mol)	2	8	0	$(10V)$
반응(mol)	-2	-4	$+2$	
반응 후(mol)	0	4	2	$(6V)$

$b=2$이고, 실험 Ⅰ에서 반응 후 기체의 부피는 $3V$이므로 $y=3$이다.

따라서 $\dfrac{b\times z}{x\times y}=\dfrac{2\times4}{1\times3}=\dfrac{8}{3}$이다.

4. 퍼센트 농도와 몰 농도

ㄱ. (가)에 녹아 있는 A의 양(mol)은 $0.1 \text{ M} \times 0.5 \text{ L} = 0.05$몰이므로 질량은 $0.05 \text{ mol} \times 40 \text{ g/mol} = 2 \text{ g}$이다.

ㄴ. 수용액에 녹아 있는 A의 양(mol)은 (나) $0.2 \text{ M} \times 0.2 \text{ L} = 0.04$몰이고, (다) $0.4 \text{ M} \times 0.1 \text{ L} = 0.04$몰로 서로 같다.

ㄷ. (가)~(다)를 모두 혼합한 후 전제 부피를 1 L로 만든 수용액에는 A 0.13몰이 들어 있으므로 A의 질량은 $0.13 \text{ mol} \times 40 \text{ g/mol} = 5.2 \text{ g}$이다. 모든 수용액의 밀도는 1 g/mL이므로 퍼센트 농도

$$(\%) = \frac{5.2 \text{ g}}{1000 \text{ g}} \times 100 = 0.52 \text{ \%}$$이다.

5. 원자의 전자 배치

주어진 조건에 부합하는 원자 A~D의 전자 배치는 A: $1s^2 2s^2 2p^1$, B: $1s^2 2s^2 2p^6 3s^2$, C: $1s^2 2s^2 2p^3$, D: $1s^2 2s^2 2p^6 3s^2 3p^3$이다.

ㄱ. 2주기 원소는 A와 C 2가지이다.

ㄴ. 원자가 전자 수는 D가 5이고, A가 3이므로 D가 A보다 크다.

바로알기 ㄷ. B와 D는 3주기 원소이고, 원자 번호가 D가 B보다 크므로 원자가 전자가 느끼는 유효 핵전하는 D가 B보다 크다.

6. 바닥상태와 들뜬상태의 전자 배치

ㄷ. (가)는 바닥상태이고, (나)는 들뜬상태이므로 (나)에서 (가)로 될 때 에너지를 방출한다.

바로알기 ㄱ. 다전자 원자에서는 주 양자수가 같더라도 오비탈의 모양에 따라 에너지 준위가 다르다. L 껍질의 $2s$ 오비탈은 $2p$ 오비탈보다 에너지 준위가 낮다.

ㄴ. (나)에서 K 껍질에 전자가 들어 있는 오비탈은 $1s$ 1개, L 껍질에 전자가 들어 있는 오비탈은 $2s$ 1개, $2p$ 3개이고, M 껍질에 전자가 들어 있는 오비탈은 1개이다. 따라서 전자가 들어 있는 오비탈 수는 6이다.

7. 원자의 전자 배치

X와 Y는 2주기 원자이므로 전자 수는 3~10이다. 이때 전자 수비는 X : Y=1 : 2이고, 전자가 들어 있는 오비탈 수비는 X : Y=2 : 5이므로 가능한 전자 수는 (4, 8)인 경우 뿐이다. 따라서 두 원자의 전자 배치는 X가 $1s^2 2s^2$이고, Y가 $1s^2 2s^2 2p^4$이다.

ㄴ. Y에서 s 오비탈과 p 오비탈에 들어 있는 전자 수가 같으므로 $\dfrac{p \text{ 오비탈의 전자 수}}{s \text{ 오비탈의 전자 수}} = 1$이다.

바로알기 ㄱ. 바닥상태에서 홀전자 수는 X가 0이고, Y가 2이므로 홀전자 수의 합은 2이다.

ㄷ. Y가 바닥상태 Y^-이 될 때 전자는 $2p$ 오비탈에 채워지므로 전자가 들어 있는 p 오비탈 수는 변하지 않는다.

8. 원소의 주기적 성질

원자 번호가 7, 8, 11, 12인 원소가 Ne과 같은 전자 배치를 갖는 이온이 될 때 전자 수가 같으므로 핵전하가 작을수록 이온 반지름이 크다. 이로부터 B는 원자 번호가 7인 질소(N), C는 산소(O), A는 나트륨(Na), D는 마그네슘(Mg)이다.

ㄱ. 제시된 원소의 전기 음성도는 O>N>Mg>Na이므로 '전기 음성도'는 (가)로 적절하다.

ㄷ. B와 C는 모두 2주기 원소이고 원자 번호는 B<C이므로 원자 반지름은 B>C이다.

바로알기 ㄴ. A와 D는 모두 3주기 원소이고 원자 번호는 A<D이므로 원자가 전자가 느끼는 유효 핵전하는 A<D이다.

9. 원자의 전자 배치

ㄱ. B(s)는 금속 결정이므로 금속 양이온과 자유 전자가 정전기적 인력으로 결합하고 있다.

ㄴ. BD에서 양이온은 B^+이고, CA에서 양이온은 C^{2+}이다. B^+과 C^{2+}은 전자 수가 같고 원자핵의 전하량은 C^{2+}이 B^+보다 크므로 이온 반지름은 B^+이 C^{2+}보다 크다.

바로알기 ㄷ. AD_2는 비금속 원소의 원자가 전자쌍을 공유하여 결합한 물질이므로 액체 상태에서 전기 전도성이 없다.

10. 분자의 특성

제시된 분자 CH_4, NH_3, HCN에 대한 분자의 특성 (가)~(다)에 해당하는 분자를 분류하면 다음과 같다.

분자의 특성	예	아니요
(가)	CH_4, NH_3	HCN
(나)	CH_4, NH_3	HCN
(다)	NH_3, HCN	CH_4

(가), (나), (다)에 모두 적용되는 분자는 NH_3이고, (가)와 (나)에 적용되는 분자 CH_4과 NH_3 중 (가), (나), (다)에 모두 적용되는 NH_3를 제외한 분자가 ㉠에 해당하므로 ㉠에 해당하는 분자는 CH_4이다. (나)와 (다)에 적용되는 분자 중 (가), (나), (다)에 모두 적용되는 NH_3를 제외한 분자가 ㉡에 해당하므로 ㉡에 해당하는 분자 수는 0이다. (다)에만 해당하는 분자는 HCN 1가지이다.

11. 전기 음성도

XY에서 Y가 부분적인 음전하(δ^-)를 띠므로 전기 음성도는 Y>X이다. XZ에서 Z가 부분적인 음전하(δ^-)를 띠므로 전기 음성도는 Z>X이다. ZY에서 Y가 부분적인 음전하(δ^-)를 띠므로 전기 음성도는 Y>Z이다. 따라서 X~Z의 전기 음성도는 Y>Z>X이다.

12. 이온 결합 물질과 공유 결합 물질의 특징

ㄱ. 주어진 원소들로 이루어진 물질의 가능한 화학식은 NaF, MgO, Na_2O, MgF_2, OF_2이다. 이로부터 A는 O, B는 Mg, C는 F, D는 Na이다. 따라서 (가)는 MgO로 이온 결합 물질이므로 액체 상태에서 전기 전도성이 있다.

ㄴ. (나)는 OF_2이다. 전기 음성도는 A(O)가 C(F)보다 작으므로 A는 부분적인 양전하(δ^+)를 띤다.

바로알기 ㄷ. C(F)와 D(Na)는 1 : 1의 개수비로 결합하여 화합물을 형성하므로 C와 D로 이루어진 안정한 화합물의 화학식은 DC이다.

13. 동적 평형

ㄱ. (가), (나) 모두 동적 평형을 이루었다.

ㄴ. (가), (나) 모두 물의 증발과 수증기의 응축이 진행되므로 가역 반응이다.

ㄷ. 동적 평형을 이루었으므로 같은 시간 동안 증발하는 물 분자 수와 응축하는 수증기 분자 수가 같다. 따라서 물의 양이 변하지 않는다.

14. 화학 결합 모형과 옥텟 규칙

화합물 AB에서 공유 전자쌍 수는 1이고 비공유 전자쌍 수는 A가 0, B가 3이므로 A는 1주기 1족 원소인 수소(H), B는 2주기 17족 원소인 플루오린(F)이다. 화합물 CD에서 C^{2+}의 전자 수는 10이고 전하는 +2이므로 C의 양성자수는 12이며, D^{2-}의 전자 수는 10이고 전하는 -2이므로 D의 양성자수는 8이다. 따라서 C는 3주기 2족 원소인 마그네슘(Mg), D는 2주기 16족 원소인 산소(O)이다.

ㄴ. (나)에서 원자 수비가 B : C=2 : 1이므로 (나)는 $CB_2(MgF_2)$인 이온 결합 물질이다. 이온 결합 물질은 액체 상태에서 전기 전도성이 있다.

ㄷ. (나)에서 C 1개는 전자 2개를 잃어 C^{2+}이 되고, B 2개는 각각 전자 1개를 얻어 B^-이 되므로 (나)에서 B와 C는 모두 Ne의 전자 배치를 갖는다.

바로알기 ㄱ. (가)에서 원자 수비가 A : D=1 : 1이므로 (가)는 $A_2D_2(H_2O_2)$이다. 즉, 비금속 원소의 원자끼리 결합하여 형성된 물질이므로 공유 결합 물질이다.

15. 중화 적정에서 이온 수 변화

(가)에는 ▲과 ○만 존재하다가 (나)에서 $NaOH(aq)$을 넣어 주면 ▲이 존재하지 않는다. 따라서 ▲은 H^+, ○은 Cl^-이고, (가) 용액의 액성은 산성이다. ■은 (가)에는 존재하지 않다가 (나)에서 $NaOH(aq)$을 넣어 주었을 때 존재하므로 Na^+이다. △은 (나)에서 존재하지 않다가 (다)에서 나타나므로 OH^-이고, (다) 용액의 액성은 염기성이다. (나)에서 OH^-은 모두 중화 반응에 참여하여 존재하지 않으므로 (나) 용액의 액성은 중성이다.

ㄴ. (가)는 산성, (나)는 중성, (다)는 염기성이므로 pH는 (다)>(나)>(가)이다.

바로알기 ㄱ. ▲은 H^+, ○은 Cl^-, ■은 Na^+, △은 OH^-이다. 따라서 ○, ■은 구경꾼 이온이고, ▲, △은 반응에 참여하는 이온이다.

ㄷ. 중화점까지 넣어 준 $NaOH(aq)$의 부피가 $HCl(aq)$의 부피보다 작으므로 몰 농도는 $HCl(aq)$이 $NaOH(aq)$보다 작다.

16. 수소 이온 농도와 pH

ㄱ. ●은 (가)와 (나)에 공통으로 존재하므로 H^+이다.

ㄴ. 25 °C에서 물의 이온화 상수 $K_w=[H^+][OH^-]=1.0×10^{-14}$이므로 $[H^+]$가 클수록 $[OH^-]$는 작다. 따라서 $[OH^-]$는 (가)가 (나)보다 작다.

바로알기 ㄷ. $[H^+]$는 (가)가 (나)보다 크므로 수용액의 pH는 (가)가 (나)보다 작다.

17. 중화 반응에서의 양적 관계

ㄱ. b에서 H^+이 더 이상 존재하지 않으므로 중화 반응이 완결되었음을 알 수 있다. 중화점인 b에서 넣어 준 OH^-의 양(mol)과 반응한 H^+의 양(mol)이 같으므로 HA 수용액의 몰 농도는 0.1 M이다.

바로알기 ㄴ. 혼합 용액은 a에서 산성이고 b에서 중성이므로 혼합 용액의 pH는 a가 b보다 작다.

ㄷ. a의 혼합 용액에 BTB 용액을 넣으면 노란색을 나타낸다.

18. 산화 환원 반응

ㄴ. (나)에서 Sn의 산화수는 반응물인 $SnCl_2$에서 +2이고, 생성물인 $SnCl_4$에서 +4이다. $SnCl_2$은 다른 물질(HNO_2)을 환원시키고 자신은 산화되므로 환원제이다.

ㄷ. (나)에서 N의 산화수는 HNO_2에서 +3이고, NO에서 +2이다.

바로알기 ㄱ. (가)에서 산화수가 변화된 원자나 물질이 없으므로 (가)는 산화 환원 반응이 아니다. (가)는 산과 염기의 중화 반응이다.

19. 산화 환원 반응

ㄱ. $a=2$, $b=1$, $c=2$이므로 $a+b+c=5$이다.

ㄴ. Mg은 산화수가 0에서 +2로 증가하므로 산화된다.

바로알기 ㄷ. CO_2는 환원되고, Mg은 산화되므로 CO_2는 산화제로 작용한다.

20. 화학 반응에서 출입하는 열의 측정

과자가 연소할 때 방출하는 열량은 물이 흡수하는 열량과 같으므로, '물이 얻은 열량=물의 비열×물의 질량×물의 온도 변화'이므로 $Q=c×m×Δt$의 관계식을 이용하여 구할 수 있다. 이때 과자 1 g이 연소할 때 방출하는 열량을 구하는 것이므로 연소한 과자의 질량도 필요하다.

실전 예상 모의고사 2회
20쪽~23쪽

1. ②	2. ⑤	3. ⑤	4. ④	5. ②
6. ②	7. ④	8. ④	9. ⑤	10. ③
11. ⑤	12. ④	13. ⑤	14. ⑤	15. ③
16. ③	17. ①	18. ③	19. ②	20. ⑤

1. 탄소 화합물

ㄷ. (다)는 C_2H_5OH이다. 에탄올은 소독용 약품으로 사용된다.

바로알기 ㄱ. (가)는 CH_4이고, (나)는 CH_3COOH이므로 (가)는 연료로 사용하지만, (나)는 식초, 의약품에 사용한다.

ㄴ. (나)를 이루는 탄소 원자 중 1개는 4개의 원자와 결합하지만, 1개의 탄소 원자는 C, O, O의 3개의 원자와 결합한다.

2. 화학 반응에서의 양적 관계

ㄱ. 반응식으로부터 질량 관계는 2A+B=2C이므로 A와 C의 분자량을 이에 대입하면 B=16이다. 따라서 분자량비는 B : C=16 : 23이다.

ㄴ. 분자량비가 A : B=15 : 16이므로 화학 반응식의 계수를 이용하면 반응 질량비는 A : B=30 : 16=15 : 8이다. 따라서 (가)에서 A가 모두 소모되면 B는 3.2 g이 남는다. 분자량비는 A : B : C=15 : 16 : 23이고, 남은 B의 질량은 3.2 g, 생성된 C의 질량은 9.2 g이므로 이를 분자량으로 나누어 몰비를 구하면 B : C=$\frac{3.2}{16n}$: $\frac{9.2}{23n}$=1 : 2이다.

ㄷ. (가)에서 반응 질량비는 A : B=6.0 : 3.2이므로 ㉠은 3.2이다. (나)에서의 반응 질량비도 (가)와 같으므로 ㉡은 3.0이다. (가)와 (나)에서 생성된 C의 질량이 같으므로 C의 양(mol)도 같다. (가)에서 남은 B의 질량이 3.2 g이고 B의 분자량이 $16n$이며, (나)에서 남은 A의 질량이 3.0 g이고, A의 분자량이 $15n$이므로 남은 기체의 몰비도 같다. 따라서 ㉢은 1이고, ㉠+㉡+㉢=3.2+3.0+1=7.2이다.

3. 화학 반응에서의 양적 관계

ㄱ. (가)의 분자당 원자 수가 3이고 전체 원자 수가 $3N$이므로 AB_2 2 g을 n몰이라 하면 (나)의 분자당 원자 수가 4이므로 전체 원자 수가 $8N$인 5 g은 $2n$몰이다. 따라서 AB_3 2.5 g이 n몰이므로 A : B의 원자량비=2 : 1이다.

ㄴ. AB_2 2 g 속 A의 질량은 1 g, B의 총질량은 1 g이므로 $AB(g)$ 1.5 g 속 A의 질량은 1 g, B의 질량은 0.5 g이다. 분자 수는 (가)에 들어 있는 AB_2와 같은 n몰이므로 전체 원자 수는 $2N$이다.

ㄷ. 전체 원자 수 같을 때 몰비는 AB_2 : AB_3=4 : 3인데, n몰당 질량비는 AB_2 : AB_3=2 : 2.5이므로 전체 원자 수 같을 때의 질량비는 AB_2 : AB_3=8 : 7.5=16 : 15이다.

4. 몰 농도

A의 화학식량이 40이므로 (가)에서 A(s)의 양(mol)은 0.1몰이고 (나)에서 사용한 부피 플라스크가 100 mL이므로 $y=\dfrac{0.1\ \text{mol}}{0.1\ \text{L}}=$ 1.0 M이다. (나)의 수용액 10 mL에 들어 있는 A(s)의 양(mol)은 $1\ \text{M}\times0.01\ \text{L}=0.01$몰이므로 이 수용액의 부피가 500 mL가 되면 몰 농도는 $\dfrac{0.01\ \text{mol}}{0.5\ \text{L}}=0.02\ \text{M}$ 이다. 따라서 $x+y=1.02$이다.

5. 화학 반응에서의 양적 관계

넣어 준 B의 질량이 $4w$ g일 때까지 밀도가 증가하므로 $4w$ g에서 A w g이 모두 반응한 것이다. A(g) w g의 밀도는 $4n$이므로 A(g)의 양(mol)은 $\dfrac{w}{4n}$몰이다. B(g) 4 w g이 모두 반응하였을 때 C(g)만 존재하고 전체 질량은 $5w$ g이므로 C(g)의 양(mol)은 $\dfrac{w}{2n}$몰이다. 따라서 $a:c=1:2$이다. B(g) $8w$ g을 넣어 주었을 때 전체 기체의 질량은 $9w$ g이고 밀도가 $9n$이므로 기체의 양(mol)은 $\dfrac{w}{n}$몰이다. 이때 C(g)의 양(mol)은 $\dfrac{w}{2n}$몰이므로 B(g)의 양(mol)도 $\dfrac{w}{2n}$몰이다. B(g) $4w$ g은 $\dfrac{w}{2n}$몰이고 A(g)가 모두 반응하였을 때 B(g)의 양(mol)은 A(g)의 2배이므로 $b=2$이다. 따라서 화학 반응식은 $A(g)+2B(g)\longrightarrow 2C(g)$이고, 반응 질량비는 $A:B:C=1:4:5$이므로 분자량비는 $B:C=4:5$이다. 따라서 $\dfrac{\text{C의 분자량}}{\text{B의 분자량}}=\dfrac{5}{4}$이다.

6. 원자와 이온의 전자 배치

ㄴ. (나)는 $2p$ 오비탈 중 하나에 스핀 방향이 같은 전자 2개가 들어 있으므로 파울리 배타 원리에 위배된다.

바로알기 ㄱ. (가)는 에너지 준위가 같은 $2p$ 오비탈의 홀전자 수가 최대가 되는 전자 배치가 아니므로 훈트 규칙에 위배되는 들뜬상태이다.

ㄷ. (다)는 바닥상태 산소 원자의 전자 배치이다. (라)에서 전자 수는 7로 O$^+$의 전자 배치이지만, 훈트 규칙에 위배되므로 들뜬상태이다. O의 제1 이온화 에너지는 바닥상태인 기체 상태의 산소 원자 1몰에서 전자 1몰을 떼어내어 바닥상태인 기체 상태의 O$^+$ 1몰을 만들 때 필요한 에너지이다. 따라서 (다)와 (라)의 에너지 차이는 O의 제1 이온화 에너지보다 작다.

7. 원자와 이온의 전자 배치

p 오비탈의 전자 수와 p 오비탈의 홀전자 수가 같은 전자 배치는 $1s^22s^22p^1$, $1s^22s^22p^2$, $1s^22s^22p^3$이다. A는 전자 1개를 잃고 $+1$의 양이온이 될 때 p 오비탈의 전자 수와 p 오비탈의 홀전자 수가 같으므로 $1s^22s^22p^2$와 $1s^22p^22p^3$의 전자 배치가 가능하고, B는 전자 1개를 얻어 -1의 음이온이 될 때 p 오비탈의 전자 수가 p 오비탈의 홀전자 수의 2배가 되므로 B의 전자 배치는 $1s^22s^22p^3$이다. 그런데 A와 B는 서로 다른 원소이므로 A의 전자 배치는 $1s^22s^22p^2$이다.

ㄴ. p 오비탈의 홀전자 수는 A가 2, B가 3이므로 A$<$B이다.

바로알기 ㄱ. 원자가 전자가 들어 있는 주 양자수는 A와 B가 2로 서로 같다.

ㄷ. p 오비탈의 전자 수는 A가 2, B가 3이므로 A$<$B이다.

8. 원자의 전자 배치

X와 Y는 같은 주기 원소이고, p 오비탈에 들어 있는 전자 수는 X가 Y의 5배이므로 X의 전자 배치는 $1s^22s^22p^5$이고, Y의 전자 배치는 $1s^22s^22p^1$이다. X$^-$과 Z$^+$의 전자 수가 같으므로 Z의 전자 배치는 $1s^22s^22p^63s^1$이다.

ㄱ. Z는 3주기 원소이다.

ㄴ. Y에서 전자가 들어 있는 오비탈 수는 3이다.

바로알기 ㄷ. 각 원자의 홀전자 수는 X가 1, Y가 1, Z가 1이므로 X $\sim$Z의 홀전자 수의 합은 3이다.

9. 원소의 주기적 성질

제시된 원자 F, Mg, Al의 제1 이온화 에너지는 F$>$Mg$>$Al이다. 또 Ne의 전자 배치를 갖는 이온이 될 때 음이온이 되는 F의 이온 반지름은 원자 반지름보다 크고, 양이온이 되는 Mg, Al의 이온 반지름은 원자 반지름보다 작다. 이로부터 $\dfrac{\text{이온 반지름}}{\text{원자 반지름}}>1$인 Z는 F이고, X와 Y는 각각 Mg, Al 중 하나이다. 이때 제1 이온화 에너지가 X$>$Y이므로 X는 Mg, Y는 Al이다.

ㄱ. X와 Y는 3주기 원소이고 원자 번호는 X$<$Y이므로 원자 반지름은 X$>$Y이다.

ㄴ. 전기 음성도는 F이 가장 크므로 Z$>$Y이다.

ㄷ. X와 Y의 제2 이온화 에너지는 다음과 같은 전자 배치를 갖는 $+1$의 이온에서 전자 1개를 떼어낼 때 필요한 에너지이다.
X(Mg): $1s^22s^22p^63s^1$　　　Y(Al): $1s^22s^22p^63s^2$
따라서 제2 이온화 에너지는 Y$>$X이다.

10. 양자수와 오비탈

$n+l=3$이 가능한 조합은 (2, 1), (3, 0)이다. n, l의 조합이 (2, 1)인 오비탈은 $2p$ 오비탈이고, (3, 0)인 오비탈은 $3s$ 오비탈이다. X에서 $n+l=3$인 오비탈에 들어 있는 전자 수가 7이므로 X에서 $2p$ 오비탈에 들어 있는 전자 수는 6이고, $3s$ 오비탈에 들어 있는 전자 수는 1이다. 따라서 X의 바닥상태 전자 배치는 $1s^22s^22p^63s^1$이고, Z의 전자 배치는 $1s^22s^22p^63s^23p^1$이고, Y의 전자 배치는 $1s^22s^22p^63s^2$이다.

ㄱ. X$\sim$Z는 모두 3 주기 원소이고, 원자 번호는 Z$>$X이므로 원자가 전자 수는 Z$>$X이다.

ㄷ. Z는 3주기 원소이다.

바로알기 ㄴ. Y는 3주기 금속 원소이므로 18족 원소의 전자 배치를 갖는 안정한 이온이 될 때 전자를 잃고 양이온이 된다. 따라서 이온 반지름이 원자 반지름보다 작으므로 $\dfrac{\text{이온 반지름}}{\text{원자 반지름}}<1$이다.

11. 이온 결합 물질과 공유 결합 물질의 화학 결합 모형

ㄱ. AB는 양이온과 음이온이 정전기적 인력으로 결합한 이온 결합 물질이므로 액체 상태에서 전기 전도성이 있다.

ㄴ. B는 2주기 16족 원소이고, C는 2주기 17족 원소이다. 따라서 B$_2$에는 2중 결합이, C$_2$에는 단일 결합이 있으므로 공유 전자쌍의 수는 B$_2$가 C$_2$의 2배이다.

ㄷ. AC$_2$는 이온 결합 물질이므로 AB와 화학 결합의 종류가 같다.

12. 화학 결합의 종류에 따른 물질의 성질

얼음은 분자들이 분자 사이에 작용하는 힘으로 결합한 분자 결정이다. 흑연과 다이아몬드는 탄소 원자의 공유 결합으로 이루어진 공유 결정이다. 구리는 금속 양이온과 자유 전자가 정전기적 인력으로 결합한 금속 결정이다. 염화 나트륨은 금속의 양이온과 비금속의 음이온이 정전기적 인력으로 결합한 이온 결정이다. 따라서 A에는 얼음이, B에는 다이아몬드나 흑연이, C에는 구리나 염화 나트륨이 해당된다.

13. 전기 음성도의 주기성
ㄱ. 같은 주기에서는 원자 번호가 커질수록 대체로 전기 음성도가 커지므로 주어진 원소의 원자 번호는 A<B<C<D<E이다. 따라서 원자가 전자 수는 A가 가장 작다.
ㄴ. C_2는 같은 종류의 원자 사이의 결합으로 형성되므로 무극성 공유 결합을 한다. 따라서 C_2의 쌍극자 모멘트는 0이다.
ㄷ. DE_2에서 전기 음성도는 E>D이므로 공유 전자쌍은 E 원자 쪽에 치우쳐 있다. 따라서 D 원자는 부분적인 양전하(δ^+)를 띤다.

14. 루이스 전자점식
ㄱ. (가)~(다)에서 중심 원자 주위의 전자쌍 수는 4로 같고, 비공유 전자쌍 수는 (가)<(나)<(다)이므로 결합각은 (가)>(나)>(다)이다.
ㄴ. (가)와 (나)의 분자량은 비슷하고, (가)는 무극성 분자, (나)는 극성 분자이므로 끓는점은 (나)가 (가)보다 높다.
ㄷ. (가)는 무극성 분자, (나)는 극성 분자이므로 극성 물질인 (다)에 대한 용해도는 (나)가 (가)보다 크다.

15. 물질의 극성
ㄱ. 이온 결합 물질인 $CuCl_2$가 물에 녹아 푸른색을 띠고, X에는 녹지 않은 것으로 보아 X는 무극성 물질이다. n-헥세인은 무극성 물질이므로 X의 예로 'n-헥세인'이 적절하다.
ㄴ. Y는 극성 물질인 물에는 녹지 않고 무극성 물질인 X에만 녹으므로 무극성 물질이다. 따라서 Y의 결합의 쌍극자 모멘트 합은 0이다.
바로알기 ㄷ. I과 IV를 혼합하면 물과 X는 섞이지 않고 층을 이루므로 용액의 몰 농도는 변함이 없어 보라색이 옅어지지 않는다.

16. 중화 반응에서의 양적 관계
실험 II에서 혼합 용액의 액성이 중성이고, 생성된 물 분자 수가 $12n$이므로 $COH(aq)$ 30 mL 속에 들어 있는 OH^- 수는 $12n$이고, 산에 들어 있는 H^+ 수의 합 또한 $12n$이다.
또, $COH(aq)$ 10 mL에 들어 있는 OH^- 수는 $4n$이므로 실험 I에서 $COH(aq)$ 40 mL에는 OH^- $16n$이 들어 있으며, 생성된 물 분자 수가 $11n$이므로 산에 들어 있는 H^+ 수의 합은 $11n$이다.
이로부터 $HA(aq)$과 $HB(aq)$ 10 mL에 들어 있는 H^+ 수를 각각 x, y라고 하면 다음 관계식이 성립한다.
실험 I: $3x+y=11n$ 실험 II: $2x+3y=12n$
∴ $x=3n$, $y=2n$
이로부터 각 실험에서 이온 수는 다음과 같다.

실험	혼합 전			생성된 물 분자 수
	HA(aq)	HB(aq)	COH(aq)	
I	30 mL	10 mL	40 mL	$11n$
	H^+: $9n$	H^+: $2n$	C^+: $16n$	
	A^-: $9n$	B^-: $2n$	OH^-: $16n$	
II	20 mL	30 mL	30 mL	$12n$
	H^+: $6n$	H^+: $6n$	C^+: $12n$	
	A^-: $6n$	B^-: $6n$	OH^-: $12n$	
III	20 mL	40 mL	20 mL	$8n$
	H^+: $6n$	H^+: $8n$	C^+: $8n$	
	A^-: $6n$	B^-: $8n$	OH^-: $8n$	

ㄱ. 실험 I의 혼합 용액에는 반응하지 않고 남은 OH^-이 존재하고, 실험 II에서는 H^+과 OH^-이 모두 반응하였으므로 혼합 용액의 pH는 실험 I이 실험 II보다 크다.
ㄴ. 혼합 용액의 전체 부피는 같고, 중화 반응으로 생성된 물 분자 수는 실험 I이 실험 III보다 크므로 혼합 용액의 최고 온도는 실험 I이 실험 III보다 높다.
바로알기 ㄷ. 실험 III의 혼합 용액에는 반응하지 않고 남은 H^+이 존재하므로 혼합 용액은 산성이다.

17. 산 염기 정의와 산화수 변화
ㄱ. 브뢴스테드·로리 산과 염기에서 산은 다른 물질에게 H^+을 내놓는 물질을, 염기는 다른 물질로부터 H^+을 얻는 물질을 말한다. (가)에서 H_2SO_4은 브뢴스테드·로리 산이다.
바로알기 ㄴ. (나)에서 S의 산화수는 +6으로 반응 전후 변화가 없다.
ㄷ. (가)와 (나)에서 H_2O은 브뢴스테드·로리 염기로 작용한다.

18. 수용액의 pH, pOH
ㄱ. 공통으로 들어 있는 이온이 H_3O^+이므로 ○은 H_3O^+이다.
ㄴ. $[H_3O^+]$가 클수록 pH가 작으므로 pH는 A(aq)>B(aq)이다.
바로알기 ㄷ. 수용액의 온도가 25 °C로 일정하므로 수용액의 pH+pOH 값은 A(aq), B(aq) 모두 14로 같다.

19. 화학 반응에서 출입하는 열량의 측정
학생 B. 열량계가 흡수한 열량을 무시하면 물질 X가 연소할 때 방출한 열량은 열량계 속 물이 흡수하는 열량과 같다. 이를 식으로 나타내면 다음과 같다.
물이 흡수하는 열량(Q)=물의 비열(c)×물의 질량(m)×물의 온도 변화(Δt)
바로알기 학생 A. 화학 반응에서 출입하는 열량은 열량계를 사용하여 측정한다. 화학 반응에서 출입하는 열량을 간단히 측정할 때에는 스타이로폼으로 만든 간이 열량계를 사용하지만, 연소 반응에서 방출하는 열량은 통열량계를 사용하여 측정한다.
학생 C. 물이 흡수하는 열량을 알기 위해서는 물의 비열, 질량, 온도 변화를 알아야 한다.

20. 화학 반응에서 출입하는 열량의 측정
ㄱ. 용액이 얻은 열량(Q)=용액의 비열(c)×용액의 질량(m)×용액의 온도 변화(Δt)이므로 $Q=c(w_1+w_2)(t_2-t_1)$이다.
ㄷ. 과정 (바)의 Q는 산과 염기의 종류에 관계없이 몰당 발생하는 열량이 56 kJ로 같다.
바로알기 ㄴ. $NaOH(aq)$ 200 mL를 넣어 반응시켜도 산의 양이 그대로이므로 중화 반응에 참여하는 산과 염기의 양(mol)이 변하지 않는다. 따라서 Q는 그대로이다.

1. 암모니아의 합성 반응

ㄱ. 암모니아는 질소와 수소를 반응시켜 얻는다. 따라서 ㉠은 질소(N_2)이다.

ㄴ. 암모니아는 2가지 이상의 서로 다른 원소가 결합하여 생성된 물질이므로 화합물이다.

ㄷ. 암모니아 합성 반응은 실온에서 쉽게 일어나지 않고 고온, 고압에서 일어난다.

2. 원자량

ㄱ. X 원자 3개와 Y 원자 1개의 질량이 같으므로 원자량비는 X : Y=1 : 3이다.

ㄴ. 원자량비는 X : Y : Z=1 : 3 : 4이므로 원자 1몰의 질량은 Z가 X의 4배이다.

ㄷ. 1 g의 원자 수는 $\dfrac{1}{분자량}$×(분자 1개를 구성하는 원자 수)이므로 $YZ_2 : Z_2 = \dfrac{3}{11} : \dfrac{2}{8}$이다. 따라서 YZ_2가 Z_2보다 크다.

3. 화학 반응식에서의 양적 관계

w g의 A를 a몰이라 하고, B가 2몰일 때 B가 모두 반응하고 A가 남았다고 가정하면 반응 후 A는 $(a-2)$몰, C는 2몰, D는 $2x$몰이 존재한다.

이때 3가지 기체의 존재비가 1 : 1 : 2이므로 다음 2가지 경우를 생각할 수 있다.

i) $a=6$, $x=1$인 경우   ii) $a=4$, $x=2$인 경우

B가 8몰일 때 A가 모두 반응한다고 가정하고 양적 관계를 위 2가지 경우로 나타내면 다음과 같다.

i)

	A(g)	+	B(g)	⟶	C(g)	+	D(g)
반응 전(mol)	6		8				
반응(mol)	−6		−6		+6		+6
반응 후(mol)	0		2		6		6

➡ 3가지 기체의 존재비가 1 : 3 : 3이 되어 조건에 맞지 않는다.

ii)

	A(g)	+	B(g)	⟶	C(g)	+	2D(g)
반응 전(mol)	4		8				
반응(mol)	−4		−4		+4		+8
반응 후(mol)	0		4		4		8

➡ 3가지 기체의 존재비가 1 : 1 : 2가 되므로 $a=4$, $x=2$이다.

A w g이 들어 있는 실린더에 B 6몰을 넣어 반응시킬 때의 양적 관계는 다음과 같다.

	A(g)	+	B(g)	⟶	C(g)	+	2D(g)
반응 전(mol)	4		6				
반응(mol)	−4		−4		+4		+8
반응 후(mol)	0		2		4		8

따라서 $\dfrac{D의 양(mol)}{남은\ 반응물의\ 양(mol)} = \dfrac{8}{2} = 4$이다.

4. 퍼센트 농도와 몰 농도

(가)에서 수용액의 밀도가 1.0 g/mL이므로 질량은 1.0 g/mL×1000 mL=1000 g이다. 수용액의 퍼센트 농도가 1 %이므로 수용액에 녹아 있는 포도당의 질량은 10 g이다.

(나)에서 수용액에 녹아 있는 포도당의 양(mol)은 0.1 M×0.5 L=0.05몰이고, 포도당의 질량은 0.05 mol×180 g/mol=9 g이다. 따라서 $\dfrac{(가)에서\ 포도당의\ 질량(g)}{(나)에서\ 포도당의\ 질량(g)} = \dfrac{10}{9}$이다.

5. 동위 원소와 평균 원자량

$\dfrac{p\ 오비탈의\ 전자\ 수}{s\ 오비탈의\ 전자\ 수}=1$인 원자 중 전자가 들어 있는 오비탈의 수가 6인 원자의 전자 배치는 $1s^2 2s^2 2p^6 3s^2$이다. 따라서 A의 전자 수는 12이고, 양성자수 또한 12이다. 이때 존재 비율이 가장 큰 ^zA의 중성자수는 양성자수와 같은 12이므로 질량수는 24이고, 원자량은 24이다. 따라서 $a=25$이고, A의 평균 원자량은 24×0.8+25×0.1+26×0.1=24.3이다.

6. 원자의 구성 입자

^aX, ^bY, ^cZ 각각에서 $\dfrac{중성자수}{전자\ 수}=1$이므로 양성자수와 중성자수는 같고, 질량수는 원자 번호의 2배이다. 또, $2s$ 오비탈과 $2p$ 오비탈의 에너지 준위가 같은 X는 전자 수가 1인 $_1$H이므로 ^aX는 ^2_1X이다. Y는 X와 같은 주기이므로 $_2$He이다. 따라서 ^bY는 ^4_2Y이다. 이때 $a=2$, $b=4$이므로 $c=6$이고, ^cZ에서 양성자수와 중성자수가 같으므로 ^cZ는 ^6_3Z이다.

ㄴ. X와 Z는 같은 1족 원소이다.

ㄷ. ^aX와 ^bY의 전자 수의 합은 1+2=3이고, ^cZ에서 중성자수는 3이므로 서로 같다.

바로알기 ㄱ. Y는 1주기 원소이다.

7. 원자의 전자 배치

ㄱ. (가)의 조건에 맞는 전자 배치는 $1s^2 2s^1$이다.

바로알기 ㄴ. (나)의 조건에 맞는 전자 배치는 $1s^2 2s^2 2p^2$이고, (다)의 조건에 맞는 전자 배치는 $1s^2 2s^2 2p^4$이다. 원자가 전자 수는 (나)가 4, (다)가 6이므로 (다)와 (나)의 원자가 전자 수 차는 2이다.

ㄷ. (라)의 전자 배치는 $1s^2 2s^2 2p^3$이므로 원자 번호가 가장 큰 것은 (다)이다.

8. 원자의 전자 배치

ㄴ. 원자핵의 전하량은 B 이온이 C 이온보다 작으므로 이온 반지름은 B 이온이 C 이온보다 크다.

바로알기 ㄱ. B는 쌓음 원리와 훈트 규칙을 만족하므로 바닥상태이다.

ㄷ. DB_2는 금속 원소와 비금속 원소로 이루어진 이온 결합 물질이고, AB_3는 비금속 원소의 원자들이 전자쌍을 공유하여 형성된 공유 결합 물질로 DB_2와 AB_3의 화학 결합의 종류는 다르다.

9. 전자 배치와 원소의 주기적 성질

2주기 원자의 원자가 전자 수(a)와 홀전자 수(b)는 다음과 같다.

원자	Li	Be	B	C	N	O	F	Ne
a	1	2	3	4	5	6	7	0
b	1	0	1	2	3	2	1	0

따라서 B는 O, C는 F이고 A~C의 원자 번호가 연속이므로 A는 N이다.

ㄴ. 제1 이온화 에너지는 A(N)가 B(O)보다 크다.

바로알기 ㄱ. 홀전자 수는 A(N)가 가장 크다.

ㄷ. 전자쌍이 들어 있는 오비탈 수는 C(F)가 B(O)보다 크다.

10. 전자 배치와 원소의 주기적 성질

2주기 원소의 전자가 들어 있는 오비탈 수에 따른 전자 배치는 다음과 같다.

오비탈 수	전자 배치
2	$1s^2 2s^1$, $1s^2 2s^2$
3	$1s^2 2s^2 2p^1$
4	$1s^2 2s^2 2p^2$
5	$1s^2 2s^2 2p^3$, $1s^2 2s^2 2p^4$, $1s^2 2s^2 2p^5$, $1s^2 2s^2 2p^6$

제1 이온화 에너지로부터 A~E에 해당하는 원소는 다음과 같다.

A	B	C	D	E
Be	Li	B	N	O

ㄱ. 원자 반지름은 A(Be)가 C(B)보다 크다.

ㄷ. $\dfrac{\text{제2 이온화 에너지}}{\text{제1 이온화 에너지}}$ 는 1족 원소인 B(Li)가 가장 크다.

바로알기 ㄴ. 전기 음성도는 E(O)가 D(N)보다 크다.

11. 전기 분해와 화학 결합

ㄴ. 화합물 X를 분해했을 때 기체 A_2와 B_2가 생성되었으므로 A와 B는 비금속 원소이다. 따라서 화합물 X는 비금속 원소인 A와 B의 공유 결합으로 이루어져 있다.

ㄷ. 생성된 기체의 몰비가 $A_2 : B_2 = 1 : 2$이므로 화합물 X에 포함된 원자 수비도 A : B = 1 : 2이다. 따라서 X에서 $\dfrac{\text{B 원자 수}}{\text{A 원자 수}} = 2$이다.

바로알기 ㄱ. 전기 분해를 할 때 (+)극에서는 전자를 잃는 산화 반응이, (−)극에서는 전자를 얻는 환원 반응이 일어난다.

12. 금속의 성질

ㄷ. X를 전원 장치에 연결하면 자유 전자가 (+)극 쪽으로 이동한다.

바로알기 ㄱ. X에서 A는 금속 양이온이고, B는 자유 전자이다.

ㄴ. X는 금속이므로 힘을 가해도 부스러지지 않고 모양이 변형된다.

13. 분자의 구조와 성질

⊙은 CF_4, ⓛ은 HCN, CO_2, OF_2, ⓒ은 HCN, OF_2, ⓔ은 CO_2, CF_4이다.

ㄷ. ⊙과 ⓔ에 공통으로 해당하는 분자는 CF_4로 분자 구조는 정사면체이다.

바로알기 ㄱ. 주어진 분자 중 구성 원자가 같은 평면에 있는 분자는 HCN, CO_2, OF_2이므로 (가)에 '평면 구조인가?'를 적용할 수 없다.

ㄴ. 주어진 분자 중 입체 구조인 것은 CF_4뿐이므로 ⊙에 해당하는 분자 수는 ⓛ에 해당하는 분자 수보다 작다.

14. 분자의 구조

ㄴ. (나)에서 결합각 a는 120°이고, (다)에서 결합각 β는 약 109.5° 이므로 결합각은 $a > \beta$이다.

ㄷ. ACl_3에서 중심 원자인 A에는 공유 전자쌍 수가 3, 비공유 전자쌍 수가 1이므로 분자 구조는 삼각뿔형이다.

바로알기 ㄱ. (가)에서 비공유 전자쌍 수가 1이므로 중심 원자 A에 비공유 전자쌍이 있다. 또, (나)에서 비공유 전자쌍 수가 9이므로 중심 원자 C에는 비공유 전자쌍이 없고, Cl 원자에 3개씩 있다. 따라서 (나)에서 중심 원자는 옥텟 규칙을 만족하지 않는다.

15. 루이스 전자점식

ㄷ. YZ_2에서 중심 원자 Y에는 공유 전자쌍 수가 2, 비공유 전자쌍 수가 2이므로 분자 구조는 굽은 형이다. 즉, YZ_2는 결합의 극성이 상쇄되지 않는 분자 구조를 가지므로 극성 분자이다.

바로알기 ㄱ. X의 원자가 전자 수는 5이므로 비활성 기체와 같은 전자 배치를 갖기 위해 전자 3개가 필요하다. 즉, X_2에서 X 원자 사이에는 3중 결합이 있고, 각 X 원자에는 비공유 전자쌍이 1개씩 있으므로 $\dfrac{\text{공유 전자쌍 수}}{\text{비공유 전자쌍 수}} = \dfrac{3}{2} = 1.5$이다.

ㄴ. XZ_3에서 중심 원자 X에는 공유 전자쌍 수가 3, 비공유 전자쌍 수가 1이므로 분자 구조는 삼각뿔형이다.

16. 수소 이온 농도와 pH, pOH

ㄱ. 산성 용액은 (가)와 (라)이고, 염기성 용액은 (나)와 (다)이다.

ㄷ. pOH는 (가) 8, (나) 4, (다) 6, (라) 10이다.

바로알기 ㄴ. $[H_3O^+]$는 (나)가 1.0×10^{-10} M, (라)가 1.0×10^{-4} M 이다. 따라서 $[H_3O^+]$는 (라)가 (나)보다 크다.

17. 중화 반응에서의 양적 관계

ㄱ. (가)에 존재하는 이온의 종류가 3가지이고, (가)에 존재하지 않은 이온이 (나)에 존재하므로 $1 < x < 2$이다. (가)에 존재하는 이온의 양 (mol)은 H^+이 0몰, Cl^-이 1몰, Na^+이 x몰, OH^-이 $(x-1)$몰이므로 x는 $\dfrac{3}{2}$이다.

ㄴ. x는 $\dfrac{3}{2}$이므로 A는 Cl^-, B는 OH^-, C는 Na^+이다.

ㄷ. (나)에 NaOH 0.5몰을 더 넣은 혼합 용액은 중성이 되므로 혼합 용액의 pH는 7이다. 따라서 산성 용액 (나)의 pH보다 크다.

18. 중화 반응에서 산 염기 정의와 산화수 변화

ㄱ. 반응 (가)~(다)는 모두 산과 염기의 중화 반응이므로 발열 반응이다.

ㄷ. 아레니우스 산과 염기에서 산은 물에 녹아 H^+을 내놓는 물질을, 염기는 물에 녹아 OH^-을 내놓는 물질을 말한다. (다)에서 $Mg(OH)_2$은 아레니우스 염기이다.

바로알기 ㄴ. (가)와 (나)에서 Na의 산화수는 +1, Mg의 산화수는 +2이다.

19. 산화 환원 반응식

ㄱ. Cu는 산화수가 0에서 +2로 증가하고, N은 산화수가 +5에서 +2로 감소한다. 따라서 a에 '0 → +2로 산화수 증가', b에 '+5 → +2로 산화수 감소'가 해당된다.

ㄴ. $c = 8$, $d = 4$이므로 $c + d = 12$이다.

바로알기 ㄷ. Cu 1몰이 반응할 때 이동하는 전자는 2몰($Cu \rightarrow Cu^{2+} + 2e^-$)이므로, Cu 3몰이 반응할 때 이동하는 전자는 6몰이다.

20. 화학 반응에서 출입하는 열의 측정

ㄴ. (가)에서는 0.1 M HCl(aq)과 0.1 M NaOH(aq)이 모두 100 mL씩 반응하였으므로 0.01몰의 물이 생성된다. (나)에서는 0.1 M HCl(aq) 100 mL(0.01몰)와 NaOH(s) 0.4 g(0.01몰)이 반응하여 0.01몰의 물이 생성된다. 그러므로 생성된 물의 양은 (가)와 (나)가 같다.

바로알기 ㄱ. (가)에서는 산 수용액과 염기 수용액이 반응하여 열을 방출하지만, (나)에서는 NaOH(s)이 용해된 후 산 수용액과 염기 수용액이 반응하여 열을 방출한다. NaOH(s)의 용해는 발열 반응이고, (가)보다 (나)에서 수용액의 양이 적으므로 $t_2 > t_1$이다.

ㄷ. (가)에서의 혼합 용액과 (나)에서의 혼합 용액은 각각 완전히 중화되었으므로 혼합 용액의 pH는 (가)에서와 (나)에서가 같다.

오투

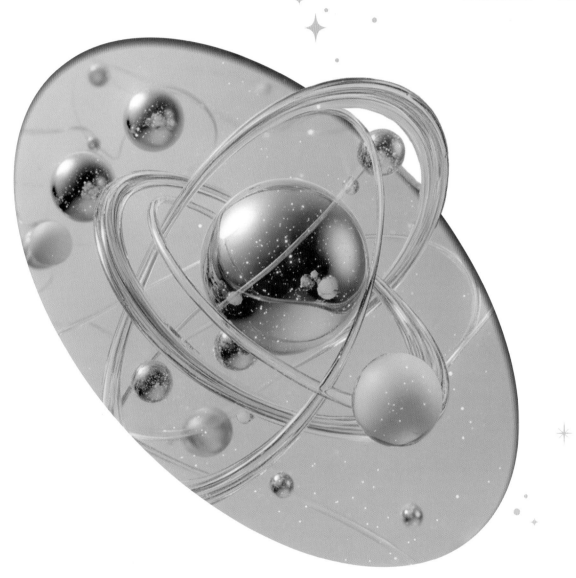

화학 I

정답과 해설

ABOVE IMAGINATION

우리는 남다른 상상과 혁신으로
교육 문화의 새로운 전형을 만들어
모든 이의 행복한 경험과 성장에 기여한다

III 화학의 첫걸음

∅1. 화학과 우리 생활

(1) 질소, 암모니아   (2) 3, 2   (3) 합성 섬유   (4) 나일론   (5) 합성염료   (6) 철, 시멘트, 철근 콘크리트   (7) 3, 2, 3   (8) 철근 콘크리트   (9) 4, 4   (10) 탄소 화합물   (11) 탄화수소   (12) CO_2, H_2O (13) 4, 3, 2   (14) ①-ⓒ ②-㉠ ③-㉢ ④-ⓒ

수능 자료
본책 12쪽

| 자료❶ | 1○ | 2× | 3○ | 4○ | 5○ | 6○ |
| 자료❷ | 1○ | 2× | 3× | 4○ | 5○ | 6○ |

자료❶ 암모니아의 합성

2 Fe_3O_4은 암모니아 합성 과정에서 촉매로 작용한다.

6 암모니아는 질소와 수소가 결합하여 생성된 화합물이다.

자료❷ 탄소 화합물의 종류와 특성

1~3 (가)는 메테인, (나)는 아세트산, (다)는 에탄올이다.

4 (나)를 물에 녹이면 H^+을 내놓으므로 산성 수용액이 된다.

5 에탄올은 살균 효과가 있어 손 소독제를 만드는 데 사용된다.

6 (가)~(다)의 $\dfrac{H \text{ 원자 수}}{C \text{ 원자 수}}$ 는 (가) : (나) : (다)$=\dfrac{4}{1}:\dfrac{4}{2}:\dfrac{6}{2}$ $=4:2:3$이다.

수능 1점
본책 12쪽

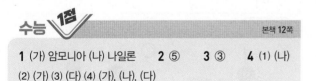

1 (가) 암모니아 (나) 나일론   **2** ⑤   **3** ③   **4** (1) (나) (2) (가) (3) (다) (4) (가), (나), (다)

1 (가) 하버는 암모니아를 대량으로 합성하는 제조 공정을 개발하였다.
(나) 캐러더스는 최초의 합성 섬유인 나일론을 개발하였다.

2 ① 화학 비료는 암모니아를 원료로 한 물질이 주성분이므로 암모니아의 합성 과정이 개발되면서 대량 생산이 가능해졌다.
② 나일론, 폴리에스터 등의 합성 섬유는 실크, 면 등의 천연 섬유보다 질기고, 대량 생산이 가능하여 인류의 의류 문제 해결에 기여하였다.
③ 천연 재료만을 이용한 건축은 시간이 오래 걸리고 대규모 건축이 어려웠지만, 건축 자재의 발달로 대규모 건설이 가능해졌다.
④ 화학의 발전으로 아스피린 등의 합성 의약품이 개발되어 인류의 수명 연장에 기여하였다.
바로알기 ⑤ 암모니아(NH_3)는 공기 중의 질소(N_2)와 수소(H_2)를 고온, 고압에서 반응시켜 얻는다.

---

3 ③ 아세트산은 물에 녹아서 H^+, CH_3COO^-을 내놓는데 이때 H^+으로 인해 수용액은 산성을 띤다.
바로알기 ① 에탄올은 C, H, O로 이루어진 물질이므로 탄소 화합물이다. 탄화수소는 C, H로만 이루어진 물질이다.
② 메테인은 천연가스의 주성분이다.
④ 폼알데하이드의 분자식은 HCHO이고, CH_3COCH_3은 아세톤의 분자식이다.
⑤ 탄화수소는 탄소 수가 많을수록 분자 사이의 인력이 커지므로 끓는점이 높다.

4 (가)의 화학식은 CH_4이므로 메테인, (나)의 화학식은 $CH_3CH_2OH(C_2H_5OH)$이므로 에탄올, (다)의 화학식은 CH_3COOH이므로 아세트산이다.
(1) 에탄올(C_2H_5OH)은 술의 성분이고, 소독용 알코올 등에 이용된다.
(2) 천연가스의 주성분은 메테인(CH_4)이다. 메테인은 무색, 무취의 탄소 화합물이다.
(3) 아세트산(CH_3COOH)은 물에 녹아 H^+을 내놓으므로 산성을 띠고, 식초에는 아세트산이 포함되어 있어 신맛이 난다.
(4) 물질을 구성하는 원소가 C, H이면 완전 연소하여 이산화 탄소(CO_2), 물(H_2O)이 생성된다.

수능 2점
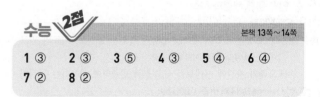
본책 13쪽~14쪽

| 1 ③ | 2 ③ | 3 ⑤ | 4 ③ | 5 ④ | 6 ④ |
| 7 ② | 8 ② | | | | |

1 암모니아의 합성

선택지 분석
㉠ (가)는 NH_3이다.
ⓒ (가)의 수용액은 염기성이다.
✗ (가)의 합성 과정은 공기 중에서 쉽게 일어난다.
                 고온, 고압에서 일어난다

ㄱ. 하버는 공기 중의 질소와 수소를 반응시켜 암모니아를 합성하였다. 암모니아의 화학식은 NH_3이다.
ㄴ. 암모니아는 물에 녹아 OH^-을 생성하므로 암모니아 수용액은 염기성이다.
바로알기 ㄷ. 암모니아의 합성 과정은 공기 중에서 쉽게 일어나지 않고 고온, 고압의 환경에서 일어난다.

2 인류 문제의 해결과 화학

선택지 분석
㉠ ㉠은 합성 섬유이다.
✗ ㉡은 산소 기체이다. 수소 기체
ⓒ ㉢은 인류의 식량 부족 문제를 개선하는 데 기여하였다.

ㄱ. 나일론은 최초의 합성 섬유이며, 석유로부터 얻는 원료를 바탕으로 대량 생산이 가능하다.

ㄷ. 이 반응으로부터 비료의 원료인 암모니아의 대량 생산이 가능해졌고, 이로 인해 비료의 대량 생산이 가능해져 인류의 식량 부족 문제를 개선하게 되었다.

바로알기 ㄴ. 암모니아의 합성 반응식은 $N_2 + 3H_2 \longrightarrow 2NH_3$ 이다. 따라서 질소와 수소 기체를 반응시켜야 하므로 ㉡은 수소 기체이다.

3 암모니아의 합성 반응

자료 분석

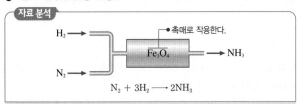

선택지 분석

㉠ Fe_3O_4은 촉매로 사용된다.
㉡ 암모니아의 구성 원소는 질소와 수소이다.
㉢ 이 반응으로부터 화학 비료의 대량 생산이 가능해졌다.

ㄱ. Fe_3O_4은 암모니아 합성 반응에서 촉매로 사용된다.

ㄴ. 암모니아의 화학식은 NH_3이므로, 구성 원소는 질소와 수소이다.

ㄷ. 이 반응으로부터 암모니아의 대량 합성이 가능해졌고, 이로 인해 비료의 대량 생산이 가능해졌다.

4 인류 문제 해결과 화학

자료 분석

(가) 공기 중의 질소와 수소를 반응시켜 얻은 물질로, 비료의 원료이다.→암모니아 ➡ 식량 문제 해결
(나) 모래와 자갈에 시멘트를 섞고 물로 반죽하여 사용하는 물질이다.→콘크리트 ➡ 주거 문제 해결
(다) 인류가 최초로 합성한 섬유로, 질기고 값이 싸며 대량 생산이 쉬워 널리 쓰인다.→나일론 ➡ 의류 문제 해결

선택지 분석

㉠ (가)는 인류의 식량 문제 해결에 기여하였다.
✗ (나)는 철근 콘크리트이다. 콘크리트
㉢ (다)는 신축성이 좋다.

ㄱ. (가)는 암모니아로, 비료의 원료로 사용되어 인류의 식량 문제 해결에 기여하였다.

ㄷ. (다)는 합성 섬유인 나일론으로, 신축성이 좋다.

바로알기 ㄴ. (나)는 모래, 자갈, 시멘트를 혼합한 건축 재료인 콘크리트이다. 철근 콘크리트는 콘크리트 속에 철근을 넣어 콘크리트의 강도를 높인 건축 재료이다.

5 탄소 화합물

선택지 분석

✗ 산화 칼슘(CaO)   ✗ 염화 칼륨(KCl)
✗ 암모니아(NH_3)   ④ 에탄올(C_2H_5OH)
✗ 물(H_2O)

④ 탄소 화합물은 탄소(C)를 기본으로 다른 원자들이 결합하여 만들어진 화합물이다. 따라서 에탄올(C_2H_5OH)은 탄소 화합물이다.

바로알기 ①, ②, ③, ⑤ 산화 칼슘(CaO), 염화 칼륨(KCl), 암모니아(NH_3), 물(H_2O)의 구성 원소에는 탄소(C)가 없으므로 탄소 화합물이 아니다.

6 탄소 화합물의 종류

자료 분석

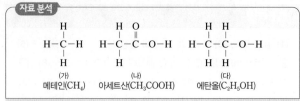

선택지 분석

㉠ (가)는 천연가스의 주성분이다.
✗ (나)를 물에 녹이면 염기성 수용액이 된다. 산성
㉢ (다)는 손 소독제를 만드는 데 사용된다.

ㄱ. 메테인은 탄화수소이고, 천연가스의 주성분이다.

ㄷ. (다)는 살균 소독 작용을 하므로 손 소독제를 만드는 데 사용된다. 일반적으로 손 소독제에는 60~70 %의 에탄올이 함유되어 있다.

바로알기 ㄴ. (나)를 물에 녹이면 H^+, CH_3COO^-으로 이온화하여 산성 수용액이 된다. (나)는 식초 속에 포함되어 있다.

7 탄소 화합물의 종류

자료 분석

• 에테인(C_2H_6)의 탄소(C) 원자에 수소(H) 대신 하이드록시기($-OH$)가 결합되어 있는 구조이다.
  └• C 원자에 $-OH$가 결합된 물질은 알코올이다.
• 곡물이나 과일을 발효시켜 얻을 수 있다.
  └• 곡물이나 과일을 발효시키면 에탄올을 얻을 수 있다.
• 특유의 냄새가 나고 살균·소독 작용을 한다.
  └• 에탄올은 특유의 냄새가 있고 살균·소독 작용을 하므로 소독용 알코올로 사용된다.

선택지 분석

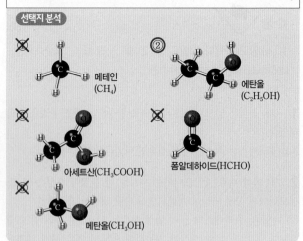

② 화합물 X는 에탄올(C_2H_5OH)이다.

바로알기 ① 메테인(CH_4)의 분자 모형이다.
③ 아세트산(CH_3COOH)의 분자 모형이다.
④ 폼알데하이드($HCHO$)의 분자 모형이다.
⑤ 메탄올(CH_3OH)도 C 원자에 하이드록시기($-OH$)가 붙어 있는 알코올이지만 C 원자가 1개이고 곡물이나 과일의 발효로 얻을 수 없다.

8 탄소 화합물의 종류

자료 분석

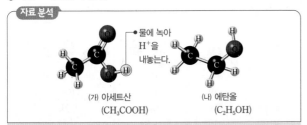

(가) 아세트산
(CH₃COOH)

(나) 에탄올
(C₂H₅OH)

물에 녹아 H⁺을 내놓는다.

선택지 분석

✗ 주로 연료로 사용된다.→(나)만 해당

ⓛ 탄소 원자가 2개이다.

✗ 물에 녹아 H⁺을 내놓는다.→(가)만 해당

ㄴ. 아세트산(CH_3COOH)과 에탄올(C_2H_5OH)은 모두 탄소 원자가 2개이다.

바로알기 ㄱ. 에탄올은 연료로 사용할 수 있지만, 아세트산은 식초의 성분, 의약품, 합성수지의 원료로 사용된다.

ㄷ. 물에 녹아 H⁺을 내놓는 것은 아세트산이다. 에탄올은 물에 녹아 H⁺을 내놓지 않는다.

수능 3점

본책 15쪽~17쪽

| 1 ③ | 2 ① | 3 ③ | 4 ⑤ | 5 ⑤ | 6 ① |
| 7 ⑤ | 8 ③ | 9 ⑤ | 10 ③ | 11 ③ | 12 ③ |

1 암모니아의 합성

선택지 분석

ⓝ 화학 비료의 원료이다.

ⓛ ㄱ의 수용액에는 OH⁻이 존재한다.

✗ ㄱ과 메테인은 분자당 수소 원자 수가 같다. 다르다

ㄱ. ㄱ은 암모니아(NH_3)이며, 암모니아는 화학 비료의 원료로 사용되면서 인류의 식량 부족 문제 해결에 기여하였다.

ㄴ. ㄱ이 수용액에서 이온화하면 H_2O로부터 H⁺을 받으므로 수용액에는 NH_4^+과 OH⁻이 존재하게 된다.

바로알기 ㄷ. 암모니아의 분자식은 NH_3, 메테인의 분자식은 CH_4이므로 분자당 수소 원자 수는 암모니아가 3, 메테인이 4이다.

2 의류 문제의 해결과 화학

자료 분석

(가) 화석 연료를 원료로 하여 최초로 합성한 섬유로, 질기고 값이 싸다.→나일론

(나) 영국의 퍼킨이 말라리아 치료제를 연구하던 중 발견한 것으로, 최초의 합성염료이다.→모브

선택지 분석

✗ 인류의 식량 문제 해결에 기여하였다. 의류

ⓛ 대량 생산이 가능하다.

✗ 공기의 성분 기체를 원료로 하여 만들 수 있다. 없다

ㄴ. 나일론은 합성 섬유이고, 모브는 합성염료이다. 두 물질은 모두 대량 생산이 가능하여 인류의 의류 문제 해결에 기여하였다.

바로알기 ㄱ. 나일론과 모브는 인류의 의류 문제를 해결하는 데 기여하였다.

ㄷ. 합성 섬유와 합성염료는 모두 화석 연료를 통해 얻으며, 공기의 성분 기체를 원료로 하여 만들 수 없다.

3 철의 제련

선택지 분석

ⓝ 배기가스에는 CO_2가 포함되어 있다.

ⓛ (가)는 건축물의 골조나 배관에 사용된다.

✗ (가)와 시멘트를 혼합한 것은 콘크리트이다. 모래, 자갈 등

철의 제련 과정은 다음과 같다.

• 1단계: $2C + O_2 \longrightarrow 2CO$

• 2단계: $Fe_2O_3 + 3CO \longrightarrow 2Fe + 3CO_2$

ㄱ. 철의 제련 과정에서 발생하는 배기가스에는 이산화 탄소(CO_2)가 포함되어 있다.

ㄴ. (가)는 철(Fe)로, 단단하고 내구성이 뛰어나 건축물의 골조나 배관에 사용된다.

바로알기 ㄷ. 시멘트에 모래, 자갈 등을 넣고 혼합한 것이 콘크리트이다.

4 탄소 화합물의 종류

선택지 분석

ⓝ 구성 원자 수는 5이다.

ⓛ 완전 연소시키면 CO_2와 H_2O이 생성된다.

ⓒ 인류의 주거 문제 해결에 기여하였다.

ㄱ. X는 메테인(CH_4)이다. 메테인은 탄소 원자 1개와 수소 원자 4개로 이루어진 오원자 분자이다.

ㄴ. 메테인이 완전 연소되었을 때 화학 반응식은 다음과 같다.

$CH_4 + 2O_2 \longrightarrow CO_2 + 2H_2O$

따라서 CO_2와 H_2O이 생성됨을 알 수 있다.

ㄷ. 메테인은 주로 연료로 사용되므로 인류의 식량 문제나 주거 문제 해결에 기여하였다.

5 원유의 분리

자료 분석

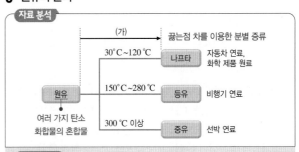

선택지 분석

ⓝ (가)의 과정은 끓는점 차를 이용한 것이다.

ⓛ 원유의 분별 증류로 얻는 물질들은 탄소 화합물이다.

ⓒ 우리 주변의 많은 물질이 원유로부터 얻어진다.

ㄱ. (가)의 과정은 끓는점 차를 이용하여 혼합물을 분리하는 분별 증류 과정이다.

ㄴ, ㄷ. 원유의 분별 증류로 얻는 물질들은 탄소를 포함하는 탄소 화합물로, 다양한 석유 화학 제품의 원료로 사용된다.

6 탄소 화합물의 종류

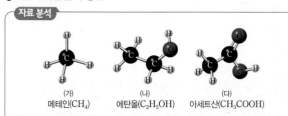

(가)	(나)	(다)
메테인(CH_4)	에탄올(C_2H_5OH)	아세트산(CH_3COOH)

◯ (나)는 소독용 의약품의 원료로 사용된다.

✕ 물에 대한 용해도는 (가)>(나)이다. (가)<(나)

✕ $\dfrac{\text{H 원자 수}}{\text{C 원자 수}}$는 (다)가 (가)의 2배이다. (가)가 (다)의 2배

ㄱ. (나)인 에탄올은 살균 소독 효과가 있어서 손 소독제와 같은 소독용 의약품의 원료로 사용된다.

바로알기 ㄴ. (가)인 메테인은 물에 대한 용해도가 작고, (나)인 에탄올은 분자 내에 하이드록시기(-OH)가 존재하므로 물에 잘 녹는다. (다)인 아세트산도 물에 잘 녹는다.

ㄷ. (가)는 $\dfrac{\text{H 원자 수}}{\text{C 원자 수}}=\dfrac{4}{1}$이고, (다)는 $\dfrac{\text{H 원자 수}}{\text{C 원자 수}}=\dfrac{4}{2}$이므로 $\dfrac{\text{H 원자 수}}{\text{C 원자 수}}$는 (가)가 (다)의 2배이다.

7 탄화수소의 종류

	액화 천연가스	액화 석유 가스	
연료	LNG	LPG	
주성분	(가) CH_4	C_3H_8	C_4H_{10}
끓는점(°C)	$a=-162$	-42	-0.5

→ 탄소 수가 커지므로 끓는점이 높아진다.

✕ (가)의 분자당 H 원자 수는 2이다. 4

◯ $a<-42$이다.

◯ 겨울철에는 LPG 속 C_3H_8의 비율을 C_4H_{10}보다 높여 주어야 한다.

ㄴ. 탄화수소는 일반적으로 탄소 수가 많을수록 분자 사이의 인력이 커서 끓는점이 높다. CH_4은 탄소 수가 C_3H_8보다 작으므로 끓는점이 C_3H_8보다 낮으며, CH_4의 끓는점은 $-162\,^\circ C$이다.

ㄷ. C_3H_8의 끓는점이 C_4H_{10}보다 낮으므로 겨울철에 C_4H_{10}이 많이 존재하게 되면 액체 상태의 연료가 되어 연소가 잘 이루어지지 않을 수 있다. 따라서 겨울철에는 끓는점이 낮은 C_3H_8의 양을 C_4H_{10}보다 늘려 주어야 한다.

바로알기 ㄱ. (가)는 CH_4이므로 분자당 H 원자 수는 4이다.

8 탄화수소의 종류

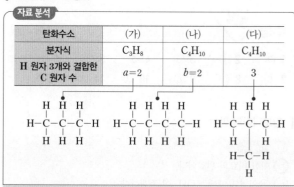

구분	(가)	(나)	(다)
분자식	CH_4	C_2H_6	C_3H_8
끓는점	-162	-89	-42

◯ (가)는 LNG의 주성분이다.

✕ (가)~(다) 중 액체로 만들기 가장 어려운 것은 (다)이다. (가)

◯ $\dfrac{\text{H 원자 수}}{\text{C 원자 수}}$는 (가)>(나)>(다)이다.

ㄱ. (가)의 메테인은 LNG(액화 천연가스)의 주성분이다.

ㄷ. $\dfrac{\text{H 원자 수}}{\text{C 원자 수}}$는 (가)~(다)가 각각 4, 3, $\dfrac{8}{3}$이므로 (가)>(나)>(다)이다.

바로알기 ㄴ. 끓는점이 낮을수록 액체로 만들기 어렵다. 탄화수소는 탄소 수가 적을수록 끓는점이 낮으므로 (가)가 액체로 만들기 가장 어렵다.

9 탄화수소의 종류

탄화수소	(가)	(나)	(다)
분자식	C_3H_8	C_4H_{10}	C_4H_{10}
H 원자 3개와 결합한 C 원자 수	$a=2$	$b=2$	3

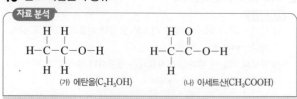

◯ $a=b$이다.

◯ H 원자 2개와 결합한 C 원자 수는 (나)가 (가)보다 많다.

◯ (다)에는 C 원자 3개와 결합한 C 원자가 있다.

ㄱ. H 원자 3개와 결합한 C 원자 수는 (가)와 (나)가 모두 2이다.

ㄴ. H 원자 2개와 결합한 C 원자 수는 (가)가 1, (나)가 2이다.

ㄷ. (다)에는 C 원자 3개와 결합한 C 원자가 1개 있다.

10 탄소 화합물의 종류

(가) 에탄올(C_2H_5OH)   (나) 아세트산(CH_3COOH)

◯ 물에 잘 녹는다.

◯ 완전 연소하면 CO_2와 H_2O이 생성된다.

✕ 2중 결합이 포함되어 있다. → (나)만 해당

ㄱ. 에탄올과 아세트산은 모두 물에 잘 녹는다.

ㄴ. 에탄올과 아세트산은 구성 원소의 종류가 모두 C, H, O이므로 완전 연소하면 CO_2와 H_2O이 생성된다.

바로알기 ㄷ. 2중 결합이 포함되어 있는 화합물은 (나)뿐이다.

11 탄소 화합물의 종류

자료 분석

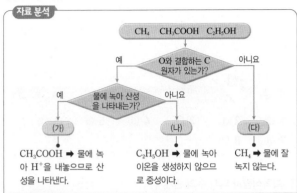

CH₄ CH₃COOH C₂H₅OH

O와 결합하는 C 원자가 있는가?
예 / 아니요

물에 녹아 산성을 나타내는가?
예 / 아니요

(가) / (나) / (다)

CH_3COOH ➡ 물에 녹아 H^+을 내놓으므로 산성을 나타낸다.

C_2H_5OH ➡ 물에 녹아 이온을 생성하지 않으므로 중성이다.

CH_4 ➡ 물에 잘 녹지 않는다.

선택지 분석

◯ (가)는 식초의 성분이다.

✕ (가)와 (나)는 분자당 원자 수가 ~~같다.~~ 다르다

◯ (나)와 (다)는 연료로 이용된다.

ㄱ. O와 결합하는 C 원자가 있는 것은 아세트산(CH_3COOH)과 에탄올(C_2H_5OH)이고, 물에 녹아 산성을 띠는 것은 아세트산(CH_3COOH)이므로 (가)는 CH_3COOH, (나)는 C_2H_5OH, (다)는 CH_4이다. CH_3COOH은 식초의 성분이다.

ㄷ. (나)인 C_2H_5OH과 (다)인 CH_4은 연료로 이용된다.

바로알기 ㄴ. 분자당 원자 수는 (가) 8, (나) 9이다.

12 탄소 화합물의 종류

자료 분석

• 한 분자당 $\dfrac{\text{H 원자 수}}{\text{C 원자 수}}$ 는 (가)>(나)이다.

└ 한 분자당 $\dfrac{\text{H 원자 수}}{\text{C 원자 수}}$ 는 메테인이 4, 에탄올이 3, 아세트산이 2이다.

• 한 분자를 구성하는 원자 수는 (나) : (다)=9 : 8이다.

└ 한 분자를 구성하는 원자 수는 메테인이 5, 에탄올이 9, 아세트산이 8이다. 따라서 (나)는 에탄올, (다)는 아세트산이다.

(가)는 한 분자당 $\dfrac{\text{H 원자 수}}{\text{C 원자 수}}$가 에탄올보다 크므로 메테인이다.

선택지 분석

◯ (가)는 액화 천연가스의 주성분이다.

✕ ~~(나)~~는 온실 기체 중 하나이다. (가)

◯ (다)는 의약품의 원료로 이용된다.

(가)는 메테인(CH_4), (나)는 에탄올(C_2H_5OH), (다)는 아세트산(CH_3COOH)이다.

ㄱ. (가)인 메테인은 액화 천연가스(LNG)의 주성분이다.

ㄷ. (다)인 아세트산은 의약품의 원료, 식초의 성분 등으로 이용된다.

바로알기 ㄴ. 온실 기체 중 하나는 (가)인 메테인이다. (나)와 (다)는 실온에서 액체 상태로 존재하는 물질이다.

---

02. 화학식량과 몰

개념 확인

본책 19쪽

(1) 원자량 (2) 분자량, 화학식량 (3) 6.02×10^{23}, 화학식량

(4) 22.4 (5) ㉠ 2 ㉡ 44.8 ㉢ 2 ㉣ 34 ㉤ 44 ㉥ 11.2

수능 자료

본책 20쪽

자료 ❶ 1◯ 2◯ 3◯ 4◯ 5✕

자료 ❷ 1◯ 2✕ 3◯ 4✕ 5◯ 6✕

자료 ❶ 기체의 질량, 분자량, 부피, 입자 수

1 t °C, 1기압에서 기체 1몰의 부피는 24 L이고 (가)의 부피는 8 L이므로 (가)의 양(mol)은 $\dfrac{1}{3}$몰이다.

2 (가)의 양(mol)은 $\dfrac{1}{3}$몰이므로 분자량은 $18 \times 3 = 54$이다.

3 (가)와 (나)의 분자당 원자 수는 3으로 같은데 전체 원자 수가 (가) : (나)=1 : 1.5이므로 (나)의 양(mol)은 $\dfrac{1}{2}$몰이다. 따라서 분자량은 46이다.

4 (나)의 양(mol)은 0.5몰이므로 부피 $a=12$이다. (다)의 양(mol)은 $\dfrac{26 \text{ g}}{104 \text{ g/mol}} = \dfrac{1}{4}$몰이고, 분자당 원자 수가 6이므로 $\dfrac{1}{4}$몰$\times 6 = \dfrac{3}{2}$몰이다. 따라서 (다)의 전체 원자 수(상댓값)는 1.5이므로 $b=1.5$이다. 따라서 $a \times b = 12 \times 1.5 = 18$이다.

5 1 g에 들어 있는 전체 원자 수는 $\dfrac{1}{\text{분자량}} \times$분자당 원자 수로 구할 수 있으므로 (나)는 $\dfrac{1}{46} \times 3$, (다)는 $\dfrac{1}{104} \times 6$이다. 따라서 1 g에 들어 있는 전체 원자 수는 (나)>(다)이다.

자료 ❷ 기체의 질량, 입자 수, 부피

1 (나)에서 기체의 양(mol)은 0.5몰이다. CH_4 1분자에는 4개의 H 원자가 있으므로 H 원자는 $\dfrac{1}{2} \times 4 = 2$몰이다.

2 (가)에서 H 원자의 수가 (나)와 같이 2몰이므로 H_2는 1몰이다. 따라서 $x=2$이다.

3 (다)에서 H 원자의 수가 2몰이므로 NH_3는 $\dfrac{2}{3}$몰이다.

4 (다)에서 NH_3 $\dfrac{2}{3}$몰이 차지하는 부피가 V L이므로 (가)에서 H_2 1몰이 차지하는 부피를 y라고 하면, 1몰 : $\dfrac{2}{3}$몰$=y : V$이다. 따라서 (가)의 부피 $y = \dfrac{3V}{2}$ L이다.

5 (나)에서 CH_4 0.5몰이 차지하는 부피를 z라고 하면, $\dfrac{1}{2}$몰 : $\dfrac{2}{3}$몰$=z : V$이다. 따라서 (나)의 부피 $z = \dfrac{3V}{4}$ L이다.

6 (가)에 있는 총 원자 수는 1몰$\times 2\times N_A=2N_A$, (나)에 있는 총 원자 수는 $\frac{1}{2}$몰$\times 5\times N_A=\frac{5}{2}N_A$, (다)에 있는 총 원자 수는 $\frac{2}{3}$몰$\times 4\times N_A=\frac{8}{3}N_A$이다. 따라서 총 원자 수비는 (가) : (나) : (다)$=12:15:16$이다.

5 분자량은 $AB_3>AB_2$이고, 같은 질량의 분자 수는 분자량에 반비례하므로 (가)는 AB_3, (나)는 AB_2이다. (가)와 (나)의 분자량비는 $5:4$이고, (가)의 분자량을 $5M$, (나)의 분자량을 $4M$이라고 할 때 (가)와 (나)의 분자량 차인 M은 B의 원자량이므로 A의 원자량은 $2M$이다. 따라서 원자량비는 A : B$=2:1$이다.

본책 20쪽

수능 1점

1 ① **2** ④ **3** ㉠ 몰 질량 ㉡ 아보가드로수 ㉢ 2
4 0.5몰, 3.01×10^{23} **5** 2 : 1

1 ② 원자량은 원자의 상대적인 질량으로, 그 기준은 질량수가 12인 ^{12}C이다.
③ 분자량은 분자의 상대적인 질량으로, 분자를 구성하는 원자들의 원자량을 더하여 분자량을 나타낸다.
④ 염화 나트륨은 이온 결합 물질이다. 따라서 화학식을 이루는 원자들의 원자량을 더하여 화학식량을 나타낸다.
⑤ 원자 1개의 질량은 매우 작으므로 원자의 상대적인 질량인 원자량을 사용하면 편리하다.
바로알기 ① 원자량은 상대적인 질량이므로 단위가 없다.

2 ① 물질 1몰의 입자 수는 아보가드로수인 6.02×10^{23}개이다.
② 물질의 종류에 관계없이 물질 1몰에는 6.02×10^{23}개의 입자가 들어 있다.
③ ^{12}C 원자의 원자량은 12이므로 1몰의 질량은 원자량에 g을 붙인 값인 12 g이다.
⑤ 원자 1몰의 질량은 원자량 뒤에 g을 붙인 값과 같고, 분자 1몰의 질량은 분자량 뒤에 g을 붙인 값과 같다.
바로알기 ④ ^{12}C 원자 1개의 질량은 원자량을 아보가드로수로 나누어 구할 수 있으므로 $\dfrac{12}{6.02\times 10^{23}}$ g이다.

3 ㉠ 수소 기체(H_2) 1 g에 들어 있는 수소 원자(H) 수를 구하려면 먼저 H_2 1 g의 양(mol)을 구해야 한다. 이 과정에서 H_2의 분자량으로부터 얻을 수 있는 H_2 1몰의 질량이 필요하다.
㉡ H_2 1 g의 양(mol)을 구했으면 입자 수를 구하기 위해 아보가드로수를 곱해야 한다.
㉢ H_2 1 g에 들어 있는 분자 수를 구했으므로 분자당 원자 수인 2를 곱해 H_2 1 g에 들어 있는 H 원자 수를 구한다.

4 0 ℃, 1기압에서 기체 1몰의 부피는 22.4 L이다. 따라서 CH_4 기체 11.2 L는 0.5몰이고, 분자 수는 $0.5\times 6.02\times 10^{23}$ $=3.01\times 10^{23}$개이다.

본책 21쪽~22쪽

수능 2점

1 ③ **2** ① **3** ③ **4** ③ **5** ⑤ **6** ④
7 ③ **8** ③

1 화학식량과 입자 수의 관계

자료 분석

원자 1몰의 질량=원자량=원자 1개의 질량$\times 6\times 10^{23}$

원자	W	X	Y	Z
1개의 질량(g)	$\frac{1}{6}\times 10^{-23}$	2×10^{-23}	$\frac{7}{3}\times 10^{-23}$	$\frac{8}{3}\times 10^{-23}$
원자량	1	12	14	16

선택지 분석

㉠ W 1 g에 포함된 원자는 1몰이다.
㉡ XZ_2와 Y_2Z의 분자량은 같다.
✗ YW_3 34 g에 포함된 원자 수는 $\underline{2\times 6\times 10^{23}}$이다. $8\times 6\times 10^{23}$

ㄱ. W의 원자량은 1이므로 W 1 g에 포함된 원자는 1몰이다.
ㄴ. XZ_2와 Y_2Z의 분자량은 모두 44로 같다.
바로알기 ㄷ. YW_3의 분자량은 17이므로 YW_3 34 g에는 분자가 2몰 포함되어 있고, 원자는 총 8몰 포함되어 있다. 따라서 YW_3 34 g에 포함된 원자 수는 $8\times 6\times 10^{23}$이다.

2 화학식량과 몰, 입자 수의 관계

자료 분석

화합물	분자식	부피(L)
(가)	XY_4	22
(나)	Z_2	11
(다)	XZ_2	8

질량이 같은 기체의 $\dfrac{1}{\text{부피}}$의 비는 밀도비이고 이는 분자량비와 같다. 따라서 분자량비는 (가) : (나) : (다)$=\frac{1}{22}:\frac{1}{11}:\frac{1}{8}$이다.

선택지 분석

㉠ 분자량은 $XZ_2>XY_4$이다.
✗ 1 g에 들어 있는 원자 수는 (가)가 (나)의 $\underline{2.5}$배이다. 5배
✗ 원자량은 $\underline{X>Z}$이다. Z>X

ㄱ. 분자량비는 같은 온도와 압력에서 밀도비와 같은데, (가)~(다)의 질량이 모두 같으므로 $\dfrac{1}{\text{부피}}$의 비는 밀도비와 같다. 밀도비가 $XZ_2:XY_4=\frac{1}{8}:\frac{1}{22}$이므로 분자량은 $XZ_2>XY_4$이다.

(바로알기) ㄴ. 기체의 분자 수비는 부피비와 같으므로 원자 수비는 (가) : (나)=22×5 : 11×2이다. 따라서 원자 수는 (가)가 (나)의 5배이다.

ㄷ. 분자량비는 Z_2 : $XZ_2=\dfrac{1}{11}$: $\dfrac{1}{8}$=8 : 11이므로 원자량비는 X : Z=3 : 4이다. 따라서 원자량은 Z>X이다.

3 화학식량과 입자 수의 관계

자료 분석

기체	(가)	(나)	(다)
분자식	B_2	A_2B_2	A_4B_8
기체의 양	x g	V L	$2N_A$개
전체 원자 수(mol)	a	a	$3a$

• (다)에서 A_4B_8의 양은 $2N_A$개이므로 2몰이다. (다)를 이루는 기체는 1분자에 12개의 원자가 존재하므로 총 24몰의 원자가 존재한다. 따라서 $3a$=24이므로 a=8이다.
• (나)에서 전체 원자 수는 8몰이므로 1분자에 4개의 원자를 갖는 (나)는 2몰의 분자 수를 갖는다.
• (가)에서 전체 원자 수가 8몰이므로 분자 수는 4몰이다.

선택지 분석

㉠ a=8이다.
✗ x=4이다. $x=8$
㉢ (다)의 부피는 V L이다.

ㄱ. (다)는 1분자에 12개의 원자가 들어 있고, 기체의 양은 2몰이므로 전체 원자 수는 24몰이다. 따라서 a=8이다.
ㄷ. (나)는 기체의 분자 수가 2몰이고, 부피가 V L이다. (다)도 기체의 분자 수가 2몰이므로 부피는 (나)와 같은 V L이다.
(바로알기) ㄴ. (가)는 전체 원자 수가 8몰이므로 기체의 분자 수는 4몰이다. B_2의 분자량은 2이므로 x=8이다.

4 화학식량과 몰, 입자 수, 밀도의 관계

선택지 분석

㉠ Cu의 양(mol)은 0.15몰이다
✗ 물질의 양(mol)은 H_2O이 CH_4의 5배이다. 25배
㉢ 전체 원자 수는 H_2O이 CH_4의 15배이다.

ㄱ. Cu의 원자량은 64이므로 Cu(s)의 양(mol)은 $\dfrac{9.6\,g}{64\,g/mol}$=0.15몰이다.

ㄷ. H_2O(l)의 밀도는 1 g/mL이므로 0.09 L의 질량은 90 g이다. 따라서 H_2O의 양(mol)은 $\dfrac{90\,g}{18\,g/mol}$=5몰이고, 전체 원자 수는 5몰×3=15몰이다. CH_4(g)의 부피는 5 L이므로 양(mol)은 $\dfrac{5\,L}{25\,L/mol}$=0.2몰이고, 전체 원자 수는 0.2몰×5=1몰이다. 따라서 전체 원자 수는 H_2O이 CH_4의 15배이다.
(바로알기) ㄴ. H_2O은 5몰, CH_4은 0.2몰이므로 물질의 양(mol)은 H_2O이 CH_4의 25배이다.

5 화학식량과 몰, 입자 수, 질량, 부피의 관계

자료 분석

구분	분자량	밀도	질량	부피	양(mol)
기체 A	32	1.28 g/L	1.28 g/L×12.5 L =16 g	12.5 L	0.5몰
액체 B	18	1.0 g/mL	1.0 g/mL×9.0 mL =9 g	9.0 mL	0.5몰
메탄올	32		16 g		0.5몰

선택지 분석

㉠ A의 분자량은 32이다.
㉡ B 9.0 mL와 메탄올 16 g의 양(mol)은 같다.
㉢ 메탄올 16 g에 포함된 수소 원자의 양(mol)은 2몰이다.

ㄱ. 기체 A의 부피는 12.5 L이므로 A의 양(mol)은 0.5몰이다. 질량은 1.28 g/L×12.5 L=16 g이므로 A의 분자량은 32이다.
ㄴ. 액체 B의 질량은 1.0 g/mL×9.0 mL=9 g이므로 B의 양(mol)은 0.5몰이다. 메탄올의 질량은 16 g이고 분자량은 32이므로 메탄올의 양(mol)도 0.5몰이다.
ㄷ. 메탄올의 분자식은 CH_3OH이고, 메탄올 16 g은 0.5몰이므로 메탄올 16 g에 포함된 수소 원자의 양(mol)은 2몰이다.

6 화학식량과 몰, 입자 수, 질량, 부피의 관계

자료 분석

분자식	A_2B_4	A_4B_8
부피(L)=몰비	3 3n	2 2n
총 원자 수 (상댓값)	3 6×3n=18n	x=4 12×2n=24n
단위 부피당 질량 (상댓값)	y=1	2

선택지 분석

✗ 2   ✗ 3   ✗ 4
④ 5   ✗ 6

25 ℃, 1기압에서 A_2B_4(g)와 A_4B_8(g)의 부피가 각각 3 L, 2 L이므로 각 기체의 분자 수는 3n, 2n이라고 가정할 수 있다. 1분자당 원자 수가 A_2B_4는 6, A_4B_8은 12이므로 총 원자 수는 A_2B_4가 18n, A_4B_8이 24n이다. 따라서 총 원자 수비가 A_2B_4 : A_4B_8=18n : 24n=3 : x이므로 x=4이다.
단위 부피당 질량은 기체의 밀도와 같고, 기체의 온도와 압력이 같을 때 기체의 밀도는 기체의 분자량에 비례한다. 분자량은 A_4B_8이 A_2B_4의 2배이므로 단위 부피당 질량도 A_4B_8이 A_2B_4의 2배이다. 따라서 y=1이고, $x+y$=5이다.

7 화학식량과 몰, 질량, 밀도의 관계

자료 분석

기체	질량(g)	밀도(상대값)
(가)A_2	a=4	1
(나)BA_2	b=8	2
(다)BA_3	10	c=2.5

선택지 분석

✗ 10   ✗ 14   ③ 14.5
✗ 15.5   ✗ 18

원자량은 B>A이므로 (가)가 BA_2, (나)가 BA_3라면 밀도 차는 1이므로 A의 원자량과 BA_2의 분자량이 같아 모순이다. (가)가 A_2, (나)가 BA_2라면 B의 원자량은 A_2의 분자량과 같으므로 분자량비는 A : B=1 : 2가 되고 주어진 조건에 부합한다. 따라서 (다)는 BA_3이다. 원자량비는 A : B=1 : 2이므로 분자량비는 (가) : (나) : (다)=2 : 4 : 5이다. 같은 온도와 압력에서 기체의 부피가 같을 때 분자량비와 밀도비, 질량비는 같으므로 a=4, b=8, c=2.5이고, a+b+c=14.5이다.

8 화학식량과 몰, 입자 수, 질량, 부피의 관계

자료 분석

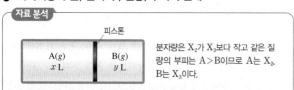

분자량은 X_2가 X_3보다 작고 같은 질량의 부피는 A>B이므로 A는 X_2, B는 X_3이다.

선택지 분석

○ ㄱ. A는 X_2이다.
○ ㄴ. x : y=3 : 2이다.
✕ 실린더 내부 기체의 밀도비는 <u>A와 B가 같다.</u> A : B=2 : 3

ㄱ. 기체의 양(mol)과 부피는 비례하므로 기체의 양(mol)은 A>B이다. A와 B는 X_2, X_3 중 하나이므로 같은 질량을 넣었을 때 양(mol)이 큰 A는 분자량이 작은 X_2이다.

ㄴ. 분자량비가 A : B=2 : 3이므로 같은 질량인 A와 B의 몰비는 A : B=3 : 2이다. 기체의 양(mol)과 부피는 비례하므로 부피비는 x : y=3 : 2이다.

바로알기 ㄷ. 밀도비는 A : B=$\frac{1}{x}$: $\frac{1}{y}$=2 : 3이다.

수능 3점

본책 23쪽~25쪽

1 ④	2 ⑤	3 ②	4 ⑤	5 ①	6 ⑤
7 ③	8 ④	9 ②	10 ⑤	11 ④	12 ④

1 화학식량과 몰, 입자 수의 관계

자료 분석

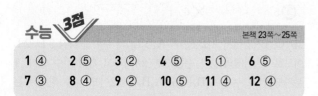

선택지 분석

✕ 16　　✕ 24　　✕ 32
④ 48　　✕ 62

CH_4, C_2H_5OH, CH_3OH의 분자량은 각각 16, 46, 32이다.

(가)에 들어 있는 CH_4의 양(mol)은 $\frac{14.4\ g}{16\ g/mol}$=0.9몰이고,

C_2H_5OH의 양(mol)은 $\frac{23\ g}{46\ g/mol}$=0.5몰이다.

(가)에 첨가한 CH_3OH의 양(mol)은 $\frac{x}{32}$몰이다. 원자 수는 원자의 양(mol)에 비례하므로 (가)에서 산소(O) 원자 수는 0.5몰이고 전체 원자 수는 5×0.9 mol $+9 \times 0.5$ mol=9몰이므로 $\frac{\text{산소(O) 원자 수}}{\text{전체 원자 수}}=\frac{0.5}{9}$이다.

(나)에서 산소(O) 원자 수는 $\left(0.5+\frac{x}{32}\right)$몰이고, 전체 원자 수는 $\left(9+\frac{6x}{32}\right)$몰이다. 용기 속 기체의 $\frac{\text{산소(O) 원자 수}}{\text{전체 원자 수}}$는 (나)가 (가)의

2배이므로 $\frac{\text{산소(O) 원자 수}}{\text{전체 원자 수}}=\dfrac{0.5+\dfrac{x}{32}}{9+\dfrac{6x}{32}}=\frac{1}{9}$, x=48이다.

2 화학식량과 몰, 입자 수, 질량, 부피의 관계

자료 분석

질량	부피	1 g에 들어 있는 전체 원자 수
1 g	2 L	N

● AB_2의 분자량은 M이므로, AB_2의 양(mol)은 $\frac{1}{M}$몰이다.

선택지 분석

○ ㄱ. 1 g에 들어 있는 B 원자 수는 $\frac{2N}{3}$이다.
○ ㄴ. 1몰의 부피는 $2M$ L이다.
○ ㄷ. 1몰에 해당하는 분자 수는 $\frac{MN}{3}$이다.

ㄱ. AB_2에서 분자당 원자 수는 3이고, 1 g에 들어 있는 전체 원자 수는 N이므로 AB_2 1 g에 들어 있는 B 원자 수는 $\frac{2N}{3}$이다.

ㄴ. AB_2 $\frac{1}{M}$몰의 부피는 2 L이므로 AB_2 1몰의 부피를 x라 하면 $\frac{1}{M}$몰 : 1몰=2 L : x에서 x=$2M$ L이다.

ㄷ. AB_2 $\frac{1}{M}$몰에 들어 있는 전체 원자 수는 N이므로 분자 수는 $\frac{N}{3}$이다. 따라서 AB_2 1몰에 해당하는 분자 수는 $\frac{MN}{3}$이다.

3 화학식량과 몰, 입자 수, 질량, 부피의 관계

자료 분석

기체	분자식	질량(g)	부피(L)	전체 원자 수(상댓값)
(가)	AB_2	16	6	1
(나)	AB_3	30	x=9	2
(다)	CB_2	23	12	y=2

온도와 압력이 같을 때 기체의 양(mol)과 부피는 비례하므로 전체 원자 수비는 '부피×분자당 원자 수'로 구할 수 있다. 따라서 전체 원자 수비는 (가) : (나) : (다)=6×3 : x×4 : 12×3=1 : 2 : y이고, x=9, y=2이다.

선택지 분석

✕ x+y=<u>10</u>이다. 11
○ 원자량은 B>C이다.
✕ 1 g에 들어 있는 B 원자 수는 <u>(나)>(다)</u>이다. (나)<(다)

ㄴ. 각 기체의 부피를 36 L로 같게 하였을 때 기체의 온도, 압력, 부피가 같으므로 질량비는 분자량비와 같다. 따라서 질량비 (가) : (나) : (다)=96 : 120 : 69=32 : 40 : 23이다. A~C의 원자량을 각각 a, b, c라고 하면 분자량비 (가) : (나) : (다) $=a+2b : a+3b : c+2b=32 : 40 : 23$이므로 원자량비 $a : b : c=16 : 8 : 7$이다. 따라서 원자량은 B가 C보다 크다.

바로알기 ㄱ. 전체 원자 수비는 (가) : (나)=6×3 : x×4=1 : 2이므로 x=9이고 (가) : (다)=6×3 : 12×3=1 : y이므로 y=2이다. 따라서 $x+y=11$이다.

ㄷ. 분자량비는 (나) : (다)=40 : 23이므로 1 g에 들어 있는 B 원자 수비 (나) : (다)=$\frac{1}{40}$×3 : $\frac{1}{23}$×2=69 : 80이다. 따라서 1 g에 들어 있는 B 원자 수는 (다)가 (나)보다 크다.

4 화학식량과 몰, 입자 수의 관계

자료 분석

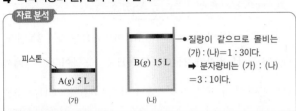

피스톤
A(g) 5 L
(가)

B(g) 15 L
(나)

질량이 같으므로 몰비는 (가) : (나)=1 : 3이다.
➡ 분자량비는 (가) : (나)=3 : 1이다.

선택지 분석

ㄱ (가)에서 A는 $\frac{1}{6}$몰이다.
ㄴ 분자량은 A가 B의 3배이다.
ㄷ $m+n=8$이다.

ㄱ. A의 양(mol)은 $\frac{\text{A의 부피(L)}}{\text{90 °C, 1기압에서 기체 1몰의 부피(L)}}$이다.
따라서 $\frac{5\,\text{L}}{30\,\text{L/mol}}=\frac{1}{6}$몰이다.

ㄴ. 기체의 질량이 같을 때 기체의 양(mol)은 기체의 분자량에 반비례한다. A와 B의 질량은 각각 13 g으로 같고 기체의 양(mol)은 B가 A의 3배이므로, 기체의 분자량은 A가 B의 3배이다.

ㄷ. A의 양(mol)=$\frac{5\,\text{L}}{30\,\text{L/mol}}=\frac{13\,\text{g}}{\text{A의 몰 질량(g/mol)}}$이므로 A의 몰 질량은 78 g/mol이다. 따라서 A의 분자량은 78이며, C와 H의 원자량은 각각 12와 1이므로 A의 분자식은 C_6H_6이다. 따라서 B의 분자식은 C_2H_2이고, $m+n=8$이다.

5 화학식량과 몰, 입자 수의 관계

자료 분석

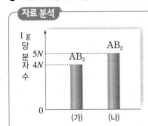

1 g당 분자 수는 분자량에 반비례하므로 분자량이 클수록 1 g당 분자 수가 작다. (가)는 AB_3이고, (나)는 AB_2이며 분자량 비는 (가) : (나)=$\frac{1}{4N}$: $\frac{1}{5N}$=5 : 4이다.

선택지 분석

ㄱ 원자량은 A>B이다.
✗ 1 g당 원자 수는 (나)>(가)이다. (가)>(나)
✗ 같은 온도와 압력에서 기체의 밀도는 (나)>(가)이다. (가)>(나)

ㄱ. 1 g당 분자 수는 분자량에 반비례하므로 분자량이 클수록 1 g당 분자 수가 작다. (가)는 AB_3이고, (나)는 AB_2이며 (가)와 (나)의 분자량비는 (가) : (나)=$\frac{1}{4N}$: $\frac{1}{5N}$=5 : 4이다. (가)의 분자량을 $5M$, (나)의 분자량을 $4M$이라고 할 때, (가)와 (나)의 분자량 차인 M은 B의 원자량이므로 A의 원자량은 $2M$이다. 따라서 원자량은 A가 B보다 크다.

바로알기 ㄴ. 1 g당 원자 수는 (가)가 $4N$×4=$16N$, (나)가 $5N$×3=$15N$이다. 따라서 1 g당 원자 수는 (가)가 (나)보다 크다.

ㄷ. 같은 온도와 압력에서 기체의 밀도는 분자량에 비례한다. 따라서 분자량이 큰 (가)가 (나)보다 기체의 밀도가 크다.

6 화학식량과 몰, 입자 수, 질량, 부피의 관계

자료 분석

기체	분자식	질량(g)	분자량	부피(L)	전체 원자 수 (상댓값)
(가)	XY_2	18	54	8	1
(나)	ZX_2	23	46	a=12	1.5
(다)	Z_2Y_4	26	104	6	b=1.5

선택지 분석

ㄱ $a \times b$=18이다.
ㄴ 1 g에 들어 있는 전체 원자 수는 (나)>(다)이다.
ㄷ t °C, 1기압에서 $X_2(g)$ 6 L의 질량은 8 g이다.

ㄱ. t °C, 1기압에서 기체 1몰의 부피는 24 L이므로 (가)는 $\frac{1}{3}$몰이다. (가)가 $\frac{1}{3}$몰의 분자 수이고 분자당 원자 수가 3이므로 전체 원자 수는 $\frac{1}{3}$×3=1(몰)이고 상댓값이 1이다. 따라서 (나)의 전체 원자 수는 1.5몰이고, 분자 수는 0.5몰이므로 a=12이다. (다)는 분자 수가 0.25몰이고 분자당 원자 수가 6이므로 전체 원자 수는 1.5몰이다. 따라서 b=1.5이고, $a \times b$=18이다.

ㄴ. (나)에서 0.5몰의 기체가 23 g이므로 1몰의 질량은 46 g이다. 따라서 1 g에 들어 있는 전체 원자 수는 (나) $\frac{1}{46}$×3, (다) $\frac{1}{104}$×6이므로 (나)>(다)이다.

ㄷ. 분자량은 (가) 54, (나) 46, (다) 104이므로 X, Y, Z의 원자량을 각각 x, y, z라 하면 $x+2y$=54, $z+2x$=46, $2z+4y$=104이고, 이를 계산하면 x=16, y=19, z=14이다. 따라서 X_2의 분자량은 32이고, 6 L는 0.25몰이므로 X_2 6 L의 질량은 8 g이다.

7 화학식량과 몰, 입자 수, 질량의 관계

자료 분석

용기	화합물의 질량(g)		용기 내 전체 원자 수
	X_2Y	X_2Y_2	
(가)	a ↓양(mol)	$2b$ ↑양(mol)	$19N$
(나)	$2a$ ↕2배	b ↕2배	$14N$

선택지 분석

✗ 1
✗ $\frac{5}{4}$
③ $\frac{3}{2}$
✗ $\frac{5}{3}$
✗ 2

X_2Y의 질량은 용기 (나)에서가 (가)에서의 2배이므로 X_2Y의 양(mol)도 (나)에서가 (가)에서의 2배이다. 또한 X_2Y_2의 질량은 (가)에서가 (나)에서의 2배이므로 X_2Y_2의 양(mol)도 (가)에서가 (나)에서의 2배이다.

(가)에서 X_2Y의 양(mol)을 x몰, (나)에서 X_2Y_2의 양(mol)을 y몰이라고 하면, 혼합 기체의 양(mol)은 (가)에서 $x+2y$몰, (나)에서 $2x+y$몰이다. 전체 원자 수는 각 기체의 양(mol)에 분자당 원자 수를 곱하여 구할 수 있으므로 용기 내 전체 원자 수는 (가)에서 $3x+8y=19N$, (나)에서 $6x+4y=14N$이고, 이를 계산하면 $x=N$, $y=2N$이다.

따라서 (가)에서 Y 원자 수는 $N+8N=9N$이고, (나)에서 Y 원자 수는 $2N+4N=6N$이므로 $\dfrac{\text{(가)에서 Y 원자 수}}{\text{(나)에서 Y 원자 수}}=\dfrac{9N}{6N}=\dfrac{3}{2}$이다.

8 화학식량과 몰, 입자 수, 질량, 부피의 관계

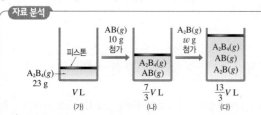

같은 온도와 압력에서 기체의 부피는 기체의 양(mol)에 비례하므로 (가)에서 $A_2B_4(g)$의 양(mol)을 n몰이라고 하면, (나)에서 $AB(g)$의 양(mol)은 $\dfrac{4}{3}n$몰, (다)에서 $A_2B(g)$의 양(mol)은 $2n$몰이다.

✗ 원자량은 $\underline{A>B}$이다. $B>A$

◯ $w=22$이다.

◯ (다)에서 실린더 속 기체의 $\dfrac{\text{A 원자 수}}{\text{전체 원자 수}}=\dfrac{1}{2}$이다.

ㄴ. A_2B_4 n몰의 질량은 23 g, AB $\dfrac{4}{3}n$몰의 질량은 10 g이므로 분자량비 $A_2B_4 : AB=46 : 15$이다. A_2B_4 1몰의 질량을 $46x$ g이라고 하면 AB 1몰의 질량은 $15x$ g이고, (A_2B_4 1몰의 질량$-AB$ 2몰의 질량)은 B 원자 2몰의 질량인 $16x$ g이다. 따라서 B 원자 1몰의 질량은 $8x$ g이므로 A 원자 1몰의 질량은 $7x$ g이다.

(가)에서 A_2B_4 n몰의 질량은 23 g이고, A_2B_4 1몰의 질량은 $46x$ g이다. (다)에서 첨가된 A_2B $2n$몰의 질량은 w g이고 A_2B 1몰의 질량은 $22x$ g이므로 $w=22$이다.

ㄷ. (다)에는 A_2B_4 n몰, AB $\dfrac{4}{3}n$몰, A_2B $2n$몰이 들어 있다. 따라서 A 원자의 양(mol)은 $2n+\dfrac{4}{3}n+4n=\dfrac{22}{3}n$이고, B 원자의 양(mol)은 $4n+\dfrac{4}{3}n+2n=\dfrac{22}{3}n$이므로 $\dfrac{\text{A 원자 수}}{\text{전체 원자 수}}=\dfrac{1}{2}$이다.

ㄱ. A 원자 1몰의 질량은 $7x$ g, B 원자 1몰의 질량은 $8x$ g이므로 원자량은 $B>A$이다.

9 화학식량과 몰, 입자 수, 부피의 관계

기체	(가)	(나)	(다)
분자식	H_2	CH_4	NH_3
기체의 양	$\dfrac{x}{2}$ g	$\dfrac{1}{2}N_A$	V L
기체의 양(mol)	1	$\dfrac{1}{2}$	$\dfrac{2}{3}$
H 원자의 양(mol)	2	2	2
기체의 부피(L)	$\dfrac{3V}{2}$	$\dfrac{3V}{4}$	V
총 원자 수	$2N_A$	$\dfrac{5}{2}N_A$	$\dfrac{8}{3}N_A$

✗ $x=4$이다. $x=2$

◯ (나)의 부피는 $\dfrac{3V}{4}$ L이다.

✗ (다)에 있는 총 원자 수는 $\dfrac{4}{3}N_A$이다. $\dfrac{8}{3}N_A$

ㄴ. (나)에서 기체의 양(mol)이 0.5몰이므로 H 원자는 2몰이다. (다)에서도 H 원자가 2몰이므로 NH_3는 $\dfrac{2}{3}$ 몰이다. (다)에서 NH_3 $\dfrac{2}{3}$ 몰이 차지하는 부피가 V L이므로 (나)에서 CH_4 0.5몰이 차지하는 부피를 y라고 하면, $\dfrac{1}{2}$ 몰 $:$ $\dfrac{2}{3}$ 몰 $=y:V$이다. 따라서 (나)의 부피 $y=\dfrac{3V}{4}$ L이다.

ㄱ. (나)에서 H 원자가 2몰이므로 (가)도 H 원자가 2몰이다. 따라서 H_2는 1몰이므로 $x=2$이다.

ㄷ. (다)에서 기체의 총 원자 수는 $\dfrac{2}{3}N_A \times 4=\dfrac{8}{3}N_A$이다.

10 화학식량과 몰, 입자 수, 질량, 부피의 관계

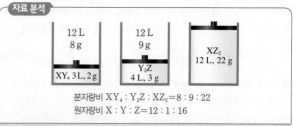

분자량비 $XY_4 : Y_2Z : XZ_2=8 : 9 : 22$
원자량비 $X : Y : Z=12 : 1 : 16$

㉠ X의 원자량은 12이다.

㉡ 분자량비는 $XY_4 : Y_2Z=8 : 9$이다.

㉢ $t\,°C$, 1기압에서 기체 1몰의 부피는 24 L이다.

ㄱ, ㄴ. 기체 12 L의 질량은 각각 XY_4 8 g, Y_2Z 9 g, XZ_2 22 g 이므로 XY_4의 분자량을 8이라고 가정하면 Y_2Z의 분자량은 9, XZ_2의 분자량은 22이다. 한편, X, Y, Z의 원자량을 각각 x, y, z라고 하면 다음과 같은 식이 성립한다.

$x+4y=8$, $2y+z=9$, $x+2z=22$

세 식을 계산하면 $x=6$, $y=0.5$, $z=8$이고, Y의 원자량은 1이므로 X의 원자량은 12이다.

ㄷ. XZ_2의 분자량이 44이므로 (다)에서 XZ_2의 양(mol)은 0.5몰임을 알 수 있다. 따라서 $t\,°C$, 1기압에서 기체 1몰의 부피는 24 L이다.

11 화학식량과 몰, 입자 수, 질량, 부피의 관계

기체	분자식	질량(g)	부피(L)	분자 수	전체 원자 수 (상댓값)
(가)	AB	$y=45$		$1.5N_A$	4
(나)	A_2B	11	7		$z=1$
(다)	AB_x	23		$0.5N_A$	2

└─●2

선택지 분석

✗ 9   ✗ 11   ✗ 12
④ 15   ✗ 18

(가) AB의 $1.5N_A$와 (다) AB_x의 $0.5N_A$에서 전체 원자 수비는 (가) : (다)$=1.5\times2 : 0.5\times(1+x)=2 : 1$이므로 $x=2$이다.
t °C, 1기압에서 기체 1몰의 부피는 28 L이므로 (나) A_2B 7 L는 0.25몰이고, 질량은 11 g이므로 분자량은 44이다. (다) AB_2 $0.5N_A$는 0.5몰이므로 분자량은 46이다.
(나) A_2B와 (다) AB_2의 분자량의 합은 $3\times$(A의 원자량$+$B의 원자량)$=90$이므로 AB의 분자량은 30이고, (가) AB $1.5N_A$는 1.5몰이므로 $\dfrac{y}{30}=1.5$, $y=45$이다.
(가)와 (나)의 전체 원자 수비는 (가) : (나)$=1.5\times2 : 0.25\times3$ $=4 : z$, $z=1$이다. 따라서 $\dfrac{y}{x+z}=\dfrac{45}{2+1}=15$이다.

12 화학식량과 몰, 입자 수의 관계

선택지 분석

✗ $\dfrac{7}{3}$ ✗ $\dfrac{10}{3}$ ✗ $\dfrac{21}{5}$
④ $\dfrac{14}{3}$ ✗ $\dfrac{24}{5}$

단위 부피당 전체 원자 수비는 (가) : (나)$=x : y$이므로 전체 원자 수비는 (가) : (나)$=x : 1.4y$이다. 전체 원자 수는 분자 수에 분자당 원자 수를 곱한 값이므로 (가)에서 A_4B_8의 분자 수는 $\dfrac{x}{12}$라고 할 수 있다. 이때 일정한 온도와 압력에서 기체의 분자 수비는 기체의 부피비와 같으므로 (나)의 전체 기체 분자 수를 z라고 하면 기체의 분자 수비는 (가) : (나)$=1 : 1.4=\dfrac{x}{12} : z$이고, $z=\dfrac{7x}{60}$이다. 따라서 첨가된 A_nB_{2n}의 분자 수는 $\dfrac{x}{30}$이다.
$A_4B_8 : A_nB_{2n}$의 분자 수비$=\dfrac{x}{12} : \dfrac{x}{30}=5 : 2$이고, 질량비 $=2 : 1$이므로 분자량비$=\dfrac{2}{5} : \dfrac{1}{2}=4 : 5$이다. A_4B_8과 A_nB_{2n}은 분자식이 같은 형태이므로 분자량비는 분자당 A 원자 수에 비례한다. 따라서 $n=5$이다.
(나)에서 전체 원자 수는 A_4B_8이 x, $A_nB_{2n}(A_5B_{10})$이 $\dfrac{x}{30}\times15=\dfrac{x}{2}$이므로 $x+\dfrac{x}{2}=1.4y$이다. 따라서 $\dfrac{x}{y}=\dfrac{14}{15}$이므로 $n\times\dfrac{x}{y}=5\times\dfrac{14}{15}=\dfrac{14}{3}$이다.

---

03 화학 반응식과 용액의 농도

개념 확인

본책 27쪽

(1) ① 2 ② 2 ③ 44.8   (2) ① 0.05 ② 9 ③ 부피 플라스크
④ 0.05

본책 28쪽

여기서 잠깐!

Q1 66 g   Q2 5 L   Q3 11.2 L

Q1 C_3H_8 연소 반응의 화학 반응식은 다음과 같다.
$$C_3H_8(g)+5O_2(g)\longrightarrow 3CO_2(g)+4H_2O(l)$$
C_3H_8의 분자량은 44이므로 C_3H_8 22 g의 양(mol)은 $\dfrac{22\ g}{44\ g/mol}$ $=0.5$몰이다. 화학 반응식의 계수비는 몰비와 같으므로 몰비는 $C_3H_8 : CO_2=1 : 3$이다. 따라서 C_3H_8 22 g이 완전 연소될 때 생성되는 CO_2의 양(mol)은 1.5몰이고, CO_2의 분자량이 44이므로 질량은 $1.5\ mol\times44\ g/mol=66$ g이다.

Q2 암모니아 생성 반응의 화학 반응식은 다음과 같다.
$$N_2(g)+3H_2(g)\longrightarrow 2NH_3(g)$$
화학 반응식의 계수비가 $N_2 : NH_3=1 : 2$이므로 NH_3 10 L를 얻기 위해 필요한 N_2의 부피는 5 L이다.

Q3 마그네슘과 염산의 반응에서 화학 반응식은 다음과 같다.
$$Mg(s)+2HCl(aq)\longrightarrow MgCl_2(aq)+H_2(g)$$
Mg 12.15 g은 $\dfrac{12.15\ g}{24.3\ g/mol}=0.5$몰이다. 화학 반응식의 계수비가 $Mg : H_2=1 : 1$이므로 Mg 12.15 g이 반응할 때 생성되는 H_2의 양(mol)은 0.5몰이다. 0 °C, 1기압에서 H_2 0.5몰의 부피는 $0.5\ mol\times22.4\ L/mol=11.2$ L이다.

본책 29쪽

여기서 잠깐!

Q1 18.4 M   Q2 약 4.9 %
Q3 0.01 M   Q4 0.5 M

Q1 용액 1 L의 질량은 $1000\ mL\times1.84\ g/mL=1840$ g이고, 용액 1 L에 들어 있는 황산의 질량은 $\left(1840\times\dfrac{98}{100}\right)$ g이므로 용액 1 L에 들어 있는 황산의 양(mol)은 $\left(1840\times\dfrac{98}{100}\right)$ g$\times$ $\dfrac{1}{98\ g/mol}=18.4$몰이다. 따라서 98 % 황산의 몰 농도(M)는 $\dfrac{18.4\ mol}{1\ L}=18.4$ M이다.

Q2 용액 1 L의 질량은 $1000\ mL\times1.02\ g/mL=1020$ g, 용액 1 L에 들어 있는 A의 질량은 $0.5\ M\times1\ L\times100\ g/mol=50$ g 이다. 따라서 퍼센트 농도는 $\dfrac{50\ g}{1020\ g}\times100\fallingdotseq4.9$ %이다.

Q3 0.1 M 포도당 수용액 50 mL에 들어 있는 용질의 양(mol)은 0.1 M×0.05 L=0.005몰이고, 이를 희석하여 만든 수용액 0.5 L의 몰 농도는 $\dfrac{0.005\ mol}{0.5\ L}$=0.01 M이다.

[다른 해설] 50 mL의 수용액을 500 mL로 희석한 것이므로 용액의 몰 농도는 처음 용액의 $\dfrac{1}{10}$이다. 따라서 0.1 M×$\dfrac{1}{10}$=0.01 M 이다.

Q4 40 % A 수용액 100 g에서 A의 질량은 40 g이므로 양(mol)은 0.4몰이다. 0.2 M A 수용액 500 mL에서 A의 양(mol)은 0.2 M×0.5 L=0.1몰이다. 따라서 혼합 용액 속 A의 양(mol)=0.4몰+0.1몰=0.5몰이다. 혼합 용액 전체의 부피가 1 L이므로 몰 농도는 $\dfrac{0.5\ mol}{1\ L}$=0.5 M이다.

수능 자료

본책 30쪽~31쪽

자료❶	1○	2○	3×	4○	5×	6○	
자료❷	1○	2○	3○	4○	5×		
자료❸	1○	2×	3○	4×	5○	6○	7○
	8×	9○					
자료❹	1○	2○	3×	4○	5○	6○	7×
	8×	9○	10○	11×			

자료 ❶ 화학 반응식의 양적 관계(질량과 몰)

1 질량 보존 법칙에 따라 반응 전과 후에 원자의 종류와 수는 같다. 따라서 제시된 화학 반응식의 계수를 맞추면 다음과 같다.
$4NH_3(g)+5O_2(g) \longrightarrow 4NO(g)+6H_2O(g)$
$a=4, b=5, c=4, d=6$이므로 $a+b+c+d=19$이다.

2 실험 Ⅰ에서 반응물의 양(mol)은 NH_3 2몰, O_2 $\dfrac{25}{8}$몰이고 계수비가 $NH_3 : O_2=4 : 5$이므로 NH_3 2몰과 O_2 2.5몰이 반응하여 NO 2몰과 H_2O 3몰이 생성되므로 ㉠은 2이다.

3 생성된 H_2O의 양(mol)은 3몰, 분자량은 18이므로 생성된 H_2O의 질량은 54 g이다. 따라서 ㉡은 54이다.

4 실험 Ⅰ에서 O_2는 2.5몰만 반응하므로 2.5 mol×32 g/mol =80 g이 반응한 것이다. 따라서 남은 반응물은 O_2 20 g이다.

5 실험 Ⅱ에서 생성된 NO의 양(mol)은 2몰이고, 기체 1몰의 부피는 t ℃, 1기압에서 24 L이므로 생성된 NO의 부피는 48 L 이다. 따라서 ㉢은 48이다.

6 실험 Ⅱ에서 NH_3 4몰 중 2몰이 반응하고 2몰이 남는다.

자료 ❷ 화학 반응식의 양적 관계(부피와 몰)

1 실험 Ⅰ과 Ⅱ에서 반응 전 A의 부피가 같고, 넣어 준 B의 부피가 Ⅱ가 Ⅰ보다 크다. 실험 Ⅰ에서 A가 모두 반응한다면 실험 Ⅱ 에서도 A가 모두 반응하므로 $\dfrac{전체\ 기체의\ 양(mol)}{C의\ 양(mol)}$은 실험 Ⅱ> 실험 Ⅰ이어야 한다. ➡ 실험 Ⅰ에서 모두 반응하는 것은 B이다.

2 실험 Ⅱ에서 B가 모두 반응한다면 실험 Ⅰ과 Ⅱ에서 $\dfrac{전체\ 기체의\ 양(mol)}{C의\ 양(mol)}$이 달라야 한다. ➡ 실험 Ⅱ에서 모두 반응하는 것은 A이다.

3 일정한 온도와 압력에서 기체의 부피는 기체의 양(mol)에 비례하므로 실험 Ⅰ의 반응에서 양적 관계는 다음과 같다.

$$2A(g) + bB(g) \longrightarrow C(g) + 2D(g)$$

반응 전(L)	x	4		
반응(L)	$-\dfrac{8}{b}$	-4	$+\dfrac{4}{b}$	$+\dfrac{8}{b}$
반응 후(L)	$x-\dfrac{8}{b}$	0	$\dfrac{4}{b}$	$\dfrac{8}{b}$

$\dfrac{전체\ 기체의\ 양(mol)}{C의\ 양(mol)}=\dfrac{x+\dfrac{4}{b}}{\dfrac{4}{b}}=4$이므로 $b=\dfrac{12}{x}$이다.

4~5 실험 Ⅱ의 반응에서 양적 관계는 다음과 같다.

$$2A(g) + bB(g) \longrightarrow C(g) + 2D(g)$$

반응 전(L)	x	9		
반응(L)	$-x$	$-\dfrac{b}{2}x$	$+0.5x$	$+x$
반응 후(L)	0	$9-\dfrac{b}{2}x$	$0.5x$	x

$\dfrac{전체\ 기체의\ 양(mol)}{C의\ 양(mol)}=\dfrac{9-\dfrac{b}{2}x+1.5x}{0.5x}=4$이다. 이 식에 $b=\dfrac{12}{x}$를 대입하면 $x=6, b=2$이다.

자료 ❸ 화학 반응식의 양적 관계(기체의 밀도)

1 반응 전과 후에 질량은 보존되므로 화학 반응식으로부터 A 의 분자량+(b×B의 분자량)=C의 분자량이 성립한다.

2 실험 Ⅰ에서 $b=1$이라고 하면 반응 몰비는 A : B : C=1 : 1 : 1이므로 반응 후 실린더 속 기체의 양(mol)은 B 5몰, C 2몰 이다. B와 C의 분자량비가 1 : 16이므로 B의 분자량을 M이라고 하면 C의 분자량은 $16M$이다. 따라서 반응 전 B의 질량은 $7M$, 반응 후 B의 질량은 $5M$, C의 질량은 $2×16M=32M$이 므로 반응 전후 밀도비는 $\dfrac{7M}{7} : \dfrac{(5M+32M)}{7}=7 : 37$이 되어 제시된 자료에 부합하지 않는다. 만약 실험 Ⅰ에서 $b=2$라고 하면 반응 몰비는 A : B : C=1 : 2 : 1이므로 반응 후 실린더 속 기체의 양(mol)은 B 3몰, C 2몰이다. 반응 전 B의 질량은 $7M$, 반응 후 B의 질량은 $3M$, C의 질량은 $2×16M=32M$이 므로 반응 전후 밀도비는 $\dfrac{7M}{7} : \dfrac{(3M+32M)}{5}=1 : 7$이므로 제시된 자료에 부합한다. 따라서 $b=2$이다.

3 $b=2$이므로 실험 Ⅰ에서 A는 모두 반응하고, B는 4몰이 반응하여 3몰이 남고, C는 2몰이 생성된다.

4 실험 Ⅱ에서 A는 모두 반응하고, B는 6몰이 반응하여 2몰이 남고, C는 3몰이 생성된다.

5 실험 Ⅱ에서 반응 후 실린더 속 기체의 양은 B가 2몰, C가 3 몰이고, 반응 전 B의 질량은 $8M$, 반응 후 B의 질량은 $2M$, C 의 질량은 $3×16M=48M$이다. 실험 Ⅱ에서 반응 전후 밀도비 는 $\dfrac{8M}{8} : \dfrac{(2M+48M)}{5}=1 : 10$이므로 $x=10$이다.

6 반응 전 A는 고체 상태의 물질이므로 기체의 밀도에 영향을 주는 것은 B이다.

7~9 A는 고체 상태이므로 ㉠은 B(g) 7몰, ㉡은 B(g) 3몰, C(g) 2몰, ㉢은 B(g) 8몰, ㉣은 B(g) 2몰, C(g) 3몰이다.

자료 ❹ 화학 반응식의 양적 관계(기체의 밀도)

1 화학 반응식에서 A와 C의 반응 계수가 같으므로 반응한 A의 양(mol)만큼 C가 생성된다. 따라서 A V L가 들어 있는 실린더에 B를 넣어 반응시킬 때 반응이 완결되는 지점까지 전체 기체의 부피는 V L로 일정하다.

2 A가 모두 반응할 때까지 전체 기체의 부피는 일정하지만 전체 기체의 질량은 증가하므로 전체 기체의 밀도는 증가하며, A가 모두 반응한 후 전체 기체의 밀도는 감소한다. 따라서 전체 기체의 밀도(상댓값)가 x일 때 A는 모두 반응하였음을 알 수 있다.

3 반응 전 기체의 밀도는 1, P점에서 전체 기체의 밀도는 0.8이므로 $\dfrac{\text{반응 전 A}(g)\text{의 질량}}{V\,\text{L}}$: $\dfrac{\text{반응 전 A}(g)\text{의 질량}+w}{2.5V\,\text{L}}=1$: 0.8이다. 따라서 반응 전 A의 질량은 w이다.

4 반응 전 기체의 부피는 V L, P점에서 기체의 부피는 $2.5V$ L이므로 $\dfrac{\text{P점에서 전체 기체의 양(mol)}}{\text{반응 전 기체의 양(mol)}}=\dfrac{2.5V\,\text{L}}{V\,\text{L}}=\dfrac{5}{2}$이다.

5 분자량은 A : B=2 : 1이므로 A의 분자량을 $2M$이라고 하면, B의 분자량은 M이다. P점에서 반응 전 기체의 양(mol)은 A $\dfrac{w}{2M}$몰, B $\dfrac{w}{M}$몰이므로 A : B=1 : 2이다.

6 P점에서 반응 전 A와 B의 양(mol)을 각각 n, $2n$이라고 하면 양적 관계는 다음과 같다.

	aA(g)	+	B(g)	⟶	aC(g)
반응 전(몰)	n		$2n$		
반응(몰)	$-n$		$-\dfrac{n}{a}$		$+n$
반응 후(몰)	0		$2n-\dfrac{n}{a}$		n

반응 전 기체 A의 부피는 V L, P점에서 반응 후 기체의 부피는 $2.5V$ L이다. 따라서 $n : 3n-\dfrac{n}{a}=1 : 2.5$이므로 $a=2$이다.

7 전체 기체의 밀도가 x일 때 A가 모두 반응하였으므로 반응한 A의 양(mol)은 $\dfrac{w}{2M}$ 몰이고, B의 양(mol)은 A의 $\dfrac{1}{2}$이므로 $\dfrac{w}{4M}$몰이다. 따라서 반응한 B의 질량은 $\dfrac{w}{4}$ g이다.

8 기체의 밀도가 x인 지점에서 A는 w g, B는 $\dfrac{w}{4}$ g 반응하였으므로 생성된 C의 질량은 $\dfrac{5w}{4}$ g이다. 기체의 부피는 V L로 일정하게 유지되므로 기체의 밀도비는 질량비와 같다. 따라서 $w : \dfrac{5w}{4}=1 : x$이므로 $x=\dfrac{5}{4}$이다.

9 반응 전 A의 질량은 w g이고, 부피는 V L이므로 밀도는 $\dfrac{w}{V}$ g/L이다. 반응 후 기체의 밀도가 이와 같을 때는 A가 모두 반응한 이후이므로 C의 부피는 V L, 질량은 $\dfrac{5w}{4}$ g이다.

분자량은 A가 B의 2배이므로 밀도가 $\dfrac{w}{V}$이기 위해서는 남은 B의 질량은 $\dfrac{w}{4}$ g, 부피는 $\dfrac{V}{2}$ L이어야 한다. 따라서 넣어 준 B의 질량은 $\dfrac{w}{4}$ g$+\dfrac{w}{4}$ g$=\dfrac{w}{2}$ g이다.

10 P점에서 A는 모두 반응하였고, B는 $\dfrac{3}{4}w$ g이 남으며, C는 $\dfrac{5w}{4}$ g이 생성된다. 따라서 반응 후 질량비는 B : C=3 : 5이다.

11 P점에서 반응 후 기체의 질량비는 B : C=3 : 5이고, 분자량비는 B : C=2 : 5이므로 몰비는 B : C=3 : 2이다.

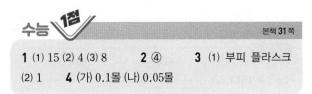

본책 31쪽

1 (1) 15 (2) 4 (3) 8　　**2** ④　　**3** (1) 부피 플라스크
(2) 1　　**4** (가) 0.1몰 (나) 0.05몰

1 (1) 완성된 화학 반응식은 다음과 같다.
$4NH_3(g)+5O_2(g)\longrightarrow 4NO(g)+6H_2O(g)$
따라서 $a=5$, $b=4$, $c=6$이다.
(2) 반응 계수비는 NH_3 : NO=4 : 4=1 : 1이므로 NH_3 4몰이 모두 반응하였을 때 생성되는 NO의 양(mol)은 4몰이다.
(3) 반응 계수비는 NH_3 : O_2=4 : 5이므로 10몰의 O_2가 모두 반응하는 데 필요한 NH_3의 양(mol)은 8몰이다.

2 ④ 반응 후 생성된 물질이 $A_3B(BA_3)$이므로 이 반응의 화학 반응식은 다음과 같다.
$3A_2+B_2\longrightarrow 2A_3B(BA_3)$
따라서 반응 전 A_2는 모두 반응하고, B_2 1분자가 남게 된다.
바로알기 ① 생성물은 A 3개와 B 1개로 이루어져 있으므로 $A_3B(BA_3)$이다.
② 반응 몰비는 A_2 : B_2=3 : 1이다.
③ 반응 전 A_2 분자 3개, B_2 분자 2개이고, 반응 후 $A_3B(BA_3)$ 분자 2개, B_2 분자 1개가 남게 된다. 따라서 반응 전후 기체의 전체 양(mol)은 5 : 3이다.
⑤ 반응 후 $A_3B(BA_3)$ 분자 2개, B_2 분자 1개가 남게 되므로 가장 많이 존재하는 기체는 $A_3B(BA_3)$이다.

3 (1) 부피 플라스크를 이용하여 0.1 M NaOH(aq)을 만들 수 있다.
(2) 0.1 M NaOH(aq) 250 mL에는 0.1 M×0.25 L= 0.025 몰의 NaOH이 들어 있으므로 넣어 준 NaOH의 질량은 0.025 mol×40 g/mol=1 g이다. 따라서 $x=1$이다.

4 (가) NaOH의 양(mol)은 1 M×0.1 L=0.1몰이다.
(나) NaOH의 질량은 100 g×$\dfrac{2}{100}$=2 g이고, 화학식량은 40이므로 NaOH의 양(mol)=$\dfrac{2\,\text{g}}{40\,\text{g/mol}}$=0.05몰이다.

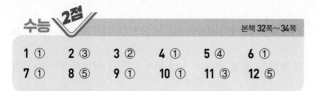

1 ①	2 ③	3 ②	4 ①	5 ④	6 ①
7 ①	8 ⑤	9 ①	10 ①	11 ③	12 ⑤

1 화학 반응식

선택지 분석

◯ ㉠은 NH_3이다.

✕ $a=2$이다. $a=3$

✕ 반응한 분자 수는 생성된 분자 수보다 작다. 크다

ㄱ. 생성물이 암모니아이므로 ㉠은 NH_3이다.

바로알기 ㄴ. 반응 계수는 $a=3$, $b=2$이다.

ㄷ. 반응 전 반응물의 계수 합은 4이고, 반응 후 생성물의 계수 합은 2이므로 반응한 분자 수는 생성된 분자 수보다 크다.

2 화학 반응식

자료 분석

- $Zn(s)+2HCl(aq) \longrightarrow$ ⎡㉠⎤$(aq)+H_2(g)$ ← $ZnCl_2$
- $2Al(s)+aHCl(aq) \longrightarrow 2AlCl_3(aq)+bH_2(g)$
  └● 생성물의 Cl 원자 수는 6이다. ➡ a는 6이다. ➡ 반응물의 H 원자 수는 6이다.
  ➡ b는 3이다.

선택지 분석

◯ ㉠은 $ZnCl_2$이다.

◯ $a+b=9$이다.

✕ 같은 양(mol)의 $Zn(s)$과 $Al(s)$을 각각 충분한 양의 $HCl(aq)$에 넣어 반응을 완결시켰을 때 생성되는 H_2의 몰비는 1:2이다. 2:3

ㄱ. 반응 전후 원자의 종류와 수는 같아야 하므로 ㉠은 $ZnCl_2$이다.

ㄴ. 두 번째 반응식에서 반응 후 Cl 원자 수는 6이므로 $a=6$이고, 반응 전 H 원자 수는 6이므로 $b=3$이다. 따라서 $a+b=9$이다.

바로알기 ㄷ. $Zn(s)$ 1몰을 반응시킬 때 생성되는 H_2의 양(mol)은 1몰이고, $Al(s)$ 1몰을 반응시킬 때 생성되는 H_2의 양(mol)은 1.5몰이다. 따라서 같은 양(mol)의 $Zn(s)$과 $Al(s)$을 충분한 양의 $HCl(aq)$에 넣어 반응을 완결시켰을 때 생성되는 H_2의 몰비는 2:3이다.

3 화학 반응식

선택지 분석

✕ 13 ②14 ✕ 15 ✕ 16 ✕ 17

(가)에서 반응물의 H 원자 수가 2가 되도록 $b=1$이라고 하면 반응 후 $c=2$이고, 생성물에서 N 원자 수는 3이므로 $a=3$이다. 따라서 완성된 화학 반응식은 다음과 같다.

$3NO_2(g)+H_2O(g) \longrightarrow 2HNO_3(g)+NO(g)$

(나)에서 반응물의 Fe 원자 수가 2이므로 $e=2$이고, d와 f는 같아야 하는데 반응물에서 O 원자 수가 3개 더 있으므로 $d=f=3$이다. 따라서 완성된 화학 반응식은 다음과 같다.

$Fe_2O_3(s)+3CO(g) \longrightarrow 2Fe(s)+3CO_2(g)$

따라서 $a+b+c+d+e+f=14$이다.

4 화학 반응식에서의 양적 관계

자료 분석

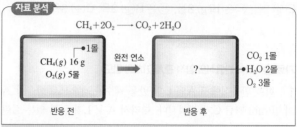

$CH_4+2O_2 \longrightarrow CO_2+2H_2O$

반응 전: $CH_4(g)$ 16 g, $O_2(g)$ 5몰 ← 1몰 / 완전 연소 ⟹ 반응 후: ? / CO_2 1몰, H_2O 2몰, O_2 3몰

선택지 분석

◯ 물질의 종류는 3가지이다.

✕ 반응 전보다 물질의 양(mol)이 증가한다. 일정하다

✕ $\dfrac{H_2O의 양(mol)}{남은 반응물의 양(mol)}=1$이다. $\dfrac{2}{3}$

CH_4이 완전 연소하는 반응의 화학 반응식은 다음과 같다.

$CH_4+2O_2 \longrightarrow CO_2+2H_2O$

ㄱ. CH_4과 O_2는 1:2의 몰비로 반응하여 CO_2와 H_2O을 생성하므로 CH_4 16 g(=1몰)과 O_2 2몰이 반응하여 CO_2 1몰과 H_2O 2몰이 생성되고, O_2 3몰이 남는다. 따라서 반응 후 용기에는 CO_2, H_2O, O_2가 있다.

바로알기 ㄴ. 반응 전에는 CH_4 1몰과 O_2 5몰이 있었고, 반응 후에는 CO_2 1몰, H_2O 2몰, O_2 3몰이 있으므로 반응 전과 후에 물질의 양(mol)은 일정하다.

ㄷ. $\dfrac{H_2O의 양(mol)}{남은 반응물의 양(mol)}=\dfrac{H_2O의 양(mol)}{O_2의 양(mol)}=\dfrac{2}{3}$이다.

5 화학 반응식에서의 양적 관계

자료 분석

- 화학 반응식:
  $M_2CO_3(s)+2HCl(aq) \longrightarrow 2MCl(aq)+H_2O(l)+CO_2(g)$

[실험 과정]

(가) 25 °C, 1기압에서 Y자관 한쪽에는 $M_2CO_3(s)$ 1 g을, 다른 한쪽에는 충분한 양의 $HCl(aq)$을 넣는다.
└●$M_2CO_3(s)$ 1 g이 모두 반응할 수 있도록

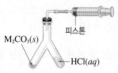

피스톤 / $M_2CO_3(s)$ / $HCl(aq)$

(나) Y자관을 기울여 M_2CO_3과 $HCl(aq)$을 반응시킨다.

(다) $M_2CO_3(s)$이 모두 반응한 후, 주사기의 눈금 변화를 측정한다.

생성된 CO_2의 부피 → CO_2의 양(mol)으로 변환 → 양적 관계로부터 M_2CO_3의 양(mol) 계산 → M_2CO_3 1 g으로부터 화학식량 계산 → C, O의 원자량으로부터 M의 원자량 계산

선택지 분석

✕ HCl 1몰의 질량

◯ C와 O의 원자량

◯ 25 °C, 1기압에서 기체 1몰의 부피

CO_2의 부피로부터 CO_2의 양(mol)을 구한 후, 화학 반응식의 계수비로부터 M_2CO_3 1 g의 양(mol)을 구하여 M_2CO_3의 화학식량을 알아낸다.

ㄴ. M_2CO_3의 화학식량으로부터 M의 원자량을 구하기 위해 C와 O의 원자량이 필요하다.

ㄷ. CO_2의 양(mol)을 구하기 위해 25 °C, 1기압에서 기체 1몰의 부피를 알아야 한다.

바로알기 ㄱ. 생성된 CO_2의 부피를 이용하여 M_2CO_3 1 g의 양(mol)을 구하였으므로 HCl 1몰의 질량은 필요하지 않다.

6 화학 반응식에서의 양적 관계

선택지 분석

① $\dfrac{5}{4}$ ✖ 1   ✖ $\dfrac{4}{5}$ ✖ $\dfrac{3}{4}$ ✖ $\dfrac{3}{5}$

반응 전과 후에 산소의 원자 수는 같아야 하므로 $2+2x=8+4$에서 $x=5$이다. 따라서 아세트알데하이드의 연소 반응을 완성하면 다음과 같다.

$$2C_2H_4O+5O_2 \longrightarrow 4CO_2+4H_2O$$

이 반응에서 몰비는 $CO_2 : O_2=4 : 5$이므로 1몰의 CO_2가 생성되었을 때 반응한 O_2의 양(mol)은 $\dfrac{5}{4}$ 몰이다.

7 화학 반응식에서의 양적 관계

자료 분석

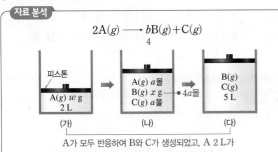

$$2A(g) \longrightarrow \underset{4}{b}B(g)+C(g)$$

A가 모두 반응하여 B와 C가 생성되었고, A 2 L가 반응하여 생성된 B와 C의 부피 합이 5 L이다.
• (가)~(다)의 질량은 모두 w g으로 일정하고, 기체의 부피비는 (가) : (다)=2 : 5이다. ➡ $b=4$
• (나)에서 C가 a몰 생성되므로 B의 양(mol)은 $4a$몰이다.
• A의 분자량을 $27M$, C의 분자량을 $8M$이라고 하면 (나)의 질량은 $27aM+x+8aM$이고, (가)와 (나)의 질량이 같으므로 $27aM+x+8aM=w$이다.

선택지 분석

① $\dfrac{46}{81}w$ ✖ $\dfrac{16}{27}w$ ✖ $\dfrac{2}{3}w$ ✖ $\dfrac{23}{27}w$ ✖ $\dfrac{73}{81}w$

(가)에 존재하는 A가 모두 반응하여 (다)에서 B와 C만 존재하므로 A 2 L가 반응하여 생성된 B와 C의 부피 합이 5 L이다. 화학 반응식에서 계수비는 부피비와 같으므로 반응 부피비는 A : B : C=2 : b : 1이다. A가 2 L 반응했으므로 B b L, C 1 L가 생성되고, $b+1=5$에서 $b=4$이다.

분자량비가 A : C=27 : 8이므로 A와 C의 분자량을 각각 $27M$, $8M$이라고 하면 (가)에 존재하는 A의 양(mol)은 $\dfrac{w}{27M}$ 몰이다. (나)에서 생성된 C가 a몰이면 B의 양(mol)은 $4a$몰이고, 반응한 A의 양(mol)은 $2a$몰이다. (나)에서 반응 후 남은 A의 양(mol)은 $\dfrac{w}{27M}-2a=a$몰이므로 $aM=\dfrac{w}{81}$이다.

질량(g)=몰 질량(g/mol)×물질의 양(mol)이므로 (나)에 존재하는 물질의 질량(g)은 A $27aM$ g, B x g, C $8aM$ g이고, 반응 전후에 질량은 변하지 않으므로 (가)의 질량과 (나)의 질량이 같다. 따라서 $27aM+x+8aM=w$이고, $aM=\dfrac{w}{81}$이므로 (나)에서 B의 질량(g)인 $x=w-35aM=w-\dfrac{35}{81}w=\dfrac{46}{81}w$이다.

8 퍼센트 농도와 몰 농도

선택지 분석

ㄱ (가)의 몰 농도는 1 M이다.
ㄴ (나)에서 포도당의 질량은 9 g이다.
ㄷ (가)와 (나)를 혼합한 수용액의 몰 농도는 0.7 M이다.

ㄱ. (가)의 밀도는 1.0 g/mL이므로 수용액 1 L의 질량은 1000 g이다. $\dfrac{\text{포도당의 질량(g)}}{1000\,\text{g}}\times100=18$이므로 포도당의 질량은 180 g이고, 포도당의 양(mol)은 1몰이다. 수용액의 부피는 1 L이므로 몰 농도는 $\dfrac{1\,\text{mol}}{1\,\text{L}}=1$ M이다.

ㄴ. (나)에서 포도당의 양(mol)은 $0.1\,\text{M}\times0.5\,\text{L}=0.05$몰이므로, 질량은 $0.05\,\text{mol}\times180\,\text{g/mol}=9$ g이다.

ㄷ. (가)와 (나)의 수용액을 혼합하면 부피는 1.5 L이고, 포도당의 양(mol)은 1몰+0.05몰=1.05몰이다. 따라서 혼합 수용액의 몰 농도는 $\dfrac{1.05\,\text{mol}}{1.5\,\text{L}}=0.7$ M이다.

9 퍼센트 농도와 몰 농도

자료 분석

X의 질량: 10 g

수용액	용질	수용액의 양	퍼센트 농도(%)	몰 농도(M)	용질의 분자량
(가)	X	100 g	10		
(나)	Y	1 L	㉠=1	0.2	㉡=50

(나) 수용액의 질량: 1000 g

선택지 분석

	㉠	㉡		㉠	㉡
①	1	50	✖	1	100
✖	2	50	✖	2	100
✖	3	50			

수용액 (가)와 (나)는 같은 질량의 용질을 녹였으므로 수용액 (가)에서 수용액 양이 100 g이고 퍼센트 농도가 10 %이므로 X의 질량은 10 g이다. 따라서 수용액 (나)에서 Y의 질량도 10 g이다. 수용액 (나)의 양이 1 L이고 몰 농도가 0.2 M이므로 Y의 양(mol)은 0.2몰이다. 따라서 $\dfrac{10\,\text{g}}{㉡}=0.2$몰이므로 ㉡은 50이다.

(나)의 밀도는 1.0 g/mL이므로 1 L는 1000 g과 같다. 퍼센트 농도인 $㉠=\dfrac{10\,\text{g}}{1000\,\text{g}}\times100$이므로 ㉠은 1이다.

10 화학 반응식에서의 양적 관계와 몰 농도

자료 분석

(가) 마그네슘(Mg) 12 g을 0.1 M HCl(aq)에 넣어 모두 반응시킨다.
   $Mg+2HCl \longrightarrow MgCl_2+H_2$
(나) 탄산 칼슘($CaCO_3$) 10 g을 0.1 M HCl(aq)에 넣어 모두 반응시킨다. $CaCO_3+2HCl \longrightarrow CaCl_2+H_2O+CO_2$

선택지 분석

㉠ (가)에서 필요한 0.1 M HCl(aq)의 부피는 10 L이다.
✖ (나)에서 필요한 0.1 M HCl(aq)의 부피는 1 L이다. 2 L
✖ 발생한 기체의 양(mol)은 (가)가 (나)의 2.5배이다. 5배

(가)와 (나)에서 일어나는 반응의 화학 반응식은 다음과 같다.

(가) $Mg + 2HCl \longrightarrow MgCl_2 + H_2$

(나) $CaCO_3 + 2HCl \longrightarrow CaCl_2 + H_2O + CO_2$

ㄱ. Mg 12 g은 0.5몰이고, 화학 반응식의 계수비는 Mg : $HCl = 1 : 2$이므로 Mg 12 g이 모두 반응하기 위한 HCl의 양(mol)은 1몰이다. 따라서 HCl 1몰이 들어 있으려면 0.1 M $HCl(aq)$ 10 L가 필요하다.

바로알기 ㄴ. $CaCO_3$ 10 g은 0.1몰이고, 화학 반응식의 계수비는 $CaCO_3$: $HCl = 1 : 2$이므로 $CaCO_3$ 10 g과 모두 반응하기 위한 HCl의 양(mol)은 0.2몰이다. 따라서 HCl 0.2몰이 들어 있으려면 0.1 M $HCl(aq)$ 2 L가 필요하다.

ㄷ. 발생한 기체는 (가)에서 H_2, (나)에서 CO_2이다. (가)에서는 Mg이 0.5몰 반응하므로 H_2가 0.5몰 발생하고, (나)에서는 $CaCO_3$이 0.1몰 반응하므로 CO_2가 0.1몰 발생한다. 따라서 발생한 기체의 양(mol)은 (가)가 (나)의 5배이다.

11 용액의 혼합, 희석과 몰 농도

선택지 분석

◯ 혼합 용액 속 요소의 질량은 4.8 g이다.

◯ 혼합 용액의 몰 농도는 0.1 M이다.

✗ 혼합 용액 20 mL를 취한 뒤 물을 첨가해 수용액 200 mL를 만들었을 때 몰 농도는 0.001 M이다. 0.01 M

ㄱ. (가)~(다)에서 요소의 양(mol)은 0.1 M × 0.5 L + 0.1 M × 0.2 L + 0.1 M × 0.1 L = 0.08몰이다. 혼합 용액 속 요소의 양은 0.08몰이므로 질량은 0.08 mol × 60 g/mol = 4.8 g이다.

ㄴ. 혼합 용액의 부피는 800 mL이고, 요소의 양은 0.08몰이므로 몰 농도는 $\dfrac{0.08\,mol}{0.8\,L} = 0.1\,M$이다.

바로알기 ㄷ. 혼합 용액 20 mL를 취하면 0.1 M × 0.02 L = 0.002몰의 요소가 들어 있으며 물을 첨가해 수용액 200 mL를 만들면 용액의 몰 농도는 $\dfrac{0.002\,mol}{0.2\,L} = 0.01\,M$이다.

12 퍼센트 농도와 몰 농도

자료 분석

[실험 과정]

(가) $KHCO_3$ 1 g을 100 mL 부피 플라스크에 넣고 물에 녹인 후 눈금선까지 물을 채운다.

용질의 양(mol): $\dfrac{1\,g}{100\,g/mol} = 0.01$몰, 몰 농도: $\dfrac{0.01\,mol}{0.1\,L} = 0.1\,M$

(나) 피펫을 이용하여 (가)의 수용액 x mL를 500 mL 부피 플라스크에 넣고 눈금선까지 물을 채워 1×10^{-3} M 수용액을 만든다.

용질의 양: 1×10^{-3} M × 0.5 L = 5×10^{-4}몰

x의 부피: 0.1 M × V L = 5×10^{-4}몰

$V = 0.005 \Rightarrow x = 5$(mL)

(다) (나)에서 만든 수용액의 밀도를 측정한다.

[실험 결과]

• (다)에서 측정한 수용액의 밀도: d g/mL

선택지 분석

◯ (가)의 수용액의 몰 농도는 0.1 M이다.

✗ $x = 10$이다. $x = 5$

◯ (나)에서 만든 수용액의 퍼센트 농도는 $\dfrac{1}{100d}$ %이다.

ㄱ. $KHCO_3$의 화학식량은 100이므로 1 g은 0.01몰이고, 이를 100 mL의 부피 플라스크에 넣으므로 몰 농도(M)는 $\dfrac{0.01\,mol}{0.1\,L}$ = 0.1 M이다.

ㄷ. (나) 수용액의 몰 농도는 1×10^{-3} M이므로 1 L의 용액에 0.001몰의 용질이 녹아 있는 것이다. 수용액의 밀도가 d g/mL이므로 용액 1 L는 $1000d$ g이고, 용질의 질량은 0.1 g이므로 수용액의 퍼센트 농도는 $\dfrac{0.1\,g}{1000d\,g} \times 100 = \dfrac{1}{100d}$ %이다.

바로알기 ㄴ. 500 mL 부피 플라스크에 1×10^{-3} M 수용액을 만들기 위해서는 5×10^{-4}몰의 용질이 필요하다.

0.1 M × V L = 5×10^{-4} mol이므로 $V = 0.005$ L이다. 따라서 $x = 5$(mL)이다.

수능 3점

본책 35쪽~37쪽

1 ③	2 ⑤	3 ③	4 ①	5 ②	6 ②
7 ②	8 ②	9 ②	10 ④	11 ①	12 ④

1 화학 반응식에서의 양적 관계

자료 분석

(가) $CaCO_3$의 질량을 측정하였더니 w_1 g이었다.
└● $CaCO_3$의 질량

(나) 충분한 양의 $HCl(aq)$이 들어 있는 삼각 플라스크의 질량을 측정하였더니 w_2 g이었다.
└● $HCl(aq)$의 질량 + 삼각 플라스크의 질량

(다) $HCl(aq)$에 $CaCO_3$을 넣었더니 CO_2가 발생하였다.
└● $CaCO_3(s) + 2HCl(aq) \longrightarrow CaCl_2(aq) + H_2O(l) + CO_2(g)$

(라) 반응이 완전히 끝난 후 삼각 플라스크의 질량을 측정하였더니 w_3 g이었다.
└● $CaCl_2(aq)$의 질량 + 남은 $HCl(aq)$의 질량 + 삼각 플라스크의 질량

➡ 발생한 CO_2가 모두 빠져 나갔다고 가정하면, CO_2의 질량은 $(w_1 + w_2 - w_3)$ g이다.

탄산 칼슘 　 묽은 염산

(가)　(나)　(다)　(라)

선택지 분석

◯ (가)에서 $CaCO_3$의 양(mol)은 $\dfrac{w_1}{100}$ 몰이다.

◯ 반응한 $CaCO_3$과 생성된 CO_2의 몰비는 같다.

✗ $w_3 > w_1 + w_2$이다. $w_3 < w_1 + w_2$

이 반응의 화학 반응식은 다음과 같다.

$CaCO_3(s) + 2HCl(aq) \longrightarrow CaCl_2(aq) + H_2O(l) + CO_2(g)$

ㄱ. $CaCO_3$의 화학식량은 100이므로 $CaCO_3$의 양(mol)은 $\dfrac{w_1}{100}$ 몰이다.

ㄴ. 화학 반응식에서 계수비가 $CaCO_3$: $CO_2 = 1 : 1$이므로 반응한 $CaCO_3$과 생성된 CO_2의 몰비가 같다.

바로알기 ㄷ. 반응 후 CO_2가 빠져 나가므로 질량이 감소하게 된다. 따라서 반응 후 질량인 w_3은 $w_1 + w_2$보다 작다.

2 화학 반응식에서의 양적 관계

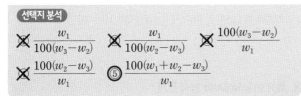

화학 반응식에서 계수비가 $CaCO_3 : CO_2 = 1 : 1$이므로 발생한 CO_2의 양(mol)은 반응한 $CaCO_3$의 양(mol)과 같다.
$\dfrac{w_1 + w_2 - w_3}{CO_2의\ 분자량} = \dfrac{w_1}{100}$이므로 CO_2의 분자량은
$\dfrac{100(w_1 + w_2 - w_3)}{w_1}$이다.

3 화학 반응식에서의 양적 관계

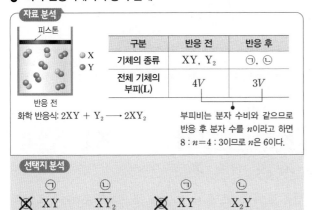

반응 전과 후 기체의 온도와 압력이 일정하므로, 반응 전과 후 기체의 부피비는 분자 수비와 같다.

반응 전 실린더 속에 존재하는 분자 수는 XY 4개, Y_2 4개로 총 8개의 분자가 존재한다. 반응 전과 후의 부피비는 분자 수비와 같으므로 반응 후 존재하는 분자 수를 n이라고 하면 $8 : n = 4 : 3$에서 $n = 6$으로, 반응 후 총 6개의 분자가 존재한다.

반응 후 실린더에 존재하는 생성물(ⓛ)은 X를 포함하는 3원자 분자이므로 X_2Y와 XY_2 중 하나이다.

반응 전후에 원자의 종류와 수가 같으므로, 생성물이 X_2Y일 때 만족하는 화학 반응식이 존재하지 않는다. 생성물이 XY_2일 때 반응 후 분자 수는 XY_2 4개와 Y_2 2개이므로 반응 후 존재하는 분자 수가 6개인 생성물(ⓛ)은 XY_2이다. 따라서 반응하고 남은 물질(㉠)은 Y_2이다.

4 화학 반응식에서의 양적 관계

선택지 분석
① $\dfrac{5}{54}$ ✗ $\dfrac{4}{27}$ ✗ $\dfrac{7}{27}$ ✗ $\dfrac{10}{27}$ ✗ $\dfrac{25}{54}$

(가)에서 (다)까지 반응한 A의 질량은 $9w$ g, B의 질량은 $3w$ g이고, (다)에 들어 있는 C와 D의 질량의 합은 $12w$ g이다. (다)에서 C와 D의 질량비는 $4 : 5$이므로 C의 질량은 $12w\,g \times \dfrac{4}{9} = \dfrac{16w}{3}$ g,

D의 질량은 $12w\,g \times \dfrac{5}{9} = \dfrac{20w}{3}$ g이다.

(가)~(다)에서 반응한 B의 총 양(mol)을 xn몰이라고 할 때 반응한 A와 생성된 C의 총 양(mol)은 각각 n몰이고 생성된 D의 양(mol)은 yn몰이다. 따라서 (가)에 들어 있는 A와 B의 양(mol)은 각각 n몰, $\dfrac{1}{3}xn$몰, (나)에 들어 있는 A, C, D의 양(mol)은 각각 $\dfrac{2}{3}n$몰, $\dfrac{1}{3}n$몰, $\dfrac{1}{3}yn$몰, (다)에 들어 있는 C, D의 양(mol)은 n몰, yn몰이다.

(가)와 (나)의 실린더 속 기체의 질량은 같고, 밀도비가 $\dfrac{d_2}{d_1} = \dfrac{5}{7}$이므로 밀도는 기체의 부피에 반비례한다. 따라서 (가)의 부피를 $5V_1$이라고 가정하면 (나)의 부피는 $7V_1$이다. (나)와 (다)에서 실린더 속 기체의 밀도비는 $\dfrac{d_3}{d_2} = \dfrac{14}{25}$이므로 (나) : (다) $= \dfrac{10w}{7V_1} : \dfrac{12w}{V_2} = 25 : 14$이고, (다)의 부피는 $V_2 = 15V_1$이다. 따라서 기체의 부피비는 (가) : (나) : (다) $= 5 : 7 : 15$이다.

기체의 부피는 기체의 양(mol)에 비례하므로 다음 식이 성립한다.

$n + \dfrac{1}{3}xn : \dfrac{2}{3}n + \dfrac{1}{3}n + \dfrac{1}{3}yn : n + yn = 5 : 7 : 15$

따라서 $x = 2, y = 4$이다.

A : D의 반응 몰비는 $1 : 4$, 질량비는 $9w : \dfrac{20w}{3} = 27 : 20$이므로 분자량비는 $\dfrac{27}{A의\ 분자량} : \dfrac{20}{D의\ 분자량} = 1 : 4$, $\dfrac{D의\ 분자량}{A의\ 분자량} = \dfrac{5}{27}$이다. 따라서 $\dfrac{D의\ 분자량}{A의\ 분자량} \times \dfrac{x}{y} = \dfrac{5}{27} \times \dfrac{2}{4} = \dfrac{5}{54}$이다.

5 화학 반응식에서의 양적 관계

선택지 분석
✗ ㉠은 H₂이다. O₂
ⓛ 1몰의 H_2O_2가 분해되면 1몰의 H_2O이 생성된다.
✗ 0.5몰의 H_2O_2가 분해되면 전체 생성물의 질량은 ~~34 g~~이다. 17 g

ㄴ. 화학 반응식의 계수비는 몰비와 같다. H_2O_2와 H_2O의 계수비가 같으므로 1몰의 H_2O_2가 분해되면 1몰의 H_2O이 생성된다.

바로알기 ㄱ. 질량 보존 법칙에 따라 반응 전과 후에 원자의 종류와 수는 같아야 하므로 ㉠은 O_2이다.

ㄷ. 0.5몰의 H_2O_2가 분해되면 0.5몰의 H_2O과 0.25몰의 O_2가 생성되는데 반응 전과 후에 질량은 보존되므로 전체 생성물의 질량은 반응 전 H_2O_2의 질량과 같다. H_2O_2의 분자량은 34이므로 반응 후 전체 생성물의 질량은 $0.5\ mol \times 34\ g/mol = 17$ g이다.

6 화학식량과 몰, 질량, 부피의 관계

선택지 분석
✗ $\dfrac{8}{5}$ ② $\dfrac{9}{7}$ ✗ $\dfrac{8}{9}$ ✗ $\dfrac{5}{9}$ ✗ $\dfrac{3}{8}$

실험 Ⅱ에서 B는 모두 반응하였고, B와 반응한 A의 질량을 x g이라고 하면 반응 후 A의 질량은 $(9w - x)$ g, C의 질량은 $(x + 2w)$ g이다. 제시된 조건에서 $\dfrac{A의\ 분자량}{C의\ 분자량} = \dfrac{4}{5}$이므로 A의 분자량을 $4N$이라고 하면 C의 분자량은 $5N$이고 B의 분자량은 주어지지 않았으므로 yN이라고 가정할 수 있다.

$$\frac{\text{C의 양(mol)}}{\text{반응 후 전체 기체의 양(mol)}}=\frac{\dfrac{(x+2w)}{5N}}{\dfrac{(9w-x)}{4N}+\dfrac{(x+2w)}{5N}}=\frac{8}{9}$$

이므로 $x=8w$이다.

A : B : C의 반응 질량비=8 : 2 : 10, 분자량비=4 : y : 5, 반응 몰비=2 : 1 : c이므로 $\dfrac{8}{4}:\dfrac{2}{y}:\dfrac{10}{5}=2:1:c$에서 $y=2$, $c=2$이다.

실험 I에서 기체의 양적 관계를 나타내면 다음과 같다.

	$2A(g)$	$+$	$B(g)$	$\longrightarrow$	$2C(g)$
반응 전(g)	$4w$		$6w$		
반응(g)	$-4w$		$-w$		$+5w$
반응 후(g)	0		$5w$		$5w$

온도와 압력이 일정할 때 기체의 부피는 기체의 양(mol)에 비례하므로 반응 후 $\dfrac{V_2}{V_1}=\dfrac{\dfrac{w}{4N}+\dfrac{10w}{5N}}{\dfrac{5w}{2N}+\dfrac{5w}{5N}}=\dfrac{9}{14}$이다.

$c=2$이고, $\dfrac{V_2}{V_1}=\dfrac{9}{14}$이므로 $c\times\dfrac{V_2}{V_1}=\dfrac{9}{7}$이다.

7 화학 반응식에서의 양적 관계

자료 분석

실험	넣어 준 물질의 몰수(몰)		실린더 속 기체의 밀도 (상댓값)	
	$A(s)$ 고체	$B(g)$	반응 전	반응 후
I	2	7	1	7
II	3	8	1	$x=10$

→ 기체인 $B(g)$만 고려한다.

선택지 분석

✗ 15   ②20   ✗ 21

✗ 24   ✗ 32

온도와 압력이 일정할 때 기체의 부피는 기체의 양(mol)에 비례한다. 따라서 기체의 밀도는 $\dfrac{\text{기체의 질량}}{\text{기체의 양(mol)}}$에 비례한다. 또한 질량 보존 법칙에 따라 'A의 분자량+($b\times$B의 분자량)=C의 분자량'이 성립한다. 이때 B와 C 분자량비가 1 : 16이므로 B의 분자량을 M이라고 하면 C의 분자량은 $16M$이다.

실험 I에서 A(s)가 모두 반응한다고 가정하면 B는 $2b$몰 반응하고 $(7-2b)$몰이 남으며 C는 2몰 생성된다. 따라서 반응 전과 후 기체의 양(mol)은 각각 7몰, $(9-2b)$몰이고, 반응 전과 후 기체의 질량은 각각 $7M$ g, $(7-2b)\times M$ g$+2\times16M$ g$=(39-2b)M$ g이므로 반응 전과 후에 기체의 밀도비는 $\dfrac{7M}{7}:\dfrac{(39-2b)M}{(9-2b)}=1:7$이다. 따라서 $b=2$이다.

실험 II에서 반응 후 실린더 속 기체의 양(mol)은 $B(g)$ 2몰, $C(g)$ 3몰이고, 반응 전 $B(g)$의 질량은 $8M$ g, 반응 후 B의 질량은 $2M$ g, C의 질량은 $3\times16M$ g$=48M$ g이다.

실험 II에서 반응 전과 후에 밀도비는 $\dfrac{8M}{8}:\dfrac{(2M+48M)}{5}=1:x$이므로 $x=10$이다. 따라서 $b\times x=2\times10=20$이다.

8 화학 반응식에서의 양적 관계

자료 분석

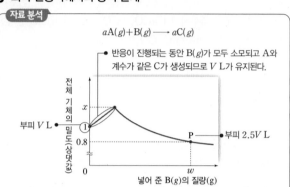

화학 반응식에서 A(g)와 C(g)의 계수가 같으므로 A(g)가 모두 소모될 때까지는 기체의 부피가 V L로 일정하게 유지된다. 따라서 반응이 진행되면서 B(g)를 넣어 준 만큼 질량이 증가하므로 밀도가 증가하며 전체 기체의 밀도가 x인 지점에서 반응이 완결된다.

선택지 분석

✗ $\dfrac{3}{2}$ ② $\dfrac{5}{2}$ ✗ $\dfrac{7}{2}$

✗ $\dfrac{15}{4}$ ✗ $\dfrac{25}{4}$

반응 전 A의 질량을 w_a g, 반응 전 기체의 부피는 V L이고, B(g) w g을 넣었을 때 기체의 부피는 $2.5V$ L이므로 이때 기체 전체의 질량은 (w_a+w) g이 된다. 밀도비는 1 : 0.8이므로 $\dfrac{w_a}{V}:\dfrac{w_a+w}{2.5V}=1:0.8$에서 $w_a=w$이다.

A : B의 분자량=2 : 1이고, 반응 전 A의 질량이 P 지점에서 B의 질량과 같은 w g이므로 P 지점에서 반응 전 A, B의 양(mol)을 각각 1몰, 2몰이라 하면 반응 전과 후의 양적 관계는 다음과 같다.

	$aA(g)$	$+$	$B(g)$	$\longrightarrow$	$aC(g)$
반응 전(몰)	1		2		
반응(몰)	-1		$-\dfrac{1}{a}$		$+1$
반응 후(몰)	0		$2-\dfrac{1}{a}$		1

이때 반응 전 1몰의 부피가 V L이고, P 지점에서 반응 후 전체 기체의 부피가 $2.5V$ L이므로 $1:3-\dfrac{1}{a}=1:2.5$이다.

따라서 $a=2$이다.

A : B의 반응 몰비=2 : 1, 분자량비=2 : 1이므로 A : B의 반응 질량비=4 : 1이다. 따라서 A(g) w g과 모두 반응하는 B(g)의 질량은 $\dfrac{w}{4}$ g이고, 이때 기체의 총 부피는 V L로 같다. 전체 기체의 질량은 $\dfrac{5w}{4}$ g이고, 전체 기체의 밀도는 질량비와 같으므로 $w:\dfrac{5w}{4}=1:x$에서 $x=\dfrac{5}{4}$이다.

따라서 $a\times x=2\times\dfrac{5}{4}=\dfrac{5}{2}$이다.

9 화학 반응식에서의 양적 관계

[자료]
- 화학 반응식: $a\mathrm{A}(g)+\mathrm{B}(g) \longrightarrow 2\mathrm{C}(g)$ (a는 반응 계수)
- t °C, 1기압에서 기체 1몰의 부피: 40 L
- B의 분자량: $x=20w$

[실험 과정 및 결과]
- $\mathrm{A}(g)$ y L가 들어 있는 실린더에 $\mathrm{B}(g)$의 질량을 달리하여 넣고 반응을 완결시켰을 때, 넣어 준 B의 질량에 따른 전체 기체의 부피는 그림과 같았다.

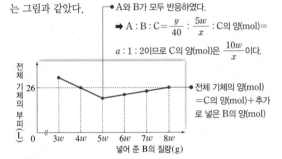

➡ A와 B가 모두 반응하였다.
➡ A : B : C = $\dfrac{y}{40}$: $\dfrac{5w}{x}$: C의 양(mol)=
a : 1 : 2이므로 C의 양(mol)은 $\dfrac{10w}{x}$이다.

전체 기체의 양(mol)
=C의 양(mol)+추가로 넣은 B의 양(mol)

선택지 분석

✗ $\dfrac{3}{w}$　　② $\dfrac{5}{2w}$　　✗ $\dfrac{2}{w}$

✗ $\dfrac{3}{2w}$　　✗ $\dfrac{1}{w}$

A y L에 B $5w$ g을 넣었을 때 전체 기체의 부피가 최소이므로 이때 반응이 완결되었음을 알 수 있다. 화학 반응식에서 계수비는 반응 몰비와 같으므로 A : B : C = $\dfrac{y}{40}$: $\dfrac{5w}{x}$: C의 양 (mol)=a : 1 : 2이므로 B $5w$ g을 넣었을 때 생성된 C의 양 (mol)은 $\dfrac{10w}{x}$몰이다. 또한, 반응 완결 후 증가한 전체 기체의 부피는 추가로 넣어 준 B $3w$ g의 부피와 같으므로 B $8w$ g을 넣었을 때 전체 기체의 양(mol)은 C의 양(mol)$\left(=\dfrac{10w}{x}$몰$\right)$과 추가로 넣은 B의 양(mol)$\left(=\dfrac{3w}{x}$몰$\right)$을 더한 값인 $\dfrac{13w}{x}$몰이고, 전체 기체의 부피가 26 L이므로 $\dfrac{13w}{x}$몰$=\dfrac{26}{40}$몰이다. 따라서 $x=20w$이다. B $4w$ g을 넣었을 때 양적 관계는 다음과 같다.

$$a\mathrm{A}(g) + \mathrm{B}(g) \longrightarrow 2\mathrm{C}(g)$$

반응 전(몰)	$\dfrac{y}{40}$	$\dfrac{4w}{x}$	
반응(몰)	$-\dfrac{4aw}{x}$	$-\dfrac{4w}{x}$	$+\dfrac{8w}{x}$
반응 후(몰)	$\dfrac{y}{40}-\dfrac{4aw}{x}$	0	$\dfrac{8w}{x}$

B $4w$ g을 넣었을 때와 B $8w$ g을 넣었을 때 전체 기체의 부피가 같으므로 $\dfrac{y}{40}-\dfrac{4aw}{x}+\dfrac{8w}{x}=\dfrac{13w}{x}$이고, $x=20w$이므로 $y=8a+10$이다. 또한, 반응이 완결되었을 때 반응 몰비는 A : C = $\dfrac{y}{40}$: $\dfrac{10w}{x}=a$: 2이고 $x=20w$이므로 $y=10a$이다. 따라서 $a=5$, $y=50$이고, $\dfrac{y}{x}=\dfrac{50}{20w}=\dfrac{5}{2w}$이다.

10 퍼센트 농도와 몰 농도

선택지 분석

✗ 0.18　　✗ 0.15　　✗ 0.10

④ 0.09　　✗ 0.05

$\mathrm{H_2SO_4}$ 5 mL의 질량은 5 mL×1.8 g/mL=9 g이다. 이 중 98 % 가 $\mathrm{H_2SO_4}$만의 질량이므로 $\mathrm{H_2SO_4}$만의 질량은 $\left(9\times\dfrac{98}{100}\right)$ g이다. $\mathrm{H_2SO_4}$의 화학식량은 98이므로 $\mathrm{H_2SO_4}$의 양(mol)은 $\left(9\times\dfrac{98}{100}\right)$ g $\times\dfrac{1}{98\text{ g/mol}}=0.09$몰이다. 이로부터 만든 수용액의 총 부피가 1 L이므로 몰 농도는 0.09 M이다.

11 몰 농도

선택지 분석

ㄱ '부피 플라스크'는 ㉠으로 적절하다.
✗ $x=9$이다. $x=4.5$
✗ (마) 과정 후의 수용액 100 mL에 들어 있는 $\mathrm{C_6H_{12}O_6}$의 양 (mol)은 <u>0.02몰</u>이다. 0.01몰

ㄱ. 몰 농도 용액을 만들 때에는 부피 플라스크를 사용한다.

바로알기 ㄴ. 0.1 M $\mathrm{C_6H_{12}O_6}$ 수용액 250 mL에 들어 있는 $\mathrm{C_6H_{12}O_6}$ 수용액의 양(mol)은 0.1 M×0.25 L=0.025몰이므로, $\mathrm{C_6H_{12}O_6}$의 질량은 0.025 mol×180 g/mol=4.5 g이다.

ㄷ. (마) 과정 후 수용액 100 mL에는 250 mL 수용액의 $\dfrac{2}{5}$에 해당하는 $\mathrm{C_6H_{12}O_6}$이 들어 있으므로 0.025몰×$\dfrac{2}{5}=0.01$몰이 들어 있다.

12 몰 농도

선택지 분석

✗ $\dfrac{12}{25}$　　✗ $\dfrac{9}{25}$　　✗ $\dfrac{6}{25}$

④ $\dfrac{3}{25}$　　✗ $\dfrac{1}{25}$

(가)에서 2 M NaOH(aq) 300 mL를 1.5 M로 묽혀도 용질의 양(mol)은 같으므로 2 M×300 mL=1.5 M×x mL, $x=400$이다.

(나)에서 2 M NaOH(aq) 200 mL에 들어 있는 NaOH의 양 (mol)과 NaOH(s) y g의 양(mol)의 합은 2.5 M NaOH(aq) 400 mL에 들어 있는 NaOH의 양(mol)과 같으므로 2 M×0.2 L $+\dfrac{y}{40}=2.5$ M×0.4 L, $y=24$이다.

(가)와 (나)에서 만든 수용액을 모두 혼합하면 NaOH의 양(mol) 은 2 M×0.3 L+2.5 M×0.4 L=1.6몰, 용액의 부피는 800 mL이므로 혼합 용액의 몰 농도는 $\dfrac{1.6\,\mathrm{mol}}{0.8\,\mathrm{L}}=2$ M이고, $z=2$이다. 따라서 $\dfrac{y\times z}{x}=\dfrac{24\times2}{400}=\dfrac{3}{25}$이다.

원자의 세계

04· 원자 구조

개념 확인
본책 41쪽, 43쪽

(1) ① 직진 ② (−) ③ 음극선　　(2) ①−ⓛ ②−ⓒ ③−㉠

(3) 양성자, 중성자　　(4) 원자핵　　(5) ① 양성자 ② 2, 3

(6) 양성자, 동위　　(7) ①−ⓛ ②−㉠ ③−ⓒ

수능 자료
본책 44쪽

| 자료❶ | 1 ○ | 2 × | 3 × | 4 ○ | 5 × |
| 자료❷ | 1 × | 2 ○ | 3 ○ | 4 × | 5 ○ |

자료 ❶ 원자의 구성 입자

1 질량수는 양성자수＋중성자수와 같고, 원자에서 양성자수는 전자 수와 같다. X는 $\dfrac{\text{질량수}}{\text{전자 수}}$가 2이므로 X는 양성자수와 중성자수가 같다. 즉, X는 양성자수와 중성자수가 각각 6이다.

2 Y는 양성자수와 중성자수가 각각 7이다.

3 Z에서 양성자수를 a라고 하면 $\dfrac{8+a}{a}=\dfrac{7}{3}$의 관계가 성립한다. 이 식을 풀면 $a=6$이므로 Z는 $^{14}_{6}C$이다.

4 X와 Z는 양성자수가 같은 동위 원소이므로 화학적 성질이 같다.

5 Y는 양성자수가 7, 중성자수가 7이므로 질량수가 14이고, Z는 양성자수가 6, 중성자수가 8이므로 질량수가 14이다. 따라서 Y와 Z는 질량수가 같다.

자료 ❷ 동위 원소

1 ^{12}C와 ^{13}C는 원자 번호가 같고 질량수가 다른 동위 원소이므로 두 원자의 양성자수는 같다. 따라서 $a=b$이다.

2 ^{12}C의 중성자수는 6, ^{13}C의 중성자수는 7이므로 $d>c$이다.

3 $a+b+c+d=6+6+6+7=25$이다.

4 두 원자의 전자 수는 6으로 같다.

5 C의 동위 원소에는 ^{12}C와 ^{13}C만 존재하는데, 두 원소들의 존재 비율을 고려한 평균 원자량이 12.01인 것으로 보아 자연계의 존재 비율은 $^{12}C > ^{13}C$이다.

수능 1점
본책 44쪽

1 ①　　**2** (1) 빈 공간 (2) (＋)　　**3** 원자핵　　**4** ④

1 ① 음극선의 진로에 전기장을 걸어 줄 때 (＋)극 쪽으로 휘어지는 것으로 보아 음극선은 (−)전하를 띤 입자의 흐름이다.

바로알기 ② 음극선이 질량을 가진 입자라는 것은 음극선 진로에 바람개비를 두어 바람개비가 돌아가는 것으로 확인할 수 있다.

③ 음극선이 직진하는 성질은 음극선 진로에 물체를 두어 그림자가 생기는 것으로 확인할 수 있다.

④ 음극선 실험으로 전자가 원자 부피의 대부분을 차지하는 것을 확인할 수 없다.

⑤ 음극선 실험으로 전자가 원자핵 주위에서 원운동하는 것을 확인할 수 없다.

2 (1) (＋)전하를 띤 알파(α) 입자들이 대부분 금박을 통과하는 것은 원자의 대부분은 빈 공간이어서 알파(α) 입자의 진로를 방해하지 않기 때문이다.

(2) (＋)전하를 띤 알파(α) 입자가 휘어지거나 튕겨 나오는 것으로 보아 원자 중심에는 (＋)전하를 띠며 부피가 작고 질량이 매우 큰 입자가 존재한다.

3 알파(α) 입자 산란 실험을 통해 발견한 입자는 (＋)전하를 띠는 원자핵이다.

4 **바로알기** ④ 전자는 원자핵을 구성하는 양성자나 중성자에 비해 질량이 매우 작다.

수능 2점
본책 45쪽~46쪽

| 1 ③ | 2 ② | 3 ④ | 4 ③ | 5 ⑤ | 6 ⑤ |
| 7 ④ | 8 ⑤ | | | | |

1 러더퍼드의 알파(α) 입자 산란 실험과 원자핵

자료 분석

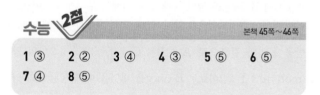

- 산란된 알파(α) 입자 → 알파(α) 입자 대부분은 금박을 그대로 통과한다. ➡ 원자는 대부분 빈 공간이다.
- 금박 → 알파(α) 입자 중 일부만이 경로가 휘어지고, 극소수는 튕겨 나간다. ➡ 원자 중심에 (＋)전하를 띠며 부피가 작고 질량이 큰 입자가 있다.
- 알파(α) 입자 / 형광 스크린 / 방사성 물질
- 알파(α) 입자는 $^{4}_{2}He^{2+}$으로 질량이 크고 (＋)전하를 띤 입자이다.

선택지 분석

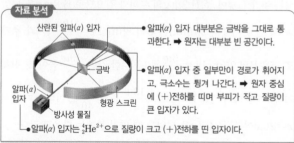

㉠ (＋)전하를 띤다.

✕ 원자 부피의 ~~대부분을~~ 차지한다. **매우 작은 부분**

ⓒ 원자 질량의 대부분을 차지한다.

러더퍼드는 알파(α) 입자 산란 실험을 통해 원자핵의 존재를 밝혀냈다.

ㄱ. (＋)전하를 띤 알파(α) 입자를 산란시키는 것으로 보아 원자핵은 (＋)전하를 띤다.

ㄷ. 원자핵은 전자에 비해 질량이 매우 커서 원자 질량의 대부분을 차지한다.

바로알기 ㄴ. 알파(α) 입자 중 일부만이 경로가 휘어지거나 극소수의 알파(α) 입자가 튕겨 나오는 것으로 보아 원자핵은 부피가 매우 작다.

2 러더퍼드의 알파(α) 입자 산란 실험

✗ 알파(α) 입자가 산란되지 않는다. **산란된다**

ⓛ 직진하는 알파(α) 입자의 수가 증가한다.

✗ 경로가 휘거나 튕겨 나온 알파(α) 입자의 수가 증가한다.
　　　　　　　　　　　　　　　　　　　　감소한다

ㄴ. 알루미늄은 금보다 원자핵을 구성하는 양성자수와 중성자수가 작아 원자핵의 부피와 질량이 작다. 따라서 직진하는 알파(α) 입자의 수가 증가한다.

바로알기 ㄱ. 금박 대신 알루미늄박을 사용해도 알루미늄 원자 중심에 원자핵이 존재하므로 알파(α) 입자가 산란된다.

ㄷ. 금박 대신 알루미늄박을 사용하면 원자핵의 전하량과 질량이 감소하므로 경로가 휘어지거나 튕겨 나오는 알파(α) 입자의 수가 감소한다.

3 러더퍼드의 알파(α) 입자 산란 실험

자료 분석

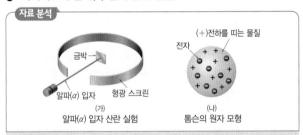

알파(α) 입자 산란 실험 (가) / 톰슨의 원자 모형 (나)

선택지 분석

ⓣ (가)에서 대부분의 알파(α) 입자는 금박을 통과한다.

ⓛ (가)의 결과로 원자의 중심에는 부피가 작고 질량이 매우 큰 입자가 존재한다는 것이 제안되었다.

✗ (나)는 (가)의 결과를 설명하기 위해 제안된 모형이다.

ㄱ. (가)의 실험에서 대부분의 알파(α) 입자는 금박을 통과한다.

ㄴ. (가)의 실험에서 극히 일부 알파(α) 입자가 휘어지고, 극소수의 알파(α) 입자가 튕겨 나온다. 이로부터 원자의 중심에는 부피가 작고 질량이 매우 큰 입자가 존재한다는 것이 제안되었다.

바로알기 ㄷ. (나)는 톰슨이 음극선 실험 결과를 설명하기 위해 제안된 모형이다. (가)의 결과를 설명하기 위해 제안된 모형에는 중심에 ($+$)전하를 띤 원자핵이 존재해야 한다.

4 골트슈타인의 양극선 실험

자료 분석

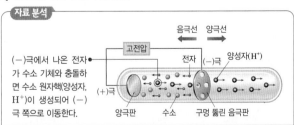

선택지 분석

ⓣ 수소 기체와 전자가 충돌하여 H^+이 생성된다.

ⓛ H^+의 흐름이 양극선이다.

✗ 이 실험으로 중성자를 발견하였다. **발견하지 않았다**

ㄱ, ㄴ. ($-$)극에서 나온 전자가 수소 기체와 충돌하면 수소 원자핵(H^+)이 생성되어 ($-$)극 쪽으로 이동한다. 이 H^+의 흐름이 양극선이다.

바로알기 ㄷ. 양극선은 ($+$)전하를 띤 입자인 H^+의 흐름이며, 이 입자는 양성자이다.

5 원자의 구성 입자

자료 분석

구분	A 양성자	B 중성자	C 전자
전하량(상댓값)	$x=+1$	0	-1
질량(상댓값)	1	1	$y<1$

선택지 분석

ⓣ $\dfrac{x}{y}>1$이다.

ⓛ 원자에서 A와 C의 수는 같다.

ⓣ $^{7}_{3}\mathrm{Li}$에서 B의 수는 C의 수보다 1만큼 크다.

전하량이 0인 입자 B는 중성자, 전하량이 -1인 입자 C는 전자이다. 따라서 A는 양성자이고 전하량은 $+1$이다.

ㄱ. $x=+1$이고, $y<1$이므로 $\dfrac{x}{y}>1$이다.

ㄴ. 원자는 전기적으로 중성이므로 양성자수와 전자 수가 같다. 따라서 원자에서 A와 C의 수는 같다.

ㄷ. $^{7}_{3}\mathrm{Li}$에서 양성자수와 전자 수는 3이고, 중성자수는 4이므로 B의 수는 C의 수보다 1만큼 크다.

6 원자의 구성 입자와 동위 원소

자료 분석

• X는 Z의 동위 원소이다. ➡ X와 Z의 양성자수는 같다. ➡ ㉠을 양성자수라고 하면 X와 Y는 양성자수가 같은 동위 원소가 되어 제시된 조건에 부합하지 않는다. ➡ ㉠은 중성자수이다.

원자	㉠ 중성자수	질량수
X	5	10
Y	5	9
Z	$a=6$	11

• Z는 X와 양성자수가 5로 같으므로 중성자수는 6이다.

선택지 분석

ⓣ ㉠은 중성자수이다.

ⓛ Y에 원자 번호와 질량수를 나타내면 $^{9}_{4}\mathrm{Y}$이다.

ⓣ 1 g에 들어 있는 전자 수는 X>Z이다.

ㄱ. X와 Z는 동위 원소이므로 양성자수가 같고, X와 Y는 서로 다른 원소이므로 ㉠은 중성자수이다.

ㄴ. Y의 중성자수가 5이고 양성자수는 9−5=4이다. 즉, Y의 원자 번호는 4, 질량수가 9이므로 Y에 원자 번호와 질량수를 나타내면 $^{9}_{4}\mathrm{Y}$이다.

ㄷ. X와 Z는 동위 원소로 원자 1개에 들어 있는 전자 수는 같다. 이때 원자량은 질량수가 작은 X가 Z보다 작으므로 1 g에 들어 있는 원자 수는 X가 Z보다 크다. 따라서 1 g에 들어 있는 전자 수는 X>Z이다.

7 동위 원소

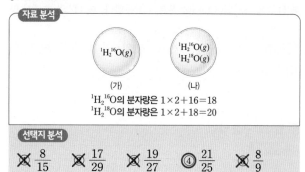

(가)   (나)

$^1H_2^{16}O$의 분자량은 $1 \times 2 + 16 = 18$
$^1H_2^{18}O$의 분자량은 $1 \times 2 + 18 = 20$

선택지 분석

❌ $\dfrac{8}{15}$ ❌ $\dfrac{17}{29}$ ❌ $\dfrac{19}{27}$ ④ $\dfrac{21}{25}$ ❌ $\dfrac{8}{9}$

$^1H_2^{16}O$의 분자량은 18이고, $^1H_2^{18}O$의 분자량은 20이며, (가)와
(나)의 용기 속 기체의 온도와 압력이 같으므로 각 용기 속에 들어 있
는 기체의 양(mol)이 같다. 따라서 (가) 용기 속 $^1H_2^{16}O$의 양(mol)
을 x, (나) 용기 속 $^1H_2^{16}O$의 양(mol)을 y, $^1H_2^{18}O$의 양(mol)을
$x - y$라고 하면, 두 용기 속 기체의 질량비는 다음과 같다.
(가) : (나) $= 18 \times x : 18 \times y + 20 \times (x - y) = 45 : 46$,
$\therefore x : y = 5 : 4$
^1H의 중성자수는 0, ^{16}O의 중성자수는 8, ^{18}O의 중성자수는 10
이므로 (나)에 들어 있는 기체의 전체 중성자수 : 전체 양성자수
$= 42 : 50 = 21 : 25$이며, $\dfrac{\text{전체 중성자수}}{\text{전체 양성자수}} = \dfrac{21}{25}$이다.

8 원자의 구성 입자와 동위 원소

원자	중성자수	질량수	전자 수
X	6	㉠$=12$	6
Y	7	13	6
Z	9	17	8

선택지 분석

㉠ ㉠은 12이다.
㉡ Y는 X의 동위 원소이다.
㉢ Z^{2-}의 전자 수는 10이다.

ㄱ. 원자에서 전자 수는 양성자수와 같으므로 X의 양성자수는 6
이고, 중성자수는 6이므로 질량수 ㉠은 12이다.
ㄴ. Y의 양성자수는 질량수 13에서 중성자수 7을 뺀 값인 6이
다. 이로부터 X와 Y는 양성자수가 같고, 질량수가 다른 동위 원
소이다.
ㄷ. Z의 양성자수는 질량수에서 중성자수를 뺀 값인 8이다. 이로
부터 Z의 전자 수는 양성자수와 같은 8이다. Z^{2-}은 Z 원자가 전
자 2개를 얻어 형성된 음이온이므로 전자 수는 10이다.

수능 3점

본책 47쪽~49쪽

1 ③	2 ④	3 ⑤	4 ②	5 ②	6 ⑤
7 ②	8 ⑤	9 ③	10 ⑤	11 ①	12 ③

1 원자를 구성하는 입자의 발견 실험

[실험 I] 양극선 실험: 양성자(H^+)의 흐름
소량의 수소 기체를 진공 방전관에 넣고 높은 전압을 걸어 주면
$(+)$극에서 $(-)$극 쪽으로 빛이 흐른다.
[실험 II] 알파(α) 입자 산란 실험: 원자핵 발견
알파(α) 입자를 얇은 금박에 충돌시키면 대부분의 알파(α) 입자는
금박을 통과하지만, 일부의 알파(α) 입자는 옆으로 휘고 극소수의
알파(α) 입자는 정반대편으로 튕겨 나온다.
[원자 모형]

(가) 톰슨 모형   (나) 러더퍼드 모형   (다) 보어 모형

선택지 분석

㉠ 실험 I에서 빛을 이루는 입자는 실험 II에서 발견한 입자를 구성
한다.
❌ 실험 I의 결과로 제안된 모형은 (가)이다.
㉢ 실험 II의 결과로 제안된 모형은 (나)이다.

ㄱ. 실험 I에서 발생한 양극선은 양성자의 흐름이고, 실험 II에서
발견한 입자는 원자핵이다. 양성자는 원자핵의 구성 입자이다.
ㄷ. 원자 모형 (나)는 러더퍼드의 원자 모형으로 실험 II의 결과로
제안된 모형이다.

바로알기 ㄴ. 원자 모형 (가)는 톰슨의 원자 모형으로 음극선 실험
결과로 제안된 모형이다. 실험 I은 양극선 실험이다.

2 원자의 구성 입자

선택지 분석

❌ $\dfrac{5}{6}$ ❌ $\dfrac{4}{5}$ ❌ $\dfrac{3}{4}$ ④ $\dfrac{2}{3}$ ❌ $\dfrac{2}{5}$

용기 속 CH_4은 0.4몰이고 ^{12}C와 ^{13}C의 원자 수비가 $1 : 1$이므로
용기 속 ^4He, ^1H, ^{12}C, ^{13}C의 양은 각각 0.1몰, 1.6몰, 0.2몰,
0.2몰이다. 또 ^4He, ^1H, ^{12}C, ^{13}C 원자 1개에 들어 있는 양성자
수와 중성자수는 다음과 같다.

원자	^4He	^1H	^{12}C	^{13}C
양성자수	2	1	6	6
중성자수	2	0	6	7

이로부터 전체 양성자수가 $2 \times 0.1 + 1 \times 1.6 + 6 \times 0.2 + 6 \times$
$0.2 = 4.2$라고 하면 전체 중성자수는 $2 \times 0.1 + 6 \times 0.2 + 7 \times$
$0.2 = 2.8$이다. 따라서 $\dfrac{\text{전체 중성자수}}{\text{전체 양성자수}} = \dfrac{2.8}{4.2} = \dfrac{2}{3}$이다.

3 동위 원소의 존재 비율

• X의 동위 원소

동위 원소	원자량	존재 비율(%)
^aX	A	19.9
^bX	B	80.1

• $b > a$이다. → 질량수가 $b > a$이므로 중성자수는 $^bX > ^aX$이다.
• 평균 원자량은 w이다.

$\bigcirc$ $w=(0.199\times A)+(0.801\times B)$이다.

$\times$ 중성자수는 $\underline{^a\text{X}>^b\text{X}}$이다. $^b\text{X}>^a\text{X}$

$\bigcirc$ $\dfrac{1\text{ g의 }^a\text{X에 들어 있는 전체 양성자수}}{1\text{ g의 }^b\text{X에 들어 있는 전체 양성자수}}>1$이다.

ㄱ. X의 평균 원자량은 X의 각 동위 원소의 원자량에 존재 비율을 곱해서 더한 값이다. 즉, X의 평균 원자량 $w=(0.199\times A)+(0.801\times B)$이다.

ㄷ. 동위 원소인 원자 1개에 들어 있는 양성자수는 같다. 이때 원자량은 $^b\text{X}>^a\text{X}$이므로 1 g에 들어 있는 원자 수는 $^a\text{X}>^b\text{X}$이다. 따라서 1 g에 들어 있는 전체 양성자수는 $^a\text{X}>^b\text{X}$이므로

$\dfrac{1\text{ g의 }^a\text{X에 들어 있는 전체 양성자수}}{1\text{ g의 }^b\text{X에 들어 있는 전체 양성자수}}>1$이다.

바로알기 ㄴ. ^aX와 ^bX의 양성자수가 같으므로 중성자수는 질량수가 큰 $^b\text{X}>^a\text{X}$이다.

4 원자의 구성 입자

자료 분석

원자	X	Y	Z
중성자수	6	7	8
$\dfrac{\text{질량수}}{\text{전자 수}}$	2	2	$\dfrac{7}{3}$
양성자수	6	7	6
질량수	12	14	14

선택지 분석

$\times$ Y는 $^{13}_{6}\text{C}$이다. $^{14}_{7}\text{N}$

$\bigcirc$ X와 Z는 동위 원소이다.

$\times$ 질량수는 $\underline{\text{Z}>\text{Y}}$이다. Y(질량수: 14)=Z(질량수: 14)

원자에서 양성자수는 전자 수와 같으므로 $\dfrac{\text{질량수}}{\text{전자 수}}=2$인 원자에서는 양성자수와 중성자수가 같다. 따라서 X의 양성자수는 6, Y의 양성자수는 7이다. 또 Z에서 양성자수를 z라고 하면 $\dfrac{z+8}{z}=\dfrac{7}{3}$이므로 $z=6$이다.

ㄴ. X와 Z는 양성자수가 6으로 같고 중성자수가 다르므로 동위 원소이다.

바로알기 ㄱ. Y의 양성자수는 7이고, 질량수는 14이므로 Y는 $^{14}_{7}\text{N}$이다.

ㄷ. Y의 질량수는 $7+7=14$, Z의 질량수는 $6+8=14$로 서로 같다.

5 동위 원소와 평균 원자량

자료 분석

• X_2는 분자량이 서로 다른 (가), (나), (다)로 존재한다.
  └ 분자량의 종류가 3가지이므로 X의 동위 원소는 2가지이다.
• X_2의 분자량: (가)>(나)>(다)
  └ (가)는 질량수가 큰 X로만 이루어진 분자이고, (다)는 질량수가 작은 X로만 이루어진 분자이다.
• 자연계에서 $\dfrac{\text{(다)의 존재 비율(\%)}}{\text{(나)의 존재 비율(\%)}}=1.5$이다.
  └ X의 동위 원소를 각각 ^aX, ^bX, $a>b$라고 하면 $^a\text{X}^b\text{X}$와 $^b\text{X}_2$의 존재 비율이 2 : 3이므로 ^aX, ^bX의 존재 비율은 1 : 3이다.

선택지 분석

$\times$ X의 동위 원소는 3가지이다. 2가지

$\bigcirc$ X의 평균 원자량은 $\dfrac{\text{(나)의 분자량}}{2}$보다 작다.

$\times$ 자연계에서 $\dfrac{\text{(나)의 존재 비율(\%)}}{\text{(가)의 존재 비율(\%)}}=2$이다. 6

ㄴ. X의 동위 원소를 각각 ^aX, ^bX, $a>b$라고 하면 (가)는 $^a\text{X}_2$, (나)는 $^a\text{X}^b\text{X}$(또는 $^b\text{X}^a\text{X}$), (다)는 $^b\text{X}_2$이다. 이때 $^a\text{X}^b\text{X}$와 $^b\text{X}_2$의 존재 비율이 2 : 3이므로 ^bX의 존재 비율을 1.5라고 하면 ^aX의 존재 비율은 0.5이므로 존재 비율은 $^a\text{X} : {}^b\text{X}=1 : 3$이다. 따라서 X의 평균 원자량은 (나)의 분자량의 절반보다 작다.

바로알기 ㄱ. X_2 분자량이 서로 다른 3가지가 존재하는 것으로 보아 X의 동위 원소는 2가지이다.

ㄷ. (가)는 존재 비율이 $\dfrac{1}{4}$인 ^aX로만 이루어진 분자이므로 존재 비율은 $\dfrac{1}{4}\times\dfrac{1}{4}=\dfrac{1}{16}$이다. (나)는 존재 비율이 $\dfrac{1}{4}$인 ^aX와 $\dfrac{3}{4}$인 ^bX로 이루어진 분자이므로 존재 비율은 $\dfrac{1}{4}\times\dfrac{3}{4}+\dfrac{3}{4}\times\dfrac{1}{4}=\dfrac{6}{16}$이다. 따라서 $\dfrac{\text{(나)의 존재 비율(\%)}}{\text{(가)의 존재 비율(\%)}}=6$이다.

6 동위 원소와 평균 원자량

자료 분석

(나)는 동위 원소가 존재하지 않는다.

원자	(가)	(나)	(다)
질량수	63	64	65
중성자수	a	a	b
존재 비율(%)	70	100	30

└ (가), (다)는 양성자수가 같고 질량수가 다른 동위 원소 관계이다.

선택지 분석

$\bigcirc$ X의 평균 원자량은 63.6이다.

$\bigcirc$ $b>a$이다.

$\bigcirc$ 원자 번호는 (나)>(가)이다.

ㄱ. (나)는 동위 원소가 존재하지 않으므로 (가)와 (다)는 동위 원소 관계이다. 즉, (가)와 (다)는 각각 ^{63}X와 ^{65}X 중 하나이다. 이로부터 X의 평균 원자량은 $63\times0.7+65\times0.3=63.6$이다.

ㄴ. (가)와 (다)는 동위 원소로 양성자수가 같으므로 중성자수는 질량수가 큰 (다)가 (가)보다 크다. 따라서 $b>a$이다.

ㄷ. (가)와 (나)는 서로 다른 원소이고, 중성자수가 같으므로 양성자수는 질량수가 큰 (나)가 (가)보다 크다. 따라서 원자 번호는 (나)>(가)이다.

7 동위 원소의 존재 비율

선택지 분석

$\times$ X의 평균 원자량은 $\underline{36}$이다. 35.5

$\times$ X의 동위 원소는 모두 $\underline{3}$가지이다. 2가지

$\bigcirc$ X의 동위 원소 중 질량수가 가장 큰 원소는 ^{37}X이다.

X_2 분자량의 종류가 70, 72, 74의 3가지이므로 X의 동위 원소는 원자량이 35, 37의 2가지이다.

ㄷ. 질량수와 원자량은 같다고 가정했으므로 X의 동위 원소는 질량수가 35인 ^{35}X와 37인 ^{37}X가 있으며, 질량수가 더 큰 것은 ^{37}X이다.

바로알기 ㄱ. X의 동위 원소에는 질량수가 35인 것과 질량수가 37인 것 2가지가 존재하고, 분자량이 70인 X_2의 분자 수가 분자량이 74인 X_2의 9배이므로 X 동위 원소의 존재 비율은 ^{35}X : $^{37}X = 3 : 1$이다. 따라서 X의 평균 원자량은 $35 \times \frac{3}{4} + 37 \times \frac{1}{4} = 35.5$이다.

ㄴ. X의 동위 원소는 ^{35}X와 ^{37}X로 2가지이다.

8 원자의 구성 입자와 동위 원소

선택지 분석

ㄱ 질량수는 Z가 가장 작다.

ㄴ X의 양성자수는 2이다.

ㄷ Y에 원자 번호와 질량수를 표시하면 $^{3}_{1}Y$이다.

ㄱ, ㄴ. 질량수가 3 이하이므로 X~Z의 양성자수는 1 또는 2이다. 이때 질량수가 같은 X와 Y의 질량수는 1이나 2가 될 수 없으므로 3이다. 따라서 X와 Y에서 양성자수와 중성자수의 조합은 각각 (1, 2), (2, 1) 중 하나이다. 또, Z의 질량수는 1이나 2인데, 이 경우 양성자수와 중성자수의 조합은 (1, 0), (1, 1) 중 하나이므로 Z의 양성자수는 1이다. Y와 Z는 전자 수, 즉 양성자수가 같으므로 Y는 양성자수가 1, 중성자수가 2임을 알 수 있고, 이로부터 X는 양성자수가 2, 중성자수가 1임을 알 수 있다. 또, Z는 X와 중성자수가 같으므로 양성자수가 1, 중성자수가 1이다.

원자	X	Y	Z
양성자수	2	1	1
중성자수	1	2	1
질량수	3	3	2

ㄷ. Y는 양성자수가 1이고, 질량수가 3이므로 Y에 원자 번호와 질량수를 표시하면 $^{3}_{1}Y$이다.

9 원자의 구성 입자와 동위 원소

자료 분석

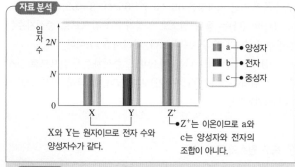

X와 Y는 원자이므로 전자 수와 양성자수가 같다.

Z^+는 이온이므로 a와 c는 양성자와 전자의 조합이 아니다.

선택지 분석

ㄱ c는 중성자이다.

ㄴ X와 Y는 동위 원소이다.

✗ 질량수는 Z가 Y의 2배이다. $\frac{4}{3}$배

ㄱ. 원자 X와 Y에서는 양성자수와 전자 수가 같고, Z^+에서는 전자 수가 양성자수보다 1만큼 작다. Z^+에서 같은 수로 존재하는 a, c는 양성자와 전자가 될 수 없으므로 양성자와 중성자이거나, 전자와 중성자이어야 한다. 만약 a, c가 각각 전자와 중성자 중 하나라면 양성자수가 중성자수보다 커서 안정한 원자핵이 될 수 없으므로 a, c는 각각 양성자와 중성자 중 하나이고, b는 전자이다. Y에서 전자 수는 양성자수와 같으므로 전자 b의 수보다 큰 c는 중성자이고, a는 양성자임을 알 수 있다.

ㄴ. X와 Y는 양성자수가 같고 질량수가 다르므로 동위 원소이다.

바로알기 ㄷ. Y에서 양성자수가 N, 중성자수가 $2N$이므로 질량수는 $3N$이며, Z^+에서 양성자수와 중성자수가 각각 $2N$이므로 질량수는 $4N$이다. 따라서 질량수는 Z가 Y의 $\frac{4}{3}$배이다.

10 동위 원소의 존재 비율

자료 분석

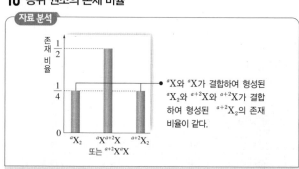

● ^aX와 ^aX가 결합하여 형성된 $^aX_2$와 ^{a+2}X와 ^{a+2}X가 결합하여 형성된 $^{a+2}X_2$의 존재 비율이 같다.

선택지 분석

ㄱ $^aX_2$와 $^{a+2}X_2$의 화학 결합의 종류는 같다.

ㄴ ^aX와 ^{a+2}X의 존재 비율은 같다.

ㄷ X의 평균 원자량은 $a+1$이다.

ㄱ. ^aX는 ^{a+2}X의 동위 원소이므로 서로 화학적 성질이 같다. 따라서 $^aX_2$와 $^{a+2}X_2$의 화학 결합의 종류는 같다.

ㄴ. ^aX와 ^aX가 결합하여 형성된 $^aX_2$와 ^{a+2}X와 ^{a+2}X가 결합하여 형성된 $^{a+2}X_2$의 존재 비율이 같은 것으로 보아 ^aX와 ^{a+2}X의 존재 비율이 같다.

ㄷ. ^aX와 ^{a+2}X의 존재 비율이 같으므로 X의 평균 원자량은 $a \times 0.5 + (a+2) \times 0.5 = a+1$이다.

11 이온의 구성 입자

자료 분석

이온	중성자수	질량수	양성자수
A^-	10	19	9
B^{m+}	12	23	11
C^{n+}	12	24	12

선택지 분석

ㄱ x는 10이다.

✗ $\frac{m}{n} > 1$이다. $\frac{m}{n} < 1$

✗ $\frac{중성자수}{양성자수}$는 C가 B보다 크다. 작다

ㄱ. A^-의 중성자수가 10이고 질량수가 19이므로 원자 A의 양성자수와 전자 수는 9이다. 따라서 A^-의 전자 수 x는 10이다.

바로알기 ㄴ. B^{m+}의 양성자수는 11이고, 전자 수는 10이므로 $m=1$이다. C^{n+}의 양성자수는 12이고, 전자 수는 10이므로 $n=2$이다. 따라서 $\frac{m}{n}=\frac{1}{2}<1$이다.

ㄷ. B에서 양성자수는 11, 중성자수는 12이고, C에서 양성자수와 중성자수는 모두 12이므로 $\frac{중성자수}{양성자수}$는 C가 B보다 작다.

12 원자와 동위 원소의 구성 입자

자료 분석

A~D는 3주기 원소라고 했으므로 (가)는 중성자수이고, (나)는 양성자수이다.

• A는 B의 동위 원소이다. ➡ A와 B는 양성자수가 같다.

• C와 D의 $\frac{중성자수}{전자 수}=1$이다. ➡ 원자에서 양성자수는 전자 수와 같으므로 C와 D는 양성자수와 중성자수가 같다.

• 질량수는 B>C>A>D이다.

• ㉠은 양성자수와 중성자수가 다르므로 C나 D가 아니고, A나 B 중 하나이다.
➡ A와 B는 동위 원소이므로 ㉠의 동위 원소는 ㉢이고, ㉢의 (나)는 17이다.
➡ 질량수는 ㉢이 ㉠보다 크므로 ㉠은 A, ㉢은 B이다.

• ㉡과 ㉣은 각각 C와 D 중 하나이므로 양성자수와 중성자수가 각각 같다. ➡ 질량수는 ㉡이 ㉣보다 크므로 ㉡은 C, ㉣은 D이다.

• A~D의 양성자수와 중성자수

원자	㉠ A	㉡ C	㉢ B	㉣ D
(가) 중성자수	18	18	20	16
(나) 양성자수	17	18	17	16
질량수	35	36	37	32

선택지 분석

㉠ (가)는 중성자수이다.

㉡ B의 질량수는 37이다.

✗ D의 원자 번호는 18이다. 16

ㄱ. 표의 (가)가 양성자수라면 ㉡의 양성자수가 20이 되어 ㉡은 4주기 원소가 되므로 A~D가 3주기 원소라는 조건에 타당하지 않다. 따라서 (가)는 중성자수이고, (나)는 양성자수이다.

ㄴ. B는 ㉢이고, ㉢에서 (나)는 17이므로 B의 질량수는 37이다.

바로알기 ㄷ. D는 ㉣이므로 D의 원자 번호는 16이다.

05 원자 모형

개념 확인

본책 51쪽, 53쪽

(1) ① 전자 껍질 ② 낮 ③ 에너지 ④ 바닥 ⑤ 흡수 (2) ① 흡수 ② 방출 ③ 흡수 ④ 방출 (3) ① 1 ② a ③ a, c ④ b (4) ① s, p ② 3 ③ 공 모양(구형) (5) 2 (6) ㉠ 0 ㉡ 1 ㉢ 2 ㉣ $2p$ ㉤ $3d$

수능 자료

본책 54쪽

자료❶ 1 공 2 =, >
자료❷ 1 $1s$ 2 $2s$, $2p_x$ 3 $1s$, $2s$ 4 $2p_x$ 5 $2s$ 6 $2p_x$
자료❸ 1 ◯ 2 ✕ 3 ◯ 4 ◯
자료❹ 1 ✕ 2 ✕ 3 ◯ 4 ◯

자료❶ 오비탈의 모양

2 수소 원자에서 오비탈의 에너지 준위는 주 양자수(n)에 의해서만 결정되므로 에너지 준위는 $2s$ 오비탈인 (가)와 $2p$ 오비탈인 (나)가 같다.

자료❷ 양자수

들어 있는 전자의 주 양자수(n)가 1인 오비탈은 $1s$, 들어 있는 전자의 주 양자수(n)가 1이 아니며 방위(부) 양자수(l)가 1인 오비탈은 $2p_x$, 들어 있는 전자의 주 양자수(n)와 방위(부) 양자수(l)가 모두 1이 아닌 오비탈은 $2s$이다.

자료❸ 오비탈의 모양

(가)는 $2s$, (나)는 $1s$, (다)는 $2p$ 오비탈이다.

2 (나)는 $1s$ 오비탈로, 공 모양(구형)이므로 원자핵으로부터 거리와 방향에 따라 전자가 발견될 확률이 같다.

자료❹ 오비탈의 모양과 양자수

1 에너지 준위는 (가)>(나)이고, (나)는 $2p$ 오비탈이므로 (가)는 $3s$ 오비탈이다.

2 (나)는 $2p$ 오비탈이므로 주 양자수(n)는 2이다.

3 방위(부) 양자수(l)는 (가) 0, (나) 1이다.

4 (가)는 $3s$ 오비탈이므로 $_{11}Na$의 원자가 전자가 들어 있다.

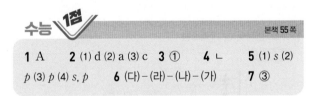

본책 55쪽

| 1 A | 2 (1) d (2) a (3) c | 3 ① | 4 ㄴ | 5 (1) s (2) p (3) p (4) s, p | 6 (다)-(라)-(나)-(가) | 7 ③ |

1 전이하는 두 전자 껍질의 에너지 차이가 클수록 방출하는 에너지가 크다.

2 (1) 파장이 길수록 에너지가 작다.
(2) 파장이 짧을수록 에너지가 크므로 a~d 중 에너지가 가장 큰 선은 a이다.
(3) c는 가시광선 영역 중 두 번째로 파장이 긴 선이므로 $n=4$에서 $n=2$로 전이할 때 방출하는 에너지에 의한 선이다.

3 **바로알기** ① 모형에서 ㉠은 전자가 존재할 수 없는 영역이다.

4 ㄴ. K 전자 껍질은 주 양자수 $n=1$인 전자 껍질이므로 s 오비탈만 존재한다.

바로알기 ㄱ. 오비탈은 원자핵 주위에 전자가 발견될 확률 분포이다.

ㄷ. 같은 족 원소는 원자가 전자 수 같고, 원자 번호가 클수록 전자 수가 많아지므로 원자 번호가 클수록 원자가 전자가 들어 있는 주 양자수(n)가 커진다.

5 (1) s 오비탈은 공 모양(구형)이므로 핵으로부터 거리가 같으면 방향에 관계없이 전자가 발견될 확률이 같다.

(2) s 오비탈은 모든 전자 껍질에 존재하고 $n=2$인 전자 껍질부터 존재하는 오비탈은 p 오비탈이다.
(3) p 오비탈에는 에너지 준위가 같고 3차원 공간에서 방향이 다른 3개의 오비탈이 존재한다.
(4) 모든 오비탈 1개에 채워질 수 있는 최대 전자 수는 2이다.

6 (가)는 현대의 원자 모형, (나)는 보어의 원자 모형, (다)는 톰슨의 원자 모형, (라)는 러더퍼드의 원자 모형이다. 제안된 순서는 (다)-(라)-(나)-(가)이다.

7 ① 오비탈의 크기는 (가)<(나)이므로 (가)는 $1s$ 오비탈이고, (나)는 $2s$ 오비탈이다.
② 에너지 준위는 $2s$ 오비탈>$1s$ 오비탈이다.
④ (가)는 주 양자수(n)가 1이므로 방위(부) 양자수(l)는 0이다.
⑤ (나)는 $2s$ 오비탈이므로 주 양자수(n)는 2이다.
[바로알기] ③ (가)와 (나) 오비탈에 채워질 수 있는 최대 전자 수는 2로 같다.

본책 56쪽~58쪽

| 1 ② | 2 ② | 3 ① | 4 ② | 5 ③ | 6 ② |
| 7 ① | 8 ② | 9 ④ | 10 ⑤ | 11 ① | 12 ② |

1 수소 원자의 선 스펙트럼

자료 분석

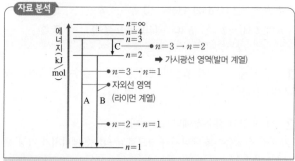

선택지 분석

✗ B에서 방출하는 빛은 가시광선이다. 자외선
✗ a는 바닥상태 수소 원자에서 전자를 떼어낼 때 필요한 에너지와 같다. a보다 크다
○ $a=b+c$이다.

ㄷ. 수소 원자의 에너지 준위는 불연속적이고 전자가 가질 수 있는 에너지는 정해져 있다. 따라서 A에서 방출하는 빛의 에너지인 a는 $n=3 \rightarrow n=1$의 전자 전이에서 방출하는 에너지이므로 $b(n=2 \rightarrow n=1)$와 $c(n=3 \rightarrow n=2)$의 합과 같다.
[바로알기] ㄱ. B는 전이 후 주 양자수 $n=1$이므로 방출하는 빛이 자외선이다.
ㄴ. 바닥상태의 수소 원자에서 전자를 떼어내는 것은 $n=1 \rightarrow n=\infty$의 전자 전이에 해당한다. 따라서 이때 필요한 에너지는 $n=3 \rightarrow n=1$에서 방출하는 에너지인 a보다 크다.

2 수소 원자의 전자 전이와 에너지 출입

자료 분석

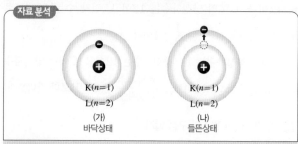

(가) 바닥상태 / (나) 들뜬상태

선택지 분석

✗ (가)는 들뜬상태이다. 바닥상태
○ (가)에서 (나)로 될 때 에너지를 흡수한다.
✗ (나)에서 (가)로 될 때 가시광선을 방출한다. 자외선

ㄴ. (나)는 두 번째 전자 껍질에 전자가 들어 있으므로 들뜬상태이다. 즉 에너지는 (가)<(나)이므로 (가)에서 (나)로 될 때 에너지를 흡수한다.
[바로알기] ㄱ. (가)는 첫 번째 전자 껍질에 전자가 들어 있으므로 바닥상태이다.
ㄷ. (나)에서 (가)로 될 때 $n=2$에서 $n=1$로의 전이이므로 자외선을 방출한다.

3 수소 원자의 전자 전이와 에너지 출입

자료 분석

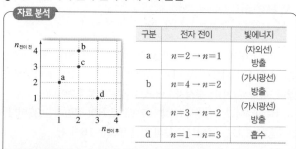

구분	전자 전이	빛에너지
a	$n=2 \rightarrow n=1$	(자외선) 방출
b	$n=4 \rightarrow n=2$	(가시광선) 방출
c	$n=3 \rightarrow n=2$	(가시광선) 방출
d	$n=1 \rightarrow n=3$	흡수

선택지 분석

○ b와 c에서 가시광선의 빛을 방출한다.
✗ 방출하는 빛의 에너지는 a에서가 c에서의 4배이다. 4배보다 크다
✗ 바닥상태인 수소 원자 1몰에 d에 해당하는 에너지를 가해 주면 이온화된다. $n=1 \rightarrow n=\infty$에 해당하는 에너지

ㄱ. b와 c에서 방출되는 빛은 모두 $n \geq 3$에서 $n=2$로의 전이에서 방출하는 빛이므로 가시광선에 해당한다.
[바로알기] ㄴ. a는 $n=2 \rightarrow n=1$의 전이이므로 이때 방출하는 빛의 에너지는 $-\dfrac{k}{2^2}-(-\dfrac{k}{1^2})=\dfrac{3}{4}k$이다. c는 $n=3 \rightarrow n=2$의 전이이므로 이때 방출하는 빛의 에너지는 $-\dfrac{k}{3^2}-(-\dfrac{k}{2^2})=\dfrac{5}{36}k$이다. 따라서 방출하는 빛의 에너지는 a에서가 c에서의 4배보다 크다.
ㄷ. d는 $n=1 \rightarrow n=3$의 전이이므로 이때 흡수되는 빛의 에너지는 $\dfrac{8}{9}k$이다. 바닥상태인 수소 원자를 이온화시키려면 k에 해당하는 에너지를 가해 주어야 한다.

4 수소 원자의 전자 전이

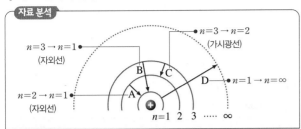

✖ 방출하는 빛의 파장은 B가 A보다 길다. 짧다
◯ C에서 방출하는 빛은 가시광선에 해당한다.
✖ A~D 중 에너지가 가장 큰 빛을 방출하는 것은 D이다. B

ㄴ. C는 $n=3 \rightarrow n=2$로의 전자 전이이므로 이때 방출하는 빛은 가시광선이다.

바로알기 ㄱ. B는 $n=3 \rightarrow n=1$로의 전자 전이이고, A는 $n=2 \rightarrow n=1$로의 전자 전이이므로 방출하는 빛의 에너지는 B가 A보다 크다. 빛의 에너지와 파장은 반비례하므로 방출하는 빛의 파장은 B가 A보다 짧다.

ㄷ. D에서는 에너지를 흡수하며, 에너지가 가장 큰 빛을 방출하는 것은 B이다.

5 원자 모형

◯ A에서는 전자의 존재를 확률 분포로 나타낸다.
✖ B에서 전자는 원자핵 주위의 일정한 궤도에서 운동한다.
◯ C는 수소 원자의 선 스펙트럼을 설명할 수 있다.

ㄱ. A는 현대 원자 모형으로, 전자가 존재할 수 있는 공간을 확률 분포로 나타낸다.

ㄷ. C는 보어의 원자 모형이다. 보어의 원자 모형에서 전자는 일정한 에너지 준위를 갖는 궤도에서만 운동하고 전자가 전이할 때 에너지가 출입하므로 수소 원자의 선 스펙트럼을 설명할 수 있다.

바로알기 ㄴ. B는 톰슨의 원자 모형으로, 원자핵이 존재하지 않는 원자 모형이다.

6 현대의 원자 모형

✖A   ②B   ✖A, C   ✖B, C   ✖A, B, C

B. 오비탈의 양자수에서 주 양자수(n)는 오비탈의 크기와 에너지를 결정하는 양자수이다.

바로알기 A. 전자는 입자성과 파동성을 모두 가지고 있어 원자핵 주위 어디에 존재하는지 확률로만 나타낼 수 있다. 즉, 오비탈은 원자핵 주위에 전자가 발견될 확률 분포를 나타낸 값이다.

C. 1개의 오비탈에는 최대 2개까지 전자가 채워질 수 있으며, 이때 전자의 스핀 자기 양자수(m_s)는 서로 다르다.

7 오비탈의 종류와 성질

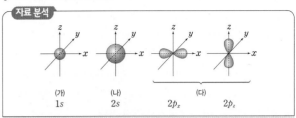

◯ (다)의 주 양자수(n)는 2이다.
✖ (다)는 원자핵으로부터 거리가 같으면 방향에 관계없이 전자가 발견될 확률이 같다. 다르다
✖ 방위(부) 양자수(l)는 (나)가 (가)보다 크다. (가)와 (나)가 같다

ㄱ. (가)는 $1s$ 오비탈, (나)는 $2s$ 오비탈, (다)는 $2p$ 오비탈이므로 (다)의 주 양자수는 2이다.

바로알기 ㄴ. (다)는 $2p$ 오비탈로 원자핵으로부터 거리가 같더라도 방향에 따라 전자가 발견될 확률이 다르다.

ㄷ. (가)와 (나)는 모두 s 오비탈이므로 (가)와 (나)의 방위(부) 양자수(l)는 0으로 같다.

8 오비탈의 종류와 성질

✖ (가)의 주 양자수(n)는 1이다. 2 이상
✖ 에너지 준위는 (나)>(가)이다. (가)=(나)
◯ 방위(부) 양자수(l)는 (나)>(다)이다.

ㄷ. p 오비탈의 방위(부) 양자수(l)는 1이고, s 오비탈의 방위(부) 양자수(l)는 0이므로, 방위(부) 양자수(l)는 (나)>(다)이다.

바로알기 ㄱ. p 오비탈은 $n=2$인 전자 껍질부터 존재하므로 (가)~(다)의 주 양자수(n)는 2 이상이다. 따라서 (가)의 주 양자수(n)는 1이 될 수 없다.

ㄴ. 주 양자수(n)가 같은 3개의 p 오비탈은 3차원 공간에서 방향만 다르고 에너지 준위가 같으므로 에너지 준위는 (가)=(나)이다.

9 전자 배치와 오비탈

● 각 오비탈에 스핀 방향이 반대인 전자가 2개씩 들어 있다.

전자 배치	전자 껍질			상태	전자가 들어 있는 오비탈 수
	K	L	M		
(가)	2	8	0	바닥상태	5
(나)	2	7	1	들뜬상태	6

✖ (가)에서 L 전자 껍질의 모든 오비탈의 방위(부) 양자수(l)는 같다. 같지 않다
◯ (가)에서 전자들의 스핀 자기 양자수(m_s)의 합은 0이다.
◯ (나)에서 전자가 들어 있는 오비탈의 수는 6이다.

ㄴ. (가)에서 K 전자 껍질에는 $1s$ 오비탈 1개, L 전자 껍질에는 $2s$ 오비탈 1개와 $2p$ 오비탈 3개가 있고, 각 오비탈에는 스핀 방향이 서로 반대인 전자가 2개씩 들어 있다. 따라서 전자들의 스핀 자기 양자수(m_s)의 합은 0이다.

ㄷ. (가)에서 전자가 들어 있는 오비탈 수는 K 전자 껍질에 1, L 전자 껍질에 4로 모두 5이고, (나)에서 전자가 들어 있는 오비탈 수는 K 전자 껍질에 1, L 전자 껍질에 4, M 전자 껍질에 1로 모두 6이다.

바로알기 ㄱ. (가)에서 L 전자 껍질에 있는 오비탈은 $2s$ 오비탈과 $2p$ 오비탈이다. $2s$ 오비탈의 방위(부) 양자수(l)는 0, $2p$ 오비탈의 방위(부) 양자수(l)는 1로 서로 같지 않다.

10 오비탈의 종류와 성질

자료 분석

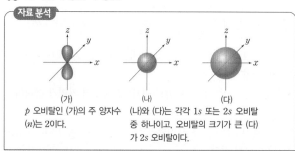

(가)	(나)	(다)
p 오비탈인 (가)의 주 양자수(n)는 2이다.	(나)와 (다)는 각각 $1s$ 또는 $2s$ 오비탈 중 하나이고, 오비탈의 크기가 큰 (다)가 $2s$ 오비탈이다.	

선택지 분석

ㄱ 바닥상태에서 전자는 (나)에 들어 있다.
ㄴ 주 양자수(n)는 (가)와 (다)가 같다.
ㄷ 방위(부) 양자수(l)는 (나)와 (다)가 같다.

ㄱ. (가)는 $2p$ 오비탈, (나)는 $1s$ 오비탈, (다)는 $2s$ 오비탈이므로 바닥상태 수소 원자에서 전자는 (나)에 들어 있다.

ㄴ. (가)와 (다)의 주 양자수(n)는 2로 같다.

ㄷ. (나)와 (다)는 모두 s 오비탈이므로 방위(부) 양자수(l)는 0이다.

11 오비탈의 종류와 수

자료 분석

주 양자수(n)	1	2	
오비탈 종류	㉠ $1s$	㉡ $2s$	㉢ $2p$
오비탈 수	$x=1$	1	$y=3$

선택지 분석

㉠ $\dfrac{y}{x}=3$이다.
✕ 최대 수용 전자 수는 ㉡이 ㉠보다 크다. 2로 같다
✕ ㉢은 원자핵으로부터 거리가 같으면 방향에 관계없이 전자의 발견 확률이 같다. 방향에 따라 전자의 발견 확률이 다르다

ㄱ. 주 양자수(n)가 1인 전자 껍질에는 s 오비탈만 1개 있으므로 ㉠은 $1s$ 오비탈이고, $x=1$이다. 주 양자수(n)가 2인 전자 껍질에는 s 오비탈이 1개, p 오비탈이 3개 있으므로 ㉡은 $2s$ 오비탈이고, ㉢은 $2p$ 오비탈이며, $y=3$이다. 따라서 $\dfrac{y}{x}=3$이다.

바로알기 ㄴ. $1s$ 오비탈과 $2s$ 오비탈의 최대 수용 전자 수는 2로 같다.

ㄷ. p 오비탈은 방향성이 있으므로 원자핵으로부터 거리가 같더라도 방향에 따라 전자의 발견 확률이 다르며, 방향에 따라 3가지가 존재한다.

12 오비탈과 양자수

자료 분석

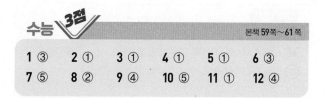

구분	(가) $3s$ 오비탈	(나) $2p_z$ 오비탈
주 양자수(n)	3	2
방위(부) 양자수(l)	0	1
수용할 수 있는 최대 전자 수	2	2

선택지 분석

✕ 주 양자수(n)
㉡ 방위(부) 양자수(l)
✕ 수용할 수 있는 최대 전자 수

ㄴ. 방위(부) 양자수(l)는 (나)가 (가)보다 크다.
바로알기 ㄱ. 주 양자수(n)는 (가)가 (나)보다 크다.
ㄷ. 수용할 수 있는 최대 전자 수는 (가)와 (나)가 같다.

수능 3점

본책 59쪽~61쪽

1 ③	2 ①	3 ①	4 ①	5 ①	6 ③
7 ⑤	8 ②	9 ④	10 ⑤	11 ①	12 ④

1 수소 원자의 전자 전이

자료 분석

• 전자 전이 Ⅰ~Ⅲ에서 $\Delta n(n_{전이 전}-n_{전이 후})$

전자 전이	Ⅰ	Ⅱ	Ⅲ
Δn	1	2	3

• Ⅰ~Ⅲ에서 $n_{전이 후}$는 모두 3 이하이다.
　$\Delta n=$1인 전이: $n=2 \to n=1$, $n=3 \to n=2$, $n=4 \to n=3$
　$\Delta n=$2인 전이: $n=3 \to n=1$, $n=4 \to n=2$, $n=5 \to n=3$
　$\Delta n=$3인 전이: $n=4 \to n=1$, $n=5 \to n=2$, $n=6 \to n=3$

• 방출하는 빛의 에너지는 Ⅰ > Ⅱ > Ⅲ이다.
　Ⅰ은 $n=2 \to n=1$, Ⅱ는 $n=4 \to n=2$, Ⅲ은 $n=6 \to n=3$이다.

선택지 분석

㉠ Ⅰ에서 방출하는 빛에너지는 자외선이다.
✕ $n_{전이 전}$은 Ⅱ에서가 Ⅲ에서보다 크다. 작다
㉢ Ⅰ에서 방출하는 빛에너지는 Ⅱ에서의 4배이다.

ㄱ. Ⅰ은 $n=2 \to n=1$의 전이이므로 방출하는 빛에너지는 자외선이다.

ㄷ. I에서 방출하는 빛에너지는 $E_I = -\dfrac{k}{2^2} - \left(-\dfrac{k}{1^2}\right) = \dfrac{3}{4}k$,

II에서 방출하는 빛에너지는 $E_{II} = -\dfrac{k}{4^2} - \left(-\dfrac{k}{2^2}\right) = \dfrac{3}{16}k$라고

할 수 있다. 따라서 I에서 방출하는 빛에너지는 II에서의 4배이다.

바로알기 ㄴ. II는 $n=4 \rightarrow n=2$, III은 $n=6 \rightarrow n=3$의 전이이므로 $n_{전이 \, 전}$은 III에서가 II에서보다 크다.

2 수소 원자의 전자 전이와 선 스펙트럼

	㉠	㉡		㉠	㉡
①	b_3	a_1	✕	b_4	a_1
✕	b_3	a_2	✕	b_4	a_2
✕	b_3	a_3			

파장 a_4는 라이먼 계열 중 파장이 네 번째로 길므로 $n=5 \rightarrow n=1$의 전이에서 방출하는 빛의 파장이다. 이 빛에 해당하는 에너지는 $n=5 \rightarrow n=2$에서 방출하는 빛의 에너지(E_5-E_2)와 $n=2 \rightarrow n=1$에서 방출하는 빛의 에너지(E_2-E_1)의 합과 같다. $n=5 \rightarrow n=2$에서 방출하는 빛의 파장은 b_3이고, $n=2 \rightarrow n=1$에서 방출하는 빛의 파장은 a_1이므로 파장 a_4에 해당하는 에너지는 파장 b_3와 파장 a_1에 각각 해당하는 에너지의 합과 같다.

3 오비탈과 양자수

자료 분석

오비탈	주 양자수 (n)	방위(부) 양자수(l)
A	1	$a=0$
B	2	$b=1$

(가) A   (나) B

㉠ (가)는 A이다.

✕ $a+b=\underline{2}$이다. 1

✕ (나)의 자기 양자수(m_l)는 $+\dfrac{1}{2}$이다. $-1, 0, +1$ 중 하나이다.

ㄱ. (가)는 s 오비탈로 모든 전자 껍질에 존재한다. (나)는 p 오비탈로 $n \geq 2$인 전자 껍질부터 존재한다. 이로부터 (가)는 A이고, (나)는 B이다.

바로알기 ㄴ. s 오비탈의 방위(부) 양자수(l)는 0이고, p 오비탈의 방위(부) 양자수(l)는 1이므로 $a+b=1$이다.

ㄷ. p 오비탈의 방위(부) 양자수(l)는 1이므로 자기 양자수(m_l)는 $-1, 0, +1$ 중 하나이다.

4 오비탈과 양자수

자료 분석

	$n+l$	$l+m_l$
(가) $1s$	1	0
(나) $2s$	2	0
(다) $2p$	3	1

㉠ 방위(부) 양자수(l)는 (가)=(나)이다.

✕ 에너지 준위는 (가)>(나)이다. (나)>(가)

✕ (다)의 모양은 <u>구형</u>이다. 아령 모양

$n+l$이 1일 때 가능한 (n, l)은 $(1, 0)$이므로 (가)는 $1s$ 오비탈이다.

$n+l$이 2일 때 가능한 (n, l)은 $(2, 0)$이므로 (나)는 $2s$ 오비탈이다.

$n+l$이 3일 때 가능한 (n, l)은 $(2, 1)$이므로 (다)는 $2p$ 오비탈이다.

ㄱ. (가)는 $1s$ 오비탈이고, (나)는 $2s$ 오비탈이므로 방위(부) 양자수(l)는 (가)와 (나)에서 0으로 같다.

바로알기 ㄴ. (가)는 $1s$ 오비탈, (나)는 $2s$ 오비탈이므로 에너지 준위는 (나)>(가)이다.

ㄷ. (다)는 $2p$ 오비탈이므로 아령 모양이다.

5 오비탈의 종류와 특징

자료 분석

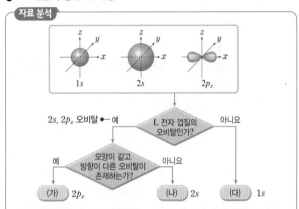

㉠ 오비탈의 크기는 (나)>(다)이다.

✕ (나)와 (다)의 방위(부) 양자수(l)의 합은 (가)의 방위(부) 양자수(l)와 같다. (가)의 방위(부) 양자수(l)보다 작다

✕ (가)는 원자핵으로부터 거리가 같으면 방향이 다르더라도 전자가 발견될 확률이 같다. 다르다

(가)는 $2p_x$ 오비탈, (나)는 $2s$ 오비탈, (다)는 $1s$ 오비탈이다.

ㄱ. 주 양자수(n)가 클수록 오비탈의 크기가 크므로 오비탈의 크기는 (나)>(다)이다.

바로알기 ㄴ. $2s$ 오비탈과 $1s$ 오비탈의 방위(부) 양자수(l)는 각각 0이고, $2p_x$ 오비탈의 방위(부) 양자수(l)는 1이므로 (나)와 (다)의 방위(부) 양자수(l)의 합은 (가)의 방위(부) 양자수(l)보다 작다.

ㄷ. p 오비탈은 방향성이 있으므로 (가)는 원자핵으로부터 거리가 같더라도 방향이 다르면 전자가 발견될 확률이 다르다.

6 오비탈과 양자수

㉠ (다)에 전자가 들어 있는 수소 원자는 들뜬상태이다.

㉡ 방위(부) 양자수(l)는 (나)가 (가)보다 크다.

✕ 주 양자수(n)는 (다)가 (나)보다 <u>크다</u>. 같다

오비탈의 크기가 (다)>(가)이므로 (가)는 $1s$ 오비탈, (다)는 $2s$ 오비탈, (나)는 $2p_x$ 오비탈이다.

ㄱ. 바닥상태의 수소 원자는 전자가 $1s$ 오비탈에 들어 있다. (다)는 $2s$ 오비탈이므로 (다)에 전자가 들어 있는 수소 원자는 들뜬상태이다.

ㄴ. (가)인 $1s$ 오비탈의 방위(부) 양자수(l)는 0이고, (나)인 $2p_x$ 오비탈의 방위(부) 양자수(l)는 1이므로 방위(부) 양자수(l)는 (나)가 (가)보다 크다.

[바로알기] ㄷ. (나)와 (다)의 주 양자수(n)는 2로 같다.

ㄴ. X는 바닥상태이고 (가)에 전자가 들어 있으므로 (가)보다 에너지 준위가 낮은 (나)~(라)에는 모두 전자가 2개씩 들어 있다. 즉, (나)와 (다)에 들어 있는 전자 수는 같다.

[바로알기] ㄱ. (나)의 에너지 준위는 $3s$보다 낮고, (나)~(라)의 주 양자수(n)가 모두 a로 같으므로 $a=2$이다.

ㄷ. (라)에 들어 있는 전자 수는 2이고, 들어 있는 전자 수가 (라)>(가)이므로 (가)에 들어 있는 전자 수는 1이다. 따라서 스핀 자기 양자수(m_s)의 합은 0이 아니라 $+\dfrac{1}{2}$ 또는 $-\dfrac{1}{2}$이다.

7 오비탈의 종류와 특징

자료 분석
- (가)와 (나)의 모양이 같다.
  └ (가)~(다)는 각각 $1s$, $2s$, $2p$ 오비탈 중 하나이므로 모양이 같은 (가)와 (나)는 각각 $1s$ 오비탈과 $2s$ 오비탈 중 하나이다.
- (가)와 (다)는 주 양자수(n)가 같다.
  └ 주 양자수가 같은 (가)와 (다)는 각각 $2s$ 오비탈과 $2p$ 오비탈 중 하나이다.
  ➡ (가)는 $2s$ 오비탈, (나)는 $1s$ 오비탈, (다)는 $2p$ 오비탈이다.

선택지 분석
- (ㄱ) 오비탈의 크기는 (가)>(나)이다.
- (ㄴ) (다)에서 전자가 발견될 확률은 원자핵으로부터의 거리와 방향에 따라 변한다.
- (ㄷ) 방위(부) 양자수(l)는 (다)가 (나)보다 크다.

ㄱ. (가)는 $2s$ 오비탈, (나)는 $1s$ 오비탈이므로 주 양자수(n)가 큰 (가)가 (나)보다 크다.

ㄴ. (다)는 $2p$ 오비탈이고, p 오비탈은 방향성이 있으므로 전자가 발견될 확률은 원자핵으로부터의 거리와 방향에 따라 변한다.

ㄷ. (다)는 $2p$ 오비탈, (나)는 $1s$ 오비탈이므로 방위(부) 양자수(l)는 (다)가 (나)보다 크다.

9 오비탈과 양자수

자료 분석
- 오비탈의 주 양자수(n)의 총합은 6이다.
  └ 주 양자수(n)의 총합이 6인 조합은 (2, 2, 2) 또는 (1, 2, 3)이다.
- 주 양자수(n)는 (다)가 가장 크다.
  └ 주 양자수(n)의 조합은 (1, 2, 3)이고, (다)의 주 양자수(n)는 3이다.
- 오비탈의 주 양자수(n)와 방위(부) 양자수(l)의 합($n+l$)은 (나)와 (다)가 같다.
  └ 주 양자수(n)가 1인 오비탈은 $1s$뿐이고, $1s$의 주 양자수(n)는 1, 방위(부) 양자수(l)는 0이므로 $n+l$은 1이다. (다)의 주 양자수(n)가 3이므로 (나)와 $n+l$이 같은 경우는 (다)가 $3s$ 오비탈이고, (나)가 $2p$ 오비탈뿐이다.
- 오비탈의 방위(부) 양자수(l)는 (가)와 (다)가 같다.
  └ (가)는 $1s$ 오비탈이다.

선택지 분석
- ✗ (가)는 $2s$ 오비탈이다. $1s$
- (ㄴ) (나)는 방향에 따라 3가지가 존재한다.
- (ㄷ) 방위(부) 양자수(l)는 (나)>(다)이다.

(가)는 $1s$ 오비탈, (나)는 $2p$ 오비탈, (다)는 $3s$ 오비탈이다.

ㄴ. (나)는 $2p$ 오비탈로, 아령 모양이며 방향에 따라 p_x, p_y, p_z의 총 3가지가 존재한다.

ㄷ. (다)는 $3s$ 오비탈이고, (나)는 $2p$ 오비탈이므로 방위(부) 양자수(l)는 각각 0, 1이다.

[바로알기] ㄱ. (가)는 $1s$ 오비탈이다.

8 오비탈과 양자수

자료 분석

오비탈	(가)	(나)	(다)	(라)
모형	$3s$	p_x	p_y	p_z

- 오비탈의 에너지 준위: (가)>(나)
  └ (나)~(라)는 $2p$ 오비탈이다.
- 오비탈에 들어 있는 전자 수: (라)>(가)
  └ 오비탈에 채워질 수 있는 최대 전자 수가 2이고, 들어 있는 전자 수가 (라)>(가)이므로 각 오비탈에 들어 있는 전자 수는 (가)에서 1, (라)에서 2이다.

선택지 분석
- ✗ $a=3$이다. 2
- (ㄴ) (나)와 (다)에 들어 있는 전자 수는 같다.
- ✗ (가)에 들어 있는 전자들의 스핀 자기 양자수(m_s)의 합은 <u>0이다.</u>
  0이 아니다

10 오비탈과 양자수

자료 분석

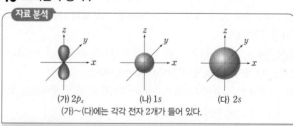

(가) $2p_z$ (나) $1s$ (다) $2s$
(가)~(다)에는 각각 전자 2개가 들어 있다.

선택지 분석
- (ㄱ) (가)에 들어 있는 전자들의 스핀 자기 양자수(m_s)의 합은 0이다.
- (ㄴ) (나)는 $1s$ 오비탈이다.
- (ㄷ) (다)에는 원자가 전자가 들어 있다.

ㄱ. (가)에는 스핀 방향이 서로 반대인 전자 2개가 들어 있으므로 전자들의 스핀 자기 양자수(m_s)의 합은 0이다.

ㄴ. 오비탈의 크기는 (다)>(나)이므로 (나)는 $1s$ 오비탈이다.

ㄷ. (다)는 $2s$ 오비탈이므로 (다)에는 원자가 전자가 들어 있다.

11 오비탈과 양자수

자료 분석

오비탈	(가)	(나)	(다)	(라)
모형				
주 양자수 (n)	a	b	b	c

- a~c는 3 이하의 서로 다른 정수이므로 (가)~(다)의 주 양자수(n)는 각각 1, 2, 3 중 하나이다.
- (나)와 (다)는 p 오비탈이므로 주 양자수(n)는 1일 수 없다. 따라서 (가)와 (라) 중 하나의 주 양자수(n)가 1이어야 하는데 오비탈의 크기가 (라)>(가)이므로 (가)의 주 양자수(n) a는 1이다.

선택지 분석

ㄱ $b>a$이다.

✕ 에너지 준위는 (다)>(나)이다. (나)=(다)

✕ 방위(부) 양자수(l)는 (라)>(가)이다. (가)=(라)

ㄱ. $a=1$이고 $b=2$ 또는 3이므로 $b>a$이다.

바로알기 ㄴ. (나)와 (다)의 주 양자수(n)가 같으므로 에너지 준위는 (나)=(다)이다.

ㄷ. (가)와 (라)는 모두 s 오비탈이므로 방위(부) 양자수(l)는 0으로 같다.

12 오비탈과 양자수

자료 분석

- (나)의 m_l이 1이므로 $2p$ 오비탈에 들어 있는 전자이다. 따라서 (가)는 $2s$ 오비탈에 들어 있는 전자이며 m_l은 0이다.
- (다)의 l이 0이므로 s 오비탈에 들어 있는 전자인데, 주 양자수(n)가 2라고 하면 (가)와 양자수 조합이 같아진다. ➡ $c=1$이다.

전자	(가)	(나)	(다)
n	2	2	$c=1$
l	0	$b=1$	0
m_l	$a=0$	$+1$	0
m_s	$+\frac{1}{2}$	$-\frac{1}{2}$	$+\frac{1}{2}$

선택지 분석

✕ $a+b+c=3$이다. 2

ㄴ 각 전자가 들어 있는 오비탈의 크기는 (가)>(다)이다.

ㄷ (나) 전자가 들어 있는 오비탈에서 핵으로부터의 거리와 방향에 따라 전자가 발견될 확률이 다르다.

ㄴ. (가)는 $2s$ 오비탈에 들어 있는 전자이고, (다)는 $1s$ 오비탈에 들어 있는 전자이므로 각 전자가 들어 있는 오비탈의 크기는 (가)>(다)이다.

ㄷ. (나)는 $2p$ 오비탈에 들어 있는 전자이고, $2p$ 오비탈은 아령 모양이므로 핵으로부터의 거리와 방향에 따라 전자가 발견될 확률이 다르다.

바로알기 ㄱ. $a=0$, $b=1$, $c=1$이므로 $a+b+c=2$이다.

06 원자의 전자 배치

본책 63쪽

개념 확인

(1) $<$, $=$, $<$, $=$, $=$, $<$, $=$, $=$, $=$ (2) $<$, $<$, $<$, $<$, $<$, $4s$, $3d$, $<$ (3) ① - ⓒ ② - ⊙ ③ - ⓛ

본책 64쪽

여기서 잠깐! Q1 해설 참조   Q2 (1) 0, 2 (2) 3, 5 (3) 1, 7 (4) 2, 4

Q1 원자의 바닥상태 전자 배치는 파울리 배타 원리를 따르면서 쌓음 원리와 훈트 규칙을 만족하며, 원자가 이온이 될 때는 전자를 잃거나 얻어 18족 원소와 같은 전자 배치를 가지려고 한다.

모범답안

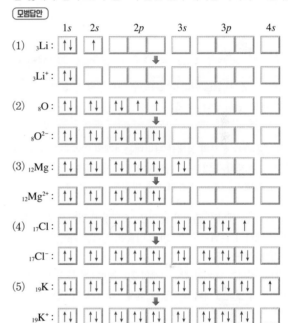

Q2 홀전자는 오비탈에서 쌍을 이루지 않은 전자를 의미하며, 바닥상태 전자 배치에서는 홀전자 수가 최대가 되도록 배치되어 있다. 원자가 전자는 바닥상태 전자 배치에서 가장 바깥 전자 껍질에 들어 있는 전자이다.

수능 자료

본책 65쪽

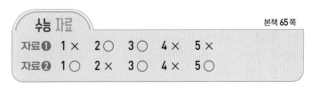

자료 ❶ 전자 배치 규칙

1 (가)에서 에너지 준위가 낮은 $2s$ 오비탈에 전자가 모두 채워지지 않고 $2p$ 오비탈에 전자가 채워지므로 쌓음 원리에 위배되는 들뜬상태이다.

2 3개의 $2p$ 오비탈의 에너지 준위는 모두 같으므로 (나)는 쌓음 원리를 만족한다.

4 (다)에서 에너지 준위가 같은 $2p$ 오비탈의 홀전자가 최대인 전자 배치를 갖지 않으므로 훈트 규칙을 만족하지 않는다.

5 (나)는 쌓음 원리, 파울리 배타 원리, 훈트 규칙을 모두 만족하므로 바닥상태 전자 배치이다. (다)는 $2p$ 오비탈 중 1개가 비어 있고 한 오비탈에 전자가 쌍으로 배치되어 있으므로 들뜬상태 전자 배치이다.

자료 ❷ 바닥상태 전자 배치

1 A에서 전자가 2개 이상 채워진 (나)와 (다)는 각각 $2p$ 오비탈과 $3p$ 오비탈 중 하나이고, 6개의 전자가 채워진 (나)는 $2p$ 오비탈이므로 (다)는 $3p$ 오비탈이다.

2 (가)는 $3s$ 오비탈이고, (나)는 $2p$ 오비탈이므로 B의 바닥상태 전자 배치는 $1s^2 2s^2 2p^3$이다. 따라서 B는 2주기 원소이다.

4 C의 전자 배치는 $1s^2 2s^2 2p^6 3s^2 3p^3$이므로 원자가 전자 수는 5이다.

본책 65쪽

1 ④ **2** (1) 쌓음 원리 (2) 훈트 규칙 (3) 바닥 **3** (1) 6
(2) 2, 3 (3) 변화 없다. (4) 같다. (5) 2

1 바로알기 ④ 전자의 상태를 나타내는 4개의 양자수가 모두 같은 전자는 존재하지 않는다. 따라서 1개의 오비탈에 전자가 최대 2개까지 채워지는데 두 전자의 스핀 방향은 서로 다르다.

2 (1) (가)는 에너지 준위가 낮은 $2s$ 오비탈에 전자를 2개 채우지 않고 에너지 준위가 높은 $2p$ 오비탈에 전자를 채웠으므로 쌓음 원리에 위배된다.
(2) (나)는 에너지 준위가 같은 3개의 $2p$ 오비탈에 홀전자가 최대로 배치되지 않고 1개의 오비탈에 전자 2개가 들어 있으므로 훈트 규칙에 위배된다.
(3) (다)는 파울리 배타 원리를 만족하고, 쌓음 원리와 훈트 규칙을 만족하는 바닥상태 전자 배치이다.

3 (1) X의 원자가 전자는 $n=2$인 전자 껍질에 들어 있는 전자로 모두 6개이다.
(2) 전자가 들어 있는 s 오비탈 수는 2, p 오비탈 수는 3이다.
(3) X가 비활성 기체의 전자 배치를 갖는 안정한 이온이 될 때 전자 2개를 얻고, 이때 전자는 $2p$ 오비탈에 채워지므로 p 오비탈 수는 증가하지 않는다.
(4) s 오비탈에 들어 있는 전자 수는 4이고, p 오비탈에 들어 있는 전자 수 또한 4이다.
(5) 쌍을 이루지 않은 홀전자 수는 2이다.

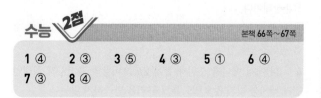

본책 66쪽~67쪽

1 ④ **2** ③ **3** ⑤ **4** ③ **5** ① **6** ④
7 ③ **8** ④

1 원자의 전자 배치

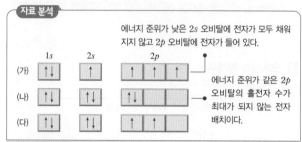

자료 분석

에너지 준위가 낮은 $2s$ 오비탈에 전자가 모두 채워지지 않고 $2p$ 오비탈에 전자가 들어 있다.

에너지 준위가 같은 $2p$ 오비탈의 홀전자 수가 최대가 되지 않는 전자 배치이다.

선택지 분석

✕ (가)는 쌓음 원리를 ~~만족한다.~~ 만족하지 않는다
◯ (나)는 바닥상태 전자 배치이다.
◯ (가)~(다)는 모두 파울리 배타 원리를 만족한다.

ㄴ. (다)는 파울리 배타 원리를 만족하고, 쌓음 원리와 훈트 규칙을 만족하므로 바닥상태 전자 배치이다.
ㄷ. (가)~(다)에서 각 오비탈에는 스핀 방향이 서로 다른 전자가 최대 2개 채워지므로 파울리 배타 원리를 만족한다.

바로알기 ㄱ. (가)의 전자 배치는 에너지 준위가 낮은 $2s$ 오비탈을 모두 채우기 전에 $2p$ 오비탈에 전자를 채우므로 쌓음 원리에 위배된다.

2 원자의 전자 배치

선택지 분석

◯ Y는 13족 원소이다.
✕ Z에서 전자가 들어 있는 오비탈 수는 ~~4~~이다. 6
◯ X~Z에서 홀전자 수는 모두 같다.

바닥상태인 원자 X와 Y는 전자가 들어 있는 전자 껍질 수가 같으므로 같은 주기 원소이다. 같은 주기 원소 중 p 오비탈에 들어 있는 전자 수의 비가 1 : 5인 원소는 2주기 원소의 B와 F이므로 X는 플루오린(F), Y는 붕소(B)이다. 또한 X^-과 Z^+의 전자 수가 같으므로 Z는 나트륨(Na)이다.

ㄱ. Y는 B로 2주기 13족 원소이다.
ㄷ. 바닥상태에서 X의 전자 배치는 $1s^2 2s^2 2p^5$, Y의 전자 배치는 $1s^2 2s^2 2p^1$, Z의 전자 배치는 $1s^2 2s^2 2p^6 3s^1$이므로 홀전자 수는 모두 1로 같다.

바로알기 ㄴ. Z에서 전자가 들어 있는 오비탈 수는 6이다.

3 바닥상태 원자의 전자 배치

자료 분석

• 전자가 들어 있는 전자 껍질 수: B>A, D>C
 └ B와 D는 3주기 원소이고, A와 C는 2주기 원소이다.

• 전체 s 오비탈의 전자 수에 대한 전체 p 오비탈의 전자 수의 비

원자	A	B	C	D
전체 p 오비탈의 전자 수 / 전체 s 오비탈의 전자 수	1	1	1.5	1.5

└ A: $1s^2 2s^2 2p^4$, B: $1s^2 2s^2 2p^6 3s^2$, C: $1s^2 2s^2 2p^6$, D: $1s^2 2s^2 2p^6 3s^2 3p^3$

선택지 분석

◯ 홀전자 수는 D가 가장 크다.
◯ B가 안정한 이온이 될 때 전자 수는 C와 같다.
◯ 총 전자 수는 B가 A의 1.5배이다.

주어진 원자는 2, 3주기이고, 바닥상태에서 전자가 들어 있는 전자 껍질 수가 B>A, D>C이므로 A와 C는 2주기 원소이고, B와 D는 3주기 원소이다. 또, 주어진 전자 배치에서 전체 s 오비탈의 전자 수에 대한 전체 p 오비탈의 전자 수의 비로부터 A의 전자 배치는 $1s^22s^22p^4$, B의 전자 배치는 $1s^22s^22p^63s^2$, C의 전자 배치는 $1s^22s^22p^6$, D의 전자 배치는 $1s^22s^22p^63s^23p^3$이다.

ㄱ. 홀전자 수는 A가 2, B와 C가 0, D가 3이므로 D가 가장 크다.

ㄴ. B는 3주기 2족 원소이므로 안정한 이온은 +2의 양이온이다. 따라서 B가 안정한 이온이 될 때 전자 수는 C의 전자 수와 같은 10이다.

ㄷ. B의 총 전자 수는 12, A의 총 전자 수는 8이므로, 총 전자 수는 B가 A의 1.5배이다.

4 바닥상태 원자의 전자 배치

자료 분석

원자	오비탈에 들어 있는 전자 수		홀전자 수	전자 배치
	$2s$	$2p$		
(가)	1	0	1	$1s^22s^1$
(나)	2	$a=3$	3	$1s^22s^22p^3$
(다)	2	4	$b=2$	$1s^22s^22p^4$

선택지 분석

㉠ $\dfrac{a}{b}=\dfrac{3}{2}$이다.

✗ 전자가 들어 있는 오비탈 수는 (다)가 (나)보다 크다. 같다

㉢ (나)와 (가)의 원자가 전자 수의 차는 4이다.

(가)는 $2s$ 오비탈에 들어 있는 전자 수가 1이고, 홀전자 수가 1이므로 전자 배치는 $1s^22s^1$이다. (나)는 $2s$ 오비탈에 들어 있는 전자 수가 2이고, 홀전자 수가 3이므로 $2p$ 오비탈에 들어 있는 전자 수가 3이다. 따라서 $a=3$이고, (나)의 전자 배치는 $1s^22s^22p^3$이다. (다)는 $2s$ 오비탈에 들어 있는 전자 수가 2이고, $2p$ 오비탈에 들어 있는 전자 수가 4이므로 $b=2$이고, (다)의 전자 배치는 $1s^22s^22p^4$이다.

ㄱ. $a=3$, $b=2$이므로 $\dfrac{a}{b}=\dfrac{3}{2}$이다.

ㄷ. 원자가 전자 수는 (가)가 1이고, (나)가 5이므로 (나)와 (가)의 원자가 전자 수의 차는 4이다.

바로알기 ㄴ. 전자가 들어 있는 오비탈 수는 (나)와 (다)가 5로 같다.

5 바닥상태 원자의 전자 배치

자료 분석

● 오비탈의 에너지 준위는 $2p<3s<3p$이므로
전자는 $2p \to 3s \to 3p$ 순으로 채워진다.

원자	(가) $3s$	(나) $2p$	(다) $3p$	전자 배치
A	2	6	5	$1s^22s^22p^63s^23p^5$
B	0	3	0	$1s^22s^22p^3$
C	2	6	3	$1s^22s^22p^63s^23p^3$

선택지 분석

㉠ 홀전자 수는 A가 가장 작다.

✗ C에서 오비탈의 에너지 준위는 (가)가 (다)보다 높다. 낮다

✗ 원자가 전자 수는 C가 B보다 크다. 같다

오비탈의 에너지 준위는 $2p<3s<3p$인데, B에서 (나)가 가장 먼저 채워지고 전자 수가 3이므로 (나)는 $2p$ 오비탈이다. (가)와 (다)는 $3s$ 오비탈과 $3p$ 오비탈 중 하나인데, (가)에는 전자가 2개까지 채워져 있고, (다)에는 전자가 5개까지 채워져 있으므로 (가)는 $3s$ 오비탈이고, (다)는 $3p$ 오비탈이다. 따라서 A의 전자 배치는 $1s^22s^22p^63s^23p^5$이고, B의 전자 배치는 $1s^22s^22p^3$이며, C의 전자 배치는 $1s^22s^22p^63s^23p^3$이다.

ㄱ. 바닥상태 전자 배치는 훈트 규칙을 만족하므로 가능한 한 홀전자 수가 많게 배치된다. 홀전자 수는 A가 1, B가 3, C가 3으로 A가 가장 작다.

바로알기 ㄴ. (가)는 $3s$ 오비탈, (다)는 $3p$ 오비탈이므로 C에서 오비탈의 에너지 준위는 (가)가 (다)보다 낮다.

ㄷ. 원자가 전자 수는 B와 C가 5로 서로 같다.

6 바닥상태 이온과 원자의 전자 배치

자료 분석

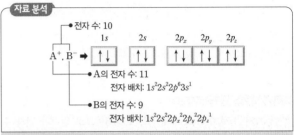

선택지 분석

㉠ 홀전자 수는 A와 B가 각각 1이다.

㉡ 원자가 전자 수는 B가 A보다 6만큼 크다.

✗ 원자가 전자가 들어 있는 오비탈의 주 양자수는 같다. 다르다

A^+은 A가 전자 1개를 잃고 형성된 양이온이므로 A의 바닥상태 전자 배치는 $1s^22s^22p^63s^1$이다. B^-은 B가 전자 1개를 얻어 형성된 음이온이므로 B의 바닥상태 전자 배치는 $1s^22s^22p_x^22p_y^22p_z^1$이다.

ㄱ. A와 B의 홀전자 수는 각각 1로 같다.

ㄴ. 원자가 전자 수는 A가 1이고, B가 7이므로 원자가 전자 수는 B가 A보다 6만큼 크다.

바로알기 ㄷ. 원자가 전자가 들어 있는 오비탈의 주 양자수는 A가 3이고, B가 2이다.

7 원자의 전자 배치

자료 분석

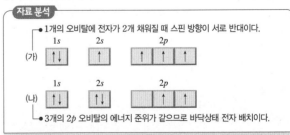

선택지 분석

㉠ (가)는 파울리 배타 원리를 만족한다.

✗ (나)에서 (가)로 될 때 에너지를 방출한다. 흡수

㉢ 전자들의 스핀 자기 양자수(m_s)의 합의 절댓값은 (가)>(나)이다.

ㄱ. (가)에서 $1s$ 오비탈에 전자가 채워질 때 스핀 방향이 서로 반대이므로 파울리 배타 원리를 만족한다.

ㄷ. 홀전자 수는 (가)가 (나)보다 많으므로 전자들의 스핀 자기 양자수의 합의 절댓값은 (가)>(나)이다.

바로알기 ㄴ. (나)는 바닥상태이고, (가)는 들뜬상태이므로 (나)에서 (가)로 될 때 에너지를 흡수한다.

8 바닥상태 원자의 전자 배치

자료 분석

원자	X	Y
전자가 들어 있는 오비탈 수	$a=4$	$a+1$
홀전자 수	2	2

바닥상태인 2주기 원자의 전자 배치에서 홀전자 수가 2인 원자는 탄소(C)와 산소(O)이다. C의 전자 배치는 $1s^2 2s^2 2p^2$, O의 전자 배치는 $1s^2 2s^2 2p^4$이다.

선택지 분석

✗ 전자가 들어 있는 s 오비탈 수는 <u>Y>X</u>이다. X=Y

ⓒ 전자가 들어 있는 p 오비탈 수는 Y>X이다.

ⓒ 원자가 전자 수는 Y가 X의 1.5배이다.

ㄴ. 전자가 들어 있는 p 오비탈 수는 X=2, Y=3이므로 Y>X이다.

ㄷ. 원자가 전자 수는 X가 4이고, Y가 6이므로 원자가 전자 수는 Y가 X의 1.5배이다.

바로알기 ㄱ. X는 탄소(C)로 바닥상태 전자 배치는 $1s^2 2s^2 2p^2$이고, Y는 산소(O)로 바닥상태 전자 배치는 $1s^2 2s^2 2p^4$이므로 전자가 들어 있는 s 오비탈 수는 X=Y이다.

수능 3점

본책 68쪽~69쪽

1 ⑤   2 ③   3 ⑤   4 ①   5 ⑤   6 ③
7 ①   8 ②

1 바닥상태 원자의 전자 배치

자료 분석

원자	홀전자 수	전자쌍이 들어 있는 오비탈 수	전자 배치
A	2	3	$1s^2 2s^2 2p^4$
B	2	6	$1s^2 2s^2 2p^6 3s^2 3p^2$
C	1	4	$1s^2 2s^2 2p^5$

선택지 분석

ⓒ A에서 $\dfrac{p \text{ 오비탈의 전자 수}}{s \text{ 오비탈의 전자 수}}=1$이다.

ⓒ p 오비탈의 전자 수는 B가 A의 2배이다. $\underset{8}{} \underset{4}{}$

ⓒ 원자가 전자 수는 C가 가장 크다. A: 6, B: 4, C: 7

A는 전자쌍이 들어 있는 오비탈 수가 3이므로 $1s$, $2s$ 오비탈과 $2p_x$, $2p_y$, $2p_z$ 중 하나의 오비탈에 전자쌍을 채우고 있으며, 홀전자 수가 2이므로 $2p_x$, $2p_y$, $2p_z$ 중 2개 오비탈에 홀전자를 갖고 있다.

따라서 A의 전자 배치는 $1s^2 2s^2 2p^4 (1s^2 2s^2 2p_x^2 2p_y^1 2p_z^1)$이며, A는 산소(O)이다.

B는 전자쌍이 들어 있는 오비탈 수가 6이므로 $1s$, $2s$, $2p_x$, $2p_y$, $2p_z$, $3s$ 오비탈에 전자쌍을 채우고 있으며, 홀전자 수가 2이므로 $3p_x$, $3p_y$, $3p_z$ 중 2개의 오비탈에 각각 홀전자를 갖고 있다. 따라서 B의 전자 배치는 $1s^2 2s^2 2p^6 3s^2 3p^2 (1s^2 2s^2 2p_x^2 2p_y^2 2p_z^2 3s^2 3p_x^1 3p_y^1)$이며, B는 규소(Si)이다.

C는 전자쌍이 들어 있는 오비탈 수가 4이므로 $1s$, $2s$ 오비탈과 $2p_x$, $2p_y$, $2p_z$ 중 2개의 오비탈에 전자쌍을 채우고 있으며, 홀전자 수가 1이므로 $2p_x$, $2p_y$, $2p_z$ 중 1개의 오비탈에 홀전자를 갖고 있다. 따라서 C의 전자 배치는 $1s^2 2s^2 2p^5 (1s^2 2s^2 2p_x^2 2p_y^2 2p_z^1)$이며, C는 플루오린(F)이다.

ㄱ. A에서 s 오비탈과 p 오비탈에 들어 있는 전자 수는 4로 같으므로 $\dfrac{p \text{ 오비탈의 전자 수}}{s \text{ 오비탈의 전자 수}}=1$이다.

ㄴ. A에서 p 오비탈에 들어 있는 전자 수는 4이고, B에서 p 오비탈에 들어 있는 전자 수는 8이므로 p 오비탈에 들어 있는 전자 수는 B가 A의 2배이다.

ㄷ. 원자가 전자 수는 A가 6, B가 4, C가 7이므로 원자가 전자 수는 C가 가장 크다.

2 바닥상태 원자의 전자 배치

자료 분석

• X~Z의 홀전자 수의 총합은 7이다.
  └ 홀전자 수의 합이 7이므로 가능한 조합은 (3, 2, 2) 또는 (3, 3, 1)이다. ➡ 홀전자 수가 3인 원자가 포함된다.

• p 오비탈에 들어 있는 전자 수는 X가 Y의 3배이다.
  └ 가능한 전자 배치는 X: $1s^2 2s^2 2p^3$, Y: $1s^2 2s^2 2p^1$ 또는 X: $1s^2 2s^2 2p^6 3s^2 3p^3$, Y: $1s^2 2s^2 2p^3$이다.

• Z에서 $\dfrac{\text{전자가 들어 있는 } p \text{ 오비탈 수}}{\text{전자가 들어 있는 } s \text{ 오비탈 수}}=1$이다.
  └ 가능한 전자 배치는 $1s^2 2s^2 2p^2$, $1s^2 2s^2 2p^6 3s^1$, $1s^2 2s^2 2p^6 3s^2$이다.
➡ X~Z의 전자 배치는 X: $1s^2 2s^2 2p^6 3s^2 3p^3$, Y: $1s^2 2s^2 2p^3$, Z: $1s^2 2s^2 2p^6 3s^1$이다.

선택지 분석

ⓒ Y는 2주기 원소이다.

✗ 홀전자 수는 Y가 X보다 <u>크다</u>. 3으로 같다

ⓒ 전자가 들어 있는 s 오비탈 수는 X와 Z가 같다. 3

홀전자 수의 합이 7이므로 홀전자 수의 가능한 조합은 (3, 2, 2) 또는 (3, 3, 1)로 반드시 홀전자 수가 3인 원자가 포함되어야 한다. 따라서 X~Z에는 N 또는 P이 포함된다.

p 오비탈의 전자 수가 X가 Y의 3배이므로 이 조건을 만족하는 두 원자의 전자 배치는 X가 $1s^2 2s^2 2p^6 3s^2 3p^3$이고, Y가 $1s^2 2s^2 2p^3$이다. 이때 두 원자의 홀전자 수가 모두 3이므로 나머지 Z의 홀전자 수는 1이어야 한다.

Z는 $\dfrac{\text{전자가 들어 있는 } p \text{ 오비탈 수}}{\text{전자가 들어 있는 } s \text{ 오비탈 수}}$가 1이므로 Z의 전자 배치는 $1s^2 2s^2 2p^6 3s^1$이다.

ㄱ. Y는 질소(N)로 2주기 원소이다.

ㄷ. 전자가 들어 있는 s 오비탈 수는 X와 Z가 3으로 같다.

바로알기 ㄴ. 홀전자 수는 X와 Y가 3으로 같다.

3 원자의 전자 배치

선택지 분석

ㄱ (가)와 (나)는 모두 바닥상태의 전자 배치이다.

ㄴ (다)는 파울리 배타 원리에 어긋난다.

ㄷ (라)는 들뜬상태의 전자 배치이다.

ㄱ. (가)와 (나)는 파울리 배타 원리를 만족하고, 쌓음 원리와 훈트 규칙을 만족하는 바닥상태의 전자 배치이다.

ㄴ. (다)에서 $2p$ 오비탈 중 1개에 들어 있는 전자의 스핀 방향이 같으므로 파울리 배타 원리에 어긋난다.

ㄷ. (다)에서 에너지 준위가 낮은 $2p$ 오비탈에 전자가 모두 채워지기 전에 $3s$ 오비탈에 전자가 채워지므로 들뜬상태의 전자 배치이다.

4 원자의 전자 배치

자료 분석

X: $1s^2 2s^2 2p^5$	2주기 17족 원소
Y: $1s^2 2s^2 2p^6 3s^2$	3주기 2족 원소
Z: $1s^2 2s^2 2p^6 3s^2 3p^1$	3주기 13족 원소

선택지 분석

ㄱ 전자가 들어 있는 전자 껍질 수는 Y>X이다.

ㄴ 원자가 전자 수는 Y>Z이다. Z>Y

ㄷ 홀전자 수는 X>Z이다. X=Z

ㄱ. 전자가 들어 있는 전자 껍질 수는 X가 2, Y가 3이므로 Y>X이다.

바로알기 ㄴ. 원자가 전자 수는 Y가 2, Z가 3이므로 Z>Y이다.

ㄷ. 홀전자 수는 X와 Z가 모두 1로 같다.

5 3주기 바닥상태 원자의 전자 배치

자료 분석

3주기 원자에서 원자 번호가 연속이므로 전자 수가 1씩 증가하고,
$\dfrac{p \text{ 오비탈의 총 전자 수}}{s \text{ 오비탈의 총 전자 수}}$ 가 감소하다가 다시 증가하는 것으로 보아 X는
W보다 s 오비탈 전자 수가 크고, X에서 Z로 될 때 s 오비탈 전자 수는
일정하고 p 오비탈 전자 수가 1씩 증가한다. ➡ W는 3주기 1족, X는
3주기 2족, Y는 3주기 13족, Z는 3주기 14족 원소이다.

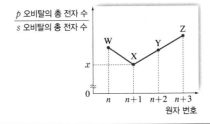

선택지 분석

ㄱ $n+x=12$이다.

ㄴ Y의 원자가 전자 수는 3이다.

ㄷ W~Z 중 홀전자 수는 Z가 가장 크다.

ㄱ. W는 3주기 1족 원소이므로 바닥상태 전자 배치는 $1s^2 2s^2 2p^6 3s^1$이고, X는 3주기 2족 원소이므로 바닥상태 전자 배치는 $1s^2 2s^2 2p^6 3s^2$이다. 이로부터 $n=11$, X에서 s 오비탈의 총 전자 수와 p 오비탈의 총 전자 수는 6으로 같으므로 $x=1$이다.

따라서 $n+x=12$이다.

ㄴ. Y는 3주기 13족 원소이므로 원자가 전자 수는 3이다.

ㄷ. 바닥상태 전자 배치에서 W~Z의 홀전자 수는 각각 1, 0, 1, 2이므로 홀전자 수는 Z가 가장 크다.

6 1, 2주기 바닥상태 원자의 전자 배치

자료 분석

[기준]

(가) 홀전자가 있는가?

└ H($1s^1$), Li($1s^2 2s^1$), B($1s^2 2s^2 2p^1$), C($1s^2 2s^2 2p^2$), N($1s^2 2s^2 2p^3$), O($1s^2 2s^2 2p^4$), F($1s^2 2s^2 2p^5$)

(나) 전자가 들어 있는 p 오비탈이 있는가?

└ B($1s^2 2s^2 2p^1$), C($1s^2 2s^2 2p^2$), N($1s^2 2s^2 2p^3$), O($1s^2 2s^2 2p^4$), F($1s^2 2s^2 2p^5$), Ne($1s^2 2s^2 2p^6$)

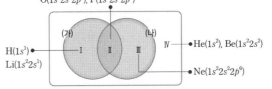

선택지 분석

ㄱ Ⅰ 영역에 속하는 원자들은 같은 족 원소이다. H, Li: 1족 원소

ㄴ Ⅱ 영역에 속하는 원자들의 홀전자 수의 합은 7이다.
B(1)+C(2)+N(3)+O(2)+F(1)=9

ㄷ Ⅲ 영역과 Ⅳ 영역에 속하는 모든 원자들은 스핀 자기 양자수(m_s)의 합이 0이다.

(가) 1, 2주기 원자 중 홀전자가 있는 것은 H($1s^1$), Li($1s^2 2s^1$), B($1s^2 2s^2 2p^1$), C($1s^2 2s^2 2p^2$), N($1s^2 2s^2 2p^3$), O($1s^2 2s^2 2p^4$), F($1s^2 2s^2 2p^5$)이다.

(나) 1, 2주기 원자 중 전자가 들어 있는 p 오비탈이 있는 것은 B($1s^2 2s^2 2p^1$), C($1s^2 2s^2 2p^2$), N($1s^2 2s^2 2p^3$), O($1s^2 2s^2 2p^4$), F($1s^2 2s^2 2p^5$), Ne($1s^2 2s^2 2p^6$)이다.

따라서 (가)의 Ⅰ 영역에 속하는 원자는 H($1s^1$), Li($1s^2 2s^1$)이고, (가)와 (나)의 공통인 Ⅱ 영역에 속하는 원자는 B($1s^2 2s^2 2p^1$), C($1s^2 2s^2 2p^2$), N($1s^2 2s^2 2p^3$), O($1s^2 2s^2 2p^4$), F($1s^2 2s^2 2p^5$)이며, (나)의 Ⅲ 영역에 속하는 원자는 Ne($1s^2 2s^2 2p^6$)이다. 또, (가)와 (나)를 제외한 Ⅳ 영역에 속하는 원자는 He($1s^2$), Be($1s^2 2s^2$)이다.

ㄱ. Ⅰ 영역에 속하는 원자는 H와 Li으로 1족에 속하는 원소이다.

ㄷ. Ⅲ 영역과 Ⅳ 영역에 속하는 원자는 Ne, He, Be으로 모두 홀전자가 없으므로 전자들의 스핀 자기 양자수의 합이 0이다.

바로알기 ㄴ. Ⅱ 영역에 속하는 원자들은 B, C, N, O, F이므로 홀전자 수의 합은 B(1)+C(2)+N(3)+O(2)+F(1)=9이다.

7 2, 3주기 바닥상태 원자의 전자 배치

자료 분석

원자	X	Y	Z
$\dfrac{s \text{ 오비탈의 전자 수}}{\text{전체 전자 수}}$ (상댓값)	2	4	5
홀전자 수	3	$a=1$	$a=1$
전자 배치	$1s^2 2s^2 2p^6 3s^2 3p^3$	$1s^2 2s^2 2p^1$	$1s^2 2s^1$

3주기 15족 2주기 13족 2주기 1족

㉠ $a=1$이다.

✗ X와 Y는 <u>같은</u> 주기 원소이다. <u>다른(X: 3주기, Y: 2주기)</u>

✗ 전자가 들어 있는 오비탈 수는 <u>Z>Y</u>이다. Y>Z

2, 3주기 원자 중 홀전자 수가 3인 것은 $N(1s^22s^22p^3)$ 또는 $P(1s^22s^22p^63s^23p^3)$이고, $\dfrac{s\ 오비탈의\ 전자\ 수}{전체\ 전자\ 수}$가 N에서는 $\dfrac{4}{7}$이고, P에서는 $\dfrac{2}{5}$이다. X가 N라면 Y의 $\dfrac{s\ 오비탈의\ 전자\ 수}{전체\ 전자\ 수}$는 $\dfrac{8}{7}$이 되어 s 오비탈의 전자 수가 전체 전자 수보다 커지게 되므로 모순이다. 따라서 X는 P이고, 전자 배치는 $1s^22s^22p^63s^23p^3$이다. X(P)에서 $\dfrac{s\ 오비탈의\ 전자\ 수}{전체\ 전자\ 수}$가 $\dfrac{2}{5}$이고, 상댓값이 2이므로 Y에서 $\dfrac{s\ 오비탈의\ 전자\ 수}{전체\ 전자\ 수}$는 $\dfrac{4}{5}$이며, Y의 전자 배치는 $1s^22s^22p^1$이고 홀전자 수(a)=1이다. Z에서 $\dfrac{s\ 오비탈의\ 전자\ 수}{전체\ 전자\ 수}$는 1이고, 홀전자 수가 1이므로 Z의 전자 배치는 $1s^22s^1$이다.

ㄱ. Z에서 홀전자 수 $a=1$이다.

바로알기 ㄴ. X는 3주기 원소이고, Y는 2주기 원소이다.

ㄷ. 전자가 들어 있는 오비탈 수는 Y가 3이고, Z가 2이므로 Y>Z이다.

8 2주기 바닥상태 원자의 전자 배치

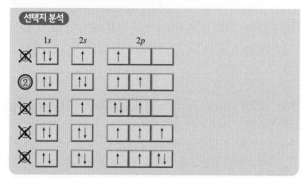

2주기 바닥상태 원자의 가능한 홀전자 수는 0, 1, 2, 3이므로 원자 X와 Y의 가능한 홀전자 수는 각각 2 또는 3이다. 따라서 X와 Y에는 15족 원소인 N가 포함되며, N의 전자 배치는 $1s^22s^22p^3$이고 전자가 들어 있는 p 오비탈 수는 3이므로 N은 Y이다. X의 홀전자 수는 2이므로 C 또는 O 중 하나인데, 전자가 들어 있는 p 오비탈 수는 Y보다 작으므로 X는 C이다.

07 주기율표

개념 확인
본책 71쪽

(1) ① 멘델레예프 ② 모즐리 (2) ① 원자 번호 ② 주기, 족
(3) ① 금속 ② 비금속 ③ (라) ④ (바)

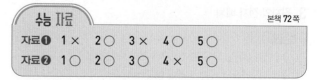
자료 ❶ 원자의 전자 배치와 주기율

1 A는 1주기 1족 원소이므로 비금속 원소인 수소(H)이다.

2 B와 C는 같은 주기 원소이고, 원자가 전자 수는 C>B이므로 원자 번호는 C>B이다.

3 B와 C는 같은 주기 원소이므로 바닥상태에서 전자가 들어 있는 전자 껍질 수가 같다.

4 C는 2주기 16족 원소인 산소(O)이므로 비금속 원소이다.

5 A와 B는 원자가 전자 수가 같으므로 같은 족 원소이다.

자료 ❷ 바닥상태 원자의 전자 배치와 주기율

1 A는 전자가 들어 있는 전자 껍질 수가 2이므로 2주기 원소이다.

2 B는 전자가 들어 있는 전자 껍질 수가 3이고, 가장 바깥 전자 껍질에 들어 있는 전자 수가 2이므로 3주기 2족 원소이다. 따라서 B는 금속 원소이다.

4 A는 2주기 17족 원소이고, B는 3주기 2족 원소이다. A와 B는 같은 족 원소가 아니므로 화학적 성질이 서로 다르다.

5 B와 C에서 전자가 들어 있는 전자 껍질 수가 3으로 같으므로 B와 C는 같은 주기 원소이다.

수능 1점
본책 72쪽

1 ⑤ **2** ⑤ **3** ③

1 ⑤ 멘델레예프는 그 당시까지 발견된 63종의 원소들을 원자량 순으로 배열하여 화학적 성질이 비슷한 원소가 주기적으로 나타나는 것을 발견하였고, 당시까지 발견되지 않은 원소의 자리는 빈칸으로 두었다.

바로알기 ① 당시에 더 이상 분해할 수 없는 33종의 물질을 네 그룹으로 분류한 과학자는 라부아지에이다.
② 화학적 성질이 비슷하고 원자량이 규칙적으로 변하는 세 원소를 발견한 과학자는 되베라이너이다.
③ 원소들을 원자량 순으로 배열하여 8번째마다 화학적 성질이 비슷한 원소가 나타나는 규칙성을 발견한 과학자는 뉴랜즈이다.
④ 멘델레예프는 당시까지 발견된 63종의 원소를 원자량 순으로 배열하여 최초의 주기율표를 만들었다.

2 ①, ④ 현대의 주기율표는 원소들을 원자 번호 순으로 배열할 때 화학적 성질이 비슷한 원소가 같은 세로줄에 위치한다.
②, ③ 현대 주기율표의 가로줄을 주기, 세로줄을 족이라고 한다.
바로알기 ⑤ 같은 가로줄에 속하는 원소들은 전자 배치에서 전자가 들어 있는 전자 껍질 수가 같다.

3 ③ (나)는 할로젠으로, 비금속 원소이다.

바로알기 ① 주기율표의 1족에 속하는 원소 중 수소(H)는 비금속 원소이다.

② 같은 족에 속하는 원소들은 원자가 전자 수가 같다.

④ (다)는 비활성 기체이다. 비활성 기체는 비금속 원소에 포함되지만 전자를 잃거나 얻는 화학 반응을 거의 하지 않으므로 비금속성은 (나)가 (다)보다 크다.

⑤ (다)에 속하는 원소들의 전자 배치에서 가장 바깥 전자 껍질에 전자가 모두 채워지므로 화학 결합에 참여하는 전자가 없다. 따라서 원자가 전자 수는 0이다.

본책 73쪽

1 ⑤　**2** ⑤　**3** ③　**4** ③

1 주기율표가 만들어지기까지의 과정과 현대의 주기율표

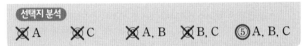

선택지 분석

~~A~~　~~C~~　~~A, B~~　~~B, C~~　⑤ A, B, C

A. 멘델레예프는 원소를 원자량 순서대로 배열하여 주기율표를 만들었다.

B. 현대 주기율표는 원소들을 원자 번호 순으로 배열한다.

C. 현대 주기율표의 가로줄을 주기, 세로줄을 족이라고 한다.

2 주기율표에서 동족 원소의 성질

선택지 분석

ㄱ 원자가 전자 수는 1이다.

ㄴ 바닥상태 전자 배치에서 홀전자 수는 1이다.

ㄷ 물과 반응하여 수소 기체를 발생시킨다.

ㄱ. 주어진 원소는 1족에 속하는 알칼리 금속이므로 원자가 전자 수는 1이다.

ㄴ. 원자가 전자 수가 1이면 원자가 전자의 전자 배치는 ns^1이므로 바닥상태 전자 배치에서 홀전자 수는 1이다.

ㄷ. 알칼리 금속은 모두 물과 반응하여 수소 기체를 발생시킨다.

3 원자의 전자 배치와 주기율

자료 분석

원자	A	B	C
전자 껍질 수	1=1주기	2=2주기	2=2주기
원자가 전자 수	1=1족	1=1족	6=16족

선택지 분석

~~ㄱ A와 B는 화학적 성질이 비슷하다.~~
같은 족 원소이지만 화학적 성질이 서로 다르다

~~ㄴ 전자가 들어 있는 s 오비탈 수는 C가 B의 2배이다.~~
B와 C가 2로 같다

ㄷ 전기 전도도는 B가 C보다 크다.

ㄷ. B는 금속 원소이고, C는 비금속 원소이므로 전기 전도도는 B가 C보다 크다.

바로알기 ㄱ. A와 B는 원자가 전자 수가 1로 같으므로 1족 원소이지만 A는 수소(H)로 비금속 원소이고, B는 알칼리 금속이다. 따라서 A와 B는 화학적 성질이 서로 다르다.

ㄴ. B는 2주기 1족 원소로 바닥상태 전자 배치는 $1s^22s^1$이다. C는 2주기 16족 원소로 바닥상태 전자 배치는 $1s^22s^22p^4$이다. 따라서 전자가 들어 있는 s 오비탈 수는 B와 C가 2로 같다.

4 주기율표와 원소의 성질

자료 분석

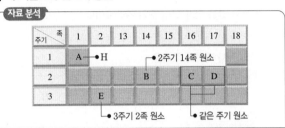

선택지 분석

~~A는 금속 원소이다.~~ 비금속 원소

~~전자가 들어 있는 전자 껍질 수는 D가 C보다 크다.~~ 같다

ㄷ 원자가 전자 수는 B가 E의 2배이다.

ㄷ. 원자가 전자 수는 B가 4, E가 2이므로 B가 E의 2배이다.

바로알기 ㄱ. A는 수소(H)로, 비금속 원소이다.

ㄴ. C와 D는 같은 주기 원소이므로 전자가 들어 있는 전자 껍질 수가 같다.

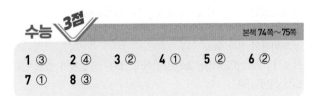

본책 74쪽~75쪽

1 ③　**2** ④　**3** ②　**4** ①　**5** ②　**6** ②
7 ①　**8** ③

1 주기율표와 원소의 성질

자료 분석

• A~D는 주기율표의 (가)~(라) 중 각각 하나에 위치한다.

주기＼족	1	2	13	14	15	16	17	18
2					(가)→B		(나)→D	
3	(다)→C							
4	(라)→A							

• 바닥상태에서 전자가 들어 있는 전자 껍질 수는 A>D이다.
 └ • D가 2주기이면 A는 3주기이고, D가 3주기이면 A는 4주기이다.
  ➡ A는 3주기 이상의 원소이므로 (다) 또는 (라)이다.

• B와 A의 원자가 전자 수의 차가 4이다.
 └ • A가 (다) 또는 (라)이므로 B는 (가)이다.

• A와 C는 금속이고, 금속성은 A가 C보다 크다.
 └ • 주기율표에서 왼쪽 아래로 갈수록 금속성이 커지므로 A는 (라)이고, C는 (다)이다. ➡ D는 (나)이다.

ㄱ A와 B로 이루어진 화합물에서 A는 +1의 양이온이다.
　　　　　　A₃B
✕ B와 C에서 전자가 들어 있는 전자 껍질 수의 차는 ~~2~~이다.
　　　　　　　　　　　　　　　　　B: 2, C: 3　　　1
ㄷ C와 D의 원자가 전자 수의 차는 6이다.

ㄱ. A는 1족 금속 원소, B는 15족 비금속 원소이므로 A와 B로 이루어진 화합물(A₃B)에서 A는 +1의 양이온이다.

ㄷ. 원자가 전자 수는 C가 1, D가 7이므로 C와 D의 원자가 전자 수의 차는 6이다.

바로알기 ㄴ. B는 2주기 원소, C는 3주기 원소이므로 B와 C에서 전자가 들어 있는 전자 껍질 수의 차는 1이다.

2 원자의 전자 배치와 주기율

자료 분석

원자	A	B
$\dfrac{p\ \text{오비탈의 전자 수}}{s\ \text{오비탈의 전자 수}}$	1	1
	$1s^22s^22p_x^12p_y^12p_z^1$ 또는 $1s^22s^22p^63s^2$	
홀전자 수	0	2
	$1s^22s^22p^63s^2$	$1s^22s^22p_x^22p_y^12p_z^1$
원자	C	D
$\dfrac{p\ \text{오비탈의 전자 수}}{s\ \text{오비탈의 전자 수}}$	1.5	1.5
	$1s^22s^22p^6$ 또는 $1s^22s^22p^63s^23p_x^13p_y^13p_z^1$	
홀전자 수	3	0
	$1s^22s^22p^63s^23p_x^13p_y^13p_z^1$	$1s^22s^22p^6$

선택지 분석

✕ A와 D는 같은 주기 원소이다. A: 3주기, D: 2주기
ㄴ 원자가 전자 수가 가장 큰 원소는 B이다.
ㄷ 음이온이 되기 쉬운 원소는 B와 C이다.

$\dfrac{p\ \text{오비탈의 전자 수}}{s\ \text{오비탈의 전자 수}}$ 가 1인 전자 배치 중 A는 홀전자가 없으므로 $1s^22s^22p^63s^2$, B는 홀전자가 2개이므로 $1s^22s^22p_x^22p_y^12p_z^1$이다. $\dfrac{p\ \text{오비탈의 전자 수}}{s\ \text{오비탈의 전자 수}}$ 가 1.5인 전자 배치 중 C는 홀전자가 3개이므로 $1s^22s^22p^63s^23p_x^13p_y^13p_z^1$이고, D는 홀전자가 없으므로 $1s^22s^22p^6$이다.

ㄴ. 원자가 전자 수는 A가 2, B가 6, C가 5, D가 0이다.

ㄷ. B는 2주기 16족 원소인 산소(O), C는 3주기 15족 원소인 인(P)으로 모두 음이온이 되기 쉬운 비금속 원소이다. A는 3주기 2족 원소인 마그네슘(Mg)으로 양이온이 되기 쉬운 금속 원소이고, D는 2주기 18족 원소인 네온(Ne)으로 비활성 기체이므로 이온을 형성하지 않는다.

바로알기 ㄱ. A는 3주기 원소이고, D는 2주기 원소이므로 같은 주기 원소가 아니다.

3 이온의 전자 배치와 주기율

선택지 분석

✕ A와 C는 화학적 성질이 ~~비슷하다.~~ 다르다
ㄴ B와 C의 원자가 전자 수의 차는 6이다.
✕ 비금속성이 가장 큰 원소는 ~~D~~이다. B

A의 전자 배치는 $1s^22s^22p^63s^2$이므로 3주기 2족 원소이고, B의 전자 배치는 $1s^22s^22p^5$이므로 2주기 17족 원소이다. C의 전자 배치는 $1s^22s^22p^63s^23p^64s^1$이므로 4주기 1족 원소이고, D의 전자 배치는 $1s^22s^22p^63s^23p^4$이므로 3주기 16족 원소이다.

ㄴ. 원자가 전자 수는 B가 7, C가 1이므로 B와 C의 원자가 전자 수의 차는 6이다.

바로알기 ㄱ. A와 C는 다른 족 원소이므로 화학적 성질이 다르다.
ㄷ. 주기율표에서 오른쪽 위에 위치한 원소일수록 비금속성이 크므로 A~D 중 비금속성이 가장 큰 원소는 B이다.

4 주기율표와 원소의 성질

자료 분석

주기＼족	2	13	14	15	16	17
2				Y		Z
3	X					

□ Ⅰ　▨ Ⅱ　▨ Ⅲ

• 전자가 들어 있는 전자 껍질 수는 X가 Y보다 크다.
　└ X는 3주기 원소이고, Y는 2주기 원소이다.
• 2, 3주기 원소 중 금속성은 X가 가장 크고, 비금속성은 Z가 가장 크다.
　└ 금속성은 주기율표의 왼쪽 아래로 갈수록, 비금속성은 오른쪽 위로 갈수록 크다. ➡ X는 3주기 2족 원소(Ⅰ 영역)이고, Z는 2주기 17족 원소(Ⅲ 영역)이다.
• 같은 주기 원소 중 홀전자 수는 Y가 가장 크다.
　└ Y는 2주기 15족 원소(Ⅱ 영역)이다.

선택지 분석

ㄱ 원자 번호는 X가 Z보다 크다.
✕ 전자가 들어 있는 전자 껍질 수는 Z가 Y보다 ~~크다.~~ 같다
✕ X와 Y의 원자가 전자 수의 차는 ~~2~~이다. 3

ㄱ. X는 3주기 2족 원소이고, Z는 2주기 17족 원소이므로 원자 번호는 X가 Z보다 크다.

바로알기 ㄴ. Y와 Z는 모두 2주기 원소이므로 전자가 들어 있는 전자 껍질 수는 Y와 Z가 같다.

ㄷ. 원자가 전자 수는 X가 2이고, Y가 5이므로 X와 Y의 원자가 전자 수의 차는 3이다.

5 원자 모형과 주기율, 원자의 전자 배치

자료 분석

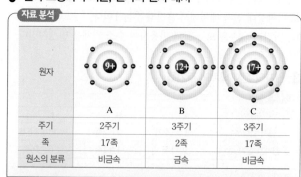

원자	A	B	C
주기	2주기	3주기	3주기
족	17족	2족	17족
원소의 분류	비금속	금속	비금속

선택지 분석

✕ A는 ~~금속 원소이다.~~ 비금속 원소
✕ 원자가 전자의 주 양자수(n)는 C가 B보다 ~~크다.~~ 같다
ㄷ 원자가 전자들의 스핀 자기 양자수(m_s)의 절댓값의 합은 A와 C가 같다.

ㄷ. A와 C는 원자가 전자 수가 7인 같은 족 원소이므로 홀전자 수 또한 같다. 따라서 원자가 전자들의 스핀 자기 양자수(m_s)의 절댓값의 합은 A와 C가 같다.

바로알기 ㄱ. A는 2주기 17족 원소로, 비금속 원소이다.

ㄴ. B와 C는 3주기 원소이므로 원자가 전자가 들어 있는 오비탈의 주 양자수(n)는 3으로 같다.

6 주기율과 원자의 전자 배치

자료 분석

• W~Z가 위치한 주기율표의 일부

족 주기	n	$n+1$
m	W	X
$m+1$	Y	Z

• 바닥상태 X 원자에서 s 오비탈 전자 수와 p 오비탈 전자 수가 같다.
 ➡ s 오비탈 전자 수와 p 오비탈 전자 수가 같은 원자의 가능한 전자 배치는 $1s^2 2s^2 2p^4$ 또는 $1s^2 2s^2 2p^6 3s^2$이다.

• 바닥상태 Y 원자에서 전자가 들어 있는 오비탈 수는 9이다.
 ➡ Y에서 전자가 들어 있는 오비탈 수가 9이므로 전자 배치는 $1s^2 2s^2 2p^6 3s^2 3p^3$이다.

선택지 분석

✗ $m+n=\underline{7}$이다. 17

ⓒ 홀전자 수는 Y>X이다.

✗ 바닥상태에서 전자가 들어 있는 p 오비탈 수는 $\underline{Z>Y}$이다.
 Z=Y

ㄴ. X는 16족 원소이므로 홀전자 수는 2이고, Y는 15족 원소이므로 홀전자 수는 3이다. 따라서 홀전자 수는 Y>X이다.

바로알기 ㄱ. Y의 전자 배치가 $1s^2 2s^2 2p^6 3s^2 3p^3$이므로 Y는 3주기 15족 원소이다. 따라서 $m=2$이고, $n=15$이므로 $m+n=17$이다.

ㄷ. Z의 전자 배치는 $1s^2 2s^2 2p^6 3s^2 3p^4$이므로 바닥상태에서 전자가 들어 있는 p 오비탈 수는 Y에서와 Z에서가 같다.

7 주기율과 원자의 전자 배치

자료 분석

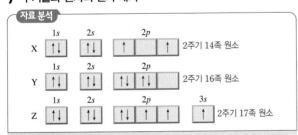

선택지 분석

ⓖ X와 Y는 같은 주기 원소이다.

✗ 바닥상태에서 홀전자 수는 Z가 Y보다 크다. 작다

✗ 원자가 전자 수는 Y가 Z보다 크다. 작다

ㄱ. X~Z의 바닥상태 전자 배치로부터 각 원소를 파악하면 X는 2주기 14족 원소, Y는 2주기 16족 원소, Z는 2주기 17족 원소이다. 따라서 X와 Y는 같은 주기 원소이다.

바로알기 ㄴ. 바닥상태에서 홀전자 수는 Z가 1이고, Y가 2이다.

ㄷ. 원자가 전자 수는 Y가 6이고, Z가 7이다.

8 주기율과 원자의 전자 배치

선택지 분석

ⓖ $a+b=6$이다.

✗ 원자가 전자 수는 $\underline{Y>X}$이다. X>Y

ⓒ Y와 Z는 같은 주기 원소이다.

X는 $1s^2 2s^2 2p^5$, Y는 $1s^2 2s^2 2p^6 3s^1$, Z는 $1s^2 2s^2 2p^6 3s^2 3p^4$ 이다.

ㄱ. Y의 바닥상태 전자 배치에서 전자쌍이 들어 있는 p 오비탈 수는 3이므로 $a=3$이다. 또 Z의 바닥상태 전자 배치에서 전자쌍이 들어 있는 s 오비탈 수는 3이므로 $b=3$이다. 따라서 $a+b=6$이다.

ㄷ. Y와 Z는 전자가 들어 있는 전자 껍질 수가 같으므로 같은 주기 원소이다.

바로알기 ㄴ. X는 17족 원소이고, Y는 1족 원소이므로 원자가 전자 수는 X>Y이다.

08 원소의 주기적 성질

개념 확인

(1) 증가, 증가   (2) ① 작아 ② 커 ③ 양, 작아 ④ 음, 커
(3) ① > ② < ③ > ④ <   (4) ① 양 ② 작 ③ 음 ④ Ne
(5) ① 커 ② 작아 ③ 쉽 ④ 커   (6) ① 높으, 크 ② >   (7) ① 3
② 1 ③ $E_1+E_2+E_3$(6890 kJ/mol)

수능 자료

자료❶	1○	2○	3×	4○
자료❷	1○	2×	3×	4○
자료❸	1○	2×	3×	4○ 5×
자료❹	1○	2×	3○	4○

자료❶ 원자 반지름과 이온 반지름

1 원자 번호가 15, 16, 17인 원소는 3주기 비금속 원소이고, 원자 번호가 19, 20인 원소는 4주기 금속 원소이다. 이로부터 원자 번호가 15, 16, 17인 원소가 Ar의 전자 배치를 갖는 안정한 이온은 음이온이고, 원자 번호가 19, 20인 원소가 Ar의 전자 배치를 갖는 안정한 이온은 양이온이다.

양이온의 반지름은 원자 반지름보다 작고, 음이온의 반지름은 원자 반지름보다 큰데, (가)가 이온 반지름일 때 원자 반지름보다 증가하는 원소가 3가지이므로 타당하다.

2 A와 B는 이온 반지름이 원자 반지름보다 작으므로 4주기 금속 원소이다. 원자 반지름과 이온 반지름은 핵전하가 작을수록 크므로 A는 원자 번호가 20인 원소이고, B는 원자 번호가 19인 원소이다. 따라서 A는 4주기 2족 원소이다.

3 B는 4주기 1족 원소이므로 B의 이온은 B^+이다.

4 C, D, E의 원자 반지름이 C>D>E이므로 C~E는 각각 3주기 15족~17족 원소이다. 따라서 세 원소는 음이온이 되기 쉽다.

자료 ❷ 등전자 이온의 반지름

1 원자 번호가 8, 9, 11, 12인 원자의 안정한 이온의 전자 배치는 모두 Ne과 같으므로 이온 반지름은 핵전하가 작을수록 크다. 따라서 이온 반지름은 8>9>11>12 순이다.

2 원자 번호가 8인 원자의 안정한 이온은 -2의 음이온이고, 원자 번호가 12인 원자의 안정한 이온은 $+2$의 양이온이다.

3 원자 번호가 9인 원자의 안정한 이온은 -1의 음이온이고, 원자 번호가 11인 원자의 안정한 이온은 $+1$의 양이온이다.

4 원자 번호가 8, 9, 11, 12인 원자의 안정한 이온의 반지름은 8>9>11>12 순이고, 각 이온의 전하의 절댓값은 각각 2, 1, 1, 2이므로 $\dfrac{\text{이온 반지름}}{|q|}$이 가장 작은 A는 원자 번호가 12인 원소이다.

자료 ❸ 이온화 에너지와 주기율

1 2주기에서 이온화 에너지는 17족 원소>16족 원소이므로 ⓛ>㉠이다.

2 3주기에서 이온화 에너지는 2족 원소>13족 원소이므로 ㉢>㉣이다.

3 ㉠과 ⓛ의 제2 이온화 에너지는 각각 다음과 같은 전자 배치를 갖는 $+1$의 이온에서 전자 1개를 떼어낼 때 필요한 에너지이다.

㉠ $1s^2 2s^2 2p_x^1 2p_y^1 2p_z^1$　　ⓛ $1s^2 2s^2 2p_x^2 2p_y^1 2p_z^1$

전자 배치로부터 ⓛ의 전자를 떼어내기가 더 쉬우므로 제2 이온화 에너지는 ㉠>ⓛ이다.

4 ㉢과 ㉣의 제2 이온화 에너지는 각각 다음과 같은 전자 배치를 갖는 $+1$의 이온에서 전자 1개를 떼어낼 때 필요한 에너지이다.

㉢ $1s^2 2s^2 2p^6 3s^1$　　㉣ $1s^2 2s^2 2p^6 3s^2$

이로부터 제2 이온화 에너지는 ㉣>㉢이다.

5 원소 ㉠~㉣의 제1 이온화 에너지는 ⓛ>㉠>㉢>㉣이다. 따라서 A는 ㉣이다.

자료 ❹ 순차 이온화 에너지

1 $\dfrac{E_3}{E_2}$가 가장 큰 X는 원자가 전자 수가 2인 원소이다.

2 원자 번호가 연속이고 원자 번호는 W<X<Y<Z이므로 X는 2주기 2족 원소이고, Y는 2주기 13족 원소이다. 따라서 E_1은 X>Y이다.

3 Y^+은 $1s^2 2s^2$, Z^+은 $1s^2 2s^2 2p^1$이므로 E_2는 Y>Z이다.

4 2주기에서 제1 이온화 에너지는 1족 원소가 가장 작고, 제2 이온화 에너지는 1족 원소가 가장 크므로 2주기 원소에서 $\dfrac{E_2}{E_1}$는 1족 원소인 W가 가장 크다.

| **1** ② | **2** (1) B (2) C (3) C, D | **3** ⑤ | **4** ⑤ |
| **5** (1) h (2) b (3) f (4) g | | **6** (가) B (나) A (다) C | |

1 ② X 원자가 전자를 잃고 양이온이 될 때 전자 껍질 수가 감소하므로 원자 반지름이 이온 반지름보다 크다.

바로알기 ① X의 핵전하가 $+11$이므로 양성자수는 11이다. X 이온의 전자 수가 10이므로 X 이온은 X 원자가 전자 1개를 잃고 형성된 양이온이다.

③ 전자 a가 느끼는 유효 핵전하는 핵전하인 $+11$보다 작다.

④ X는 3주기 1족 원소이므로 두 번째 전자 껍질에 들어 있는 전자 b는 원자가 전자가 아니다.

⑤ 같은 원자에서 핵에 가까이 있는 전자일수록 유효 핵전하가 크므로 전자가 느끼는 유효 핵전하는 a가 b보다 크다.

2 (1) 2주기 금속 원소의 안정한 이온은 1주기 비활성 기체인 He의 전자 배치를 갖는다. 따라서 안정한 이온이 될 때 A의 전자 배치를 갖는 원소는 B이다.

(2) 비활성 기체의 전자 배치를 갖는 안정한 이온이 될 때 반지름이 원자 반지름보다 증가하는 원소는 전자를 얻어 음이온이 되는 원소이다. 따라서 비금속 원소인 C의 이온 반지름은 원자 반지름보다 크다.

(3) 안정한 이온의 전자 배치가 Ne과 같은 원소는 2주기 비금속 원소와 3주기 금속 원소이다. 따라서 C와 D가 해당한다.

3 O와 F은 2주기 비금속 원소이므로 안정한 이온은 전자를 얻어 형성된 음이온이다. 즉, O와 F의 이온 반지름은 원자 반지름보다 크다. Na는 3주기 금속 원소이므로 안정한 이온은 전자를 잃고 형성된 양이온이다. 즉, Na의 이온 반지름은 원자 반지름보다 작다.

원자 반지름은 같은 주기에서 원자 번호가 클수록 작아지고, 같은 족에서는 원자 번호가 클수록 크다. 이로부터 원자 반지름은 Na>O>F이다. O, F, Na의 안정한 이온은 Ne과 전자 배치가 같으므로 이온 반지름은 핵전하가 작을수록 크다. 이로부터 이온 반지름은 O>F>Na이다. 따라서 A는 F, B는 O, C는 Na이고, (가)는 원자 반지름, (나)는 이온 반지름이다.

바로알기 ⑤ 원자 번호는 C>B이다.

4 ⑤ 2족 원소는 원자가 전자 수가 2이므로 순차 이온화 에너지는 $E_1 < E_2 \ll E_3$이다.

바로알기 ① 같은 주기에서 원자 번호가 클수록 대체로 이온화 에너지가 커지므로 같은 주기에서 금속 원소는 비금속 원소보다 이온화 에너지가 작다.

② 2주기 15족 원소는 2주기 16족 원소보다 이온화 에너지가 크다.

③ 같은 족에서 원자 번호가 클수록 이온화 에너지가 작아지므로 17족 원소의 이온화 에너지는 2주기 원소가 3주기 원소보다 크다.

④ 같은 주기에서 $\dfrac{E_2}{E_1}$는 원자가 전자 수가 1인 1족 원소가 가장 크다.

5 2주기 원소의 제1 이온화 에너지는 $Ne>F>N>O>C>Be>B>Li$이므로 $a \sim h$는 각각 Li, B, Be, C, O, N, F, Ne이다.

(1) 비활성 기체는 h이다.

(2) 순차 이온화 에너지 크기가 $E_1<E_2<E_3\ll E_4$인 원소는 원자가 전자 수가 3인 원소이므로 13족 원소인 b이다.

(3) 바닥상태에서 홀전자 수가 3인 원소는 15족 원소인 f이다.

(4) Ne의 전자 배치를 갖는 이온이 될 때 -1의 음이온이 되는 원소는 17족 원소인 F이므로 g이다.

6 (가) ~ (다)의 전자 배치를 갖는 원소들의 제1 이온화 에너지는 (다)>(가)>(나)이므로 (가)는 B, (나)는 A, (다)는 C이다.

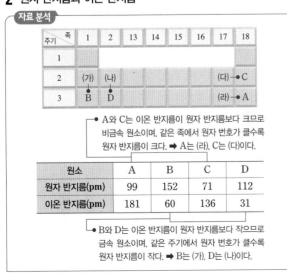

수능 2점

본책 82쪽~84쪽

1 ④	2 ④	3 ⑤	4 ④	5 ③	6 ③
7 ③	8 ③	9 ⑤	10 ③	11 ⑤	12 ②

1 유효 핵전하

선택지 분석

✕ 전자 d가 느끼는 유효 핵전하는 <u>+11이다.</u> +11보다 작다

ㄴ 전자 c가 느끼는 핵전하에 대한 가려막기 효과는 d가 b보다 크다.

ㄷ 전자가 느끼는 유효 핵전하는 a가 b보다 작다.

ㄴ. 전자 c가 느끼는 핵전하에 대한 가려막기 효과는 같은 전자 껍질에 있는 b보다 안쪽 전자 껍질에 있는 d가 더 크다.

ㄷ. 바깥 전자 껍질에 들어 있는 전자일수록 안쪽 전자 껍질에 있는 전자들의 가려막기 효과에 의해 핵전하를 작게 느낀다. 따라서 전자가 느끼는 유효 핵전하는 a가 b보다 작다.

바로알기 ㄱ. d와 같은 전자 껍질에 있는 전자가 가려막기 효과를 나타내므로 d가 느끼는 유효 핵전하는 +11보다 작다.

2 원자 반지름과 이온 반지름

자료 분석

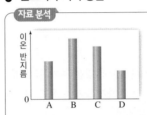

주기＼족	1	2	13	14	15	16	17	18
1								
2	(가)	(나)					(다)●C	
3	B	D					(라)●A	

● A와 C는 이온 반지름이 원자 반지름보다 크므로 비금속 원소이며, 같은 족에서 원자 번호가 클수록 원자 반지름이 크다. ➡ A는 (라), C는 (다)이다.

원소	A	B	C	D
원자 반지름(pm)	99	152	71	112
이온 반지름(pm)	181	60	136	31

● B와 D는 이온 반지름이 원자 반지름보다 작으므로 금속 원소이며, 같은 주기에서 원자 번호가 클수록 원자 반지름이 작다. ➡ B는 (가), D는 (나)이다.

	(가)	(나)	(다)	(라)
✕	A	B	C	D
✕	A	D	C	B
✕	B	A	D	C
④	B	D	C	A
✕	C	B	D	A

이온 반지름이 원자 반지름보다 큰 A와 C는 비금속 원소이므로 각각 (다)와 (라) 중 하나이다. 이때 (다)와 (라)는 같은 족 원소이고, 같은 족에서는 원자 번호가 클수록 원자 반지름이 크므로 A가 (라), C가 (다)이다.

이온 반지름이 원자 반지름보다 작은 B와 D는 금속 원소이므로 각각 (가)와 (나) 중 하나이다. 이때 (가)와 (나)는 같은 주기 원소이고, 같은 주기에서 원자 번호가 클수록 원자 반지름이 작으므로 원자 반지름이 작은 D가 (나)이고, B가 (가)이다.

3 원소의 주기적 성질

자료 분석

A ~ D 이온의 전자 배치가 모두 Ar과 같으므로 이온 반지름은 핵전하가 작을수록 크다. ➡ 이온 반지름은 원자 번호 15>16>19>20 순이므로 원자 번호는 A 19, B 15, C 16, D 20이다.

(그래프: 이온 반지름, A B C D)

선택지 분석

ㄱ 바닥상태에서 홀전자 수는 B>A이다.

ㄴ B와 C는 같은 주기 원소이다.

ㄷ 원자 반지름은 D>C이다.

ㄱ. A는 원자 번호가 19인 4주기 1족 원소이고, B는 원자 번호가 15인 3주기 15족 원소이므로 바닥상태 전자 배치에서 홀전자 수가 A는 1, B는 3이다.

ㄴ. B는 3주기 15족 원소이고, C는 3주기 16족 원소이므로 B와 C는 같은 주기 원소이다.

ㄷ. C는 3주기 16족 원소이고, D는 4주기 2족 원소이다. 같은 주기에서 원자 번호가 클수록 원자 반지름이 작으므로 D는 4주기 16족 원소보다 원자 반지름이 크다. 또 같은 족에서 원자 번호가 클수록 원자 반지름이 크므로 C는 4주기 16족 원소보다 원자 반지름이 작다. 따라서 원자 반지름은 D>C이다.

4 원소의 주기적 성질

선택지 분석

✕ C는 <u>2주기</u> 원소이다. 3주기

ㄴ 원자가 전자가 느끼는 유효 핵전하는 B>A이다.

ㄷ 18족 원소의 전자 배치를 갖는 이온의 반지름은 C>B이다.

같은 주기에서 원자 번호가 클수록 원자 반지름이 작으므로 A, B는 2주기 원소이고, C는 3주기 원소이다.

ㄴ. A와 B는 같은 2주기 원소이고, 원자 번호는 B>A이므로 원자가 전자가 느끼는 유효 핵전하는 B>A이다.

ㄷ. B는 2주기 16족 원소이므로 안정한 이온의 전자 배치는 Ne과 같다. C는 3주기 17족 원소이므로 안정한 이온의 전자 배치는 Ar과 같다. 따라서 18족 원소의 전자 배치를 갖는 이온의 반지름은 C>B이다.

바로알기 ㄱ. C는 3주기 원소이다.

5 원소의 주기적 성질

자료 분석

원자	(가)	(나)	(다)	(라)
홑전자 수	1	2		$x=0$
원자가 전자가 느끼는 유효 핵전하	$y>3.31$	4.45	5.10	3.31

제시된 원소 중 바닥상태 전자 배치에서 홑전자 수가 2인 원소는 O이다. ➡ (나)는 O이고, (나)보다 원자가 전자가 느끼는 유효 핵전하가 큰 (다)는 F이므로 홑전자 수가 1인 (가)는 Al이고, (라)는 Mg이다.

선택지 분석

ㄱ $x=0$이다.

ㄴ $y<3.31$이다. $y>3.31$

ㄷ 원자 반지름은 (나)>(다)이다.

ㄱ. (라)는 Mg이므로 바닥상태 전자 배치에서 홑전자 수는 0이다.
ㄷ. (나)와 (다)는 같은 주기 원소이고 원자 번호는 (다)>(나)이므로 원자 반지름은 (나)>(다)이다.

바로알기 ㄴ. (가)는 Al이므로 (라)인 Mg과 같은 주기 원소이고 원자 번호가 (라)보다 크므로 원자가 전자가 느끼는 유효 핵전하는 (가)>(라)이다. 따라서 $y>3.31$이다.

6 원소의 주기적 성질

자료 분석

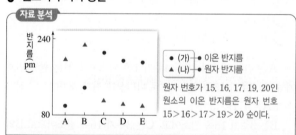

원자 번호가 15, 16, 17, 19, 20인 원소의 이온 반지름은 원자 번호 15>16>17>19>20 순이다.

선택지 분석

ㄱ (가)는 이온 반지름이다.

ㄴ A의 이온은 A^{2+}이다.

ㄷ 가장 바깥 전자 껍질의 전자가 느끼는 유효 핵전하는 C>D이다. $D>C$

ㄱ. 원자 번호가 15, 16, 17인 원소는 3주기 비금속 원소이고, 원자 번호 19, 20인 원소는 4주기 금속 원소이다. 이로부터 원자 번호 15, 16, 17인 원소가 Ar의 전자 배치를 갖는 안정한 이온은 음이온이고, 원자 번호 19, 20인 원소가 Ar의 전자 배치를 갖는 안정한 이온은 양이온이다. 양이온의 반지름은 원자 반지름보다 작고, 음이온의 반지름은 원자 반지름보다 큰데, (가)가 이온 반지름일 때 원자 반지름보다 증가하는 원소가 3가지이므로 타당하다.
ㄴ. A는 원자 번호가 20인 4주기 2족 원소이므로 Ar의 전자 배치를 갖는 이온이 될 때 전자 2개를 잃고 A^{2+}이 된다.

바로알기 ㄷ. C와 D는 각각 3주기 15족, 16족 원소이므로 원자가 전자가 느끼는 유효 핵전하는 원자 번호가 큰 D가 C보다 크다.

7 이온화 에너지의 주기성

자료 분석

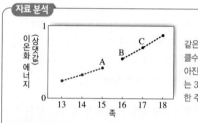

- 원자 반지름은 A가 가장 크다.
  └ 원자 반지름: 12>13>7>8 ➡ A는 마그네슘(Mg)이다.
- 이온 반지름은 B가 가장 작다.
  └ 이온 반지름: 7>8>12>13 ➡ B는 알루미늄(Al)이다.
- 제2 이온화 에너지는 D가 가장 크다.
  └ 제2 이온화 에너지: 8>7>13>12 ➡ D는 산소(O), C는 질소(N)이다.

선택지 분석

ㄱ 이온 반지름은 C가 가장 크다.

ㄴ 제2 이온화 에너지는 A>B이다. B>A

ㄷ 원자가 전자가 느끼는 유효 핵전하는 D>C이다.

A는 Mg, B는 Al, C는 N, D는 O이다.

ㄱ. 이온 반지름은 핵전하가 가장 작은 C가 가장 크다.
ㄷ. C와 D는 같은 주기 원소이고 원자 번호는 D>C이므로 원자가 전자가 느끼는 유효 핵전하는 D>C이다.

바로알기 ㄴ. A와 B의 제2 이온화 에너지는 A: $1s^22s^22p^63s^1$, B: $1s^22s^22p^63s^2$의 전자 배치를 갖는 +1의 양이온에서 전자 1개를 떼어낼 때 필요한 에너지이다. 따라서 제2 이온화 에너지는 B>A이다.

8 이온화 에너지의 주기성

자료 분석

같은 족에서 원자 번호가 클수록 이온화 에너지는 작아진다. ➡ A가 속한 주기는 3주기이고, B와 C가 속한 주기는 2주기이다.

선택지 분석

ㄱ A는 2주기 원소이다. 3주기

ㄴ B의 이온화 에너지는 같은 주기의 15족 원소보다 크다. 작다

ㄷ 원자 반지름은 B>C이다.

ㄷ. B와 C는 같은 주기 원소이고, 원자 번호는 C>B이므로 원자 반지름은 B>C이다.

바로알기 ㄱ. 같은 족에서 원자 번호가 클수록 이온화 에너지는 작아진다. 따라서 A는 3주기 원소이고, B와 C는 2주기 원소이다.
ㄴ. B는 2주기 16족 원소이다. 2주기에서 16족 원소의 이온화 에너지는 15족 원소보다 작다.

9 이온화 에너지의 주기성

자료 분석

제2 이온화 에너지가 두 번째로 크므로 제1 이온화 에너지는 가장 클 것이다.

제2 이온화 에너지가 가장 크므로 제1 이온화 에너지는 가장 작을 것이다.

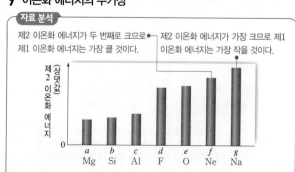

ㄱ c는 Al이다.

ㄴ 제1 이온화 에너지가 가장 큰 것은 f이다.

ㄷ c와 d의 원자 반지름 차이는 b와 e의 원자 반지름 차이보다 크다.

ㄱ. 원자 번호 8~14인 원소의 제1 이온화 에너지는 Ne>F>O>Si>Mg>Al>Na이고, 제2 이온화 에너지는 Na>Ne>O>F>Al>Si>Mg이다. 따라서 a=Mg, b=Si, c=Al, d=F, e=O, f=Ne, g=Na이다.

ㄴ. 제1 이온화 에너지가 가장 큰 것은 원자 번호 10인 Ne이므로 f이다.

ㄷ. 같은 주기에서 원자 반지름은 원자 번호가 작을수록 크다. d(F)와 e(O) 중 원자 반지름은 e가 크고, b(Si)와 c(Al) 중 원자 반지름은 c가 크므로 원자 반지름은 c>b>e>d이다. 따라서 c와 d의 원자 반지름 차이는 b와 e의 원자 반지름 차이보다 크다.

10 이온화 에너지의 주기성

✗ 원자량이 커질수록 제1 이온화 에너지가 커진다.

✗ 원자 번호가 커질수록 제1 이온화 에너지가 커진다.

③ 같은 족에서 원자 번호가 커질수록 제1 이온화 에너지가 작아진다.

✗ 같은 주기에서 유효 핵전하가 커질수록 제1 이온화 에너지가 커진다.

✗ 같은 주기에서 원자가 전자 수가 커질수록 제1 이온화 에너지가 작아진다.

③ 탐구 결과 같은 족에서 원자 번호가 클수록 제1 이온화 에너지가 작아지므로 '같은 족에서 원자 번호가 커질수록 제1 이온화 에너지가 작아진다.'는 가설로 적절하다.

바로알기 ①, ② 제시된 가설은 적절하지 않다.

④ 이 가설이 적절하려면 같은 주기에서 16족 원소가 15족 원소보다 제1 이온화 에너지가 커야 한다.

⑤ 이 가설이 적절하려면 같은 주기에서 원자가 전자 수가 커질수록 제1 이온화 에너지가 작아져야 한다.

11 이온화 에너지의 주기성

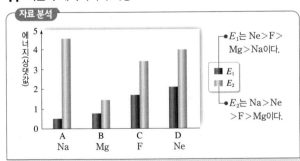

E_1는 Ne>F>Mg>Na이다.

E_2는 Na>Ne>F>Mg이다.

ㄱ $\dfrac{E_3}{E_2}$가 가장 큰 것은 B이다.

ㄴ 원자가 전자가 느끼는 유효 핵전하는 B가 A보다 크다.

ㄷ D의 전자 배치를 갖는 이온의 반지름은 C가 B보다 크다.

ㄱ. E_2가 A(Na)>D(Ne)>C(F)>B(Mg)이므로 E_3는 B>A>C>D이다. 따라서 주어진 원소 중 $\dfrac{E_3}{E_2}$가 가장 큰 것은 E_2는 가장 작고 E_3는 가장 큰 B이다.

ㄴ. A와 B는 같은 주기 원소이고, 원자 번호는 B>A이므로 원자가 전자가 느끼는 유효 핵전하는 B가 A보다 크다.

ㄷ. 핵전하는 B가 C보다 크므로 D의 전자 배치를 갖는 이온의 반지름은 C가 B보다 크다.

12 이온화 에너지의 주기성

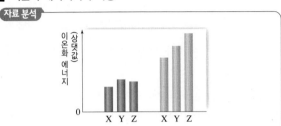

원자 번호가 X<Y<Z이고 제1 이온화 에너지가 Y>Z>X인 경우는 (Li, Be, B)와 (C, N, O) 중 하나이다. ➡ Li, Be, B의 제2 이온화 에너지는 Li>B>Be이므로 X~Z는 각각 C, N, O이다.

✗ 18족 원소의 전자 배치를 갖는 이온 반지름은 Z>Y이다. $\dfrac{}{Y>Z}$

ㄴ 바닥상태에서 전자가 들어 있는 오비탈 수는 Y>X이다.

✗ 바닥상태 전자 배치에서 홀전자 수는 Z>X이다. X=Z

ㄴ. X는 C이므로 바닥상태 전자 배치는 $1s^2 2s^2 2p^2$이고, Y는 N이므로 바닥상태 전자 배치는 $1s^2 2s^2 2p^3$이다. 따라서 바닥상태에서 전자가 들어 있는 오비탈 수는 Y>X이다.

바로알기 ㄱ. 원자 번호는 Z>Y이고, Y와 Z의 안정한 이온은 Ne과 전자 배치가 같으므로 이온 반지름은 핵전하가 작은 Y가 Z보다 크다.

ㄷ. 바닥상태 전자 배치에서 홀전자 수는 X와 Z가 2로 같다.

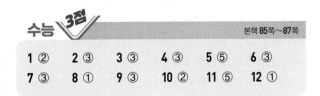

수능 3점
본책 85쪽~87쪽

| 1 ② | 2 ③ | 3 ③ | 4 ③ | 5 ⑤ | 6 ③ |
| 7 ③ | 8 ① | 9 ③ | 10 ② | 11 ⑤ | 12 ① |

1 원소의 주기적 성질

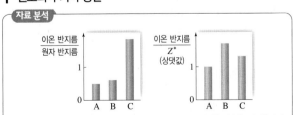

• A와 B는 원자 반지름>이온 반지름이다. ➡ A와 B의 안정한 이온은 양이온이다.
  ➡ 원자 번호 19, 20 중 하나이고, C는 원자 번호 17이다.
• 원자 번호 19, 20인 원소의 이온에서 전자 배치는 Ar과 같으므로 각 이온 반지름은 19>20이다. 원자가 전자가 느끼는 유효 핵전하는 19<20이다.
➡ A는 원자 번호가 20인 원소이고, B는 원자 번호 19인 원소이다.

✗ 원자 반지름은 <u>A</u>가 가장 크다. B
ㄴ 원자가 전자가 느끼는 유효 핵전하는 A가 B보다 크다.
✗ B와 C는 <u>1 : 2</u>로 결합하여 안정한 화합물을 형성한다. 1 : 1

그림에서 A와 B는 $\dfrac{\text{이온 반지름}}{\text{원자 반지름}} < 1$이므로 금속 원소이고, C는

$\dfrac{\text{이온 반지름}}{\text{원자 반지름}} > 1$이므로 비금속 원소이다. 따라서 C는 원자 번호

가 17인 Cl이다. 원자 번호가 19, 20인 원소는 각각 4주기 1족, 2족 원소이며, 이들은 원자 번호가 클수록 이온 반지름이 작고, 원자가 전자가 느끼는 유효 핵전하(Z^*)가 크므로 원자 번호가 클

수록 $\dfrac{\text{이온 반지름}}{Z^*}$이 작다. 따라서 A는 원자 번호가 20인 Ca, B

는 19인 K이다.
ㄴ. 원자가 전자가 느끼는 Z^*는 원자 번호가 큰 A가 B보다 크다.
바로알기 ㄱ. 원자 반지름은 K>Ca>Cl이므로 B가 가장 크다.
ㄷ. B는 K, C는 Cl이므로 B와 C는 1 : 1의 개수비로 결합하여 안정한 화합물인 KCl을 형성한다.

2 원소의 주기적 성질

자료 분석
• A~D는 원자 번호 순서가 아니며, 18족 원소가 아니다.
  └ 원자 번호 3~9 사이의 원소이다.
• 제1 이온화 에너지가 가장 큰 원소는 B이고, 가장 작은 원소는 A 이다.
  └ 같은 주기에서 원자 번호가 커질수록 제1 이온화 에너지는 대체로 증가한다.
  ➡ 원자 번호는 B>A이다.
• 원자 반지름이 가장 큰 원소는 A이고, 가장 작은 원소는 D이다.
  └ 같은 주기에서 원자 번호가 커질수록 원자 반지름은 감소한다. ➡ A의 원자 번호가 가장 작고, D의 원자 번호가 가장 크다.

선택지 분석
ㄱ 원자가 전자가 느끼는 유효 핵전하는 D가 B보다 크다.
✗ 홀전자 수는 <u>C가 D보다 크다.</u> C와 D가 2로 같다
ㄷ 제2 이온화 에너지는 D가 가장 크다.

2주기 원소에서 원자 번호가 클수록 원자 반지름은 감소하므로 원자 반지름이 가장 큰 A의 원자 번호가 가장 작고, 원자 반지름이 가장 작은 D의 원자 번호가 가장 크다. 이때 이온화 에너지는 B가 가장 크므로 B는 15족 원소이고, D는 16족 원소이다. 따라서 A는 13족, C는 14족 원소이다.
ㄱ. 원자 번호는 D가 B보다 크므로 원자가 전자가 느끼는 유효 핵전하는 D가 B보다 크다.
ㄷ. A~D의 제1 이온화 에너지는 B>D>C>A이므로 제2 이온화 에너지는 D>B>A>C이다.
바로알기 ㄴ. C와 D는 홀전자 수가 2로 같다.

3 이온화 에너지

자료 분석

원자	W Be	X Li	Y C	Z B
바닥상태 원자의 홀전자 수	0	1	2	$a=1$
제1 이온화 에너지(상댓값)	$1.5<b<2.1$	1	2.1	1.5

ㄱ $a=1$이다.
✗ <u>$b<1.5$이다.</u> $b>1.5$
ㄷ 제2 이온화 에너지는 Y가 W보다 크다.

2주기 원자의 바닥상태 전자 배치에서 홀전자 수와 제1 이온화 에너지는 다음과 같다.

원자	Li	Be	B	C	N	O	F	Ne
홀전자 수	1	0	1	2	3	2	1	0
제1 이온화 에너지	Li<B<Be<C<O<N<F<Ne							

홀전자 수가 2인 Y의 제1 이온화 에너지가 홀전자 수가 1인 X보다 크므로 Y는 14족 원소인 C이고, X는 Li이나 B이다.
W~Z의 원자 번호가 연속이므로 W~Z는 홀전자 수가 1, 0, 1, 2인 Li, Be, B, C 또는 0, 1, 2, 3인 Be, B, C, N 중 하나에 해당된다. 이때 Be, B, C가 공통되므로 홀전자 수가 0인 W는 2족 원소인 Be이다.
Z의 홀전자 수가 3이라면 제1 이온화 에너지는 15족 원소인 Z가 14족 원소인 Y(C)보다 커야 하므로 제시된 자료에 맞지 않다. 따라서 Z의 홀전자 수는 1이고, 연속하는 홀전자 수는 1, 0, 1, 2 순이 된다. 홀전자 수가 1인 X와 Z 중 제1 이온화 에너지는 Z가 더 크므로 W~Z를 원자 번호 순으로 나열하면 X(Li), W(Be), Z(B), Y(C)이다.
ㄱ. Z의 홀전자 수(a)는 1이다.
ㄷ. 제2 이온화 에너지는 같은 주기에서 2족 원소가 가장 작으므로 제2 이온화 에너지는 14족 원소인 Y(C)가 2족 원소인 W(Be)보다 크다.
바로알기 ㄴ. 제1 이온화 에너지는 2족 원소인 W(Be)가 1족 원소인 X(Li)와 13족 원소인 Z(B)보다 크므로 $b>1.5$이다.

4 원소의 주기적 성질

자료 분석
• W~Z의 원자 번호는 각각 8~13 중 하나이다.
• W, X, Y의 홀전자 수는 모두 같다.
  └ 원자 번호 8~13 중 바닥상태에서 홀전자 수가 같은 원자는 홀전자 수가 1인 원자 번호 9, 11, 13이다. ➡ W, X, Y는 각각 F, Na, Al 중 하나이다.
• 각 원자의 이온은 모두 Ne의 전자 배치를 갖는다.
  └ Ne의 전자 배치를 갖는 이온의 반지름은 F>Na>Al이다.
• W~Z의 이온 반지름

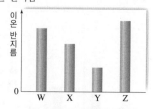

선택지 분석
ㄱ 제2 이온화 에너지는 Z>W이다.
✗ 3주기 원소는 <u>3가지이다.</u> 2가지
ㄷ 바닥상태 전자 배치에서 홀전자 수는 Z>X이다.

ㄱ. W는 F이고 Z는 O이므로 각 원자의 제2 이온화 에너지는 다음과 같은 전자 배치를 갖는 +1의 양이온에서 전자 1개를 떼어 낼 때 필요한 에너지이다.

W: $1s^2 2s^2 2p^4$　　　　　Z: $1s^2 2s^2 2p^3$

따라서 제2 이온화 에너지는 Z>W이다.

ㄷ. 바닥상태 전자 배치에서 X의 홀전자 수는 1이고 Z의 홀전자 수는 2이다.

바로알기 ㄴ. 3주기 원소는 2가지이다.

5 순차 이온화 에너지

자료 분석

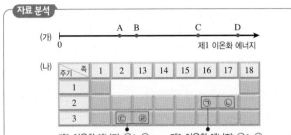

제1 이온화 에너지: ㉢>㉣　　제1 이온화 에너지: ㉡>㉠

같은 족에서 원자 번호가 클수록 이온화 에너지가 작아지므로 3주기 16족 원소의 이온화 에너지는 ㉠보다 작다. ➡ 제1 이온화 에너지는 ㉡>㉠>㉢>㉣이다. ➡ A는 3주기 13족, B는 3주기 2족, C는 2주기 16족, D는 2주기 17족 원소이다.

선택지 분석

㉠ D는 ㉡이다.

㉡ C와 D는 같은 주기 원소이다.

㉢ $\dfrac{제3\ 이온화\ 에너지}{제2\ 이온화\ 에너지}$ 는 B>A이다.

ㄱ. D는 2주기 17족 원소인 ㉡이다.

ㄴ. C는 2주기 16족 원소이므로 C와 D는 2주기 원소이다.

ㄷ. A는 3주기 13족 원소이고, B는 3주기 2족 원소이므로 $\dfrac{제3\ 이온화\ 에너지}{제2\ 이온화\ 에너지}$ 는 원자가 전자 수가 2인 B가 A보다 크다.

6 원소의 주기적 성질

자료 분석

• 모든 원자는 바닥상태이다.

• 전자가 들어 있는 p 오비탈 수는 3 이하이다.
　└ 2, 3주기 원소이며 원자 번호 3~12 사이의 원소이다.

• 홀전자 수와 제1 이온화 에너지
　V, W의 홀전자 수가 0이고, 제1 이온화 에너지가 탄소(C)보다 작다.
　➡ V는 Be, W는 Mg이다.

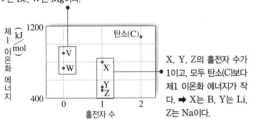

X, Y, Z의 홀전자 수가 1이고, 모두 탄소(C)보다 제1 이온화 에너지가 작다. ➡ X는 B, Y는 Li, Z는 Na이다.

선택지 분석

㉠ X는 13족 원소이다.

✕ 원자 반지름은 W>X>V이다. W>V>X

㉢ 제2 이온화 에너지는 Y>Z>X이다.

V~Z는 2, 3주기 원소이며 p 오비탈 수는 3 이하이므로 원자 번호 3~12 사이의 원소이다. X, Y, Z의 홀전자 수는 1이고, 모두 탄소(C)보다 제1 이온화 에너지가 작으므로 X는 B, Y는 Li, Z는 Na이다.

또, V, W의 홀전자 수는 0이고 제1 이온화 에너지가 탄소(C)보다 작으므로 V는 Be, W는 Mg이다.

ㄱ. X는 2주기 13족 원소인 붕소(B)이다.

ㄷ. X는 B, Y는 Li, Z는 Na이므로 제2 이온화 에너지는 Y>Z>X이다.

바로알기 ㄴ. W는 Mg, X는 B, V는 Be이다. 같은 족 원소인 V, W 중 원자 번호가 큰 W가 V보다 원자 반지름이 크고, 같은 주기인 X와 V 중 원자 번호가 작은 V가 X보다 원자 반지름이 크다. 따라서 원자 반지름은 W>V>X이다.

7 순차 이온화 에너지

자료 분석

• W~Z의 $\dfrac{E_3}{E_2}$

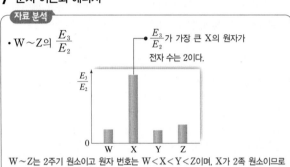

$\dfrac{E_3}{E_2}$ 가 가장 큰 X의 원자가 전자 수는 2이다.

W~Z는 2주기 원소이고 원자 번호는 W<X<Y<Z이며, X가 2족 원소이므로 순서대로 Li, Be, B, C이다.

선택지 분석

㉠ 원자 반지름은 W>X이다.

㉡ E_2는 Y>Z이다.

✕ $\dfrac{E_2}{E_1}$ 는 Z>W이다. W>Z

ㄱ. 같은 주기에서 원자 번호가 클수록 원자 반지름이 작으므로 원자 반지름은 W>X이다.

ㄴ. Y와 Z는 각각 B, C이다. E_2는 다음과 같은 전자 배치를 갖는 +1의 양이온에서 전자 1개를 떼어낼 때 필요한 에너지이다.

Y(B): $1s^2 2s^2$, Z(C): $1s^2 2s^2 2p^1$

따라서 E_2는 Y>Z이다.

바로알기 ㄷ. W는 원자가 전자 수가 1인 1족 원소이므로 2주기 원소 중 $\dfrac{E_2}{E_1}$ 가 가장 크다. 따라서 $\dfrac{E_2}{E_1}$ 는 W>Z이다.

8 원소의 주기적 성질

자료 분석

• W~Z는 각각 N, O, Na, Mg 중 하나이다.
　└ 원자 반지름: Na>Mg>N>O

• 각 원자의 이온은 모두 Ne의 전자 배치를 갖는다.
　└ 이온 반지름: N>O>Na>Mg

• ㉠, ㉡은 각각 이온 반지름, 제1 이온화 에너지 중 하나이다.
　└ 제1 이온화 에너지: N>O>Mg>Na

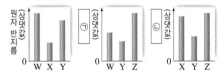

원자 반지름 W>Y>X이므로 Y는 Mg, N 중 하나이다. ㉠과 ㉡에서 Z>Y이므로 Y가 N이면 Z가 존재할 수 없다. 따라서 Y는 Mg이고 W는 Na이다. ㉠에서 Y가 가장 작은 값을 가지므로 ㉠은 이온 반지름이고, ㉡에서 제1 이온화 에너지가 Z>X이므로 X는 O, Z는 N이다.

선택지 분석

◯ ㉠은 이온 반지름이다.

✕ 제2 이온화 에너지는 Y>W이다. W>Y

✕ 원자가 전자가 느끼는 유효 핵전하는 Z>X이다. X>Z

ㄱ. 원자 반지름 W>Y>X이므로 X는 비금속 원소, W는 금속 원소이다. Y는 Mg, N 중 하나인데, ㉠과 ㉡에서 Z>Y이므로 Y가 N이면 Z가 존재할 수 없다. 따라서 Y는 Mg이고, ㉠에서 Y가 가장 작은 값을 가지므로 ㉠은 이온 반지름이다.

바로알기 ㄴ. W는 Na이고, Y는 Mg이므로 제2 이온화 에너지는 W>Y이다.

ㄷ. X는 O, Z는 N이므로 원자가 전자가 느끼는 유효 핵전하는 원자 번호가 큰 X가 Z보다 크다.

9 순차 이온화 에너지

선택지 분석

◯ ㉠은 $x+1$이다.

◯ Be은 $E_3 > E_2$이다.

✕ $\dfrac{E_{n+1}}{E_n}$가 최대인 n이 6인 원자의 원자가 전자 수는 ~~7~~이다. 6

ㄱ. 순차 이온화 에너지가 급격히 증가하기 직전까지 떼어낸 전자 수는 원자가 전자 수와 같으므로, 원자가 전자 수가 x일 때 제$(x+1)$ 이온화 에너지는 급격히 증가한다. 따라서 ㉠은 $x+1$이다.

ㄴ. 순차 이온화 에너지는 차수가 커질수록 커진다. 따라서 Be은 $E_3 > E_2$이다.

바로알기 ㄷ. $\dfrac{E_{n+1}}{E_n}$가 최대인 n은 원자가 전자 수와 같다. 따라서 $\dfrac{E_{n+1}}{E_n}$가 최대인 n이 6인 원자의 원자가 전자 수는 6이다.

10 원소의 주기적 성질

선택지 분석

✕ 원자 반지름은 (가)>(나)이다. (나)>(가)

✕ E_2는 (라)>(다)이다. (다)>(라)

◯ Ne의 전자 배치를 갖는 이온의 반지름은 (다)>(마)이다.

같은 주기에서 원자 번호가 커질수록 이온화 에너지가 대체로 증가한다. 따라서 원자 번호가 7~14인 원소의 제1 이온화 에너지는 Ne>F>N>O>Si>Mg>Al>Na이며, (가)~(마)는 다음과 같다.

(가)	(나)	(다)	(라)	(마)
Al	Mg	O	N	F

ㄷ. (마)는 F, (다)는 O이므로 Ne의 전자 배치를 갖는 이온의 반지름은 (다)가 (마)보다 크다.

바로알기 ㄱ. (가)는 Al, (나)는 Mg이므로 원자 반지름은 원자 번호가 작은 (나)가 (가)보다 크다.

ㄴ. (다)는 O, (라)는 N이므로 제2 이온화 에너지는 (다)가 (라)보다 크다.

11 이온화 에너지의 주기성

자료 분석

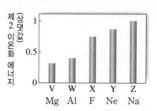

V~Z는 각각 원자 번호 9~13의 원소 중 하나이다.
- 제1 이온화 에너지: Na<Al<Mg<F<Ne
- 제2 이온화 에너지: Mg<Al<F<Ne<Na

선택지 분석

◯ Z는 1족 원소이다.

◯ X와 Y는 같은 주기 원소이다.

◯ 원자가 전자가 느끼는 유효 핵전하는 W>V이다.

V~Z는 각각 원자 번호 9~13의 원소 중 하나이므로 F, Ne, Na, Mg, Al 중 하나이다. 이들 원소의 제1 이온화 에너지는 Na<Al<Mg<F<Ne이며, 제2 이온화 에너지는 Mg<Al<F<Ne<Na이다. 따라서 V~Z는 각각 Mg, Al, F, Ne, Na이다.

ㄱ. 제2 이온화 에너지가 가장 큰 Z는 Na으로 1족 원소이다.

ㄴ. X는 F, Y는 Ne으로 같은 2주기 원소이다.

ㄷ. 같은 주기에서 원자 번호가 클수록 원자가 전자가 느끼는 유효 핵전하가 커진다. W는 Al, V는 Mg이므로 원자가 전자가 느끼는 유효 핵전하는 W>V이다.

12 순차 이온화 에너지

자료 분석

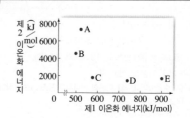

- 제1 이온화 에너지는 Be>Li이고, Mg>Al>Na이며 Be>Mg이므로 E는 제1 이온화 에너지가 가장 큰 Be이다.
- 제2 이온화 에너지는 Li이 가장 크고, Na이 두 번째로 크므로 A는 Li, B는 Na이다. 따라서 C는 Al, D는 Mg이다.

선택지 분석

◯ 원자 번호는 B>A이다.

✕ D와 E는 같은 주기 원소이다. 다른

✕ $\dfrac{\text{제3 이온화 에너지}}{\text{제2 이온화 에너지}}$는 C>D이다. D>C

ㄱ. A는 2주기 1족 원소이고, B는 3주기 1족 원소이므로 원자 번호는 B>A이다.

바로알기 ㄴ. D는 3주기 원소이고, E는 2주기 원소이다.

ㄷ. C는 3주기 13족 원소이고, D는 3주기 2족 원소이므로 $\dfrac{\text{제3 이온화 에너지}}{\text{제2 이온화 에너지}}$는 원자가 전자 수가 2인 D가 C보다 크다.

화학 결합과 분자의 세계

09 이온 결합

개념 확인

(1) ① 수소, 산소, 2 : 1 ② Na^+, Cl^- ③ 전자 (2) ① 8, 옥텟
② 잃, 양 ③ 얻, 음 (3) 1 (4) 1 (5) ① 이온 ② 금속, 비금
속 ③ 1, Na^+, 1, Cl^-, 1 : 1 (6) ① 반발력 ② 인력 ③ 인력,
반발력, 낮은 ④ b (7) 없, 있

수능 자료

자료 ❶ 1 × 2 ○ 3 ○ 4 ○
자료 ❷ 1 ○ 2 ○ 3 ○ 4 × 5 ○
자료 ❸ 1 × 2 × 3 ○ 4 ○
자료 ❹ 1 ○ 2 ○ 3 × 4 ×

자료 ❶ 화학 결합의 전기적 성질

1 A는 전원 장치의 (+)극과 연결되어 있으므로 산소(O_2) 기체
가 모인다.

3 물을 전기 분해하면 수소와 산소로 나누어지므로 물은 2가지
원소로 구성된 화합물이다.

자료 ❷ 옥텟 규칙과 이온 결합

2 XY는 양이온과 음이온이 정전기적 인력으로 결합한 이온
결합 물질이다. 이때 X는 양이온 형태로 존재하므로 금속 원소이
고, Y는 음이온 형태로 존재하므로 비금속 원소이다.

4 Z_2Y_2에서 Y 원자와 Z 원자가 전자쌍을 공유하여 화합물을
형성하며, Y와 Z는 모두 비금속 원소이다.

5 X는 금속 원소의 원자이고, Z는 비금속 원소의 원자이므로
X_2Z는 양이온과 음이온이 정전기적 인력으로 결합한 이온 결합
물질이다.

자료 ❸ 이온 결합의 형성과 에너지 변화

1 (가)는 결합을 형성하는 지점보다 먼 거리이므로 이온 사이의
인력이 반발력보다 우세하다.

2 이온 결합은 두 이온 사이에 작용하는 인력과 반발력에 의한
에너지가 가장 낮은 지점에서 형성되므로 $x < 236$이다.

3 NaX와 NaY에서 이온의 전하량은 같고, 이온 사이의 거리
는 NaY > NaX이므로 녹는점은 NaX > NaY이다.

4 NaX와 NaY에서 양이온의 반지름은 같고 이온 사이의 거
리는 NaY > NaX이므로 음이온의 반지름은 $Y^- > X^-$이다.

자료 ❹ 이온 결합 물질의 녹는점

1 NaF은 Na^+과 F^-이 1 : 1의 개수비로 결합하고 있으므로
구성하는 양이온 수와 음이온 수가 같다.

2 NaCl이 NaBr보다 녹는점이 높으므로 이온 사이의 정전기
적 인력은 NaCl이 NaBr보다 크다.

3 NaF, NaCl, NaBr, NaI은 모두 양이온과 음이온의 전하
가 +1, -1이므로 탐구 결과로부터 이온의 전하량과 녹는점 사
이의 관계를 파악할 수 없다. 따라서 가설 ㉠으로 '이온의 전하량
이 클수록 녹는점이 높다.'는 적절하지 않다.

4 KF과 NaF은 이온의 전하량은 같지만 이온 사이의 거리는
KF이 NaF보다 크다. 따라서 녹는점은 NaF이 KF보다 높다.

수능 1점

1 ④ **2** (1) 금속, 비금속 (2) 이온 (3) 비금속 (4) 공유 (5) 옥
텟 (6) AB (7) CB_2 **3** ㄱ **4** ㄱ, ㄴ **5** ②

1 ① 순수한 물은 전기가 통하지 않으므로 황산 나트륨
(Na_2SO_4)과 같은 전해질을 소량 넣어 물을 전기 분해한다.
②, ③ (−)극에서는 물이 전자를 얻어 수소(H_2) 기체가 발생하
고, (+)극에서는 물이 전자를 잃어 산소(O_2) 기체가 발생한다.
⑤ 이 실험에서 물 분자가 전자를 얻거나 잃어 성분 물질로 분해
된다. 따라서 물 분자가 분해될 때 전자가 관여함을 확인할 수
있다.

바로알기 ④ 물을 전기 분해하면 수소 기체와 산소 기체가 2 : 1의
부피비로 발생한다.

2 (1) A는 전자를 잃고 양이온이 되므로 금속 원소이고, B는
전자를 얻어 음이온이 되므로 비금속 원소이다.
(2) (가)에서 X는 양이온과 음이온이 정전기적 인력으로 결합하고
있으므로 이온 결합 물질이다.
(3) (나)에서 C는 B와 전자쌍을 공유하면서 Y를 형성하므로 비금
속 원소이다.
(4) Y는 비금속 원소의 원자가 전자쌍을 공유하여 형성된 공유 결
합 물질이다.
(5) (가)와 (나)에서 구성 이온 또는 원자는 비활성 기체인 Ne과
같은 전자 배치를 가지므로 옥텟 규칙을 만족한다.
(6) X의 화학식은 AB이다.
(7) Y의 화학식은 CB_2이다.

3 ㄱ. 이온 사이의 거리가 r_0일 때 에너지가 가장 낮으므로 이
지점에서 결합이 형성된다.

바로알기 ㄴ. 이온 반지름이 클수록 r_0가 커진다.
ㄷ. NaF과 NaCl에서 양이온의 반지름은 같고 음이온의 반지름
은 NaCl에서가 NaF에서보다 크므로 r_0는 NaF이 NaCl보다
작다.

4 ㄱ. (가)에서 A와 B는 모두 가장 바깥 전자 껍질에 전자가 8개
있으므로 옥텟 규칙을 만족한다.
ㄴ. A는 전자를 잃고 양이온이 되고, B는 이 전자를 얻어 음이온
이 되므로 전자는 A에서 B로 이동한다.

바로알기 ㄷ. (가)는 이온 결합 물질이므로 고체 상태에서는 이온
들이 이동하지 못해 전기 전도성이 없다.

5 ① NaBr과 NaCl에서 양이온의 반지름은 같고 음이온의 반지름은 NaBr이 NaCl보다 크므로 $x > 283$이다.
③ MgO과 CaO에서 음이온의 반지름은 같고 양이온의 반지름은 CaO이 MgO보다 크므로 $z < 240$이다.
④ 이온의 전하량이 같은 경우 이온 사이의 거리가 짧을수록 녹는점이 높다.
⑤ 이온 사이의 거리가 비슷한 경우 이온의 전하량이 클수록 녹는점이 높다.
바로알기 ② NaF과 NaCl에서 이온의 전하량이 같고 이온 사이의 거리는 NaF이 NaCl보다 짧으므로 $y < 996$이다.

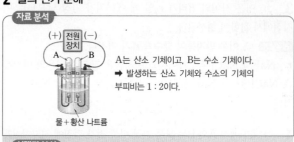

1 ⑤	2 ⑤	3 ③	4 ③	5 ②	6 ③
7 ⑤	8 ⑤	9 ④	10 ④	11 ②	12 ①

1 공유 결합 물질의 전기 분해

선택지 분석
✖ 흑연(C)
✖ 포도당($C_6H_{12}O_6$) 가루
✖ 염화 구리(Ⅱ)($CuCl_2$) 용융액
✖ 염화 나트륨(NaCl) 용융액
⑤ 황산 나트륨(Na_2SO_4)을 소량 넣은 증류수

⑤ 순수한 물은 전기가 통하지 않으므로 황산 나트륨(Na_2SO_4)을 소량 넣은 물에 전류를 흘려 주면 물이 분해되어 수소와 산소로 나누어진다.
바로알기 ① 흑연(C)은 원소이므로 전기 분해할 수 없다.
② 포도당($C_6H_{12}O_6$)은 공유 결합 물질이며, 고체 상태에서 전류가 흐르지 않으므로 전기 분해할 수 없다.
③, ④ 염화 구리(Ⅱ)($CuCl_2$)와 염화 나트륨(NaCl)은 이온 결합 물질이므로 각 물질의 용융액을 전기 분해하면 이온 결합 물질이 구성 원소로 나누어질 때 전자가 관여하는 것을 확인할 수 있다.

2 물의 전기 분해

자료 분석

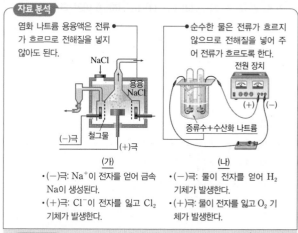

A는 산소 기체이고, B는 수소 기체이다.
➡ 발생하는 산소 기체와 수소의 기체의 부피비는 1 : 2이다.

물+황산 나트륨

선택지 분석
㉠ A에서 모은 기체는 산소(O_2)이다.
㉡ 이 실험으로 물이 화합물이라는 것을 알 수 있다.
㉢ 물을 이루는 수소(H) 원자와 산소(O) 원자 사이의 화학 결합에는 전자가 관여한다.

ㄱ. A는 전원 장치의 (+)극에 연결되어 있으므로 시험관에 모인 기체는 산소이다.
ㄴ. 물이 분해되어 수소와 산소로 나누어지므로 물은 2가지 원소로 이루어진 화합물임을 확인할 수 있다.
ㄷ. 이 실험으로 물이 분해되어 수소와 산소가 생성될 때 전자가 관여함을 확인할 수 있다.

3 염화 나트륨 용융액과 물의 전기 분해

자료 분석

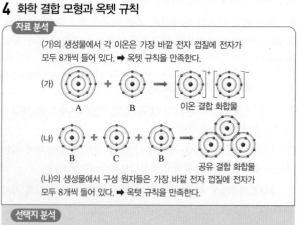

염화 나트륨 용융액은 전류가 흐르므로 전해질을 넣지 않아도 된다.

순수한 물은 전류가 흐르지 않으므로 전해질을 넣어 주어 전류가 흐르도록 한다.

(가)
•(−)극: Na^+이 전자를 얻어 금속 Na이 생성된다.
•(+)극: Cl^-이 전자를 잃고 Cl_2 기체가 발생한다.

(나)
•(−)극: 물이 전자를 얻어 H_2 기체가 발생한다.
•(+)극: 물이 전자를 잃고 O_2 기체가 발생한다.

선택지 분석
✖ 전해질을 넣어야 한다. ➡ (나)만 해당
✖ (−)극에서 기체가 발생한다. ➡ (나)만 해당
㉢ 성분 원소로 분해될 때 전자가 관여한다.

ㄷ. 각 물질이 성분 원소로 분해될 때 전자를 얻거나 잃는 반응이 일어난다. 즉, 전자가 관여한다.
바로알기 ㄱ. (가)에서는 이온이 자유롭게 이동하므로 전해질을 넣지 않아도 전기 분해가 일어난다.
ㄴ. (가)의 (−)극에서는 Na(s)이 생성되고, (나)의 (−)극에서는 $H_2(g)$가 발생한다.

4 화학 결합 모형과 옥텟 규칙

자료 분석

(가)의 생성물에서 각 이온은 가장 바깥 전자 껍질에 전자가 모두 8개씩 들어 있다. ➡ 옥텟 규칙을 만족한다.

(가) A + B → 이온 결합 화합물

(나) B + C + B → 공유 결합 화합물

(나)의 생성물에서 구성 원자는 가장 바깥 전자 껍질에 전자가 모두 8개씩 들어 있다. ➡ 옥텟 규칙을 만족한다.

선택지 분석
㉠ (가)의 생성물을 구성하는 이온은 옥텟 규칙을 만족한다.
㉡ (나)의 생성물에서 B는 옥텟 규칙을 만족한다.
✖ (가)와 (나)의 생성물은 모두 이온 결합 화합물이다.

ㄱ. (가)의 생성물을 구성하는 이온은 가장 바깥 전자 껍질에 전자가 모두 8개씩 들어 있으므로 옥텟 규칙을 만족한다.
ㄴ. (나)의 생성물에서 구성 원자들은 가장 바깥 전자 껍질에 전자가 모두 8개씩 들어 있으므로 옥텟 규칙을 만족한다.

(바로알기) ㄷ. (가)의 생성물은 이온 결합 화합물이고, (나)의 생성물은 공유 결합 화합물이다.

5 이온 결합 물질

자료 분석

- W~Z는 각각 O, F, Na, Mg 중 하나이다.
- 각 전자의 이온은 모두 Ne의 전자 배치를 갖는다.
- Y와 Z는 2주기 원소이다.
  └➤ Y와 Z는 각각 O, F 중 하나이다. ➡ W, X는 각각 Na, Mg 중 하나이다.
- X와 Z는 2 : 1로 결합하여 안정한 화합물을 형성한다.
  └➤ X는 Na이고, Z는 O이다. ➡ W는 Mg이고, Y는 F이다.

선택지 분석

✗ W는 <u>Na</u>이다. Mg

ⓛ 녹는점은 WZ가 CaO보다 높다.

✗ X와 Y의 안정한 화합물은 <u>XY₂</u>이다. XY

ㄴ. WZ는 MgO이며, MgO과 CaO에서 이온의 전하량이 같고 양이온의 반지름은 MgO<CaO이므로 이온 사이의 정전기적 인력은 MgO>CaO이다. 따라서 녹는점은 WZ가 CaO보다 높다.

(바로알기) ㄱ. W는 Mg이다.

ㄷ. X는 Na, Y는 F이므로 X와 Y는 1 : 1의 개수비로 결합하여 안정한 화합물인 XY를 형성한다.

6 원자의 전자 배치와 화학 결합

자료 분석

- A: $1s^2 2s^2 2p^6 3s^1$
  └➤ A 원자가 비활성 기체와 같은 전자 배치를 가지려면 전자 1개를 잃어야 한다.
- B: $1s^2 2s^2 2p^4$
  └➤ B 원자가 비활성 기체와 같은 전자 배치를 가지려면 전자 2개를 얻어야 한다.

선택지 분석

⑦ 이온 결합 물질이다.

✗ 화학식을 구성하는 원자 수는 <u>2</u>이다. 3

ⓒ 화합물을 형성할 때 전자는 A에서 B로 이동한다.

ㄱ. A는 3주기 1족 원소로 금속 원소이고, B는 2주기 16족 원소로 비금속 원소이다. 따라서 A와 B로 이루어진 물질은 금속 원소의 양이온과 비금속 원소의 음이온이 정전기적 인력으로 결합한 이온 결합 물질이다.

ㄷ. 이온 결합 화합물을 형성할 때 전자는 금속 원소의 원자인 A에서 비금속 원소의 원자인 B로 이동한다.

(바로알기) ㄴ. A와 B가 화합물을 형성할 때 A는 전자 1개를 잃고 A^+이 되고, B는 전자 2개를 얻어 B^{2-}이 되며, A^+과 B^{2-}이 2 : 1의 개수비로 결합하여 화합물 A_2B를 이룬다. 따라서 A_xB에서 $x=2$이고, 화학식을 구성하는 원자 수는 3이다.

7 이온 결합의 형성

자료 분석

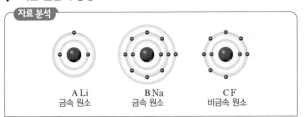

A Li
금속 원소

B Na
금속 원소

C F
비금속 원소

선택지 분석

⑦ 화합물 AC는 이온 결합 물질이다.

ⓛ 화합물 BC는 액체 상태에서 전기 전도성이 있다.

ⓒ 화합물 BC에서 양이온과 음이온은 모두 옥텟 규칙을 만족한다.

ㄱ. AC는 금속의 양이온과 비금속의 음이온이 정전기적 인력으로 결합한 이온 결합 물질이다.

ㄴ. BC는 금속의 양이온과 비금속의 음이온이 정전기적 인력으로 결합한 이온 결합 물질이므로 액체 상태에서 전기 전도성이 있다.

ㄷ. BC가 형성될 때 B는 전자 1개를 잃고 Ne과 같은 전자 배치를 갖고, C는 전자 1개를 얻어 Ne과 같은 전자 배치를 가지므로 모두 옥텟 규칙을 만족한다.

8 이온 결합의 형성 모형

자료 분석

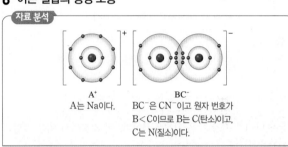

A⁺
A는 Na이다.

BC⁻
BC⁻은 CN⁻이고 원자 번호가 B<C이므로 B는 C(탄소)이고, C는 N(질소)이다.

선택지 분석

✗ A와 B는 같은 주기 원소이다. ➤ A: 3주기, B: 2주기

ⓛ ABC(l)는 전기 전도성이 있다.

ⓒ ABC에서 모든 구성 원소는 옥텟 규칙을 만족한다.

ㄴ. ABC는 이온 결합 물질이므로 액체 상태에서 전기 전도성이 있다.

ㄷ. ABC에서 A~C는 모두 가장 바깥 전자 껍질에 전자 8개가 들어 있어 비활성 기체와 같은 전자 배치를 가지므로 옥텟 규칙을 만족한다.

(바로알기) ㄱ. A는 나트륨(Na)이므로 3주기 원소이고, B는 탄소(C)이므로 2주기 원소이다.

9 이온 결합의 형성과 에너지 변화

자료 분석

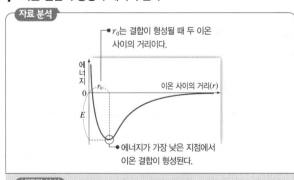

• r_0는 결합이 형성될 때 두 이온 사이의 거리이다.

에너지

0   r_0 이온 사이의 거리(r)

E

• 에너지가 가장 낮은 지점에서 이온 결합이 형성된다.

선택지 분석

✗ 양이온의 반지름은 $\frac{r_0}{2}$이다. $\frac{r_0}{2}$가 아니다

ⓛ r_0는 NaBr이 NaCl보다 크다.

ⓒ r_0에서 양이온과 음이온 사이에는 반발력이 작용한다.

ㄴ. 이온 반지름은 $Br^->Cl^-$이므로 r_0는 NaBr이 NaCl보다 크다.

ㄷ. r_0에서 인력과 반발력이 균형을 이루어 이온 결합을 형성한다.

바로알기 ㄱ. r_0는 이온 결합이 형성될 때 두 이온 사이의 거리이므로 양이온의 반지름은 $\frac{r_0}{2}$가 아니다.

10 이온 사이의 거리와 에너지 변화

자료 분석

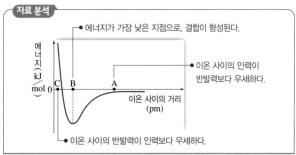

- 에너지가 가장 낮은 지점으로, 결합이 형성된다.
- 이온 사이의 인력이 반발력보다 우세하다.
- 이온 사이의 반발력이 인력보다 우세하다.

선택지 분석

✗ 이온 사이의 인력은 A에서가 B에서보다 크다. 작다

◯ 이온 사이의 거리가 B인 지점에서 이온 결합이 형성된다.

◯ 이온 사이의 반발력은 C에서가 B에서보다 크다.

ㄴ. 에너지가 가장 낮은 지점은 B이며, 이 지점에서 이온 결합이 형성된다.

ㄷ. 이온 사이의 반발력은 이온 사이의 거리가 가까울수록 크므로 이온 사이의 반발력은 C에서가 B에서보다 크다.

바로알기 ㄱ. 이온 사이의 인력은 이온 사이의 거리가 가까울수록 크므로 이온 사이의 인력은 B에서가 A에서보다 크다.

11 이온 사이의 거리와 에너지 변화

자료 분석

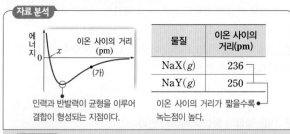

인력과 반발력 균형을 이루어 결합이 형성되는 지점이다.

이온 사이의 거리가 짧을수록 녹는점이 높다.

물질	이온 사이의 거리(pm)
NaX(g)	236
NaY(g)	250

선택지 분석

✗ (가)에서 Na^+과 X^- 사이에 작용하는 힘은 반발력이 인력보다 우세하다.

✗ 이온 사이의 거리가 x일 때 NaX가 형성된다.

◯ 녹는점은 NaX가 NaY보다 높다.

ㄷ. 이온 결합 물질은 이온의 전하량이 클수록, 이온 사이의 거리가 짧을수록 녹는점이 높다. NaX와 NaY에서 이온들의 전하량은 같고, 이온 사이의 거리는 NaY>NaX이다. 따라서 녹는점은 NaX가 NaY보다 높다.

바로알기 ㄱ. (가)에서는 두 이온 사이에 작용하는 인력이 반발력보다 우세하다.

ㄴ. 이온 사이의 거리가 x일 때는 에너지가 가장 낮은 지점이 아니므로 이온 결합 화합물이 형성되지 않는다.

12 이온 결합 물질의 성질

선택지 분석

◯ 성분 원소로 금속 원소를 포함한다.

✗ 고체 상태에서 전기 전도성이 있다. 없다

✗ NH_3와 화학 결합의 종류가 같다. 다르다

고체 상태 X에 힘을 가했을 때 쉽게 부서지고, 액체 상태에서 전기 전도성이 있는 것으로 보아 X는 이온 결합 물질이다.

ㄱ. 이온 결합 물질은 금속 원소와 비금속 원소로 이루어지므로 X에는 금속 원소가 포함된다.

바로알기 ㄴ. 이온 결합 물질은 고체 상태에서 이온들이 강한 정전기적 인력에 의해 결합하고 있어 자유롭게 이동하지 못하므로 고체 상태에서 전기 전도성이 없다.

ㄷ. NH_3는 비금속 원소의 원자가 전자쌍을 공유하여 형성된 공유 결합 물질이므로 X와 화학 결합의 종류가 다르다.

수능 3점

본책 99쪽~101쪽

1 ②	**2** ④	**3** ④	**4** ①	**5** ④	**6** ⑤
7 ③	**8** ④	**9** ③	**10** ④	**11** ⑤	**12** ③

1 물의 전기 분해

선택지 분석

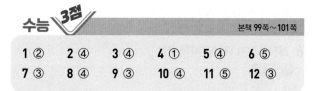

	(나)	(다)	(라)		(나)	(다)	(라)
✗	ㄱ	ㄷ	ㄴ	②	ㄴ	ㄱ	ㄷ
✗	ㄴ	ㄷ	ㄱ	✗	ㄴ	ㄱ	ㄷ
✗	ㄷ	ㄴ	ㄱ				

Na_2SO_4을 조금 넣은 수용액에 전류를 흘려 주면 (+)극에서는 산소 기체가 발생하고, (−)극에서는 수소 기체가 발생한다. 이때 유리관 내 수면의 높이 변화를 측정하여 발생한 수소와 산소 기체의 부피를 확인한다. 따라서 (나)는 ㄴ, (다)는 ㄱ, (라)는 ㄷ이다.

2 전기 분해와 화학 결합

자료 분석

금속 원소인 A와 비금속 원소인 B가 결합한 물질이므로 이온 결합 물질이다.

물질 전극	(−)극	(+)극
X 용융액	고체 A	기체 B_2
소량의 X를 첨가한 증류수	기체 C_2	기체 D_2

물을 전기 분해하면 (−)극 : (+)극 = H_2 : O_2 = 2 : 1의 부피비로 발생한다.

선택지 분석

✗ X는 고체 상태에서 전기 전도성이 있다. 없다

◯ 생성되는 C_2와 D_2의 몰비는 2 : 1이다.

◯ A와 D로 이루어진 물질은 이온 결합 물질이다.

ㄴ. 물을 전기 분해할 때 (−)극에서 생성되는 기체 C_2는 수소 (H_2)이고, (+)극에서 생성되는 기체 D_2는 산소(O_2)이다. 따라서 생성되는 C_2와 D_2의 몰비는 2 : 1이다.

ㄷ. A는 금속 원소이고, D는 비금속 원소이다. 따라서 A와 D로 이루어진 물질은 이온 결합 물질이다.

바로알기 ㄱ. X 용융액을 전기 분해하면 금속 A와 비금속 원소의 이원자 분자 B_2가 생성되므로 X는 이온 결합 물질이다. 따라서 X는 고체 상태에서 전기 전도성이 없다.

3 물의 전기 분해

선택지 분석
✗ '포도당'은 ㉠으로 적절하다. 적절하지 않다
ㄴ $\dfrac{b}{a}=2$이다.
ㄷ '전자'는 ㉡으로 적절하다.

ㄴ. (+)극에서 산소 기체, (−)극에서는 수소 기체가 1 : 2의 부피비로 발생하므로 $a : b = 1 : 2$이다. 따라서 $\dfrac{b}{a}=2$이다.

ㄷ. 물이 분해될 때 전자를 주고받아 수소 기체와 산소 기체가 생성되므로 수소와 산소가 화학 결합하여 물을 생성할 때 전자가 관여함을 알 수 있다.

바로알기 ㄱ. 순수한 물은 전기가 통하지 않으므로 물에 녹아 전하를 띠는 Na_2SO_4이나 $NaOH$ 등을 넣어 주어야 한다. 포도당은 물에 녹아 이온화하지 않으므로 물에 넣어 주는 ㉠으로 적절하지 않다.

4 화학 결합 모형

자료 분석
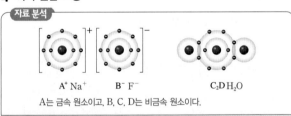
A는 금속 원소이고, B, C, D는 비금속 원소이다.

선택지 분석
㉠ A_2D는 이온 결합 화합물이다.
✗ B_2에는 2중 결합이 있다. 없다
✗ C_2D는 이온 사이의 정전기적 인력으로 결합한 화합물이다.

ㄱ. A는 금속 원소이고, D는 비금속 원소이므로 A_2D는 이온 결합 화합물이다.

바로알기 ㄴ. B는 2주기 17족 원소이므로 B_2에는 단일 결합이 있다.

ㄷ. C_2D는 비금속 원소의 원자들이 전자쌍을 공유하여 형성된 화합물이다.

5 화학 결합 모형

자료 분석
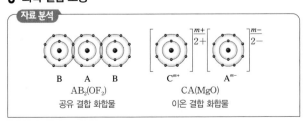

선택지 분석
✗ m은 1이다. 2
ㄴ CB_2는 이온 결합 화합물이다.
ㄷ 공유 전자쌍 수는 A_2가 B_2의 2배이다.

A는 산소(O), B는 플루오린(F), C는 마그네슘(Mg)이다.

ㄴ. CB_2는 C^{2+}과 B^-이 1 : 2의 개수비로 결합한 이온 결합 화합물이다.

ㄷ. 공유 전자쌍 수는 A_2가 2, B_2가 1이므로 A_2가 B_2의 2배이다.

바로알기 ㄱ. CA에서 C는 전자 2개를 잃고 Ne의 전자 배치를 가지므로 전하가 +2이고, A는 전자 2개를 얻어 Ne의 전자 배치를 가지므로 전하가 −2이다. 따라서 $m=2$이다.

6 화학 결합 모형과 옥텟 규칙

자료 분석
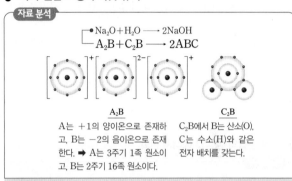
A_2B
A는 +1의 양이온으로 존재하고, B는 −2의 음이온으로 존재한다. ➡ A는 3주기 1족 원소이고, B는 2주기 16족 원소이다.

C_2B
C_2B에서 B는 산소(O), C는 수소(H)와 같은 전자 배치를 갖는다.

선택지 분석
㉠ A_2B는 이온 결합 물질이다.
ㄴ C_2B에서 B는 옥텟 규칙을 만족한다.
ㄷ ABC는 액체 상태에서 전기 전도성이 있다.

ㄱ. A_2B는 금속 원소의 양이온과 비금속 원소의 음이온이 결합한 이온 결합 물질이다.

ㄴ. C_2B에서 B는 Ne과 같은 전자 배치를 가지므로 옥텟 규칙을 만족한다.

ㄷ. ABC는 $NaOH$으로 이온 결합 물질이므로 액체 상태에서 전기 전도성이 있다.

7 화학 결합 모형과 옥텟 규칙

자료 분석
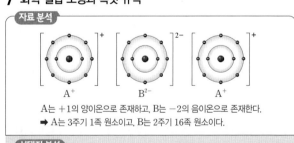
A는 +1의 양이온으로 존재하고, B는 −2의 음이온으로 존재한다. ➡ A는 3주기 1족 원소이고, B는 2주기 16족 원소이다.

선택지 분석
㉠ A_2B는 액체 상태에서 전기 전도성이 있다.
✗ A와 B는 같은 주기 원소이다. 다른
ㄷ A_2B에서 A와 B는 옥텟 규칙을 만족한다.

ㄱ. A_2B는 양이온(A^+)과 음이온(B^{2-})이 정전기적 인력에 의해 결합한 이온 결합 물질이므로 액체 상태에서 전기 전도성이 있다.

ㄷ. A_2B에서 A와 B는 모두 Ne과 같은 전자 배치를 가지므로 옥텟 규칙을 만족한다.

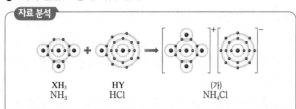

바로알기 ㄴ. A는 3주기 원소이고, B는 2주기 원소이다.

8 화학 결합 모형과 옥텟 규칙

자료 분석

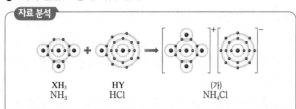

XH₃ → HY → (가)
NH₃   HCl   NH₄Cl

선택지 분석

✗ HY는 <u>이온 결합 화합물</u>이다. **공유 결합 화합물**

◯ (가)에서 X는 옥텟 규칙을 만족한다.

◯ X₂에는 3중 결합이 있다.

ㄴ. (가)에서 X의 전자 배치는 Ne과 같으므로 옥텟 규칙을 만족한다.

ㄷ. X는 원자가 전자 수가 5이므로 X₂에서 각 X 원자는 전자 3개씩을 내어 전자쌍 3개를 공유한다. 즉, X₂에는 3중 결합이 있다.

바로알기 ㄱ. HY는 전자쌍을 공유하여 형성된 공유 결합 화합물이다.

9 이온 결합의 형성과 에너지 변화

자료 분석

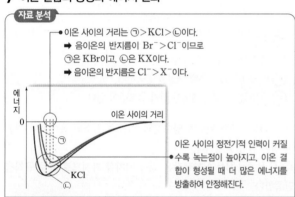

- 이온 사이의 거리는 ㉠>KCl>㉡이다.
  ➡ 음이온의 반지름이 Br⁻>Cl⁻이므로
  ㉠은 KBr이고, ㉡은 KX이다.
  ➡ 음이온의 반지름은 Cl⁻>X⁻이다.

이온 사이의 정전기적 인력이 커질수록 녹는점이 높아지고, 이온 결합이 형성될 때 더 많은 에너지를 방출하여 안정해진다.

선택지 분석

◯ ㉠은 KBr이다.

✗ 원자 반지름은 X가 Cl보다 <u>크다</u>. **작다**

◯ 녹는점은 KX가 KCl보다 높다.

ㄱ. 그래프에서 ㉠은 KCl보다 이온 사이의 거리가 길다. 주어진 3가지 물질 중에서 KCl보다 이온 사이의 거리가 긴 것은 KBr이다.

ㄷ. 이온 결합 화합물이 형성될 때 이온 사이의 거리는 KX가 KCl보다 짧으므로 녹는점은 KX가 KCl보다 높다.

바로알기 ㄴ. ㉡은 KX이고, KX는 KCl보다 이온 사이의 거리가 짧으므로 음이온의 반지름은 X⁻이 Cl⁻보다 작다. 따라서 원자 반지름은 X가 Cl보다 작다.

10 이온 결합 물질

선택지 분석

✗ $\dfrac{|음이온의\ 전하|}{|양이온의\ 전하|}$ 는 DA가 CB보다 <u>크다</u>. **같다**

◯ 양이온의 반지름은 CE가 DA보다 크다.

◯ 녹는점은 CB가 CE보다 높다.

ㄴ. CE에서 양이온으로 존재하는 C는 3주기 1족 원소이고, DA에서 양이온으로 존재하는 D는 3주기 2족 원소이다. 즉, 각 화합물에서 양이온의 전자 배치는 Ne과 같고, 이온의 핵전하는 D가 C보다 크므로 양이온의 반지름은 CE가 DA보다 크다.

ㄷ. CB와 CE에서 양이온은 같고 음이온의 반지름은 CB에서가 CE에서보다 짧으므로 이온 결합력은 CB가 CE보다 크다. 따라서 녹는점은 CB가 CE보다 높다.

바로알기 ㄱ. DA에서 양이온과 음이온의 전하의 크기는 2로 같고, CB에서도 양이온과 음이온의 전하의 크기는 1로 같으므로 $\dfrac{|음이온의\ 전하|}{|양이온의\ 전하|}$ 는 DA와 CB에서 1로 같다.

11 이온 결합 물질

선택지 분석

㉠ NaCl을 구성하는 양이온 수와 음이온 수는 같다.

㉡ '이온 사이의 거리가 가까울수록 녹는점이 높다.'는 ㉠으로 적절하다.

㉢ NaF, NaCl, NaBr, NaI 중 이온 사이의 정전기적 인력이 가장 큰 물질은 NaF이다.

ㄱ. NaCl은 Na⁺과 Cl⁻이 1:1의 개수비로 결합한 물질로, 구성하는 양이온 수와 음이온 수가 같다.

ㄴ. 학생 A는 이온 결합 물질에서 이온 사이의 거리와 녹는점을 비교하고, 이온 사이의 거리가 가까울수록 녹는점이 높은 결과를 얻었다. 따라서 '이온 사이의 거리가 가까울수록 녹는점이 높다.'는 ㉠으로 적절하다.

ㄷ. NaF, NaCl, NaBr, NaI 중 녹는점은 NaF이 가장 높으므로 이온 사이의 정전기적 인력이 가장 큰 물질은 NaF이다.

12 이온 결합의 형성과 에너지 변화

자료 분석

물질	이온 사이의 거리(pm)	녹는점 (℃)
NaF	235	996
NaBr	298	747
MgX	212	x

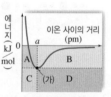

- NaBr은 NaF보다 음이온의 반지름이 크다. ➡ NaF이 형성될 때보다 이온 사이의 거리가 길고, 방출하는 에너지는 작다.

선택지 분석

㉠ a는 235이다.

✗ NaBr이 형성될 때 에너지가 가장 낮은 지점은 <u>D</u> 영역에 속한다. **B**

㉢ $x>996$이다.

ㄱ. 에너지가 가장 낮은 지점에서 NaF이 형성되므로 a는 NaF에서 이온 사이의 거리인 235이다.

ㄷ. MgX의 이온 사이의 거리는 NaF보다 짧고, 이온의 전하량은 NaF보다 크므로 녹는점은 NaF보다 높다. 따라서 $x>996$이다.

바로알기 ㄴ. NaBr은 NaF보다 음이온의 반지름이 크므로 결합이 형성될 때 이온 사이의 거리는 NaF보다 길고, 방출하는 에너지는 NaF보다 작다. 따라서 NaBr이 형성될 때 에너지가 가장 낮은 지점은 B 영역에 속한다.

10. 공유 결합과 금속 결합

개념 확인
본책 103쪽, 105쪽

(1) ① 비금속, 전자쌍 ② 헬륨 ③ 네온 ④ 단일 ⑤ 2중 ⑥ 3중
(2) ① B ② 74 ③ 436   (3) ① 없다 ② 낮다 ③ 녹지 않는다
(4) ① 금속 양이온, 자유 전자 ② ㉃ ③ ㉠, ㉃   (5) ① 이온
결합 ② 높   (6) ㉠ 있음 ㉃ 없음 ㉃ 있음 ㉃ 없음

수능 자료
본책 106쪽

자료❶	1○	2×	3○	4○	5×	
자료❷	1○	2○	3○	4×	5×	
자료❸	1×	2○	3○	4×	5○	
자료❹	1○	2○	3○	4○	5○	6×

자료 ❶ 공유 결합 모형과 옥텟 규칙

2 물 분자를 구성하는 H와 O는 비금속 원소이므로 전자쌍을 공유하여 공유 결합을 형성한다.

5 물 분자에는 H와 O 사이에 단일 결합만 존재한다.

자료 ❷ 공유 결합 모형과 결합의 종류

4 화학 결합 모형으로부터 X는 O, Y는 F, Z는 C이다. ZXY_2에서 Z(C)와 X(O) 사이의 결합은 2중 결합이다.

5 Y의 원자가 전자 수가 7이므로 Y_2에는 단일 결합이 존재하고, 공유 전자쌍 수는 1이다. X의 원자가 전자 수가 6이므로 X_2에는 2중 결합이 존재하고, 공유 전자쌍 수는 2이다.

자료 ❸ 금속 결합 모형과 금속의 성질

1 A는 금속 양이온이고, B는 자유 전자이다.

4 금속에 전압을 걸어 주어도 금속 양이온인 A는 이동하지 않는다.

자료 ❹ 화학 결합의 종류에 따른 물질의 성질

1 A는 3주기 1족 원소로 금속 원소이다. 따라서 A(s)에 외부에서 힘을 가하면 부서지지 않고 가늘게 뽑히거나 넓게 펴지는 연성과 전성이 있다.

3 AC는 이온 결합 물질이므로 액체 상태에서 전기 전도성이 있다.

4 ABC는 이온 결합 물질로 실온에서 고체로 존재하고, H_2B는 공유 결합 물질로 분자로 존재한다. 녹는점은 ABC가 H_2B보다 높다.

6 B_2는 O_2이고, C_2는 Cl_2이다. 공유 전자쌍 수는 O_2가 2, Cl_2가 1이므로 $B_2(O_2) > C_2(Cl_2)$이다.

수능 1점

본책 107쪽

1 ④   **2** (1) 2중 (2) 4 (3) < (4) 4   **3** ③   **4** ④
5 (1) (가) 이온 결합 (나) 공유 결합 (다) 금속 결합 (2) (다)
(3) (가), (다)   **6** ②

---

1 ③ H_2O에서 결합하는 두 원자는 전자쌍을 1개 공유하므로 단일 결합이 있다.
⑤ H_2O에서 공유 전자쌍 수는 2이고, 비공유 전자쌍 수도 2이므로 $\dfrac{비공유\ 전자쌍\ 수}{공유\ 전자쌍\ 수} = 1$이다.

바로알기 ④ 산소 원자의 원자가 전자 6개 중 2개는 결합에 참여하고, 나머지 4개는 결합하지 않고 산소 원자에 속한다.

2 (1) (가)에서 두 원자 사이에 공유한 전자쌍이 2개이므로 2중 결합이 있다.
(3) (가)에서 B는 원자가 전자 수가 6이므로 B_2에는 2중 결합이 있다. 또 (나)에서 D의 원자가 전자 수가 5이므로 D_2에는 3중 결합이 있다.
(4) 비공유 전자쌍 수는 (가)에서 4이고, (나)에서 1이다.

3 ③ 비금속 원소들의 원자들은 공유 결합을 형성하여 대체로 분자로 존재한다.

바로알기 ② 다이아몬드와 같은 공유 결정을 형성할 때 원자 사이의 공유 결합력은 금속 양이온과 자유 전자 사이에 작용하는 금속 결합력보다 크다. 따라서 공유 결정을 이룬 물질들의 녹는점은 금속 결정의 녹는점보다 높다.
④, ⑤ 공유 결합을 형성하여 전기적으로 중성인 분자로 존재하므로 액체 상태에서 전기 전도성이 없다. 또 수용액 상태에서 이온화하지 않는 대부분의 공유 결합 물질은 수용액 상태에서도 전기 전도성이 없다.

4 ④ A(s)에 열을 가하면 자유 전자의 운동이 활발해지면서 열을 전달한다. 즉, A(s)는 열전도성이 크다.

바로알기 ① 금속에서 음전하를 띤 ㉃은 자유 전자이다.
② 금속에 전압을 걸어 주면 자유 전자인 ㉃이 (+)극 쪽으로 이동하면서 전류가 흐른다.
③ A에서 금속 양이온 수와 자유 전자 수가 같으므로 원자가 전자 수는 1이다.
⑤ 금속은 비금속과 반응할 때 전자를 잃고 산화된다.

5 (1) (가)는 양이온과 음이온이 정전기적 인력으로 결합한 이온 결합 물질, (나)는 원자들이 전자쌍을 공유한 공유 결합 물질, (다)는 금속 양이온과 자유 전자가 정전기적 인력으로 결합한 금속 결합 물질이다.
(2) 외부에서 힘을 가할 때 부서지지 않고 넓게 펴지는 성질이 있는 물질은 금속인 (다)이다.
(3) 액체 상태에서 전기 전도성이 있는 물질은 액체 상태에서 전하를 운반할 수 있는 (가)와 (다)이다.

6 ① NaCl의 녹는점은 실온보다 높으므로 실온에서 고체 상태이다.
③ H_2O은 공유 결합 물질로 실온에서 분자 상태로 존재한다.
④ KF은 이온 결합 물질로 액체 상태에서 양이온과 음이온이 자유롭게 이동할 수 있으므로 전기 전도성이 있다.
⑤ Fe은 금속 결합 물질로 고체 상태에서 자유 전자가 있다.

바로알기 ② 녹는점은 Fe이 Na보다 높으므로 화학 결합의 세기는 Fe이 Na보다 크다.

| 1 ⑤ | 2 ③ | 3 ④ | 4 ① | 5 ④ | 6 ⑤ |
| 7 ⑤ | 8 ③ | 9 ③ | 10 ② | 11 ③ | 12 ⑤ |

1 물 분자의 화학 결합 모형

자료 분석

물 분자의 화학 결합 모형

H   H   H₂O

물 분자를 구성하는 수소 원자와 산소 원자가 각각 전자를 1개씩 내어 전자쌍을 만들고, 이 전자쌍을 공유하면서 결합하고 있다. ➡ 공유 결합을 형성한다.

선택지 분석

Ⓐ 물 분자 1개는 수소 원자 2개와 산소 원자 1개로 이루어져 있어.
Ⓑ 물 분자 내에서 수소와 산소의 결합은 공유 결합이야.
Ⓒ 물 분자 내에서 산소는 옥텟 규칙을 만족해.

A. 물 분자는 수소 원자 2개와 산소 원자 1개로 이루어져 있어 분자식을 H_2O로 나타낸다.
B. 물 분자를 구성하는 수소 원자와 산소 원자가 각각 전자를 1개씩 내어 전자쌍을 만든 다음, 이 전자쌍을 공유하면서 결합하고 있다. 즉, 물 분자의 구성 원자 사이의 결합은 공유 결합이다.
C. 물 분자에서 산소는 네온(Ne)과 같은 전자 배치를 가지므로 옥텟 규칙을 만족한다.

2 공유 결합 모형과 옥텟 규칙

자료 분석

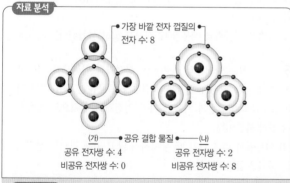

가장 바깥 전자 껍질의 전자 수: 8

(가) ━●━ 공유 결합 물질 ━●━ (나)
공유 전자쌍 수: 4   공유 전자쌍 수: 2
비공유 전자쌍 수: 0   비공유 전자쌍 수: 8

선택지 분석

㉠ 공유 결합 물질이다.
✗ 공유 전자쌍 수가 4이다. (가) 4, (나) 2
㉢ 중심 원자가 옥텟 규칙을 만족한다.

ㄱ. (가)와 (나) 모두 원자들 사이에 전자쌍을 공유하여 형성된 공유 결합 물질이다.
ㄷ. (가)와 (나) 각각에서 중심 원자는 가장 바깥 전자 껍질에 전자가 8개 있으므로 옥텟 규칙을 만족한다.
바로알기 ㄴ. (가)에서 공유 전자쌍 수는 4이고, (나)에서 공유 전자쌍 수는 2이다.

3 화학 결합 모형

자료 분석

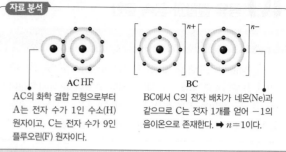

AC HF   BC

AC의 화학 결합 모형으로부터 A는 전자 수가 1인 수소(H) 원자이고, C는 전자 수가 9인 플루오린(F) 원자이다.

BC에서 C의 전자 배치가 네온(Ne)과 같으므로 C는 전자 1개를 얻어 −1의 음이온으로 존재한다. ➡ $n=1$이다.

선택지 분석

㉠ A와 B는 같은 족 원소이다.
㉡ AC에서 C는 옥텟 규칙을 만족한다.
✗ 공유 전자쌍 수는 C₂가 A₂보다 <s>크다.</s> 같다

ㄱ. AC의 화학 결합 모형으로부터 A는 수소(H) 원자이고, C는 플루오린(F) 원자이다. 또 BC의 화학 결합 모형에서 C가 −1의 음이온으로 존재하므로 B는 +1의 양이온으로 존재한다. 이로부터 B는 3주기 1족 원소이므로 A와 같은 족 원소이다.
ㄴ. AC에서 C의 전자 배치가 네온(Ne)과 같으므로 C는 옥텟 규칙을 만족한다.
바로알기 ㄷ. A는 전자 수가 1이므로 A_2에서 A 원자는 전자쌍 1개를 공유한다. 또 C는 17족 원소이므로 C_2에서 C 원자는 각각 전자 1개를 내어 전자쌍 1개를 만들고 이를 공유한다. 따라서 공유 전자쌍 수는 A_2와 C_2가 같다.

4 공유 결합 모형과 옥텟 규칙

자료 분석

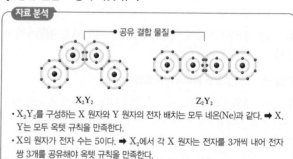

━● 공유 결합 물질 ●━

X_2Y_2 Z_2Y_2

· X_2Y_2를 구성하는 X 원자와 Y 원자의 전자 배치는 모두 네온(Ne)과 같다. ➡ X, Y는 모두 옥텟 규칙을 만족한다.
· X의 원자가 전자 수는 5이다. ➡ X_2에서 각 X 원자는 전자를 3개씩 내어 전자쌍 3개를 공유해야 옥텟 규칙을 만족한다.

선택지 분석

㉠ X_2Y_2에서 X와 Y는 모두 옥텟 규칙을 만족한다.
✗ X_2에는 <s>2중</s> 결합이 있다. 3중
✗ $Z_2Y_2(l)$는 전기 전도성이 <s>있다.</s> 없다

ㄱ. X_2Y_2를 구성하는 X 원자와 Y 원자의 전자 배치는 모두 네온(Ne)과 같으므로 X와 Y는 모두 옥텟 규칙을 만족한다.
바로알기 ㄴ. X_2Y_2 화학 결합 모형으로부터 X의 원자가 전자 수는 5라는 것을 알 수 있다. 따라서 X_2에서 각 X 원자는 전자를 3개씩 내어 전자쌍 3개를 공유해야 옥텟 규칙을 만족하므로 X_2에는 3중 결합이 있다.
ㄷ. Z_2Y_2는 구성하는 원자가 전자쌍을 공유 결합하여 전기적으로 중성인 분자로 존재한다. 따라서 액체 상태에서 전기 전도성이 없다.

5 공유 결합의 형성

원소	원자 반지름(pm)	분자	
		결합 길이(pm)	결합 에너지 (kJ/mol)
A	71	142	159
B	73	121	498
C	75	110	945

2주기 원소 중 공유 결합으로 2원자 분자를 형성하는 원소는 질소(N), 산소(O), 플루오린(F)이다.

원자 반지름: A<B<C
➡ A는 F, B는 O, C는 N이다.

✗ 원자가 전자 수는 C가 가장 크다. A
ㄴ A_2에서 A의 전자 배치는 네온과 같다.
ㄷ B_2와 C_2에는 다중 결합이 있다.

ㄴ. $A_2(F_2)$에서 각 A 원자는 전자쌍 1개를 공유하므로 전자 배치는 네온과 같다.

ㄷ. $B_2(O_2)$에는 2중 결합이, $C_2(N_2)$에는 3중 결합이 있다.

바로알기 ㄱ. 원자가 전자 수는 A(F)가 가장 크다.

6 화학 결합의 종류와 물질의 성질

구리(Cu)	염화 나트륨(NaCl)	다이아몬드(C)
금속	이온 결합 물질	공유 결합 물질

ㄱ Cu(s)는 연성(뽑힘성)이 있다.
ㄴ NaCl(l)은 전기 전도성이 있다.
ㄷ C(s, 다이아몬드)를 구성하는 원자는 공유 결합을 하고 있다.

ㄱ. Cu(s)는 금속 결정이므로 가늘게 뽑히는 연성이 있다.
ㄴ. NaCl(l)은 액체 상태의 이온 결합 물질이므로 전기 전도성이 있다.
ㄷ. C(s, 다이아몬드)에서 탄소 원자는 이웃한 탄소 원자와 공유 결합을 형성한다.

7 금속 결합 물질의 성질

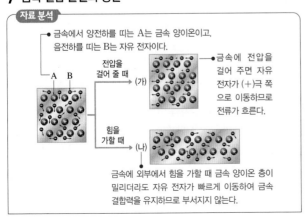

금속에서 양전하를 띠는 A는 금속 양이온이고, 음전하를 띠는 B는 자유 전자이다.

전압을 걸어 줄 때 (가) → 금속에 전압을 걸어 주면 자유 전자가 (+)극 쪽으로 이동하므로 전류가 흐른다.

힘을 가할 때 (나)

금속에 외부에서 힘을 가할 때 금속 양이온 층이 밀리더라도 자유 전자가 빠르게 이동하여 금속 결합력을 유지하므로 부서지지 않는다.

ㄱ B는 자유 전자이다.
ㄴ X(s)의 전기 전도성은 (가)로 설명할 수 있다.
ㄷ X(s)에 외부에서 힘을 가할 때 넓게 퍼지는 성질은 (나)로 설명할 수 있다.

ㄱ. 금속에서 양전하를 띠는 A는 금속 양이온이고, 음전하를 띠는 B는 자유 전자이다.

ㄴ. 금속에 전압을 걸어 주면 자유 전자가 (+)극 쪽으로 이동하므로 전류가 흐른다. 즉, (가)의 모형으로 금속 X(s)의 전기 전도성을 설명할 수 있다.

ㄷ. 금속에 외부에서 힘을 가할 때 금속 양이온 층이 밀리더라도 자유 전자가 빠르게 이동하여 금속 결합력을 유지하므로 부서지지 않는다. 즉, (나)의 모형으로 X(s)에 외부에서 힘을 가할 때 넓게 퍼지는 성질을 설명할 수 있다.

8 화학 결합 모형

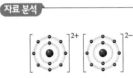

A^{2+} B^{2-} CD_3

AB는 양이온과 음이온이 정전기적 인력으로 결합한 이온 결합 물질이다. ➡ A는 3주기 2족 원소로 금속 원소이고, B는 2주기 16족 원소로 비금속 원소이다.

C의 원자가 전자 수가 5이므로 2주기 15족 원소이고, D는 1주기 1족 원소이다.

ㄱ AB는 이온 결합 물질이다.
✗ C_2에는 2중 결합이 있다. 3중
ㄷ A(s)는 전기 전도성이 있다.

ㄱ. AB는 양이온과 음이온이 정전기적 인력으로 결합한 이온 결합 물질이다.
ㄷ. A(s)는 금속이므로 고체 상태에서 전기 전도성이 있다.

바로알기 ㄴ. C의 원자가 전자 수는 5로 2주기 15족 원소이므로 C_2에서 C 원자 사이의 공유 전자쌍 수는 3이다. 즉, C_2에는 3중 결합이 있다.

9 화학 결합 모형

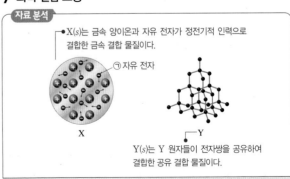

X(s)는 금속 양이온과 자유 전자가 정전기적 인력으로 결합한 금속 결합 물질이다.

㉠ 자유 전자

X

Y

Y(s)는 Y 원자들이 전자쌍을 공유하여 결합한 공유 결합 물질이다.

ㄱ X(s)에 전압을 걸어 주면 ㉠은 (+)극 쪽으로 이동한다.
ㄴ Y(s)는 공유 결합 물질이다.
✗ X(s)와 Y(s)에 각각 외부에서 힘을 가하면 모두 넓게 퍼진다. X만

ㄱ. X(s)에서 음전하를 띤 ㉠은 자유 전자이다. 따라서 X(s)에 전압을 걸어 주면 자유 전자인 ㉠이 (+)극 쪽으로 이동하면서 전류가 흐른다.

ㄴ. Y(s)는 Y 원자들이 전자쌍을 공유하여 결합한 공유 결합 물질이다.

(바로알기) ㄷ. X(s)는 금속 결정으로 외부에서 힘을 가하면 부서지지 않고 넓게 펴진다. 반면 Y(s)에 힘을 가하면 부서지거나 깨진다.

10 철의 제련

(자료 분석)

$$Fe_2O_3(s) + \underset{3}{a}CO(g) \longrightarrow \underset{2}{b}Fe(s) + \underset{3}{c}CO_2(g) \quad (a\sim c는\ 반응\ 계수)$$

(선택지 분석)

✗ $a+b+c=7$이다. 8
Ⓛ 반응물 중 CO는 공유 결합 물질이다.
✗ 2가지 생성물 모두 고체 상태에서 전기 전도성이 있다. 1가지만

ㄴ. CO는 비금속 원소의 원자인 C와 O가 전자쌍을 공유하여 결합한 공유 결합 물질이다.

(바로알기) ㄱ. 화학 반응 전후 원자의 종류와 수가 같도록 반응 계수 $a\sim c$를 맞추면 $a=3$, $b=2$, $c=3$이다. 따라서 $a+b+c=8$이다.
ㄷ. 생성물인 Fe은 금속 결합 물질이므로 고체 상태에서 전기 전도성이 있다. 반면 CO_2는 전기적으로 중성인 분자로 존재하므로 고체 상태에서 전기 전도성이 없다.

11 화학 결합 모형

(자료 분석)

A는 3주기 1족 원소이므로 금속 원소이다.
➡ A는 고체 상태에서 전기 전도성이 있다.

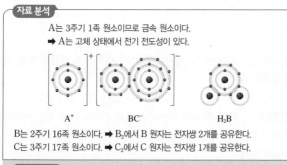

B는 2주기 16족 원소이다. ➡ B_2에서 B 원자는 전자쌍 2개를 공유한다.
C는 3주기 17족 원소이다. ➡ C_2에서 C 원자는 전자쌍 1개를 공유한다.

(선택지 분석)

Ⓝ A(s)에 외부에서 힘을 가하면 넓게 펴지는 성질이 있다.
✗ B_2와 C_2에는 모두 2중 결합이 있다. B_2 2중 결합, C_2 단일 결합
Ⓒ AC(l)는 전기 전도성이 있다.

ㄱ. A는 금속 원소이므로 고체 상태에서 힘을 가하면 넓게 펴지는 성질이 있다.
ㄷ. A는 금속 원소이고, C는 비금속 원소이므로 AC는 금속의 양이온과 비금속의 음이온이 정전기적 인력으로 결합한 이온 결합 물질이다. 따라서 AC(l)는 전기 전도성이 있다.

(바로알기) ㄴ. H_2B에서 B 원자는 2주기 16족 원소이므로 B_2에서 B 원자는 각각 전자 2개씩 내어 전자쌍 2개를 만들어 공유한다. 즉, B_2에는 2중 결합이 있다. 또 ABC에서 BC^-의 원자가 전자 수의 총합이 14이고, B의 원자가 전자 수는 6이므로 C는 원자가 전자 수가 7이다. 이로부터 C_2에서 C 원자는 각각 전자 1개씩 내어 전자쌍 1개를 만들어 공유하므로 C_2에는 단일 결합이 있다.

12 화학 결합의 종류와 물질의 성질

(자료 분석)

실험	(가)	(나)	(다)
실험 장치	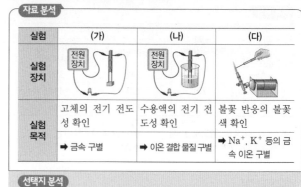		
실험 목적	고체의 전기 전도성 확인	수용액의 전기 전도성 확인	불꽃 반응의 불꽃색 확인
	➡ 금속 구별	➡ 이온 결합 물질 구별	➡ Na^+, K^+ 등의 금속 이온 구별

(선택지 분석)

✗ (가) ✗ (나) ✗ (다)
✗ (가), (나) ⑤ (나), (다)

소금은 이온 결합 물질이고, 설탕은 공유 결합 물질이다. 소금은 액체와 수용액 상태에서 전기 전도성이 있지만, 설탕은 액체와 수용액 상태에서 전기 전도성이 없다. 또, 소금에는 나트륨 이온이 포함되어 있어 소금은 노란색의 불꽃색을 나타내고, 설탕은 불꽃색을 나타내지 않는다. 따라서 실험 (나)와 (다)로 소금과 설탕을 구별할 수 있다.

수능 3점
본책 111쪽~113쪽

1 ②	2 ②	3 ③	4 ③	5 ①	6 ⑤
7 ④	8 ②	9 ⑤	10 ③	11 ④	12 ③

1 공유 결합 모형과 옥텟 규칙

(자료 분석)

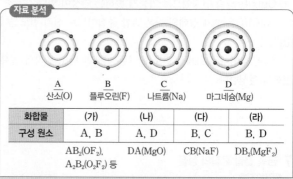

	A	B	C	D
	산소(O)	플루오린(F)	나트륨(Na)	마그네슘(Mg)

화합물	(가)	(나)	(다)	(라)
구성 원소	A, B	A, D	B, C	B, D
	$AB_2(OF_2)$, $A_2B_2(O_2F_2)$ 등	DA(MgO)	CB(NaF)	$DB_2(MgF_2)$

(선택지 분석)

✗ 공유 결합 물질은 2가지이다. 1가지
✗ 액체 상태에서 전기 전도성이 있는 물질은 2가지이다. 3가지
Ⓒ (가)와 (라)에서 각 원자나 이온은 모두 옥텟 규칙을 만족한다.

ㄷ. (가)~(라)에서 각 원자와 이온은 모두 네온과 같은 전자 배치를 가지므로 옥텟 규칙을 만족한다.

(바로알기) ㄱ. 공유 결합 물질은 비금속 원소로 이루어진 (가) 1가지이다.
ㄴ. 금속 원소와 비금속 원소로 이루어진 (나), (다), (라)는 이온 결합 물질이므로 액체 상태에서 전기 전도성이 있다.

2 화학 결합 모형

A$^+$의 전자 수가 2이므로 A는 2주기 1족 원소이다. 또 B$^-$의 전자 배치가 Ar과 같으므로 B는 3주기 17족 원소이다.

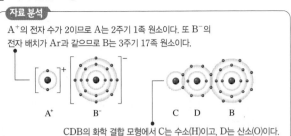

CDB의 화학 결합 모형에서 C는 수소(H)이고, D는 산소(O)이다.

✗ A와 C는 <u>1주기 원소</u>이다. A는 2주기, C는 1주기

◯ AB는 액체 상태에서 전기 전도성이 있다.

✗ 비공유 전자쌍 수는 <u>CB>D$_2$</u>이다. CB<D$_2$

ㄴ. AB는 이온 결합 물질이므로 액체 상태에서 전기 전도성이 있다.

바로알기 ㄱ. A는 2주기 1족 원소이고, C는 1주기 1족 원소이다.

ㄷ. CB에서 공유 전자쌍 수는 1이고 비공유 전자쌍은 B에 3개가 있다. 또 D$_2$에서 D의 원자가 전자 수가 6이므로 D 원자 사이의 결합은 2중 결합이고, 각 D 원자에 비공유 전자쌍이 2개씩 있으므로 D$_2$에는 비공유 전자쌍이 4개 있다.

3 화학 결합 모형

- X$_2$Z$_2$에서 X 원자와 Z 원자의 전자 배치는 네온(Ne)과 같다.
  ➡ 구성 원자는 모두 옥텟 규칙을 만족한다.

 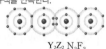

X$_2$Z$_2$ C$_2$F$_2$ Y$_2$Z$_2$ N$_2$F$_2$

- 화학 결합 모형으로부터 X는 탄소(C), Z는 플루오린(F), Y는 질소(N)이다.

◯ X$_2$Z$_2$에서 구성 원자는 모두 옥텟 규칙을 만족한다.

◯ XYZ에는 3중 결합이 있다.

✗ $\dfrac{\text{비공유 전자쌍 수}}{\text{공유 전자쌍 수}}$는 Y$_2$가 Z$_2$보다 <u>크다</u>. 작다

ㄱ. X$_2$Z$_2$에서 X 원자와 Z 원자의 전자 배치는 네온(Ne)과 같으므로 구성 원자는 모두 옥텟 규칙을 만족한다.

ㄴ. 화학 결합 모형으로부터 X는 탄소(C), Z는 플루오린(F), Y는 질소(N)이다. 이로부터 XYZ는 CNF이고, CNF의 구조식은 N≡C−F이므로 3중 결합이 있다.

바로알기 ㄷ. Y$_2$(N$_2$)는 공유 전자쌍 수가 3이고, 비공유 전자쌍 수가 2이다. 또 Z$_2$(F$_2$)는 공유 전자쌍 수가 1이고, 비공유 전자쌍 수가 6이다. 따라서 $\dfrac{\text{비공유 전자쌍 수}}{\text{공유 전자쌍 수}}$는 Z$_2$가 Y$_2$보다 크다.

4 이온 결합과 공유 결합

- 공유 결합을 형성하는 A, D, E는 비금속 원소이고, 이온 결합을 형성하는 B와 C는 금속 원소이다.

물질	AD$_2$, DE$_2$	BD, CE
화합 결합의 종류	공유 결합	이온 결합

- 원자 번호가 6, 8, 9인 원소는 비금속 원소이고, AD$_2$와 DE$_2$에서 중심 원자는 C 또는 O 중 하나이다. ➡ AD$_2$는 CO$_2$이고, DE$_2$는 OF$_2$이다.

◯ B(s)는 전기 전도성이 있다.

◯ 녹는점은 BD>CE이다.

✗ CE(s)에 외부에서 힘을 가하면 넓게 펴지는 성질이 있다. **부서진다**

A~E의 원자 번호가 6, 8, 9, 11, 12 중 하나이므로 A~E는 탄소(C), 산소(O), 플루오린(F), 나트륨(Na), 마그네슘(Mg) 중 하나이다. 공유 결합을 형성하는 A, D, E는 각각 C, O, F 중 하나인데, 이때 중심 원자인 A, D는 탄소 또는 산소 원자 중 하나이므로 A는 C, D는 O, E는 F이다. 또 D(O)와 1 : 1의 개수비로 결합하여 이온 결합을 형성하는 B는 Mg이고, E(F)와 1 : 1의 개수비로 결합하여 이온 결합을 형성하는 C는 Na이다.

ㄱ. B는 금속 원소이므로 고체 상태에서 자유 전자가 존재한다. 따라서 고체 상태에서 전기 전도성이 있다.

ㄴ. BD는 MgO이고, CE는 NaF이다. 이온의 전하량의 곱은 BD가 CE의 4배이므로 이온 결합력은 BD>CE이다. 따라서 녹는점은 BD>CE이다.

바로알기 ㄷ. CE는 이온 결합 물질이므로 외부에서 힘을 가하면 힘을 받은 이온층이 밀려 같은 전하를 띤 이온이 가까이에 위치하면서 반발력이 작용하여 부서진다.

5 금속 결합 물질과 이온 결합 물질

금속 결합 물질 ●─ (가) M   (나) MCl ─● 이온 결합 물질

액체 상태에서 (가)에서는 자유 전자가, (나)에서는 양이온과 음이온이 자유롭게 이동할 수 있다.

◯ 액체 상태에서 전기 전도성이 있다.

✗ 외부에서 힘을 가하면 부서진다. (가)는 변형, (나)는 부서진다

✗ 음이온이 있다. (가)는 ×, (나)는 ◯

ㄱ. (가)는 금속 결합 물질이고, (나)는 이온 결합 물질이다. 액체 상태에서 (가)에서는 자유 전자가, (나)에서는 양이온과 음이온이 이동하면서 전하를 운반하므로 액체 상태에서 전기 전도성이 있다.

바로알기 ㄴ. (가)와 (나)에 각각 외부에서 힘을 가하면 (가)는 변형되고, (나)는 부서진다.

ㄷ. (가)에는 금속 양이온과 자유 전자가 있고, (나)에는 금속의 양이온과 비금속의 음이온이 있다.

6 화학 결합의 종류와 물질의 성질

- A는 금속 원소이고, B, C, D는 비금속 원소이다.

주기 \ 족	1	2	13	14	15	16	17	18
2	A Li			B C		C O		
3							D Cl	

- A는 금속이므로 A(s)에 외부에서 힘을 가하면 넓게 펴지는 성질이 있다.
- AD는 금속 원소와 비금속 원소로 이루어진 이온 결합 물질이다.
- CD$_2$는 비금속 원소로 이루어진 공유 결합 물질이다.

선택지 분석

ㄱ A(s)에 외부에서 힘을 가하면 넓게 펴지는 성질이 있다.

ㄴ 전기 전도도는 AD(l)가 CD₂(l)보다 크다.

ㄷ 녹는점은 A₂C가 BC₂보다 높다.

ㄱ. A(s)는 금속이므로 외부에서 힘을 가하면 부서지지 않고 넓게 펴지는 성질이 있다.

ㄴ. AD는 이온 결합 물질이므로 액체 상태에서 전기 전도성이 있다. 반면 CD₂는 공유 결합 물질이므로 액체 상태에서 전기 전도성이 없다. 따라서 전기 전도도는 AD(l)가 CD₂(l)보다 크다.

ㄷ. A₂C는 이온 결합 물질이고, BC₂는 분자로 이루어진 물질이므로 녹는점은 A₂C가 BC₂보다 높다.

7 화학 결합의 종류와 물질의 성질

자료 분석

• A는 2주기 17족 원소인 F, B는 2주기 16족 원소인 O, C는 3주기 2족 원소인 Mg이다.

이온	전자 배치
A⁻, B²⁻, C²⁺	$1s^2 2s^2 2p^6$
D⁻, E⁺	$1s^2 2s^2 2p^6 3s^2 3p^6$

• D는 3주기 17족 원소인 Cl, E는 4주기 1족 원소인 K이다.

선택지 분석

✗ 공유 전자쌍 수는 A₂가 B₂보다 크다. 작다

ㄴ 녹는점은 CB가 ED보다 높다.

ㄷ E는 고체와 액체 상태에서 모두 전기 전도성이 있다.

ㄴ. CB는 MgO이고, ED는 KCl이다. 이온의 전하량은 CB가 ED보다 크고, 화합물을 구성하는 이온들의 반지름은 CB가 ED보다 작다. 따라서 이온 결합력은 CB가 ED보다 크므로 녹는점은 CB가 ED보다 높다.

ㄷ. E는 금속이므로 고체와 액체 상태에서 모두 전기 전도성이 있다.

바로알기 ㄱ. A의 원자가 전자 수는 7이고, B의 원자가 전자 수는 6이므로 A₂에는 단일 결합이, B₂에는 2중 결합이 있다. 따라서 공유 전자쌍 수는 A₂가 B₂보다 작다.

8 화학 결합의 종류와 물질의 성질

자료 분석

• 고체 상태와 액체 상태에서 전기 전도성이 없는 (가)는 공유 결합 물질이다. ➡ (가)는 $C_6H_{12}O_6$이다.

물질	전기 전도성	
	고체 상태	액체 상태
(가)	없음	없음
(나)	없음	있음
(다)	있음	있음

• 고체 상태와 액체 상태에서 전기 전도성이 있는 (다)는 금속 결합 물질이다. ➡ (다)는 Fe이다.

• 고체 상태에서는 전기 전도성이 없지만 액체 상태에서는 전기 전도성이 있는 (나)는 이온 결합 물질이다. ➡ (나)는 CaCl₂이다.

선택지 분석

✗ (가)는 수용액 상태에서 전기 전도성이 있다. 없다

ㄴ (나)는 양이온과 음이온이 정전기적 인력으로 결합한 물질이다.

✗ (다)에 외부에서 힘을 가하면 쉽게 부서진다. 변형된다

ㄴ. (나)는 이온 결합 물질이므로 양이온과 음이온이 정전기적 인력으로 결합한 물질이다.

바로알기 ㄱ. (가)는 포도당($C_6H_{12}O_6$)이다. 포도당은 물에 녹아 이온화하지 않고 전기적으로 중성인 분자 상태로 녹아 있다. 따라서 수용액 상태에서 전기 전도성이 없다.

ㄷ. (다)는 금속 결합 물질이므로 외부에서 힘을 가하면 부서지지 않고 변형된다.

9 화학 결합의 종류와 물질의 성질

자료 분석

• 고체 상태에서 전기 전도성이 있는 것은 (가)이다.

• C(다이아몬드), I₂, KCl, Mg 중에서 고체 상태에서 전기 전도성이 있는 것은 금속인 Mg이다.
➡ (가): Mg

• 화합물은 (다) 1가지이다.

• 2가지 이상의 원소로 이루어진 화합물은 KCl이다.
➡ (다): KCl

• 녹는점은 (나)가 (라)보다 높다.

• 공유 결정인 C(다이아몬드)가 분자 결정인 I₂보다 녹는점이 높다.
➡ (나): C(다이아몬드), (라): I₂

선택지 분석

ㄱ (가)에는 자유 전자가 있다.

ㄴ (나)는 그물 구조를 이룬다.

ㄷ 액체 상태에서 전기 전도도는 (다)가 (라)보다 크다.

ㄱ. (가)는 금속인 Mg이므로 자유 전자가 있다.

ㄴ. (나)는 C(다이아몬드)이며, 다이아몬드는 C 원자가 연속적으로 결합하여 3차원적인 그물 구조를 이룬다.

ㄷ. (다)는 이온 결정이고, (라)는 분자 결정이므로 액체 상태에서 전기 전도도는 (다)가 (라)보다 크다.

10 화학 결합의 종류와 물질의 성질

자료 분석

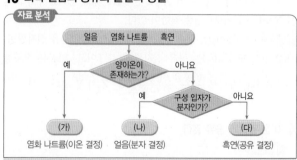

염화 나트륨(이온 결정)   얼음(분자 결정)   흑연(공유 결정)

선택지 분석

ㄱ (가)는 이온 결합 물질이다.

ㄴ (다)의 구성 입자는 원자이다.

✗ 녹는점은 (나)가 (다)보다 높다. 낮다

ㄱ. (가)는 염화 나트륨(NaCl)으로 이온 결합 물질이다.

ㄴ. (다)는 흑연이다. 흑연은 각 탄소 원자가 전자쌍을 공유하여 결합하므로 구성 입자는 원자이다.

바로알기 ㄷ. (나)는 분자 결정인 얼음이고, (다)는 공유 결정인 흑연이므로 녹는점은 분자 결정인 (나)가 공유 결정인 (다)보다 낮다.

11 화학 결합의 종류와 물질의 성질

자료 분석

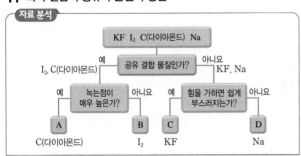

선택지 분석

✗ A의 구성 입자는 ~~분자~~이다. 원자
◯ C와 D에는 금속 양이온이 있다.
◯ 전기 전도도는 D가 B보다 크다.

ㄴ. C는 금속의 양이온과 비금속의 음이온이 결합한 이온 결합 물질이고, D는 금속 양이온과 자유 전자가 결합하여 이루어진 금속 결합 물질이다. 따라서 C와 D에는 모두 금속 양이온이 있다.
ㄷ. D는 금속이고, B는 분자로 이루어진 분자 결정이다. 따라서 전기 전도도는 D가 B보다 크다.

바로알기 ㄱ. A는 공유(원자) 결정으로 구성 입자는 원자이다.

12 화학 결합의 종류

자료 분석

XY는 금속의 양이온과 비금속의 음이온이 결합한 이온 결합 물질이다.

$$2X(s) + Y_2(g) \longrightarrow 2XY(s)$$

X는 고체 상태의 원소로 존재하므로 금속 원소이다.
Y는 원자 2개가 결합하여 기체 상태의 분자로 존재하므로 비금속 원소이다.

선택지 분석

◯ 전기 전도도는 $X(s)$가 $XY(s)$보다 크다.
◯ $XY(s)$는 외부에서 힘을 가할 때 쉽게 부서진다.
✗ 액체 상태에서 전기 전도도는 Y_2가 XY보다 ~~크다.~~ 작다

ㄱ. $X(s)$는 금속 결합 물질이고, $XY(s)$는 이온 결합 물질이므로 고체 상태에서 전기 전도도는 $X(s)$가 $XY(s)$보다 크다.
ㄴ. $XY(s)$는 이온 결합 물질이므로 외부에서 힘을 가하면 쉽게 부서진다.

바로알기 ㄷ. Y_2는 액체 상태에서 전기적으로 중성인 분자 상태로 존재하므로 전기 전도성이 없다. XY는 이온 결합 물질이므로 액체 상태에서 양이온과 음이온이 자유롭게 이동할 수 있어 전기 전도성이 있다. 따라서 액체 상태에서 전기 전도도는 XY가 Y_2보다 크다.

11. 결합의 극성

개념 확인

본책 115쪽, 117쪽

(1) ① 상댓값 ② 커 ③ 작아 ④ 극성 ⑤ 음   (2) ① 무극성
② 극성 ③ 크   (3) ① 원자가 전자 ② 홀전자   (4) ① 공유
전자쌍 ② 2중 결합   (5) ① 4 ② ㉠ 4 ㉡ 6 ③ 4   (6) ① 2
② 6 ③ 옥텟

빈출 자료

본책 119쪽

자료❶	1 ✗	2 ◯	3 ✗	4 ◯	5 ◯
자료❷	1 ✗	2 ◯	3 ✗	4 ◯	5 ◯
자료❸	1 ◯	2 ◯	3 ◯	4 ◯	5 ✗
자료❹	1 ◯	2 ✗	3 ◯	4 ✗	

자료 ❶ 전기 음성도의 주기성

1 같은 족에서 원자 번호가 클수록 전기 음성도는 작아진다. 따라서 같은 14족 원소인 W와 X에서 전기 음성도가 작은 W가 X보다 원자 번호가 크다. 이로부터 W는 3주기 원소이다.

2 X는 2주기 14족 원소이고, Z는 2주기 17족 원소이다. 따라서 원자 번호는 X<Z이다.

3 같은 17족 원소인 Y와 Z에서 전기 음성도가 작은 Y가 Z보다 원자 번호가 크므로 Y는 3주기 원소이다. 따라서 W와 Y는 3주기 원소이다.

5 YZ에서 Z는 Y보다 전기 음성도가 크므로 부분적인 음전하 (δ^-)를 띤다.

자료 ❷ 원자의 루이스 전자점식

1 원자가 전자 수는 X가 5, Y가 6, Z가 7이고, X~Z는 모두 2주기 원소이므로 원자 번호가 클수록 전기 음성도가 크다. 따라서 전기 음성도는 Z>Y>X이다.

2 XZ_3에서 X 원자와 Z 원자 사이의 결합은 극성 공유 결합이다.

3 YZ_2에서 Z는 Y보다 전기 음성도가 크므로 부분적인 음전하 (δ^-)를 띤다.

4 X_2에서 X 원자 사이에는 3중 결합이 있고, Y_2에서 Y 원자 사이에는 2중 결합이 있다. 따라서 공유 전자쌍 수는 X_2가 Y_2보다 크다.

5 Z_2에는 같은 종류의 원자 사이의 결합인 무극성 공유 결합이 있다.

자료 ❸ 분자의 루이스 전자점식과 루이스 구조

1 공유 전자쌍 수는 (가)에서 3이고, (나)에서 2이다.

2 비공유 전자쌍 수는 (가)에서 2이고, (나)에서 8이다.

3 (가) X_2에는 같은 종류의 원자 사이의 결합인 무극성 공유 결합이 있다.

4 (나) YZ_2에는 서로 다른 두 원자인 Y와 Z 사이의 극성 공유 결합이 있다.

정답과 해설 **59**

5 원자가 전자 수는 X가 5, Y가 6, Z가 7이므로 전기 음성도는 Z>Y>X이다. 이로부터 XZ_3에서 X는 부분적인 양전하(δ^+)를 띤다.

자료 ❹ 결합의 극성

1 분자에서 부분적인 음전하(δ^-)를 띤 원자가 전기 음성도가 크므로 전기 음성도는 F>H, Cl>H, F>Cl이다. 이로부터 전기 음성도는 F>Cl>H이다.

2 HF에서 서로 다른 종류의 원자 사이의 결합인 극성 공유 결합이 있다.

3 두 원자에서 전기 음성도가 큰 원자가 전자쌍을 자기 쪽으로 끌어오므로 부분적인 음전하(δ^-)를 띤다.

4 결합하는 두 원자 사이의 전기 음성도 차가 클수록 결합의 이온성이 커진다. 따라서 결합의 이온성은 HF가 ClF보다 크다.

본책 120쪽

1 ④ **2** (1) 감소 (2) 크 (3) 음 (4) 무극성 **3** ④ **4** (1) 무극성 → 극성 (2) 만족한다. → 만족하지 않는다. (3) 양 → 음 **5** (1) 무극성 (2) 크 (3) 양 (4) 극성 **6** C>A>B

1 제시된 원소의 전기 음성도는 F>O>Mg>Na이므로 A는 Na, B는 Mg, C는 O, D는 F이다.
④ A는 3주기 1족 원소이고, D는 2주기 17족 원소이므로 A와 D가 결합할 때 A는 전자 1개를 잃고 +1의 양이온이 되고, D는 전자 1개를 얻어 −1의 음이온이 된다. 이때 양이온과 음이온이 1 : 1의 개수비로 결합하므로 화학식은 AD이다.
〔바로알기〕① B와 C는 각각 Mg, O로 각각 3주기, 2주기 원소이다.
② A와 B는 모두 3주기 원소이고, 원자 번호는 A<B이므로 원자 반지름은 A>B이다.
③ A는 금속 원소이고, C는 비금속 원소이므로 A와 C가 결합한 물질은 이온 결합 물질이다.
⑤ D의 원자가 전자 수는 7이므로 D_2에서 D 원자 사이의 결합은 단일 결합이다.

2 (1) 같은 족에서 원자 번호가 커질수록 전기 음성도는 감소한다.
(2) 같은 3주기 원소 B와 D에서 전기 음성도는 B>D이므로 원자 번호는 B>D이다. 따라서 원자가 전자 수는 B가 D보다 크다.
(3) 전기 음성도는 B>C이므로 BC에서 B는 부분적인 음전하(δ^-)를 띤다.
(4) A_2에서 A 원자 사이의 결합은 같은 종류의 원자 사이의 결합이므로 무극성 공유 결합이다.

3 ① (가)에서 두 원자 사이의 결합은 같은 종류의 원자 사이의 결합이므로 무극성 공유 결합이다.
② (나)에서 두 원자 사이의 결합은 서로 다른 종류의 원자 사이의 결합이므로 극성 공유 결합이다.

③ (다)에서 Z는 전자를 잃고 양이온으로 존재하고, Y는 전자를 얻어 음이온으로 존재하므로 결합이 형성될 때 전자는 Z에서 Y로 이동한다.
⑤ 결합의 이온성은 (다)가 (나)보다 크다.
〔바로알기〕④ (나)에서 Y가 부분적인 음전하(δ^-)를 띠므로 전기 음성도는 X<Y이다. 또 (다)에서 Z는 금속 원소이므로 전기 음성도는 Y>X>Z이다.

4 (1) (가)에서 C 원자와 O 원자 사이의 결합은 전기 음성도가 다른 두 원자 사이의 결합이므로 극성 공유 결합이다.
(2) (나)에서 중심 원자인 B 원자 주위에는 전자쌍이 3개 있으므로 옥텟 규칙을 만족하지 않는다.
(3) (가)에서 전기 음성도는 C<O이다. 따라서 O 원자 쪽으로 전자쌍이 치우치므로 O 원자는 부분적인 음전하를 띤다.

5 (1) X_2에는 같은 종류의 원자 사이의 결합인 무극성 공유 결합이 있다.
(2) Y의 원자가 전자 수는 6이므로 Y_2에서 Y 원자 사이의 결합은 2중 결합이다. 또 Z의 원자가 전자 수는 7이므로 Z_2에서 Z 원자 사이의 결합은 단일 결합이다.
(3) 전기 음성도는 Z>Y이므로 YZ_2에서 Y는 부분적인 양전하(δ^+)를 띤다.
(4) XZ_3에서 X 원자와 Y 원자 사이의 결합은 서로 다른 원자 사이의 결합이므로 극성 공유 결합이다.

6 (가)와 (나)의 루이스 전자점식으로부터 원자가 전자 수는 A가 6, B가 4, C가 7이므로 원자 번호는 C>A>B이다. 이때 A~C는 모두 같은 주기 원소이므로 전기 음성도는 원자 번호가 클수록 크다. 따라서 전기 음성도는 C>A>B이다.

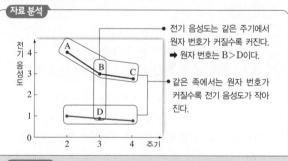

본책 121쪽~124쪽

1 ③	2 ⑤	3 ④	4 ③	5 ①	6 ①
7 ①	8 ①	9 ③	10 ⑤	11 ③	12 ⑤
13 ③	14 ④	15 ④	16 ②	17 ①	

1 전기 음성도의 주기성

〔자료 분석〕

● 전기 음성도는 같은 주기에서 원자 번호가 커질수록 커진다.
➡ 원자 번호는 B>D이다.

● 같은 족에서는 원자 번호가 커질수록 전기 음성도가 작아진다.

〔선택지 분석〕
㉠ 같은 족 원소에서 원자 번호가 커질수록 전기 음성도가 작아진다.
㉡ 원자가 전자 수는 B가 D보다 크다.
✗ 쌍극자 모멘트는 A_2가 BC보다 크다. 작다

ㄱ. A, B, C는 같은 족 원소이고, 같은 족에서 원자 번호가 커질수록 전기 음성도가 작아진다.

ㄴ. 같은 주기에서는 원자 번호가 커질수록 전기 음성도가 커진다. 따라서 3주기에 속하는 B와 D에서 원자가 전자 수는 B가 D보다 크다.

바로알기 ㄷ. A_2는 같은 종류의 원자 사이의 결합에 의해 형성되므로 무극성 공유 결합을 한다. 또 BC는 서로 다른 종류의 원자 사이의 결합에 의해 형성되므로 극성 공유 결합을 한다. 따라서 쌍극자 모멘트는 BC가 A_2보다 크다.

2 2주기 원소의 전기 음성도

자료 분석

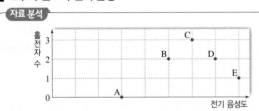

홀전자 수가 0인 A는 Be이고, 홀전자 수가 2인 B와 D 중 전기 음성도가 큰 D는 산소(O), B는 탄소(C)이다. 또 홀전자 수가 3인 C는 질소(N)이고, 홀전자 수가 1이면서 전기 음성도가 O보다 큰 E은 플루오린(F)이다.

선택지 분석

㉠ 공유 전자쌍 수는 C_2가 D_2보다 크다.
㉡ 결합의 이온성은 AD가 BD_2보다 크다.
㉢ DE_2에서 D는 부분적인 양전하(δ^+)를 띤다.

ㄱ. C_2에서 C 원자 사이에는 3중 결합이 있고, D_2에서 D 원자 사이에는 2중 결합이 있다. 따라서 공유 전자쌍 수는 C_2가 D_2보다 크다.

ㄴ. 전기 음성도는 D>B>A이므로 결합의 이온성은 두 원자 사이의 전기 음성도 차가 큰 AD가 BD_2보다 크다.

ㄷ. 전기 음성도는 E>D이므로 DE_2에서 D는 부분적인 양전하(δ^+)를 띤다.

3 루이스 전자점식

선택지 분석

❌ $8a=b-c$
❌ $8a=b-2c$
❌ $8a=2b-c$
④ $8a=b+2c$
❌ $8a=2b+c$

O_2, F_2, OF_2에서 a, b, c를 구하여 탐구 결과 표를 완성하면 다음과 같다.

분자	a	b	c
O_2	2	12	2
F_2	2	14	1
OF_2	3	20	2

이로부터 a, b, c 사이에는 다음 관계식이 성립한다.
$8a=b+2c$

4 전기 음성도의 주기성

자료 분석

• 원자 번호는 A<B<C<D이다.
• B가 금속 원소이므로 A도 금속 원소이다.

 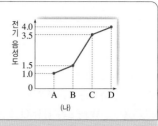

(가)   (나)

선택지 분석

㉠ CD_2에는 극성 공유 결합이 있다.
㉡ 결합의 이온성은 AD가 BC보다 크다.
❌ AD에서 D는 부분적인 음전하(δ^-)를 띤다. 음이온으로 존재한다

ㄱ. CD_2에서 C 원자와 D 원자 사이의 결합은 서로 다른 두 원자 사이의 결합으로 극성 공유 결합이다.

ㄴ. D와 A 사이의 전기 음성도 차가 C와 B 사이의 전기 음성도 차보다 크므로 결합의 이온성은 AD가 BC보다 크다.

바로알기 ㄷ. AD는 금속의 양이온과 비금속의 음이온으로 이루어진 이온 결합 물질이다.
따라서 AD에서 D는 음이온으로 존재한다.

5 결합의 극성

자료 분석

원자	A Na	B Mg	C O	D F
$a-b$	0	2	4	6

O, F, Na, Mg의 원자가 전자 수는 각각 6, 7, 1, 2이고 바닥상태에서 홀전자 수는 각각 2, 1, 1, 0이다. ➡ $a-b$가 0인 A는 Na, 2인 B는 Mg, 4인 C는 O, 6인 D는 F이다.

선택지 분석

㉠ 전기 음성도가 가장 큰 원소는 D이다.
❌ AD에는 극성 공유 결합이 있다. 이온 결합
❌ BC는 공유 결합 물질이다. 이온 결합 물질

ㄱ. 전기 음성도는 D>C>B>A이다.
바로알기 ㄴ. AD는 금속 원소의 양이온과 비금속 원소의 음이온으로 이루어진 이온 결합 물질이다.
ㄷ. BC는 금속 원소의 양이온과 비금속 원소의 음이온으로 이루어진 이온 결합 물질이다.

6 전기 음성도와 결합의 극성

자료 분석

• 전기 음성도는 Z>X>Y>W이다.
• H와 W~Z의 전기 음성도 차

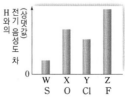

• H_aW, H_bX, H_cY, H_aZ에서 H는 부분적인 양전하(δ^+)를 띤다. ➡ W~Z는 수소보다 전기 음성도가 큰 비금속 원소이다.

ㄱ. H와의 전기 음성도 차가 큰 원자일수록 전기 음성도가 크므로 전기 음성도는 X>W이다.

바로알기 ㄴ. W~Z는 각각 O, F, S, Cl 중 하나이고 전기 음성도는 같은 주기에서는 원자 번호가 클수록, 같은 족에서는 원자 번호가 작을수록 크다. 이로부터 주어진 원소의 전기 음성도는 F>O>Cl>S이므로 W는 S, X는 O, Y는 Cl, Z는 F이다. 따라서 H_cY는 HCl이므로 $c=1$이고, H_aW는 H_2S이므로 $a=2$이다. 즉, $c<a$이다.

ㄷ. 전기 음성도는 Z>Y이므로 YZ에서 Y는 부분적인 양전하(δ^+)를 띤다.

7 결합의 극성과 쌍극자 모멘트

자료 분석

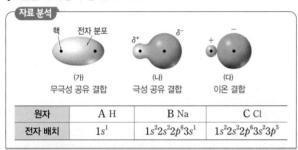

원자	A H	B Na	C Cl
전자 배치	$1s^1$	$1s^22s^22p^63s^1$	$1s^22s^22p^63s^23p^5$

ㄱ. C_2는 전기 음성도가 같은 비금속 원소의 원자가 결합한 것이므로 (가)와 같은 무극성 공유 결합을 한다.

바로알기 ㄴ. AC는 HCl이므로 서로 다른 원자가 공유 결합하여 (나)와 같은 극성 공유 결합을 한다.

ㄷ. BC(NaCl)에서 B(Na)는 금속 원소로 금속 양이온으로 존재한다.

8 전기 음성도 비교

자료 분석

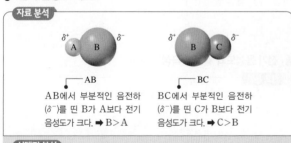

AB에서 부분적인 음전하(δ^-)를 띤 B가 A보다 전기 음성도가 크다. ➡ B>A

BC에서 부분적인 음전하(δ^-)를 띤 C가 B보다 전기 음성도가 크다. ➡ C>B

AB에서 부분적인 음전하(δ^-)를 띤 B가 A보다 전기 음성도가 크다. 또 BC에서 부분적인 음전하(δ^-)를 띤 C가 B보다 전기 음성도가 크다. 따라서 전기 음성도는 A<B<C이다.

9 전기 음성도의 주기성

자료 분석

제시된 원소의 전기 음성도는 F>O>Na이다.
➡ A : Na, B : O, C : F

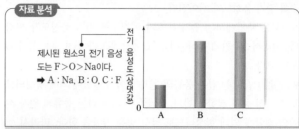

ㄱ. $BC_2(OF_2)$에서 B 원자 1개는 C 원자 1개와 전자쌍 1개씩을 공유하므로 B와 C는 모두 Ne과 같은 전자 배치를 갖는다.

ㄷ. B_2에는 2중 결합이 있고, C_2에는 단일 결합이 있으므로 공유 전자쌍 수는 B_2가 C_2보다 크다.

바로알기 ㄴ. AC는 금속 원소의 양이온과 비금속 원소의 음이온으로 이루어진 이온 결합 물질이므로 A는 부분적인 양전하(δ^+)를 띠는 것이 아니라 양이온으로 존재한다.

10 전기 음성도

자료 분석

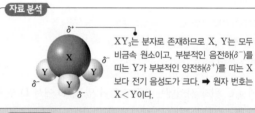

XY_3는 분자로 존재하므로 X, Y는 모두 비금속 원소이고, 부분적인 음전하(δ^-)를 띠는 Y가 부분적인 양전하(δ^+)를 띠는 X보다 전기 음성도가 크다. ➡ 원자 번호는 X<Y이다.

ㄱ. 같은 2주기 원소 X, Y의 전기 음성도는 X<Y이므로 원자 번호는 X<Y이다.

ㄴ. 분자를 형성하는 2주기 원소는 비금속 원소인 B, C, N, O, F 중 하나이고, 중심 원자 X에 결합한 Y 원자 수가 3이고 X는 옥텟 규칙을 만족하므로 가능한 XY_3는 NF_3이다. X_2는 N_2이고, Y_2는 F_2이므로 공유 전자쌍 수는 X_2에서 3이고, Y_2에서 1이다.

ㄷ. XY_3에는 전기 음성도가 다른 두 원자 사이의 결합인 극성 공유 결합이 있다.

11 전기 음성도의 주기성

자료 분석

• 원자 반지름은 같은 주기에서는 원자 번호가 커질수록 작아지고, 같은 족에서는 원자 번호가 커질수록 커진다. ➡ 원자 반지름: K>S>Cl

• 원자 반지름: X>Y

• 전기 음성도: Z>Y ➡ 전기 음성도는 같은 주기에서는 원자 번호가 커질수록, 같은 족에서는 원자 번호가 작을수록 대체로 커진다.

• X는 K, Y는 S, Z는 Cl이다. ➡ 전기 음성도: Cl>S>K

ㄱ. Z의 원자가 전자 수는 7이고, X의 원자가 전자 수는 1이다. 따라서 Z와 X의 원자가 전자 수의 차는 6이다.

ㄴ. YZ_2에는 전기 음성도가 다른 Y 원자와 Z 원자 사이의 극성 공유 결합이 있다.

(바로알기) ㄷ. 화합물 XZ는 금속 원소와 비금속 원소로 이루어진 이온 결합 물질이므로 결합의 이온성이 50 % 이상이다.

12 루이스 전자점식

자료 분석

$$\left[\ddot{:}\!A\!:\!B \right]^- \qquad B\!:\!\ddot{C}\!:$$

(가)   (나)

• (가)는 −1의 음이온이고, A와 B에서 결합에 사용한 전자 수가 8이므로 A와 B의 원자가 전자 수의 합은 7이다. 이때 B의 원자가 전자 수는 1이고 A의 원자가 전자 수는 6이다. ➡ A는 2주기 16족 원소인 O, B는 1주기 1족 원소인 H이다.
• (나)에서 C의 원자가 전자 수가 7이므로 C는 2주기 17족 원소인 F이다.

선택지 분석

ㄱ 1몰에 들어 있는 전자 수는 (가)와 (나)가 같다.
✗ A와 C는 같은 족 원소이다. 다른
ㄷ AC_2의 $\dfrac{\text{비공유 전자쌍 수}}{\text{공유 전자쌍 수}}$ =4이다.

ㄱ. B는 1주기 1족 원소이고, A와 C는 2주기 원소이므로 안쪽 껍질에 들어 있는 전자 수가 같다. 따라서 (가)와 (나)에서 결합에 사용한 전자 수가 같으므로 1몰에 들어 있는 전자 수는 (가)와 (나)가 같다.

ㄷ. AC_2는 OF_2로 공유 전자쌍 수는 2이고, 비공유 전자쌍 수는 8이므로 $\dfrac{\text{비공유 전자쌍 수}}{\text{공유 전자쌍 수}}$ =4이다.

(바로알기) ㄴ. A는 2주기 16족 원소이고, C는 2주기 17족 원소로 다른 족 원소이다.

13 원자의 루이스 전자점식

자료 분석

$$\cdot\ddot{X}\cdot \qquad \cdot\dot{\ddot{Y}}\cdot \qquad :\dot{\ddot{Z}}\cdot$$

원자가 전자 수 5   원자가 전자 수 6   원자가 전자 수 7
➡ 질소(N)   ➡ 산소(O)   ➡ 플루오린(F)

선택지 분석

ㄱ 공유 전자쌍 수는 X_2가 Y_2보다 크다.
✗ YZ_2에서 Y와 Z는 무극성 공유 결합을 한다. 극성
ㄷ 결합의 극성은 X−Z가 Y−Z보다 크다.

ㄱ. X의 원자가 전자 수는 5이므로 X가 비활성 기체와 같은 전자 배치를 갖기 위해 필요한 전자 수는 3이다. 따라서 X_2에는 3중 결합이 있다. Y의 원자가 전자 수는 6이므로 Y가 비활성 기체와 같은 전자 배치를 갖기 위해 필요한 전자 수는 2이다. 따라서 Y_2에는 2중 결합이 있고, 공유 전자쌍 수는 X_2가 Y_2보다 크다.

ㄷ. 전기 음성도는 Z>Y>X이므로 두 원자의 전기 음성도 차는 X−Z가 Y−Z보다 크다. 따라서 결합의 극성은 X−Z가 Y−Z보다 크다.

(바로알기) ㄴ. YZ_2에서 Y와 Z 사이의 결합은 전기 음성도가 다른 두 원자 사이의 결합이므로 극성 공유 결합이다.

14 분자의 루이스 구조

자료 분석

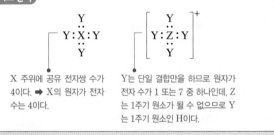

• 원자가 전자 수는 H가 1, C가 4, O가 6이다. ➡ H 원자 주위에 공유 전자쌍이 1이므로 원자가 전자는 모두 결합에 사용된다. C 원자 주위에 공유 전자쌍이 4이므로 원자가 전자는 모두 결합에 사용된다.

선택지 분석

✗ 1   ✗ 2   ✗ 3
④ 4   ✗ 5

H 원자 주위에 공유 전자쌍이 1개이므로 H 원자의 원자가 전자 1개는 모두 결합에 사용된다. C 원자 주위에 공유 전자쌍이 4개이므로 C 원자의 원자가 전자 4개는 모두 결합에 사용된다. 한편 각 O 원자 주위에 공유 전자쌍 수가 2이므로 원자가 전자 6개 중 2개씩만 결합에 사용하였고, 각 O 원자에는 비공유 전자쌍이 2개씩 있다. 폼산을 구성하는 O 원자 수가 2이므로 HCOOH에서 비공유 전자쌍 수는 4이다.

15 루이스 전자점식

자료 분석

$$\left[\begin{array}{c} Y \\ Y\!:\!\ddot{X}\!:\!Y \\ Y \end{array}\right] \qquad \left[\begin{array}{c} Y \\ Y\!:\!\ddot{Z}\!:\!Y \\ Y \end{array}\right]^+$$

X 주위에 공유 전자쌍 수가 4이다. ➡ X의 원자가 전자 수는 4이다.

Y는 단일 결합만을 하므로 원자가 전자 수가 1 또는 7 중 하나인데, Z는 1주기 원소가 될 수 없으므로 Y는 1주기 원소인 H이다.

선택지 분석

✗ X와 Y는 2주기 원소이다. X는 2주기, Y는 1주기
ㄴ ZY_4^+에서 Z는 옥텟 규칙을 만족한다.
ㄷ 공유 전자쌍 수는 Z_2가 X_2의 3배이다.

ㄴ. ZY_4^+에서 중심 원자인 Z 주위에는 전자쌍이 4개 있으므로 Z는 옥텟 규칙을 만족한다.

ㄷ. Y는 원자가 전자가 1개이고, ZY_4^+에서 결합에 사용된 전자는 총 8개이고, 이때 +1의 전하를 띠므로 Z의 원자가 전자 수는 5이다. Z는 2주기 원소이므로 원자가 전자 수가 5인 15족 원소 질소(N)이다. 이로부터 Z_2에는 3중 결합이 있고, Y_2에는 단일 결합이 있으므로 공유 전자쌍 수는 Z_2가 Y_2의 3배이다.

(바로알기) ㄱ. X는 2주기 원소이고, Y는 1주기 원소이다.

16 루이스 전자점식

자료 분석

Z^{a-}에서 Z 주위에는 전자쌍이 4개이므로 전자 1개를 얻어서 형성된 음이온이다. ➡ a=1이다.

원자가 전자 수가 Y는 6이고, Z는 7이다.

선택지 분석

✗ a=2이다. a=1
ㄴ 전기 음성도는 X<Y이다.
✗ YZ_2에서 Y는 부분적인 음전하(δ^-)를 띤다. 양전하(δ^+)

ㄴ. Z^{a-}에서 $a=1$이므로 X는 2주기 1족 원소 또는 3주기 1족 원소 중 하나인데 원자 번호가 X>Z>Y이므로 X는 3주기 1족 원소, Z는 2주기 17족 원소, Y는 2주기 16족 원소이다. 전기 음성도는 같은 주기에서 원자 번호가 클수록 크고, 같은 족에서는 원자 번호가 작을수록 크므로 X의 전기 음성도는 3주기 16족 원소보다 작고, Y의 전기 음성도는 3주기 16족 원소보다 크다. 따라서 전기 음성도는 X<Y이다.

바로알기 ㄱ. 원자가 전자 수는 Y는 6이고, Z는 7이다. 이때 Z^{a-}에서 Z 주위에는 전자쌍이 4개이므로 Z^{a-}은 전자 1개를 얻어서 형성된 음이온이므로 $a=1$이다.

ㄷ. Y, Z는 모두 2주기 원소이고 원자 번호는 Y<Z이므로 전기 음성도는 Y<Z이다. 따라서 YZ_2에서 Y는 부분적인 양전하(δ^+)를 띤다.

17 분자의 루이스 점자점식
자료 분석

(가)에서 X의 원자가 전자 수는 4, Y의 원자가 전자 수는 5이다. ➡ X는 2주기 14족, Y는 2주기 15족 원소

(나)에서 Z의 원자가 전자 수는 6이다. ➡ Z는 2주기 16족 원소

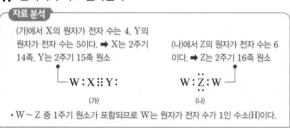

• W~Z 중 1주기 원소가 포함되므로 W는 원자가 전자 수가 1인 수소(H)이다.

선택지 분석

⊙ W는 1주기 원소이다.
✗ 공유 전자쌍 수가 Y_2가 W_2의 2배이다. 3배
✗ XZ_2에는 무극성 공유 결합이 있다. 극성

ㄱ. W는 수소(H)이므로 1주기 원소이다.

바로알기 ㄴ. Y는 원자가 전자 수가 5이므로 Y_2에는 3중 결합이 있다. 또 W는 원자가 전자 수가 1이므로 W_2에는 단일 결합이 있다. 따라서 공유 전자쌍 수는 Y_2가 W_2의 3배이다.

ㄷ. XZ_2에는 전기 음성도가 다른 원자 사이의 결합만 있으므로 극성 공유 결합만 있다.

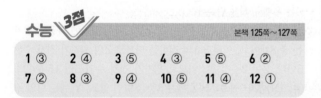

본책 125쪽~127쪽

| 1 ③ | 2 ④ | 3 ⑤ | 4 ③ | 5 ⑤ | 6 ② |
| 7 ② | 8 ③ | 9 ④ | 10 ⑤ | 11 ④ | 12 ① |

1 전기 음성도와 결합의 극성
자료 분석

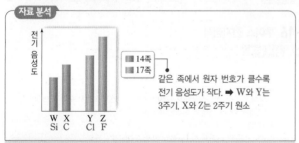

같은 족에서 원자 번호가 클수록 전기 음성가 작다. ➡ W와 Y는 3주기, X와 Z는 2주기 원소

선택지 분석

⊙ W는 3주기 원소이다.
ⓛ XY_4에는 극성 공유 결합이 있다.
✗ YZ에서 Z는 부분적인 양전하(δ^+)를 띤다. 음전하(δ^-)

ㄱ. 같은 족에서 원자 번호가 클수록 전기 음성도가 작으므로 W는 3주기 원소이다.

ㄴ. XY_4에는 X와 Y의 결합만 있고, 서로 다른 원자 사이의 결합이므로 극성 공유 결합이 있다.

바로알기 ㄷ. 전기 음성도는 Z>Y이므로 YZ에서 Z는 부분적인 음전하(δ^-)를 띤다.

2 전기 음성도와 결합의 극성
자료 분석

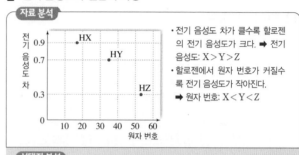

• 전기 음성도 차가 클수록 할로젠의 전기 음성도가 크다. ➡ 전기 음성도: X>Y>Z
• 할로젠에서 원자 번호가 커질수록 전기 음성도가 작아진다. ➡ 원자 번호: X<Y<Z

선택지 분석

✗ X~Z 중 원자 반지름은 X가 가장 크다. 작다
ⓛ 분자의 쌍극자 모멘트는 HZ가 Z_2보다 크다.
ⓔ HZ에서 Z는 부분적인 음전하(δ^-)를 띤다.

ㄴ. HZ에서 두 원자 사이의 전기 음성도 차가 0보다 크므로 HZ는 극성 공유 결합이 있는 2원자 분자로, 극성 분자이다. 또 Z_2에서 두 원자 사이의 결합은 무극성 공유 결합이므로 Z_2는 무극성 분자이다. 따라서 분자의 쌍극자 모멘트는 HZ가 Z_2보다 크다.

ㄷ. 전기 음성도는 Z>H이므로 HZ에서 전자쌍은 Z 원자 쪽에 치우친다. 따라서 Z는 부분적인 음전하(δ^-)를 띤다.

바로알기 ㄱ. X~Z 중 X의 원자 번호가 가장 작으므로 원자 반지름은 X가 가장 작다.

3 전기 음성도의 주기성
자료 분석

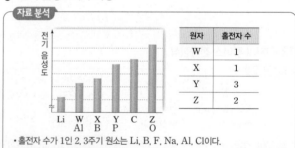

원자	홀전자 수
W	1
X	1
Y	3
Z	2

• 홀전자 수가 1인 2, 3주기 원소는 Li, B, F, Na, Al, Cl이다.
• 홀전자 수가 3인 2, 3주기 원소는 N, P이다. ➡ Y의 전기 음성도가 탄소(C)보다 작으므로 Y는 3주기 원소인 인(P)이다.
• 홀전자 수가 2인 Z의 전기 음성도가 탄소보다 크므로 Z는 산소(O)이다.

선택지 분석

⊙ W~Z 중 3주기 원소는 2가지이다.
ⓛ 옥텟 규칙을 만족하는 CZ_m에는 다중 결합이 있다.
ⓔ X와 Z로 이루어진 물질은 이온 결합 물질이다.

W와 X는 Li보다 전기 음성도가 크고, C보다 전기 음성도가 작으므로 F일 수 없다. 또 Y는 3주기 15족 원소인 P이고, W와 X의 전기 음성도가 P보다 작으므로 Cl일 수 없다. 또 Na의 전기 음성도는 Li보다 작으므로 W와 X는 Na이 될 수 없다. 이로부터 W와 X는 B와 Al 중 하나이고, 같은 족에서 원자 번호가 클수록 전기 음성도가 작으므로 W는 Al, X는 B이다.

ㄱ. W~Z 중 3주기 원소는 W, Y로 2가지이다.

ㄴ. CZ_m는 CO_2이므로 2중 결합이 있다.

ㄷ. W는 금속 원소인 Al이고, Z는 비금속 원소인 O이므로 W와 Z로 이루어진 물질은 이온 결합 물질이다.

4 결합의 극성과 쌍극자 모멘트

자료 분석

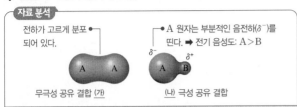

전하가 고르게 분포되어 있다.

A 원자는 부분적인 음전하(δ^-)를 띤다. → 전기 음성: A>B

무극성 공유 결합 (가)   (나) 극성 공유 결합

선택지 분석

ㄱ (가)에는 무극성 공유 결합이 있다.

ㄴ 전기 음성도는 A>B이다.

✗ F_2은 (나)와 같은 결합을 한다. (가)

ㄱ. (가)는 같은 종류의 두 원자가 공유 결합을 하고 있으므로 무극성 공유 결합이 있다.

ㄴ. (나)에서 A 원자는 부분적인 음전하(δ^-)를 띠므로 전기 음성도는 A>B이다.

바로알기 ㄷ. F_2은 같은 종류의 원자가 결합하여 형성되므로 (가)와 같은 무극성 공유 결합을 한다.

5 루이스 전자점식

자료 분석

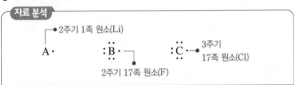

2주기 1족 원소(Li)

A·   :B·   :C·→ 3주기 17족 원소(Cl)

2주기 17족 원소(F)

선택지 분석

ㄱ B_2에는 무극성 공유 결합이 있다.

ㄴ BC에서 C는 부분적인 양전하(δ^+)를 띤다.

ㄷ 결합의 이온성은 AC가 BC보다 크다.

ㄱ. B_2에는 같은 종류의 원자 사이의 결합만 있으므로 무극성 공유 결합이 있다.

ㄴ. B와 C는 같은 17족 원소이고, 원자 번호는 B<C이므로 전기 음성도는 B>C이다. BC에서 C는 부분적인 양전하(δ^+)를 띤다.

ㄷ. AC는 금속 원소와 비금속 원소로 이루어진 이온 결합 물질이고, BC는 극성 공유 결합이 있는 공유 결합 물질이므로 결합의 이온성은 AC가 BC보다 크다.

6 전기 음성도와 쌍극자 모멘트

자료 분석

[가설]
· 극성 공유 결합에서   ㄱ

[활동]   전기 음성도가 더 큰 원자가 부분적인 음전하(δ^-)를 띤다.
· H, F, Cl의 전기 음성도를 찾아 크기를 비교한다.
· HF, HCl, ClF의 부분적인 양전하(δ^+)와 부분적인 음전하(δ^-)가 표시된 그림을 찾는다.

[결과]
· 전기 음성도의 크기: F>Cl>H
· HF, HCl, ClF에서 δ^+와 δ^-가 표시된 그림

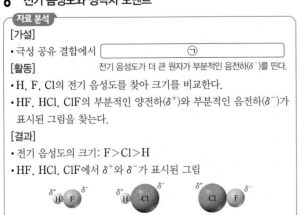

δ^+H   Fδ^- δ^+H   Clδ^- Clδ^+ Fδ^-

선택지 분석

✗ 크기가 더 작은 원자가 부분적인 양전하(δ^+)를 띤다.

② 전기 음성도가 더 큰 원자가 부분적인 음전하(δ^-)를 띤다.

✗ Cl는 어떤 원자와 결합하여도 부분적인 음전하(δ^-)를 띤다.

✗ 원자 간 원자량 차가 커지면 전기 음성도 차는 커진다.

✗ 전기 음성도의 차가 커지면 부분적인 전하의 크기는 작아진다.

② 전기 음성도는 F>Cl>H이고, HF, HCl, ClF에서 δ^+와 δ^-가 표시된 그림을 통해 전기 음성도가 더 큰 원자가 부분적인 음전하(δ^-)를 띤다는 것을 알 수 있다.

바로알기 ① ClF에서 크기가 더 큰 Cl가 부분적인 양전하(δ^+)를 띤다.

③ Cl가 F과 결합하면 부분적인 양전하(δ^+)를 띤다.

④ 자료에는 원자량이 제시되어 있지 않다.

⑤ 자료에는 부분적인 전하의 크기가 제시되어 있지 않다.

7 분자의 루이스 전자점식

자료 분석

· X~Z의 루이스 전자점식

:X:·   ·Y·   :Z·

· (가)~(다)에 대한 자료

분자	X_2 (가)	YX_2 (나)	YZ_2 (다)
원소의 종류	X	X, Y	Y, Z
분자 1몰에 들어 있는 전자의 양(mol)	18	34	50

· X의 전자 수는 9이고, 원자가 전자 수가 7이므로 2주기 17족 원소인 F이다.
· Y의 원자가 전자 수가 6이므로 2주기 원소인 경우 O이고, 3주기 원소인 경우 S이다. ➡ (나)에서 Y의 원자가 전자 수가 6으로 Y 원자 1개가 X 원자 2개와 결합해야 하므로 (나)의 분자식은 YX_2이다.

선택지 분석

✗ 분자식을 구성하는 원자 수는 (나)<(다)이다. (나)=(다)

✗ (나)에는 무극성 공유 결합이 있다. 극성

ㄷ (다)에서 Y는 부분적인 양전하(δ^+)를 띤다.

X의 원자가 전자 수가 7로 X는 17족 원소이므로 (가)의 분자식은 X_2이다. 이때 분자 1몰에 들어 있는 전자의 양이 18몰이므로 X의 전자 수는 9이다. 이로부터 X는 2주기 17족 원소인 F이다. 또 Y의 원자가 전자 수가 6으로 (나)에서 Y 원자 1개가 X 원자 2개와 결합해야 하므로 (나)의 분자식은 YX_2이다. 이때 X 원자 2몰에 들어 있는 전자의 양은 18몰이므로 Y 원자 1몰에 들어 있는 전자의 양은 16몰이다. 따라서 Y는 전자 수가 16인 황(S)이다. 또 (다)의 분자식은 YZ_2이고, Y의 전자 수가 16이므로 Z의 전자 수는 17이다. 이로부터 Z는 3주기 17족 원소인 염소(Cl)이다.

ㄷ. Y와 Z는 같은 3주기 원소이고 원자 번호는 Z>Y이므로 전기 음성도는 Z>Y이다. 따라서 (다)에서 Y는 부분적인 양전하(δ^+)를 띤다.

바로알기 ㄱ. (나)의 분자식은 YX_2이고, (다)의 분자식은 YZ_2이므로 분자식을 구성하는 원자 수는 (나)와 (다)에서 같다.

ㄴ. (나)에는 X-Y 결합만 있으므로 극성 공유 결합만 있다.

8 전자 배치 모형과 결합의 극성

자료 분석

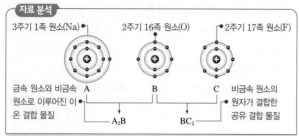

3주기 1족 원소(Na) · 2주기 16족 원소(O) · 2주기 17족 원소(F)

금속 원소와 비금속 원소로 이루어진 이온 결합 물질
A · B · C · 비금속 원소의 원자가 결합한 공유 결합 물질

A₂B · BC₂

선택지 분석

⊙ A_2B와 BC_2에서 모든 원자는 옥텟 규칙을 만족한다.

⊙ BC_2에는 극성 공유 결합이 있다.

✗ 결합의 이온성은 BC_2가 A_2B보다 ~~크다.~~ 작다

ㄱ. A_2B와 BC_2에서 모든 원자의 전자 배치는 Ne과 같으므로 옥텟 규칙을 만족한다.

ㄴ. BC_2에서 B 원자와 C 원자 사이의 결합은 전기 음성도가 다른 두 원자 사이의 결합으로 극성 공유 결합이다.

바로알기 ㄷ. A는 3주기 1족 원소로 금속 원소이고, B와 C는 각각 2주기 비금속 원소이므로 A_2B는 이온 결합 물질이고, BC_2는 공유 결합 물질이다. 따라서 결합의 이온성은 BC_2가 A_2B보다 작다.

9 분자의 루이스 구조

자료 분석

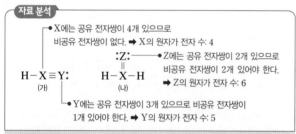

• X에는 공유 전자쌍이 4개 있으므로 비공유 전자쌍이 없다. ➡ X의 원자가 전자 수: 4

:Z: — Z에는 공유 전자쌍이 2개 있으므로 비공유 전자쌍이 2개 있어야 한다.
H−X≡Y: ‖ H−X−H ➡ Z의 원자가 전자 수: 6
(가) (나)

• Y에는 공유 전자쌍이 3개 있으므로 비공유 전자쌍이 1개 있어야 한다. ➡ Y의 원자가 전자 수: 5

선택지 분석

✗ 공유 전자쌍 수는 ~~(가)가 (나)보다 크다.~~ (가)와 (나)가 같다

⊙ 비공유 전자쌍 수는 (나)가 (가)보다 크다.

⊙ (가)와 (나)에는 모두 극성 공유 결합이 있다.

ㄴ. (가)는 Y 원자에 비공유 전자쌍 수가 1, (나)는 Z 원자에 비공유 전자쌍 수가 2이다. 따라서 비공유 전자쌍 수는 (나)가 (가)보다 크다.

ㄷ. (가)와 (나)에는 서로 다른 두 원자 사이의 공유 결합이 있으므로 모두 극성 공유 결합이 있다.

바로알기 ㄱ. 공유 전자쌍 수는 (가)와 (나)가 4로 같다.

10 화학 결합 모형과 결합의 극성

자료 분석

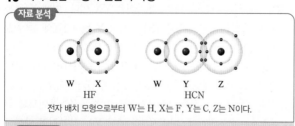

W X · W Y Z
HF · HCN
전자 배치 모형으로부터 W는 H, X는 F, Y는 C, Z는 N이다.

선택지 분석

⊙ WX에서 W는 부분적인 양전하(δ^+)를 띤다.

⊙ 전기 음성도는 Z>Y이다.

⊙ YW_4에는 극성 공유 결합이 있다.

ㄱ. W는 수소(H)이고, X는 플루오린(F)이므로 전기 음성도는 H<F으로 W는 부분적인 양전하(δ^+)를 띤다.

ㄴ. Y는 탄소(C)이고, Z는 질소(N)이므로 전기 음성도는 Z>Y이다.

ㄷ. YW_4에는 Y와 W 사이에 전기 음성도가 다른 두 원자 사이의 극성 공유 결합이 있다.

11 화학 결합 모형과 결합의 극성

자료 분석

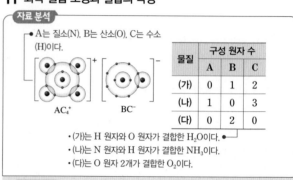

• A는 질소(N), B는 산소(O), C는 수소(H)이다.

물질	구성 원자 수		
	A	B	C
(가)	0	1	2
(나)	1	0	3
(다)	0	2	0

AC_4^+ · BC^-

• (가)는 H 원자와 O 원자가 결합한 H_2O이다.
• (나)는 N 원자와 H 원자가 결합한 NH_3이다.
• (다)는 O 원자 2개가 결합한 O_2이다.

선택지 분석

✗ 전기 음성도는 ~~A가 B보다 크다.~~ 작다

⊙ (다)에는 무극성 공유 결합이 있다.

⊙ 비공유 전자쌍 수는 (가)가 (나)의 2배이다.

ㄴ. (다)는 B 원자 2개가 결합한 2원자 분자이므로 무극성 공유 결합이 있다.

ㄷ. (가)는 H_2O로 비공유 전자쌍 수는 2이고, (나)는 NH_3로 비공유 전자쌍 수는 1이다. 따라서 비공유 전자쌍 수는 (가)가 (나)의 2배이다.

바로알기 ㄱ. 전기 음성도는 A(N)가 B(O)보다 작다.

12 분자의 루이스 전자점식

자료 분석

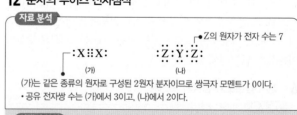

• Z의 원자가 전자 수 7

:X::X: · :Z:Y:Z:
(가) · (나)

(가)는 같은 종류의 원자로 구성된 2원자 분자이므로 쌍극자 모멘트가 0이다.
• 공유 전자쌍 수는 (가)에서 3이고, (나)에서 2이다.

선택지 분석

⊙ (가)의 쌍극자 모멘트는 0이다.

✗ 공유 전자쌍 수는 ~~(나)>(가)이다.~~ (가)>(나)

✗ Z_2에는 ~~다중 결합이 있다.~~ 단일 결합

ㄱ. (가)는 같은 종류의 원자로 구성된 2원자 분자이므로 쌍극자 모멘트가 0이다.

바로알기 ㄴ. 공유 전자쌍 수는 (가)에서 3이고, (나)에서 2이므로 공유 전자쌍 수는 (가)>(나)이다.

ㄷ. Z의 원자가 전자 수가 7이므로 Z_2에서 Z 원자 사이에는 단일 결합이 있다.

12. 분자의 구조와 성질

개념 확인

(1) ① 반발, 멀리 ② 직선형 ③ 평면 삼각형 ④ 정사면체 (2) ①
전자쌍 ② 2 ③ (다) (3) ① 정사면체 ② 삼각뿔형 ③ 크다 (4)
① 무극성 ② 무극성 ③ 물 ④ 규칙적 ⑤ 산소 (5) ① (나), (다),
(라) ② (가), (마) ③ (가), (마) (6) ① 평면 삼각형 ② (−) ③ 극성

자료❶	1 ○	2 ×	3 ○		
자료❷	1 ×	2 ○	3 ○	4 ×	5 ○ 6 ×
자료❸	1 ○	2 ×	3 ×	4 ×	5 ○
자료❹	1 ○	2 ×	3 ×	4 ○	5 ×

자료❶ 전자쌍 반발 이론

2 NH_3에서 중심 원자 주위에는 공유 전자쌍 3개, 비공유 전자
쌍 1개가 있으므로 분자 구조는 평면 삼각형이 아니라 삼각뿔형
이다. 따라서 NH_3는 ⓒ으로 적절하지 않다.

자료❷ 분자 구조

1 (가)에서 중심 원자에는 비공유 전자쌍이 없고 결합한 원자가
2개이므로 분자 구조는 직선형이다.

2 (나)에는 극성 공유 결합이 있지만 분자 구조가 평면 삼각형
으로 결합의 극성이 상쇄되므로 결합의 쌍극자 모멘트 합은 0
이다.

4 (나)의 결합각은 120°, (다)의 결합각은 109.5°이다.

6 (다)에는 극성 공유 결합이 있지만 분자 구조가 정사면체로
결합의 극성이 상쇄되므로 분자의 쌍극자 모멘트는 0이다.

자료❸ 분자 구조와 성질에 따른 분류

1 CH_4과 NH_3에는 단일 결합만 있고, HCN에는 단일 결합과
3중 결합이 있다. 이로부터 '단일 결합만 존재한다.'는 Ⅰ과 Ⅱ의
공통된 성질 (가)에 속한다.

2 분자 구조는 CH_4이 정사면체, NH_3가 삼각뿔형으로 입체 구
조이다. 또 HCN의 분자 구조는 직선형이다. 이로부터 '평면 구
조이다.'는 Ⅰ과 Ⅲ만의 공통된 성질 (나)에 속하지 않는다.

3 CH_4과 HCN에는 공유 전자쌍 수가 4이고, NH_3에는 공유
전자쌍 수가 3이다. 따라서 '공유 전자쌍 수가 4이다.'는 Ⅱ와 Ⅲ
만의 공통된 성질 (다)에 속하지 않는다.

4 NH_3와 HCN은 모두 극성 분자이므로 '무극성 분자이다.'는
(다)에 속하지 않는다.

5 NH_3와 HCN에서 비공유 전자쌍은 N에 각각 1개씩 있다.
따라서 '비공유 전자쌍 수는 1이다.'는 (다)에 속한다.

자료❹ 분자의 구조와 극성에 따른 분류

제시된 분자 중 CCl_4는 분자 구조가 정사면체로 무극성 분자이다.

또 CO_2는 분자 구조가 직선형으로 무극성 분자이다. 이로부터
ⓒ은 CO_2이다. 또 극성 분자인 FCN과 NH_3 중 다중 결합이 있
는 것은 FCN이므로 ⊙은 FCN이고, ⓒ은 NH_3이다.

1 CO_2의 분자 구조가 직선형이므로 '분자 모양이 직선형인가?'
는 (가)로 적절하다.

2 ⊙은 FCN이므로 분자 구조는 직선형이다.

3 ⓒ은 NH_3로 분자 구조가 삼각뿔형이므로 입체 구조이다.

4 ⓒ은 CO_2로 2중 결합이 있다.

5 ⓒ의 분자 구조는 삼각뿔형이고, ⓒ의 분자 구조는 직선형이
므로 결합각은 ⓒ<ⓒ이다.

1 (1) 전자쌍 (2) 전자쌍 반발력이 최소화되는 배열이기 때문 (3)
(나) (4) 4개 **2** (1) (가), (나), (다) (2) (가), (나), (다), (라)
(3) (가), (나) **3** (1) 평면 삼각형, 무극성 (2) 120 (3) 2중, 단일,
γ, β **4** ⓒ **5** ⊙ 잘 녹음 ⓒ 잘 녹지 않음 ⓒ 잘 녹지
않음 ⓒ 잘 녹음 **6** (1) 극성, 무극성, 높 (2) 높 **7** ㄷ

1 (3) BCl_3에서 중심 원자인 B에는 공유 전자쌍만 3개 있으므
로 전자쌍의 배열은 (나)에 비유할 수 있다.

2 (1) 중심 원자에 비공유 전자쌍이 없고 결합한 원자가 2개인
분자에서 구성 원자는 직선형으로 배열한다.

3 (3) (나)에서 2중 결합은 단일 결합보다 중심 원자에 전자 밀
도가 크므로 전자쌍 간의 반발력이 더 크다. 따라서 결합각은 γ가
β보다 크다.

4 무극성 공유 결합만 있는 분자는 분자 구조에 관계없이 항상
무극성 분자이다. 반면 극성 공유 결합이 있는 분자의 경우 분자
구조가 결합의 극성을 상쇄할 수 있는 경우 무극성 분자가 된다.

5 극성 물질인 물(H_2O)이 들어 있는 시험관 A와 B에 이온 결
합 물질인 황산 구리(Ⅱ)($CuSO_4$)를 넣은 경우 잘 녹지만 무극성
물질인 아이오딘(I_2)을 넣은 경우는 잘 녹지 않는다. 또 무극성 물
질인 사염화 탄소(CCl_4)가 들어 있는 시험관 C와 D에 이온 결합
물질인 황산 구리(Ⅱ)($CuSO_4$)를 넣은 경우 잘 녹지 않지만 무극
성 물질인 아이오딘(I_2)을 넣은 경우는 잘 녹는다.

6 (1) 분자량이 비슷한 CH_4과 H_2O의 경우 끓는점은 극성 물
질인 H_2O이 무극성 물질인 CH_4보다 높은 것을 자료에서 확인할
수 있다.
(2) 분자량은 HCl와 O_2가 비슷한데 HCl는 극성 물질이므로 무
극성 물질인 O_2보다 끓는점이 높다.

7 ㄷ. X는 극성 물질이므로 벤젠보다 물에 잘 녹는다.

[바로알기] ㄱ. 분자 X가 전기장에서 규칙적으로 배열하는 것으로
보아 X는 극성 물질이다. 따라서 비대칭인 분자 구조를 갖는다.
ㄴ. X는 극성 분자이므로 극성 공유 결합이 있다.

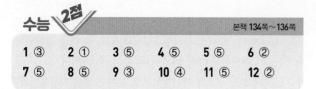
1 ③	2 ①	3 ⑤	4 ⑤	5 ⑤	6 ②
7 ⑤	8 ⑤	9 ③	10 ④	11 ⑤	12 ②

1 전자쌍 반발 이론

선택지 분석

㉠ '가능한 한 서로 멀리 떨어져 있으려 한다.'는 ㉠으로 적절하다.

㉡ 'BCl$_3$'는 ㉡으로 적절하다.

✗ CH$_4$의 분자 구조를 예측하기 위해 매듭끼리 묶어야 하는 풍선은 5개이다. 4개

ㄱ. 풍선을 전자쌍으로 가정하여 전자쌍이 배열한 모습을 나타낸 것이므로 '가능한 한 서로 멀리 떨어져 있으려 한다.'는 ㉠으로 적절하다.

ㄴ. BCl$_3$는 중심 원자 B에 비공유 전자쌍이 없으므로 평면 삼각형의 분자 구조를 갖는다. 따라서 'BCl$_3$'는 ㉡으로 적절하다.

바로알기 ㄷ. CH$_4$에서 중심 원자인 C에는 공유 전자쌍 4개가 있으므로 매듭끼리 묶어야 하는 풍선은 4개이다.

2 분자의 결합각

자료 분석

H$_2$O	CH$_4$	BCl$_3$
굽은 형	정사면체	평면 삼각형
➡ 104.5°	➡ 109.5°	➡ 120°

선택지 분석

① BCl$_3$>CH$_4$>H$_2$O ✗ BCl$_3$>H$_2$O>CH$_4$

✗ H$_2$O>CH$_4$>BCl$_3$ ✗ H$_2$O>BCl$_3$>CH$_4$

✗ CH$_4$>BCl$_3$>H$_2$O

주어진 3가지 분자의 결합각은 H$_2$O이 104.5°, CH$_4$이 109.5°, BCl$_3$가 120°이다. 따라서 결합각 크기는 BCl$_3$>CH$_4$>H$_2$O이다.

3 분자의 구조

자료 분석

H−C≡N (가) 직선형

F−B−F (F 아래) (나) 평면 삼각형

F−C−F (F 위아래) (다) 정사면체

선택지 분석

✗ (가)의 분자 모양은 굽은 형이다. 직선형

㉡ (나)는 무극성 분자이다.

㉢ 결합각은 (나)>(다)이다.

ㄴ. (나)는 극성 공유 결합이 있지만 분자 모양이 평면 삼각형으로 결합의 극성이 상쇄되므로 무극성 분자이다.

ㄷ. (나)는 분자 모양이 평면 삼각형으로 결합각은 120°이고, (다)는 분자 모양이 정사면체로 결합각은 109.5°이다. 따라서 결합각은 (나)>(다)이다.

바로알기 ㄱ. (가)는 중심 원자에 비공유 전자쌍이 없고, 중심 원자에 결합한 원자가 2개이므로 분자 모양은 직선형이다.

4 분자의 결합각

자료 분석

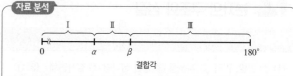

BCl$_3$의 분자 모양은 평면 삼각형이므로 결합각은 120°이고, NH$_3$의 분자 모양은 삼각뿔형이므로 결합각은 107°이다. ➡ α는 107°이고, β는 120°이다.

선택지 분석

✗ α는 120°이다. 107°

㉡ H$_2$O의 결합각은 Ⅰ 영역에 속한다.

㉢ CF$_4$의 결합각은 Ⅱ 영역에 속한다.

ㄴ. H$_2$O의 분자 모양은 굽은 형으로 H$_2$O의 결합각은 NH$_3$의 결합각보다 작으므로 Ⅰ 영역에 속한다.

ㄷ. CH$_4$의 분자 모양은 정사면체로 결합각은 NH$_3$보다 크고, BCl$_3$보다 작으므로 Ⅱ 영역에 속한다.

바로알기 ㄱ. α는 107°이다.

5 분자의 구조

자료 분석

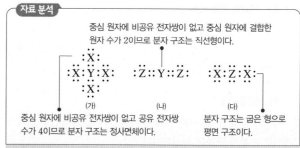

중심 원자에 비공유 전자쌍이 없고 중심 원자에 결합한 원자 수가 2이므로 분자 구조는 직선형이다.

(가) 중심 원자에 비공유 전자쌍이 없고 공유 전자쌍 수가 4이므로 분자 구조는 정사면체이다.

(다) 분자 구조는 굽은 형으로 평면 구조이다.

선택지 분석

㉠ (가)의 분자 구조는 정사면체이다.

㉡ 결합각은 (나)>(다)이다.

㉢ (다)에서 구성 원자는 모두 같은 평면에 있다.

ㄱ. (가)는 중심 원자에 비공유 전자쌍이 없고 공유 전자쌍 수가 4이므로 분자 구조는 정사면체이다.

ㄴ. (나)는 중심 원자에 비공유 전자쌍이 없고 중심 원자에 결합한 원자 수가 2로 분자 구조는 직선형이므로, (나)의 결합각은 180°이다. (다)는 중심 원자에 비공유 전자쌍이 2개 있으므로 (다)의 분자 구조는 굽은 형이다. 따라서 결합각은 (나)>(다)이다.

ㄷ. (다)의 분자 구조는 굽은 형이므로 구성 원자는 모두 같은 평면에 있다.

6 분자의 구조와 극성

자료 분석

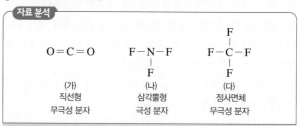

O=C=O (가) 직선형 무극성 분자

F−N−F (F 아래) (나) 삼각뿔형 극성 분자

F−C−F (F 위아래) (다) 정사면체 무극성 분자

선택지 분석

✗ 극성 분자는 2가지이다. 1가지

㉡ 결합각은 (가)가 가장 크다.

✗ 중심 원자에 비공유 전자쌍이 존재하는 분자는 2가지이다. 1가지

ㄴ. 분자 구조가 (가)는 직선형, (나)는 삼각뿔형, (다)는 정사면체로 결합각은 (가)가 180°로 가장 크다.

바로알기 ㄱ. 극성 분자는 (나) 1가지이다.

ㄷ. 중심 원자에 비공유 전자쌍이 존재하는 분자는 (나) 1가지이다.

7 분자의 구조와 극성에 따른 분류

자료 분석

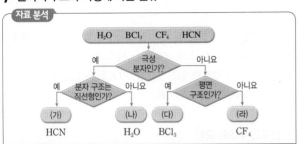

선택지 분석

㉠ (가)는 HCN이다.

㉡ (다)에는 극성 공유 결합이 있다.

㉢ 결합각은 (라) > (나)이다.

ㄱ. HCN의 분자 구조는 직선형이고, H−C 결합과 C≡N 결합의 쌍극자 모멘트가 상쇄되지 않아 극성 분자이므로 (가)이다.

ㄴ. (다)는 무극성 분자이면서 평면 구조인 분자이므로 평면 삼각형 구조인 BCl₃이다. BCl₃에서 B−Cl 결합은 극성 공유 결합이다.

ㄷ. (나)는 극성 분자이면서 분자 구조가 직선형이 아닌 분자이므로 굽은 형 구조인 H₂O이다. (라)는 무극성 분자이면서 입체 구조인 분자이므로 정사면체 구조인 CF₄이다. (나)의 결합각은 104.5°, (라)의 결합각은 109.5°이므로 결합각은 (라) > (나)이다.

8 분자의 구조

자료 분석

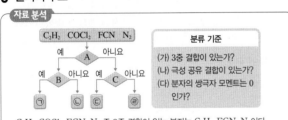

분류 기준

(가) 3중 결합이 있는가?
(나) 극성 공유 결합이 있는가?
(다) 분자의 쌍극자 모멘트는 0인가?

- C_2H_2, $COCl_2$, FCN, N_2 중 3중 결합이 있는 분자는 C_2H_2, FCN, N_2이다.
- 극성 공유 결합이 있는 분자는 C_2H_2, $COCl_2$, FCN이다.
- 분자의 쌍극자 모멘트가 0인 분자는 C_2H_2, N_2이다.

선택지 분석

	A	B	C
✗	(가)	(다)	(나)
✗	(나)	(가)	(다)
✗	(나)	(다)	(가)
✗	(다)	(가)	(나)
⑤	(다)	(나)	(가)

기준 A에 적용되는 분자는 ㉠과 ㉡ 2가지이므로 분류 기준 (다)에 해당한다. 즉, 분자의 쌍극자 모멘트가 0인 무극성 분자는 C_2H_2와 N_2이고, 두 분자에는 모두 3중 결합이 있으므로 B에 적용되는 기준은 (나)이다. 따라서 기준 C는 (가)이다.

9 분자의 구조와 극성

자료 분석

분자	구성 원자 수		
	$\cdot\overset{\cdot}{\underset{\cdot}{X}}\cdot$ C	$\cdot\overset{\cdot\cdot}{\underset{}{Y}}\cdot$ O	$:\overset{\cdot\cdot}{\underset{\cdot\cdot}{Z}}\cdot$ F
(가)	1	1	2 ➡ COF_2
(나)	1	2	0 ➡ CO_2
(다)	2	0	2 ➡ C_2F_2

선택지 분석

㉠ (가)에는 다중 결합이 있다.

㉡ (다)에는 무극성 공유 결합이 있다.

✗ (가)~(다) 중 극성 분자는 2가지이다. 1가지

ㄱ. (가)는 COF_2이므로 C와 O 사이에 2중 결합이 있다.

ㄴ. (다)는 C_2F_2(F−C≡C−F)이므로 C와 C 사이의 결합은 무극성 공유 결합이다.

바로알기 ㄷ. (가)~(다) 중 극성 분자는 COF_2 1가지이다.

10 분자의 구조와 극성

자료 분석

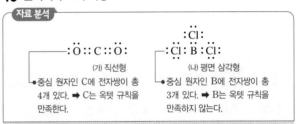

(가) 직선형
➡중심 원자인 C에 전자쌍이 총 4개 있다. ➡ C는 옥텟 규칙을 만족한다.

(나) 평면 삼각형
➡중심 원자인 B에 전자쌍이 총 3개 있다. ➡ B는 옥텟 규칙을 만족하지 않는다.

선택지 분석

㉠ 극성 공유 결합이 있다.

✗ 중심 원자는 옥텟 규칙을 만족한다. (나)는 만족하지 않는다

㉢ 무극성 분자이다.

ㄱ. (가)와 (나)는 모두 서로 다른 종류의 두 원자가 공유 결합을 하고 있으므로 극성 공유 결합이 있다.

ㄷ. (가)와 (나)는 모두 결합의 극성이 상쇄되는 분자 구조를 가지므로 무극성 분자이다.

바로알기 ㄴ. (가)의 중심 원자는 옥텟 규칙을 만족하지만, (나)의 중심 원자는 옥텟 규칙을 만족하지 않는다.

11 분자의 구조와 극성

자료 분석

- (가)~(다)에서 구성 원자는 모두 옥텟 규칙을 만족하므로 W~Z로 가능한 원소는 C, N, O, F이다.

WX_2 (가) YZ_3 (나) XZ_2 (다) ➡X에 결합한 F의 수가 2이므로 X는 O이다.

중심 원자에 결합한 원자 수가 3이므로 Y는 N이고, Z는 F이다.

선택지 분석

✗ (가)에는 공유 전자쌍이 2개 있다. 4개

㉡ (가)~(다) 중 극성 분자는 2가지이다.

㉢ Y_2에는 다중 결합이 있다.

ㄴ. (나)는 NF_3, (다)는 OF_2이므로 (가)~(다) 중 극성 분자는 (나), (다) 2가지이다.

ㄷ. Y는 원자가 전자 수가 5인 N이므로 Y_2에서 Y 원자 사이의 결합은 3중 결합이다.

바로알기 ㄱ. (가)는 CO_2이므로 공유 전자쌍이 4개 있다.

12 분자의 구조와 성질

자료 분석

$$:\!\overset{..}{Cl}\!-X-\overset{..}{Cl}\!: \qquad :\!\overset{..}{Cl}\!-Y-\overset{..}{Cl}\!:$$
$$\underset{\overset{..}{Cl}:}{\;|\;} \qquad \underset{\overset{..}{Cl}:}{\;|\;}$$
(가)   (나)
평면 삼각형   삼각뿔형
➡ 무극성 분자   ➡ 극성 분자

선택지 분석

✗ 기체 상태의 (가)를 전기장에 넣으면 일정한 방향으로 배열
한다. <u>무질서하게</u>

✗ (나)의 분자 구조는 평면 삼각형이다. 삼각뿔형

ⓒ (나)는 n-헥세인보다 물에 잘 녹는다.

ㄷ. (나)는 극성 분자이므로 무극성 물질인 n-헥세인보다 극성
물질인 물에 잘 녹는다.

바로알기 ㄱ. (가)는 무극성 분자이므로 전기장에 넣으면 무질서하
게 배열한다.

ㄴ. (나)의 중심 원자에는 비공유 전자쌍이 1개 있으므로 분자 구
조는 삼각뿔형이다.

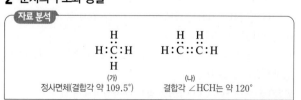

수능 3점

본책 137쪽~139쪽

1 ⑤	2 ⑤	3 ①	4 ②	5 ⑤	6 ③
7 ③	8 ②	9 ④	10 ③	11 ③	12 ②
13 ③					

1 분자의 구조와 극성

자료 분석

$$:\!\overset{..}{Y}\!:\!\overset{..}{X}\!:\!\overset{..}{Y}\!: \qquad :\!\overset{..}{X}\!::\!Z\!::\!\overset{..}{X}\!:$$
(가) → OF_2 (나) → CO_2
굽은 형(결합각 약 104.5°)   직선형(결합각 180°)
➡ 극성 분자   ➡ 무극성 분자

선택지 분석

ⓝ (나)에 있는 비공유 전자쌍 수는 4이다.

ⓛ 결합각은 (나) > (가)이다.

ⓒ ZY_4의 분자 구조는 정사면체이다.

ㄱ. (나)에서 비공유 전자쌍은 각 X 원자에 2개씩 있으므로 총 4개
이다.

ㄴ. 분자 구조는 (가)가 굽은 형, (나)가 직선형이므로 결합각은
(나) > (가)이다.

ㄷ. Z의 원자가 전자 수는 4이고, Y의 원자가 전자 수는 7이다.
따라서 ZY_4에서 중심 원자 Z에는 공유 전자쌍만 4개 있으므로
ZY_4의 분자 구조는 정사면체이다.

2 분자의 구조와 성질

자료 분석

$$\begin{matrix} & H & \\ H\!:\!\overset{..}{C}\!:\!H \\ & H & \end{matrix} \qquad \begin{matrix} H & & H \\ H\!:\!\overset{..}{C}\!::\!\overset{..}{C}\!:\!H \end{matrix}$$
(가)   (나)
정사면체(결합각 약 109.5°)   결합각 ∠HCH는 약 120°

선택지 분석

ⓝ (가)의 분자 모양은 정사면체이다.

ⓛ (나)에는 무극성 공유 결합이 있다.

ⓒ 결합각 ∠HCH는 (나) > (가)이다.

ㄱ. (가)의 중심 원자에는 공유 전자쌍만 4개 있으므로 분자 모양
은 정사면체이다.

ㄴ. (나)에는 C와 C 사이에 같은 종류의 원자 사이의 결합인 무극
성 공유 결합이 있다.

ㄷ. (나)에서 중심 원자에는 비공유 전자쌍이 없고 각 중심 원자에
결합한 원자 수가 3이므로 결합각 ∠HCH은 약 120°이다. (가)
의 분자 모양은 정사면체로 결합각 ∠HCH은 109.5°이므로 결
합각 ∠HCH는 (나) > (가)이다.

3 분자의 구조와 극성

자료 분석

• F은 원자가 전자가 7개이므로 옥텟 규칙을 만족하기 위해 다른 원자와 단일 결합
을 형성하고, 비공유 전자쌍은 3개가 있다.

분자	(가)	(나)
분자식	X_2F_2	YF_2
비공유 전자쌍 수	6	8

• (가)에서 비공유 전자쌍은 각 F 원자에 3개씩 있으므로 X 원자에는 비공유 전자쌍
이 없다. ➡ (가)의 루이스 구조는 $F-X\equiv X-F$이다.

• (나)에서 Y 원자에 비공유 전자쌍이 2개 있다. ➡ (나)의 루이스 구조는 $F-Y-F$
이다.

선택지 분석

ⓝ (가)에는 무극성 공유 결합이 있다.

✗ 공유 전자쌍 수는 (가)가 (나)의 2배이다. 2.5배

✗ (나)의 쌍극자 모멘트는 0이다. 0이 아니다

ㄱ. (가)에서 X 원자 사이의 결합은 무극성 공유 결합이다.

바로알기 ㄴ. 공유 전자쌍 수는 (가)에서 5이고, (나)에서 2이다.
따라서 공유 전자쌍 수는 (가)가 (나)의 2.5배이다.

ㄷ. (나)는 굽은 형 구조로 분자의 쌍극자 모멘트가 0이 아니다.

4 분자의 구조

자료 분석

• 분자식

I	II	III
CH_4	NH_3	HCN

• I~III의 특징을 나타낸 벤 다이어그램

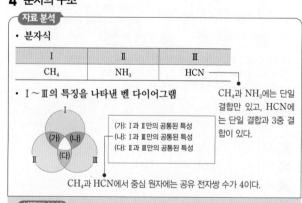

(가): I과 II만의 공통된 특성
(나): I과 III만의 공통된 특성
(다): II과 III만의 공통된 특성

CH_4과 NH_3에는 단일
결합만 있고, HCN에
는 단일 결합과 3중 결
합이 있다.

CH_4과 HCN에서 중심 원자에는 공유 전자쌍 수가 4이다.

선택지 분석

✗ '단일 결합만 존재한다.'는 (가)에 속한다.

② '입체 구조이다.'는 (나)에 속한다. 속하지 않는다

✗ '공유 전자쌍 수는 4이다.'는 (나)에 속한다.

✗ '극성 분자이다.'는 (다)에 속한다.

✗ '비공유 전자쌍 수는 1이다.'는 (다)에 속한다.

① (가)는 CH_4과 NH_3만의 공통된 성질이므로 '단일 결합만 존재한다.'는 (가)에 속한다.

③ (나)는 CH_4과 HCN만의 공통된 성질이다. CH_4과 HCN에서 중심 원자인 C 주위에 공유 전자쌍이 모두 4개 있다.

④ (다)는 NH_3와 HCN만의 공통된 성질이고, 두 분자 모두 극성 분자이므로 '극성 분자이다.'는 (다)에 속한다.

⑤ NH_3와 HCN에서 N 원자에는 비공유 전자쌍이 1개씩 있으므로 '비공유 전자쌍 수는 1이다.'는 (다)에 속한다.

바로알기 ② (나)는 CH_4과 HCN만의 공통된 성질이다. 이때 CH_4의 분자 구조는 정사면체로 입체 구조이지만 HCN의 분자 구조는 직선형이다. 따라서 '입체 구조이다.'는 (나)에 속하지 않는다.

5 분자의 구조와 극성

자료 분석

$$2NaHCO_3 \longrightarrow Na_2CO_3 + H_2O + \boxed{\ ㉠\ }$$
$$\underset{CO_2}{}$$

$:\ddot{O}::C::\ddot{O}:$ · 공유 전자쌍 수: 4
· 비공유 전자쌍 수: 4

선택지 분석

㉠ 극성 공유 결합이 있다.
㉡ 공유 전자쌍 수와 비공유 전자쌍 수는 같다.
㉢ 분자의 쌍극자 모멘트는 H_2O보다 작다.

ㄱ. CO_2는 C와 O 사이의 결합이 극성 공유 결합이다.

ㄴ. CO_2는 공유 전자쌍 수와 비공유 전자쌍 수가 각각 4로 같다.

ㄷ. CO_2는 극성 공유 결합을 하고 있지만 대칭 구조로 인하여 쌍극자 모멘트가 0이다. 하지만 H_2O은 굽은 형 구조로 쌍극자 모멘트가 0이 아니다. 따라서 분자의 쌍극자 모멘트는 CO_2가 H_2O보다 작다.

6 분자의 구조와 극성

자료 분석

· 2주기 원자 X~Z는 분자에서 모두 옥텟 규칙을 만족하므로 가능한 원자는 C, N, O, F 중 하나이다.

분자	I CO_2	II COF_2	III OF_2
분자식	XY_2	XYZ_2	YZ_2
중심 원자의 비공유 전자쌍 수	0	a	2

· I에서 중심 원자의 비공유 전자쌍 수가 0이므로 CO_2이다.
· III에서 중심 원자의 비공유 전자쌍 수가 2이므로 중심 원자는 O이고, O 원자에 Z 원자 2개가 결합하므로 분자식은 OF_2이다.

선택지 분석

㉠ I에는 다중 결합이 있다.
㉡ $a=0$이다.
✗ III에서 분자의 쌍극자 모멘트는 0이다. 0이 아니다

ㄱ. I의 분자식은 CO_2이므로 2중 결합이 있다.

ㄴ. X는 C, Y는 O, Z는 F이므로 II의 분자식은 COF_2이다. 이로부터 중심 원자인 C에는 비공유 전자쌍이 없으므로 $a=0$이다.

바로알기 ㄷ. III의 분자식은 OF_2로 분자 구조가 굽은 형이고, 결합의 극성이 상쇄되지 않으므로 분자의 쌍극자 모멘트는 0이 아니다.

7 분자의 구조와 극성

자료 분석

· (가)에서 1족 알칼리 금속인 Li과 X가 2 : 1의 개수비로 결합하므로 (가)의 화학식은 Li_2X이고, (가)는 전기적으로 중성이므로 X는 전하가 −2인 음이온으로 존재한다. ➡ X는 산소(O)이다.

 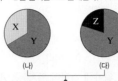

(가) (나) (다)

(나)의 화학식은 XY_2이고, (다)의 화학식은 ZY_4이므로 Y는 플루오린(F)이고, Z는 탄소(C)이다.

선택지 분석

㉠ (가)에서 X는 옥텟 규칙을 만족한다.
✗ (나)의 분자 구조는 직선형이다. 굽은 형
㉢ (다)는 무극성 분자이다.

ㄱ. 1족 알칼리 금속과 2 : 1의 개수비로 결합하는 X는 산소(O)이므로 (가)에서 X는 옥텟 규칙을 만족한다.

ㄷ. (다)는 $ZY_4(CF_4)$로 중심 원자에 공유 전자쌍만 4개 있으므로 분자 구조는 정사면체이다. 따라서 (다)는 결합의 극성이 상쇄되므로 무극성 분자이다.

바로알기 ㄴ. (나)는 $XY_2(OF_2)$로 중심 원자에 비공유 전자쌍이 2개 있으므로 분자 구조는 굽은 형이다.

8 분자의 구조와 극성

자료 분석

H−O−H	O=C=O	H−C≡N
(가)	(나)	(다)
굽은 형	직선형	직선형

선택지 분석

✗ 중심 원자에 비공유 전자쌍이 존재하는 분자는 2가지이다. 1가지
㉡ 분자 모양이 직선형인 분자는 2가지이다.
✗ 극성 분자는 1가지이다. 2가지

ㄴ. 분자 모양은 (가)가 굽은 형, (나)와 (다)는 직선형이다.

바로알기 ㄱ. (가)의 중심 원자 O에는 비공유 전자쌍이 2개 있고, (나)와 (다)의 중심 원자 C의 원자가 전자 수는 4이고, 공유 전자쌍 수가 4이므로 비공유 전자쌍이 없다. 따라서 중심 원자에 비공유 전자쌍이 존재하는 분자는 (가) 1가지이다.

ㄷ. (가)의 분자 모양은 굽은 형으로 결합의 극성이 상쇄되지 않으므로 (가)는 극성 분자이다. 또 (다)의 분자 모양은 직선형이지만 중심 원자에 결합한 원자의 종류가 다르므로 극성 분자이다. 따라서 극성 분자는 (가)와 (다)로 2가지이다.

9 분자의 구조와 성질

자료 분석

A 탄소(C) B 질소(N) C 산소(O) D 플루오린(F)

물질	A	B	C	D
(가) CF_4	1	0	0	4
(나) NF_3	0	1	0	3
(다) O_2F_2	0	0	2	2

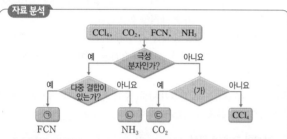

✗ 기체 상태의 (가)를 전기장에 넣으면 <u>일정한 방향으로</u> 배열
한다. → 무질서하게

ㄴ 결합각은 (가)>(나)이다.

ㄷ (다)의 쌍극자 모멘트는 0이 아니다.

ㄴ. (가)의 분자 구조는 정사면체이고, (나)의 분자 구조는 삼각뿔
형이므로 결합각은 (가)>(나)이다.

ㄷ. (다)에서 각 O 원자에 결합한 원자는 2개이고, O 원자에는 비
공유 전자쌍이 있으므로 결합의 극성이 상쇄되지 않는다. 따라서
분자의 쌍극자 모멘트는 0이 아니다.

바로알기 ㄱ. (가)는 무극성 분자이므로 (가)를 전기장에 넣으면 무
질서하게 배열한다.

10 분자의 구조와 분류

자료 분석

CCl₄, CO₂, FCN, NH₃

극성
분자인가?

예 → 다중 결합이
있는가?

아니요 → (가)

예 → ㉢
아니요 → CCl₄

예 → ㉠ FCN
아니요 → ㉡ NH₃

㉢ CO₂

제시된 분자 중 CCl₄는 분자 구조가 정사면체로 무극성 분자이고, CO₂는 분자 구
조가 직선형으로 무극성 분자이다. 이로부터 ㉢은 CO₂이다. 또 극성 분자인 FCN
과 NH₃ 중 다중 결합이 있는 것은 FCN이므로 ㉠은 FCN이고, ㉡은 NH₃이다.

㉠ '분자 모양은 직선형인가?'는 (가)로 적절하다.

㉡ ㉠은 FCN이다.

✗ 결합각은 ㉡>㉢이다. → ㉡<㉢

ㄱ. ㉢은 CO₂이고, 분자 구조가 직선형이다. 또 무극성 분자인
CCl₄의 분자 구조는 정사면체이므로 '분자 모양이 직선형인가?'
는 (가)로 적절하다.

ㄴ. 극성 분자인 FCN과 NH₃ 중 다중 결합이 있는 것은 FCN
이므로 ㉠은 FCN이다.

바로알기 ㄷ. ㉡은 NH₃로 분자 구조가 삼각뿔형이다. 또 ㉢은
CO₂로 분자 구조는 직선형이므로 결합각은 ㉡<㉢이다.

11 분자의 구조와 극성

자료 분석

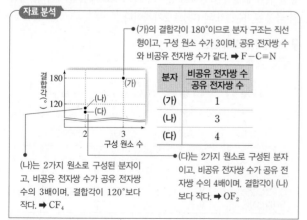

(가)의 결합각이 180°이므로 분자 구조는 직선
형이고, 구성 원소 수가 3이며, 공유 전자쌍 수
와 비공유 전자쌍 수가 같다. → F−C≡N

분자	비공유 전자쌍 수 / 공유 전자쌍 수
(가)	1
(나)	3
(다)	4

(나)는 2가지 원소로 구성된 분자이
고, 비공유 전자쌍 수가 공유 전자쌍
수의 3배이며, 결합각이 120°보다
작다. → CF₄

(다)는 2가지 원소로 구성된 분자
이고, 비공유 전자쌍 수가 공유 전
자쌍 수의 4배이며, 결합각이 (나)
보다 작다. → OF₂

㉠ (가)의 공유 전자쌍 수는 4이다.

㉡ (나)의 쌍극자 모멘트는 0이다.

✗ (다)의 분자 구조는 <u>삼각뿔형</u>이다. → 굽은 형

ㄱ. (가)는 F−C≡N이므로 공유 전자쌍 수는 4이다.

ㄴ. (나)는 CF₄로 분자 구조가 정사면체로 무극성 분자이므로 분
자의 쌍극자 모멘트는 0이다.

바로알기 ㄷ. (다)는 OF₂로 중심 원자에 비공유 전자쌍이 2개, 공
유 전자쌍이 2개 있으므로 분자 구조는 굽은 형이다.

12 분자의 구조와 극성

자료 분석

(가)에서 구성 원자 수가 4이고, H 원자 수가 2이므로 (가)의 분자식은
X₂H₂이다. → X 원자 사이의 결합은 3중 결합이고, X는 탄소(C)이다.

분자	(가)	(나)	(다)
구성 원자	H, X	H, Y	H, Z
구성 원자 수	4	4	3
H 원자 수	2	3	2

(나)의 분자식은 YH₃이고, Y는 질소(N)이다.

(다)의 분자식은 H₂Z이고 Z는 산소(O)이다.

✗ (가)는 <u>극성 분자</u>이다. → 무극성 분자

✗ (나)를 구성하는 모든 원자는 같은 평면에 <u>있다.</u> → 있지 않다

㉢ 결합각은 (나)>(다)이다.

ㄷ. (다)의 분자식은 H₂O이다. 중심 원자 주위에 있는 전자쌍 수
는 (나)와 (다)에서 모두 4인데, 비공유 전자쌍 수는 (다)>(나)이
므로 결합각은 (나)>(다)이다.

바로알기 ㄱ. (가)의 분자식은 C₂H₂이고 분자 구조는 직선형이므
로 (가)는 무극성 분자이다.

ㄴ. (나)의 분자식은 NH₃로 분자 구조가 삼각뿔형이므로 입체 구
조이다.

13 분자의 극성

㉠ 밀도는 사염화 탄소>사이클로헥세인이다.

✗ '무색'은 ㉠으로 적절하다. → 보라색

㉢ B는 아이오딘(I₂)이다.

ㄱ. (가) 과정 후 시험관 Ⅰ에서는 물이 아래층에 위치하고 사이클
로헥세인이 위층에 위치하므로 밀도는 물>사이클로헥세인이다.
또 시험관 Ⅱ에서는 물이 위층에 위치하고 사염화 탄소가 아래층
에 위치하므로 밀도는 사염화 탄소>물이다. 따라서 밀도는 사염
화 탄소>사이클로헥세인이다.

ㄷ. A는 물에 녹아 파란색을 띠므로 이온 결합 물질인 염화 구리(Ⅱ)
(CuCl₂)로 B는 아이오딘(I₂)이다.

바로알기 ㄴ. B는 무극성 물질인 아이오딘(I₂)이므로 무극성 물질
인 사염화 탄소에 잘 녹는다. 따라서 ㉠은 '보라색'이다.

IV 역동적인 화학 반응

13 동적 평형

(1) 가역 반응   (2) 비가역 반응   (3) 가역 반응   (4) 비가역
반응   (5) 진행되는   (6) 같다   (7) 동적 평형   (8) 상평형
(9) 증발, 응축   (10) 용해 평형   (11) 용해, 석출

자료❶	1○	2×	3○	4×	5○	6○	7○
자료❷	1○	2×	3○	4×	5○	6○	7○
자료❸	1○	2○	3○	4○	5○	6×	7×
자료❹	1○	2×	3○	4○	5○		

자료❶ 물의 증발과 응축

2 온도가 일정하면 (가)~(다)에서 $H_2O(l)$의 증발 속도는 모두 같다.

4 (다)는 동적 평형 상태이므로 (다)에서 $H_2O(l)$의 증발 속도와 $H_2O(g)$의 응축 속도는 같다.

자료❷ 브로민의 증발과 응축

2 온도가 일정하면 (가)와 (나) 모두 $Br_2(l)$의 증발 속도는 같다.

4 (나)는 동적 평형 상태이므로 (나)에서 $Br_2(l)$의 증발 속도와 $Br_2(g)$의 응축 속도는 같다.

5 (나)에서 $Br_2(l)$의 증발 속도와 $Br_2(g)$의 응축 속도가 같아서 겉보기에 변화가 일어나지 않는 것처럼 보이지만 기화와 액화가 동시에 일어난다.

자료❸ 설탕의 용해와 석출

1 (가)에서 $n_1 > n_2$로 설탕이 용해되는 입자 수보다 설탕이 석출되는 입자 수가 작으므로 포화 용액보다 용질이 적게 녹아 있는 불포화 용액이다.

6 (가)에서 설탕의 용해 속도가 석출 속도보다 크므로 설탕물의 농도는 증가한다.

7 (나)는 동적 평형 상태이므로 설탕의 용해 속도와 석출 속도가 같아서 일정량의 설탕이 녹으면 그 양만큼의 설탕이 석출된다.

자료❹ 사산화 이질소(N_2O_4)의 생성과 분해

2 (나)에서 처음에는 무색의 $N_2O_4(g)$가 적갈색의 $NO_2(g)$로 되는 반응이 빠르게 일어나 점점 적갈색이 되다가 동적 평형에 도달하여 옅은 적갈색이 된다. 따라서 (나)에서의 화학 반응은 가역 반응이다.

3 (가)에서 적갈색의 $NO_2(g)$가 무색의 $N_2O_4(g)$로 되는 반응과 무색의 $N_2O_4(g)$가 적갈색의 $NO_2(g)$로 되는 반응이 가역적으로 일어난다.

1 ㉠, ㉡   **2** ⑤   **3** ㉡, ㉠   **4** 용해 속도=석출 속도
5 (1) (가)=(나)=(다) (2) (가)<(나)<(다)   **6** ①   **7** ㄱ, ㄴ, ㄷ

1 화학 반응식의 왼쪽 물질이 오른쪽 물질로 변하는 반응은 정반응이고, 오른쪽 물질이 왼쪽 물질로 변하는 반응은 역반응이다. 따라서 반응 ㉠과 반응 ㉡ 중에서 정반응은 ㉠이고, 역반응은 ㉡이다.

2 ①, ② t초 이후에는 동적 평형 상태이므로 정반응과 역반응이 동시에 일어난다.
③ 동적 평형 상태에서 반응물과 생성물이 모두 존재하므로 $N_2O_4(g)$가 존재한다.
④ t초 이후에는 동적 평형 상태이므로 적갈색의 $NO_2(g)$와 무색의 $N_2O_4(g)$의 분자 수가 일정하다.
바로알기 ⑤ t초 이후에는 동적 평형 상태로 적갈색의 $NO_2(g)$와 무색의 $N_2O_4(g)$의 분자 수가 일정하므로 전체 기체 분자 수가 일정하게 유지된다.

3 주어진 화학 반응식에서 정반응은 석회 동굴이 형성되는 반응이고, 역반응은 동굴 속 종유석이나 석순 등의 암석이 형성되는 반응이다.

4 일정량의 물에 설탕을 계속 넣으면 처음에는 설탕이 물에 녹지만 어느 순간부터는 설탕이 더 이상 녹지 않는 것처럼 보인다. 이는 설탕의 용해 속도와 석출 속도가 같은 동적 평형에 도달했기 때문이다.

5 일정한 온도에서는 밀폐 용기 속 물의 증발 속도가 일정하다. 그러나 시간이 지날수록 밀폐 용기 속 수증기 분자가 많아지므로 수증기의 응축 속도가 점점 빨라진다.

6 ② 동적 평형 상태에서 용질의 용해 속도와 석출 속도가 같아 겉보기에는 반응이 일어나지 않는 것처럼 보이지만 $NaCl$의 용해 반응이 일어난다.
③ 동적 평형 상태에서 용질의 용해 속도와 석출 속도가 같아 겉보기에는 반응이 일어나지 않는 것처럼 보이지만 $NaCl$의 석출 반응이 일어난다.
④ $H_2O(l)$과 $H_2O(g)$, $NaCl$의 용해와 석출 사이의 동적 평형 상태이다.
⑤ $H_2O(l)$과 $H_2O(g)$ 사이에 증발과 응축이 동시에 일어나면서 증발 속도와 응축 속도가 같은 상평형이 일어난다.
바로알기 ① (가)는 동적 평형 상태이므로 $H_2O(l)$ 분자 수와 $H_2O(g)$ 분자 수는 일정하다.

7 ㄱ. 동적 평형 상태에서 반응 조건에 따라 역반응이 존재하는 가역 반응이 진행된다.
ㄴ. 동적 평형 상태는 정반응과 역반응이 멈춘 상태가 아니라 정반응 속도와 역반응 속도가 같은 상태이다.
ㄷ. 동적 평형 상태에서 정반응과 역반응 속도가 같아서 반응물과 생성물의 농도가 일정하게 유지된다.

본책 146쪽~147쪽

1 ③	2 ④	3 ②	4 ⑤	5 ④	6 ①
7 ③	8 ⑤				

1 가역 반응과 비가역 반응

자료 분석

(가) HCl(aq)+NaOH(aq) ⟶ H₂O(l)+NaCl(aq)
└─ 중화 반응: 비가역 반응

(나) H₂O(l) ⇌ H₂O(s) ← 물의 상태 변화: 가역 반응

(다) I₂(s) ⇌ I₂(g) → 아이오딘의 상태 변화: 가역 반응

선택지 분석

ㄱ 가역 반응은 2가지이다.

ㄴ 정반응과 역반응이 동시에 일어나는 반응은 2가지이다.

✗ 정반응만 일어나는 반응은 (나)이다. (가)

ㄱ. 가역 반응은 (나), (다)의 2가지이다.

ㄴ. 정반응과 역반응이 모두 일어나는 반응은 가역 반응으로 (나)와 (다)이다.

바로알기 ㄷ. 정반응만 일어나는 반응은 비가역 반응으로 (가)이다.

2 가역 반응의 예

선택지 분석

✗ 묽은 염산에 마그네슘 리본을 넣으면 기포가 발생한다.
└─ 기체 발생 반응: 비가역 반응

✗ 묽은 황산과 수산화 칼륨 수용액을 섞으면 물이 생성된다.
└─ 중화 반응: 비가역 반응

✗ 메테인이 포함된 도시가스를 태우면 물과 이산화 탄소가 발생한다. → 연소 반응: 비가역 반응

④ 석회암 지대에서 석회 동굴과 종유석, 석순이 형성된다.
└─ 석회 동굴과 종유석, 석순의 생성: 가역 반응

✗ 질산 납 수용액과 아이오딘화 칼륨 수용액을 섞으면 노란색 아이오딘화 납 앙금이 생성된다. → 앙금 생성 반응: 비가역 반응

④ 석회 동굴이 형성되는 반응과 동굴 속에 종유석과 석순이 형성되는 반응은 가역 반응이다.

$$CaCO_3(s)+H_2O(l)+CO_2(g) \underset{\text{종유석, 석순 형성}}{\overset{\text{석회 동굴 형성}}{\rightleftharpoons}} Ca(HCO_3)_2(aq)$$

바로알기 ① 산과 금속의 반응은 수소 기체가 발생하는 비가역 반응이다.

② 중화 반응은 비가역 반응이다.

③ 메테인의 연소 반응은 물과 이산화 탄소가 생성되는 비가역 반응이다.

⑤ 앙금 생성 반응은 비가역 반응이다.

3 가역 반응

자료 분석

$$N_2O_4(g) \underset{\text{역반응}}{\overset{\text{정반응}}{\rightleftharpoons}} 2NO_2(g)$$

화학 반응식에 '⇌' 표시가 있으면 반응 조건에 따라 역반응이 일어날 수 있는 가역 반응이다.

선택지 분석

✗ t초 이후에는 반응이 일어나지 않는다.
정반응과 역반응이 계속 일어난다

ㄴ 반응 시작 후 t초까지는 전체 분자 수가 증가한다.

✗ 이 반응은 비가역 반응이다. 가역 반응

ㄴ. 반응 시작 후 t초까지는 정반응 속도가 역반응 속도보다 크므로 전체 분자 수가 증가한다.

바로알기 ㄱ. 반응 시작부터 t초 이후까지 정반응과 역반응이 계속 일어난다.

ㄷ. 이 반응은 정반응과 역반응이 모두 일어나는 가역 반응이다.

4 물의 상평형

자료 분석

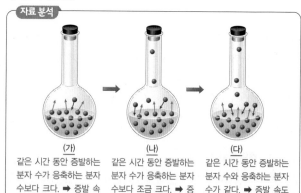

(가) 같은 시간 동안 증발하는 분자 수가 응축하는 분자 수보다 크다. ➡ 증발 속도≫응축 속도

(나) 같은 시간 동안 증발하는 분자 수가 응축하는 분자 수보다 조금 크다. ➡ 증발 속도>응축 속도

(다) 같은 시간 동안 증발하는 분자 수와 응축하는 분자 수가 같다. ➡ 증발 속도=응축 속도

선택지 분석

ㄱ (가)에서는 증발 속도가 응축 속도보다 크다.

ㄴ (나)에서는 증발과 응축이 함께 일어난다.

ㄷ (다)에서는 동적 평형에 도달하였다.

ㄱ. (가)와 (나)에서는 증발 속도가 응축 속도보다 크고, (다)에서는 증발 속도와 응축 속도가 같다.

ㄴ. (가), (나), (다) 모두 증발과 응축이 함께 일어난다.

ㄷ. (다)에서는 증발 속도와 응축 속도가 같으므로 동적 평형에 도달하였다.

5 용해 평형

자료 분석

$n_1=n_2$ 용해되는 입자 수인 n_1과 석출되는 입자 수인 n_2가 같으므로 동적 평형에 도달한 상태이다.

선택지 분석

ㄱ 이 반응은 가역 반응이다.

ㄴ 동적 평형에 도달하였다.

✗ 용질을 더 넣으면 용질은 더 이상 용해되지 않는다.
용해되는 양만큼 석출된다

ㄱ. 용해 반응과 석출 반응이 모두 일어나므로 가역 반응이다.

ㄴ. 포화 용액은 용해 속도와 석출 속도가 같으므로 동적 평형 상태이다.

바로알기 ㄷ. 포화 용액에 용질을 더 넣으면 같은 시간 동안 용해되는 양과 같은 양의 용질이 석출된다.

6 동적 평형

자료 분석

• 반응 시간이 흐를수록 증발 속도는 일정하지만 응축 속도는 증가하므로 $a < b$이다.

시간	t_1	t_2	t_3
$\dfrac{\text{응축 속도}}{\text{증발 속도}}$	a	b	1
$\dfrac{\text{X}(g)\text{의 양(mol)}}{\text{X}(l)\text{의 양(mol)}}$		1	c

선택지 분석

㉠ $a < 1$이다.

✕ $b = 1$이다. $b < 1$

✕ t_2일 때, $X(l)$와 $X(g)$는 동적 평형을 이루고 있다. t_3

ㄱ. 온도가 일정할 때 반응 시간이 흐를수록 증발 속도는 일정하지만 응축 속도는 증가한다. t_1은 평형 상태 전이므로 증발 속도가 응축 속도보다 크다. 따라서 $a < 1$이다.

바로알기 ㄴ. $a < b < 1$이다.

ㄷ. $\dfrac{\text{응축 속도}}{\text{증발 속도}} = 1$이면 동적 평형 상태이다. 그러므로 t_3일 때, $X(l)$와 $X(g)$는 동적 평형을 이루고 있다.

7 가역 반응과 비가역 반응

자료 분석

(가) $CH_4(g) + 2O_2(g) \longrightarrow CO_2(g) + 2H_2O(l)$ ● 비가역 반응

(나) $2NO_2(g) \rightleftharpoons N_2O_4(g)$ ● 가역 반응

선택지 분석

㉠ (가)는 비가역 반응이다.

㉡ (나)는 가역 반응이다.

✕ 충분한 시간이 흐르면 (가), (나) 모두 동적 평형에 도달한다.
　　　　　　　　　　　(나)만

ㄱ. 연소 반응은 비가역 반응이다.

ㄴ. $NO_2(g)$가 결합하여 $N_2O_4(g)$로 되는 반응과, $N_2O_4(g)$가 분해되어 $NO_2(g)$로 되는 반응은 가역적으로 일어난다.

바로알기 ㄷ. (가)는 비가역 반응이고 (나)는 가역 반응이므로 (나)만 동적 평형에 도달한다.

8 동적 평형

자료 분석

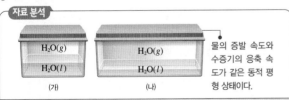

물의 증발 속도와 수증기의 응축 속도가 같은 동적 평형 상태이다.

선택지 분석

㉠ (가)는 동적 평형 상태이다.

㉡ (나)에서는 가역 반응이 진행된다.

㉢ (가), (나) 모두 물의 양이 변하지 않는다.

ㄱ. (가), (나) 모두 충분한 시간이 흐른 후의 모습이므로 동적 평형 상태이다.

ㄴ. (가), (나) 모두 물의 증발 반응과 수증기의 응축 반응이 진행되므로 가역 반응이다.

ㄷ. (가)와 (나)는 동적 평형 상태로, 같은 시간 동안 증발되는 물 분자 수＝응축되는 수증기 분자 수이므로 물의 양은 변하지 않는다.

수능 3점　　　　　　　　　　　　　본책 148쪽～149쪽

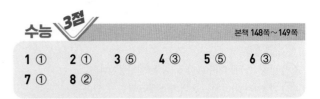

1 ①	2 ①	3 ⑤	4 ③	5 ⑤	6 ③
7 ①	8 ②				

1 동적 평형

자료 분석

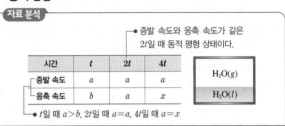

• 증발 속도와 응축 속도가 같은 $2t$일 때 동적 평형 상태이다.

시간	t	$2t$	$4t$
증발 속도	a	a	a
응축 속도	b	a	x

$H_2O(g)$
$H_2O(l)$

● t일 때 $a > b$, $2t$일 때 $a = a$, $4t$일 때 $a = x$

선택지 분석

㉠ H_2O의 상변화는 가역 반응이다.

✕ 용기 내 $H_2O(l)$의 양(mol)은 t에서와 $2t$에서가 같다.
　　　　　　　　　　　　　　t에서가 $2t$에서보다 크다

✕ $x = 2a$이다. $x = a$

ㄱ. H_2O은 조건에 따라 증발과 응축이 모두 일어날 수 있으므로 H_2O의 상변화는 가역 반응이다.

바로알기 ㄴ. $2t$일 때 증발 속도와 응축 속도가 같으므로 동적 평형 상태이다. 따라서 t일 때는 동적 평형 상태가 아니므로 증발 속도가 응축 속도보다 크다. 따라서 용기 내 $H_2O(l)$의 양(mol)은 t에서가 $2t$에서보다 크다.

ㄷ. $2t$ 이후 시간은 모두 동적 평형 상태이므로 $x = a$이다.

2 동적 평형에서 증발 속도와 응축 속도의 관계

자료 분석

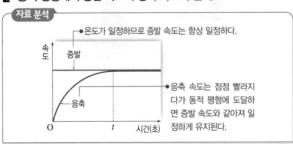

• 온도가 일정하므로 증발 속도는 항상 일정하다.

• 응축 속도는 점점 빨라지다가 동적 평형에 도달하면 증발 속도와 같아져 일정하게 유지된다.

선택지 분석

㉠ t초부터 동적 평형에 도달한다.

✕ t초 이전에는 비가역 반응이 진행된다.
　└● 모든 구간에서 가역 반응이 진행된다.

✕ t초 이후 충분한 시간이 흐르면 응축 속도가 증발 속도보다 빨라진다.
　└● 동적 평형이 계속 유지되므로 응축 속도와 증발 속도는 계속 같게 유지된다.

ㄱ. t초부터 증발 속도와 응축 속도가 같아졌으므로 t초에 동적 평형에 도달한 것이다.

바로알기 ㄴ. 물의 증발과 응축은 가역 반응이므로 모든 구간에서 가역 반응이 진행된다.

ㄷ. 충분한 시간이 흘러도 동적 평형 상태이므로 응축 속도와 증발 속도는 같다.

3 석회 동굴, 종유석, 석순의 형성 반응

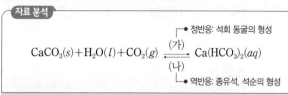

ㄱ 반응 (가)에 대하여 반응 (나)는 역반응이다.
ㄴ 반응 (가)와 (나)는 동적 평형에 도달할 수 있다.
ㄷ 석회 동굴이 형성되면서 동시에 석회 동굴 속에 종유석과 석순이 형성된다.

ㄱ. 석회 동굴이 형성되는 반응 (가)와 종유석, 석순이 형성되는 반응 (나)는 서로 정반응과 역반응 관계이다.
ㄴ. (가)와 (나)는 서로 가역 반응이므로 동적 평형에 도달할 수 있다.
ㄷ. 가역 반응은 정반응과 역반응이 동시에 진행되고, 동적 평형에 도달한 상태에서도 계속 진행된다.
따라서 석회 동굴이 형성되면서 동시에 석회 동굴 속에 종유석과 석순이 형성된다.

4 브로민의 상평형

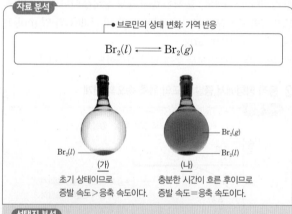

ㄱ (가)에서는 증발 속도가 응축 속도보다 빠르다.
ㄴ (나)에서는 정반응과 역반응이 같은 속도로 진행되고 있다.
✗ (가)와 (나)는 모두 동적 평형에 도달한 상태이다.
　　　(나)만

일정한 온도에서 밀폐 용기에 액체 브로민을 담아 놓으면 처음에는 브로민의 증발 속도가 응축 속도보다 크지만, 충분한 시간이 흐르면 증발 속도와 응축 속도가 같은 동적 평형 상태에 도달한다.
ㄱ. (가)에서는 증발 속도가 응축 속도보다 크고, (나)에서는 증발 속도와 응축 속도가 같다.
ㄴ. (나)는 동적 평형 상태이므로 정반응과 역반응이 같은 속도로 진행되고 있다.
바로알기 ㄷ. (가)는 동적 평형에 도달하기 전이고, (나)는 동적 평형에 도달한 상태이다.

5 물의 상평형

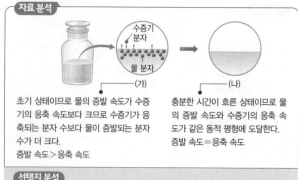

초기 상태이므로 물의 증발 속도가 수증기의 응축 속도보다 크므로 수증기가 응축되는 분자 수보다 물이 증발되는 분자 수가 더 크다.
증발 속도＞응축 속도

충분한 시간이 흐른 상태이므로 물의 증발 속도와 수증기의 응축 속도가 같은 동적 평형에 도달한다.
증발 속도＝응축 속도

ㄱ (가)에서는 가역 반응이 진행된다.
ㄴ (나)에서는 동적 평형에 도달한다.
ㄷ 수증기 분자 수는 (나)가 (가)보다 크다.

ㄱ. (가)에서는 물 분자의 증발과 수증기 분자의 응축이 함께 일어나므로 가역 반응이 진행된다.
ㄴ. 밀폐 용기 속에서 충분한 시간이 흐른 상태인 (나)에서는 물의 증발 속도와 수증기의 응축 속도가 같아지는 동적 평형에 도달한다.
ㄷ. 유리병 속 수증기 분자 수는 동적 평형에 도달한 (나)가 (가)보다 크다.

6 이산화 질소와 사산화 이질소 사이의 화학 평형

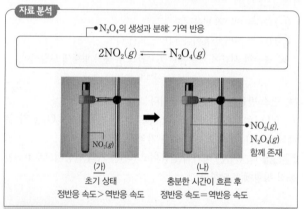

ㄱ (가)에서는 정반응 속도가 역반응 속도보다 크다.
ㄴ (나)에는 $NO_2(g)$와 $N_2O_4(g)$가 함께 존재한다.
✗ $N_2O_4(g)$의 농도는 (가)에서가 (나)에서보다 크다. 작다

ㄱ. 반응 초기 시험관에는 $NO_2(g)$만 존재하므로 (가)에서는 정반응 속도가 역반응 속도보다 크다.
ㄴ. (나)는 충분한 시간이 흐른 후 적갈색의 NO_2가 무색의 N_2O_4를 생성하는 정반응과 무색의 N_2O_4가 다시 적갈색의 NO_2로 분해되는 역반응이 같은 속도로 일어나 적갈색이 일정하게 유지되는 동적 평형에 도달한 상태로, 반응물인 $NO_2(g)$와 생성물인 $N_2O_4(g)$가 함께 존재한다.
바로알기 ㄷ. 반응 초기에는 $NO_2(g)$만 존재하다가 시간이 지나면 $N_2O_4(g)$ 생성 반응이 일어나 (나)에서 동적 평형에 도달하므로 $N_2O_4(g)$의 농도는 (나)에서가 (가)에서보다 크다.

7 황산 구리(Ⅱ) 오수화물의 분해와 생성 반응

자료 분석

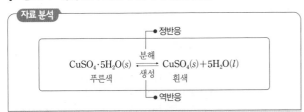

선택지 분석

㉠ 황산 구리(Ⅱ) 오수화물의 분해 반응이 시작되면서 동시에 생성 반응이 진행된다.

✗ 반응이 진행될수록 푸른색은 계속 옅어진다.
　　동적 평형에 도달하면 더 이상 색 변화가 일어나지 않는다

✗ 초기에는 황산 구리(Ⅱ) 오수화물의 분해 속도가 생성 속도보다 작다. 크다

ㄱ. 황산 구리(Ⅱ) 오수화물의 분해 반응과 생성 반응은 가역 반응이므로 정반응과 역반응이 동시에 진행된다.

바로알기 ㄴ. 황산 구리(Ⅱ) 오수화물의 분해 반응이 진행되면 푸른색이 옅어지다가 동적 평형에 도달하면 더 이상 색 변화가 일어나지 않는다.

ㄷ. 동적 평형에 도달하기 전에는 정반응 속도가 역반응 속도보다 크므로 분해 속도가 생성 속도보다 크다.

8 용해 평형

자료 분석

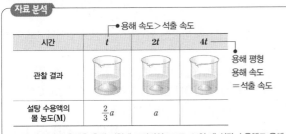

$4t$일 때 설탕 수용액은 용해 평형에 도달하였으므로, $8t$일 때 설탕 수용액도 용해 평형 상태이다.

선택지 분석

✗ t일 때 설탕의 석출 속도는 0이다. 0보다 크다

✗ $4t$일 때 설탕의 용해 속도는 석출 속도보다 크다.
　　용해 속도=석출 속도

㉢ 녹지 않고 남아 있는 설탕의 질량은 $4t$일 때와 $8t$일 때가 같다.

ㄷ. 동적 평형 상태에서는 설탕의 용해 속도와 석출 속도가 같아서 녹지 않고 남아 있는 설탕의 질량은 항상 일정하게 유지된다. 따라서 $4t$ 이후는 동적 평형 상태이므로 녹지 않고 남아 있는 설탕의 질량은 $4t$일 때와 $8t$일 때가 같다.

바로알기 ㄱ. t일 때 설탕의 용해 반응과 석출 반응이 동시에 일어나고 있으며, 동적 평형 상태 이전이므로 용해 속도가 석출 속도보다 크며 석출 반응이 일어나고 있으므로 석출 속도는 0보다 크다. 따라서 t일 때 설탕의 석출 속도는 0보다 크다.

ㄴ. $4t$일 때 동적 평형 상태이므로 설탕의 용해 속도와 석출 속도는 같다.

14·물의 자동 이온화

(1) ① 산 ② 염기 ③ 염기가 아니다 ④ 산 ⑤ 염기 ⑥ 양쪽성
(2) 가역 (3) ① 곱 ② 1.0×10^{-14} ③ 1.0×10^{-7} ④ 1.0×10^{-7}
⑤ 감소 ⑥ 감소 (4) ① $-\log[H^+]$ ② 14 ③ 작아 ④ 커 ⑤ 중성 ⑥ 0 ⑦ 14 ⑧ 작아 (5) ① < ② = ③ > (6) 커 (7) 지시약 (8) 100 (9) pH 미터

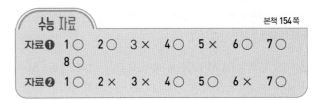

수능 자료　　　　　　　　본책 154쪽

자료❶　1○　2○　3×　4○　5×　6○　7○
　　　　8○
자료❷　1○　2×　3×　4○　5○　6×　7○

자료❶ 산과 염기의 정의

3 아레니우스 염기는 물에 녹아 수산화 이온(OH^-)을 내놓는 물질이므로 (나)에서 NH_3는 아레니우스 염기가 아니다.

5 (가)에서 H_2O은 브뢴스테드·로리 염기이고, (나)에서 H_2O은 브뢴스테드·로리 산이다.

자료❷ 물의 자동 이온화

2 (가)에서 $[H_3O^+] + [OH^-] = 2.0 \times 10^{-7}$ M이다.

3 (나)에서 $[H_3O^+]$는 1.0×10^{-10} M이고, $[OH^-]$는 1.0×10^{-4} M이다.

6 25 °C에서 물의 이온화 상수(K_w)는 1.0×10^{-14}이므로, (가)와 (다)에서 K_w는 같다.

7 (가)와 (다)를 혼합한 수용액의 부피는 100 mL이고 (가)와 (다) 혼합 수용액의 몰 농도는 (다) 수용액의 $\frac{1}{10}$배이다. 그러므로 (가)와 (다)를 혼합한 수용액의 pH는 (다) 수용액의 pH보다 1만큼 커진 4이다.

수능 1점　　　　　　　　본책 154쪽

1 ㉠ 브뢴스테드·로리 산 ㉡ 브뢴스테드·로리 염기　**2** ㄱ, ㄴ, ㄷ　**3** ③　**4** ㉠ 1.0×10^{-2} ㉡ 1.0×10^{-12} ㉢ 2 ㉣ 12 ㉤ 1.0×10^{-11} ㉥ 1.0×10^{-3} ㉦ 11 ◎ 3

1 HCl는 H^+을 내놓으므로 브뢴스테드·로리 산이고, NH_3는 H^+을 받으므로 브뢴스테드·로리 염기이다.

2 ㄱ. 아레니우스 산은 물에 녹아 수소 이온(H^+)을 내놓는 물질이고, 브뢴스테드·로리 산은 수소 이온(H^+)을 내놓는 물질이다.
ㄴ. 아레니우스 염기는 물에 녹아 수산화 이온(OH^-)을 내놓는 물질이고, 브뢴스테드·로리 염기는 수소 이온(H^+)을 받는 물질이다.

ㄷ. 염화 수소(HCl)와 암모니아(NH₃)가 반응하면 염화 암모늄(NH₄Cl)이 만들어진다. 이때 염화 수소(HCl)는 브뢴스테드·로리 산이고, 암모니아(NH₃)는 브뢴스테드·로리 염기이다.

3 ③ $[OH^-]$는 (다)는 1.0×10^{-5} M이고, (가)는 1.0×10^{-9} M이다.

[바로알기] ① 물의 이온화 상수(K_w)는 온도가 일정하면 같으므로 25 ℃에서 (가)와 (나)의 물의 이온화 상수(K_w)는 모두 1.0×10^{-14}으로 같다.
② 수소 이온 농도 지수(pH)는 $-\log[H_3O^+]$이므로, (나)는 7이고 (다)는 9이다.
④ 25 ℃에서 산성 수용액은 pH가 7보다 작은 수용액이므로 pH가 5인 (가) 1가지이다.
⑤ 25 ℃에서 염기성 수용액은 pH가 7보다 큰 수용액이므로 pH가 9인 (다) 1가지이다.

4 25 ℃의 0.01 M HCl(aq)에서 $[H_3O^+]=1.0 \times 10^{-2}$ M이므로 pH=2이다. 이때 $K_w=[H_3O^+][OH^-]=1.0 \times 10^{-14}$이므로 $[OH^-]=1.0 \times 10^{-12}$ M이고, pOH=12이다.
25 ℃의 0.001 M KOH(aq)에서 $[OH^-]=1.0 \times 10^{-3}$ M이므로 pOH=3이다. 이때 $K_w=[H_3O^+][OH^-]=1.0 \times 10^{-14}$이므로 $[H_3O^+]=1.0 \times 10^{-11}$ M이고, pH=11이다.

수능 2점

본책 155쪽~156쪽

1 ⑤	2 ⑤	3 ④	4 ⑤	5 ⑤	6 ②
7 ②	8 ③				

1 브뢴스테드·로리 산 염기

[자료 분석]

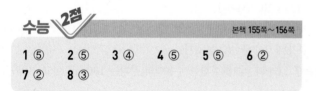

화학 반응에서 다른 물질에게 수소 이온(H^+)을 내놓으면 브뢴스테드·로리 산이고, 다른 물질로부터 수소 이온(H^+)을 받으면 브뢴스테드·로리 염기이다.

[선택지 분석]

✗ (가)   ✗ (나)   ✗ (다)

✗ (가), (나)   ⑤ (나), (다)

(나) $HS^- + H_2O \rightleftharpoons H_2S + OH^-$에서 H_2O은 H^+을 내놓아 OH^-이 되었으므로 H_2O은 브뢴스테드·로리 산이다.
(다) $NH_3 + H_2O \rightleftharpoons NH_4^+ + OH^-$에서 H_2O은 H^+을 내놓아 OH^-이 되었으므로 H_2O은 브뢴스테드·로리 산이다.
[바로알기] (가) $H_2CO_3 + H_2O \rightleftharpoons HCO_3^- + H_3O^+$에서 H_2O은 H^+을 얻어서 H_3O^+이 되었으므로 H_2O은 브뢴스테드·로리 염기이다.

2 산 염기의 정의

[자료 분석]

┌• 수용액에서 H^+을 내놓음 ➡ 아레니우스 산
(가) $\underline{CH_3COOH}(aq) + H_2O(l) \longrightarrow CH_3COO^-(aq) + H_3O^+(aq)$

┌• H^+을 받음 ➡ 브뢴스테드·로리 염기
(나) $\underline{NH_3}(g) + H_2O(l) \longrightarrow NH_4^+(aq) + OH^-(aq)$
└• H^+을 내놓음 ➡ 브뢴스테드·로리 산

┌• OH^-이 H^+을 받음 ➡ 브뢴스테드·로리 염기
(다) $\underline{NH_2CH_2COOH}(s) + \underline{NaOH}(aq) \longrightarrow$
$NH_2CH_2COO^-(aq) + Na^+(aq) + H_2O(l)$
└• H^+을 내놓음 ➡ 브뢴스테드·로리 산

[선택지 분석]

㉠ (가)에서 CH_3COOH은 아레니우스 산이다.
㉡ (나)에서 NH_3는 브뢴스테드·로리 염기이다.
㉢ (다)에서 NH_2CH_2COOH은 브뢴스테드·로리 산이다.

ㄱ. (가)에서 CH_3COOH은 물에 녹아 H^+을 내놓으므로 아레니우스 산이다.
ㄴ. (나)에서 NH_3는 H^+을 받으므로 브뢴스테드·로리 염기이다.
ㄷ. (다)에서 NH_2CH_2COOH은 H^+을 내놓으므로 브뢴스테드·로리 산이다.

3 물의 자동 이온화와 물의 이온화 상수

[선택지 분석]

㉠ 물의 자동 이온화 반응은 가역 반응이다.
㉡ 25 ℃의 순수한 물에서 $[H_3O^+]$는 1.0×10^{-7} M이다.
✗ 25 ℃에서 순수한 물의 pH는 pOH보다 크다.
　　　　pH=pOH=7이다

ㄱ. 물의 자동 이온화 반응은 역반응도 동시에 일어나므로 가역 반응이다.
ㄴ. 25 ℃에서 물의 $K_w=[H_3O^+][OH^-]=1.0 \times 10^{-14}$이고, 순수한 물의 $[H_3O^+]$와 $[OH^-]$는 서로 같다. 따라서 25 ℃의 순수한 물에서 $[H_3O^+]$는 1.0×10^{-7} M이다.
[바로알기] ㄷ. 25 ℃에서 순수한 물의 $[H_3O^+]=[OH^-]=1.0 \times 10^{-7}$ M이므로 pH와 pOH는 모두 7로 같다.

4 물의 이온화 상수와 $[H_3O^+]$, $[OH^-]$의 관계

[자료 분석]

• 1단계: 25 ℃에서 물의 이온화 상수(K_w)는 다음과 같다.
$$K_w=[H_3O^+][OH^-]=1.0 \times 10^{-14}$$
• 2단계: 염산이 모두 이온화한다고 가정하면
$[H_3O^+]=1.0 \times 10^{-(\text{㉠})}$ M이다.
└• 0.1 M 염산이므로 $[H_3O^+]=0.1$ M$=1.0 \times 10^{-1}$ M
• 3단계: 2단계 자료를 1단계의 K_w식에 대입하면
$[OH^-]=1.0 \times 10^{-(\text{㉡})}$ M이다.
└• $K_w=(1.0 \times 10^{-1}) \times [OH^-]=1.0 \times 10^{-14}$이므로
$[OH^-]=1.0 \times 10^{-13}$ M

[선택지 분석]

㉠ ㉠은 1이다.
㉡ ㉡은 13이다.
㉢ 염산의 농도를 10배 묽히면 ㉡은 작아진다.

ㄱ. 염산의 몰 농도가 0.1 M이므로 염산의 $[H_3O^+]=0.1$ M$=1.0\times10^{-1}$ M이다. 따라서 ㉠은 1이다.

ㄴ. $K_w=1.0\times10^{-14}$이므로 $[OH^-]=1.0\times10^{-13}$ M이다. 따라서 ㉡은 13이다.

ㄷ. 0.1 M 염산의 농도를 10배로 묽히면 0.01 M이 되어 H_3O^+의 몰 농도는 1.0×10^{-2} M이 되므로 ㉢은 12가 된다.

5 수용액의 pH

수산화 나트륨(NaOH) 4 g을 물에 녹여 만든 10 L 수용액의 몰 농도는 $\dfrac{0.1\ \text{mol}}{10\ \text{L}}=1.0\times10^{-2}$ M이므로 OH^-의 몰 농도도 1.0×10^{-2} M이다.

25 °C에서 물의 이온화 상수 $K_w=[H_3O^+][OH^-]=1.0\times10^{-14}$이므로 H_3O^+의 몰 농도는 1.0×10^{-12} M이다. 따라서 수용액의 pH는 12이다.

6 수용액의 pH

자료 분석

[실험 과정]

(가) 25 °C에서 0.1 M 염산과 0.1 M 수산화 나트륨 수용액을 준비한다.
$\rightarrow [H_3O^+]=0.1$ M$=1.0\times10^{-1}$ M ➡ pH$=1$
$\rightarrow [OH^-]=0.1$ M$=1.0\times10^{-1}$ M
$[H_3O^+]=1.0\times10^{-13}$ M ➡ pH$=13$

(나) 과정 (가)의 두 수용액을 각각 10배로 묽힌다.
0.1 M 염산 → 0.01 M 염산: $[H_3O^+]=1.0\times10^{-2}$ M ➡ pH$=2$
0.1 M 수산화 나트륨 수용액 → 0.01 M 수산화 나트륨 수용액:
$[OH^-]=1.0\times10^{-2}$ M, $[H_3O^+]=1.0\times10^{-12}$ M ➡ pH$=12$

(다) 과정 (가)의 두 수용액을 각각 100배로 묽힌다.
0.1 M 염산 → 0.001 M 염산: $[H_3O^+]=1.0\times10^{-3}$ M ➡ pH$=3$
0.1 M 수산화 나트륨 수용액 → 0.001 M 수산화 나트륨 수용액:
$[OH^-]=1.0\times10^{-3}$ M, $[H_3O^+]=1.0\times10^{-11}$ M ➡ pH$=11$

[실험 결과] 각 수용액의 pH는 표와 같다.

과정	염산	수산화 나트륨 수용액
(가)	㉠$=1$	㉡$=13$
(나)	㉢$=2$	12
(다)	3	㉣$=11$

선택지 분석

❌ ㉠$=$㉡이다. ㉠$<$㉡
◯ ㉢$<$㉣이다.
❌ ㉠$+$㉡$=$㉢$+$㉣이다. ㉠$+$㉡$>$㉢$+$㉣

(가) 0.1 M 염산의 $[H_3O^+]=0.1$ M$=1.0\times10^{-1}$ M이므로 pH$=1$(㉠)이다.

(가) 0.1 M 수산화 나트륨 수용액의 $[OH^-]=1.0\times10^{-1}$ M 이고, 25 °C에서 $K_w=[H_3O^+][OH^-]=1.0\times10^{-14}$이므로 $[H_3O^+]=1.0\times10^{-13}$ M이다. 따라서 pH$=13$(㉡)이다.

(나) 0.1 M 염산을 10배로 묽히면 0.01 M이 되므로 $[H_3O^+]=1.0\times10^{-2}$ M이다. 따라서 pH$=2$(㉢)가 된다.

(나) 0.1 M 수산화 나트륨 수용액을 10배로 묽히면 0.01 M이 되므로 $[OH^-]=1.0\times10^{-2}$ M, $[H_3O^+]=1.0\times10^{-12}$ M이다. 따라서 pH$=12$이다.

(다) 0.1 M 염산을 100배로 묽히면 0.001 M이 되므로 $[H_3O^+]=1.0\times10^{-3}$ M이다. 따라서 pH$=3$이다.

(다) 0.1 M 수산화 나트륨 수용액을 100배로 묽히면 0.001 M 이 되므로 $[OH^-]=1.0\times10^{-3}$ M, $[H_3O^+]=1.0\times10^{-11}$ M이다. 따라서 pH$=11$(㉣)이다.

ㄴ. (나)와 (다)에서 ㉢$=2$, ㉣$=11$이므로 ㉢$<$㉣이다.

바로알기 ㄱ. (가)에서 ㉠$=1$, ㉡$=13$이므로 ㉠$<$㉡이다.

ㄷ. (가)~(다)에서 ㉠$=1$, ㉡$=13$, ㉢$=2$, ㉣$=11$이므로 ㉠$+$㉡$>$㉢$+$㉣이다.

7 우리 주변 물질의 pH

자료 분석

선택지 분석

❌ $[H_3O^+]$는 탄산음료가 레몬즙보다 크다. 작다
◯ 증류수의 pOH는 7이다.
❌ 페놀프탈레인 용액을 1~2방울 떨어뜨릴 때 붉은색을 띠는 것은 5가지이다. 4가지

ㄴ. 증류수의 pH는 7이다. 25 °C에서 pH$+$pOH$=14$이므로 증류수의 pOH는 7이다.

바로알기 ㄱ. pH가 작을수록 $[H_3O^+]$는 커진다. 따라서 pH가 작은 레몬즙이 탄산음료보다 $[H_3O^+]$가 크다.

ㄷ. 페놀프탈레인 용액은 염기성에서 붉은색을 띤다. 따라서 pH가 7보다 큰 염기성 물질인 베이킹 소다 수용액, 비눗물, 암모니아수, 하수구 세정제에서 붉은색을 띠므로 4가지이다.

8 수용액의 $[H_3O^+]$, $[OH^-]$, pH의 관계

자료 분석

$\rightarrow$ 물에 녹아 H^+을 내놓는다. ➡ 아레니우스 산
$HCl(g)+H_2O(l) \longrightarrow H_3O^+(aq)+Cl^-(aq)$

선택지 분석

◯ 수용액의 pH는 2이다.
◯ 수용액의 OH^-의 몰 농도는 1.0×10^{-12} M이다.
❌ 수용액에 염화 수소를 더 녹이면 수용액의 pH는 커진다. 작아진다

ㄱ. 수용액의 수소 이온 농도가 0.01 M이므로 수용액의 pH는 2이다.

ㄴ. 수용액의 수소 이온 농도가 0.01 M이고, 25 °C에서 물의 이온화 상수 $K_w=1.0\times10^{-14}$이므로 25 °C에서 OH^-의 몰 농도는 1.0×10^{-12} M이다.

바로알기 ㄷ. 수용액에 염화 수소를 더 녹이면 수용액의 수소 이온 농도가 증가하므로 수용액의 pH는 작아진다.

| 1 ① | 2 ⑤ | 3 ③ | 4 ③ | 5 ③ | 6 ⑤ |
| 7 ⑤ | 8 ① | 9 ② | 10 ① | 11 ② | 12 ① |

1 수용액의 $[H_3O^+]$, $[OH^-]$

자료 분석

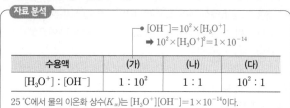

$\bullet [OH^-] = 10^2 \times [H_3O^+]$
$\Rightarrow 10^2 \times [H_3O^+]^2 = 1 \times 10^{-14}$

수용액	(가)	(나)	(다)
$[H_3O^+]:[OH^-]$	$1:10^2$	$1:1$	$10^2:1$

25 ℃에서 물의 이온화 상수(K_w)는 $[H_3O^+][OH^-]=1\times10^{-14}$이다.

선택지 분석

ㄱ (나)는 중성이다.

✗ (다)의 pH는 5.0이다. 6.0

✗ $[OH^-]$는 (가) : (다)= $10^4 : 1$이다. $10^2 : 1$

ㄱ. (나)에서 $[H_3O^+]=[OH^-]=1\times10^{-7}$ M이므로 (나)는 중성이다.

바로알기 ㄴ. (다)에서 $[H_3O^+]=1\times10^{-6}$ M, $[OH^-]=1\times10^{-8}$ M이므로 (다)의 pH는 6.0이다.

ㄷ. (가)에서 $[H_3O^+]=1\times10^{-8}$ M, $[OH^-]=1\times10^{-6}$ M이고 (다)에서 $[H_3O^+]=1\times10^{-6}$ M, $[OH^-]=1\times10^{-8}$이므로 $[OH^-]$는 (가) : (다) $=10^2 : 1$이다.

2 브뢴스테드·로리 산 염기

자료 분석

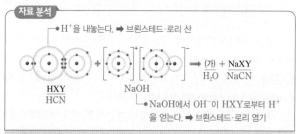

$\bullet$ H$^+$을 내놓는다. ➡ 브뢴스테드·로리 산

$\dfrac{HXY}{HCN}$ + NaOH ⟶ $\dfrac{(가)}{H_2O}$ + $\dfrac{NaXY}{NaCN}$

NaOH에서 OH$^-$이 HXY로부터 H$^+$을 얻는다. ➡ 브뢴스테드·로리 염기

선택지 분석

ㄱ HXY는 브뢴스테드·로리 산이다.

ㄴ (가)의 쌍극자 모멘트는 0이 아니다.

ㄷ NaXY에서 X와 Y는 모두 옥텟 규칙을 만족한다.

ㄱ. HXY는 H$^+$을 내놓으므로 브뢴스테드·로리 산이다.

ㄴ. (가)는 H_2O이므로 극성 분자이다. 따라서 (가)는 쌍극자 모멘트가 0이 아니다.

ㄷ. X와 Y는 각각 가장 바깥 전자 껍질에 8개의 전자를 채우고 있으므로 옥텟 규칙을 만족한다.

3 물의 자동 이온화

자료 분석

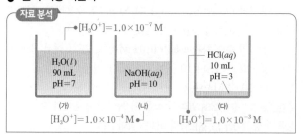

$\bullet [H_3O^+]=1.0\times10^{-7}$ M

$H_2O(l)$ 90 mL pH=7 (가)

NaOH(aq) pH=10 (나)

HCl(aq) 10 mL pH=3 (다)

$[H_3O^+]=1.0\times10^{-4}$ M

$[H_3O^+]=1.0\times10^{-3}$ M

선택지 분석

ㄱ (가)에서 $[H_3O^+]=[OH^-]$이다.

ㄴ (나)에서 $[OH^-]$는 1.0×10^{-4} M다.

✗ (가)와 (다)를 모두 혼합한 수용액의 pH=5이다. pH=4

ㄱ. (가) 수용액은 중성이므로 $[H_3O^+]=[OH^-]=1.0\times10^{-7}$M이다.

ㄴ. (나)에서 pH가 10이므로 $[H_3O^+]=1.0\times10^{-10}$M이다. 물의 이온화 상수($K_w$)는 1.0×10^{-14}이므로 $[OH^-]$는 1.0×10^{-4} M 이다.

바로알기 ㄷ. (가)와 (다)를 모두 혼합한 수용액의 부피가 100 mL 이므로 (가)와 (다)의 혼합 수용액의 몰 농도는 (다) 수용액의 몰 농도의 $\dfrac{1}{10}$배이다. 그러므로 (가)와 (다)를 모두 혼합한 수용액의 pH는 (다) 수용액의 pH보다 1만큼 큰 4이다.

4 물의 자동 이온화

자료 분석

$\bullet$ 물의 자동 이온화 반응은 가역 반응이다.

$$2H_2O(l) \rightleftharpoons H_3O^+(aq)+OH^-(aq)$$

$$K_w=1.0\times10^{-14}$$

순수한 물의 반응에서 $[H_3O^+]=[OH^-]=1.0\times10^{-7}$ M이다.

선택지 분석

ㄱ 물의 자동 이온화 반응은 동적 평형에 도달할 수 있다.

ㄴ 25 ℃의 순수한 물에서 $[H_3O^+]$는 1.0×10^{-7} M이다.

✗ 25 ℃의 순수한 물에서 H$_3$O$^+$의 농도는 H$_2$O의 농도보다 더 크다. 작다

ㄱ. 물의 자동 이온화에 의해 생성된 하이드로늄 이온(H$_3$O$^+$)과 수산화 이온(OH$^-$)은 서로 반응하여 다시 물 분자를 생성할 수 있으므로 물의 자동 이온화는 가역 반응이다. 따라서 물의 자동 이온화 반응은 동적 평형에 도달할 수 있다.

ㄴ. 25 ℃에서 $K_w=1.0\times10^{-14}$이고, 순수한 물에서 $[H_3O^+]$와 $[OH^-]$는 서로 같으므로 모두 1.0×10^{-7} M이다.

바로알기 ㄷ. 물의 자동 이온화는 매우 적은 양의 물 분자에서만 일어나므로 25 ℃의 순수한 물에서 H$_2$O의 농도가 H$_3$O$^+$의 농도보다 더 크다.

5 물의 자동 이온화

자료 분석

수용액	(가)	(나)	(다)
pH	4 산성	8 염기성	10 염기성
부피(mL)	200	100	500
$[H_3O^+]$(M)	1.0×10^{-4}	1.0×10^{-8}	1.0×10^{-10}

선택지 분석

ㄱ 염기성 수용액은 2가지이다.

ㄴ (나)에서 $\dfrac{[OH^-]}{[H_3O^+]}=100$이다.

✗ 수용액 속 H$_3$O$^+$의 양(mol)은 (가)가 (다)의 10^6배이다. 4×10^5 배

ㄱ. pH가 7보다 크면 염기성 수용액이므로 염기성 수용액은 (나)와 (다) 2가지이다.

ㄴ. $K_w = [H_3O^+][OH^-]$이므로, (나)에서 $\dfrac{[OH^-]}{[H_3O^+]} =$

$\dfrac{1.0 \times 10^{-6}\,M}{1.0 \times 10^{-8}\,M} = 100$이다.

(바로알기) ㄷ. 수용액 속 H_3O^+의 양(mol)은 (가)가 2.0×10^{-5} mol, (다)가 5.0×10^{-11} mol이므로, H_3O^+의 양(mol)은 (가)가 (다)의 4×10^5 배이다.

6 물의 이온화 상수

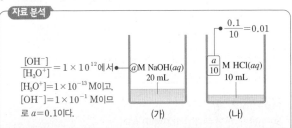

자료 분석

온도(°C)	K_w
0	0.11×10^{-14}
20	0.68×10^{-14}
25	1.00×10^{-14}
40	2.92×10^{-14}
60	9.61×10^{-14}

온도가 높아질수록 K_w가 증가한다.
➡ 순수한 물의 pH는 온도가 높아질수록 작아진다.

선택지 분석

◯ 순수한 물의 pH는 20 °C에서가 60 °C에서보다 크다.

✕ $[H_3O^+]$는 25 °C에서가 40 °C에서보다 ~~크다.~~ 작다

◯ 70 °C에서 K_w는 9.61×10^{-14}보다 크다.

ㄱ. 물의 온도가 낮아질수록 K_w가 작아지므로 순수한 물의 pH는 온도가 낮을수록 커진다. 따라서 순수한 물의 pH는 20 °C에서가 60 °C에서보다 크다.

ㄷ. 물의 온도가 높아질수록 K_w가 커지므로 70 °C에서 K_w는 9.61×10^{-14}보다 크다.

(바로알기) ㄴ. K_w가 클수록 $[H_3O^+]$는 커지므로 $[H_3O^+]$는 25 °C에서가 40 °C에서보다 작다.

7 수용액의 $[H_3O^+]$, pH

선택지 분석

◯ $x = 1.0 \times 10^{-2}$이다.

✕ 수용액 속에 존재하는 H_3O^+의 양(mol)은 ~~1.0×10^{-2} mol~~ 이다. 1.0×10^{-3} mol

◯ 물을 더 넣어 수용액의 부피를 1000 mL로 만들면 수용액의 pH는 3이다.

ㄱ. pH=2이므로 수용액의 $[H_3O^+]$는 1.0×10^{-2} M이 된다. 따라서 HCl(aq)의 몰 농도 $x = 1.0 \times 10^{-2}$(M)이다.

ㄷ. 물을 더 넣어 수용액의 부피를 1000 mL로 만들면 수용액은 10배 묽어지므로 수용액의 pH는 3이다.

(바로알기) ㄴ. 수용액의 몰 농도가 1.0×10^{-2} M이고 부피가 0.1 L이므로 수용액 속에 존재하는 H_3O^+의 양(mol)은 1.0×10^{-3} mol이다.

8 수용액의 $[H_3O^+]$, $[OH^-]$

자료 분석

• H_3O^+의 양(mol)=$1.0 \times 10^{-2} \times 0.1 = 1.0 \times 10^{-3}$(mol)

구분	수용액	부피(L)	pH	$[H_3O^+]$(M)	$[OH^-]$(M)
(가)	HCl(aq)	0.1	2	1.0×10^{-2}	1.0×10^{-12}
(나)	NaOH(aq)	10	13	1.0×10^{-13}	1.0×10^{-1}

• H_3O^+의 양(mol)=$1.0 \times 10^{-13} \times 10 = 1.0 \times 10^{-12}$(mol)

선택지 분석

◯ (가)에 들어 있는 $[H_3O^+]$는 1.0×10^{-2} M이다.

✕ (나)에 들어 있는 $[OH^-]$는 ~~1.0×10^{-13} M이다.~~ 1.0×10^{-1} M

✕ 수용액에 들어 있는 H_3O^+의 양(mol)은 (가)가 (나)의 ~~10^8배~~ 이다. 10^9배

ㄱ. (가)의 pH=2이므로 (가)에 들어 있는 $[H_3O^+]$는 1.0×10^{-2} M이다.

(바로알기) ㄴ. (나)의 pH=13이므로 (나)에 들어 있는 $[H_3O^+]$는 1.0×10^{-13} M, $[OH^-]$는 1.0×10^{-1} M이다.

ㄷ. 수용액에 들어 있는 H_3O^+의 양(mol)은 다음과 같다.

(가) 1.0×10^{-2} M × 0.1 L = 1.0×10^{-3} mol

(나) 1.0×10^{-13} M × 10 L = 1.0×10^{-12} mol

따라서 H_3O^+의 양(mol)은 (가)가 (나)의 10^9배이다.

9 수용액의 성질과 pH

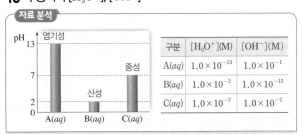

자료 분석

$\dfrac{[OH^-]}{[H_3O^+]} = 1 \times 10^{12}$에서
$[H_3O^+] = 1 \times 10^{-13}$ M이고,
$[OH^-] = 1 \times 10^{-1}$ M이므로 $a = 0.1$이다.

@M NaOH(aq) 20 mL (가)

$\dfrac{0.1}{10} = 0.01$
$\dfrac{a}{10}$ M HCl(aq) 10 mL (나)

선택지 분석

✕ ~~$a = 0.2$이다.~~ $a = 0.1$

◯ $\dfrac{(가)의 \text{ pH}}{(나)의 \text{ pH}} > 6$이다.

✕ (나)에 물을 넣어 100 mL로 만든 HCl(aq)에서 ~~$\dfrac{[Cl^-]}{[OH^-]} = 1 \times 10^{10}$이다.~~ $\dfrac{[Cl^-]}{[OH^-]} = 1 \times 10^8$

ㄴ. (가)의 pH는 13, (나)의 pH는 2이므로 $\dfrac{(가)의 \text{ pH}}{(나)의 \text{ pH}} = 6.5$이다.

(바로알기) ㄱ. (가)에서 $[H_3O^+] = 1 \times 10^{-13}$ M이고, $[OH^-] = 1 \times 10^{-1}$ M이므로 $a = 0.1$이다.

ㄷ. (나)에 물을 넣어 100 mL로 만든 HCl(aq)의 몰 농도는 0.001 M이다. 따라서 $[H_3O^+] = [Cl^-] = 1 \times 10^{-3}$ M이고, $[OH^-] = 1 \times 10^{-11}$ M이므로 $\dfrac{[Cl^-]}{[OH^-]} = 1 \times 10^8$이다.

10 수용액의 $[H_3O^+]$, $[OH^-]$

자료 분석

pH 그래프 (염기성 13, 중성 7, 산성 2): A(aq), B(aq), C(aq)

구분	$[H_3O^+]$(M)	$[OH^-]$(M)
A(aq)	1.0×10^{-13}	1.0×10^{-1}
B(aq)	1.0×10^{-2}	1.0×10^{-12}
C(aq)	1.0×10^{-7}	1.0×10^{-7}

선택지 분석

◯ A(aq)에 BTB 용액을 1~2방울 떨어뜨리면 파란색으로 변한다.

✕ $[OH^-]$는 B(aq)이 A(aq)의 ~~10^{11}배이다.~~ $\dfrac{1}{10^{11}}$배

✕ 수용액에 존재하는 H_3O^+의 양(mol)은 B(aq)이 C(aq)의 ~~5배이다.~~ 10^5배

정답과 해설 **81**

ㄱ. A(aq)은 염기성이므로 이 수용액에 BTB 용액을 1~2방울 떨어뜨리면 파란색으로 변한다.

(바로알기) ㄴ. A(aq)의 [OH$^-$]는 1.0×10^{-1} M이고, B(aq)의 [OH$^-$]는 1.0×10^{-12} M이다. 따라서 [OH$^-$]는 B(aq)이 A(aq)의 $\frac{1}{10^{11}}$배이다.

ㄷ. B(aq)의 [H$_3$O$^+$]=1.0×10^{-2} M이고, C(aq)의 [H$_3$O$^+$]=1.0×10^{-7} M이다. 두 수용액의 부피가 같으므로 수용액 속에 존재하는 H$_3$O$^+$의 양(mol)은 B(aq)이 C(aq)의 10^5배이다.

11 수용액의 [OH$^-$], H$_3$O$^+$의 양(mol)

자료 분석

구분	(가)	(나)	(다)
수용액	0.2 M HA(aq) 50 mL	0.2 M H$_2$B(aq) 150 mL	0.5 M HC(aq) 20 mL
[H$_3$O$^+$]	0.2 M	0.4 M	0.5 M
H$_3$O$^+$의 양	0.01 mol	0.06 mol	0.01 mol

선택지 분석

✕ pH가 가장 큰 것은 (다)이다. (가)

◯ [OH$^-$]는 (가)가 가장 크다.

✕ 수용액에 존재하는 H$_3$O$^+$의 양(mol)은 (가)가 (다)보다 크다. → (가)와 (다)가 같다

ㄴ. [H$_3$O$^+$]는 (다)>(나)>(가)이고 K_w는 일정하므로 [OH$^-$]는 (가)>(나)>(다)이다.

(바로알기) ㄱ. (가)는 [H$_3$O$^+$]=0.2 M, (나)는 [H$_3$O$^+$]=0.4 M, (다)는 [H$_3$O$^+$]=0.5 M이므로 pH는 (가)>(나)>(다)이다.

ㄷ. 수용액에 존재하는 H$_3$O$^+$의 양(mol)은 (가)가 0.2 M × 0.05 L=0.01 mol, (다)가 0.5 M × 0.02 L=0.01 mol로 (가)와 (다)가 같다.

12 우리 주변 물질의 pH

선택지 분석

◯ 증류수에 들어 있는 [H$_3$O$^+$]는 1.0×10^{-7} M이다.

✕ [H$_3$O$^+$]는 커피가 탄산음료의 2배이다. → $\frac{1}{100}$배

✕ [OH$^-$]는 제산제가 하수구 세정제의 1000배이다. → $\frac{1}{1000}$배

ㄱ. 증류수의 pH는 7이므로 증류수에 들어 있는 [H$_3$O$^+$]와 [OH$^-$]는 모두 1.0×10^{-7} M이다.

(바로알기) ㄴ. 커피는 탄산음료보다 pH가 2만큼 크므로 [H$_3$O$^+$]는 탄산음료의 $\frac{1}{100}$배이다.

ㄷ. 제산제는 하수구 세정제보다 pH가 3만큼 작으므로 [H$_3$O$^+$]는 하수구 세정제의 1000배이고, [OH$^-$]는 하수구 세정제의 $\frac{1}{1000}$배이다.

15 산 염기 중화 반응

개념 확인
본책 161쪽

(1) 중화 (2) 1:1 (3) 참여한다 (4) H$^+$, OH$^-$
(5) H$^+$(aq)+OH$^-$(aq) ⟶ H$_2$O(l) (6) 물 (7) 중화 적정
(8) 중화점 (9) 표준 용액 (10) 곱 (11) 함량

본책 162쪽

여기서 잠깐!

Q1 ㉠ 0.01 mol, ㉡ 0.08 mol
Q2 $18 \times 6.02 \times 10^{21}$개

Q1 몰 농도(M)=$\frac{\text{용질의 양(mol)}}{\text{용액의 부피(L)}}$에서 H$^+$의 양(mol)=HCl($aq$)의 몰 농도(M) × HCl($aq$)의 부피(L)=0.05 M × 0.2 L =0.01 mol이고, OH$^-$의 양(mol)=KOH(aq)의 몰 농도(M) × KOH(aq)의 부피(L)=0.3 M × 0.3 L=0.09 mol이다. H$^+$의 양(mol)은 0.01 mol, OH$^-$의 양(mol)은 0.09 mol이므로 이온의 양(mol)이 작은 쪽인 H$^+$이 한계 반응물이다. 중화 반응에서 H$^+$: OH$^-$: H$_2$O=1 : 1 : 1이므로 한계 반응물인 H$^+$의 양(mol)만큼 물이 생성된다. 따라서 생성된 물의 양(mol)은 0.01 mol이다. 따라서 OH$^-$ 0.01 mol이 중화 반응에 참여하고, 0.08 mol이 남는다.

Q2 H$^+$의 양(mol)=0.05 M × 0.2 L=0.01 mol이므로 H$^+$의 수=Cl$^-$의 수=$0.01 \times 6.02 \times 10^{23}$=$6.02 \times 10^{21}$(개)이다. 그러므로 HCl($aq$)에 들어 있는 전체 이온 수는 12.04×10^{21}개이다.
OH$^-$의 양(mol)=0.3 M × 0.3 L=0.09 mol이므로 K$^+$의 수 =OH$^-$의 수=$9 \times 6.02 \times 10^{21}$(개)다. 그러므로 KOH($aq$)에 들어 있는 전체 이온 수는 $18 \times 6.02 \times 10^{21}$개이다.
중화 반응에서 H$^+$: OH$^-$: H$_2$O=1 : 1 : 1이므로 생성된 물의 양(mol)은 0.01 mol이고, 중화 반응에 참여하지 않은 K$^+$의 수는 $9 \times 6.02 \times 10^{21}$개이고, Cl$^-$의 수는 6.02×10^{21}개이다. 중화 반응 이후 남아 있는 OH$^-$의 수는 $8 \times 6.02 \times 10^{21}$개이다. 따라서 혼합 용액 속에 존재하는 전체 이온 수는 $18 \times 6.02 \times 10^{21}$개이다.

수능 자료
본책 163쪽~164쪽

	1	2	3	4	5	6	7
자료❶	◯	◯	✕	◯	◯	◯	
자료❷	◯	◯	◯	◯	✕	◯	
자료❸	◯	✕	◯	◯	✕	◯	
자료❹	◯	◯	◯	✕	◯	◯	◯
자료❺	◯	◯	✕	◯	◯	◯	✕

자료 ❶ 중화 반응의 양적 관계

1 혼합 용액 Ⅰ에 들어 있는 양이온의 종류는 H^+과 Na^+ 2가지이다.

3 혼합 용액 Ⅱ에 들어 있는 Na^+ 수를 $6N$이라고 할 때, 혼합 용액 Ⅰ에 들어 있는 Na^+ 수는 $4.5N$, H^+ 수는 $0.5N$이다.

자료 ❷ 중화 반응의 양적 관계

2 용액 (가)에 들어 있는 H^+ 양(mol)은 $(0.0004x-0.02y)$ mol이고, A^{2-} 양(mol)은 $0.0002x$ mol이고, Na^+ 양(mol)은 $0.02y$이다.

3 $x=200y$이다.

4 용액 (가)에서 용액에 존재하는 이온의 몰 농도비는 H^+ : A^{2-} : Na^+＝3 : 2 : 1이다.

5 몰 농도는 용질의 양(mol)의 용액 부피(L)로 나눈 값이다. 용액 (나)에서 H^+의 양(mol)은 $0.0004x-0.03y=0.05y$(mol)이므로 H^+의 몰 농도를 구하면 $\dfrac{0.05y\ \text{mol}}{(x+30)\times 10^{-3}\ \text{L}}$이다.

자료 ❸ 중화 반응의 양적 관계

2 처음 NaOH(aq) 5 mL를 넣었을 때 반응한 H^+ 수만큼 Na^+이 증가하므로 혼합 용액 속에 들어 있는 전체 이온 수는 $40N$이다.

4 NaOH(aq) 5 mL, KOH(aq) 5 mL를 차례대로 첨가한 혼합 용액의 단위 부피당 전체 이온 수는 $\dfrac{40N}{20}=2N$이다.

5 과정 4 이후 추가로 KOH(aq) 5 mL를 더 넣었을 때 혼합 용액의 단위 부피당 전체 이온 수가 일정하므로 KOH(aq) 5 mL의 단위 부피당 이온 수는 $2N$이고, 전체 이온 수는 $10N$이다.

자료 ❹ 중화 반응의 양적 관계

3 HCl(aq) V mL에 넣어 준 NaOH(aq)의 부피가 $2V$ mL이므로 NaOH(aq) V mL에는 Na^+ N, OH^- N이 존재한다.

4 HCl(aq) V mL에 NaOH(aq) V mL를 첨가한 혼합 용액에서 H^+ $4N$과 OH^- N이 반응한 후의 혼합 용액에 존재하는 H^+ 수는 $3N$, Na^+ 수는 N이다. 따라서 HCl(aq) V mL에 NaOH(aq) V mL를 첨가한 혼합 용액에서 Na^+ 수와 H^+ 수의 비는 1 : 3이다.

6 혼합 용액의 단위 부피당 전체 이온 수비는 (HCl(aq) V mL에 NaOH(aq) V mL를 첨가한 혼합 용액) : (HCl(aq) V mL에 NaOH(aq) $2V$ mL를 첨가한 혼합 용액)＝$\dfrac{8N}{2V}$: $\dfrac{8N}{3V}$＝3 : 2이다.

7 HCl(aq) V mL에 NaOH(aq) $2V$ mL와 KOH(aq) $2V$ mL를 첨가한 혼합 용액에 존재하는 양이온 수비가 1 : 2이므로 혼합 용액 속에는 Na^+ $2N$과 K^+ $4N$이 존재한다. 따라서 이 혼합 용액에는 OH^- $2N$이 남아 있으므로 염기성 수용액이다.

자료 ❺ 중화 반응의 양적 관계 해석

3 실험 결과 (나)에서 NaOH(aq) 10 mL, 20 mL일 때 중화 반응에 참여하는 H^+ 수의 변화량이 같아야 하므로 $x=20$이다.

7 KOH(aq) 5 mL에 들어 있는 OH^- 수는 $5N$이다.

			본책 164쪽
1 (가) 염기성 (나) 염기성 (다) 중성 (라) 산성			**2** ④
3 50 mL	**4** ㄱ, ㄴ, ㄷ	**5** 10	

1 (가)와 (나)의 용액에는 OH^-이 있으므로 용액의 액성은 염기성이고, (다)의 용액에는 H^+과 OH^-이 모두 중화 반응하여 남아 있지 않으므로 용액의 액성은 중성이며, (라)의 용액에는 H^+이 있으므로 용액의 액성은 산성이다.

2 중화 반응의 알짜 이온 반응식은 아레니우스 산이 물에 녹아 공통으로 내놓는 H^+과 아레니우스 염기가 물에 녹아 공통으로 내놓는 OH^-이 1 : 1로 반응하여 $H_2O(l)$을 만드는 반응의 화학 반응식이다.

3 0.1 M HCl(aq) 100 mL를 완전히 중화하는 데 필요한 0.2 M NaOH(aq)의 부피를 x라고 하면, 중화 반응의 양적 관계는 다음과 같다.
$$1\times 0.1\ \text{M}\times 100\ \text{mL}=1\times 0.2\ \text{M}\times x,\ x=50\ \text{mL}$$

4 ㄱ. H^+과 OH^-은 항상 1 : 1의 몰비로 반응한다. 따라서 H^+ 0.1 mol이 들어 있는 산성 용액에 OH^- 0.05 mol이 들어 있는 염기성 용액을 가하면 물 0.05 mol이 생성되고, H^+ 0.05 mol이 반응하지 않고 남는다.

ㄴ. H^+ 0.05 mol이 반응하지 않고 남으므로 혼합 용액의 액성은 산성이다.

ㄷ. 혼합 용액을 완전히 중화시키기 위해 OH^- 0.05 mol을 더 넣어주어야 한다.

5 중화 적정 관계식은 $n_1M_1V_1=n_2M_2V_2$이다. (가)에서 $1\times 0.01\times 100=2\times 0.02\times x$이므로 $x=25$이고, (나)에서 $2\times 0.3\times 200=1\times y\times 300$이므로 $y=0.4$이다. 따라서 $x\times y=10$이다.

					본책 165쪽~168쪽
1 ⑤	**2** ③	**3** ⑤	**4** ①	**5** ⑤	**6** ①
7 ③	**8** ⑤	**9** ③	**10** ③	**11** ③	**12** ①
13 ⑤	**14** ③	**15** ②	**16** ⑤		

1 중화 반응의 이온 모형

자료 분석

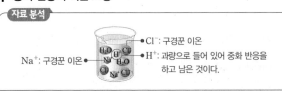

선택지 분석

ㄱ 구경꾼 이온은 2종류이다. 구경꾼 이온: Na^+, Cl^-

ㄴ 반응시킨 수용액의 부피는 염산이 수산화 나트륨 수용액보다 크다.

ㄷ 혼합 전 염산에 들어 있는 HCl의 양(mol)은 수산화 나트륨 수용액에 들어 있는 NaOH의 양(mol)보다 크다.

농도가 같은 HCl(aq)과 NaOH(aq)을 반응시키면 HCl(aq)의 H⁺과 NaOH(aq)의 OH⁻이 중화 반응하여 H₂O(l)을 생성한다.

ㄱ. 구경꾼 이온은 반응에 참여하지 않는 이온으로 Na⁺, Cl⁻ 2종류이다.

ㄴ. 두 수용액의 농도가 같지만 중화 반응 후 H⁺이 존재하므로 반응시킨 수용액의 부피는 염산이 수산화 나트륨 수용액보다 크다.

ㄷ. 용질의 양(mol)은 몰 농도(M)에 용액의 부피(L)를 곱한 값이다. 농도가 같고 용액의 부피는 염산이 크므로 혼합 전 염산에 들어 있는 HCl의 양(mol)이 수산화 나트륨 수용액에 들어 있는 NaOH의 양(mol)보다 크다.

2 중화 반응의 양적 관계

자료 분석

혼합 용액		(가)	(나)
혼합 전 수용액의 부피(mL)	HCl(aq)	50	50
	NaOH(aq)	x	$x+y$
이온 수 비율			

용액 (가)의 액성이 산성일 경우 H⁺ : Cl⁻ : Na⁺=1 : 2 : 1이고, 염기성일 경우 Cl⁻ : Na⁺ : OH⁻=1 : 2 : 1이다. 용액 (가)의 액성이 산성일 경우 용액 (나)에 존재하는 3가지 이온 수 비율이 위 자료처럼 성립하지만, 염기성일 경우 성립하지 않는다.

선택지 분석

ㄱ (가)는 산성 수용액이다.

ㄴ (나)에서 ㈎은 양이온이다.

✗ $\frac{x}{y}$는 3이다. $\frac{1}{3}$

ㄱ. 용액 (가)에 존재하는 3가지 이온 수 비율이 H⁺ : Cl⁻ : Na⁺=1 : 2 : 1일 경우, 용액 (가)에 추가한 NaOH(aq)의 부피 $y=3x$가 되면 용액 (나)에 존재하는 3가지 이온 수 비율이 자료처럼 Cl⁻ : Na⁺ : OH⁻=1 : 2 : 1이 될 수 있다. 그러므로 (가)는 산성 수용액이다.

ㄴ. (나)에서 ㈎은 Na⁺이다.

바로알기 ㄷ. $y=3x$이므로 $\frac{x}{y}$는 $\frac{1}{3}$이다.

3 중화 반응의 양적 관계

자료 분석

몰 농도가 같으므로 혼합 전 수용액 10 mL당 들어 있는 H⁺ 수, OH⁻ 수를 각각 n이라고 가정하면, 생성되는 물 분자 수는 다음과 같다.

혼합 용액	(가)	(나)	(다)	(라)	(마)
HCl(aq)(mL)	10 H⁺ n	20 H⁺ $2n$	30 H⁺ $3n$	40 H⁺ $4n$	50 H⁺ $5n$
NaOH(aq)(mL)	50 OH⁻ $5n$	40 OH⁻ $4n$	30 OH⁻ $3n$	20 OH⁻ $2n$	10 OH⁻ n
생성되는 물 분자 수	n	$2n$	$3n$	$2n$	n

선택지 분석

ㄱ 생성된 물 분자 수는 (다)가 가장 크다.

✗ 혼합 용액의 pH는 (라)가 (나)보다 크다. 작다

ㄷ 알짜 이온 반응식은 (가)~(마)가 모두 같다.

ㄱ. 생성된 물 분자 수는 (다)>(나)=(라)>(가)=(마)이다.

ㄷ. 중화 반응에서 산의 H⁺과 염기의 OH⁻은 항상 알짜 이온이며, 알짜 이온 반응식은 다음과 같다.

$$H^+(aq)+OH^-(aq) \longrightarrow H_2O(l)$$

바로알기 ㄴ. 혼합 용액의 pH는 염기성 용액에서는 OH⁻의 양(mol)이 클수록 크고, 산성 용액에서는 H⁺의 양(mol)이 작을수록 크다. 따라서 pH는 (가)>(나)>(다)>(라)>(마)이다.

4 중화 반응의 양적 관계

자료 분석

2종류의 음이온이 1 : 1로 존재하므로 (가)는 OH⁻이 존재하는 염기성 용액이다.

구분		HX(aq)	
		x M 100 mL	0.1x M 200 mL
BOH (aq)	y M 100 mL	(가) 염기성	(나) 산의 양(mol)이 (가)의 $\frac{1}{5}$ 이다. ➡ (나)는 염기성 용액이다.
	0.1y M 200 mL	(다) $y=2x$이므로 염기의 양 (mol)은 0.04x몰이다. ➡ (다)는 산성 용액이다.	(라)

선택지 분석

ㄱ $x<y$이다.

✗ 혼합 용액의 pH는 (나)<(다)이다. (나)>(다)

✗ 혼합 용액 속 양이온의 양(mol)은 (가)<(다)이다. (가)>(다)

ㄱ. 모형을 통해 (가) 용액에는 서로 다른 음이온이 1 : 1의 비율로 존재함을 알 수 있다. 즉, H⁺과 OH⁻은 1 : 1로 반응하여 물을 생성하였고, 과량의 OH⁻이 남아 X⁻과 1 : 1로 존재하므로 혼합 용액은 염기성이며, $y=2x$이다.

바로알기 ㄴ. (나)에서 혼합 전 산의 양(mol)이 (가)의 $\frac{1}{5}$이므로 (나)는 염기성 용액이다. (다)에서 혼합 전 산의 양(mol)은 $0.1x$몰, 혼합 전 염기의 양(mol)은 $0.02y$몰$=0.04x$몰로 (다)는 산성 용액이다. 따라서 혼합 용액 (나)의 pH는 (다)의 pH보다 크다.

ㄷ. 혼합 용액 속 양이온의 양(mol)은 (가)에서 B⁺ 0.2x몰, (다)에서 B⁺ 0.04x몰과 H⁺ 0.06x몰이므로 (가)>(다)이다.

5 중화 반응의 양적 관계

자료 분석

혼합 용액		(가)	(나)
혼합 전 용액의 부피(mL)	HCl(aq)	10	20
	NaOH(aq)	5	30
	KOH(aq)	20	20
혼합 용액의 양이온 수비			

수용액은 전기적으로 중성이므로 용액에 존재하는 Cl⁻의 수는 Na⁺의 수와 K⁺의 수, H⁺ 수의 합과 같아야 한다. 따라서 (가)에서 혼합 후 남아 있는 H⁺의 수는 전체 양이온 수의 $\frac{1}{2}$보다 작아야 한다.

양이온의 종류가 2가지이므로 H⁺은 존재하지 않는다. K⁺의 수는 (가)와 같고 Na⁺의 수만 (가)보다 6배 증가하였으므로 Na⁺ : K⁺=3 : 1이다.

선택지 분석

ㄱ. Na^+은 (가)와 (나)에 공통으로 존재한다.
ㄴ. pH는 (가)가 (나)보다 작다.
ㄷ. $\dfrac{(나)에서\ 생성된\ 물\ 분자\ 수}{(가)에서\ 생성된\ 물\ 분자\ 수}=\dfrac{8}{3}$이다.

ㄱ. (가)에는 H^+, Na^+, K^+이 존재하고, (나)에는 H^+이 모두 소모되어 Na^+과 K^+이 존재한다.

ㄴ. (가)에는 H^+이 존재하므로 용액의 액성은 산성이고, (나)에는 H^+이 존재하지 않으므로 용액의 액성은 중성 또는 염기성 용액이다. 따라서 pH는 (가)<(나)이다.

ㄷ. (나)에서 K^+ 수는 (가)와 같고, Na^+ 수는 (가)의 6배이므로 (가)와 (나)에 들어 있는 이온 수는 다음과 같다.

용액	이온 수				
	H^+	Na^+	K^+	OH^-	Cl^-
(가)	N	N	$2N$	0	$4N$
(나)	0	$6N$	$2N$	0	$8N$

생성된 물 분자 수는 (가)에서 $3N$이고 (나)에서 $8N$이므로 $\dfrac{(나)에서\ 생성된\ 물\ 분자\ 수}{(가)에서\ 생성된\ 물\ 분자\ 수}=\dfrac{8}{3}$이다.

6 중화 반응의 양적 관계

자료 분석

혼합 용액	염기성 (가)	염기성 (나)	염기성 (다)	(라)
$HCl(aq)$(mL)	5	10	15	20
$NaOH(aq)$(mL)	25	20	15	10
생성된 물 분자 수	$2N$	$4N$	$6N$	$6N$

혼합 용액 (다)와 (라)에서 생성된 물 분자 수가 같으므로 (다)와 (라)에서 각각 $HCl(aq)$과 $NaOH(aq)$의 최소 부피가 중화 반응할 경우 H^+ : OH^-=1 : 1로 반응한다.

선택지 분석

✗ 몰 농도의 비는 $HCl(aq)$: $NaOH(aq)$=3 : 2이다. 2 : 3
ㄴ 염기성 수용액은 3가지이다.
✗ 양이온 수는 (다)와 (라)가 같다. (다)가 (라)보다 크다

ㄴ. 혼합 용액 (다)와 (라)에서 생성된 물 분자 수가 같으므로 (다)와 (라)에서 각각 $HCl(aq)$과 $NaOH(aq)$의 최소 부피가 중화 반응할 경우 H^+ : OH^-=1 : 1로 반응한다.
따라서 H^+ : OH^-=1 : 1로 반응하는 $HCl(aq)$과 $NaOH(aq)$의 부피는 각각 15 mL, 10 mL이다. 그러므로 염기성 수용액은 (가), (나), (다) 3가지이다.

바로알기 ㄱ. H^+ : OH^-=1 : 1로 반응하는 $HCl(aq)$과 $NaOH(aq)$의 부피는 각각 15 mL, 10 mL이므로 몰 농도의 비는 $HCl(aq)$: $NaOH(aq)$=2 : 3이다.

ㄷ. (다)와 (라)에서 중화 반응에 참여하지 않은 수용액은 각각 $NaOH(aq)$ 5 mL, $HCl(aq)$ 5 mL이다. 몰 농도의 비는 $HCl(aq)$: $NaOH(aq)$=2 : 3이므로 양이온 수는 (다)가 (라)보다 크다.

7 중화 적정 실험 과정

자료 분석

• 중화 적정 실험은 농도를 모르는 산이나 염기 용액의 농도를 적정하는 것이므로 가장 먼저 진행한다. ➡ 과정 ❶
(가) 농도를 모르는 $HCl(aq)$ 10 mL를 삼각 플라스크에 넣고 BTB 용액을 1~2방울 떨어뜨린다.
└• 산성에서 노란색, 중성에서 초록색을 띠므로 혼합 용액이 노란색에서 초록색으로 변한 순간 적정을 멈춘다.
• 용액의 농도를 계산하여 구하는 과정이므로 가장 마지막에 진행한다. ➡ 과정 ❺
(나) 가수(n)와 수용액의 몰 농도(M) 및 부피(V)와 관련된 식 $n_1M_1V_1=n_2M_2V_2$를 이용하여 $HCl(aq)$의 몰 농도를 구한다.
└• 과정 ❸
(다) 삼각 플라스크 속 혼합 용액 전체가 초록색으로 변한 순간 뷰렛의 꼭지를 잠근다. └•중화점 도달
└• 과정 ❷
(라) 뷰렛에 0.1 M $NaOH(aq)$을 넣고, $HCl(aq)$이 들어 있는 삼각 플라스크에 조금씩 떨어뜨린다. └•표준 용액
└• 과정 ❹
(마) 뷰렛의 눈금을 이용하여 넣어 준 $NaOH(aq)$의 부피를 구한다.

선택지 분석

✗ (가) → (나) → (다) → (라) → (마)
✗ (가) → (다) → (나) → (라) → (마)
③ (가) → (라) → (다) → (마) → (나)
✗ (가) → (라) → (마) → (다) → (나)
✗ (가) → (마) → (다) → (라) → (나)

(가) 농도를 모르는 $HCl(aq)$ 10 mL를 삼각 플라스크에 넣고 BTB 용액을 1~2방울 떨어뜨린다. → (라) 뷰렛에 표준 용액인 0.1 M $NaOH(aq)$을 넣고, $HCl(aq)$이 들어 있는 삼각 플라스크에 뷰렛의 표준 용액을 넣어 주면서 삼각 플라스크를 바닥에 놓은 상태에서 살살 흔든다. → (다) 삼각 플라스크 속 혼합 용액 전체가 초록색으로 변한 순간 뷰렛의 꼭지를 잠근다. → (마) 뷰렛의 처음 눈금과 나중 눈금을 이용하여 넣어 준 $NaOH(aq)$의 부피를 구한다. → (나) 가수(n)와 수용액의 몰 농도 및 부피와 관련된 식 $n_1M_1V_1=n_2M_2V_2$를 이용하여 $HCl(aq)$의 농도를 구한다.

8 중화 적정으로 염산의 농도 계산

자료 분석

• 중화 적정 전 $NaOH(aq)$이 들어 있는 뷰렛의 눈금: 2 mL
• 중화 적정 후 중화점에서 $NaOH(aq)$이 들어 있는 뷰렛의 눈금: 12 mL
└• 뷰렛의 눈금은 위쪽이 0 mL, 아래쪽이 50 mL 또는 100 mL로 표시된다. 따라서 중화 적정에 사용된 용액의 부피는 뷰렛의 나중 눈금에서 처음 눈금을 빼준 양이 된다.
➡ 적정에 사용된 $NaOH(aq)$의 부피: 12 mL−2 mL=10 mL

선택지 분석

ㄱ $HCl(aq)$의 몰 농도는 0.05 M이다.
ㄴ 중화점에서 혼합 용액의 pH는 7이다.
ㄷ 중화점을 알아내기 위해서 BTB 용액을 사용할 수 있다.

ㄱ. 적정에 사용된 $NaOH(aq)$의 부피는 12 mL−2 mL=10 mL이다. $n_1M_1V_1=n_2M_2V_2$에서 1×$HCl(aq)$의 몰 농도 ×20 mL=1×0.1 M×10 mL이므로 $HCl(aq)$의 몰 농도는 0.05 M이다.

ㄴ. 중화점에서는 산과 염기가 완전히 중화되어 혼합 용액은 중성이 되므로 용액의 pH는 7이다.

ㄷ. 중화점을 알아내기 위해서 BTB 용액이나 페놀프탈레인 용액 등의 지시약을 사용할 수 있다.

9 아세트산(CH₃COOH) 수용액의 중화 적정 실험

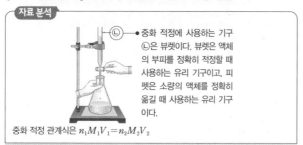

● 중화 적정에 사용하는 기구 ⓛ은 뷰렛이다. 뷰렛은 액체의 부피를 정확히 적정할 때 사용하는 유리 기구이고, 피펫은 소량의 액체를 정확히 옮길 때 사용하는 유리 기구이다.

중화 적정 관계식은 $n_1M_1V_1=n_2M_2V_2$

선택지 분석

☒ 2, 뷰렛   ☒ 2, 피펫   ③ 20, 뷰렛
☒ 20, 피펫   ☒ 40, 뷰렛

과정 (가)에서 준비한 아세트산(CH₃COOH) 수용액의 몰 농도는 1.0 M이고, 과정 (나)에서는 $\frac{1}{10}$배로 희석했으므로 중화 적정 실험에 사용하는 실제 아세트산(CH₃COOH) 수용액의 몰 농도는 0.1 M이다. $1×0.1\ M×V_1\ mL=1×0.2\ M×10\ mL$이므로 과정 (나)에서 $\frac{1}{10}$배로 희석한 아세트산(CH₃COOH) 수용액의 부피 $V_1(㉠)=20\ mL$이다.

중화 적정에 사용하는 기구 ⓛ은 뷰렛이다.

10 중화 적정 과정의 입자 모형

자료 분석

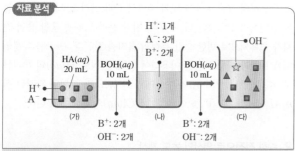

선택지 분석

㉠ ☆은 OH⁻이다.
✗ 양이온 수는 (나)가 (가)보다 크다. (나)와 (다)가 같다
㉢ (나)와 (다)까지 중화 반응으로 생성된 물 분자의 총 수의 비는 (나) : (다)=2 : 3이다.

ㄱ. 일정량의 HA(aq)에 BOH(aq)을 가할 때 ■은 개수가 변하지 않는 구경꾼 이온이므로 A⁻이고, ●은 H⁺이다. 또, (다)에서 ☆과 ▲ 중 개수가 더 많은 것은 구경꾼 이온이므로 ▲은 B⁺이고, ☆은 OH⁻이다.

ㄷ. (다)에서는 (가)에 들어 있는 H⁺ 3개가 모두 반응하고 OH⁻ 1개가 남아 있으므로 BOH(aq) 20 mL에는 OH⁻ 4개가 들어 있다. 따라서 (나)는 H⁺ 2개와 OH⁻ 2개가 반응하고 H⁺ 1개가 남아 있는 상태이고, (다)는 H⁺ 3개와 OH⁻ 3개가 반응한 상태이며, (나)와 (다)까지 중화 반응으로 생성된 물 분자의 총수의 비는 (나) : (다)=2 : 3이다.

바로알기 ㄴ. 일정량의 HA(aq)에 BOH(aq)을 가할 때 반응하여 소모된 H⁺의 수만큼 B⁺의 수가 증가하므로 중화점까지 양이온 수는 일정하다. (나)는 중화 반응이 완결되기 전이므로 양이온 수는 (가)와 (나)가 같다.

11 중화 적정으로 식초 속 아세트산의 함량 계산

선택지 분석

㉠ 식초에 들어 있는 CH₃COOH의 몰 농도는 0.5 M이다.
㉡ 식초에 들어 있는 CH₃COOH의 함량(%)은 3 %이다.
✗ 0.2 M 수산화 나트륨 수용액으로 실험하면 식초에 들어 있는 CH₃COOH의 함량(%)은 증가한다. 변함없다

ㄱ. $n_1M_1V_1=n_2M_2V_2$에서 1×CH₃COOH(aq)의 몰 농도×10 mL=1×0.1 M×50 mL이므로 CH₃COOH(aq)의 몰 농도는 0.5 M이다.

ㄴ. 사용한 식초에 들어 있는 CH₃COOH의 양(mol)은 0.5 M ×0.01 L=0.005 mol이다. CH₃COOH의 분자량이 60이므로 CH₃COOH 0.005 mol의 질량은 0.005 mol×60 g/mol=0.3 g이며, 사용한 식초의 질량은 1 g/mL×10 mL=10 g이다. 따라서 CH₃COOH의 함량(%)은 다음과 같다.

$$\frac{CH_3COOH의\ 질량}{사용한\ 식초의\ 질량}×100=\frac{0.3\ g}{10\ g}×100=3\ \%$$

바로알기 ㄷ. 0.2 M 수산화 나트륨 수용액으로 실험하면 완전히 중화될 때까지 넣어 준 수산화 나트륨 수용액의 부피만 감소할 뿐, 식초에 들어 있는 CH₃COOH의 함량(%)은 변하지 않는다.

12 중화 적정 과정의 입자 모형

자료 분석

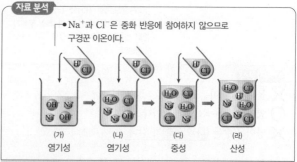

● Na⁺과 Cl⁻은 중화 반응에 참여하지 않으므로 구경꾼 이온이다.

(가) 염기성   (나) 염기성   (다) 중성   (라) 산성

선택지 분석

㉠ HCl(aq)의 몰 농도는 0.5 M이다.
✗ 구경꾼 이온의 종류는 (나)가 (다)보다 많다. 같다
✗ (라)에 위의 HCl(aq) 5 mL를 더 넣으면 (라)보다 pH가 더 커진다. 작아진다

ㄱ. (다)가 중화점의 용액이며, 0.1 M NaOH(aq) 50 mL를 완전히 중화시키는 데 HCl(aq) 10 mL가 사용되었으므로 HCl(aq)의 몰 농도는 0.5 M이다.

바로알기 ㄴ. 구경꾼 이온의 종류는 (나)와 (다) 모두 Na⁺, Cl⁻ 2종류이다.

ㄷ. (라)에 HCl(aq) 5 mL를 더 넣으면 수용액 속 H⁺ 농도가 커지므로 (라)보다 pH가 더 작아진다.

13 중화 적정 실험 표준 용액 만들기

선택지 분석

Ⓐ 중화 적정에는 농도를 정확히 알고 있는 표준 용액이 필요해.
Ⓑ 표준 용액을 만들 때 부피 플라스크가 필요해.
Ⓒ 표준 용액을 뷰렛에 넣고 농도를 모르는 산이나 염기는 삼각 플라스크에 넣고 실험해.

산 염기 중화 적정에서는 농도를 모르는 산이나 염기를 농도를 정확히 알고 있는 산이나 염기 용액(표준 용액)을 이용하여 적정한다. 표준 용액을 만들 때 용액의 몰 농도가 중요하므로 부피 플라스크를 사용하면 편리하다. 부피 플라스크는 용량에 맞게 눈금선이 그어져 있으므로 눈금선까지 용매를 넣는다. 중화 적정 시 표준 용액은 뷰렛에 넣고 중화점까지 사용한 표준 용액의 부피를 정확히 측정한 후 중화 적정 계산식에 의해 농도를 모르는 산이나 염기의 농도를 결정할 수 있다.

14 중화 적정으로 식초 속 아세트산 함량 구하기

자료 분석

(라) 식초 속 아세트산의 몰 농도를 구하고, 식초에 포함된 아세트산의 함량을 구한다.

중화 적정 관계식은 $n_1M_1V_1=n_2M_2V_2$이고, 식초 속 아세트산의 함량(%)은 $\dfrac{\text{아세트산의 질량}}{\text{식초의 질량}}\times 100$이다.

선택지 분석

 3   4 ③ 30   40 ✖ 50

수산화 나트륨 수용액을 이용하여 중화 적정하고 중화 적정식 $(n_1M_1V_1=n_2M_2V_2)$을 이용하면 식초 속 아세트산의 몰 농도(M_1)는 $M_1\times 10=0.1\times 50$, $M_1=0.5\,\mathrm{M}$이다. 따라서 아세트산의 질량은 $0.3\,\mathrm{g}$이고, 식초 속 아세트산의 함량은 $\dfrac{\text{아세트산의 질량}}{\text{식초의 질량}}\times 100=\dfrac{0.3\,\mathrm{g}}{1\,\mathrm{g}}\times 100=30\,\%$이다.

15 중화 적정에서 이온 수 변화

자료 분석

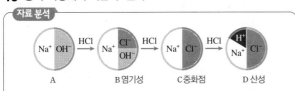

선택지 분석

✖ 전체 이온 수는 C가 A보다 <s>크다.</s> 같다
✖ Na⁺의 수는 C가 D보다 <s>크다.</s> 같다
Ⓒ 중화 반응으로 생성된 물 분자 수는 C와 D가 같다.

ㄷ. C에는 OH⁻이 존재하지 않으므로 중화 반응이 완결되어 HCl(aq)을 더 가해도 물 분자가 더 이상 생성되지 않는다. 따라서 중화 반응으로 생성된 물 분자 수는 C와 D가 같다.

바로알기 ㄱ. 일정량의 NaOH(aq)에 HCl(aq)을 가하면 반응하는 OH⁻의 수만큼 Cl⁻의 수가 증가하므로 중화 반응이 완결될 때까지 전체 이온 수는 일정하다. 따라서 전체 이온 수는 A와 C가 같다.
ㄴ. Na⁺은 구경꾼 이온이므로 이온 수가 일정하게 유지된다. 따라서 Na⁺의 수는 C와 D가 같다.

16 중화 적정에서 이온 수 변화

자료 분석

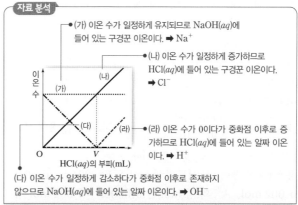

● (가) 이온 수가 일정하게 유지되므로 NaOH(aq)에 들어 있는 구경꾼 이온이다. ➡ Na⁺

● (나) 이온 수가 일정하게 증가하므로 HCl(aq)에 들어 있는 구경꾼 이온이다. ➡ Cl⁻

● (라) 이온 수가 0이다가 중화점 이후로 증가하므로 HCl(aq)에 들어 있는 알짜 이온이다. ➡ H⁺

(다) 이온 수가 일정하게 감소하다가 중화점 이후로 존재하지 않으므로 NaOH(aq)에 들어 있는 알짜 이온이다. ➡ OH⁻

선택지 분석

ㄱ (나)는 구경꾼 이온이다.
ㄴ (다)와 (라)가 반응하여 물이 생성된다.
ㄷ 넣어 준 HCl(aq)의 부피가 V mL일 때가 중화점이다.

ㄱ. (가)는 Na⁺, (나)는 Cl⁻, (다)는 OH⁻, (라)는 H⁺이므로 (나)는 구경꾼 이온이다.
ㄴ. (다)는 OH⁻이고 (라)는 H⁺이므로 (다)와 (라)가 1 : 1의 몰비로 반응하여 물이 생성된다.
ㄷ. 넣어 준 HCl(aq)의 부피가 V mL일 때 혼합 용액에 H⁺과 OH⁻이 존재하지 않으므로 이때가 중화 반응이 완결된 중화점이다.

수능 3점   본책 169쪽~171쪽

| 1 ④ | 2 ① | 3 ⑤ | 4 ④ | 5 ④ | 6 ② |
| 7 ② | 8 ④ | 9 ③ | 10 ③ | 11 ② | |

1 중화 반응의 양적 관계

자료 분석

용액	(가)	(나)	(다)
H₂A(aq)의 부피(mL)	x	x	x
NaOH(aq)의 부피(mL)	20	30	60
pH		1	
용액에 존재하는 모든 이온의 몰 농도(M) 비	A²⁻ H⁺ Na⁺		A²⁻ Na⁺ H⁺

선택지 분석

✖ $\dfrac{1}{35}$ ✖ $\dfrac{1}{30}$ ✖ $\dfrac{1}{25}$ ④ $\dfrac{1}{20}$ ✖ $\dfrac{1}{15}$

$0.2\,\mathrm{M}$ H₂A(aq) x mL에 들어 있는 H⁺의 양(mol)은 $0.0004x$ mol이고, A²⁻의 양(mol)은 $0.0002x$ mol이다. y M NaOH(aq) 20 mL에 들어 있는 Na⁺의 양(mol)과 OH⁻의 양(mol)은 각각 $0.02y$ mol이다.

용액 (가)에 들어 있는 H^+의 양(mol)은 $(0.0004x-0.02y)$ mol, A^{2-}의 양(mol)은 $0.0002x$ mol, Na^+의 양(mol)은 $0.02y$ mol 이다. 용액 (가)에서 용액에 존재하는 이온의 몰 농도비는 H^+ : A^{2-} : $Na^+=3:2:1$이다.

용액 (가)에서 용액에 존재하는 이온의 몰 농도비를 이용하면 $x=200y$라는 관계식을 구할 수 있다. 용액 (나)에서 H^+의 양(mol)은 $0.0004x-0.03y=0.05y$(mol)이므로 H^+의 몰 농도를 구하면 $\dfrac{0.05y \text{ mol}}{(x+30)\times 10^{-3}\text{L}}=1\times 10^{-1}$ M이다. 용액 (나)의 pH가 1이므로 $x=20$, $y=0.1$이다.

용액 (다)에 들어 있는 H^+의 양(mol)은 $(0.0004x-0.06y)=0.002$ mol, A^{2-}의 양(mol)은 $0.0002x=0.004$ mol이고, Na^+의 양(mol)은 $0.06y=0.006$ mol이다. 따라서 용액 (다)에서 용액에 존재하는 이온의 몰 농도비는 H^+ : A^{2-} : $Na^+=1:2:3$이므로 ㉠은 A^{2-}이다. 용액 (다)에서 A^{2-}의 몰 농도는 $\dfrac{0.004 \text{ mol}}{0.08 \text{ L}}=\dfrac{1}{20}$ M이다.

2 중화 반응의 양적 관계

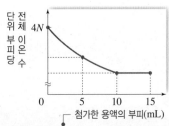

[실험 결과]
(다)와 (라) 과정에서 첨가한 용액의 부피에 따른 혼합 용액의 단위 부피당 전체 이온 수

첨가한 용액의 부피 10 mL 이후부터 단위 부피당 전체 이온 수가 같으므로 KOH(aq) 5 mL의 단위 부피당 이온 수는 $2N$이다.

선택지 분석

① $\dfrac{1}{3}N$ ✗ $\dfrac{1}{2}N$ ✗ $\dfrac{2}{3}N$ ✗ N ✗ $\dfrac{4}{3}N$

단위 부피가 1 mL일 때 (나) 과정에서 HCl(aq) 10 mL에 들어 있는 전체 이온 수가 $40N$이므로 H^+ 수는 $20N$이다. (다) 과정에서 NaOH(aq) 5 mL를 넣었을 때 반응한 H^+ 수만큼 Na^+ 수가 증가하므로 (다) 과정 이후 혼합 용액 속에 들어 있는 전체 이온 수는 $40N$이다.

(라) 과정에서 KOH(aq) 5 mL를 넣었을 때 모두 중화되었으므로 KOH(aq) 5 mL를 넣은 혼합 용액 속에 들어 있는 전체 이온 수도 $40N$이며, 혼합 용액의 단위 부피당 전체 이온 수는 $\dfrac{40N}{20}=2N$이다. (라) 과정에서 KOH(aq) 10 mL를 넣었을 때 혼합 용액의 단위 부피당 전체 이온 수가 KOH(aq) 5 mL를 넣었을 때와 같다. 따라서 KOH(aq) 5 mL의 단위 부피당 이온 수는 $2N$이므로 KOH(aq) 5 mL에 들어 있는 속 전체 이온 수는 $10N$이고, (라) 과정에서 KOH(aq) 5 mL를 넣었을 때 반응한 OH^- 수는 $5N$이다. 따라서 (다) 과정 이후 혼합 용액의 단위 부피당 H^+ 수는 $\dfrac{5N}{15}=\dfrac{1}{3}N$이다.

3 중화 반응의 양적 관계

자료 분석

• 1.0×10^{-2} mol의 이온 수를 $5N$으로, 1.2×10^{-2} mol의 이온 수를 $6N$으로 가정하면 이온 수는 다음과 같다.

혼합 용액	혼합 전 용액의 부피(mL)		전체 양이온의 양 (mol)	액성
	HCl(aq)	NaOH(aq)		
I	20 H^+ $5N$ Cl^- $5N$	30 Na^+ $4.5N$ OH^- $4.5N$	1.0×10^{-2} $5N=Na^+$ $4.5N$ $+H^+$ $0.5N$	산성
II	20 H^+ $5N$ Cl^- $5N$	40 Na^+ $6N$ OH^- $6N$	1.2×10^{-2} $6N=Na^+$ $6N$	염기성
III	30 H^+ $7.5N$ Cl^- $7.5N$	40 Na^+ $6N$ OH^- $6N$	$x\times 10^{-2}$ $7.5N=Na^+$ $6N$ $+H^+$ $1.5N$	산성

• 1.0×10^{-2} mol이 $5N$이므로 $7.5N$은 1.5×10^{-2}이다.
➡ $x=1.50$이다.

선택지 분석

㉠ $x=1.5$이다.

✗ $\dfrac{\text{III에서 단위 부피당 } H^+ \text{ 수}}{\text{I에서 단위 부피당 } H^+ \text{ 수}}=3$이다. $\dfrac{15}{7}$

㉢ II 10 mL와 III 8 mL를 혼합한 용액의 액성은 산성이다.

1.0×10^{-2} mol의 이온 수를 $5N$으로, 1.2×10^{-2} mol의 이온 수를 $6N$으로 가정하면, 실험 II에서 혼합 용액이 염기성이므로 혼합 용액에 들어 있는 양이온은 모두 Na^+이다. 전체 양이온의 수가 $6N$이므로 NaOH(aq) 40 mL에는 Na^+과 OH^-이 $6N$ 씩 들어 있다. 즉, NaOH(aq)은 10 mL당 Na^+과 OH^-이 각각 $1.5N$ 들어 있다.

I에서 NaOH(aq) 30 mL에 Na^+이 $4.5N$ 들어 있고 혼합 용액이 산성이므로 전체 양이온의 수인 $5N=Na^+$ $4.5N+H^+$ $0.5N$이다.

따라서 HCl(aq) 20 mL에는 H^+이 $5N$ 들어 있다. 즉, HCl(aq)은 10 mL당 H^+과 Cl^-이 각각 $2.5N$ 들어 있다.

ㄱ. III에서 HCl(aq) 30 mL에 H^+과 Cl^-이 각각 $7.5N$ 들어 있고, NaOH(aq) 40 mL에 Na^+과 OH^-이 각각 $6N$ 들어 있다. 따라서 혼합 용액의 전체 양이온 수는 $7.5N$이고, 이는 1.5×10^{-2} mol이므로 $x=1.5$이다.

ㄷ. 혼합 용액 II 60 mL에 들어 있는 OH^-의 수는 N이므로 10 mL에 들어 있는 OH^-의 수는 $\dfrac{N}{6}$이다. 혼합 용액 III 70 mL에 들어 있는 H^+의 수는 $1.5N$이므로 8 mL에 들어 있는 H^+의 수는 $\dfrac{8\times 1.5N}{70}$이다. II 10 mL에 들어 있는 OH^- 수 : III 8 mL에 들어 있는 H^+ 수$=\dfrac{N}{6} : \dfrac{6N}{35}=\dfrac{35N}{210} : \dfrac{36N}{210}$이다.

혼합 용액 II 10 mL에 들어 있는 OH^-의 수보다 혼합 용액 III 8 mL에 들어 있는 H^+의 수가 더 크므로, 이 혼합 용액의 액성은 산성이다.

바로알기 ㄴ. 혼합 용액 I에서 단위 부피당 H^+ 수는 $\dfrac{0.5N}{50}$이다.

혼합 용액 III에서 단위 부피당 H^+ 수는 $\dfrac{1.5N}{70}$이므로

$\dfrac{\text{III에서 단위 부피당 } H^+ \text{ 수}}{\text{I에서 단위 부피당 } H^+ \text{ 수}}=\dfrac{15}{7}$이다.

4 중화 적정 실험에서 이온 수 변화

- (다) 과정에서 NaOH(aq)의 부피에 따른 혼합 용액의 단위 부피당 총 이온 수

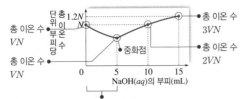

중화점까지는 혼합 용액 속의 총 이온 수가 일정하게 유지된다.

- (다) 과정에서 NaOH(aq)의 부피가 각각 a mL, b mL일 때의 결과

NaOH(aq)의 부피(mL)		혼합 용액의 단위 부피당 총 이온 수	혼합 용액의 액성
a	중화점 전	$\frac{3}{4}N$	산성
b	중화점 후	$\frac{3}{4}N$	염기성

선택지 분석

$\boxtimes$ 12 $\boxtimes$ 15 $\boxtimes$ 18 ④ 20 $\boxtimes$ 24

NaOH(aq) 5 mL를 가했을 때 단위 부피당 총 이온 수가 최소이므로 이때가 중화점이다. 중화점까지는 혼합 용액 속의 총 이온 수가 일정하게 유지되며, HCl(aq) V mL에 들어 있는 총 이온 수는 VN이므로 넣어 준 NaOH(aq) 5 mL에 들어 있는 총 이온 수도 VN이다. 중화점을 지난 후에는 용액이 염기성 용액이므로 용액 속의 총 이온 수는 가해 준 NaOH(aq)에 들어 있는 총 이온 수와 같다. 따라서 NaOH(aq) 10 mL, 15 mL를 각각 가했을 때 혼합 용액 속 총 이온 수는 각각 $2VN$, $3VN$이며, 단위 부피당 총 이온 수비는 $\frac{2VN}{V+10} : \frac{3VN}{V+15} = 1 : 1.2$이므로 $V=10$이다. NaOH(aq) a mL를 넣어 주었을 때에는 중화점 전이므로 총 이온 수가 $VN(=10N)$이다. 따라서 $\frac{3}{4}N(10+a)=10N$에서 $a=\frac{10}{3}$이다. NaOH(aq) b mL를 넣어 주었을 때에는 중화점 후이므로 총 이온 수는 가해 준 NaOH(aq)에 들어 있는 총 이온 수와 같으며, $\frac{VN}{5}b(=2Nb)$이다. 따라서 $\frac{3}{4}N(10+b)=2Nb$에서 $b=6$이다. $a=\frac{10}{3}$, $b=6$이므로 $a\times b=\frac{10}{3}\times 6=20$이다.

5 중화 반응에서의 양적 관계

- (나)와 (다)에서 첨가한 산 수용액의 부피에 따른 혼합 용액에 대한 자료

첨가한 산 수용액의 부피(mL)		0	V	$2V$	$3V$
혼합 용액에 존재하는 모든 이온의 몰 농도(M)의 합	(나)	1	$\frac{1}{2}$		$\frac{1}{2}$
	(다)	1	$\frac{3}{5}$	a	y

- $a<\frac{3}{5}$이다. 중화점까지 산 수용액을 첨가할수록 혼합 용액의 총 부피는 증가하지만 혼합 용액에 존재하는 모든 이온의 양(mol)은 변하지 않으므로 혼합 용액의 모든 이온의 몰 농도(M)의 합은 감소한다.

선택지 분석

$\boxtimes \frac{1}{6}$ $\boxtimes \frac{1}{5}$ $\boxtimes \frac{1}{4}$
④ $\frac{1}{3}$ $\boxtimes \frac{1}{2}$

NaOH(aq) 10 mL의 모든 이온의 몰 농도(M)의 합이 1이므로 Na$^+$의 몰 농도(M)=OH$^-$의 몰 농도(M)=$\frac{1}{2}$이다.

만약 (나)에서 ㉠이 x M HA(aq), (다)에서 ㉡이 x M H$_2$B(aq)이라고 가정하면, (나)에서 HA(aq) V mL와 $3V$ mL를 넣었을 때 모든 이온의 몰 농도(M)의 합이 모두 $\frac{1}{2}$이므로 HA(aq) V mL를 첨가했을 때 혼합 용액은 중화점 이전의 염기성, HA(aq) $3V$ mL를 첨가했을 때 혼합 용액은 중화점을 지난 산성이다. HA(aq) V mL를 넣기 전과 후 모든 이온의 양(mol)은 같으므로 모든 이온의 몰 농도(M)의 합×부피=$1\times 10=\frac{1}{2}\times(10+V)$이므로 $V=10$이다.

HA(aq) $3V(=30)$ mL를 넣었을 때 혼합 용액은 산성이므로 모든 이온의 양(mol)은 HA(aq) $3V(=30)$ mL에 들어 있는 모든 이온의 양(mol)과 같다. 따라서 $\frac{1}{2}\times(10+3V)=2\times x\times 3V=20$이므로 $x=\frac{1}{3}$이다.

(다)에서 첨가한 용액은 $\frac{1}{3}$ M H$_2$B(aq)이므로 H$^+$의 몰 농도(M)는 $\frac{2}{3}$, B^{2-}의 몰 농도(M)는 $\frac{1}{3}$이다. 0.5 M NaOH(aq) 10 mL에 존재하는 Na$^+$과 OH$^-$의 양(mol)은 각각 $0.005\left(=\frac{0.01}{2}\right)$ mol이고, $\frac{1}{3}$ M H$_2$B(aq) 10 mL에 존재하는 H$^+$의 양(mol)은 $\frac{0.02}{3}$ mol, B^{2-}의 양(mol)은 $\frac{0.01}{3}$ mol이다. 두 용액을 혼합했을 때 혼합 용액 20 mL에 존재하는 이온의 양(mol)은 각각 Na$^+$ $0.005\left(=\frac{0.01}{2}\right)$ mol, H$^+$ $\frac{0.01}{6}\left(=\frac{0.02}{3}-\frac{0.01}{2}\right)$ mol, B^{2-} $\frac{0.01}{3}$ mol이므로 모든 이온의 몰 농도(M)의 합은 $\frac{\frac{0.01}{2}+\frac{0.01}{6}+\frac{0.01}{3}}{0.02}=\frac{1}{2}$로 [실험 결과] 자료에서의 $\frac{3}{5}$과 일치하지 않는다.

만약 (나)에서 ㉠이 x M H$_2$B(aq), (다)에서 ㉡이 x M HA(aq)이라고 가정하면, (다)에서 $a<\frac{3}{5}$이므로 HA(aq) V mL를 첨가했을 때 중화점 이전이다. HA(aq) V mL를 넣기 전과 후 모든 이온의 수는 같으므로 모든 이온의 몰 농도(M)의 합×부피=$1\times 10=\frac{3}{5}\times(10+V)$이므로 $V=\frac{20}{3}$이다. (나)에서 H$_2$B(aq) $3V(=20)$ mL를 넣었을 때 혼합 용액에 존재하는 모든 이온의 양(mol)은 H$_2$B(aq) $3V(=20)$mL에 들어 있는 모든 이온의 양과 같다. 따라서 $\frac{1}{2}\times(10+3V)=3\times x\times 3V=\frac{30}{2}$이므로 $x=\frac{1}{4}$이다.

$H_2B(aq)$ V mL를 첨가했을 때 NaOH(aq) 10 mL에 존재하는 Na^+과 OH^-의 양(mol)은 각각 $\frac{1}{2} \times 0.01 = 0.005$ mol이고, $\frac{1}{4}$ M $H_2B(aq)$ $V\left(=\frac{20}{3}\right)$ mL에 존재하는 H^+의 양(mol)은 $2 \times \frac{1}{4} \times \frac{1}{150} = \frac{1}{300}$ mol, B^{2-}의 양(mol)은 $\frac{1}{4} \times \frac{1}{150} = \frac{1}{600}$ mol이다.

두 용액을 혼합했을 때 혼합 용액 $\frac{50}{3}\left(=10+\frac{20}{3}\right)$ mL에 존재하는 이온의 양(mol)은 각각 Na^+ $0.005\left(=\frac{0.01}{2}=\frac{1}{200}\right)$ mol, OH^- $\frac{0.01}{6}\left(=\frac{1}{200}-\frac{1}{300}=\frac{1}{600}\right)$ mol, B^{2-} $\frac{1}{600}$ mol이므로 모든 이온의 몰 농도(M)의 합은 다음과 같다.

$$\frac{\frac{1}{200}+\frac{1}{600}+\frac{1}{600}}{\frac{1}{60}}=\frac{1}{2}$$

따라서 [실험 결과] 자료에서의 $\frac{1}{2}$과 일치하므로 ㉠은 $H_2B(aq)$이고, ㉡은 $HA(aq)$이다.

(다)에서 NaOH(aq)의 몰 농도는 0.5 M, 부피가 10 mL이므로 $\frac{1}{4}$ M $HA(aq)$, $3V(=20)$ mL를 첨가하면 중화점에 도달한다. 이때 혼합 용액에 존재하는 모든 이온의 수는 NaOH(aq) 10 mL에 처음 들어 있는 이온의 수와 같으므로 모든 이온의 양(mol)은 $0.5 \times 0.01 \times 2 = 0.01$ mol이다. 혼합 용액의 부피는 $HA(aq)$ 20 mL + NaOH(aq) 10 mL = 30 mL이므로 혼합 용액에 존재하는 모든 이온의 몰 농도(M)의 합은 $\frac{0.01}{0.03} = \frac{1}{3}$ M이다. 따라서 $y = \frac{1}{3}$이다.

6 중화 적정

[실험 과정]
• (가)의 수용액($CH_3COOH(aq)$) x mL에 들어 있는 $CH_3COOH(l)$의 양(mol)은 $0.001ax$ mol이다.

(가) $CH_3COOH(aq)$을 준비한다.
(나) (가)의 수용액 $\boxed{x \text{ mL}}$에 물을 넣어 50 mL 수용액을 만든다.
(다) (나)에서 만든 수용액 30 mL를 삼각 플라스크에 넣고 페놀프탈레인 용액을 2~3방울 떨어뜨린다.
(라) (다)의 삼각 플라스크에 0.1 M NaOH(aq)을 한 방울씩 떨어뜨리면서 삼각 플라스크를 흔들어 준다.
(마) (라)의 삼각 플라스크 속 수용액 전체가 붉은색으로 변하는 순간 적정을 멈추고 적정에 사용된 NaOH(aq)의 부피(V)를 측정한다.

[실험 결과]
• V : y mL
• (가)에서 $CH_3COOH(aq)$의 몰 농도: a M

선택지 분석
✗ $\frac{y}{8x}$ ② $\frac{y}{6x}$ ✗ $\frac{2y}{3x}$ ✗ $\frac{y}{x}$ ✗ $\frac{5y}{3x}$

---

a M $CH_3COOH(aq)$ x mL에 들어 있는 $CH_3COOH(l)$의 양(mol)은 $0.001ax$ mol이다. (나)에서 물을 더 넣어 용액을 50 mL 수용액으로 묽혔으므로, 중화 적정에 사용할 $CH_3COOH(aq)$은 50 mL 수용액에 $0.001ax$ mol의 $CH_3COOH(l)$이 녹아 있는 $0.02ax$ M $CH_3COOH(aq)$이 된다. (마)에서 중화점에 도달했으므로 $0.02ax$ M $\times$ 0.03 L = 0.1 M $\times$ $0.001y$ L이다. 따라서 $a = \frac{y}{6x}$이다.

7 중화 적정에서 이온 수 변화

선택지 분석
✗ $\frac{1}{4}$ ② $\frac{3}{8}$ ✗ $\frac{1}{2}$
✗ $\frac{2}{3}$ ✗ $\frac{3}{4}$

X 이온은 (나)에서 NaOH(aq)을 가하기 전부터 존재하고, NaOH(aq)을 가할 때 단위 부피당 이온 수가 감소하므로 x 이온은 H^+ 또는 Cl^-이다.

만약 X 이온이 Cl^-이라면 NaOH(aq) 10 mL를 넣었을 때와 20 mL를 넣었을 때의 이온 수가 같아야 하므로 $2(x+10) = x+20$이다. 이 식을 풀면 $x=0$이 되어 모순이다. 따라서 X 이온은 H^+이다.

HCl(aq) x mL 속에 들어 있는 H^+ 수를 $4x$라고 하면, (나)에서 혼합 용액에 존재하는 H^+ 수는 다음과 같다.

HCl(aq)의 부피(mL)	x	x	x
첨가한 NaOH(aq)의 부피(mL)	0	10	20
혼합 용액의 부피(mL)	x	$x+10$	$x+20$
혼합 용액에 존재하는 H^+ 수 ($n \times$ 혼합 용액의 부피)	$4x$	$2(x+10)$	$x+20$

(나)에서 NaOH(aq) 10 mL가 첨가될 때마다 H^+ 수의 변화량이 같아야 하므로 $4x - 2(x+10) = 2(x+10) - (x+20)$, $x=20$이다.

(나)에서 HCl(aq) 20 mL에 NaOH(aq) 20 mL를 넣었을 때 혼합 용액 속 H^+ 수를 $40N$이라고 하면, (나)의 혼합 용액에서 15 mL를 취하면 혼합 용액 속 H^+ 수는 $15N$이다. 따라서 (다)에서 혼합 용액에 존재하는 H^+ 수는 다음과 같다.

첨가한 KOH(aq)의 부피(mL)	0	5	10
혼합 용액의 부피(mL)	15	20	25
혼합 용액에 존재하는 H^+ 수 ($n \times$ 혼합 용액의 부피)	$15N$	$10N$	$5N$

KOH(aq) 5 mL를 첨가할 때마다 혼합 용액에 존재하는 H^+ 수가 $5N$씩 감소하므로 KOH(aq) 5 mL에 들어 있는 OH^- 수는 $5N$이다.

NaOH(aq)을 혼합하기 전 HCl(aq) $x(=20)$ mL에 들어 있는 Cl^- 수는 $4 \times 20N = 80N$이고, KOH(aq) 30 mL에 들어 있는 K^+ 수는 $30N$이다. 따라서 혼합 용액에서 $\frac{K^+ 수}{Cl^- 수} = \frac{30N}{80N} = \frac{3}{8}$이다.

8 중화 적정에서 이온 수 변화

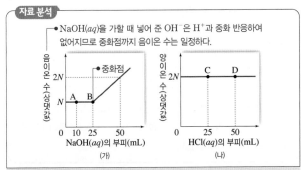

● $NaOH(aq)$을 가할 때 넣어 준 OH^-은 H^+과 중화 반응하여 없어지므로 중화점까지 음이온 수는 일정하다.

세로축: 음이온 수(상댓값), 2N, N
가로축: 0 10 25 50 $NaOH(aq)$의 부피(mL)
(가)

세로축: 양이온 수(상댓값), 2N, C D
가로축: 0 25 50 $HCl(aq)$의 부피(mL)
(나)

선택지 분석

○ A에서 혼합 용액은 산성이다.

✕ C에서 Na^+과 Cl^-의 개수비는 <u>2 : 1</u>이다. 4 : 1

○ B와 D까지 중화 반응으로 생성된 물 분자 수는 같다.

ㄱ. (가)에서 $NaOH(aq)$을 가할 때 넣어 준 OH^-은 H^+과 중화 반응하여 없어지므로 중화점까지 음이온 수는 일정하다. 따라서 B가 중화점이고, A는 $HCl(aq)$이 완전히 중화되기 전이므로 A에서 혼합 용액은 산성이다.

ㄷ. 중화점인 B에서 생성된 물의 양은 $HCl(aq)$ 50 mL와 $NaOH(aq)$ 25 mL가 중화 반응하여 생성된 것이다. 이때 반응 부피비가 $HCl(aq)$: $NaOH(aq)$=2 : 1이므로 농도비는 1 : 2이다. D는 $NaOH(aq)$ 50 mL에 $HCl(aq)$ 50 mL를 가한 점이므로 D에서 생성된 물의 양은 $NaOH(aq)$ 25 mL와 $HCl(aq)$ 50 mL가 중화 반응하여 생성된 것이다. 따라서 B와 D까지 중화 반응으로 생성된 물 분자 수는 같다.

바로알기 ㄴ. (나)에서 $HCl(aq)$을 넣기 전 양이온 수가 $2N$이므로 $NaOH(aq)$ 50 mL에 들어 있는 Na^+과 OH^-의 수는 각각 $2N$이다. 농도비가 $HCl(aq)$: $NaOH(aq)$=1 : 2이므로 $HCl(aq)$ 25 mL에 들어 있는 H^+과 Cl^-의 수는 각각 $\frac{N}{2}$이다. 따라서 C에서 구경꾼 이온인 Na^+과 Cl^-의 개수비는 $2N : \frac{N}{2}$=4 : 1이다.

9 중화 반응의 양적 관계

자료 분석

● (다)와 (라) 과정 후 혼합 용액에 존재하는 양이온 수비

Na^+과 K^+이 1 : 1로 존재 ●

과정	(다)	(라)
양이온 수비	1 : 1	1 : 2

└ H^+과 Na^+이 1 : 1로 존재

선택지 분석

○ (나) 과정 후 Na^+ 수와 H^+ 수비는 1 : 3이다.

✕ (라) 과정 후 용액은 <u>중성</u>이다. 염기성

○ 혼합 용액의 단위 부피당 전체 이온 수 비는 (나) 과정 후와 (다) 과정 후가 3 : 2이다.

ㄱ. $HCl(aq)$ V mL에 $NaOH(aq)$ $2V$ mL를 첨가한 혼합 용액에 존재하는 양이온 종류는 2가지이다. $HCl(aq)$ V mL에 $NaOH(aq)$ $2V$ mL를 첨가한 혼합 용액에 존재하는 H^+ 수와

Na^+ 수를 각각 $2N$이라고 할 때, 혼합 용액 속 Cl^- 수는 $4N$이므로 $HCl(aq)$ V mL에는 H^+ $4N$, Cl^- $4N$이 존재한다. $HCl(aq)$ V mL에 넣어 준 $NaOH(aq)$의 부피가 $2V$ mL이므로 $NaOH(aq)$ V mL에는 Na^+ N, OH^- N이 존재한다. $HCl(aq)$ V mL에 $NaOH(aq)$ V mL를 첨가한 혼합 용액에서 H^+ $4N$과 OH^- N이 반응한 후의 혼합 용액에 존재하는 H^+ 수는 $3N$, Na^+ 수는 N이다. 따라서 $HCl(aq)$ V mL에 $NaOH(aq)$ V mL를 첨가한 혼합 용액에서 Na^+ 수와 H^+ 수의 비는 1 : 3이다.

ㄷ. $HCl(aq)$ V mL에 $NaOH(aq)$ $2V$ mL를 첨가한 혼합 용액의 액성은 산성이므로 전체 이온 수는 $HCl(aq)$ V mL에 존재하는 전체 이온 수와 같다. 혼합 용액의 단위 부피당 전체 이온 수비는 ((나) 과정 후인 $HCl(aq)$ V mL에 $NaOH(aq)$ V mL를 첨가한 혼합 용액) : ((다) 과정 후인 $HCl(aq)$ V mL에 $NaOH(aq)$ $2V$ mL를 첨가한 혼합 용액)=$\frac{8N}{2V} : \frac{8N}{3V}$=3 : 2이다.

바로알기 ㄴ. $HCl(aq)$ V mL에 $NaOH(aq)$ $2V$ mL와 $KOH(aq)$ $2V$ mL를 첨가한 혼합 용액에 존재하는 양이온 수비가 1 : 2이므로 혼합 용액 속에는 Na^+ $2N$과 K^+ $4N$이 존재한다. 따라서 이 혼합 용액에는 OH^- $2N$ 남아 있으므로 염기성 수용액이다.

10 중화 반응의 양적 관계

자료 분석

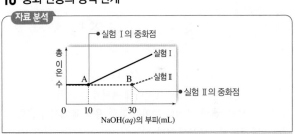

세로축: 총 이온 수
● 실험 Ⅰ의 중화점
실험 Ⅰ
A B 실험 Ⅱ
● 실험 Ⅱ의 중화점
가로축: 0 10 30 $NaOH(aq)$의 부피(mL)

선택지 분석

○ $NaOH(aq)$의 몰 농도는 실험 Ⅰ이 실험 Ⅱ보다 크다.

○ 단위 부피당 Na^+ 수는 실험 Ⅰ의 A가 실험 Ⅱ의 B보다 크다.

✕ 혼합 용액의 pH는 실험 Ⅰ의 A가 실험 Ⅱ의 B보다 <u>크다</u>.
pH가 7로 같다

ㄱ. 중화점까지 넣어 준 $NaOH(aq)$의 부피가 실험 Ⅰ : 실험 Ⅱ=1 : 3이다. 따라서 $NaOH(aq)$의 몰 농도는 실험 Ⅰ : 실험 Ⅱ=3 : 1이다. 즉, $NaOH(aq)$의 몰 농도는 실험 Ⅰ이 실험 Ⅱ의 3배이다.

ㄴ. 실험 Ⅰ과 Ⅱ에서 중화점까지 넣어 준 NaOH의 양(mol)은 같으므로 실험 Ⅰ의 A와 실험 Ⅱ의 B에 들어 있는 Na^+의 수는 같다. 실험 Ⅰ의 A의 부피는 $H_2SO_4(aq)$ 5 mL+$NaOH(aq)$ 10 mL=15 mL이고, 실험 Ⅱ의 B의 부피는 $H_2SO_4(aq)$ 5 mL+$NaOH(aq)$ 30 mL=35 mL이다. 실험 Ⅰ의 A와 실험 Ⅱ의 B에 들어 있는 Na^+의 수를 N이라고 가정하면, 단위 부피당 Na^+ 수는 A가 $\frac{N}{15}$, B가 $\frac{N}{35}$이므로 A가 B보다 크다.

바로알기 ㄷ. 실험 Ⅰ의 A와 실험 Ⅱ의 B는 모두 중화 반응이 완결된 중화점이므로 혼합 용액의 pH는 7로 같다.

11 중화 반응

자료 분석

[자료]
- 수용액에서 H_2A는 H^+과 A^{2-}으로, HB는 H^+과 B^-으로 모두 이온화된다.

[실험 과정]
(가) x M NaOH(aq), y M H_2A(aq), y M HB(aq)을 각각 준비한다.
(나) 3개의 비커에 각각 NaOH(aq) 20 mL를 넣는다.
(다) (나)의 3개의 비커에 각각 H_2A(aq) V mL, HB(aq) V mL, HB(aq) 30 mL를 첨가하여 혼합 용액 I~III을 만든다.

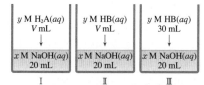

[실험 결과]
- 혼합 용액 I과 II에 같은 몰 농도로 존재하고 III에는 존재하지 않는 이온 W는 Na^+이다.
- 혼합 용액 I~III에 존재하는 이온의 종류와 이온의 몰 농도(M)

이온의 종류		W	X	Y	Z
이온의 몰 농도(M)	I	$2a$	0	$2a$	$2a$
	II	$2a$	$2a$	0	0
	III	a	b	0	0.2

혼합 용액 II에 존재하는 이온의 종류가 W, X 2가지이므로 X는 B^-이다.

혼합 용액 I에만 존재하는 이온 Y는 A^{2-}이다.

혼합 용액 I에서 W와 Z는 같은 몰 농도로 존재하므로 Z는 OH^-이 아니라 H^+이다.

선택지 분석

~~2~~ ②3 ~~4~~
~~5~~ ~~6~~

W는 Na^+, X는 B^-, Y는 A^{2-}, Z는 H^+이다.
Na^+의 몰 농도가 혼합 용액 I이나 II에서가 혼합 용액 III에서보다 2배 크므로, 혼합 용액의 부피는 혼합 용액 III에서가 혼합 용액 I이나 II에서보다 2배 크다.
따라서 $V=5$이다.
혼합 용액 II에서 Na^+과 B^-의 몰 농도가 같으므로 혼합 용액 II에 존재하는 Na^+과 B^-의 양(mol)이 같다. 용액에 존재하는 용질의 양(mol)=용액의 몰 농도×용액의 부피이므로 $y \times 5 = x \times 20$, $y=4x$이다.
혼합 용액 III에서 처음에 넣어 준 H^+과 OH^-의 양(mol)은 각각 $0.12x$몰과 $0.02x$몰이므로 중화 반응 이후 50 mL 혼합 용액 III에 존재하는 H^+의 양(mol)은 $0.1x$몰이다.
따라서 $Na^+ : H^+ : B^- = 1 : 5 : 6$이므로 $b=6a$이며, 혼합 용액 III에서 H^+의 몰 농도가 0.2 M이므로 $a=0.04$이고 $b=0.24$이다.
혼합 용액 III에서 H^+의 몰 농도가 0.2 M이므로 $x=0.1$이고, $y=4x$이므로 $y=0.4$이다.
따라서 $\frac{b}{a} \times (x+y) = 6 \times 0.5 = 3$이다.

개념 확인
본책 173쪽, 175쪽

(1) 산화, 환원 (2) 산화, 환원 (3) 전자, 전자 (4) 일어난다
(5) 전기 음성도 (6) 얻고 (7) 잃고 (8) 잃고 (9) 얻고
(10) 산화, 환원 (11) 0 (12) 전하 (13) 0이다 (14) -1
(15) -1 (16) -1 (17) $+2$ (18) 반응이 아니다
(19) 산화제 (20) 환원제

수능 자료
본책 176쪽

	1	2	3	4	5	6	7
자료①	○	○	×	○	×	×	○
자료②	○	○	○	×	○	×	○
자료③	○	×	○	○	○	○	○
자료④	○	×	○	×	○	○	○

자료 ① 산화 환원 반응

3 (가)에서 Mg은 다른 물질을 환원시키는 환원제로, O_2는 다른 물질을 산화시키는 산화제로 작용한다.

5 (나)에서 C의 산화수는 $+2$에서 $+4$로 증가하고, Fe의 산화수는 $+3$에서 0으로 감소한다.

6 (나)에서 CO는 환원제로, Fe_2O_3은 산화제로 작용한다.

자료 ② 산화 환원 반응의 양적 관계

1 (나)와 (다)에서 각각 생성된 C^{n+}의 양(mol)을 a몰이라고 할 때, (나)에서 혼합 용액에 들어 있는 C^{n+}의 양(mol)이 a몰이고 $B^{3+} : C^{n+} = 2 : 1$이므로 (나)에 들어 있는 B^{3+}의 양(mol)은 $2a$몰이다.

2 (다)에서 혼합 용액에 들어 있는 C^{n+}의 양(mol)이 $2a$몰이고, $B^{3+} : C^{n+} = 2 : 3$이므로 남아 있는 B^{3+}의 양(mol)은 $\frac{4}{3}a$몰이다. 따라서 (다)에서 반응한 B^{3+}의 양(mol)은 $\frac{2}{3}a$몰이다.

3 (가)에서 A^+과 B^{3+}이 총 9몰 있고, B^{3+}의 양(mol)은 $2a$몰이므로 A^+의 양(mol)은 $(9-2a)$몰이다.

4 (다)에서 B^{3+} $\frac{2}{3}a$몰이 반응하여 생성된 C^{n+}의 양(mol)이 a몰이므로 C^{n+}의 전하는 $+2$이다. 따라서 $n=2$이다.

5 C^{n+}의 전하는 $+2$이므로 (나)에서 C와 반응한 A^+의 양(mol)은 a몰이다. 따라서 $9-2a=a$이므로 $a=3$이다.

6 (다) 과정 이후 B^{3+}의 양(mol)은 $\frac{4}{3}a=4$몰이다.

7 (가)에 들어 있는 A^+의 양(mol)은 3몰, B^{3+}의 양(mol)은 6몰이므로 양이온 수비는 $x : y = 1 : 2$이다. 따라서 $\frac{x}{y} = \frac{1}{2}$이다.

자료 ③ 산화수

2 CH_3OH에서 H의 산화수는 $+1$이다.

4 HCOOH에서 C의 산화수는 $+2$이다.

2 B^{b+}의 전하가 $+1$이면 수용액 속 이온 수가 증가하여 q는 1보다 작으므로 $b=1$이다.

3 수용액 Ⅰ에 금속 B $4N$을 넣어 주면, 수용액 Ⅱ에 존재하는 양이온 수는 A^{2+} $(m-2N)$과 B^+ $4N$의 합이다. 따라서 수용액 Ⅱ에서 $q=\dfrac{1}{(m+2N)}$이다.

4 수용액 Ⅰ과 Ⅱ의 q는 $\dfrac{1}{m}:\dfrac{1}{(m+2N)}=1:\dfrac{7}{9}$이므로 $m=7N$이고 수용액 Ⅱ에 들어 있는 A^{2+}은 $5N$이다.

5 q는 수용액 Ⅰ > 수용액 Ⅲ > 수용액 Ⅱ이므로 이온의 전하는 C 이온이 B 이온보다 크다. 따라서 c는 2 또는 3이다.

6 c가 2일 경우, 수용액 Ⅱ의 A^{2+}과 C가 반응할 때 C^{2+}은 $5N$이 생성되므로, 수용액 Ⅲ에서 $x=6N$이다.

7 c가 3일 경우, 수용액 Ⅱ의 A^{2+}과 C가 반응할 때 C^{3+}은 $\dfrac{10}{3}N$이 생성된다. 이때 B^+과 반응한 C^{3+}의 수를 n이라고 할 때 $n<0$이기 때문에 C 이온의 전하는 $+3$이 아니다.

수능 1점

1 (1) ㉠ 환원 ㉡ 산화 (2) ㉠ 환원 ㉡ 산화 (3) ㉠ 산화 ㉡ 환원 (4) ㉠ 산화 ㉡ 환원 **2** ⑤ **3** ③ **4** (1) (가) 산화 (나) 환원 (2) 산화제: Cu^{2+}, 환원제: Zn **5** (1) -4 (2) $+4$ (3) -1 (4) -1 (5) $+6$ (6) $+7$ **6** $+12$ **7** $5Fe^{2+}+MnO_4^- +8H^+ \longrightarrow 5Fe^{3+}+Mn^{2+}+4H_2O$ **8** 33 **9** 4몰

1

(1) $2Fe_2O_3(s)+3C(s) \longrightarrow 4Fe(s)+3CO_2(g)$
(환원 ─ 위, 산화 ─ 아래)

(2) $2CuO(s)+C(s) \longrightarrow 2Cu(s)+CO_2(g)$
(환원 ─ 위, 산화 ─ 아래)

(3) $Zn(s)+CuSO_4(aq) \longrightarrow ZnSO_4(aq)+Cu(s)$
(산화 ─ 위, 환원 ─ 아래)

(4) $Mg(s)+2HCl(aq) \longrightarrow MgCl_2(aq)+H_2(g)$
(산화 ─ 위, 환원 ─ 아래)

2 ⑤ $2KI(aq)+Pb(NO_3)_2(aq) \longrightarrow PbI_2(s)+2KNO_3(aq)$은 앙금 생성 반응으로 물질 내 어떤 원자도 산화수 변화가 없다.

바로알기 ① $2Al(s)+3Br_2(l) \longrightarrow 2AlBr_3(s)$
Al의 산화수는 0에서 $+3$으로 증가하고, Br의 산화수는 0에서 -1로 감소한다.

② $C(s)+2CuO(s) \longrightarrow CO_2(g)+2Cu(s)$
C의 산화수는 0에서 $+4$로 증가하고, Cu의 산화수는 $+2$에서 0으로 감소한다.

③ $Zn(s)+H_2SO_4(aq) \longrightarrow ZnSO_4(aq)+H_2(g)$
Zn의 산화수는 0에서 $+2$로 증가하고, H의 산화수는 $+1$에서 0으로 감소한다.

④ $2Fe_2O_3(s)+3C(s) \longrightarrow 4Fe(s)+3CO_2(g)$
C의 산화수는 0에서 $+4$로 증가하고, Fe의 산화수는 $+3$에서 0으로 감소한다.

3 ③ 과정 (나)에서 CuO는 산소를 잃고 환원되어 Cu가 된다.
바로알기 ① X는 CO_2이다.
② 과정 (가)에서 Cu는 산화되고 O_2를 환원시켰으므로 환원제로 작용한다.
④ CO에서 C의 산화수는 $+2$이다.
⑤ CuO에서 Cu의 산화수는 $+2$이다.

4 (1) Zn은 산화수가 0에서 $+2$로 증가하였으므로 산화되었고, Cu^{2+}은 산화수가 $+2$에서 0으로 감소하였으므로 환원되었다.

$$Zn(s)+Cu^{2+}(aq) \longrightarrow Zn^{2+}(aq)+Cu(s)$$
산화수: $\quad 0 \quad\quad +2 \quad\quad\quad +2 \quad\quad\quad 0$
(산화 ─ 위, 환원 ─ 아래)

(2) 산화제는 자신은 환원되면서 다른 물질을 산화시키는 물질이므로 Cu^{2+}이고, 환원제는 자신은 산화되면서 다른 물질을 환원시키는 물질이므로 Zn이다.

5 (1) CH_4: H의 산화수는 $+1$이고, 화합물에서 각 원자의 산화수의 합은 0이다. C의 산화수를 w라고 하면 $w+(+1)\times4=0$, $w=-4$이다.
(2) CO_2: O의 산화수는 -2이므로 C의 산화수를 x라고 하면 $x+(-2)\times2=0$, $x=+4$이다.
(3) H_2O_2: 과산화물에서 O의 산화수는 -1이다.
(4) NaH: 금속 수소 화합물에서 H의 산화수는 -1이다.
(5) H_2SO_4: H의 산화수는 $+1$, O의 산화수는 -2이므로 S의 산화수를 y라고 하면 $(+1)\times2+y+(-2)\times4=0$, $y=+6$이다.
(6) $KMnO_4$: K은 1족 금속 원소이므로 산화수가 $+1$이고, O의 산화수는 -2이다. Mn의 산화수를 z라고 하면 $(+1)+z+(-2)\times4=0$, $z=+7$이다.

6 $HClO_4$에서 Cl의 산화수는 $+7$, CaH_2에서 H의 산화수는 -1, OF_2에서 O의 산화수는 $+2$, SO_2에서 S의 산화수는 $+4$이다. 그러므로 4가지 원자의 산화수의 총 합은 $+12$이다.

7 화학 반응식에서 반응 전후의 산화수 변화는 다음과 같다.

$$Fe^{2+}+MnO_4^- +8H^+ \longrightarrow Fe^{3+}+Mn^{2+}+4H_2O$$
(1 증가 — 위)
($+2 \quad +7 -2 \quad +1 \quad\quad +3 \quad\quad +2 \quad\quad +1 -2$)
(5 감소 — 아래)

Fe의 산화수는 $+2$에서 $+3$으로 1 증가하고, Mn의 산화수는 $+7$에서 $+2$로 5 감소한다.
이를 바탕으로 증가한 산화수와 감소한 산화수가 같도록 계수를 맞춘다.

$$5Fe^{2+}+MnO_4^- +8H^+ \longrightarrow 5Fe^{3+}+Mn^{2+}+4H_2O$$
($1\times5=5$ — 위)
($5\times1=5$ — 아래)

8 $a=2$, $b=16$, $c=5$, $d=2$, $e=8$이므로 $a+b+c+d+e=33$이다.

9 산화 환원 반응식을 완성하면 다음과 같다.
$$Cu(s)+2Ag^+(aq) \longrightarrow Cu^{2+}(aq)+2Ag(s)$$
구리(Cu) 2몰이 산화될 때 은(Ag)은 4몰이 환원되어 석출된다.

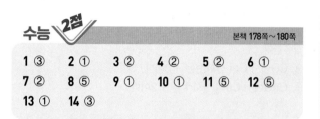

본책 178쪽~180쪽

1 ③	**2** ①	**3** ②	**4** ②	**5** ②	**6** ①
7 ②	**8** ⑤	**9** ①	**10** ①	**11** ⑤	**12** ⑤
13 ①	**14** ③				

1 금속과 금속염 수용액의 산화 환원 반응

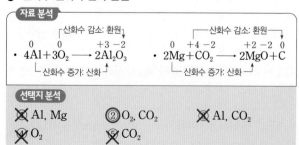

〔선택지 분석〕
ㄱ 전자가 관여하는 화학 반응이다.
ㄴ Ag^+이 전자를 얻어서 Ag으로 환원된다.
✗ Fe 1몰이 산화되는 데 필요한 전자는 <u>1몰</u>이다. 2몰

ㄱ. Fe은 전자를 잃고, Ag^+은 전자를 얻는 산화 환원 반응이다.
ㄴ. Fe은 전자를 잃고 Fe^{2+}으로 산화되고, Ag^+은 전자를 얻어 Ag으로 환원된다.
〔바로알기〕 ㄷ. Fe이 산화되는 반응은 $Fe \longrightarrow Fe^{2+}+2e^-$이므로 Fe 1몰이 산화되는 데 필요한 전자는 2몰이다.

2 금속과 금속염 수용액의 산화 환원 반응

〔선택지 분석〕
✗ Cu^{2+}은 <u>산화</u>된다. 환원
ㄴ 전자는 Zn에서 Cu^{2+}으로 이동한다.
✗ Zn이 잃은 전자 수가 Cu^{2+}이 얻은 전자 수보다 크다.
　　Zn이 잃은 전자 수=Cu^{2+}이 얻은 전자 수

이 반응의 화학 반응식은
$Zn(s)+CuSO_4(aq) \longrightarrow ZnSO_4(aq)+Cu(s)$이다.
ㄴ. Zn은 전자를 잃고 Zn^{2+}이 되고, Cu^{2+}은 전자를 얻어 Cu가 된다. 즉, 전자는 Zn에서 Cu^{2+}으로 이동한다.
〔바로알기〕 ㄱ. Zn은 전자를 잃고 Zn^{2+}으로 산화되고, Cu^{2+}은 전자를 얻어 Cu로 환원된다.
ㄷ. 산화 환원 반응에서 산화된 물질이 잃은 전자 수와 환원된 물질이 얻은 전자 수는 항상 같다. 따라서 Zn이 잃은 전자 수와 Cu^{2+}이 얻은 전자 수는 같다.

3 산화수 변화와 산화 환원

〔자료 분석〕

┌─ 산화수 감소: 환원 ─┐ 　 ┌─ 산화수 감소: 환원 ─┐
$\cdot \overset{0}{4Al}+\overset{0}{3O_2} \longrightarrow \overset{+3-2}{2Al_2O_3}$ 　 $\cdot \overset{0}{2Mg}+\overset{+4-2}{CO_2} \longrightarrow \overset{+2-2}{2MgO}+\overset{0}{C}$
└─ 산화수 증가: 산화 ─┘ 　 └─ 산화수 증가: 산화 ─┘

〔선택지 분석〕
✗ Al, Mg　　② O_2, CO_2　　✗ Al, CO_2
✗ O_2　　　　✗ CO_2

산화수가 증가하는 반응은 산화 반응, 산화수가 감소하는 반응은 환원 반응이다. Al은 0에서 $+3$으로 산화수가 증가, O_2의 O는 0에서 -2로 산화수가 감소, Mg은 0에서 $+2$로 산화수가 증가, CO_2의 C는 $+4$에서 0으로 산화수가 감소했다.

4 산화수 변화와 산화 환원 반응

〔자료 분석〕
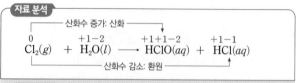

〔선택지 분석〕
✗ Cl_2는 산화되거나 환원되지 않는다.
　　└• 산화되면서 동시에 환원된다.
ㄴ HClO에서 Cl의 산화수는 $+1$이다.
✗ H_2O에서 산화수가 변하는 원자는 O이다.
　　└• 산화수가 변하는 원자는 없다.

ㄴ. Cl의 산화수는 Cl_2에서 0이고, HClO에서 $+1$이며, HCl에서 -1이다.
〔바로알기〕 ㄱ. Cl_2는 HClO으로 산화되면서 동시에 HCl로 환원된다.
ㄷ. H_2O에서 산화수가 변하는 원자는 없다.

5 산화수 변화와 산화 환원 반응화

〔자료 분석〕
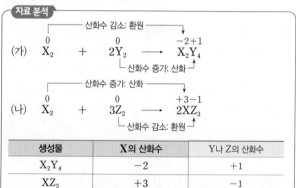

생성물	X의 산화수	Y나 Z의 산화수
X_2Y_4	-2	$+1$
XZ_3	$+3$	-1

〔선택지 분석〕
✗ X_2Y_4에서 Y의 산화수는 $+2$이다. $+1$
ㄴ (나)에서 X_2는 산화된다.
✗ YZ에서 Y의 산화수는 0보다 <u>작다</u>. 크다

원소를 구성하는 원자의 산화수는 0이므로 (가)의 X_2에서 X의 산화수와 Y_2에서 Y의 산화수는 각각 0이다. 화합물에서 각 원자의 산화수의 합은 0이므로 X_2Y_4에서 X의 산화수가 -2이면 Y의 산화수는 $+1$이다.
(나)의 X_2에서 X의 산화수와 Z_2에서 Z의 산화수는 각각 0이고, XZ_3에서 X의 산화수는 $+3$, Z의 산화수는 -1이다.
ㄴ. (나)의 X_2에서 X의 산화수는 0이고, XZ_3에서 X의 산화수는 $+3$이므로 X의 산화수가 증가한다. 즉, X_2는 산화된다.
〔바로알기〕 ㄱ. X_2Y_4에서 X의 산화수가 -2이므로 Y의 산화수는 $+1$이다.
ㄷ. X_2Y_4와 XZ_3에서 원소의 산화수로 보아 전기 음성도는 $Z>X>Y$이다. 따라서 YZ에서 전기 음성도가 작은 Y의 산화수는 0보다 크고, 전기 음성도가 큰 Z의 산화수는 0보다 작다.

6 아세트산 생성 반응에서 산화수 변화

$$\underset{}{C_2H_5OH} + \underset{0}{O_2} \longrightarrow \underset{-3+1+3-2-2+1}{CH_3COOH} + \underset{+1-2}{H_2O}$$

전기 음성도: $O>C>H$

○ C_2H_5OH은 환원제이다.

✗ ㉠과 ㉡의 산화수는 같다. **다르다(㉠ −3, ㉡ +3)**

✗ C_2H_5OH에서 O의 산화수는 반응 후 증가한다. **변함없다**

ㄱ. O_2에서 O의 산화수는 0이지만 CH_3COOH이나 H_2O에서 O의 산화수는 모두 −2이다. 그러므로 C_2H_5OH은 O_2를 환원시키는 환원제이다.

바로알기 ㄴ. ㉠은 H로부터 전자 3개를 가져오므로 ㉠의 산화수는 −3이고, ㉡은 O에게 전자 3개를 내주므로 ㉡의 산화수는 +3이다.

ㄷ. O의 산화수는 C_2H_5OH과 CH_3COOH에서 모두 −2이므로 산화수의 변화가 없다.

7 금속과 금속염 수용액의 산화 환원 반응에서 양적 관계

[실험 과정]

(가) A^{a+}과 B^{b+}이 들어 있는 수용액을 준비한다.

(나) (가)의 수용액에 3몰의 C를 넣어 반응시킨다.

(다) (나)의 수용액에서 석출된 금속을 제거하고 3몰의 C를 넣어 반응시킨다.

[실험 결과]

• (나)와 (다) 각각에서 C는 모두 반응하였다.

• (나)에서 A만 석출되었다.

• (다)에서 석출된 A와 B의 몰비는 1 : 1이다.

각 과정 후 수용액에 존재하는 양이온 종류와 수

과정	(가)	(나)	(다)
양이온의 종류	A^{a+} 8몰 B^{b+} 5몰	A^{a+} 2몰 B^{b+} 5몰 C^{c+} 3몰	B^{b+} 3몰 C^{c+} 6몰
전체 양이온의 양(mol)	13	10	9

✗ $\dfrac{15}{2}$ 　② 5　　✗ 4

✗ $\dfrac{8}{3}$　　✗ $\dfrac{5}{2}$

(나)와 (다) 각각에서 C 3몰씩이 모두 반응하므로 (나)에서 C^{c+}은 3몰이고, (다)에서 C^{c+}은 6몰이다. 이때 (다)에서 전체 양이온의 양(mol)이 9몰이므로 B^{b+}은 3몰이다.

(다)에서 석출된 A와 B의 몰비가 1 : 1이고, A^{a+}은 모두 반응하므로 (나)의 A^{a+}의 양(mol)을 n몰이라고 하면, B^{b+}의 양(mol)은 $(n+3)$몰이다.

전체 양이온의 양(mol)이 10몰이므로 A^{a+} n몰+B^{b+} $(n+3)$몰+C^{c+} 3몰=10몰, $n=2$(몰)이다. 즉, (나)에서 A^{a+}은 2몰, B^{b+}은 5몰, C^{c+}은 3몰이다.

(가)에 C를 넣었을 때 A만 석출되었으므로 B^{b+}은 반응에 참여하지 않았다. 따라서 (가)와 (나)에서 B^{b+}의 양(mol)이 같으므로 (가)의 B^{b+}은 5몰이고, 전체 양이온의 양(mol)이 13몰이므로 A^{a+}은 8몰이다.

(나)의 A^{a+}과 C의 반응에서 A^{a+} 6몰이 소모될 때 C^{c+} 3몰이 생성되므로 $a:c=1:2$이다. 또, (다)의 A^{a+}, B^{b+}과 C의 반응에서 A^{a+}과 B^{b+}이 각각 2몰 소모될 때 C^{c+} 3몰이 생성되므로 $b:c=1:1$이다. 따라서 $a:b:c=1:2:2$이고, $a\sim c$는 3 이하의 정수이므로 $a=1$, $b=2$, $c=2$이다. (나)에서 반응이 완결된 후, $\dfrac{B^{b+}의 \; 양(mol)}{A^{a+}의 \; 양(mol)} \times b = \dfrac{5}{2} \times 2 = 5$이다.

8 산화수 변화와 산화 환원 반응

$$\underset{+1 \; +6 \; -2}{2K_2Cr_2O_7(aq)} + \underset{+1-2}{2H_2O(l)} + \underset{0}{xS(s)}$$

4 증가: $4\times3=12$

$$\longrightarrow \underset{+1-2+1}{4KOH(aq)} + \underset{+3-2}{2Cr_2O_3(s)} + \underset{+4-2}{xSO_2(g)}$$

3 감소: $3\times4=12$

✗ $x=1$이다. **3**

○ Cr의 산화수는 +6에서 +3으로 감소한다.

○ S의 산화수는 0에서 +4로 증가한다.

ㄴ. Cr의 산화수는 $K_2Cr_2O_7$에서 +6이고, Cr_2O_3에서 +3이다.

ㄷ. S의 산화수는 0에서 +4로 증가한다.

바로알기 ㄱ. 반응에서 환원된 Cr의 산화수 변화가 12이므로, 산화된 S의 산화수 변화도 12가 되어야 한다. 따라서 $x=3$이다.

9 산화 환원 반응

산화수 감소: 환원

(가) $O_2 + 2F_2 \longrightarrow 2OF_2$

산화수 증가: 산화

(나) $\underset{+5 \; -2}{BrO_3^-} + \underset{-1}{aI^-} + \underset{+1}{bH^+} \longrightarrow \underset{-1}{Br^-} + \underset{0}{cI_2} + \underset{+1-2}{dH_2O}$

($a\sim d$는 반응 계수)

○ (가)에서 O의 산화수는 증가한다.

✗ (나)에서 I^-은 산화제로 작용한다. **환원제**

✗ $a+b+c+d=12$이다. **18**

ㄱ. (가)에서 O의 산화수는 0에서 +2로 증가한다.

바로알기 ㄴ. (나)에서 I^-은 −1에서 0으로 산화수가 증가하여 산화되므로 환원제로 작용한다.

ㄷ. (나) 반응에서 Br의 산화수 변화가 6이므로, 산화된 I의 산화수 변화도 6이 되어야 한다. 따라서 a는 6, b는 6, c는 3, d는 3이므로 $a+b+c+d=18$이다.

10 여러 가지 산화 환원 반응

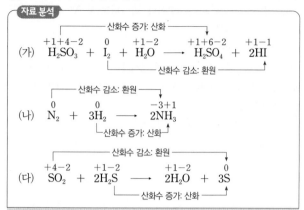

(가) $\overset{+1\,+4\,-2}{H_2SO_3} + \overset{0}{I_2} + \overset{+1\,-2}{H_2O} \longrightarrow \overset{+1\,+6\,-2}{H_2SO_4} + \overset{+1\,-1}{2HI}$

산화수 증가: 산화
산화수 감소: 환원

(나) $\overset{0}{N_2} + \overset{0}{3H_2} \longrightarrow \overset{-3\,+1}{2NH_3}$

산화수 감소: 환원
산화수 증가: 산화

(다) $\overset{+4\,-2}{SO_2} + \overset{+1\,-2}{2H_2S} \longrightarrow \overset{+1\,-2}{2H_2O} + \overset{0}{3S}$

산화수 감소: 환원
산화수 증가: 산화

선택지 분석

◯ ㄱ (가)에서 H_2SO_3은 환원제이다.
✕ ㄴ (나)에서 N는 산화수가 ~~증가한다.~~ 감소
✕ ㄷ (다)에서 SO_2과 H_2S에 포함된 S의 산화수는 ~~같다.~~ 다르다

화학 반응 전후에 산화수가 증가하는 물질은 산화되고, 산화수가 감소하는 물질은 환원된다.

ㄱ. (가)에서 H_2SO_3은 I_2을 환원시키고 자신은 산화되므로 환원제이다.

바로알기 ㄴ. (나)에서 N는 산화수가 0에서 -3으로 감소한다.

ㄷ. (다)에서 S의 산화수는 SO_2에서 $+4$이고, H_2S에서 -2이다.

11 산화제와 환원제

자료 분석

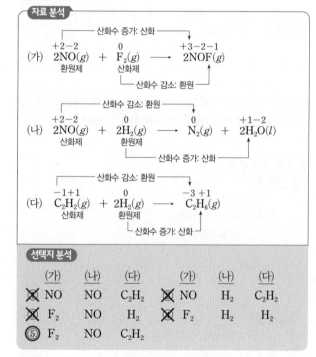

(가) $\overset{+2\,-2}{2NO(g)} + \overset{0}{F_2(g)} \longrightarrow \overset{+3\,-2\,-1}{2NOF(g)}$
환원제 산화제

산화수 증가: 산화
산화수 감소: 환원

(나) $\overset{+2\,-2}{2NO(g)} + \overset{0}{2H_2(g)} \longrightarrow \overset{0}{N_2(g)} + \overset{+1\,-2}{2H_2O(l)}$
산화제 환원제

산화수 감소: 환원
산화수 증가: 산화

(다) $\overset{-1\,+1}{C_2H_2(g)} + \overset{0}{2H_2(g)} \longrightarrow \overset{-3\,+1}{C_2H_6(g)}$
산화제 환원제

산화수 감소: 환원
산화수 증가: 산화

선택지 분석

	(가)	(나)	(다)		(가)	(나)	(다)
✕	NO	NO	C_2H_2	✕	NO	H_2	C_2H_2
✕	F_2	NO	H_2	✕	F_2	H_2	H_2
⑤	F_2	NO	C_2H_2				

산화제는 자신은 환원되면서 다른 물질을 산화시키는 물질이고, 환원제는 자신은 산화되면서 다른 물질을 환원시키는 물질이다.

(가)에서 NO는 자신은 산화되면서 F_2을 환원시키므로 환원제로 작용하고, F_2은 자신은 환원되면서 NO를 산화시키므로 산화제로 작용한다.

(나)에서 H_2는 자신은 산화되면서 NO를 환원시키므로 환원제로 작용하고, NO는 자신은 환원되면서 H_2를 산화시키므로 산화제로 작용한다.

(다)에서 H_2는 자신은 산화되면서 C_2H_2을 환원시키므로 환원제로 작용하고, C_2H_2은 자신은 환원되면서 H_2를 산화시키므로 산화제로 작용한다.

따라서 산화제로 작용한 물질은 (가)에서 F_2, (나)에서 NO, (다)에서 C_2H_2이다.

12 구리의 산화 환원 반응

자료 분석

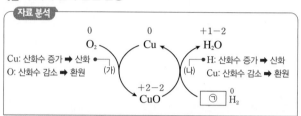

$\overset{0}{O_2} \quad \overset{0}{Cu} \quad \overset{+1\,-2}{H_2O}$
(가) (나)
$\overset{+2\,-2}{CuO}$ $\boxed{\text{㉠}}\,\overset{0}{H_2}$

Cu: 산화수 증가 ➡ 산화
O: 산화수 감소 ➡ 환원

H: 산화수 증가 ➡ 산화
Cu: 산화수 감소 ➡ 환원

선택지 분석

◯ ㄱ (가)에서 O_2는 환원된다.
◯ ㄴ CuO에서 Cu의 산화수는 $+2$이다.
◯ ㄷ (나)에서 ㉠은 환원제로 작용한다.

ㄱ. (가)에서 Cu는 산화수가 0에서 $+2$로 증가하므로 산화되고, O는 산화수가 0에서 -2로 감소하므로 환원된다.

ㄴ. CuO에서 Cu의 산화수는 $+2$이고, O의 산화수는 -2이다.

ㄷ. (나)는 CuO와 ㉠이 반응하여 Cu와 H_2O을 생성하는 반응이므로 ㉠은 H_2이다. (나)에서 Cu는 산화수가 $+2$에서 0으로 감소하므로 환원되고, H는 산화수가 0에서 $+1$로 증가하므로 산화된다. 따라서 CuO는 산화제로, H_2는 환원제로 작용한다.

13 철의 제련 과정에서의 산화 환원 반응

자료 분석

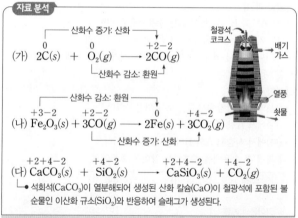

(가) $\overset{0}{2C(s)} + \overset{0}{O_2(g)} \longrightarrow \overset{+2\,-2}{2CO(g)}$

산화수 증가: 산화
산화수 감소: 환원

(나) $\overset{+3\,-2}{Fe_2O_3(s)} + \overset{+2\,-2}{3CO(g)} \longrightarrow \overset{0}{2Fe(s)} + \overset{+4\,-2}{3CO_2(g)}$

산화수 감소: 환원
산화수 증가: 산화

철광석, 코크스
배기 가스
열풍
쇳물

(다) $\overset{+2\,+4\,-2}{CaCO_3(s)} + \overset{+4\,-2}{SiO_2(s)} \longrightarrow \overset{+2\,+4\,-2}{CaSiO_3(s)} + \overset{+4\,-2}{CO_2(g)}$

└ 석회석($CaCO_3$)이 열분해되어 생성된 산화 칼슘(CaO)이 철광석에 포함된 불순물인 이산화 규소(SiO_2)와 반응하여 슬래그가 생성된다.

선택지 분석

◯ ㄱ (가)에서 C는 산화된다.
✕ ㄴ (나)에서 CO는 ~~산화제이다.~~ 환원제
✕ ㄷ (가)~(다)는 모두 산화 환원 반응이다. (다)는 산화 환원 반응이 아니다

산화 철(Ⅲ)(Fe_2O_3)이 주성분인 철광석을 코크스(C), 석회석($CaCO_3$)과 함께 용광로에 넣고 가열하면 (가)~(다)의 반응이 일어나 순수한 철(Fe)을 얻을 수 있다.

ㄱ. (가)에서 C의 산화수는 코크스(C)에서 0, CO에서 $+2$로 2 증가하므로 C는 산화된다.

바로알기 ㄴ. (나)에서 C의 산화수는 $+2$에서 $+4$로 증가하므로 CO는 자신은 산화되면서 Fe_2O_3를 환원시키는 환원제이다.

ㄷ. (다)에서는 반응 전후에 산화수가 변하는 원자가 없으므로 (다)는 산화 환원 반응이 아니다.

14 산화 환원 반응식

자료 분석

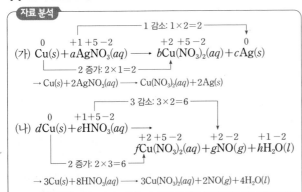

$$\overset{0}{Cu}(s)+a\overset{+1\ +5\ -2}{AgNO_3}(aq) \longrightarrow b\overset{+2\ +5\ -2}{Cu(NO_3)_2}(aq)+c\overset{0}{Ag}(s)$$

(가) 1 감소: $1 \times 2 = 2$ / 2 증가: $2 \times 1 = 2$

$$\rightarrow Cu(s)+2AgNO_3(aq) \longrightarrow Cu(NO_3)_2(aq)+2Ag(s)$$

(나) $d\overset{0}{Cu}(s)+e\overset{+1\ +5\ -2}{HNO_3}(aq) \longrightarrow$
$$f\overset{+2\ +5\ -2}{Cu(NO_3)_2}(aq)+g\overset{+2\ -2}{NO}(g)+h\overset{+1\ -2}{H_2O}(l)$$

3 감소: $3 \times 2 = 6$ / 2 증가: $2 \times 3 = 6$

$$\rightarrow 3Cu(s)+8HNO_3(aq) \longrightarrow 3Cu(NO_3)_2(aq)+2NO(g)+4H_2O(l)$$

선택지 분석

ㄱ (가)에서 $a+b+c=5$이다.

ㄴ (나)에서 $d+e>f+g+h$이다.

✗ (나)에서 Cu 1몰이 반응하면 NO <u>1몰</u>이 생성된다. $\frac{2}{3}$몰

ㄱ. (가) $Cu(s)+2AgNO_3(aq) \longrightarrow Cu(NO_3)_2(aq)+2Ag(s)$이
므로 $a(2)+b(1)+c(2)=5$이다.

ㄴ. (나) $3Cu(s)+8HNO_3(aq) \longrightarrow 3Cu(NO_3)_2(aq)+2NO(g)$
$+4H_2O(l)$이므로 $d(3)+e(8)>f(3)+g(2)+h(4)$이다.

바로알기 ㄷ. (나)에서 Cu와 NO의 계수비는 $3:2$이므로 Cu 1몰
이 반응하면 NO $\frac{2}{3}$몰이 생성된다.

수능 3점

본책 181쪽~183쪽

1 ①	2 ⑤	3 ①	4 ⑤	5 ①	6 ③
7 ①	8 ②	9 ②	10 ⑤	11 ④	12 ③

1 산화수 변화와 산화 환원 반응

자료 분석

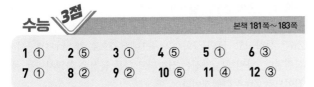

$$a\overset{+2\ +6\ -2}{K_2Cr_2O_7}+b\overset{+1\ -2}{H_2O}+3\overset{0}{S} \longrightarrow c\overset{+1\ -2\ +1}{KOH}+d\overset{+3\ -2}{Cr_2O_3}+3\overset{+4\ -2}{SO_2}$$

4 증가: $4 \times 3 = 12$ / 3 감소: $3 \times 4 = 12$

($a\sim d$는 반응 계수)

➡ $2K_2Cr_2O_7+2H_2O+3S \longrightarrow 4KOH+2Cr_2O_3+3SO_2$

선택지 분석

ㄱ Cr의 산화수는 $+6$에서 $+3$으로 감소한다.

✗ $a+b+c+d=\underline{12}$이다. 10

✗ S은 <u>산화제</u>로 작용한다. 환원제

ㄱ. $K_2Cr_2O_7$에서 Cr의 산화수는 $+6$이고, Cr_2O_3에서 Cr의 산
화수는 $+3$이다. 그러므로 Cr의 산화수는 $+6$에서 $+3$으로 감
소한다.

바로알기 ㄴ. $a=2$, $b=2$, $c=4$, $d=2$이다. 따라서 $a+b+c+$
$d=10$이다.

ㄷ. K_2CrO_7은 S을 산화시키고 자신은 환원되었으므로 산화제로
작용하고, S은 K_2CrO_7을 환원시키고 자신은 산화되었으므로 환
원제로 작용한다.

---

2 산화수 변화와 산화 환원 반응

자료 분석

(가) $2\overset{+1\ -1}{KI}(aq) + \overset{0}{Cl_2}(s) \longrightarrow 2\overset{+1\ -1}{KCl}(aq) + \overset{0}{I_2}(s)$

산화수 증가: 산화 / 산화수 감소: 환원

(나) $2\overset{+1}{Ag^+}(aq) + \overset{0}{Fe}(s) \longrightarrow 2\overset{0}{Ag}(s) + \overset{+2}{Fe^{2+}}(aq)$

산화수 감소: 환원 / 산화수 증가: 산화

선택지 분석

✗ (가)에서 Cl_2는 <u>산화</u>된다. 환원

ㄴ (나)에서 Fe은 Ag^+을 환원시킨다.

ㄷ (나)에서 Ag 1몰이 생성될 때 이동한 전자의 양(mol)은 1
몰이다.

ㄴ. (나)에서 Fe은 산화수가 0에서 $+2$로 증가하며 산화되면서
Ag^+을 환원시킨다.

ㄷ. (나)에서 Ag^+의 환원을 식으로 나타내면 $Ag^++e^- \longrightarrow Ag$
이므로 Ag 1몰이 생성될 때 이동한 전자의 양(mol)은 1몰이다.

바로알기 ㄱ. (가)에서 Cl_2의 Cl는 산화수가 0에서 -1로 감소하
므로 환원된다.

---

3 산화수 변화와 산화 환원 반응

자료 분석

(가) $\overset{+3\ -2}{Fe_2O_3} + 2\overset{0}{Al} \longrightarrow 2\overset{0}{Fe} + \overset{+3\ -2}{Al_2O_3}$

(나) $\overset{0}{Mg} + 2\overset{+1\ -1}{HCl} \longrightarrow \overset{+2\ -1}{MgCl_2} + \overset{0}{H_2}$

(다) $\overset{0}{Cu} + a\overset{+5\ -2}{NO_3^-} + b\overset{+1\ -2}{H_3O^+} \longrightarrow \overset{+2}{Cu^{2+}} + c\overset{+4\ -2}{NO_2} + d\overset{+1\ -2}{H_2O}$
$\ \ \ \ \ \ \ \ \ \ \ \ \ \ \ 2 \ \ \ \ \ \ \ \ 4 \ \ \ \ \ \ \ \ \ \ \ \ \ \ \ \ 2 \ \ \ \ \ \ \ \ \ 6$

선택지 분석

ㄱ (가)에서 Al은 산화된다.

✗ (나)에서 Mg은 <u>산화제</u>이다. 환원제

✗ (다)에서 $a+b+c+d=\underline{7}$이다. $a+b+c+d=14$

ㄱ. (가)에서 Al은 산소를 얻어 산화된다.

바로알기 ㄴ. (나)에서 Mg은 전자를 잃어 산화되면서 HCl을 환원
시켰으므로 환원제이다.

ㄷ. (다)에서 Cu는 0에서 $+2$로, N는 $+5$에서 $+4$로 산화수가
변했다. 따라서 $a=2$, $b=4$, $c=2$, $d=6$이므로 $a+b+c+d$
$=14$이다.

---

4 산화수 변화와 산화 환원 반응

자료 분석

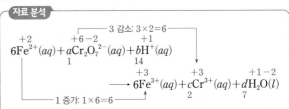

$$6\overset{+2}{Fe^{2+}}(aq)+a\overset{+6\ -2}{Cr_2O_7^{2-}}(aq)+b\overset{+1}{H^+}(aq)$$
$\ 1 \ \ \ \ \ \ \ \ \ \ \ \ 14$

3 감소: $3 \times 2 = 6$

$$\longrightarrow 6\overset{+3}{Fe^{3+}}(aq)+c\overset{+3}{Cr^{3+}}(aq)+d\overset{+1\ -2}{H_2O}(l)$$
$\ 2 \ \ \ \ \ \ \ \ \ \ \ \ \ \ 7$

1 증가: $1 \times 6 = 6$

선택지 분석

✗ H의 산화수는 <u>감소한다.</u> 변하지 않는다

ㄴ $Cr_2O_7^{2-}$에서 Cr의 산화수는 $+6$이다.

ㄷ $a+b+c+d=24$이다.

ㄴ. $Cr_2O_7^{2-}$에서 Cr의 산화수는 +6이고, O의 산화수는 -2이다.

ㄷ. $a=1$, $b=14$, $c=2$, $d=7$이므로 $a+b+c+d=24$이다.

바로알기 ㄱ. H의 산화수는 +1로 반응 전후 변하지 않는다.

5 산화수 변화와 산화 환원 반응

자료 분석

산화수 증가: 산화

(가) $2Ca(s) + O_2(g) \longrightarrow 2CaO(s)$
$\quad\;\; 0 \qquad 0 \qquad\qquad +2\,-2$

산화수 감소: 환원

(나) $CaCO_3(s) \longrightarrow CaO(s) + CO_2(g)$ ← 산화 환원 반응이 아니다.
$\quad +2\,+4\,-2 \qquad\quad +2\,-2 \quad +4\,-2$

산화수 증가: 산화

(다) $Mg(s) + H_2O(l) \longrightarrow MgO(s) + H_2(g)$
$\quad\;\; 0 \qquad +1\,-2 \qquad\quad +2\,-2 \qquad 0$

산화수 감소: 환원

선택지 분석

㉠ (가)에서 Ca은 산화된다.

✗ (나)에서 $CaCO_3$은 산화된다. 산화 환원 반응이 아니다

✗ (다)에서 H_2O은 환원제이다. 산화제

ㄱ. (가)에서 Ca은 산화수가 0에서 +2로 증가하여 산화된다.

바로알기 ㄴ. (나)에서 산화수가 변한 원자가 없으므로 (나)는 산화 환원 반응이 아니다.

ㄷ. (다)에서 H_2O은 Mg을 산화시키고 자신은 환원했으므로 산화제이다.

6 산화수 변화와 산화 환원 반응

자료 분석

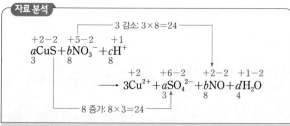

3 감소: $3 \times 8 = 24$

$aCuS + bNO_3^- + cH^+$
$\;+2\,-2 \;\; +5\,-2 \;\; +1$
$\;\;\;3 \qquad 8 \qquad 8$

$\longrightarrow 3Cu^{2+} + aSO_4^{2-} + bNO + dH_2O$
$\qquad\quad +2 \quad +6\,-2 \quad +2\,-2 \;\; +1\,-2$
$\qquad\qquad 3 \qquad 8 \qquad 8 \qquad 4$

8 증가: $8 \times 3 = 24$

선택지 분석

㉠ CuS는 환원제이다.

㉡ $c+d>a+b$이다.

✗ NO_2^- 2몰이 반응하면 SO_4^{2-} 1몰이 생성된다. $\frac{3}{4}$몰

ㄱ. CuS는 NO_3^-을 환원시키고 자신은 SO_4^{2-}으로 산화되므로 환원제이다.

ㄴ. $a=3$, $b=8$, $c=8$, $d=4$이므로 $c+d>a+b$이다.

바로알기 ㄷ. NO_3^- 8몰이 반응하면 SO_4^{2-} 3몰이 생성되므로, NO_3^- 2몰이 반응하면 SO_4^{2-} $\frac{3}{4}$몰이 생성된다.

7 산화수 변화와 산화 환원 반응

자료 분석

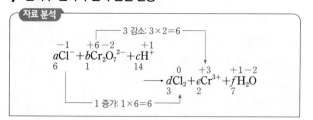

3 감소: $3 \times 2 = 6$

$aCl^- + bCr_2O_7^{2-} + cH^+$
$\;\;-1 \quad +6\,-2 \qquad +1$
$\;\;\;6 \qquad 1 \qquad\quad 14$

$\longrightarrow dCl_2 + eCr^{3+} + fH_2O$
$\qquad\qquad 0 \qquad +3 \quad\; +1\,-2$
$\qquad\qquad 3 \qquad 2 \qquad 7$

1 증가: $1 \times 6 = 6$

선택지 분석

㉠ $a+b+c+d+e+f=33$이다.

✗ $Cr_2O_7^{2-}$은 환원제이다. 산화제

✗ H_2O 2몰이 생성될 때 이동한 전자의 양(mol)은 $\frac{12}{7}$몰이다. $\frac{6}{7}$

ㄱ. $a=6$, $b=1$, $c=14$, $d=3$, $e=2$, $f=7$이므로 $a+b+c+d+e+f=33$이다.

바로알기 ㄴ. $Cr_2O_7^{2-}$은 자신은 환원되고, Cl^-을 산화시키므로 산화제이다.

ㄷ. H_2O 7몰이 생성될 때 이동한 전자의 양(mol)은 6몰이므로, H_2O 2몰이 생성될 때 이동한 전자의 양(mol)은 $\frac{12}{7}$몰이다.

8 금속의 산화 환원 반응

선택지 분석

✗ (가)에서 Zn은 산화제이다. 환원제

㉡ (나)에서 수용액 속 이온의 총 수는 일정하다.

✗ (나)에서 Mg 막대의 질량은 반응 전후가 같다. 반응 후 증가한다

(가)와 (나)에서 일어나는 반응과 반응에서 각 원소의 산화수 변화는 다음과 같다.

(가) $2HCl(aq) + Zn(s) \longrightarrow H_2(g) + ZnCl_2(aq)$
$\quad\; +1\,-1 \qquad 0 \qquad\quad 0 \qquad +2\,-1$

(나) $ZnCl_2(aq) + Mg(s) \longrightarrow MgCl_2(aq) + Zn(s)$
$\quad +2\,-1 \qquad 0 \qquad\quad +2\,-1 \qquad 0$

ㄴ. (나)에서 Zn^{2+} 1몰이 반응할 때 Mg^{2+} 1몰이 생성되므로 수용액 속 이온의 총수는 일정하다.

바로알기 ㄱ. (가)에서 Zn의 산화수는 0에서 +2로 증가하므로 Zn은 산화되고, H의 산화수는 +1에서 0으로 감소하므로 H는 환원된다. 환원제는 자신은 산화되고 다른 물질을 환원시키는 물질이므로 Zn은 환원제이다.

ㄷ. (나)에서 수용액 속에 존재하던 Zn^{2+}이 Zn으로 환원되면서 Mg 막대에 석출된다. 이때 Zn이 Mg보다 원자량이 더 크므로 Mg 막대의 질량은 반응 후 증가한다.

9 금속과 금속염 수용액의 산화 환원 반응에서 양적 관계

자료 분석

[실험 결과]

• 각 과정 후 수용액에 들어 있는 양이온의 종류와 수

과정	(가)		(나)			(다)	
양이온의 종류	A^{a+}, B^{b+}		A^{a+}, B^{b+}, C^{2+}			A^{a+}, C^{2+}	
양이온의 수	7.2N	4.8N	7.2N	0.8N	2N	7.2N	2.4N
전체 양이온의 수	12N		10N			9.6N	

→ (가)보다 (나)에서 전체 양이온의 수가 줄었으므로 A^{a+}이나 B^{b+} 중 C와 반응한 이온의 전하는 +1이다.

• (가)에서 수용액 속 이온 수는 $A^{a+}>B^{b+}$이다.

• (나)에서 넣어 준 C(s)는 모두 반응하였고, (다) 과정 후 남아 있는 C(s)의 질량은 x g이다.

선택지 분석

✗ $\frac{1}{4}w$ ② $\frac{4}{15}w$ ✗ $\frac{2}{5}w$ ✗ $\frac{9}{4}w$ ✗ $\frac{12}{5}w$

(나)에서 C^{2+}이 생성되면서 전체 양이온 수가 감소했으므로, A^{a+}과 B^{b+} 중 C와 반응한 이온의 전하가 $+1$임을 알 수 있다. 또한 (다) 과정에서 (나)의 수용액에 C w g을 넣어 반응을 완결시킨 후에 C가 남아 있으므로 A^{a+}과 B^{b+} 중 C와 반응한 이온이 모두 반응하고 더 이상 반응이 진행되지 않음을 알 수 있다.

(나)에서 C w g을 넣었을 때 반응하여 생성된 C^{2+}의 수를 n이라고 하면 다음과 같은 양적 관계가 성립한다.

$$2(A^{a+}+B^{b+}) \ + \ C \longrightarrow 2(A \ 또는 \ B) \ + \ C^{2+}$$

반응 전	$12N$	n	0	0
반응	$-2n$	$-n$	$+2n$	$+n$
반응 후	$12N-2n$	0	$2n$	n

➡ $12N-2n+n=10N$ ∴ $n=2N$

따라서 (나)에서 A^{a+} 또는 B^{b+}이 $4N$ 반응하고, C^{2+}은 $2N$이 생성된다.

(다)에서 C w g을 넣었을 때 생성된 C^{2+}의 수를 m이라고 하면 다음과 같은 양적 관계가 성립한다.

$$2(A^{a+}+B^{b+}) \ + \ C \longrightarrow 2(A \ 또는 \ B) \ + \ C^{2+}$$

반응 전	$8N$	$2N$	$4N$	$2N$
반응	$-2m$	$-m$	$+2m$	$+m$
반응 후	$8N-2m$	$2N-m$	$4N+2m$	$2N+m$

➡ $8N-2m+2N+m=9.6N$ ∴ $m=0.4N$

따라서 (다) 과정까지 반응에 참여한 이온의 수는 $4N+0.8N=4.8N$이고, 반응하지 않고 남은 이온의 수는 $12N-4.8N=7.2N$이다. 주어진 자료에서 (가) 수용액 속 이온 수가 A^{a+} > B^{b+}이므로 반응에 참여한 이온은 B^+이고, (나) 과정 후 A^{a+}의 수가 $7.2N$, (다) 과정 후 C^{2+}의 수는 $2.4N$이다.

한편, (나) 과정에서 C w g이 모두 반응할 때 C^{2+}이 $2N$ 생성되었고, (다) 과정에서 C^{2+}이 $0.4N$ 생성되고 C가 x g 남았으므로 w g : $2N=x$ g : $1.6N$에서 $x=\dfrac{1.6}{2}w$ g이다.

따라서 $\dfrac{(다) \ 과정 \ 후 \ C^{2+} \ 수}{(나) \ 과정 \ 후 \ A^{a+} \ 수} \times x = \dfrac{2.4N}{7.2N} \times \dfrac{1.6}{2}w = \dfrac{4}{15}w$이다.

10 산화 환원 반응에서의 양적 관계

넣어 준 C(s)의 총 질량(g)	0	w	$2w$	$3w$	y
비커 속에 존재하는 고체 금속의 총 양(mol)	0	$4n$	$\dfrac{20}{3}n$	$8n$	$9n$
비커 속에 존재하는 양이온의 총 양(mol)	$9n$		x		9

└ C w g, $2w$ g, $3w$ g을 각각 넣었을 때 생성된 금속의 양(mol)으로부터 이온의 전하가 작은 B^{b+}이 A^{a+}보다 먼저 반응하였음을 알 수 있다.

✗ $b=2$이다. $b=1$

ⓒ $x=\dfrac{19}{3}n$이다.

ⓒ $y=\dfrac{15}{4}w$이다.

ㄴ. 금속 이온의 반응 몰비는 $B^+ : C^{2+}=2 : 1$이므로 C w g에 들어 있는 C 원자 수는 $2n$이다. C w g과 $2w$ g을 넣었을 때 B^+과 반응한 C의 양을 n_1몰, A^{3+}과 반응한 C의 양을 n_2몰이라고 할 때, $n_1+n_2=2n$이다. 또한 생성된 B와 A의 양(mol)은 각각 $2n_1$몰, $\dfrac{2}{3}n_2$몰이므로 $2n_1+\dfrac{2}{3}n_2=\dfrac{20}{3}n-4n=\dfrac{8}{3}n$이다.

따라서 $n_1=n_2=n$이고 C $2w$ g을 넣었을 때까지 생성된 B의 양 (mol)은 $4n+2n=6n$몰, A의 양(mol)은 $\dfrac{2}{3}n$몰이므로 수용액에 들어 있는 A^{3+}의 양(mol)은 $3n-\dfrac{2}{3}n=\dfrac{7}{3}n$몰이고, C^{2+}의 양(mol)은 $4n$몰이다.

따라서 $x=\dfrac{7}{3}n+4n=\dfrac{19}{3}n$이다.

ㄷ. C $3w$ g을 넣은 이후부터 C y g을 넣었을 때까지 반응한 A^{3+}의 양(mol)은 n몰이고, 반응 몰비는 C : $A^{3+}=3 : 2$이므로 반응한 C의 양(mol)은 $\dfrac{3}{2}n$몰이다. 따라서 C $\dfrac{3}{2}n$몰의 질량은 $\dfrac{3}{4}w$ g 이므로 $y=3w+\dfrac{3}{4}w=\dfrac{15}{4}w$이다.

ㄱ. C w g과 반응한 이온의 양(mol)은 B^{b+}이 $4n$몰, A^{a+}이 $\dfrac{4}{3}n$몰이므로 이온의 전하비는 $b : a=1 : 3$이다. 따라서 $a=3, b=1$이다.

11 금속과 금속염 수용액의 산화 환원 반응에서 양적 관계

[실험 과정]

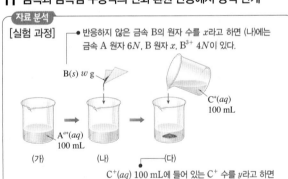

반응하지 않은 금속 B의 원자 수를 x라고 하면 (나)에는 금속 A 원자 $6N$, B 원자 x, B^{3+} $4N$이 있다.

$C^+(aq)$ 100 mL에 들어 있는 C^+ 수를 y라고 하면 $(4N+x)+(y-3x+12N)+6N=15N$이다.

[실험 결과]

각 과정 후 수용액에 들어 있는 양이온의 종류와 수

과정	(가)	(나)	(다)
양이온의 종류	A^{a+}	B^{b+}	A^{a+} $6N$ B^{b+} $4N+x$ C^+ $y-3x-12N$
양이온의 수	$6N$	$4N$	$15N$

· (다) 과정 후 비커에 들어 있는 금속은 1가지이다.

· $C^+(aq)$ 100 mL에 들어 있는 C^+ 수는 (다) 과정 후 수용액에 들어 있는 C^+ 수의 4배이다.

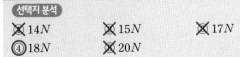

✗ $14N$　　✗ $15N$　　✗ $17N$

④ $18N$　　✗ $20N$

$A^{a+}(aq)$ 100 mL에 들어 있는 A^{a+} 수는 $6N$이고, 이 수용액에 금속 B(s) w g을 넣어 반응이 완결되었을 때 수용액에 들어 있는 양이온은 B^{b+}뿐이므로 A^{a+}과 B^{b+}은 $3:2$의 개수비로 반응하므로 각 이온의 산화수비는 $A^{a+}:B^{b+}=2:3$이고, a, b는 3 이하의 자연수이므로 $a=2$, $b=3$이다.

(나) 이후 반응하지 않은 금속 B의 원자 수를 x라고 하면 비커 속에는 석출된 금속 A 원자 $6N$, 금속 B 원자 x, B^{3+} $4N$이 있다. 여기에 C^{+}을 넣었을 때 존재하는 금속은 1가지이고, 반응성은 $B>A$이므로 넣어 준 C^{+}은 금속 B와 먼저 반응하고, 이후 금속 A와 반응한다. 이때 $C^{+}(aq)$ 100 mL에 들어 있는 C^{+} 수를 y라고 하면 다음과 같은 양적 관계가 성립한다.

	B(s)	+	$3C^{+}(aq)$	$\longrightarrow$	$B^{3+}(aq)$	+	$3C(s)$
반응 전	x		y		$4N$		
반응	$-x$		$-3x$		$+x$		$+3x$
반응 후	0		$y-3x$		$4N+x$		$3x$

또, 금속 A와 C^{+}의 양적 관계는 다음과 같다.

	A(s)	+	$2C^{+}(aq)$	$\longrightarrow$	$A^{2+}(aq)$	+	$2C(s)$
반응 전	$6N$		$y-3x$				$3x$
반응	$-6N$		$-12N$		$+6N$		$+12N$
반응 후	0		$y-3x-12N$		$6N$		$3x+12N$

(다) 이후 수용액에 들어 있는 C^{+} 수는 $y-3x-12N$이고, 전체 양이온 수는 $(4N+x)+(y-3x-12N)+6N$이며, 이 값이 $15N$이므로 $y-2x=17N$이다. 또, (다) 과정 후 수용액에 들어 있는 C^{+} 수는 $y-3x-12N$이고, $C^{+}(aq)$ 100 mL에 들어 있는 C^{+} 수는 (다) 과정 후 수용액에 들어 있는 C^{+} 수의 4배이므로 $4(y-3x-12N)=y$이고, 이 식을 정리하면 $y-4x=16N$이다. 따라서 두 식을 풀면 $y=18N$이다.

12 산화수 변화와 산화 환원 반응

자료 분석

(가) 산화수 증가: 산화 ┐
$$3H_2S + 2HNO_3 \longrightarrow 3S + 2NO + 4H_2O$$
$\underset{+1\,-2}{}\ \underset{+1\,+5\,-2}{}\quad\quad \underset{0}{}\ \underset{+2\,-2}{}\ \underset{+1\,-2}{}$
└ 산화수 감소: 환원 ┘

(나) 산화수 증가: 산화 ┐
$$2Li + 2H_2O \longrightarrow 2LiOH + H_2$$
$\underset{0}{}\quad \underset{+1\,-2}{}\quad\quad \underset{+1\,-2\,+1}{}\ \underset{0}{}$
└ 산화수 감소: 환원 ┘

선택지 분석

◯ (가)는 산화 환원 반응이다.

◯ (나)에서 Li은 환원제이다.

✕ (나)에서 H의 산화수는 모두 같다. **다르다**

ㄱ. (가)에서 S은 산화수가 -2에서 0으로 증가하고, N은 산화수가 $+5$에서 $+2$로 감소하므로 산화 환원 반응이다.

ㄴ. (나)에서 Li은 산화되고, H_2O은 환원되었으므로, Li은 환원제이다.

바로알기 ㄷ. (나)에서 H의 산화수는 H_2O에서 $+1$, LiOH에서 $+1$, H_2에서 0이다.

---

17. 화학 반응에서의 열의 출입

개념 확인   본책 185쪽

(1) 방출   (2) 흡수   (3) 올라, 내려   (4) ① 발열 ② 발열
③ 발열 ④ 흡열 ⑤ 흡열   (5) 비열   (6) 열량

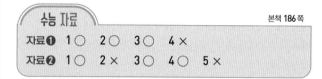

본책 186쪽

자료❶	1 ◯	2 ◯	3 ◯	4 ✕	
자료❷	1 ◯	2 ✕	3 ◯	4 ◯	5 ✕

자료❶ 간이 열량계로 화학 반응에서 출입하는 열의 측정

2 NaOH(aq)의 질량은 $(a+4)$ g이다.

4 NaOH(s) 4 g이 용해될 때 방출하는 열량(Q)=NaOH(aq)의 비열(c)×NaOH(aq)의 질량(m)×NaOH(aq)의 온도 변화(Δt)=$b(a+4)(t_2-t_1)$ J이다.

자료❷ 통열량계로 화학 반응에서 출입하는 열의 측정

2 통열량계 속 물이 얻은 열량=$c_물×m_물×\Delta t$=4.2 kJ/(kg·℃)×2.0 kg×(16.0−12.0)℃=33.6 kJ이다.

3 통열량계가 얻은 열량=$C_{통열량계}×\Delta t$=11.6 kJ/℃×(16.0−12.0)℃=46.4 kJ이다.

4 X가 연소할 때 방출하는 열량(Q)은 물과 통열량계가 얻은 열량과 같으므로 Q=33.6 kJ+46.4 kJ=80 kJ이다.

5 X 1 g당 열량(kJ/g)=$\dfrac{\text{X가 연소할 때 방출하는 열량}(Q)}{\text{X } 6.0\text{ g}}$≒13.3 kJ/g이다.

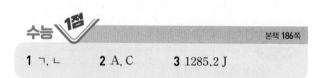

본책 186쪽

1 ㄱ, ㄴ	2 A, C	3 1285.2 J

1 ㄱ. 연소 반응은 발열 반응이다.

ㄴ. 산과 염기의 중화 반응은 발열 반응이다.

바로알기 ㄷ. 질산 암모늄의 용해 반응은 흡열 반응이다.

2 A와 C는 처음 온도보다 최종 온도가 올라갔으므로 주위로 열이 방출된 발열 반응이 진행되었다.

바로알기 B는 처음 온도보다 최종 온도가 내려갔으므로 주위로부터 열을 흡수한 흡열 반응이 진행되었다.

3 용액의 질량은 102(=100+2) g이고, 온도 변화는 3(=28−25) ℃이며, 비열은 4.2 J/(g·℃)이므로 $CaCl_2$이 물에 녹을 때 방출한 열량 Q=4.2 J/(g·℃)×102 g×3 ℃=1285.2 J이다.

수능 2점

본책 187쪽~188쪽

| 1 ④ | 2 ④ | 3 ⑤ | 4 ⑤ | 5 ③ | 6 ① |
| 7 ③ | 8 ① | | | | |

1 발열 반응과 흡열 반응의 예

자료 분석

㉠ 뷰테인을 연소시켜 물을 끓였다. 발열 반응

㉡ 질산 암모늄을 물에 용해시켰더니 용액의 온도가 낮아졌다. 흡열 반응

㉢ 진한 황산을 물에 용해시켰더니 용액의 온도가 높아졌다. 발열 반응

선택지 분석

✗ ㉠   ✗ ㉡   ✗ ㉠, ㉡

④ ㉠, ㉢   ✗ ㉡, ㉢

㉠ 뷰테인이 연소할 때 방출하는 열을 이용하여 물을 끓이는 것으로 보아 뷰테인의 연소 반응은 발열 반응이다.

㉢ 진한 황산이 물에 용해될 때 용액의 온도가 높아지는 것으로 보아 열을 방출하는 발열 반응이다.

바로알기 ㉡ 질산 암모늄이 물에 용해될 때 용액의 온도가 낮아지는 것으로 보아 질산 암모늄의 용해 과정은 열을 흡수하는 흡열 반응이다.

2 화학 반응에서 출입하는 열의 측정

자료 분석

[학습 내용]
- 물질에 출입하는 열량=물질의 비열×물질의 질량 ×물질의 온도 변화
- 물이 흡수한 열량 $Q=c \times m \times \Delta t$와 같다.

선택지 분석

✗ 열량계 속 물질 X가 줄어든 질량과 같다.

✗ 열량계 속 물질 X가 늘어난 질량과 같다.

✗ 열량계 속 물이 방출한 열량과 같다.

④ 열량계 속 물이 흡수한 열량과 같다.

✗ 열량계의 재질의 비열과 같다.

물질 X가 물에 용해되면서 발생한 열량은 열량계 속 물이 흡수한 열량과 같다. 물이 흡수한 열량 $Q=c \times m \times \Delta t$이다.

3 화학 반응에서 출입하는 열의 측정

자료 분석

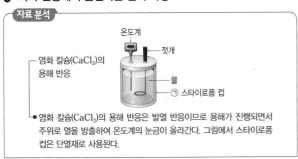

염화 칼슘($CaCl_2$)의 용해 반응은 발열 반응이므로 용해가 진행되면서 주위로 열을 방출하여 온도계의 눈금이 올라간다. 그림에서 스타이로폼 컵은 단열재로 사용된다.

선택지 분석

Ⓐ 열량계 내부의 온도 변화로 반응에서의 열의 출입을 알 수 있어.

Ⓑ $CaCl_2(s)$이 물에 용해되는 반응은 발열 반응이야.

Ⓒ ㉠은 열량계 내부와 외부 사이의 열 출입을 막기 위해 사용해.

A. 열량계 속 반응이 진행되는 동안 내부의 온도 변화로부터 열량계 속 화학 반응이 발열 반응인지 또는 흡열 반응인지를 알 수 있다.

B. 수용액의 최고 온도가 처음 온도보다 높아졌으므로 염화 칼슘($CaCl_2$)의 용해 반응은 용해가 진행되면서 주위로 열을 방출하는 발열 반응이다.

C. 열량계의 재질인 스타이로폼은 단열재로 사용된다.

4 화학 반응에서 출입하는 열의 측정

자료 분석

| 수용액 | 용질 | | 온도 변화(℃) |
	화학식량	질량(g)	
A(aq)	40	4	$+t$ → 발열 반응
B(aq)	80	4	$-t$ → 흡열 반응

선택지 분석

✗ A의 용해 과정은 발열 반응이다.

✗ B의 용해 과정은 흡열 반응이다.

✗ A의 용해 과정에서 주위의 온도가 올라간다.

✗ B의 용해 과정에서 주위의 온도가 내려간다.

⑤ 고체 1몰을 각각 녹였을 때 출입하는 열량은 A가 B보다 ~~크다.~~ 작다

① A의 용해 과정에서 온도가 t ℃ 올라갔으므로 발열 반응이다.

② B의 용해 과정에서 온도가 t ℃ 내려갔으므로 흡열 반응이다.

③ A의 용해 과정은 발열 반응이므로 주위에 열을 방출하여 주위의 온도가 올라간다.

④ B의 용해 과정은 흡열 반응이므로 주위로부터 열을 흡수하여 주위의 온도가 내려간다.

바로알기 ⑤ A 1몰을 녹였을 때 출입하는 열량은 $4.2 \times 10^4 \times t \times \dfrac{1}{0.1}$(J)이고, B 1몰을 녹였을 때 출입하는 열량은 $4.2 \times 10^4 \times t \times \dfrac{1}{0.05}$(J)이므로, 고체 1몰을 각각 녹였을 때 출입하는 열량은 B가 A보다 크다.

5 수산화 나트륨의 용해 과정에서 출입하는 열의 측정

자료 분석

NaOH이 용해하면서 출입하는 열량(Q)=용액의 비열(c)×용액의 질량(m)×용액의 온도 변화(Δt)이다.

(가) 간이 열량계에 물을 채운다.

(나) NaOH 10 g을 간이 열량계에 넣는다.
└─용질의 질량

(다) 젓개로 저어 주면서 용액의 최고 온도를 측정한다.
└─용액의 온도 변화는 최고 온도에서 처음 온도를 빼서 구한다.

ㄱ 반응 전 물의 온도　　✕ 스타이로폼 컵의 부피
ㄴ 물의 질량　　　　　　ㄹ 용액의 비열
✕ 젓개의 질량

용액의 비열(c), 용액의 질량(m), 온도 변화(Δt)를 알아야 한다.
용액의 질량(m)은 (나)에 용질의 질량이 주어졌으므로 용매인 물
의 질량을 알면 되고, 용액의 온도 변화(Δt)는 (다)에 용액의 최고
온도가 주어졌으므로 반응 전 물의 온도를 알면 된다.

6 통열량계의 특징

점화선
젓개　　온도계
　　　　단열 용기
　　　　강철 용기
　　　　시료 접시
　　　　물
　　　　강철통

• 단열이 잘되도록 만들어져 있어 열 손실이
거의 없다. 따라서 화학 반응에서 출입하는
열은 모두 통열량계 속 물과 통열량계의 온
도 변화에 이용된다고 가정한다.

ㄱ 통열량계를 이용하여 연소 반응 시 출입하는 열량을 구할 수
　있다.
✕ 시료가 연소하면서 방출하는 열량은 통열량계 속 물이 흡수
　하는 열량과 같다. 다르다
✕ 반응 전 물의 온도와 시료의 양이 같으면 종류에 관계없이
　반응 후 최고 온도는 같다. 다르다

ㄱ. 통열량계의 열용량, 물의 비열을 알면 통열량계를 이용하여
열량계 속 물의 질량 및 반응 전후 온도 변화를 측정하여 연소 반
응 시 출입하는 열량을 구할 수 있다.

[바로알기] ㄴ. 시료가 연소하면서 방출하는 열량은 통열량계 속 물
이 흡수하는 열량과 통열량계가 흡수하는 열량의 합과 같다.

ㄷ. 시료의 종류와 양에 따라 연소 반응 후 최고 온도는 다르다.

7 발열 반응

Ⓐ 발열 반응은 화학 반응이 일어날 때 주위로 열을 방출하는
　반응이야.
✕ 화학 반응은 모두 발열 반응이야. 발열 반응과 흡열 반응
Ⓒ 메테인(CH_4)의 연소 반응은 발열 반응이야.

A. 화학 반응은 반응이 일어날 때 주위로 열이 방출되는 발열 반
응과 주위로부터 열이 흡수되는 흡열 반응으로 나눌 수 있다.

C. 메테인과 같은 화석 연료의 연소 반응은 발열 반응이다.

[바로알기] B. 화학 반응에는 흡열 반응도 있다.

8 발열 반응과 흡열 반응

나무판 위의 물이 얼면서 나무판
이 삼각 플라스크에 달라붙어 삼
각 플라스크를 들어 올리면 나무
판이 함께 들어 올려진다.

$Ba(OH)_2 \cdot 8H_2O(s) + 2NH_4Cl(s)$

나무판 위의 물이 얼었으므로 $Ba(OH)_2 \cdot 8H_2O(s)$과
$NH_4Cl(s)$의 반응은 흡열 반응이다.

ㄱ $Ba(OH)_2 \cdot 8H_2O(s)$과 $NH_4Cl(s)$의 반응은 흡열 반응이다.
✕ 반응이 일어나면서 나무판 위의 물로 열이 방출된다.
✕ $Ba(OH)_2 \cdot 8H_2O(s)$과 $NH_4Cl(s)$ 대신 염산과 수산화 나트
　륨 수용액으로 같은 실험 결과를 얻을 수 있다. 없다

ㄱ. 나무판 위의 물이 얼었으므로 $Ba(OH)_2 \cdot 8H_2O(s)$과
$NH_4Cl(s)$의 반응이 진행되면서 주위로부터 열을 흡수하는 흡열
반응이 진행된다.

[바로알기] ㄴ. 반응이 일어나면서 나무판 위의 물로부터 열을 흡수
하여 물의 온도가 내려간다.

ㄷ. 염산과 수산화 나트륨 수용액의 반응은 중화 반응으로 발열
반응이다.

수능 3점

본책 189쪽~191쪽

| 1 ③ | 2 ② | 3 ② | 4 ⑤ | 5 ③ | 6 ⑤ |
| 7 ① | 8 ⑤ | 9 ④ | 10 ⑤ | 11 ① | 12 ② |

1 질산 암모늄의 용해 과정에서 열의 출입과 산화수 변화

$$\underset{-3+1+5-2}{NH_4NO_3(s)} \longrightarrow \underset{-3+1}{NH_4^+(aq)} + \underset{+5-2}{NO_3^-(aq)}$$

ㄱ NH_4NO_3의 용해 반응은 흡열 반응이다.
ㄴ NH_4^+에서 N의 산화수는 -3이다.
✕ O의 산화수는 감소한다. 변화없다

ㄱ. NH_4NO_3이 용해되면서 팩이 차가워지므로 NH_4NO_3의 용
해 반응은 주위로부터 열을 흡수하는 흡열 반응이다.

ㄴ. NH_4^+에서 H의 산화수는 $+1$, N의 산화수는 -3이다.

[바로알기] ㄷ. O의 산화수는 반응 전후 -2로 같으므로 산화수의
변화가 없다.

2 염화 칼슘의 용해에서 발생하는 열량 계산

✕ $CaCl_2$의 용해는 흡열 반응이다. 발열
ㄴ $CaCl_2$ 1 g당 출입한 열량은 705.6 J/g이다.
✕ (나)에서 추가로 $CaCl_2$ 2 g을 더 넣어 녹이면 용액의 최고
　온도는 33 °C보다 낮아진다. 높아진다

ㄴ. $CaCl_2$ 5 g이 물에 용해될 때 출입한 열량 $Q = c \times m \times \Delta t = 4.2$ J/(g·°C) × (100 + 5) g × (33 − 25) °C = 3528 J이다.

따라서 $CaCl_2$ 1 g당 출입한 열량은 $\dfrac{3528 \text{ J}}{5 \text{ g}} = 705.6$ J/g이다.

[바로알기] ㄱ. $CaCl_2$이 용해된 후 용액의 온도가 높아졌으므로
$CaCl_2$의 용해는 발열 반응이다.

ㄷ. (나)에서 추가로 $CaCl_2$ 2 g을 더 넣어 녹이면 용해 반응이 더
일어나서 열이 방출되므로 용액의 최고 온도는 33 °C보다 높아
진다.

3 화학 반응에서 출입하는 열의 측정

자료 분석

w_1	w_2	t_1	t_2
100 g	100 g	20 °C	25 °C

$n = w_1 - w_2$ $\qquad$ $\Delta t = t_2 - t_1$

선택지 분석

~~2.1~~ ②4.2 ~~21~~ ~~42~~ ~~4200~~

혼합 수용액이 얻은 열량 $Q = c \times m \times \Delta t = 4.2 \times 200 \times (25-20)$ $= 4200(J)$이다. 따라서 혼합 수용액이 얻은 열량 $Q = 4.2$ kJ이다.

4 발열 반응과 흡열 반응의 구분

선택지 분석

ㄱ (가) '금속과 산의 반응'이다.
ㄴ (나)의 예로 '염산과 수산화 나트륨 수용액'의 반응이 적절하다.
ㄷ (다)는 흡열 반응의 예이다.

ㄱ. 금속과 산의 반응은 발열 반응이고, 금속과 산이 반응할 때 금속의 산화수는 0에서 (+)값으로 증가하고 산의 수소 이온의 산화수는 +1에서 0으로 감소하므로 (가)는 금속과 산의 반응이다.
ㄴ. (나)는 '산과 염기의 중화 반응'이므로 (나)의 예로 '염산과 수산화 나트륨 수용액'의 반응은 적절하다.
ㄷ. 화학 반응이 일어날 때 주위로 열을 방출하거나 주위에서 열을 흡수하는데, 질산 암모늄의 용해 반응은 주위에서 열을 흡수하는 흡열 반응이다.

5 수산화 나트륨의 용해에서 발생하는 열량 계산

자료 분석

(가) 간이 열량계에 증류수 a mL를 넣고 온도를 측정하였더니 t_1 °C였다. $\quad$ 물의 질량: a mL × 1 g/mL = a g
(나) (가)의 열량계에 NaOH(s) 4 g을 넣어 모두 녹인 다음, NaOH(aq)의 최고 온도를 측정하였더니 t_2 °C였다. $\quad$ 용액의 질량: $(a+4)$ g, 온도 변화: (t_2-t_1) °C
(다) 참고 자료에서 NaOH(aq)의 비열 b J/(g·°C)를 찾고 NaOH(s) 4 g이 용해될 때 방출한 열량을 이용하여 NaOH(s) 1몰당 열량 Q(J/mol)를 구한다.

NaOH의 화학식량은 40이므로 NaOH 4 g의 양(mol)은 0.1몰이다.
$Q = c \times m \times \Delta t = b$ J/(g·°C) $\times (a+4)$ g $\times (t_2-t_1)$ °C
$\quad = b(a+4)(t_2-t_1)$ J
1몰당 열량 $Q = \dfrac{b(a+4)(t_2-t_1) \text{ J}}{0.1 \text{ mol}} = 10b(a+4)(t_2-t_1)$ J/mol

선택지 분석

~~$10ab(t_2-t_1)$~~ ~~$40ab(t_2-t_1)$~~
③ $10b(a+4)(t_2-t_1)$ ~~$\dfrac{ab(t_2-t_1)}{40}$~~
~~$\dfrac{b(a+4)(t_2-t_1)}{40}$~~

NaOH이 용해될 때 방출하는 열량을 간이 열량계 속 용액이 모두 얻는다고 가정하면 '용액이 얻은 열량=용액의 비열×용액의 질량×용액의 온도 변화'이다. 따라서 NaOH 4 g이 용해될 때 용액이 얻은 열량 $Q = b(a+4)(t_2-t_1)$ J이고, NaOH 4 g은 0.1 몰이므로 1몰당 열량 $Q = 10b(a+4)(t_2-t_1)$ J/mol이다.

6 화학 반응에서 열의 출입

선택지 분석

ㄱ NH_4NO_3의 용해 반응은 흡열 반응이다.
ㄴ $t > 18$이다.
ㄷ NH_4NO_3의 용해 반응을 활용하여 냉찜질 팩을 만들 수 있다.

ㄱ. 용해 후 용액의 온도가 용해 전보다 낮아진 것으로 보아 NH_4NO_3의 용해 반응은 흡열 반응이다.
ㄴ. 같은 양의 NH_4NO_3를 녹일 때 출입하는 열량은 같으므로 물의 양이 증가하면 용액의 온도는 높아진다. 따라서 $t > 18$이다.
ㄷ. NH_4NO_3이 용해될 때 주위의 온도가 낮아지므로 NH_4NO_3의 용해 반응은 냉각 팩에 이용될 수 있다.

7 중화 반응에서 발생하는 열량 비교

자료 분석

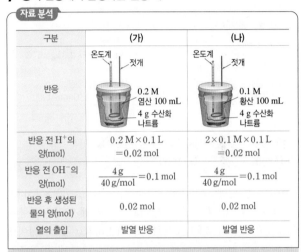

구분	(가)	(나)
반응	0.2 M 염산 100 mL, 4 g 수산화 나트륨	0.1 M 황산 100 mL, 4 g 수산화 나트륨
반응 전 H^+의 양(mol)	0.2 M × 0.1 L = 0.02 mol	2 × 0.1 M × 0.1 L = 0.02 mol
반응 전 OH^-의 양(mol)	$\dfrac{4\,g}{40\,g/mol}$ = 0.1 mol	$\dfrac{4\,g}{40\,g/mol}$ = 0.1 mol
반응 후 생성된 물의 양(mol)	0.02 mol	0.02 mol
열의 출입	발열 반응	발열 반응

선택지 분석

✗ 혼합 용액의 최고 온도는 (가)에서가 (나)에서보다 낮다. → (가)와 (나)가 같다
ㄴ 출입한 열량은 (가)에서와 (나)에서가 같다.
✗ (가)는 발열 반응, (나)는 흡열 반응이다. → 발열

ㄴ. (가)와 (나)에서 반응하는 H^+과 OH^-의 양(mol)이 같으므로 방출하는 열량이 같다.

[바로알기] ㄱ. (가)와 (나)에서 방출하는 열량이 같으므로 혼합 용액의 최고 온도도 (가)와 (나)가 같다.
ㄷ. (가)와 (나)는 모두 중화 반응이므로 발열 반응이다.

8 포도당의 연소에서 발생하는 열량 계산

자료 분석

체내에서 연소한 $C_6H_{12}O_6$은 45 g으로 $\dfrac{45\,g}{180\,g/mol}$ = 0.25몰이다.

체중 70 kg인 사람의 열용량(kJ/°C)	286
체내에서 $C_6H_{12}O_6$ 1몰이 연소할 때 발생한 열량 (kJ/mol)	2860
체내에서 $C_6H_{12}O_6$ 0.25몰이 연소할 때 발생한 열량(kJ)	715
$C_6H_{12}O_6$의 분자량	180

선택지 분석

✗ 생성된 이산화 탄소(CO_2)는 3몰이다. → 1.5몰
ㄴ $C_6H_{12}O_6$의 연소로 발생한 열량은 715 kJ이다.
ㄷ $C_6H_{12}O_6$의 연소로 체온은 0.5 °C 높아진다.

$C_6H_{12}O_6$ 연소 반응의 화학 반응식은 다음과 같다.

$$C_6H_{12}O_6(s)+6O_2(g) \longrightarrow 6CO_2(g)+6H_2O(g)$$

ㄴ. $C_6H_{12}O_6$ 45 g은 0.25몰이므로 $C_6H_{12}O_6$의 연소로 발생한 열량은 2860 kJ/mol×0.25 mol=715 kJ이다.

ㄷ. 715 kJ 중 20 %인 143 kJ만 체온을 높이는 데 쓰이므로 143 kJ=286 kJ/℃×Δt ℃에서 Δt=0.5(℃)이다.

바로알기 ㄱ. $C_6H_{12}O_6$과 CO_2의 계수비는 1 : 6이므로 $C_6H_{12}O_6$ 45 g(0.25 몰)이 연소할 때 CO_2 1.5몰이 생성된다.

9 연소 반응에서 발생하는 열량 계산

자료 분석

물질 X의 화학식량	60.0	물질 X의 양(mol):
연소된 물질 X의 질량(g)	6.0	$\dfrac{6.0\,g}{60.0\,g/mol}$=0.1 mol
처음 물의 온도(℃)	12.0	물의 온도 변화:
나중 물의 온도(℃)	16.0	(16.0−12.0) ℃=4 ℃
물의 질량(kg)	2.0	물이 흡수한 열량:
물의 비열(kJ/(kg·℃))	4.2	4.2 kJ/(kg·℃)×2.0 kg×4 ℃ =33.6 kJ
물을 제외한 통열량계의 열용량(kJ/℃)	11.6	통열량계가 얻은 열량: 11.6 kJ/℃×4 ℃=46.4 kJ

선택지 분석

✗ 80   ✗ 336   ✗ 464

④ 800   ✗ 1600

물이 흡수한 열량=$c_{물}×m_{물}×\Delta t$=4.2 kJ/(kg·℃)×2.0 kg ×(16.0−12.0) ℃=33.6 kJ이고, 통열량계가 얻은 열량= $C_{통열량계}×\Delta t$=11.6 kJ/℃×(16.0−12.0) ℃=46.4 kJ이므로 X 1몰을 연소시킬 때 발생하는 열량 $Q=\dfrac{(33.6+46.4)\,kJ}{0.1\,mol}$ =800 kJ/mol이다.

10 수산화 바륨 팔수화물과 질산 암모늄의 반응에서 열의 출입과 산화수 변화

자료 분석

유리 막대 / 수산화 바륨 팔수화물 + 질산 암모늄 / 물 / 나무 / (가) / (나)

(나)에서 나무판의 물이 얼어서 나무판이 삼각 플라스크에 달라붙었으므로 수산화 바륨 팔수화물과 질산 암모늄이 반응하면 주위로부터 열을 흡수한다.

선택지 분석

ㄱ. $Ba(OH)_2·8H_2O$과 NH_4NO_3이 반응하면서 나무판 위에 뿌려진 물로부터 열을 흡수한다.

✗ Ba은 산화수가 증가한다. 변화없다

ㄷ. $Ba(OH)_2·8H_2O$ 1몰이 반응하면 NH_3 2몰이 생성된다.

ㄱ. (나)에서 수산화 바륨 팔수화물과 질산 암모늄이 반응할 때 주위에서 열을 흡수하므로 삼각 플라스크 바닥의 물이 얼었다. 따라서 이 반응은 흡열 반응이다.

ㄷ. 전체 반응의 화학 반응식은 다음과 같다.

$$Ba(OH)_2·8H_2O(s)+2NH_4NO_3(s)$$
$$\longrightarrow Ba(NO_3)_2(aq)+2NH_3(g)+10H_2O(l)$$

$Ba(OH)_2·8H_2O$과 NH_3의 계수비는 1 : 2이므로 $Ba(OH)_2$ $·8H_2O$ 1몰이 반응하면 NH_3 2몰이 생성된다.

바로알기 ㄴ. 전체 반응의 화학 반응식과 물질을 이루는 원소의 산화수는 다음과 같다.

$$\overset{+2\ -2+1}{Ba(OH)_2}·\overset{+1-2}{8H_2O}(s)+2\overset{-3+1+5-2}{NH_4NO_3}(s)$$
$$\longrightarrow \overset{+2+5-2}{Ba(NO_3)_2}(aq)+2\overset{-3+1}{NH_3}(g)+10\overset{+1-2}{H_2O}(l)$$

$Ba(OH)_2·8H_2O$에서 Ba의 산화수는 +2, $Ba(NO_3)_2$에서 Ba의 산화수는 +2이므로 산화수의 변화가 없다.

11 용해 반응에서 발생하는 열량 비교

자료 분석

[실험 결과]

물질	용액의 온도(℃)		온도 변화(℃)	열의 출입
	t_1	t_2	t_2-t_1	
X	23	27	4	발열 반응
Y	23	21	−2	흡열 반응
Z	23	25	2	발열 반응

・X~Z의 용해 시 출입하는 열량은 모두 같다.

선택지 분석

ㄱ. 화학식량은 X<Z이다.

✗ Y의 용해 반응은 발열 반응이다. 흡열

✗ 물질 1 g이 용해될 때 출입하는 열량은 Y가 Z보다 크다.
Y와 Z가 같다

ㄱ. $Q=c×m×\Delta t$에서 Q와 c가 같으므로 온도 변화가 작을수록 용액의 질량이 크다. 따라서 용액의 질량은 X<Z이며, 용매인 물의 질량은 100 g으로 일정하므로 용질의 질량은 X<Z인데, X와 Z의 양(mol)이 0.01몰로 같으므로 화학식량은 X<Z이다.

바로알기 ㄴ. Y는 t_1보다 t_2가 낮으므로 흡열 반응이다.

ㄷ. Y와 Z가 용해될 때 용액의 온도 변화가 같으므로 1 g당 연소할 때 출입하는 열량은 Y와 Z가 같다.

12 뷰테인의 연소에서 발생하는 열량 비교

자료 분석

C_4H_{10} 1몰이 연소할 때 발생한 열량을 Q라고 가정한다.

$$\underset{2}{a}C_4H_{10}(g)+\underset{13}{b}O_2(g) \longrightarrow \underset{8}{c}CO_2(g)+\underset{10}{d}H_2O(l)$$

・O_2 1몰이 소모될 때 발생한 열량: $Q_1=\dfrac{2}{13}Q$

・CO_2 4몰이 생성될 때 발생한 열량: $Q_2=Q$

선택지 분석

✗ 1 : 4   ② 2 : 13   ✗ 8 : 13

✗ 13 : 2   ✗ 13 : 8

C_4H_{10} 1몰이 연소할 때 발생한 열량을 Q라고 하면 O_2 1몰이 소모될 때 C_4H_{10} $\dfrac{2}{13}$몰이 완전 연소하므로 $Q_1=\dfrac{2}{13}Q$이다.

또, CO_2 4몰이 생성될 때 C_4H_{10} 1몰이 완전 연소하므로 $Q_2=Q$이다. 따라서 $Q_1:Q_2=\dfrac{2}{13}Q:Q$=2 : 13이다.

o투 오·투·시·리·즈 생생한 시각자료와 탁월한 콘텐츠로 과학 공부의 즐거움을 선물합니다.

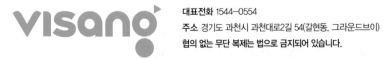

대표전화 1544-0554

주소 경기도 과천시 과천대로2길 54(갈현동, 그라운드브이)

협의 없는 무단 복제는 법으로 금지되어 있습니다.